华夏英才基金学术文库

行波暂态量分析与故障测距

（上册）

束洪春　著

科学出版社

北　京

内 容 简 介

本书分上、下两册,上册包括第 1~5 章,下册包括第 6~10 章。本书结合作者多年研究和实践的积累,重点对线路故障所引起的行波及暂态量如何应用于故障测距进行系统的解析。上册主要介绍输电线路电磁暂态计算、雷击分析及雷电绕击故障与反击故障的识别、雷电绕击导线的注入导线雷电流波形反演恢复原理、交流线路过电压机理分析和计算,以及故障行波波头标定、行波测距及其延拓、有效行波筛选、行波装置优化布点和频差法测距。下册主要介绍时域法、回归分析法和新型行波测距原理。首次公开了基于行波能量突变沿线分布特性的单端法行波测距原理及方法。研究测距应用的线路包括:架空输电线路、链式电网及三角形环网架空线路、线缆混合线路、T 接线路和含有补偿元件的输电线路等。全书以阐释方法原理为主线,配有大量仿真实例和珍贵的宽频暂态电流实录波形。

本书可作为电气工程学科的高年级本科生和研究生的研修内容,也可供电力系统专业人员学习和研究参考。

图书在版编目(CIP)数据

行波暂态量分析与故障测距. 上册 / 束洪春著. —北京:科学出版社,
2016

(华夏英才基金学术文库)

ISBN 978-7-03-046771-3

Ⅰ.①行… Ⅱ.①束… Ⅲ.①暂态过电压-暂态特性-研究 Ⅳ.①TM86

中国版本图书馆 CIP 数据核字(2015)第 312398 号

责任编辑:张海娜 王 苏 / 责任校对:桂伟利
责任印制:赵 博 / 封面设计:左讯科技

科 学 出 版 社 出版

北京东黄城根北街 16 号
邮政编码:100717
http://www.sciencep.com

北京中石油彩色印刷有限责任公司印刷
科学出版社发行 各地新华书店经销

*

2016 年 10 月第 一 版 开本:720×1000 1/16
2025 年 1 月第五次印刷 印张:30 1/4 插页:3
字数:609 000

定价:218.00 元
(如有印装质量问题,我社负责调换)

前　言

电力系统受到冲击或电网突然改构的电磁暂态过程是由于保守性系统中节点电荷和回路磁链必须守恒,表现为储能动态元件的状态电气量不能突变。研究电磁暂态的主要目的在于分析计算电力系统中开关动作、短路、雷击和正常运行中出现的各种扰动所引起的电压电流暂态响应,以及电力电子装置所致暂态电压和高频率的电流振荡,为变压器、断路器等高压电气设备和输电线路的选型及绝缘配合、继电保护定值整定、过电压分析及抑制措施的制定,以及电力电子装置、控制策略的设计等提供数据支持。电磁暂态过程变化很快,通常需要分析计算毫秒级(如开关操作时的暂态恢复电压等)、微秒级(如雷击、故障线路行波等)的电压,以及电流瞬时值。该过程的本质是各元件中磁场和电场的能量分布重新达到平衡,伴随着波的多次折反射,电场、磁场能量分布变化将通过电压和电流的瞬态改变表现出来,它们既是时间的函数也是空间的函数,具有波动性,故称为行波。理论上,各种操作、故障、保护跳闸和重合闸作用,都会引起行波过程、电磁暂态,最后进入稳态过程。波过程是波沿传输线传播、反射的过程。这个过程的时间短,通常为几毫秒。线路从一端空投、一端甩负荷、故障、切除故障或重合闸时,输电线上能量突然发生变化,都会产生波过程,产生很高的瞬时过电压,称为操作浪涌。电磁暂态是行波衰减直至稳态开始的过程及对应的时段。山火故障、雷击故障或雷击未闪络的发生机理不同,故其故障电流波形存在差异;线路故障和母线故障因拓扑不同,其各回线电流的群体幅值相位关系不同。通常运行中的线路从发生故障至重合闸之前先后历经一次电弧、二次电弧、恢复电压三个不同的物理阶段。线路端部通常作为保护安装处测点、线路测点的故障暂态电气量是重要的故障与否的信息。运行线路故障引起的暂态电气量主要是指故障电压、电流暂态量,此暂态量从故障发生直至断路器分闸之前按其电路、电磁和电气约束关系和规律一直存在,其携带故障方向、故障距离、故障相别和故障初相角等丰富的故障信息。深入研究其变化规律并发掘其中所蕴涵的故障信息,是构造新型继电保护与故障定位原理的重要基础。为了适应柔性输电、分布式能源并网等技术的进步和应用发展,非常迫切地需要与电源特性弱相关、与线路电气边界有关而主要由故障线路测点处端口特性决定、不依赖于线路一次参数辨识估计的新型继电保护,以及能够由机器自动分析的故障测距技术。本书着眼于对输电线路行波暂态量分析与行波法、频差法、时域法、回归分析法和线路历史闪络案例行波数据复用智能方法的故障测距原理和方法的研究。此外,电力系统过电压是其不正常电压升高的现象,是电力系统在一定条件下所出现的超过工作电压的异常电压升高,属于电力系统中的一种电磁扰动现象,是电力系统结构变化时产生电磁过程的一种表现形式。过电压类型较多,且其产生原因、持续时间和幅值各不相同,所采取的过电压抑制措施也不同,因此正确辨识输电线路的过电压成因,对增强线路绝缘配合具有指导意义。此外,从过电压分析和行波传播方面,仿真分析了半波长输电技术的特点和面临的技术挑战。

第 1 章以行波为切入点,总结行波传播与折反射规律,以及行波耦合、色散和衰耗等基本特征;给出实际线路实际闪络故障实录暂态电流波形普遍存在的后续附加振荡;当实测高频暂态波形中后续振荡不明显时,波形在行波多次传播到达的影响下呈现较为明显的阶梯状;当实测波形中存在明显的后续振荡时,后续振荡幅值都较大,且在故障初始行波浪涌和故障点反射波之后都会出现一定程度的后续振荡,其暂态电流波形阶梯特征就不明显。本章介绍常用元件的建模和系统方程的求解,以及便于计算机实现的复杂电网线路电磁暂态数字仿真算法;分别给出考虑线路雷电冲击电晕影响的时域法和考虑电弧故障、时变电阻及发展性故障仿真的频域法的电磁暂态计算及其实现;基于目前主流电磁暂态仿真软件环境,给出含 FACTS 线路和 MTDC 线路故障仿真实例。针对现有主流软件难以对沿线任意位置故障的电磁暂态仿真进行遍历的不足,给出一种基于内核调用的复杂故障批处理仿真思路和实现方法。最后介绍可对不同电网运行方式下输电线路进行电磁暂态仿真的数字物理混合静态模拟平台构建,以满足输电线路快速暂态行波保护和行波测距装置在实验室环境下进行较全面的考量测试的需要。

第 2 章围绕交流线路各种过电压的形成机理、主要特征和类型识别展开分析,分别建立 1000kV 输电线路、500kV 输电线路、110kV 线缆混合线路、35kV 配电线路和牵引网线路电磁暂态仿真分析模型,仿真分析线路遭受雷击或发生内部过电压时的暂态电压特征。以 1000kV 半波长线路为基础,分析非对称接地故障情况下线模行波和零模行波的模混杂问题。对于架空避雷线逐塔(或部分塔)接地架空线路,探讨其线模行波对零模行波的"提速"现象和作用。分析串联补偿装置和并联补偿装置对 500kV 输电线路过电压的影响。利用瞬时功率曲线进行 PCA 聚类分析,对雷击故障与非雷击故障、反击与绕击故障、绕击未闪络与雷击避雷线未闪络进行聚类辨识,分别通过导线两端与线路上安装的 Rogowski 线圈所测三相初始行波极性进行绕击与雷击避雷线的识别,进而针对反演恢复绕击输电线路注入导线的雷电流波形进行探讨和尝试,并给出利用变电站端高速采集记录获取的宽频暂态电流,进行线路雷电绕击与反击辨识,以及绕击导线发生绝缘子闪络故障情况下,注入导线雷电流反演效果实例。分析不同运行工况和线路长度情况下,合闸电阻对合闸过电压的影响。针对一条具体线路,探讨合闸电阻值的合适大小。对行波在 110kV 线缆混合线路的传播进行简要分析,探讨线缆混合线路过电压的特殊问题,并对重合闸技术应用于线缆混合线路的可能性进行分析。介绍 35kV 配电网线路的多种中性点接地方式,对因中性点不直接接地而造成的铁磁谐振过电压、普通故障和弧光接地过电压进行分析和辨识。简要介绍电铁牵引网线路的结构特点,并对因机车作为移动的非线性负荷和受电弓与线路接触不良而导致的谐波和"弓网分离"等过电压问题进行分析。

第 3 章把运行中输电线路的短路故障阶段粗略地划分为故障初瞬行波阶段、故障暂态阶段和故障稳态阶段。线路故障会引起从直流到故障行波高频量的宽频暂态分量,携带着故障距离、故障初相角、故障方向等丰富的故障信息。阐述运行中的电力线路短路故障所引起的暂态电压电流数据当中,其故障行波、故障暂态电气量的频差 Δf、故障工频电气量和衰减直流分量分别能够反映和表征故障位置的机理,为建立各类故障测距原理和方法奠定基础。通常,故障测距的有效性取决于其测距可靠性和测距精度;不依赖于电源特性及一次参数的保护和测距,其品质会得以提升;故障分量的有效提取和合理应用十分重要;单端测距的现场实际启用率比双端测距高;单端量测距对于同侧半线长内近端故障测距精度高些,依赖于线路长度呼称值的双端量测距对线路中部的故障测距精度高些。

第 4 章从传统单端和双端行波测距原理及相关命题切入,阐述构造电流行波、方向行波、对偶故障位置、行波波到时刻与波速、相电流行波应用、波到时差时序与波头相对极性、测后模拟、故障模态等概念与范畴。研究的相关命题包括:故障点反射波的准确甄别和波头的正确标定;雷击故障及雷击点与闪络点不一致情况的识别与测距,电弧性故障单端行波测距,T 接线路单端、三端行波测距及 T 接线路单端行波测距、频差法测距、k-NN 算法的有效性;从多通道电流暂态录波数据中筛选有效的故障行波数据;在故障线两侧母线间存在健全通路的条件下,如何利用故障线和健全线构成的回路主导波头时差信息进行基于单侧行波信息的双端测距;对于链式电网拓扑结构,在下级线路故障时如何在本级线路在行波信息全覆盖条件下进行单端测距,当不满足直接延拓的条件时如何利用两个时窗内关联波头到达时刻信息进行单端测距的间接延拓;电网电流型行波装置的网络化行波测距与优化布点,以及广域电压行波测距。

第 5 章研究利用单端行波的频差或者自由振荡分量的频差进行测距。在线路单端量测的故障暂态电流或电压的频谱中,倘若能够获得稳定的等间隔频差 Δf,那么稳定频差 Δf 可以直接反映故障距离。内容包括:利用单端故障电流行波数据,对三类母线接线形式输电线路相间故障模式和单相接地故障进行测距的频差法应用;利用单端故障电压行波数据,探讨线路相间故障模式下,故障引起的电磁暂态电气量、断路器分闸引起的和合闸致故障所引起的电磁暂态电气量的频谱分布,以及基于频差 Δf 的测距方法;探讨利用普通故障录波器的故障暂态量获取频差 Δf,并讨论 Δf 用于故障测距的死区范围。

第 6 章主要研究架空线路时域法故障测距。时域法故障测距是利用线路保护安装处获取的电压电流暂态数据所蕴涵的故障位置信息,通过列写含有故障位置的电路方程或建立目标函数,并对此方程或者目标函数求解即可获得故障距离。用什么已知条件、如何列写含有故障距离的电路方程或如何建立目标函数、怎样求解测距方程或如何求解目标函数来获得故障距离,以便形成各式各样的时域测距算法。求解测距方程可能会出现增根,需要剔除其伪根;求解目标函数可能会出现多个极值(点),通常取其最值。内容包括:单端时域法、双端时域法,三端 T 接线路的时域法故障测距,利用部分暂态电气量的时域法探析,以及不依赖于双端数据同步的水平排列不换位线路时域法测距。当然,除了需要做数值迭代求解的测距微分方程及可采用各种优化问题求解方法的测距目标函数之外,还有基于数学回归方法的时域法故障测距,如应用 SVM 回归函数通过回归来获得故障距离,以及基于时域故障波形相似度的单端故障测距 k-NN 算法。

第 7 章主要研究含补偿线路故障测距的行波法和时域法应用。对含有 TCSC 的线路,无论采用双端行波测距,还是采用短时窗电流行波数据的单端故障测距 k-NN 算法,都不需要计及 MOV 的动作特性,但采用短时窗暂态量的基于微分方程的传统时域法,则需要判断 MOV 是否启动。对于诸多 FACTS 装置,其端口电压、电流关系与其保护、控制策略和特性均有关系,其精确的数学模型不易建立。对于线路中间含有串联补偿装置(如 STATCOM)的输电线路,根据串联补偿装置左侧电流等于右侧电流来构建双端测距函数通式;对于中间含并联补偿装置的线路,根据并联装置左侧电压等于右侧电压来构建双端测距函数通式;对于中间含有串-并联补偿装置(如 UPFC)的输电线路,根据串-并联装置左侧功率等于右侧功率来建立双端测距函数通式。对于补偿装置线路需要判断故障位于线路的哪一侧,因此辨识故障位于补偿装置的哪一侧是关键。测后模拟原理结合测距算法是一种较理想的分析法故障测距。可以建立基于线路故障侧电压电流故障数据的单端测距算法,并结合测后模拟原理,借此单端测距算法对本段线路进行故障扫描匹配:若故障位于本段线路,则能够扫描出故障(位置),否则,本段线路没有故障。这样,在补偿线路两侧分别实施单端测距并应用测后模拟原理,既可判别故障位于补偿元件的哪一侧,又可进行故障定位,尤其对于补偿线路两侧的近端故障具有较高测距精度和测距可靠性的优势。对于含串补电容的补偿线路,建议采用双端行波测距,或于两侧分别采用基于测后模拟原理的单端时域法测距,或单端 k-NN 测距算法。对于其他补偿线路建议采用基于测后模拟原理的单端时域法测距,并分别在线路两侧单独施行、协同研判。在线路中间 TCSC 安装处可测的条件下,研究其故障区段识别的 PCA 聚类分析、单端行波测距、单端行波时差的 ANN 测距方法、单端行波数据的 k-NN 测距算法。

第 8 章研究电缆的行波法、频差法测距及线缆混合线路的行波法、k-NN 算法和双端行波法测距。其中,线缆混合线路故障单端测距行波法:分别利用 PCA 聚类分析和 PCA-SVM 判别模型和算法判断故障是位于电缆线路还是架空线路,再利用"测后模拟原理＋波到时序匹配"进行单端行波故障测距。线缆混合线路单端故障测距的 k-NN 算法:利用同一故障类型、同一故障位置、相近故障条件下电流行波波形的相似性,以及同一故障类型、相同故障条件、不同故障位置下故障电流行波波形的差异性,构建线缆混合线路故障测距的 k-NN 算法。线缆混合线路的双端行波测距是根据故障初始行波到达混合线路两端的绝对时间之差判断出故障区段,再根据双端测距公式得到故障距离。讨论多段线缆混合线路单端故障测距的 k-NN 算法的适应性和有效性。

第 9 章分析输电线路故障电流行波的传播规律、通道选定方式和实测波形的特点,从数字图像处理角度提出基于 Hough 变换的波头标定方法,根据多个浪涌上升沿间的幅值、斜率关系来剔除相邻健全线末端反射波的干扰,甚至是对侧母线反射波的干扰,实现对故障点反射波的标定,并通过多个行波波头的时间间隔和不同分辨率下初始浪涌突变斜率一致性来校检标定结果的有效性,为行波测距奠定基础。在 $f_s=1\mathrm{MHz}$ 下,若 N 取 5,突变检测算法 $S_2(k)$ 可以取得与小波模极大值对故障行波一样的检测标定效果;如果 N 取更大的值,有利于提高抗干扰能力,例如,N 取 10 可用于近端短路行波突变标定,或者用于对雷击故障行波标定,而取 50 可用于山火故障行波标定。以实际线路实际故障的实录行波为研究对象,采用 Hough 变换和波头突变能量 $S_2(k)$ 检测两种标定方法对故障电流行波波头进行协同标定,并形成有效行波到时刻序列,以进一步提高行波标定的准确性和可靠性。在行波准确标定的前提下,提出单端行波协同、双端行波协同和单双端行波协同进行测距的协同测距思想和方法,以及线路历史故障案例复用的智能决策方法和智能行波测距。对于较强短路故障模态(如 LIF-SLG、LL-G)的协同测距:假设初始行波波到时刻记为 t_0,故障点第 1 次反射波(或对端第 1 次反射波)与其初始行波的波到时差记为 Δt_1,而对端第 1 次反射波(或故障点第 1 次反射波)与 $t_0＋$ l/v 时刻点的时差记为 Δt_2,分别在两个相继的行波观测时窗 $[t_0, t_0＋l/v]$ 和 $[t_0＋$ $l/v, t_0＋2l/v]$ 内,或者前 l/v 时窗长内有故障点反射波、后 l/v 时窗长内有对端反射波,或者反之,且故障点第 1 次反射波波到时刻和对端反射波第 1 次波到时刻总是关于第 1 个行波行程时刻点 $t_0＋l/v$ 对称的,它们与 $t_0＋l/v$ 时刻点时差为 $|l-2x_f|/v$。根据与初始行波波到时差关系匹配判别式 $2x_f/v+2(l-x_f)/v=$ $2l/v$ 或者 $\Delta t_1＋\Delta t_2 = l/v$,结合波头极性、微机线路保护给出的故障信息,可与故障线路单端协同、综合地判断较强故障模态、剔除健全线末端反射波的干扰,也可于双端进行相对于初始行波的波到时差匹配,实现不依赖于双端数据同步和不依赖于线路长度已知的新型双端行波测距。

第 10 章研究基于行波能量突变沿线分布特性的单端法行波测距原理及其方法。该测距方法的基础思想是将时域暂态行波波头突变,转变为沿线传播路径"行

波能量突变"分布,其本质是利用贝杰龙线路模型具有沿线长维度上的高通滤波器作用,并结合沿线"行波能量"不连续性的"突变"检测和表征:应用单端获取的故障电流行波数据,结合健全线路波阻抗来获取其量测母线的电压行波,应用贝杰龙线路传输方程自故障线路起端开始,推算沿线电压行波和电流行波分布,根据沿线电压行波、沿线电流行波和波阻抗进行沿线方向行波分解获取沿线分布的方向行波,再利用其正向行波和反向行波来构造测距函数 $f_u(x)$,因此可在线长维度上反映硬故障点 $A(x)$ 或者对偶故障点 $B(x)$ 处的行波突变,通过在线长维度上甄别并获取故障点位置,建立一种新型的单端行波测距原理和方法。采用时窗 $[t_0, t_0 + l/(2v)]$ 内的行波数据计算 $f_u(x)$ 在线长 $[0, l/2]$ 范围内行波波头能量突变点必然有闪络故障点 $A(x)$(对于半线长内故障)或者对侧反射波引起的突变点 $B(x)$(对于半线长外故障),采用时窗 $[t_0 + l/(2v), t_0 + l/v]$ 内的行波数据计算 $f_u(x)$ 在线长 $[l/2, l]$ 范围内行波波头能量突变点必然有 $B(x)$ 突变点(对于半线长内故障)或者 $A(x)$ 突变点(对于半线长外故障),且有 $A(x) + B(x) = l$ 成立,A 点和 B 点关于 $l/2$ 点对称,A 点和 B 点与 $l/2$ 点之间的距离均为 $|l - 2x|/2$。给出了对雷击跳闸、山火跳闸、鸟害跳闸和普通闪络跳闸等大量实际闪络点进行定位的实例,能够实现单端行波测距计算机分析和"一键式"自动测距。探讨此种基于测距函数 $f_u(x)$ 的新型单端行波测距方法分别应用于链式架空输电线路、三角形环网架空线路、线缆混合线路、T 接线路和含有补偿元件输电线路的测距效果。

本书结合作者多年的研究和实践积累,重点对线路故障引起的行波及暂态量如何应用于故障测距进行解析,主要介绍输电线路雷击分析及雷电绕击故障与反击故障的识别、雷电绕击导线的注入导线雷电流波形反演恢复原理、交流线路过电压机理分析和计算,以及输电线路新型的行波法、频差法、时域法、回归分析法、案例推理智能决策等故障测距原理。研究测距的线路包括:架空输电线路、链式电网或者三角形环网架空线路、电缆、线缆混合线路、T 接线路和含有补偿元件的输电线路等。结构力求简练,以阐释方法原理为主线,配有大量仿真实例和效果图,并展示大量宽频暂态电流实录波形,以便读者理解掌握其要义。全书内容以作者长期的研究积累为主,并注意吸纳同行的部分研究成果作为补充,以便全书内容完整,以飨读者。

本书分上、下两册,上册包括第 1~5 章,下册包括第 6~10 章。值得指出的是,宏观世界里能量总是连续的、不能突变,为刻画暂态电气量 Δi 和 Δu 在观测时窗内不连续性的程度——一种衡量 Δi 和 Δu 不连续性的测度,取其在观测时窗内的平方和来表征并定义其为"突变能量"检测。此外,在沿线行波分布的突变检测和距离标定算法下,所谓行波沿线传播的能量突变性刻画标定是指其突变幅值相对差异达几个数量级的奇异性,而不是严格函数学意义上连续与否的描述,事实上,这里从工程应用出发,是一种对传输线波动方程沿线行波数值解奇异性程度的表征与刻画。同时,波过程、电磁暂态和隐态阶段分属瞬态响应的不同时段,但本书并不刻意区别行波及暂态量,主旨是为行波暂态量分析与故障测距的研习者和相关科技工作者提供参考。

　　感谢华夏英才基金对本书的资助。本书的相关研究得到了国家自然科学基金重点项目"基于数据驱动的高原山地输电线路故障精确定位与雷击电流反演恢复研究"(编号:U1202233)、云南省自然科学基金重点项目"高原山地输电线路雷击检测识别及雷电参数反演恢复研究"(编号:2011FA032)、云南省科技攻关项目"高海拔大容量远距离输电中行波故障测距技术研究"(编号:2003GG10)、"高原山地长距离高压输电线路电弧故障检测定位技术与系统研制"(编号:2000B2-02)、云南省自然科学基金面上项目"新型时域法故障测距研究"(编号:99E006G)和"小波分析在线路故障测距应用研究"(编号:98E0409M)等的资助,同时,在与电网业界同行合作的一系列项目中有相当部分内容得到实际应用,一并谨致谢忱。

　　尽管作者在此领域研究二十余载,但水平有限,书中难免存在不妥之处,恳请读者批评指正。

作　者

2016 年 5 月于昆明

目　　录

第1章 线路的行波与电磁暂态数字计算

电力系统受到冲击或电网突然改构引起的电磁暂态过程是由于保守性系统中节点电荷和回路磁链必须守恒,表现为储能动态元件的状态电气量不能突变。研究电磁暂态的目的主要在于分析计算电力系统中开关动作、短路、雷击和正常运行中出现的各种扰动所引起的电压电流暂态响应,如图1-1所示,以及电力电子装置所致的暂态电压和高频率的电流振荡,为变压器、断路器等高压电气设备和输电线路的选型及绝缘配合,继电保护定值整定,过电压抑制措施的制定,以及电力电子装置控制策略的设计等提供数据支持。电磁暂态过程变化很快,通常需要分析计算毫秒级(如开关操作时的暂态恢复电压等)、微秒级(如雷击、故障线路行波等)的电压、电流瞬时值。该过程的本质是各元件中磁场和电场的能量分布重新达到平衡,伴随着波的多次折反射,电场、磁场能量分布变化将通过电压和电流的瞬态改变表现出来,它们既是时间的函数也是空间的函数,具有波动性,故称为行波。对应不同性质的激励源,反映观测点处的行波暂态量响应存在差异。以如图1-2所示的实测暂态电流为例,如山火故障、母线故障(见文后彩图)、雷击故障、雷击未闪络,其发生机理不同导致观测到的故障电流波形存在差异;线路故障和母线故障因其拓扑不同导致所观测的各回线电流的群体幅值相位关系不同。深入研究其变化规律并发掘其中所蕴涵的故障信息,是构造新型继电保护与故障定位原理的基础。电磁暂态数字仿真是用数值计算方法对电磁暂态过程进行仿真模拟,是研究电磁暂态过程的重要手段,通常需要计及元件的电磁耦合、分布参数,甚至线路结构和参数频变特性的因素。暂态行波过程仿真准确与否,和系统中元件等效模型的选择、数值方法的选用密不可分。从建模和数值计算的角度看,难以建立一个普遍满足适于全过程分析的全参数精确模型和数值方法,需根据具体研究领域和命题的目标,建立相应的模型并采用相应的数值方法。本章以行波为切入点,总结行波传播与折反射规律,以及行波耦合、色散和衰耗等基本特征,并以此作为电力系统行波暂态量应用的理论基础。在此基础上,介绍便于计算机实现的电磁暂态数字仿真算法,对常用元件的建模和系统方程的求解进行详细介绍,分别给出一种考虑线路雷电冲击电晕影响的时域法和考虑电弧故障、时变电阻及发展性故障仿真的频域法电磁暂态计算及其实现,同时,基于目前主流电磁暂态仿真环境,给出含FACTS线路和MTDC线路故障仿真实例。针对现有主流软件难以对沿线任意位置故障的电磁暂态仿真进行遍历的不足,给出一种基于内核调用的复杂故障批处理仿真思路和实现方法。最后介绍数字物理混合静态模拟的构建,以满足输电线路快速暂态行波保护和行波测距装置在实验室环境下进行较全面的考量测试的需要。

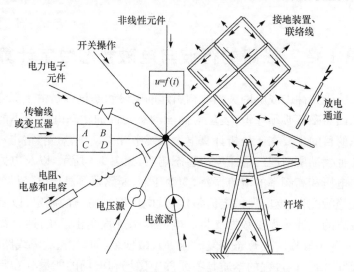

图 1-1　电力系统各类电磁暂态扰动示意图

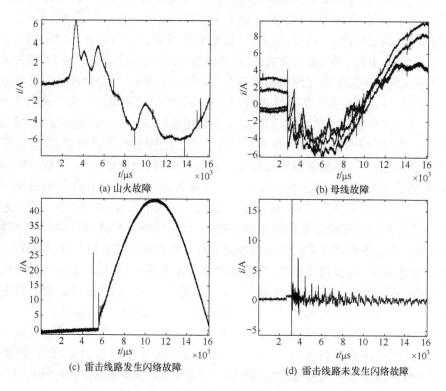

(a) 山火故障

(b) 母线故障

(c) 雷击线路发生闪络故障

(d) 雷击线路未发生闪络故障

图 1-2　实际线路典型暂态电流行波录波

1.1　线路的行波及其主要特征

1.1.1　线路的行波

将一电压源接通到输电线上,从线路微元角度观察,靠近电压源的线路分布电容立即充电,并经线路分布电感向相邻分布电容放电。较远处的电容要间隔一段时间才能充上一定数量的电荷,并向更远处的电容放电。这样,电容依次充电,线路沿线逐渐建立起电场,形成电压,即有一电压行波以一定的速度沿线路方向传播。在线路电容的充放电过程中,伴有电流流过导线电感,在导线周围空间建立起磁场。因此和电压波相对应,还有电流行波以同样的速度沿线路方向传播。电压行波和电流行波沿线路的流动,满足坡印亭矢量的规定,实质就是电磁暂态能量沿线路方向的传播过程。在距传输线端 x 处取一微分长度 $\mathrm{d}x$,整个均匀传输线可视为无限多个这种微分段等效参数模型级联而成,如图 1-3 所示。

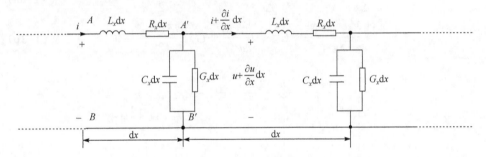

图 1-3　单相线路微元 $\mathrm{d}x$ 等值电路

对于一定的时间来说,沿 x 正向电压的增加率为 $\partial u/\partial x$,电流的增加率为 $\partial i/\partial x$,始端的电压和电流分别为 u 和 i,则在 $A'B'$ 两端的电压和 A' 点的电流分别为 $u+\dfrac{\partial u}{\partial x}\mathrm{d}x$ 和 $i+\dfrac{\partial i}{\partial x}\mathrm{d}x$。对回路 $AA'B'BA$ 应用基尔霍夫电压定律,对节点 A' 应用基尔霍夫电流定律,得

$$u(x,t)-u(x+\Delta x,t)=\left[R_x i(x,t)+L_x\frac{\partial i(x,t)}{\partial t}\right]\Delta x \tag{1-1a}$$

$$i(x,t)-i(x+\Delta x,t)=\left[G_x u(x+\Delta x,t)+C_x\frac{\partial u(x+\Delta x,t)}{\partial t}\right]\Delta x \tag{1-1b}$$

将式(1-1a)、式(1-1b)两端同除以 Δx 并取 $\Delta x\to 0$,得到

$$\begin{cases} -\dfrac{\partial u(x,t)}{\partial x}=R_x i(x,t)+L_x\dfrac{\partial i(x,t)}{\partial t} \\ -\dfrac{\partial i(x,t)}{\partial x}=G_x u(x,t)+C_x\dfrac{\partial u(x,t)}{\partial t} \end{cases} \tag{1-2}$$

式中，R_x、L_x、G_x、C_x 为线路单位长度的电阻、电感、电导、电容。线路全长为 l。

传输线方程是偏微分方程组，不易获得解析解。为了解决实际问题，通常采用数值求解方法。其中，时域有限差分(FDTD)法最具代表性，其主要思想是在空间和时间上离散化，用差分方程代替偏微分方程，求解差分方程组，得出各网格单元的场值，精度较高、计算量较小。

取节点电压和两点间电流作为求解分量，将传输线沿线路方向均分为 N 段，每段长度为 Δx，同时将时间以 Δt 的步长离散化。为保证算法的稳定性，也为符合行波在行进过程中产生位移电流连续、感应电压平衡这一物理本质，将电压电流交叉表示。将第一点设为电压节点 u_1，然后将间隔 Δx 的点依次设定为 $u_2,u_3,\cdots,$ u_{N+1}，同理，把电流分成 $i_1,i_2,\cdots,i_{N+1}$，则电压和相邻电流点间被分为 $\Delta x/2$，如图 1-4 所示。对时间也进行交叉，每个电压和相邻电流点被分割为 $\Delta t/2$，则式(1-2)可表示为

$$\frac{u_{i+1}^n-u_i^n}{\Delta x}+L_x\frac{i_{i+1/2}^{n+1/2}-i_{i+1/2}^{n-1/2}}{\Delta t}+R_x\frac{i_{i+1/2}^{n+1/2}+i_{i+1/2}^{n-1/2}}{2}=0 \tag{1-3a}$$

$$\frac{i_{i+1/2}^{n+1/2}-i_{i-1/2}^{n+1/2}}{\Delta x}+C_x\frac{u_i^{n+1}-u_i^n}{\Delta t}+G_x\frac{u_i^{n+1}+u_i^n}{2}=0 \tag{1-3b}$$

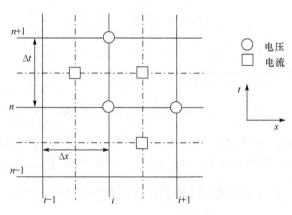

图 1-4　传输线时空网格图

传输线的电压、电流波过程变成一组时间、空间上的离散点，按一阶差分公式，经过简化，可得到如下 FDTD 迭代公式：

$$\left(L_0\frac{\Delta x}{\Delta t}+\frac{R_0}{2}\Delta x\right)i_{i+1/2}^{n+1/2}=\left(L_0\frac{\Delta x}{\Delta t}-\frac{R_0}{2}\Delta x\right)i_{i+1/2}^{n-1/2}-(u_{i+1}^n-u_i^n) \tag{1-4a}$$

$$\left(C_0\frac{\Delta x}{\Delta t}+\frac{G_0}{2}\Delta x\right)u_i^{n+1}=\left(C_0\frac{\Delta x}{\Delta t}-\frac{G_0}{2}\Delta x\right)u_i^n-(i_{i+1/2}^{n+1/2}-i_{i-1/2}^{n+1/2}) \tag{1-4b}$$

并与根据传输线始末端节点集中参数电路模型推导出相应偏微分方程的边界条件一起构成求解传输线方程的迭代方程组。该方法的优势在于能方便计算线路上任

意点的电磁过程,特别是电缆、微带、非均匀线等复杂结构的传输线往往需要求解(有可能是沿传输线路上某处的)输出响应,它具有非常大的适应性和灵活性,但由于线路始末端节点处的电磁过程需根据不同负载情况通过状态方程和输出方程来求解,较为烦琐,不便于节点分析法的应用。

对于无损线路,$R_x = 0$,$G_x = 0$,合并式(1-2),可得如下时域波动方程:

$$\begin{cases} \dfrac{\partial^2 u(x,t)}{\partial x^2} = L_x C_x \dfrac{\partial^2 u(x,t)}{\partial t^2} \\ \dfrac{\partial^2 i(x,t)}{\partial x^2} = L_x C_x \dfrac{\partial^2 i(x,t)}{\partial t^2} \end{cases} \tag{1-5}$$

其通解为

$$\begin{cases} u(x,t) = u_1(x-vt) + u_2(x+vt) \\ i(x,t) = i_1(x-vt) + i_2(x+vt) \end{cases} \tag{1-6}$$

式中,$v = 1/\sqrt{L_x C_x}$ 为波速;u_1 和 i_1 分别表示以速度 v 沿 x 正方向传播的前行电压波和电流波;u_2 和 i_2 分别表示以速度 v 沿着 x 反方向传播的反行电压波和电流波。前行电压波和前行电流波之间,以及反行电压波和反行电流波之间可通过波阻抗 $Z_c = \sqrt{L_x / C_x}$ 联系起来:

$$\begin{cases} u_1(x-vt) = Z_c i_1(x-vt) \\ u_2(x+vt) = -Z_c i_2(x+vt) \end{cases} \tag{1-7}$$

据此可以导出如下前行波特征方程和反行波特征方程:

$$\begin{cases} u(x,t) + Z_c i(x,t) = 2Z_c i_1(x-vt) \tag{1-8a} \\ u(x,t) - Z_c i(x,t) = -2Z_c i_2(x+vt) \tag{1-8b} \end{cases}$$

前行波特征方程可用图 1-5(a)所示的前行波特性线来表示,在 u-i 坐标平面上是斜率为 $-Z_c$ 的直线,反行波特征方程可用图 1-5(b)所示的斜率为 Z_c 反行波特性线来表示。特性线的位置均需由边界条件和起始条件决定。注意到若式(1-8)右端的 $x-vt$、$x+vt$ 保持恒定,则其左端的方向行波 $u+Z_c i$、$u-Z_c i$ 也保持不变,可假想成一观测者以波速 v 从全长为 l 的线路末端 m 行进至线路首端 k,如图 1-5(c)所示,所需时间为 $\tau = l/v$,在此段时间内其观测到的反向行波将始终保持恒定。上述特征方程及其物理概念是建立 Bergeron 算法的基础。Bergeron 特征线计算方法就是利用传输线波过程的特征线方程,经过一定的转换,把分布参数的线路段等值为电阻性网络,即可运用求解电阻性网络的通用方法来计算整个网络的暂态过程,即 Bergeron 特征线计算方法是把求解传输线波过程的特征线法和求解集中参数电路暂态过程的梯形法结合起来的数值计算方法。Bergeron 算法将线路及集中参数元件等效为诺顿或戴维南电路,其等效电压源或电流源中包含时间序列的递推关系,直接在电路模型下求解节点处的电压、电流值。相对于FDTD 而言,Bergeron 算法虽不便于得到整条线路上任意一点的瞬态电磁过程,但能方便地求出节点处的瞬态电磁过程,因而非常适于输电线路以及实际电力网络节点电磁瞬态响应的求解,有关 Bergeron 算法及其计算公式将在 1.2 节详细介绍。

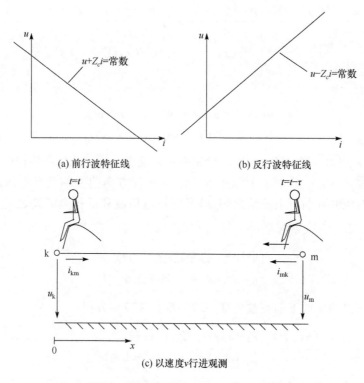

(a) 前行波特征线　　　　　　(b) 反行波特征线

(c) 以速度 v 行进观测

图 1-5　特征线沿线及行进观测示意图

1.1.2　行波的折反射与网格图描述

行波在波阻抗不连续处会发生反射和折射。Bewley 网格图通过计算与节点相连接的线路波阻抗值来算出各个节点的折反射系数,以图的形式描绘出行波的折反射,可以很清楚地观察行波的传播特征,从而获得行波过程的解析解,是计算行波的重要方法。如图 1-6(a)所示电路,若输电线路 F 处发生三相故障,过渡电阻为 R_F,则在附加电源 u_F 的作用下,线路上将出现向两端母线 M、N 运动的电压行波和电流行波,计及母线对地电容和阻波器的母线(系统)等效阻抗记为 Z_M、Z_N、Z_K,线路波阻抗为 Z_c,行波网格图如图 1-6(b)所示。

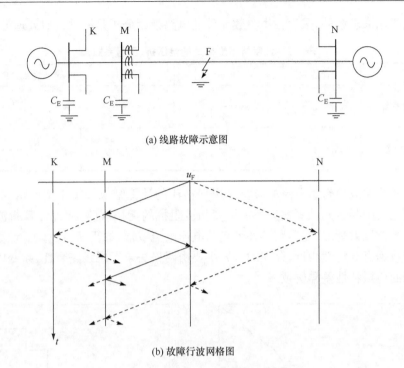

(a) 线路故障示意图

(b) 故障行波网格图

图 1-6　线路故障及其行波网格图

　　母线 M 处观测到的行波为各到达时刻行波的叠加。设行波从故障点 F 运动到母线 M 所需时间为 τ_M，传到母线 N 所需时间为 τ_N；由母线 M 传到与之相连的健全线路所连接母线 K 处所需时间为 τ_K，根据行波的折反射规律可知 M 处的暂态电压为

$$u_M(t) = (1+\beta_M)u_F(t-\tau_M) + \beta_M\beta_F(1+\beta_M)u_F(t-3\tau_M) + \beta_K(1+\beta_M)u_F(t-\tau_M-2\tau_K)$$
$$+ \beta_N\alpha_F(1+\beta_M)u_F(t-2\tau_N-\tau_M) + \cdots \tag{1-9a}$$

　　暂态电流为

$$i_M(t) = [-(1-\beta_M)u_F(t-\tau_M) - \beta_M\beta_F(1-\beta_M)u_F(t-3\tau_M) - \beta_K(1-\beta_M)u_F(t-\tau_M-2\tau_K)$$
$$- \beta_N\alpha_F(1-\beta_M)u_F(t-2\tau_N-\tau_M) + \cdots]/(Z_c+2R_F) \tag{1-9b}$$

式中，各波阻抗不连续处的电压折、反射系数如表 1-1 所示。观测母线 M 处通常有多回出线，即 M 处存在多回健全线路，因此式(1-9a)、式(1-9b)中的第三项均应理解为多回健全线路反射波的叠加。多回健全线路末端反射波给单端故障行波的检测甄别带来了一定的困难。通常视不同条件可采用以下几种方式来解决：①构造反方向行波来甄别、剔除健全线路末端反射波；②保留最短健全线路并将其余健全线路在一定的合适短窗内视为半无限长线路；③借助各回线路行波的群体幅值和相位关系来甄别、剔除健全线路末端反射波。此外，需要指出的是：①观测母线处健全线路的折射波也含有故障信息，一定条件下也是可加以利用的；②线路边界处需

要用电磁场来求解的,采用集中参数元件的电路模型分析是一种近似处理方式。

表 1-1　　波阻抗不连续处的电压折、反射系数

	母线 M	母线 N	母线 K	故障点 F
折射系数	$\alpha_M = \dfrac{2Z_M}{Z_c + Z_M}$	$\alpha_N = \dfrac{2Z_N}{Z_c + Z_N}$	$\alpha_K = \dfrac{2Z_K}{Z_c + Z_K}$	$\alpha_F = \dfrac{2R_F//Z_c}{R_F + Z_c + R_F//Z_c}$
反射系数	$\beta_M = \dfrac{Z_M - Z_c}{Z_c + Z_M}$	$\beta_N = \dfrac{Z_N - Z_c}{Z_c + Z_N}$	$\beta_K = \dfrac{Z_K - Z_c}{Z_c + Z_K}$	$\beta_F = \dfrac{R_F//Z_c - Z_c}{R_F + Z_c + R_F//Z_c}$

　　实测线路故障暂态电流波形及采用网格法的计算结果如图 1-7 所示。可见,网格图把集中参数元件等效为一定长度和波阻抗的无损线路,通过计算行波在测量点处的折反射情况,能够获得各节点的电压电流波形,原理简单、直观,计算结果与实测数据奇异特性相近,存在的差异主要由网格法未考虑线路衰耗、频变以及不同模量的传播特性差异所致。

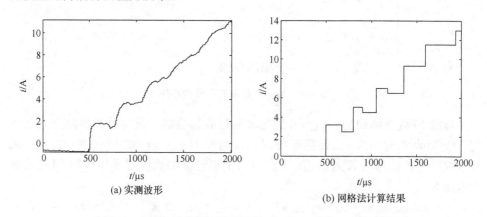

(a) 实测波形　　　　　　　　　　　　(b) 网格法计算结果

图 1-7　实测线路故障暂态电流及其网格法计算结果的比较

　　对于一个复杂网络,采用网格法计算是非常麻烦,甚至是不可实现的,主要原因为:①计算步长 Δt 选择较严格,Δt 必须很小,同时各线段传播时间必须是 Δt 的整数倍;必须保证等值线段代替其 L、C 参数的准确度;必须足够小到外加电源波形能恰当地近似。②对非线性元件模拟较为困难;③不能考虑线路参数频变。所以网格法没有得到广泛的应用。与之相对,特征线法将系统中分布参数储能元件(如输电线路)和集中参数储能元件(如 L、C)据其微分方程,通过合理的近似得到电阻与历史电流源并联的集中参数等效时域模型,使系统的暂态过程在集中参数电路中求解,由于特征线法的电量不像网络法以增量形式叠加计算,而是通过求解线性方程组直接得到,能方便地考虑元件参数的非线性和时变,计算速度快,在大规模电磁暂态计算中得到了广泛的应用,此部分内容将在 1.2 节中进一步介绍。

1.1.3　行波的耦合与色散

1. 相域行波的耦合

令 $\boldsymbol{Z}$ 为三相输电线路的三阶阻抗矩阵，$\boldsymbol{Y}$ 为三阶导纳矩阵，对于三相不换位输电线路，$\boldsymbol{Z}$、$\boldsymbol{Y}$ 为对称阵，但 $\boldsymbol{ZY} \neq \boldsymbol{YZ}$；对于三相全换位输电线路，$\boldsymbol{Z}$、$\boldsymbol{Y}$ 为平衡阵，且有 $\boldsymbol{ZY} = \boldsymbol{YZ}$。令传播常数矩阵 $\boldsymbol{P} = \boldsymbol{ZY}$，单位长度内频域电压波动方程有如下形式：

$$\begin{cases} \dfrac{\mathrm{d}^2 \dot{U}_a}{\mathrm{d}x^2} = P_{11}\dot{U}_a + P_{12}\dot{U}_b + P_{13}\dot{U}_c \\[2mm] \dfrac{\mathrm{d}^2 \dot{U}_b}{\mathrm{d}x^2} = P_{21}\dot{U}_a + P_{22}\dot{U}_b + P_{23}\dot{U}_c \\[2mm] \dfrac{\mathrm{d}^2 \dot{U}_c}{\mathrm{d}x^2} = P_{31}\dot{U}_a + P_{32}\dot{U}_b + P_{33}\dot{U}_c \end{cases} \tag{1-10}$$

不难推导电流波动方程也有类似的形式。由式(1-10)可知，三相线路各相之间存在电磁耦合，电报方程和波动方程中各相之间是互不独立的，要采用直接数值求解的方法求解该方程较困难。在长期的探索之中，产生了模式传输理论，也称为模分量分析法或相模变换技术。

模式理论基于如下假设：即 N 线传输系的传播常数矩阵 $\boldsymbol{P} = \boldsymbol{ZY}$ 总是可对角化的(20 世纪 90 年代曾有研究报道存在不可对角化情况)，则相坐标中 N 维耦合的电报方程可解耦为 N 个相互独立的模量线路方程求解，从而使问题简化。等特性阻抗模式和等传播常数模式是模式理论形成和发展过程中的两种典型学派：前者以 Adams 和 Barthold 等为代表，从理想导线和大地的阻抗矩阵 $\boldsymbol{Z}'$ 出发，以其特征值作为各个传输模式的模量上的特性阻抗，且以 $\boldsymbol{Z}'$ 的特征向量构成的矩阵作为模相变换矩阵；后者以 Wedepohl 为代表，从有损线路的传播常数矩阵 $\boldsymbol{P} = \boldsymbol{ZY}$ 出发，求出 $\boldsymbol{P}$ 的特征值的平方根作为各个模式的传播常数，以 $\boldsymbol{P}$ 的特征向量矩阵作为模相变换矩阵。Wedepohl 的理论得到了广泛的支持，该模式理论物理概念清楚，具有完整的体系，求出一点的模电压电流后即可按其对应的传播常数计算传输系任意一点的模量。

在 $\boldsymbol{ZY}$ 可对角化的前提下，记电压变换矩阵为 $\boldsymbol{T}_u$，电流变换矩阵为 $\boldsymbol{T}_i$。进行相模变换后的波动方程记为

$$\begin{cases} \dfrac{\mathrm{d}^2 \dot{U}_m}{\mathrm{d}x^2} = (\boldsymbol{T}_u^{-1}\boldsymbol{ZY}\boldsymbol{T}_u)U_m = \boldsymbol{Z}_m\boldsymbol{Y}_m\dot{U}_m = \boldsymbol{\gamma}_u^2\dot{U}_m \\[2mm] \dfrac{\mathrm{d}^2 \dot{I}_m}{\mathrm{d}x^2} = (\boldsymbol{T}_i^{-1}\boldsymbol{YZ}\boldsymbol{T}_i)\dot{I}_m = \boldsymbol{Y}_m\boldsymbol{Z}_m\dot{I}_m = \boldsymbol{\gamma}_i^2\dot{I}_m \end{cases} \tag{1-11}$$

式中，$m = 0, 1, 2$；$\boldsymbol{Z}_m$ 和 $\boldsymbol{Y}_m$ 分别称为单位长度线路的串联模阻抗矩阵和并联模导纳矩阵；$\boldsymbol{\gamma}_u^2$ 和 $\boldsymbol{\gamma}_i^2$ 分别称为模电压和模电流分量波动方程的传播系数矩阵。求解

出模量形式的 $\dot{U}_m$ 与 $\dot{I}_m$ 后,利用 T_u、T_i 进行模相变换,则可求得相量形式上的电压电流分量。

相模变换计算的关键在于 T_u、T_i 的求取。对于全换位输电线,可利用 Karenbauer 或 Clarke 变换阵进行相模及模相转换,较为常用的解耦变换矩阵如表 1-2 所示。表中的对称分量变换、Clarke 变换和 Karenbauer 变换均为静止变换,而 Park 变换为旋转变换,如图 1-8 所示,并可由 Clarke 变换乘以旋转因子导出,dq 分量和 $\alpha\beta$ 分量之间满足

$$\begin{bmatrix} V_d \\ V_q \end{bmatrix} = \begin{bmatrix} \cos\theta & \sin\theta \\ -\sin\theta & \cos\theta \end{bmatrix} \begin{bmatrix} V_\alpha \\ V_\beta \end{bmatrix} \tag{1-12}$$

表 1-2　常用解耦变换

	变换矩阵(模相变换)	反变换矩阵(相模变换)
对称分量变换 (1) $\hbar=1$; (2) $\hbar=\sqrt{3}$ Fortescue 变换 (功率表达形式不变)	$T_{0,1,2}^{a,b,c}=\dfrac{1}{\hbar}\begin{bmatrix} 1 & 1 & 1 \\ 1 & \alpha^2 & \alpha \\ 1 & \alpha & \alpha^2 \end{bmatrix}$	$T_{a,b,c}^{0,1,2}=\dfrac{\hbar}{3}\begin{bmatrix} 1 & 1 & 1 \\ 1 & \alpha & \alpha^2 \\ 1 & \alpha^2 & \alpha \end{bmatrix}$
Clarke 变换 (功率表达形式不变)	$T_{0,\alpha,\beta}^{a,b,c}=\sqrt{\dfrac{2}{3}}\begin{bmatrix} \dfrac{1}{\sqrt{2}} & 1 & 0 \\ \dfrac{1}{\sqrt{2}} & -\dfrac{1}{2} & \dfrac{\sqrt{3}}{2} \\ \dfrac{1}{\sqrt{2}} & -\dfrac{1}{2} & -\dfrac{\sqrt{3}}{2} \end{bmatrix}$	$T_{a,b,c}^{0,\alpha,\beta}=\sqrt{\dfrac{2}{3}}\begin{bmatrix} \dfrac{1}{\sqrt{2}} & \dfrac{1}{\sqrt{2}} & \dfrac{1}{\sqrt{2}} \\ 1 & -\dfrac{1}{2} & -\dfrac{1}{2} \\ 0 & \dfrac{\sqrt{3}}{2} & -\dfrac{\sqrt{3}}{2} \end{bmatrix}$
Park 变换 (功率表达形式不变)	$T_{0,d,q}^{a,b,c}=$ $\sqrt{\dfrac{2}{3}}\begin{bmatrix} \dfrac{1}{\sqrt{2}} & \cos\theta & -\sin\theta \\ \dfrac{1}{\sqrt{2}} & \cos(\theta-120°) & -\sin(\theta-120°) \\ \dfrac{1}{\sqrt{2}} & \cos(\theta+120°) & -\sin(\theta+120°) \end{bmatrix}$	$T_{a,b,c}^{0,d,q}=$ $\sqrt{\dfrac{2}{3}}\begin{bmatrix} \dfrac{1}{\sqrt{2}} & \dfrac{1}{\sqrt{2}} & \dfrac{1}{\sqrt{2}} \\ \cos\theta & \cos(\theta-120°) & \cos(\theta+120°) \\ -\sin\theta & -\sin(\theta-120°) & -\sin(\theta+120°) \end{bmatrix}$
Karenbauer 变换	$T_{0,\alpha,\beta}^{a,b,c}=\begin{bmatrix} 1 & 1 & 1 \\ 1 & -2 & 1 \\ 1 & 1 & -2 \end{bmatrix}$	$T_{a,b,c}^{0,\alpha,\beta}=\dfrac{1}{3}\begin{bmatrix} 1 & 1 & 1 \\ 1 & -1 & 0 \\ 1 & 0 & -1 \end{bmatrix}$

对于规格化正交变换矩阵 T,其所有列向量模为 1,变换前后的三相功率表达形式不变,即满足

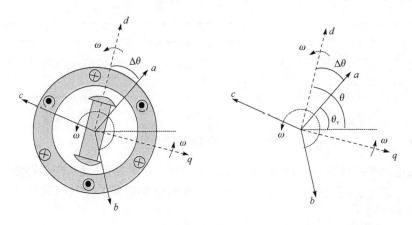

图 1-8　dq 旋转坐标系

$$P_{3\phi}=\mathrm{Re}(\dot{\boldsymbol{U}}_{\mathrm{ph}}^{\mathrm{T}}\overset{*}{\boldsymbol{I}}_{\mathrm{ph}})=\mathrm{Re}[\dot{\boldsymbol{U}}_{m}^{\mathrm{T}}(\boldsymbol{T}^{\mathrm{T}}\boldsymbol{T})\overset{*}{\boldsymbol{I}}_{m}]\mathrm{Re}(\dot{\boldsymbol{U}}_{m}^{\mathrm{T}}\overset{*}{\boldsymbol{I}}_{m}) \tag{1-13}$$

　　通常,线路由于地理位置的局限,不可能在线路全长均达到换位要求,因此实际线路多为不换位线路,此时 $\boldsymbol{Z}$、$\boldsymbol{Y}$ 为对称阵而非平衡阵,即 $\boldsymbol{ZY}\ne\boldsymbol{YZ}$。表 1-2 中恒定变换矩阵不可直接利用,需要根据阻抗及导纳阵求取。对于含有避雷线的耦合线路,受工程技术条件所限,避雷线难以逐塔接地,杆塔本身是多波阻抗传输系且杆塔接地体本身也相当于一个低值有感电阻,因此根据避雷线两端接地的理想边界条件消去避雷线的降阶处理对电磁暂态计算是有误差的。

　　Karenbauer 变换因其矩阵结构简单对称,无须复数计算,易于推广到 n 相均匀换位的输电线路而较常用,n 相线路的 Karenbauer 变换矩阵形式如下:

$$\boldsymbol{T}=\begin{bmatrix}1 & 1 & \cdots & 1 \\ 1 & 1-n & \cdots & 1 \\ \vdots & \vdots & & \vdots \\ 1 & 1 & \cdots & 1-n\end{bmatrix} \tag{1-14a}$$

$$\boldsymbol{T}^{-1}=\begin{bmatrix}1 & 1 & 1 & \cdots & 1 \\ 1 & -1 & 0 & \cdots & 0 \\ 1 & 0 & -1 & \cdots & 0 \\ \vdots & \vdots & \vdots & & \vdots \\ 1 & 0 & 0 & \cdots & -1\end{bmatrix} \tag{1-14b}$$

　　现以三相 Karenbauer 变换矩阵为例说明各模量间的关系,模量中的第一个模量即"0"模分量,$i_0=(i_a+i_b+i_c)/3$,是以大地为回路的地中模量或称零模,如图 1-9(a)所示。第二、三个模量 α 模、β 模,分别为 $i_\alpha=(i_a-i_b)/3$、$i_\beta=(i_a-i_c)/3$,如图 1-9(b)和(c)所示,是以导线为回路的空间模量或称线模。

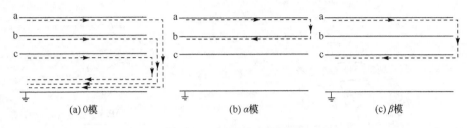

(a) 0 模　　　　　　　　(b) α 模　　　　　　　(c) β 模

图 1-9　三相线路的模分量

在电磁暂态计算时,通常的处理是将大地视为均匀的零电位,在线路走廊地带有同一电阻率、导磁率和介电常数。这是大地沿线路纵向的参数折算到三相线路中的结果。

具体分析如下,单位长度三相线路模型如图 1-10(a)所示。当导线对地高度和线路间距离远小于高频信号的波长时,信号能量就不会辐射出去,单位长线路阻抗的电压电流关系为

$$
\begin{bmatrix} u_a - u_a' \\ u_b - u_b' \\ u_c - u_c' \\ u_e - u_e' \end{bmatrix} =
\begin{bmatrix}
R_0' + j\omega L_0' & & & \\
j\omega M_0' & R_0' + j\omega L_0' & & \\
j\omega M_0' & j\omega M_0' & R_0' + j\omega L_0' & \\
j\omega M_e' & j\omega M_e' & j\omega M_e' & R_e' + j\omega L_e'
\end{bmatrix}
\begin{bmatrix} i_a \\ i_b \\ i_c \\ i_e \end{bmatrix}
\tag{1-15a}
$$

利用 $i_a + i_b + i_c + i_e = 0$, $u_a = u_b = u_c = u_e$,并考虑到 $u_e = 0$,可对式(1-15a)降阶,得

$$
\begin{bmatrix} u_a \\ u_b \\ u_c \end{bmatrix} =
\begin{bmatrix}
R_0' + j\omega L_0' & & \\
R^* + j\omega M_0' & R_0' + j\omega L_0' & \\
R^* + j\omega M_0' & R^* + j\omega M_0' & R_0' + j\omega L_0'
\end{bmatrix}
\begin{bmatrix} i_a \\ i_b \\ i_c \end{bmatrix}
\tag{1-15b}
$$

式中

$$
\begin{cases} R_0 = R_0' + R_e' \\ L_0 = L_0' + L_e' - 2M_e' \end{cases},
\qquad
\begin{cases} R^* = R_e' \\ M_0 = L_e' + M_0' - 2M_e' \end{cases}
$$

由式(1-15)可作图 1-10(b)所示的单位长度等值三相线路模型。

由式(1-15)可知,图 1-10 中的线路参数 R_0、L_0 和 M_0 都含有大地参数 R_e'、L_e' 和 M_e'。通过对其降阶,大地参数折算到线路参数部分中。由于大地参数频变特性远比导线本身的频变严重,因而,理论上通过相通道相减运算构造出线模通道则能够抵消大地参数频变的影响,仅剩导线本身的集肤效应所致的较微弱的参数频变;通过相通道叠加构造出的零模通道包含大地参数,因此频变严重。换言之,零模通道传播参数显著区别于线模通道是由于计及大地频变和土壤电阻率。

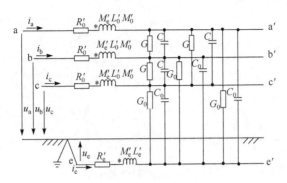

(a) 大地参数折算前的三相线路模型

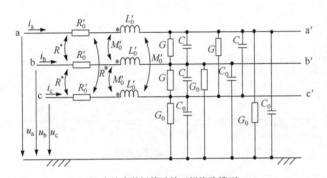

(b) 大地参数折算后的三相线路模型

图 1-10　单位长度等值三相线路模型

模量通道对行波的衰减可用下式计算：

$$A = \mathrm{e}^{-\mathrm{Re}[\gamma(s)]l} \tag{1-16}$$

式中，A 为放大系数，恒小于 1 但大于 0；$\mathrm{Re}[\,\cdot\,]$ 表示取复数的实部；s 为复频率；$\gamma(s)$ 为线路的传播系数，它是频率的函数；l 为线路长度。图 1-11 为不同大地电阻率、不同频率下各个模量在传播 300km 后的衰减情况。从图中可以看出，各模的衰减特性随大地电阻率变化不大，但衰减特性随频率变化比较大。线模通道的通频带很宽，线模行波在传播 300km 后波形几乎不会畸变；0 模通道的通频带非常窄，仅为 1kHz 左右。

模量通道间传播参数的差异导致了相域上沿两类模量通道传播的行波分量将相继到达观测点，致使测到的相域行波波头产生缺损，该缺损的严重程度和观测点处波头标定方式决定了是否有必要采用相模变换来解耦。以电流行波为例，固定观测点为线路首端，图 1-12 给出了一条全长 270km 的 500kV 线路距观测点 220km 处发生单相故障时从故障点处开始每隔 20km 设置故障，故障初始行波传播至观测点的故障电流波形。可以发现，由于不同模量通道速度差异不大，故障相电流行波开始传播的前 20km 内几乎未有波头缺损，因此此时无解耦的必要；随着

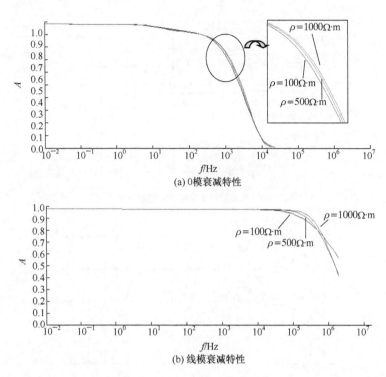

(a) 0 模衰减特性

(b) 线模衰减特性

图 1-11　不同大地电阻率在不同频率下各模量通道的衰减特性

传播距离的增大,这种波速差异的累积效应致观测点处的相电流故障行波波头"缺损"逐渐显现,但直观上看,相电流行波波头仍能较好地反映线模主导特征。

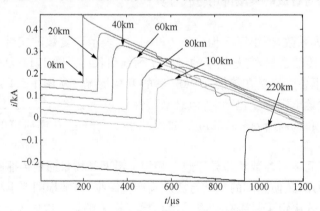

图 1-12　经不同距离传播的故障相电流行波

现用 $i_{m,v}$ 表征故障点处的模分量电流大小及其传播通道,近似认为线路平衡,线模通道具有相同的传播特性,则三相线路观测点处的故障相电流 i 可表示为如下形式：

$$i = i_{0,\text{zero}} + k_\alpha i_{\alpha,\text{aero}} + k_\beta i_{\beta,\text{aero}} = i_{\text{phase,aero}} + \Delta i_0 \tag{1-17}$$

式中，$i_{\text{phase,aero}} = i_{0,\text{aero}} + k_\alpha i_{\alpha,\text{aero}} + k_\beta i_{\beta,\text{aero}}$ 可视为假设故障点处对应故障相电流按线模通道传播至观测点的分量；k_α、k_β 为变换系数，与相模变换矩阵和基准相选取有关；$i_{0,\text{aero}}$ 表示故障点处零模电流按零模通道传播至观测点部分；$i_{\alpha,\text{aero}}$、$i_{\beta,\text{aero}}$ 表示故障点处的线模电流按线模通道传播至观测点部分；$\Delta i_0 = i_{0,\text{zero}} - i_{0,\text{aero}}$ 可视为计及零模与线模通道传播规律差异所致的观测点处相电流波形的缺损。可知，由 Δi_0 所致的相模行波与线模行波间差异仅与故障点 i_0、线模与零模通道传播差异及故障位置有关，而与相模变换矩阵形式无关。故障点 i_0 主要由故障类型决定，相间故障和三相对称接地故障无零模分量，$\Delta i_0 = 0$；两相接地故障 i_0 也较小；对于 i_0 最大的单相接地故障，故障点处 $i_0 = i_{\text{phase}}/3$，即使认为其传播至观测点处完全衰减，即 $i_{0,\text{aero}} = 0$，则 $\Delta i_0 = i_{\text{phase}}/3$，观测点处故障相电流 i 中线模成分仍占 $2/3$。考虑到实际中零模分量仅衰耗一部分，且输电线路多采用复合避雷线（OPGW），必须外壳逐塔接地，这些使得零模通道波速和衰耗特性更进一步接近线模通道的，致使 $\Delta i_0 \ll i_{\text{phase}}/3$，即观测点处故障相电流 i_{phase} 中仍以线模成分占主导。因此，可直接使用故障相电流进行故障行波分析。图 1-13（见文后彩图）为 220kV 线路距观测点 107km 发生单相故障时的故障相电流 i_{phase} 现场实录波形及其变换得到的线模电流 $3i_{\text{aero}}$ 和零模电流 $3i_{\text{zero}}$。可见，经 214km 长行波路径的传播，故障点反射波中的零模电流的大部分低频成分仍按近似线模通道的规律传播，其中仅有少量高频分量发生了衰耗，加之零模电流总量占故障相电流的不足 $1/3$，故障相电流与线模电流在故障点反射波的波头上升沿具有一致性，此特性很重要，应予以足够重视和应用。此外，考虑到受二次侧行波记录装置中高速采集通道的固有偏置、噪声，以及通道间信号采集的同步误差和通道故障等因素影响，通过两通道采集的相电流相减构造线模分量可能引入额外的奇异性，而故障相电流能够较好地反映线模电流的特征，故波形图的显示和后续波头标定均直接选取相电流通道数据进行，并选用线模波速值进行测距。这样，对于相间故障和全相故障也能够具有冗余性和通道容错性。

对于 35kV 及其以下电压等级的配电线路，虽然不带避雷线，线模、零模通道波速差异较输电线路相对稍微显著一些，然而由于其线路长度短（通常在几十千米内），故障行波用非常短的时间传至观测点，因通道波速差导致观测点处相分量故障行波波头的缺损亦不甚显著，因而仍可直接使用故障相电流进行故障行波分析以及相应的应用研究。

图 1-14 为由仿真获取的不同电压等级的线路长度为 50km 的线路距观测点 40km 处发生单相故障时的故障相电流初始行波和故障点反射波。为便于对比相电流初始行波的陡度和波头缺损程度，对电流幅值进行了归算。可见，在相同故障距离下，随着线路电压等级的降低，观测点处相电流波头的缺损将逐渐明显，但相

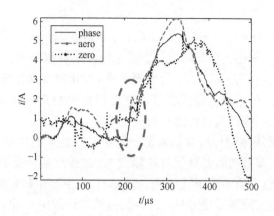

图 1-13　实际在运线路实际闪络实录故障相电流与模量电流浪涌特征一致性

电流中仍以最早到的线模成分为主导,相电流行波能够有效反映线模行波的浪涌特征。

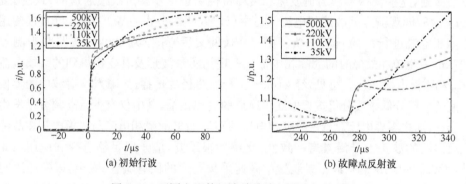

(a) 初始行波　　　　　　　　　　　(b) 故障点反射波

图 1-14　不同电压等级线路故障相电流初始行波

2. 故障行波的模量耦合

输电线路发生不对称故障时,线路部分三相参数对称,可以利用相模变换进行解耦,然而,行波分量虽然在线路上完全解耦,但在故障点处则不一定可完全解耦;根据故障类型的不同,线模和零模行波将在故障点处发生不同程度的交叉透射,定义为模量行波耦合。现分析如下:以如图 1-15(a)所示的电路来模拟输电线路上的故障,将其做星网等值变换可得图 1-15(b)。

由图 1-15(b)所示电路可得线路 ABCG 故障过渡电导矩阵为如下形式:

$$G_{\mathrm{f}}^{\mathrm{ph}} = \begin{bmatrix} G_{ab}+G_{ac}+G_{ad} & -G_{ab} & -G_{ac} \\ -G_{ab} & G_{ab}+G_{bc}+G_{bd} & -G_{bc} \\ -G_{ac} & -G_{bc} & G_{ac}+G_{bc}+G_{cd} \end{bmatrix} \tag{1-18}$$

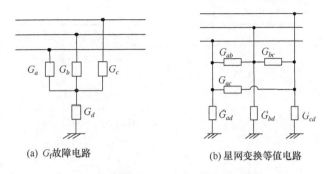

(a) G_f故障电路　　　　　　　　(b) 星网变换等值电路

图 1-15　故障等效电路及星网变换等值电路

式中有如下关系成立：

$$G_{ab}=G_aG_b/(G_a+G_b+G_c+G_d) \tag{1-19a}$$

$$G_{bc}=G_bG_c/(G_a+G_b+G_c+G_d) \tag{1-19b}$$

$$G_{ac}=G_aG_c/(G_a+G_b+G_c+G_d) \tag{1-19c}$$

$$G_{ad}=G_aG_d/(G_a+G_b+G_c+G_d) \tag{1-19d}$$

$$G_{bd}=G_bG_d/(G_a+G_b+G_c+G_d) \tag{1-19e}$$

$$G_{cd}=G_cG_d/(G_a+G_b+G_c+G_d) \tag{1-19f}$$

对 G_a、G_b、G_c、G_d 取不同的值即可等效模拟各种故障类型。记 $G_{ab}=G_{bc}=G_{ac}=G_p$、$G_{ad}=G_{bd}=G_{cd}=G_q$，则各故障类型的相域形式的过渡电导矩阵如表 1-3 所示。

表 1-3　不同故障的相域过渡电导矩阵

故障类型	相域过渡电导矩阵 G
a-g	$\begin{bmatrix} G_p & 0 & 0 \\ 0 & 0 & 0 \\ 0 & 0 & 0 \end{bmatrix}$
b-g	$\begin{bmatrix} 0 & 0 & 0 \\ 0 & G_p & 0 \\ 0 & 0 & 0 \end{bmatrix}$
c-g	$\begin{bmatrix} 0 & 0 & 0 \\ 0 & 0 & 0 \\ 0 & 0 & G_p \end{bmatrix}$
a-b	$\begin{bmatrix} 2G_q & -G_q & 0 \\ -G_q & 2G_q & 0 \\ 0 & 0 & 0 \end{bmatrix}$
b-c	$\begin{bmatrix} 0 & 0 & 0 \\ 0 & 2G_q & -G_q \\ 0 & -G_q & 2G_q \end{bmatrix}$

故障类型	相域过渡电导矩阵 $\boldsymbol{G}$
a-c	$\begin{bmatrix} 2G_q & 0 & -G_q \\ 0 & 0 & 0 \\ -G_q & 0 & 2G_q \end{bmatrix}$
a-b-g	$\begin{bmatrix} G_p+G_q & -G_q & 0 \\ -G_q & G_p+G_q & 0 \\ 0 & 0 & 0 \end{bmatrix}$
b-c-g	$\begin{bmatrix} 0 & 0 & 0 \\ 0 & G_p+G_q & -G_q \\ 0 & -G_q & G_p+G_q \end{bmatrix}$
a-c-g	$\begin{bmatrix} G_p+G_q & 0 & -G_q \\ 0 & 0 & 0 \\ -G_q & 0 & G_p+G_q \end{bmatrix}$
a-b-c	$\begin{bmatrix} G_p+G_q & -G_q & -G_q \\ -G_q & G_p+G_q & -G_q \\ -G_q & -G_q & G_p+G_q \end{bmatrix}$
a-b-c-g	$\begin{bmatrix} 2G_q+G_p & -G_q & -G_q \\ -G_q & 2G_q+G_p & -G_q \\ -G_q & -G_q & 2G_q+G_p \end{bmatrix}$

以三相对称接地故障为例,其相域的故障过渡电导矩阵为

$$\boldsymbol{G}_{\mathrm{f}}^{\mathrm{ph}} = \begin{bmatrix} 2G_p+G_q & -G_q & -G_q \\ -G_q & 2G_p+G_q & -G_q \\ -G_q & -G_q & 2G_p+G_q \end{bmatrix} \tag{1-20}$$

经 Karenbauer 变换可得模域形式的过渡电导矩阵为

$$\boldsymbol{G}_{\mathrm{f}}^{\mathrm{m}} = \begin{bmatrix} 2G_p-G_q & 0 & 0 \\ 0 & 2G_p+2G_q & 0 \\ 0 & 0 & 2G_p+2G_q \end{bmatrix} \tag{1-21}$$

可见,当系统发生三相对称故障时,相域故障过渡电导矩阵为平衡阵,进行相模变换后,模域的过渡电导矩阵为对角阵,可实现完全解耦;当系统发生不对称接地时,以单相接地故障为例,相域及经相模变换后模域的故障过渡电导矩阵分别为如下形式:

$$G_f^{ph} = \begin{bmatrix} G_{ad} & 0 & 0 \\ 0 & 0 & 0 \\ 0 & 0 & 0 \end{bmatrix} \tag{1-22}$$

$$G_f^m = \frac{1}{3} \begin{bmatrix} G_{ad} & G_{ad} & G_{ad} \\ G_{ad} & G_{ad} & G_{ad} \\ G_{ad} & G_{ad} & G_{ad} \end{bmatrix} \tag{1-23}$$

此时模域过渡电导矩阵为满阵,反映到线路上是零模分量与线模分量将在故障点处交叉透射,即计算零模分量的当前值时,线模分量也存在一个确定的值。故障点处存在模量行波耦合。沿线模通道传播的行波到达故障点,一部分将继续沿原来的模量通道行进传播并于该故障点处发生折反射,另一部分则透射至零模通道行进传播;同理,沿零模通道传播的行波到达故障点,一部分在零模通道上于故障点处发生折反射,而另一部分于故障点处也将向线模通道发生透射。经推导能够得出,对于线模通道行波,故障点处折射至线模通道的折射系数为 $(6R+Z_0)/[2(Z_0+2Z_1+6R)]$,折射至零模通道的折射系数为 $-Z_1/(Z_0+2Z_1+6R)$,反射回线模通道和零模通道的反射系数均为 $-2Z_1/(Z_0+2Z_1+6R)$;对于零模通道行波,折射至零模通道的折射系数为 $(6R+2Z_1)/[2(Z_0+2Z_1+6R)]$,折射至线模通道的折射系数为 $-Z_0/[2(Z_0+2Z_1+6R)]$,反射回零模通道和线模通道的系数均为 $-Z_0/(Z_0+2Z_1+6R)$。

图 1-16 给出了零模行波折反射网格图,线模行波的折反射情况与之类似。当故障发生时,零模初始行波到达母线 M 后发生反射。当该零模反射波到达故障点时,由于耦合现象,其中一部分转化为线模分量后发生反射,即图中故障点反射波的实线部分;另一部分仍为零模分量发生反射,即图中故障点反射波的虚线部分,折射行波遵循同样的规律。线模分量的反射波到达故障点 f 后的折反射类似。即对于线路上不完全解耦的线模分量而言,故障点反射波由两个先后到达的分量组成:第一个分量为原本固有的线模反射分量,第二个为零模耦合反射分量,两个行波分量均以线模波速向母线 M 行进传播。故障点反射波在到达母线并反射至故障点时,将再次发生模量交叉透射。母线 N 的反射波透过故障点向母线 M 传播时,同样会在故障点发生模量交叉透射。因此使得理论上在母线 M 处的行波现象非常复杂,如图 1-17 所示。

需要指出的是,图 1-17 是为了突显模量交叉透射的效果而采用线模、零模量完全独立变量且其通道波速恒定的 Bergeron 模型仿真得到的。实际中,线模、零模通道的传播速度和衰减常数均随频率变化,使得故障点处行波交叉透射现象远非如图 1-17 那样显著。

由于模量通道是现实既有的、静态的,而模量通道中所传输的故障行波成分是动态的,因此利用单端数据进行故障行波分析时需特别注意以下几点:①只有在当

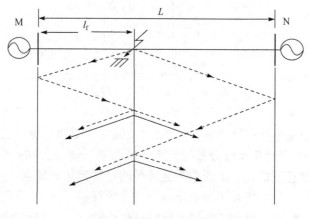

图 1-16　零模行波网格图

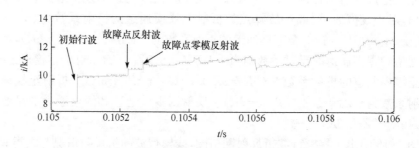

图 1-17　线模电流行波及波头含义

故障行波同时向线模零模通道注入和模量过渡电导矩阵为满阵这两个条件同时满足时才发生模量行波交叉透射,换言之,模量行波交叉透射仅在非对称接地故障时出现;②分析模量通道中的交叉透射波不能全程采用该通道的波速,而需要根据传播路径分段采用所沿模量通道传播的波速;③模量通道的波速差异导致来自线模通道上和零模通道上的行波分量相继发生交叉透射,就观测点而言,是否可分辨主要取决于在分辨率下两类行波的到达时间间隔和幅值、陡度,前者由故障距离决定,后者由故障强弱模态如由故障过渡电阻、故障初相角等决定,因而在架空避雷线逐塔接地时致使线模与零模波速的差异不明显,以及在短线路、线路近端故障、金属性非对称接地故障等线模、零模通道中的行波传播趋于一致的情况下,无须做相模变换而也可以在故障相上进行行波分析和测距应用。

3. 行波的色散

行波传播速度和衰减常数随频率变化的现象称为色散。色散可由模量下的波动方程导出。三相线路在模域的波动方程可以表示为

$$\begin{cases} \dfrac{\mathrm{d}^2\,\dot{\boldsymbol{V}}_m}{\mathrm{d}x^2} = \boldsymbol{\varGamma}_m^2\dot{\boldsymbol{V}}_m \\[3mm] \dfrac{\mathrm{d}^2\,\dot{\boldsymbol{I}}_m}{\mathrm{d}x^2} = \boldsymbol{\varGamma}_m^2\dot{\boldsymbol{I}}_m \end{cases} \tag{1-24}$$

令矩阵 $\boldsymbol{\varGamma}_m^2$ 的对角元素为 $\gamma_m^2(\omega)$，其中 m 为模域标注也作模分量序号，则方程的通解可记为

$$\begin{cases} V_m(x,\omega) = V_m^+(x,\omega) + V_m^-(x,\omega) \\ I_m(x,\omega) = I_m^+(x,\omega) + I_m^-(x,\omega) \end{cases} \tag{1-25}$$

式(1-25)可理解为频域内的各模电压及电流由各模的正向行波及反向行波组成。根据电压、电流行波与模量波阻抗的关系可导出

$$\begin{cases} V_m^+(x,\omega) = \dfrac{1}{2}\big[V_m(x,\omega) + Z_{m,c}(\omega)I_m(x,\omega)\big] \\[3mm] V_m^-(x,\omega) = \dfrac{1}{2}\big[V_m(x,\omega) - Z_{m,c}(\omega)I_m(x,\omega)\big] \end{cases} \tag{1-26}$$

式中，$Z_{m,c}(\omega) = \sqrt{Z_m/Y_m}$ 称为模量波阻抗。

三相线路的模传播常数 γ 由模衰减常数 α 和模相位常数 β 构成，三者之间的关系由下式决定：

$$\gamma_m(\omega) = \sqrt{Z_m(\omega)Y_m(\omega)} = \sqrt{[R_m(\omega)+\mathrm{j}\omega L_m(\omega)](G_m+\mathrm{j}\omega C_m)} = \alpha_m(\omega) + \mathrm{j}\beta_m(\omega) \tag{1-27}$$

对于频率为 ω 的模行波分量，$\alpha_m(\omega)$ 描述了行波在传播过程中的幅度衰减特性，称为衰减常数；$\beta_m(\omega)$ 描述了行波在传播过程中的相位滞后性质，称为相位常数。对于任一频率分量，无论是正向模行波分量，还是反向模行波分量，随着波的前进，幅度将减小而相位将滞后，且有下述关系成立：

$$\alpha_m(\omega) = \sqrt{\dfrac{1}{2}\sqrt{[R_m^2(\omega)+\omega^2 L_m^2(\omega)](G_m^2+\omega^2 C_m^2)} + \dfrac{1}{2}[R_m(\omega)G_m - \omega^2 L_m(\omega)C_m]} \tag{1-28}$$

$$\beta_m(\omega) = \sqrt{\dfrac{1}{2}\sqrt{[R_m^2(\omega)+\omega^2 L_m^2(\omega)](G_m^2+\omega^2 C_m^2)} - \dfrac{1}{2}[R_m(\omega)G_m - \omega^2 L_m(\omega)C_m]} \tag{1-29}$$

考虑到实际输电线路的电导非常小，可忽略不计，式(1-28)和式(1-29)可简化为

$$\alpha_m(\omega) = \sqrt{\dfrac{1}{2}\omega C_m\sqrt{[R_m^2(\omega)+\omega^2 L_m^2(\omega)]} - \dfrac{1}{2}\omega^2 L_m(\omega)C_m} \tag{1-30}$$

$$\beta_m(\omega) = \sqrt{\dfrac{1}{2}\omega C_m\sqrt{[R_m^2(\omega)+\omega^2 L_m^2(\omega)]} + \dfrac{1}{2}\omega^2 L_m(\omega)C_m} \tag{1-31}$$

模量波速及波阻抗分别定义为

$$v_m(\omega) = \frac{\omega}{\beta_m(\omega)} \tag{1-32}$$

$$Z_{m,c}(\omega) = \sqrt{\frac{Z_m(\omega)}{Y_m(\omega)}} = \sqrt{\frac{R_m(\omega)+j\omega L_m(\omega)}{G_m+j\omega C_m}} = |Z_{m,c}(\omega)|\,e^{j\theta_{m,c}(\omega)} \tag{1-33}$$

式中

$$|Z_{m,c}(\omega)| = \sqrt[4]{\frac{R_m^2(\omega)+\omega^2 L_m^2(\omega)}{G_m^2+\omega^2 C_m^2}} \tag{1-34}$$

$$\theta_{m,c}(\omega) = \frac{1}{2}\left[\arctan\frac{\omega L_m(\omega)}{R_m(\omega)} - \arctan\frac{\omega C_m}{G_m}\right] \tag{1-35}$$

不同频率的行波分量下不同衰减常数导致行波传播发生的波形畸变称为振幅畸变;由同频率的行波分量下不同的传播速度所致暂态波形的畸变称为相位畸变。由于实际线路并非无损线路,且参数存在依频特性,因而行波在传播过程中会同时存在振幅畸变与相位畸变。线路模参数随频率的变化曲线是光滑的,如图1-18所示。对于某一单独的模行波分量而言,其中各频率分量传播速度随频率降低而连续滞后的特性使得该行波浪涌的波头部分在传播过程中变得越来越平缓,如图1-19所示的故障点反射波。总体来说,在行波信号有效频带(十几千赫兹至几百千赫兹)内,线模波速随频率和大地电阻率变化很小,实际应用中一般认为线模的波速为恒定。架空线路线模波速值约为光速的98%。表1-4给出了不同电压等级线路典型杆塔布置下50Hz频率的线模波速理论计算结果。可见,对于110kV及以上线路,架空避雷线的存在,相当于减小了导线等值对地高度(由导线对地高度变为了导线对架空避雷线高度),导线等值对地高度的减小使对地电容增大,因此其波速较不含架空避雷线的35kV线路略有降低,且随着电压等级的降低,导线与避雷线间距

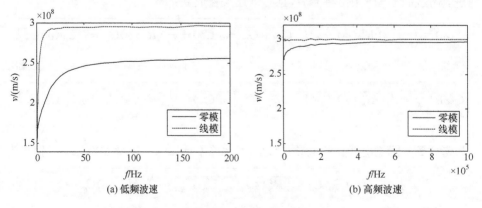

(a) 低频波速　　　　　　　　　　　(b) 高频波速

图1-18　架空线路模量波速与频率的关系

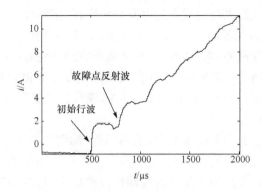

图 1-19　实际线路实际故障的实录电流行波波形

逐渐减小,线模波速逐渐减小。需要指出的是,由于线路具有弧垂,将理论波速值直接用于行波测距会导致单端法测距结果偏近,而采用由大量历史故障数据折算出的经验波速值往往更加有效。此外,避雷线的存在,尤其是逐塔接地,还将使零模通道的传播特性趋近于线模通道。关于零模波速将结合具体算例在第 2、4 章中进一步讨论。

表 1-4　不同电压等级架空线路 50Hz 频率下线模波速的理论计算值

线路类型/kV	500	220	110	35	10
线模波速/(m/s)	2.939×10^8	2.937×10^8	2.934×10^8	2.947×10^8	2.935×10^8

1.1.4　故障行波及其影响检测标定效果的主要因素

1. 故障行波的产生和传播及行波测距简述

线路故障时,可根据叠加定理将故障网络等效为故障前的正常网络和故障附加网络的叠加,从而利用故障附加网络对故障分量单独进行分析。在短路点故障附加电势合闸作用下,线路故障点处将产生行波,沿故障线路传播并经线路端母线向整个电网传播,并在波阻抗不连续点处发生折、反射。行波测距就是根据测量多次行波到达行波观测点的时差来计算故障距离的。

行波测距原理主要有 A、B、C、D 四种基本类型。其中,A 型原理根据故障后最先到达观测点的初始行波及其后续在故障点的首次反射波到达时间差来计算故障位置;B 型原理在线路收信端测量点感受到故障初始行波时启动计数器,而发信端测量点感受到故障初始行波时启动发信机向收信端发信,当收信端侧接收到来自发信端的信号时停止计数,获得行波在故障点与发信端之间往返一次的传播时间,计算得到故障位置;C 型原理通过向故障线路上注入高压脉冲信号,测量该脉冲信号在测量点与故障点间往返一次的传播时间来计算故障位置;D 型原理根据初始行波到达故障线路两端测量点的时间差来计算故障位置。B 型原理由于需要精确测定收发信通道的延时,未得到广泛应用;C 型原理由于需要脉冲注入装置,且只能适用于永久性故障,未在瞬时性故障频发的架空线上获得广泛应用,但该原理在电力电缆上获得了成功的离线应用并沿用至今;A 型和 D 型原理由于无须附加脉冲信号发生装置,受到了更为广泛的关注,现代行波测距也主要是在这两种原理基础上发展而来的。

　　故障初始行波的幅值和陡度最强,最易捕捉、标定与识别。对于行波观测点,最早到达该站的行波必是初始行波,根据该特性产生了由故障线路两端变电站初始行波到达时差来计算故障点距离的双端行波测距原理,进而发展出能够对链式拓扑线路实现测距范围延拓的广域双端行波测距。如图 1-20(a)所示,根据 BC 线路上故障产生的初始行波到达 B、C 变电站的时差确定故障位置为传统双端行波测距;考虑到初始行波到达 B、C 母线处将折射并继续传播至各自健全线的对端母线,广域双端行波测距即通过初始行波到达 A、D 变电站的时差确定 BC 线路上的故障位置,而对于两端采用不同厂家行波记录装置的线路使用双端测距时,还需要借助确定的信号来获得两侧参考时钟的同步误差并将其在测距公式中进行修正。此外,若存在环网,则初始行波到达观测站有多条通路,此时,观测站除了感受到经最短路径到达该站的故障初始行波外,还将感受到经多级折射沿次短路径到达该站的故障初始行波,如图 1-20(b)所示,以及在故障点、变电站母线等波阻抗不连续点处产生的折反射波。该情况下,直接分析行波的传播过程存在困难,通常需要根据故障线路和具体网络拓扑确定最短路径,将网络解环,简化成一定条件下的辐射型网络进行分析,如图 1-20(c)所示。

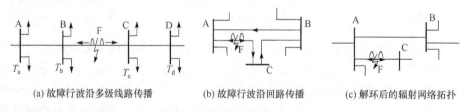

(a) 故障行波沿多级线路传播　　　(b) 故障行波沿回路传播　　　(c) 解环后的辐射网络拓扑

图 1-20　故障行波的传播示意图

　　单端电流行波测距利用故障行波两次到达测点的时差来确定故障距测点的位置,此所谓同侧时差法测距,具有经济性强以及不依赖对端数据和时钟同步等显著优势。单端测距可分为基于波速差和基于行程差两类。对于高压架空输电线路,避雷线的存在导致线模与零模波速差异不明显、不恒定,使得基于波速差的原理多作为故障区段判定而非精测手段,基于行程差的原理则在实际中得到了更为广泛的应用。该原理根据初始波头及其后续反射波的到达时差来确定故障位置,波头到达时刻的准确标定及辨识是难点和关键。在故障线路装配电流行波装置时,以故障线路上的初始行波的绝对到达时刻作为首选,另一时刻则可根据故障线两端变电站母线的出线类型、有无健全线路情况、对侧变电站有无行波测点条件等因素来从不同测点观测的后续行波上选择,派生出一系列的测距算法。当在故障线路本身未装有行波测点时,利用上级线路的测点也能在一定条件下实现测距。

注意到行波信号的观测点可为故障线一侧变电站的单端测点、单侧变电站的故障线与健全线路的双端测点、故障线两侧变电站的同端测点甚至是上级线路远侧变电站的单测点。不同的测点选取方式构成了不同的测距算法。探索新的行波测距方法是缓解传统测距方法可靠性差的重要途径,实质主要是通过改变所选用的故障行波激励源、模量通道或行波观测点的位置等方式来更可靠地检测、辨识出测距所需的有效波头。

2. 影响观测点对故障行波可靠检出的主要因素

从线路端部观测点获取的暂态电气量中对于有效行波进行有效的检测标定是行波应用命题的关键和前提条件。以下从现场环境电磁噪声、故障初相角和过渡电阻、母线出线类型、变电站一次系统对地杂散电容、互感器传变和采样通道一致性等诸多因素分析对故障行波进行检测标定的影响,其他因素影响分析则安排在典型实录故障行波波形分析中予以讨论。

1) 现场环境电磁噪声

目前,行波测距装置高速采集卡的采样率在 500kHz 或以上,高压输电线路电晕放电和二次侧行波采集通道量化噪声、变电站内电力电子器件开关、邻近线路断路器动作等都会向高速采集卡引入高频噪声。行波测距装置采集到的典型噪声波形如图 1-21(见文后彩图)所示,图中显示的是二次侧波形数据。

上述高频噪声在出现时刻、极性、幅值等方面存在随机性,不仅会弱化行波突变的奇异性效果,在噪声非常严重时可能导致将噪声突变错误标定为行波波头,造成测距失败。

2) 故障初相角和过渡电阻

故障行波的幅值和极性主要取决于故障点的附加电势,如果故障点电压初相为 0°则不存在附加电势,即不产生故障电压行波,故障状态将直接过渡到故障稳态。故障初相角太小,行波突变幅值小,加上线路对行波传输的衰减,则故障行波在检测端将难以检测。实际运行表明,超高压输电线路大部分故障都是由绝缘闪络造成的,多发生在电压峰值附近,95%的故障发生在电压峰值附近 30°范围内,故障发生在 10°以下的概率非常低,此现实是有利于故障行波检测和分析的。

线路短路故障过渡电阻的存在使得故障行波幅值减小,但不改变行波的极性。过渡电阻也使得行波在故障点发生折射,导致对端母线的反射波也经故障点折射后传至检测点。对于检测点而言,能否检测到对端母线反射并经故障点透射的行

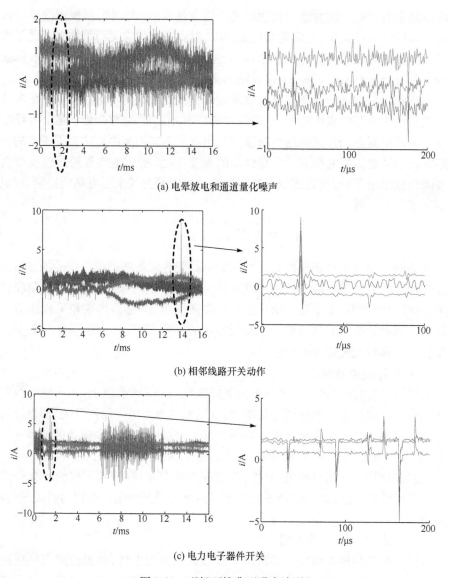

(a) 电晕放电和通道量化噪声

(b) 相邻线路开关动作

(c) 电力电子器件开关

图 1-21　现场环境典型噪声波形

波与其行波采集装置的 A/D 最小分辨率和波头检测标定的算法有关。线路发生故障时,根据各回出线电流波头的瞬时群体幅值相位关系可靠剔除健全线末端反射波之后,可将健全线路等值为半无限长线。根据是否存在可被检测的故障点折射波,可划分成两类行波传播模态:当初始行波较强而故障点反射强烈且折射微弱(甚至无折射)时,有多相线路全相金属性短路故障或者单相线路金属性短路故障,观测点处无法检测到对端母线反射波,相当于故障行波在故障点和本端观测母线之间独立传播,称为强故障模态;当初始行波相对较弱而故障点折射相对较强时,有多相线路经低阻的单相短路故障(LIF-SLG)或者单相线路经低阻的短路故障,观测点处易检测到对端母线反射波和故障点反射波,称为较强(非弱)非对称故障模态。以线路 MN 的 f 点处发生短路故障为例,线路参数频变下,忽略线模零模波速之间的差异和交叉透射,两种模态下的故障行波传播路径及线路两端检测到的波到时序如图 1-22 所示,健全线路长度设为半无穷长。

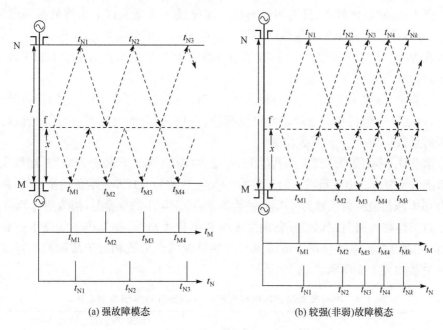

(a) 强故障模态　　　　　　　　　(b) 较强(非弱)故障模态

图 1-22　两种故障模态下的行波网格图与波到时序

在强故障模态下,由于发生了全相金属性短路,其故障行波相当于在故障点与两侧母线所构成的两个区间内独立传播,同侧相邻波头等间隔。理论上,两侧对应波到时差 $2x/v$ 与 $2(l-x)/v$ 之和为常数 $2l/v$,如图 1-22(a)所示;对于较强(非弱)故障模态,存在可被检测的对端母线反射波,两侧对应波到时序一致。理论上,两侧对应波到时差相等,两侧首个与初始行波波到时差为 $2x/v<l/v$,且每一侧波到时差起始的两个分别为 $2x/v$ 与 $2(l-x)/v$。理论上,线路每一侧行波波到时差起始两个之和为常数 $2l/v$,如图 1-22(b)所示。对端母线反射波的极性取决于线路两侧母线的出线类型。诚然,与较强故障模态相对的是高阻弱故障模态,如 HIF-SLG,其故障点反射微弱而近乎只有折射,线路两侧除了可以观测到初始行波外,只能观测到相应的对端反射波,且一侧行波波到时差的起始第 1 个为 $2x/v$,另一侧波到时差的起始第 1 个为 $2(l-x)/v$,理论上,线路两侧起始第 1 个波到时差之和为常数 $2l/v$。考虑到行波波到标定时刻客观上存在的误差、采用经验波速

和线路全长工程呼称值计算所引入的误差,上述时差之和的值约为 $2l/v$,将于第 9 章详述。

3) 母线出线类型

故障行波到达母线时,母线等效波阻抗是与之相连的其他线路波阻抗的并联,因此母线是天然的波阻抗不连续点,母线等效波阻抗决定了其行波折反射系数,有理由近似认为各出线波阻抗值相等,母线等效波阻抗的大小取决于母线的出线数目。

第Ⅰ类:除故障线外,还有多条出线。即母线为 3 条及以上出线的接线形式。此时,母线等效阻抗小于入射线路波阻抗。电压行波折射系数为小于 1 的正数,反射系数为大于 −1 的负数;电流行波折射系数大于 1,反射系数为小于 1 的正数;电流折射行波与入射行波同极性。

第Ⅱ类:除故障线外,还有一条出线。即观测端母线为一进一出的接线形式。此时,母线等效阻抗与入射线路波阻抗相等。只有折射而无反射,电压、电流行波的折射系数均为 1,反射系数均为 0。

第Ⅲ类:只有故障线路而无其他出线。此时,若不考虑母线分布电容,则母线等效阻抗为无穷大。电流行波折射系数为 0,反射系数为 −1,即发生负的全反射,幅值变为 0;电压行波折射系数为 0,反射系数为 1,即发生正的全反射,幅值变为两倍。

对于存在线路对端母线反射的第Ⅰ类和第Ⅲ类母线,据其位于线路本侧和对侧可有 4 种组合,各种情况下故障点和对端母线的反射波相对于故障初始行波的极性关系如表 1-5 所示。

表 1-5　不同性质反射波相对初始行波的极性和母线类型的关系

编号	本侧母线类型	对侧母线类型	相对于故障初始行波的极性	
			故障点反射波	对端母线反射波
1	第Ⅰ类	第Ⅰ类	相同	相反
2	第Ⅰ类	第Ⅲ类	相同	相同
3	第Ⅲ类	第Ⅰ类	相反	相反
4	第Ⅲ类	第Ⅲ类	相同	相反

简言之,本侧母线与对侧母线为同类母线时,可利用相对故障初始行波的极性来区分故障点反射波和对端母线透射波。通常,交流输电线路两侧变电站为多出线,即适用于第 1 种情况;第 2、3 种情况仅存在于少数厂-站单回输电线以及配电线路,此时,对侧母线杂散电容导致对侧母线反射波出现极性反转,可据此实现故障点反射波和对端母线反射波的识别;第 4 种情况适用于 CSC-HVDC 输电线路,对于实际交流系统则极难成立。

单端行波测距命题的基础是检出故障点反射波或者对端反射波,其关键就是需准确标定行波波头和甄别故障点反射波或者对端反射波,以及剔除健全线路末端反射波(影响)。分析表明,故障线路中不同反射波的幅值、极性与其母线出线形式、故障原因和类型、过渡电阻大小、故障距离相对全线长 l 占比、健全线路长度 l_k 等诸多因素有关,需要根据现场具体运行情况进行判定。尤其要注意表 1-5 中的第 2 种情况,在线路末端仅有一条出线的情况下,对端母线电流反射波与故障点电流反射波同极性。本侧(观测侧)Ⅰ类母线对侧Ⅲ类母线的某一条实际故障线路实录行波波形如图 1-23 所示。

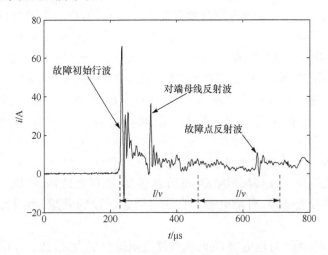

图 1-23　故障线路末端为单出线形式的电流行波(苏崇线 $l=72.3$km)

由图 1-23 可见,采集通道前置模拟高通滤波器,因此不含工频量;实际线路实际故障的实录暂态波形往往伴随有振荡,此给行波波头标定和故障点反射波的甄别带来了困难,但由行波网格图可以得到如下结论,即对于具有较强折射系数的非对称短路故障,在初始行波波到后的 $2l/v$ 时间窗长内有第 1 次故障点反射波和故障线路对端反射波,两者必然分属于前后两个相继的 l/v 时间窗长内,且两者波到时刻总是关于第 1 个 l/v 行波行程时刻点对称,这些结论非常重要,将于第 9 和第 10 章详述,通常两者的突变幅值为局部极大值,半线长外故障时对端反射波先于故障点反射波达到,半线长内故障时故障点反射波先到。显然,图 1-23 所示工况为半线长之外的闪络故障。此外,这里的情况是属于对侧演化为Ⅲ类母线接线,对于本侧Ⅰ类母线与对侧Ⅲ类母线的组合,其第 1 次故障点反射波和对端反射波与初始行波同极性。虽然能够通过前期调研确立的配置文件获取相应的现场运行情况,但是如果出现系统解环处断点转移、线路投切而未能及时对行波测距装置的配置文件进行修改的情况,依然会出现故障点反射波误判,因此单纯采用行波浪涌极性、幅值等进行行波波头的机器自动判别存在一定的盲目性。

值得指出的是,若把闪络故障首浪涌波到时刻记为 t_0(全书同),对于线路半线长内的非对称低过渡电阻接地故障,其故障点反射波和对侧反射波必然分属于两

个相继的行波观测时窗$[t_0,t_0+l/v]$和$[t_0+l/v,t_0+2l/v]$内;而对于半线长外的非对称低过渡电阻接地故障,其对侧反射波和故障点反射波必然分属于两个相继的行波观测时窗$[t_0,t_0+l/v]$和$[t_0+l/v,t_0+2l/v]$内;且第1次故障点反射波波到时刻和第1次对侧反射波波到时刻与t_0+l/v时刻点之差均为$|l-2x|/v$,即第1次故障点反射波和对侧反射波波到时刻总是关于第1个l/v行程时刻点t_0+l/v对称的。这个结论对应于第10章将要阐述的沿线行波"波头能量突变"分布规律,即采用时窗$[t_0,t_0+l/(2v)]$内行波数据计算在线长$[0,l/2]$范围内行波波头能量突变点有闪络故障点$A(x)$(对于半线长内故障)或者对侧反射波引起的突变点$B(x)$(对于半线长外故障),而采用时窗$[t_0+l/(2v),t_0+l/v]$内行波数据计算在线长$[l/2,l]$范围内行波波头能量突变点有$B(x)$突变点(对于半线长内故障)或者$A(x)$突变点(对于半线长外故障),且有$A(x)+B(x)=l$成立,A点和B点关于$l/2$点对称,A点和B点与$l/2$点之间距离均为$|l-2x|/2$。详见第10章的分析。

4) 变电站一次系统对地杂散电容

变电站的母线、变压器、断路器、电流互感器、电压互感器、绝缘子等一次设备均存在一定的对地电容,对地电容的存在会引起行波的衰减,影响行波的幅值与陡度。

如图1-24所示,对地电容C_E两侧线路波阻抗分别为Z_{c1}和Z_{c2},在入射波u_{f1}经过C_E时,根据彼得逊法可求母线电容C_E前后的电流行波为

$$\begin{cases} i_1=i_{b1}+i_{f1}=\dfrac{2u_{f1}}{Z_{c1}(Z_{c1}+Z_{c2})}(Z_{c1}+Z_{c2}\mathrm{e}^{-\frac{t}{T_2}}) \\[3mm] i_2=i_{f2}=\dfrac{2u_{f1}}{Z_{c1}+Z_{c2}}(1-\mathrm{e}^{-\frac{t}{T_2}}) \end{cases} \tag{1-36}$$

式中,$T_2=Z_{c1}Z_{c2}C_E/(Z_{c1}+Z_{c2})$为$i_1$、$i_2$中自由分量衰减的时间常数。由式(1-36)可以看出,变电站对地电容的存在使故障电流行波波头变陡,也使相邻线路电流行波波头变缓,均有利于故障电流行波的检测。电容两侧电压相等且正比于折射电流行波,因此电压行波突变斜率降低,影响故障电压行波的测量。

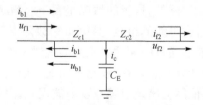

图1-24　行波经对地电容传播的示意图

5）互感器传变和采样通道一致性

常规 CT 能传变高达 100kHz 甚至几百千赫兹的暂态分量，对暂态电流行波具有良好的传变，其二次侧信号可用于行波定位和暂态保护。CVT 通频带不是很高，非周期信号衰减时间较长，高频分量可能会引起附加振荡，二次侧信号不能真实反映一次侧电压的变化，但在一次侧电压行波波头到达瞬间，其二次侧输出信号具有明显的幅值突变，故初始电压行波可用于双端行波测距。此外，由于变电站处的行波装置所观测到的是入射波与反射波叠加而成的全电压、全电流，而电压电流传感器的传变特性的不一致，造成常规继电保护的所谓暂态超越现象。构造方向行波元件时也应充分考虑实测全电压、全电流的上述不利因素。

线模分量具有衰减弱于零模、波速较恒定等优势，对于实际中发生概率最高的单相接地故障，以及两相和两相接地等非对称故障，通常采用相模变换后的线模分量进行分析。然而，考虑到实际中行波采用分相同步采集，受通道的直流偏置、噪声、通道同步性、通道品质甚至故障原因和条件等因素的影响，通过两通道采集的相电流行波相减所构造出的线模行波势必不可避免地引入额外附加的奇异性（相减运算突出了差模噪声），而故障相分量行波直接由高速采集获得，且它具有线模行波的主要特征，因此故障相电流行波应作为测距的首选。

1.1.5　典型实录暂态行波分析

高频噪声的引入增加了实录行波波形的奇异点，加上对于雷击故障其雷电流在到达母线量测端后会受到变电站内多种一次设备等效杂散电容的影响，致使波形附加多种突变。图 1-25 为行波测距装置所记录的一次雷击故障波形，故障发生于 2013 年 9 月 12 日。由图 1-25 可见，雷击故障首波头非常明显，易于标定，但是其后续多个突变存在一定的相似性，即使利用一定的滤波分解手段，也不易判别出明显的故障点反射波。

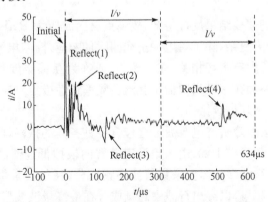

图 1-25　2013 年 9 月 12 日实际线路实录雷击闪络故障电流暂态波形（大苏 Ⅱ 回 $l=94.6$km）

　　在图 1-25 所示实际暂态波形中,Initial 为故障初始行波,Reflect(1)、Reflect(2)、Reflect(3)、Reflect(4)为疑似故障点反射波。根据巡线结果进行反推得知,Reflect(4)为故障点第 1 次反射波,Reflect(3)为对端母线第 1 次反射波,对端反射波先于故障点反射波达到,属远端雷击闪络故障;而 Reflect(1)和 Reflect(2)为行波浪涌后续振荡,此类行波浪涌后续振荡可能由互感器传变频率特性中的极点引起,随行波浪涌的到达而出现,且难以消除。由此可见,对于实际线路实际故障实录暂态波形,其故障点反射甄别命题不能简单归于"第 2 个行波(波头)辨识问题",此外,作为分析,极性关系对于故障行波分析命题总是有效的,而辨识和测距作为故障行波分析的反问题,基于波头极性判别并不总是奏效的,但是故障点反射波和对端反射波分属于两个相继的时窗 l/v 长内总是成立的,且两者波到时刻总是关于观测端的第 1 个 l/v 行波行程时刻点对称。

　　图 1-26 为发生于 2014 年 7 月 30 日的某线路雷击闪络故障电流行波,初始行波浪涌后存在大量疑似有效行波浪涌,且存在等间隔分布的特征,此极易被判为近端故障点反射波。

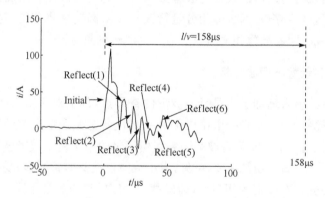

图 1-26　2014 年 7 月 30 日某条线路实录雷击故障电流暂态波形($l=47.2km$)

　　但是,根据现场巡线结果反推得知,故障点反射波应为 Reflect(5)。造成行波后续振荡的原因较为复杂,除了雷电冲击线路附加响应外,与电流互感器的行波传变特性、二次电缆长度等密切相关,在本例中,或许为互感器传变函数频率特性中存在极点,而行波浪涌频率频谱覆盖了互感器频率特性极点对应的自由振荡频率,导致行波到达后会出现后续振荡。

　　由此可见,实录故障暂态电流波形会包含各种各样的振荡,此类振荡通常被传统继电保护视为高频噪声干扰,由采集通道前置的模拟低通滤波器将其滤除。而行波测距或者暂态行波保护需要采集行波高频部分,往往在采集通道前置模拟高通滤波器滤除其工频量,以突出行波中高频成分在最终录波波形能量的占比,即此极大地"突出了快变量、压低了缓变量"。但是高通滤波对高频量的强化作用也会导致波形中并非行波浪涌的高频振荡更为明显,尤其是在行波浪涌后出现的后续振荡幅值较大,极易与故障点反射波混淆,且后续振荡的产生原因及其振荡频率特点尚缺乏较为详细的研究,难以选取合适的滤波器将其滤除。带有明显后续附加振荡的故障波形如图 1-27 所示,后续附加振荡不明显暂态电流波形如图 1-28 所示。其中,

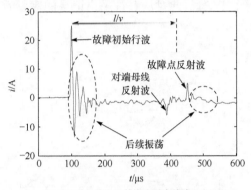

(a) 2013年9月24日某线路雷击故障(l=94.6km)

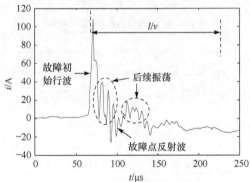

(b) 2014年7月30日某线路雷击故障(l=47.2km)

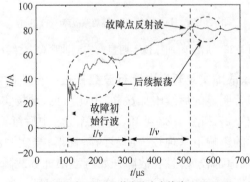

(c) 2014年3月26日某线路山火故障(l=62.4km)

图 1-27　带有明显后续附加振荡的实测波形

图 1-28(a)和(b)为同一条线路不同年份的闪络故障,可见(a)和(b)波形有极高的相似性,此种特性应用详见第 9 章基于历史案例行波数据复用和案例推理的智能测距。图 1-27(a)、(c)和图 1-28(a)、(b)中,第 1 次故障点反射波和对端反射波波到时刻总是关于第 1 个 l/v 行波行程点对称。此外,如果采集通道没有前置模拟高通滤波器滤而保留了工频量,此对从海量采集记录的高频暂态数据中筛选有效行波数据有参考作用。

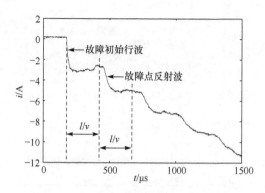

(a) 2011年4月11日某线路普通短路故障(l=71.2km)

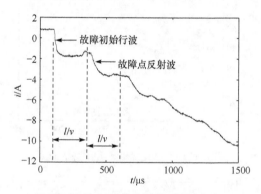

(b) 2012年2月19日某线路普通短路故障(l=71.2km)

图 1-28　后续附加振荡不明显的实测波形(多沾线)

　　在对现场 50 多条故障实录暂态电流行波数据进行分析时,有超过 40 条故障数据在行波浪涌后包含明显的后续附加振荡,由此可见,现场实测数据的后续附加振荡普遍存在。由图 1-27 和图 1-28 可知,当实测波形中后续振荡不明显时,波形在行波多次传播到达的影响下呈现较为明显的阶梯形;当实测波形中存在明显后续振荡时,后续振荡幅值都较大,且在故障初始行波浪涌和故障点反射波之后都会出现一定程度的后续振荡,暂态电流波形阶梯特征不明显。通过比对现场巡线记录、雷电定位系统(LLS)记录和山火记录,可以确认图 1-27(a)、(b)所示的暂态电流波形为雷击故障,图 1-27(c)为山火故障,而图 1-28 为普通短路故障。比较不同故障成因下实际线路实际故障实录暂态电流波形,由此可知不同故障情况下的后续振荡幅值、频率和持续时间长短不尽相同,但是不同故障成因的振荡也存在如下一些共同特性:

(1) 行波波头后续振荡的出现较为普遍,存在于诸多行波波头到达之后,初始行波和故障点反射波的后续振荡较为明显;

(2) 行波波头后续振荡的持续时间、振荡频率与具体的故障原因和模式、故障边界性状有关;

(3) 初始行波与故障点反射波的后续振荡形状相似,但是其幅值递减。

由此可见,附加振荡出现于行波波头之后,利用传统的小波变换、HHT、S 变换和形态学等对高频信号进行奇异性检测标定会在有效行波波头之后检测出多个奇异点(虽然它们对初始波头标定有卓越的表现),幅值可能会较大,且附加振荡的高频分量带有明显的周期性,此极易与(超)近端故障或末端故障相混淆构成现实干扰,易导致单端行波测距算法在故障点反射波标定和甄别中出现错标、误判。总之,由于后续振荡频率较高,难以从高频量层面将其与真正的有效行波区分开。毋庸置疑,故障点反射波和对端反射波分属于两个相继的 l/v 时窗长内。图 1-27(a)所示的暂态波形中,其初始行波、对端反射波、故障点反射波到之后的后续振荡剧烈,对端反射波先到、故障点反射波后到,且两者接近,说明此为半线长外、靠近线路中点的雷击故障;图 1-27(b)所示的暂态波形中,其初始行波、故障点反射波到之后的后续振荡剧烈,且故障点反射波靠近初始行波,说明此为半线长内、靠近线路起端的雷击故障;图 1-27(c)所示暂态波形中,其初始行波、对端反射波之后的后续振荡明显,前一个 l/v 时窗长内的对端反射波突变显著且靠近初始行波、相继的后 l/v 时窗长内故障点反射波突变平缓,说明此山火故障靠近线路末端。可见,在两个相继的 l/v 时窗长内有针对性地分析故障点反射波与对端反射波的特征,有助于故障点反射波或者对端反射波的甄别。

在故障高频暂态电流波形中,诸波头后没有明显后续剧烈振荡的情况,通常属于普通短路故障,其故障点反射波与故障初始行波之间存在较为明显的相似性,排除行波浪涌与工频量相叠加导致的不同行波浪涌在图像位置上的不同,将故障初始行波与故障点反射波放置于同一位置进行比较,并对故障初始行波与故障点反射波的幅值进行一定的归一化处理,以排除行波在线路传播及波阻抗不连续点的能量损耗和衰减,则故障初始行波与故障点反射波的比较如图 1-29 所示。

由图 1-29 可知,在排除不同行波在能量损耗和衰减方面的差异后,故障点反射波与故障初始行波之间的图形大致轮廓差别仅局限于故障点反射波波形陡度更为平缓。由于行波不同频率成分的波速、衰减速度不同,故传播时间越长,波形畸变越严重,行波的陡度、幅值也越小。由于故障初始行波和故障点反射波在到达行

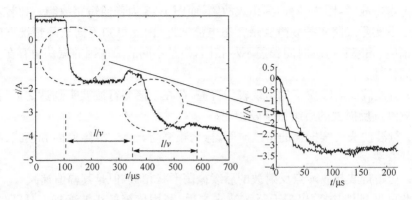

图 1-29　波形无明显后续振荡的情况(多沾线 $l=71.2\text{km}$)

波峰值后都会呈现一定的阶梯特征,因此故障点反射波的轮廓可以视为故障初始
行波轮廓在横轴方向上进行了某种拉伸。此启发人们可以探索一种图像处理算法
来表征、标定故障点反射波。事实上,对于图 1-29 所描述的没有明显后续剧烈振
荡的普通短路故障,前一个 l/v 时窗长内有明显的与初始行波反极性对端反射波、
其相继的 l/v 时窗长内有明显的与初始行波同极性的故障点反射波,且对端反射
波先到、故障点反射波靠近对端反射波,因此该普通短路故障位于半线长外并靠近
线路中点。

　　故障暂态电流波形带有明显后续振荡的情况,通常多为雷击线路闪络故障,故
障点反射波后续振荡幅值明显小于故障初始行波的后续振荡幅值,但是二者的频
率基本相同,做与图 1-29 类似的处理,将故障点反射波与故障初始行波平移至同
一位置,所获取的比较效果如图 1-30 所示。

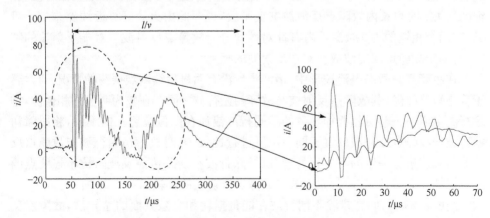

图 1-30　波形带有明显后续振荡的情况($l=94.6\text{km}$)

在图 1-30 所示的带有明显后续振荡的波形中,后续振荡的衰减速度明显高于行波幅值的衰减速度,故障点反射波所包含的后续振荡幅值远小于故障初始行波的后续振荡幅值。但是故障点反射波所包含后续振荡的振荡频率与故障初始行波后续振荡的基本相同,甚至大部分振荡都能够一一对应。从图像处理的角度看,故障点反射波的后续振荡可以视为故障初始行波后续振荡在纵轴方向幅值上的某种压缩。此至少有三点启示:①可将图像处理算法用于故障点甄别和标定命题;②采用行波自然频率实现故障测距或线路保护并不总是有效,尽管国内外有文献报道此项研究;③前一个 l/v 时窗长内、第 2 个圈起始处为故障点反射波,在未严重受到短健全线影响下,对于半线长内一定范围内雷击故障电流暂态波形通常具有“故障点反射波波头的后续振荡与故障初始行波的后续振荡的振荡频率基本相同”的规律,那如何应用此规律是值得研究的。

以上分析表明,无论行波浪涌后是否带有明显的后续振荡,故障初始行波与故障点反射波的大致轮廓较为相似,二者所表现出的幅值、陡度差异都可以视为在图像上某种程度的拉伸或压缩。后续振荡依附于行波而产生,且故障点反射波与故障初始行波后续振荡的振荡频率基本相同。由于故障初始行波浪涌幅值较大,突变较为明显,容易标定,而故障点反射波会受到后续振荡的干扰,难以通过检验奇异性数字信号处理方法来实现由软件自动识别,应予以区分。为促进单端行波测距实用化,面对的是实录高频暂态电流波形,而不是理论仿真所获取的行波波形,探索基于图像处理原理和算法的行波检测标定新方法迫在眉睫,这将在第 9 章阐述。

诸如前述,造成实际线路实际故障实录高频暂态电流波形有效波头后续振荡的原因较为复杂,与电流互感器的行波传变特性、二次信号电缆波阻抗不连续及其二次负载特性、全线路导体线型不一致、多回线路长度不一致等诸多因素相关,且不同情况下,这些因素的影响作用大小不同,当然,受线路雷击影响最为严重。值得展开分析的是,互感器二次侧电缆的长度与互感器至配电室的距离以及变电站电缆沟位置的设计方案有关,其长度长则四五百米,偶尔最长达一公里,短则仅有几十米。输电线路上的行波通过互感器传变至二次侧,经由二次侧电缆才能到达行波测距装置本身传变环节,二次侧电缆波阻抗、行波测距装置 D/A 与传变环节等值阻抗、互感器等值阻抗的大小必然存在不同,由输电线路传变至二次侧的行波会在二次侧电缆两端发生折反射。二次侧电缆行波波速为架空线路上波速的 $2/3 \sim 1/2$,若二次侧电缆长度仅为数十米,行波在二次侧电缆传播一个来回的时间小于 $1\mu s$,难以被 1MHz 采样频率的行波测距装置有效捕捉到;若二次侧电缆长度达到数百米,行波在二次侧电缆中传播一个来回的时间达到或超过 $1\mu s$,持续时间已经足够长到被行波测距装置捕捉到,若故障行波浪涌和二次侧电缆内的行波折反射都被行波测距装置捕捉到,即会出现行波测距装置捕捉到的故障行波浪涌包含后续振荡的情况。互感器内部电路存在可能的自由振荡频率,而行波所覆盖频率若包含了此互感器自由振荡频率,则在行波到达互感器后,互感器二次侧输出会出现一定的后续振荡,振荡频率为互感器自由振荡频率。线路在雷击故障情况下,若雷电冲击未在雷击点引发故障,注入导线的雷电流将沿导线向两端传播,若雷击点附近杆塔的绝缘子受鸟害、雾气等影响导致绝缘强度降低,则在导线上传播的雷电流可能造成绝缘强度较低的绝缘子串发生闪络,此时雷击点与闪络点间的距离大于一个杆塔档距,形成了雷击点与闪络点不一致的情况。雷电流的上升沿很陡,持续时间很短,但是雷电流的下降沿相较于上升沿持续时间很长,雷电流主放电持续时间一般为 $50\sim100\mu s$,在雷电流主放电结束前,雷电冲击激励的等效电路都会一直接入传输系统中,行波浪涌会在雷击点与闪络点之间发生折反射。行波每次到达闪络点或雷击点都会向线路两端折射出部分浪涌,导致在故障行波到达量测点后会有多次浪涌在短时间内以较为固定的时间差到达量测点。但是雷电流主放电过程结束后,输电线路上仅有闪络点一个波阻抗不连续点,从线路两端返回闪络点的行波浪涌不会在原来的雷击点位置发生折反射。在雷击点与闪络点不一致的情况下,行波浪涌后续振荡的持续时间与雷电流主放电时间有关,且行波在雷击点与闪络点之间来回传播会受到雷击点与闪络点折射系数、反射系数的削弱,加之雷击故障行波高频量包含丰富的高频量,行波后续振荡幅值会很快降低。目前,雷击点与闪络点不一致的情况可以通过雷电定位系统与行波测距装置在对雷击故障的定位时进行一定程度的判断,将雷电记录与行波数据的时刻与定位结果进行比对,挑选出时间差和距离差都小于一个阈值的雷电记录,若二者距离差相对于时间差区别较大,则可以初步判别为疑似雷击点与闪络点不一致,但是两类系统在定位方面都存在误差,因此对雷击点与闪络点不一致的判断尚处于探索阶段。由行波高速采集记录装置捕捉到的一起现场疑似雷击点与闪络点不一致的暂态电流波形如图 1-31 所示。前一个 l/v 时窗长内明显有故障点反射波。

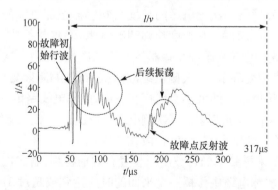

图 1-31　疑似雷击点与闪络点不一致的现场实测故障电流数据($l=94.6$km)

　　雷击线路,在雷电流幅值较大而又存在多个分支接闪点的情况下,雷电可能同时击中两基杆塔,若雷电流幅值足够大,可能同时击穿两基杆塔的绝缘子。行波会在两个闪络点之间发生多次折反射,直至幅值衰减殆尽,若被击穿的两基杆塔相距较远,则行波测距装置能够观测到相应因两个闪络点存在而导致的行波后续振荡。当然,当发生雷电绕击导线时,注入导线的雷电流沿导线向线路两端传播,除雷电绕击造成附近的绝缘子闪络外,若线路上还有其他绝缘薄弱点,也可能在绕击情况下出现多个闪络点,同理也会产生行波后续振荡。

1.2　电磁暂态建模与数值计算

1.2.1　线路数值分析模型

　　对于图 1-32(a)所示的单相电路,假设波从 N 端运动到 K 端所需的时间为 τ,则有

$$u_{\mathrm{N}}(t-\tau)+Z_c i_{\mathrm{NK}}(t-\tau)=u_{\mathrm{K}}(t)-Z_c i_{\mathrm{KN}}(t) \tag{1-37}$$

由此可得

$$i_{\mathrm{KN}}(t)=u_{\mathrm{K}}(t)/Z_c+I_{\mathrm{K}}(t-\tau) \tag{1-38}$$

式中

$$I_{\mathrm{K}}(t-\tau)=-u_{\mathrm{N}}(t-\tau)/Z_c-i_{\mathrm{NK}}(t-\tau) \tag{1-39}$$

同理有

$$i_{\mathrm{NK}}(t)=u_{\mathrm{N}}(t)/Z_c+I_{\mathrm{N}}(t-\tau) \tag{1-40}$$

$$I_{\mathrm{N}}(t-\tau)=-u_{\mathrm{K}}(t-\tau)/Z_c-i_{\mathrm{KN}}(t-\tau) \tag{1-41}$$

可用图 1-32(b)所示的等值电路表示单相线路,称为 Bergeron 模型。

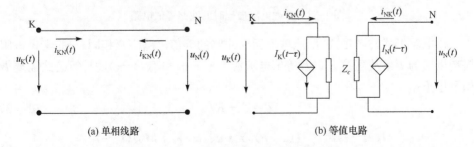

(a) 单相线路　　　　　　　　　　　(b) 等值电路

图 1-32　单相线路等值电路

实际的输电线路是有损的,在应用中通常忽略其对地的分布电导 G_x,而计及

线路电阻 R_x,通过把线路上的电阻作为集中电阻分段串联接入的方法来实现,如图 1-33(a)所示。为了分段接入集中电阻后不增加网络的独立节点数而增加计算工作量,可把分段以后的等值电路进行适当的改造,变成单段线路的计算电路,只改变等值电流源和波阻抗的计算公式。在实际应用中常将线路二等分,然后在各段的两端分别串入集中电阻 $R/4$(R 为线路总的串联电阻,$R=R_x l$,l 为线路全长),由 Bergeron 模型可得图 1-33(b)所示的等值计算电路。经过简化推导,可以得到图 1-33(c)所示的等值电路。

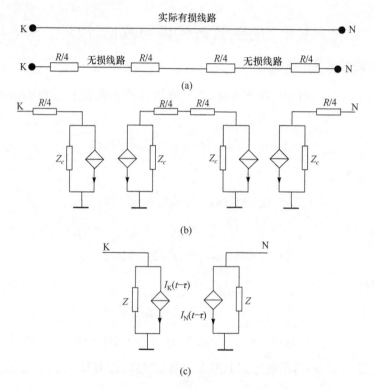

图 1-33　考虑电阻损耗时的线路等值电路

该电路形式与图 1-32 所示单根无损线路的等值电路完全相同,只是考虑电阻损耗以后的等值波阻抗 Z 以及等值电流源 $I_K(t-\tau)$ 和 $I_N(t-\tau)$ 的计算公式需要做如下修正:

$$Z=Z_c+R/4 \tag{1-42}$$

$$
\begin{aligned}
I_K(t-\tau)=\frac{-1}{2}\{&(1+h)[Y\cdot u_N(t-\tau)+hi_{NK}(t-\tau)]\\
&+(1-h)[Y\cdot u_K(t-\tau)+hi_{KN}(t-\tau)]\}
\end{aligned}
\tag{1-43}
$$

$$I_N(t-\tau)=\frac{-1}{2}\{(1+h)[Y \cdot u_K(t-\tau)+hi_{KM}(t-\tau)]$$
$$+(1-h)[Y \cdot u_M(t-\tau)+hi_{MK}(t-\tau)]\} \tag{1-44}$$

式中，$Y=1/(Z_c+0.25R)$；$h=(Z_c-0.25R)/(Z_c+0.25R)$。

对于三相对称输电线路，由于导线与导线之间的耦合，$\boldsymbol{R}$、$\boldsymbol{L}$、$\boldsymbol{G}$、$\boldsymbol{C}$ 矩阵的非对角线元素不为零，即某一相的电压电流均要受其他各相的耦合。经相模变换后，各模量之间相互独立，可在模量下分别按单相线路模型写成如下形式：

$$\begin{bmatrix} i_{KN}^0(t) \\ i_{KN}^1(t) \\ i_{KN}^2(t) \end{bmatrix} = \begin{bmatrix} Y_0 & & \\ & Y_1 & \\ & & Y_2 \end{bmatrix} \begin{bmatrix} u_K^0(t) \\ u_K^1(t) \\ u_K^2(t) \end{bmatrix} + \begin{bmatrix} I_K^0(t-\tau^0) \\ I_K^1(t-\tau^1) \\ I_K^2(t-\tau^2) \end{bmatrix} \tag{1-45}$$

缩写成如下形式：

$$[i_{KN}^m(t)]=[Y][u_K^m(t)]+[I_K^m(t-\tau^m)] \tag{1-46}$$

同理有

$$[i_{NK}^m(t)]=[Y][u_N^m(t)]+[I_N^m(t-\tau^m)] \tag{1-47}$$

对式(1-46)进行 Karenbauer 变换，有

$$[\boldsymbol{T}][i_{KN}^m(t)]=[\boldsymbol{T}][Y][\boldsymbol{T}]^{-1}[\boldsymbol{T}][u_K^m(t)]+[\boldsymbol{T}][I_K^m(t-\tau^m)] \tag{1-48}$$

由式(1-48)得

$$[i_{KN}(t)]=[Y^*][u_K(t)]+[I_{Ka} \quad I_{Kb} \quad I_{Kc}]^T \tag{1-49}$$

式中，$[i_{KN}(t)]=[\boldsymbol{T}]i_{KN}^m(t)$；$[u_K(t)]=[\boldsymbol{T}]u_K^m(t)$；$[I_{Ka} \quad I_{Kb} \quad I_{Kc}]^T=[\boldsymbol{T}]I_K^m(t-\tau^m)$；
$[Y^*]=[\boldsymbol{T}][Y][\boldsymbol{T}]^{-1}$

$$=\begin{bmatrix} Y_{11}^* & Y_{12}^* & Y_{13}^* \\ Y_{21}^* & Y_{22}^* & Y_{23}^* \\ Y_{31}^* & Y_{32}^* & Y_{33}^* \end{bmatrix} = \begin{bmatrix} (y_0+2y_1)/3 & (y_0-y_1)/3 & (y_0-y_1)/3 \\ (y_0-y_1)/3 & (y_0+2y_1)/3 & (y_0-y_1)/3 \\ (y_0-y_1)/3 & (y_0-y_1)/3 & (y_0+2y_1)/3 \end{bmatrix}$$

其中，$y_1=1/(Z_{c1}+0.25lR_{x1})$；$y_0=1/(Z_{c0}+0.25lR_{x0})$；$Z_{c1}=\sqrt{L_{x1}/C_{x1}}$，$Z_{c0}=\sqrt{L_{x0}/C_{x0}}$；$R_{x1}$、$R_{x0}$、$L_{x1}$、$L_{x0}$、$C_{x1}$、$C_{x0}$ 分别为线路单位长度正序、零序的电阻、电感、电容；l 为线路长度；Z_{c1}、Z_{c0} 为线路的正序、零序波阻抗。

同理有

$$[i_{NK}(t)]=[Y^*][u_N(t)]+[I_{Na} \quad I_{Nb} \quad I_{Nc}]^T \tag{1-50}$$

根据式(1-49)和式(1-50)，可以得到图 1-34 所示的三相线路等值计算电路。图中，Y_{12}、Y_{23}、Y_{31} 分别表示 Y^* 矩阵中对应的非对角线元素的负值，Y_1、Y_2、Y_3 为 Y^* 矩阵各行元素之和，导纳矩阵 $\boldsymbol{Y}$ 可表示为

$$\boldsymbol{Y} = \begin{bmatrix} Y_1^* + Y_{12}^* + Y_{13}^* & -Y_{12}^* & -Y_{13}^* \\ -Y_{12}^* & Y_2^* + Y_{12}^* + Y_{23}^* & -Y_{23}^* \\ -Y_{13}^* & -Y_{23}^* & Y_3^* + Y_{23}^* + Y_{13}^* \end{bmatrix} \qquad (1\text{-}51)$$

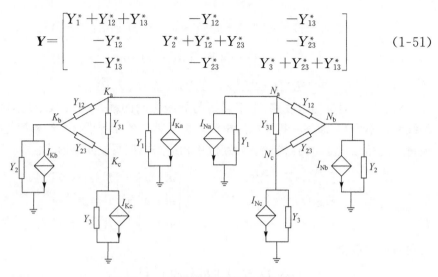

图 1-34　三相线路等值计算电路

由于导线和大地在交变电磁场作用下具有集肤效应,输电线路的电阻和电感随电流频率变化,在地模量中表现尤其明显。此时,线路对于不同频率分量呈现出不同的传输特性,将会直接影响电磁暂态过程。研究线路行波等高频信号时,需考虑线路频变特性。线路频变模型是由解频域中的微分方程,转变成时域得到。较为典型的方法有以下两种:

(1) 权函数法,分为导纳权函数法和前、反行波权函数法。导纳权函数法基于二端口网络的思想,建立网络的节点方程,求出导纳矩阵,再通过离散傅里叶变换和卷积转换为时域求解频变参数的暂态过程;前、反行波权函数法对导纳权函数法中的权函数进行了简化,将线路特性阻抗看做一个不随频率变化的常数,然后加权处理前行波和反行波分量,来求解频变参数的暂态过程,已被应用于 EMTP 暂态仿真程序中,但该算法在低频下影响权函数的计算精度。

(2) Marti 法。该算法忽略了线路的对地电导,采用一个所有频率响应与线路波阻抗相匹配的网络来近似,故不要求对权函数尾部进行精确计算,使计算速度大大加快,在 EMTP、EMTDC 等电磁暂态计算软件中得到了广泛应用,现对其作进一步介绍。

该算法的核心思想是在频域中找到两个分别与线路特征阻抗 Z_c 和传输函数 A 具有相同频率特性的滤波网络,用两个有理函数分别拟合 $Z_c(\omega)$ 和 $A(\omega)$,将这两个有理函数展开为部分展开分式后变换到时域中,从而实现频域到时域的转化。据此建立的模型仍然有与 Bergeron 线路模型类似的形式,便于与电磁暂态仿真软件接口,如式(1-52)和式(1-53)所示:

$$i_K(t) = E_K(t)/Z_{eq} + I_{Kh}(t) \qquad (1\text{-}52)$$

$$i_N(t) = E_N(t)/Z_{eq} + I_{Nh}(t) \tag{1-53}$$

其中，Z_{eq} 为等效阻抗；$I_{Kh}(t)$ 和 $I_{Nh}(t)$ 为全部与历史记录有关的等值电流源。

单相 Marti 线路的时域等效模型如图 1-35 所示，等值阻抗和历史电压源的求解如下：

$$Z_{eq}(s) = k_0 + k_1/(s+p_1) + k_2/(s+p_2) + \cdots + k_n/(s+p_n) \tag{1-54}$$

$$E_{Kh}(t) = \int_\tau^\infty f_{N+}(t-u)a_p(u)\mathrm{d}u$$

$$= \sum_{i=1}^n [a_i E_{Khi}(t-\Delta t) + b_i f_{N+}(t-\Delta t) + c_i f_{N+}(t-\tau-\Delta t)] \tag{1-55}$$

$$E_{Nh}(t) = \int_\tau^\infty f_{K+}(t-u)a_p(u)\mathrm{d}u$$

$$= \sum_{i=1}^n [a_i E_{Nhi}(t-\Delta t) + b_i f_{K+}(t-\Delta t) + c_i f_{K+}(t-\tau-\Delta t)] \tag{1-56}$$

式中，$k_0 = \lim_{s\to\infty} Z_{eq}(s) = H$；$k_i = (s+p_i)Z_{eq}(s)|_{s=p_i}$（$i=1,2,\cdots,n$）；$R_0 = k_0$；$R_i = k_i/p_i$；$C_i = 1/k_i$；$a_p(t)$ 为 $\mathrm{e}^{-\gamma(s)l}$ 的拉氏反变换，$\mathrm{e}^{-\gamma(s)l} = [k_1/(s+p_1) + k_2/(s+p_2) + \cdots + k_n/(s+p_n)]\mathrm{e}^{-s\tau}$；$a_i = (2-p_i\Delta t)/(2+p_i\Delta t)$；$b_i = c_i = (k_i\Delta t)/(2+p_i\Delta t)$；$f_j(t) = 2v_j(t) - e_{jh}(t)|_{j=K,N}$。

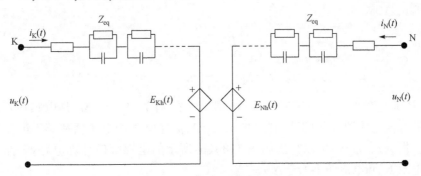

图 1-35　Marti 线路时域等效模型

通过该方法求得等值阻抗网络及历史电压源时域表达式后，就可进一步等效等值网络中的集中参数元件，最终得到所需的节点导纳矩阵及历史电流源的时域表达。对于三相架空线路，可近似将解耦矩阵取为实数矩阵，将相域线路解耦为模域线路进行求解。

此外，将频变线路传输矩阵等效为不考虑频变的 Bergeron 模型传输矩阵与一个补偿矩阵的级联，将补偿矩阵转化为有限冲击响应滤波器（FIR）。根据线路传播矩阵的频率特性拟合滤波器参数，由 Bergeron 分布参数与有限冲击滤波器的级联实现线路频变传输矩阵的等效，也是一种可行的解决思路。

1.2.2　集中参数元件数值模型

1. 电感

如图 1-36(a)所示,由电磁感应定理可知线性电感满足

$$u_L(t)=u_k(t)-u_m(t)=L\mathrm{d}i_{km}(t)/\mathrm{d}t \tag{1-57}$$

若已知$(t-\Delta t)$时刻流过电感的电流和两端节点的电压分别为 $i_{km}(t-\Delta t)$、$u_k(t-\Delta t)$和$u_m(t-\Delta t)$,计算 t 时刻电感的电流和两端节点的电压 $i_{km}(t)$、$u_k(t)$和$u_m(t)$。将式(1-57)改写成积分形式为

$$i_{km}(t)-i_{km}(t-\Delta t)=\frac{i}{L}\int_{t-\Delta t}^{t}u_L(t')\mathrm{d}t' \tag{1-58}$$

根据梯形积分公式,可得

$$i_{km}(t)=i_{km}(t-\Delta t)+\frac{\Delta t}{2L}[u_L(t)+u_L(t-\Delta t)] \tag{1-59}$$

考虑到$u_L(t)=u_k(t)-u_m(t)$,式(1-59)可以改写为

$$i_{km}(t)=\frac{1}{R_L}[u_k(t)-u_m(t)]+I_L(t-\Delta t) \tag{1-60}$$

式中

$$R_L=\frac{2L}{\Delta t} \tag{1-61}$$

$$I_L(t-\Delta t)=i_{km}(t-\Delta t)+\frac{1}{R_L}[u_k(t-\Delta t)-u_m(t-\Delta t)] \tag{1-62}$$

式中,R_L是电感 L 暂态计算时的等值电阻,与 Δt 有关;$I_L(t-\Delta t)$是电感在暂态计算时的等值电流源,可以根据前一步 $t-\Delta t$ 时流经电感的电流值和端点电压计算得到。根据式(1-60)可以得出如图 1-36(b)所示的电感等值计算电路,电路中只含有电阻 R_L和电流源 $I_L(t-\Delta t)$。

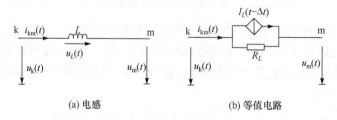

(a) 电感　　　　　　　　　　(b) 等值电路

图 1-36　电感等值计算电路

2. 电容

如图 1-37(a)所示,电容的电压和电流关系可以表示为

$$i_{km}(t) = Cdu_C(t)/dt = Cd[u_k(t) - u_m(t)]/dt \tag{1-63}$$

将式(1-63)写成积分形式为

$$u_k(t) - u_m(t) = u_k(t - \Delta t) - u_m(t - \Delta t) + \frac{1}{C}\int_{t-\Delta t}^{t} i_{km}(t)dt \tag{1-64}$$

运用梯形积分公式可得

$$i_{km}(t) = \frac{1}{R_C}[u_k(t) - u_m(t)] + I_C(t - \Delta t) \tag{1-65}$$

式中

$$R_C = \frac{\Delta t}{2C} \tag{1-66}$$

$$I_C(t - \Delta t) = -i_{km}(t - \Delta t) - \frac{1}{R_C}[u_k(t - \Delta t) - u_m(t - \Delta t)] \tag{1-67}$$

式中,R_C 和 $I_C(t-\Delta t)$ 分别表示电容 C 在暂态计算时的等值电阻和反映历史记录的等值电流源。根据式(1-65)可得电容的等值计算电路如图 1-37(b)所示。

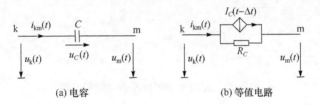

(a) 电容　　　　　　　　　　　(b) 等值电路

图 1-37　电容的等值计算电路

3. 电阻

对于电阻,如图 1-38 所示,用欧姆定理描述为

$$i_{km}(t) = \frac{1}{R}[u_k(t) - u_m(t)] \tag{1-68}$$

可见,储能元件电感和电容的暂态等值电路由电阻和历史电流源并联,而耗能元件

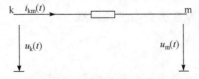

图 1-38　电阻等值计算电路

电阻没有历史电流源,其暂态过程与历史记录无关。对比式(1-61)和式(1-66)可以发现,电容和电感表达方式中的电阻对于计算步长 Δt 是相反地进行处理,如果计算步长减小,则在电感和电容上将产生相反效应,会导致数值上的不稳定。

4. 功率电子开关

功率电子开关最主要的特征是使用一定周期频率的开关控制其开断行为。以晶闸管为例,其可等效为理想开关伴随着阻容支路(减振电路)。如果需更精确的等效模型,则可并联一条或多条 $\mathrm{d}i/\mathrm{d}t$ 限制电感支路,当仿真频率小于 1.5kHz 时,$\mathrm{d}i/\mathrm{d}t$ 限制电感支路可以忽略。可等效为等值阻抗与历史电流源并联电路,得到如图 1-39 所示的电路模型,计算公式如表 1-6 所示。

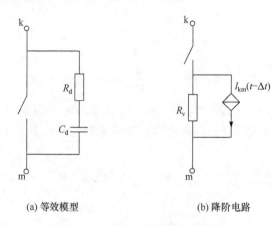

(a) 等效模型　　　　(b) 降阶电路

图 1-39　晶闸管的等效模型和降阶电路

表 1-6　不同状态下等值电阻和历史电流源计算公式

未导通	R_v	$R_v = R_d + \Delta t/(2C_d)$
	$I_{km}(t-\tau)$	0
导通	R_v	低值
	$I_{km}(t-\tau)$	$i_{km}(t) = [e_k(t) - e_m(t)]/[R_d + \Delta t/(2C_d)] + I_{km}(t-\Delta t)$ $I_{km}(t-\Delta t) = -Y\{i_{km}(t-\Delta t) + 2C_d[e_j(t-\Delta t) - e_m(t-\Delta t)]/\Delta t\}$ $Y = (\Delta t/2C_d)/(R_d + \Delta t/2C_d)$

1.2.3　网络方程列写与等值历史电流源递推

1. 网络方程列写

对于 n 节点的电网,可列出 n 个节点电压方程

$$\boldsymbol{G}\boldsymbol{u}(t) = \boldsymbol{i}(t) - \boldsymbol{I}_{\mathrm{hist}} \tag{1-69}$$

式中,G 为 $n\times n$ 对称节点电导矩阵;$u(t)$ 为 n 个节点的电压向量;$i(t)$ 为 n 个节点的电流源向量;I_{hist} 为 n 个历史电流源向量。

若某节点电压已知,则式(1-69)可分成电压未知节点块 A 和电压已知节点块 B:

$$\begin{bmatrix} G_{AA} & G_{AB} \\ G_{BA} & G_{BB} \end{bmatrix}\begin{bmatrix} u_A(t) \\ u_B(t) \end{bmatrix}=\begin{bmatrix} i_A(t) \\ i_B(t) \end{bmatrix}-\begin{bmatrix} i_{histA} \\ i_{histB} \end{bmatrix} \tag{1-70}$$

可按下式求解:

$$G_{AA}u_A(t)=i_A(t)-I_{histA}-G_{AB}u_B(t) \tag{1-71}$$

如果网络元件是线性的,则矩阵 G 是对称的常数矩阵。计算过程为:建立矩阵 G_{AA}、G_{AB},利用顺序消元和稀疏技术对 G_{AA} 做三角分解;在每步中从已知的历史项、电流源和电压源得到式(1-71)的右端;利用三角分解电导矩阵的信息解线性代数方程得到 $u_A(t)$,更新历史电流源,进行下步计算,如此反复,直至计算时间结束。

2. 等值历史电流源递推

对于线路和集中参数元件,计算暂态过程的每步都要从元件的电压和电流的历史记录中计算出等值历史电流源,求解等值电流源过程均需要同时求解网络的节点电压和支路电流。当只关注网络中节电对地电位或作用在某些元件上的电压时,可对历史电流源公式进行递推,省去支路电流的中间计算过程,每步计算时只求解一次节点电压方程,从而简化计算公式、加快计算速度。

1) 线路

对图 1-32 所示的无损线路 KN,以 K 端为例,考虑到式(1-39)对任何时刻 t 都成立,令 $t=t-\tau$,则

$$I_K(t)=-u_N(t)/Z_c-i_{NK}(t) \tag{1-72}$$

将式(1-40)代入式(1-72),有

$$\begin{aligned} I_K(t)&=-u_N(t)/Z_c-u_N(t)/Z_c-i_N(t-\tau) \\ &=-2u_N(t)/Z_c-I_N(t-\tau) \end{aligned} \tag{1-73}$$

同理,对于 N 端有

$$I_N(t)=-2u_K(t)/Z_c-I_K(t-\tau) \tag{1-74}$$

用相同的方法可推得有损线路等值电流源递推公式为

$$\begin{aligned} I_K(t-\tau)=-\frac{1+h}{2}\Big\{ &(1-h)[u_K(t-\tau)+(1+h)u_N(t-\tau)]Y \\ &-\frac{h}{2}[(1-h)I_K(t-2\tau)+(1+h)I_N(t-2\tau)]\Big\} \end{aligned} \tag{1-75}$$

$$I_N(t-\tau) = -\frac{1+h}{2}\Big\{(1-h)\big[u_N(t-\tau) + (1+h)u_K(t-\tau)\big]Y$$

$$-\frac{h}{2}\big[(1-h)I_N(t-2\tau) + (1+h)I_K(t-2\tau)\big]\Big\} \qquad (1\text{-}76)$$

式中，$Y = 1/(Z_c + 0.25R)$；$h = (Z_c - 0.25R)/(Z_c + 0.25R)$。

2) 储能元件

对于电感，$i_{km}(t-\Delta t)$ 可由式(1-60)递推得到

$$i_{km}(t-\Delta t) = \frac{1}{R_L}\big[u_k(t-\Delta t) - u_m(t-\Delta t)\big] + I_L(t-2\Delta t) \qquad (1\text{-}77)$$

将其代入式(1-62)，得等值电流源递推公式为

$$I_L(t-\Delta t) = I_L(t-2\Delta t) + \frac{2}{R_L}\big[u_k(t-\Delta t) - u_m(t-\Delta t)\big] \qquad (1\text{-}78)$$

对于电容，采用相似的方式可得其等值电流源的递推公式为

$$I_C(t-\Delta t) = -I_C(t-2\Delta t) - \frac{2}{R_C}\big[u_k(t-\Delta t) - u_m(t-\Delta t)\big] \qquad (1\text{-}79)$$

若网络中含有避雷器、计及饱和的变压器等非线性时变元件时，导纳矩阵不再是常数，而是电压、电流或时间的函数。求解网络方程，即使在比较简单的情况下，如网络中只有时变电阻，矩阵 G 只是时间的函数，也需要在每一时间步序修正节点导纳矩阵，并进行三角分解。如果网络中还包括与电压或电流有关的非线性电阻(或电感)，则直接求解节点电压方程时必须在每一离散时间点计算时采用迭代法，这极大地增加了运算时间。通常，若只含有少量的非线性元件，工程上常采用如补偿法、分段线性化、预测-校正法等方式处理。

补偿法是建立在戴维南等效电路的基础上，把线性网络部分和非线性部分分开处理，其结果是使求解非线性电路的迭代计算限制在小部分网络中，缩短整个网络的计算时间，较普遍地应用在电磁暂态数值计算中。首先计算线性网络的戴维南等效电路，将非线性元件用一个等效电流源代替，再将原始网络分解为电压源单独作用时的网络和等效电流源单独作用时的网络，运用叠加原理求解整个网络的解。通常只适用于求解含少量非线性元件的网络。

分段线性化是把非线性元件的特性曲线用几段具有不同斜率的直线线段来表示。由于计算过程回避了迭代求解非线性方程组的问题，从而保证计算时数值上的稳定性。对于许多实际问题，只要有少量分段，就有足够的准确精度，从而使暂态计算得到简化，具有节省机时、无须列出非线性特性解析式等优点，但当计算步长过大时，非线性元件存在"过冲"。

此外，针对应用梯形积分法对时间离散化及计算过程因电压电流突变而导致的数值振荡，通过控制计算步长、添加适当阻尼电阻、临界阻尼调整等方式予以缓解。

3. 计算实例

以串补线路故障计算为例说明具体实现过程,系统模型如图 1-40 所示,其中串补电容 $C=100\mu F$,其启动电压 $V_{pl}=340kV$,各电源线路参数分别由表 1-7 和表 1-8 给出。

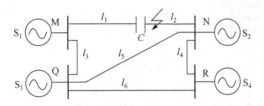

图 1-40　仿真系统图

表 1-7　系统参数

系统	系统电势幅值 /kV	系统电势角度 /(°)	零序电感 /H	正序电感 /H	零序电阻 /Ω	正序电阻 /Ω
S_1	335	0	0.19864	0.16864	9.139	6.139
S_2	265	−30	0.2073	0.14677	12.20	8.56
S_3	305	−20	0.1433	0.12364	8.42	7.32
S_4	286	−25	0.3374	0.25376	23.64	20.48

表 1-8　线路参数

线路	零序电阻 /(Ω/km)	正序电阻 /(Ω/km)	零序电感 /(H/km)	正序电感 /(H/km)	零序电容 /(F/km)	正序电容 /(F/km)	线路长度 /km
l_1	0.215658	0.029606	2.15497×10^{-3}	0.8589215×10^{-3}	0.76105×10^{-8}	1.49676×10^{-8}	150
l_2	0.215658	0.029606	2.15497×10^{-3}	0.8589215×10^{-3}	0.76105×10^{-8}	1.49676×10^{-8}	150
l_3	0.223364	0.024335	1.96355×10^{-3}	0.989051×10^{-3}	0.81315×10^{-8}	1.3122×10^{-8}	100
l_4	0.223364	0.024335	1.96355×10^{-3}	0.989051×10^{-3}	0.81315×10^{-8}	1.3122×10^{-8}	120
l_5	0.223364	0.024335	1.96355×10^{-3}	0.989051×10^{-3}	0.81315×10^{-8}	1.3122×10^{-8}	160
l_6	0.223364	0.024335	1.96355×10^{-3}	0.989051×10^{-3}	0.81315×10^{-8}	1.3122×10^{-8}	135

系统在线路 l_2 一侧在 0.02s 时发生三相对称短路故障,过渡电阻为 1Ω。由于短路比较严重,在串补电容上的压降很大,使其过电压保护启动,此外,流过 3 个串补电容的电流有相角差,3 个串补电容的过电压保护不同时启动,在 N 端母线和线路 l_2 上出现了明显的零序电压和电流,图 1-41～图 1-43 给出了 A 相串补电容两端的电压和 N 侧线路 l_2 的 A 相电流。

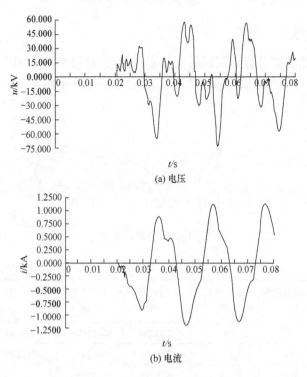

(a) 电压

(b) 电流

图 1-41　线路 l_2 N 侧的零序电压、电流波形

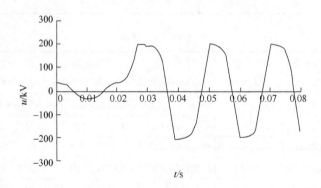

图 1-42　A 相串补电容两端电压

1.2.4　考虑雷电冲击电晕的电磁暂态数字计算

　　行波暂态保护和行波测距利用的是故障产生的高频行波暂态量信号,诸如前述雷击将引起行波过程,并且雷击可能造成故障也可能不造成故障(雷击干扰),因此需要深入研究雷击与故障引起的电磁暂态特征。其中有两个因素对雷击引起的电磁暂态过程的影响比较大:输电线路的参数频变特性和冲击电晕。前者主要由

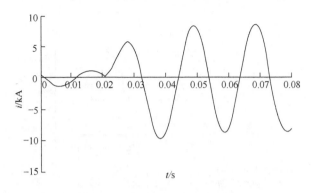

图 1-43　N 侧线路 l_2 的 A 相电流

大地的集肤效应引起,而后者由雷击输电线路造成的高幅值过电压引起。电磁暂态计算方法主要可分为两类:频域法和时域法。频域法可以很方便地考虑线路参数的频变特性,但当电路中有时变参数元件或非线性元件时,处理比较复杂。而时域法可以方便地处理时变参数元件和非线性元件,但处理频变参数比较复杂,如上述 Marti 线路模型的提出有效地解决了这一问题,并且 Marti 线路模型在大型的电磁暂态计算软件(如 EMTP、EMTDC 等)中得到了广泛的应用,可见对线路参数频变的模型已相当成熟。但是,现有的电磁暂态计算软件中尚未具有电晕的电磁暂态模型,对电晕的影响只是有估计的方法。根据估计的结果,当雷击输电线路时,电晕引起的行波的衰减与变形远比线路参数频变引起的严重。此外,电晕过程是强烈的非线性过程,在求解时需要迭代,使用现有的电磁暂态计算软件较难实现。因此以下在分析电晕伏库特性的基础上,建立了电晕的等值电路模型,并与现有且成熟的 Marti 线路模型结合,给出一种既考虑冲击电晕又考虑线路参数频变的电磁暂态仿真方法。

1. 非对称线路模型

在一般的计算中,输电线路被认为是对称的。而实际中,输电线路一般进行三段换位,总体上对称,但每一段线路参数不对称。本节在电磁暂态仿真中将考虑线路的非对称特性。下面将以三相水平排列的 500kV 输电线路为例介绍线路模型的建立方法。某 500kV 线路的杆塔结构如图 1-44 所示。计算频变线路参数的方法主要有带修正项的卡松公式和 20 世纪 80 年代提出的复数深度法。由于复数深度法计算简单、可靠且精度较高,这里选用复数深度法计算线路纵向阻抗 $[Z_{ij}]$ 参数,复数深度为 $d=1/\sqrt{s\mu/\rho}$,其中,s 为复频率,μ 为导线磁导率,ρ 为大地导电率。

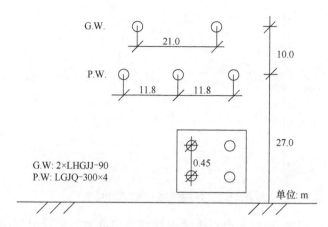

图 1-44　500kV 线路杆塔结构

式(1-2)描述的是单相线路,而对于 n 相均匀的传输线,其电报方程可写为

$$
\begin{cases}
-\dfrac{\partial \boldsymbol{u}}{\partial x} = \boldsymbol{R}_x \boldsymbol{i} + \boldsymbol{L}_x \dfrac{\partial \boldsymbol{i}}{\partial t} \\[2mm]
-\dfrac{\partial \boldsymbol{i}}{\partial x} = \boldsymbol{G}_x \boldsymbol{u} + \boldsymbol{C}_x \dfrac{\partial \boldsymbol{u}}{\partial t}
\end{cases}
\tag{1-80}
$$

式中,$\boldsymbol{u}$、$\boldsymbol{i}$ 为传输线的 n 阶电压和电流向量;$\boldsymbol{R}_x$、$\boldsymbol{L}_x$、$\boldsymbol{G}_x$、$\boldsymbol{C}_x$ 为传输线单位长度的 n 阶电阻、电感、电导、电容矩阵。当考虑传输线参数的频变时,$\boldsymbol{R}_x$、$\boldsymbol{L}_x$、$\boldsymbol{G}_x$、$\boldsymbol{C}_x$ 都是频率的函数。对于高压输电线路而言,$\boldsymbol{G}_x$ 是很小的值,可以略去;在数兆赫兹以下的频段可以不必考虑 $\boldsymbol{C}_x$ 的频变特性。因此在实际计算中仅考虑 $\boldsymbol{R}_x$ 和 $\boldsymbol{L}_x$ 的频变特性。直接计算考虑频变参数多相传输线的电报方程十分困难,一般利用相模变换技术将多相传输线变换为多个独立的单相传输线进行求解。这里先考虑 $\boldsymbol{R}_x = 0$ 和 $\boldsymbol{G}_x = 0$ 的情况,式(1-80)可以写为

$$
\begin{cases}
\dfrac{\partial^2 \boldsymbol{u}}{\partial x^2} = \boldsymbol{L}_x \boldsymbol{C}_x \dfrac{\partial^2 \boldsymbol{u}}{\partial t^2} \\[2mm]
\dfrac{\partial^2 \boldsymbol{i}}{\partial x^2} = \boldsymbol{C}_x \boldsymbol{L}_x \dfrac{\partial^2 \boldsymbol{i}}{\partial t^2}
\end{cases}
\tag{1-81}
$$

对于水平排列非均匀换位的线路 $\boldsymbol{L}_x$ 和 $\boldsymbol{C}_x$ 均为对称矩阵,但 $\boldsymbol{L}_x \boldsymbol{C}_x$ 和 $\boldsymbol{C}_x \boldsymbol{L}_x$ 一般不是对称矩阵,直接求其特征根与特征向量比较困难。下面介绍一种间接的求取方法。

设使用矩阵 $\boldsymbol{T}_i$ 对 $\boldsymbol{C}_x \boldsymbol{L}_x$ 进行相似变换可以使其为对角阵 $\boldsymbol{\lambda}$,则有

$$
\boldsymbol{T}_i^{-1} \boldsymbol{C}_x \boldsymbol{L}_x \boldsymbol{T}_i = \boldsymbol{\lambda}
\tag{1-82}
$$

此时有

$$T_u^{-1} L_x C_x T_u = T_i^{\mathrm{T}} C_x L_x T_i^{-\mathrm{T}} = \lambda \tag{1-83}$$

式中,$T_u^{-1} = T_i^{\mathrm{T}}$。若可以找到 T_i 满足式(1-82)和式(1-83),那么就可以使式(1-81)对角化,从而以求单相传输线的方法求解多相传输线。式(1-82)的相似变换可以归结为求解 $C_x L_x$ 的特征根与特征向量问题,即

$$(C_x L_x) X_i = \lambda_i X_i \tag{1-84}$$

式中,λ_i 表示 $C_x L_x$ 的第 i 个特征根;X_i 为 λ_i 对应的特征向量。C_x、L_x 均为正定矩阵,因此可以对矩阵 L_x 进行 Cholsky 分解,即有

$$L_x = H^{\mathrm{T}} H \tag{1-85}$$

式中,H 为非奇异上三角阵。将式(1-85)代入式(1-84)得

$$(C_x H^{\mathrm{T}} H) X_i = \lambda_i X_i \tag{1-86}$$

式(1-86)两边同乘以 H 得

$$H C_x H^{\mathrm{T}} (H X_i) = \lambda_i (H X_i) \tag{1-87}$$

可见,λ_i 不仅是 $C_x L_x$ 的特征根,也是 $H C_x H^{\mathrm{T}}$ 的特征根,即 $C_x L_x$ 与 $H C_x H^{\mathrm{T}}$ 有相同的特征根。由 C_x 是实对称阵,可知 $(H C_x H^{\mathrm{T}})^{\mathrm{T}} = H C_x H^{\mathrm{T}}$,因此 $H C_x H^{\mathrm{T}}$ 也是对称阵。可以使用稳定、简单的雅可比方法求解其特征根矩阵 λ 和特征向量矩阵 S,则

$$T_i = H^{-1} S \tag{1-88}$$

使用雅可比方法求得的特征向量矩阵 S 为正交矩阵,因此有

$$T_u = T_i^{-\mathrm{T}} = (H^{-1} S)^{-\mathrm{T}} = H^{\mathrm{T}} S \tag{1-89}$$

称 $V_i = T_i^{-1}$ 为电流相模变换矩阵,称 $V_u = T_u^{-1}$ 为电压相模变换矩阵。对于均匀换位的线路有 $V_u = V_i$,而没有换位的线路的 V_i 与 V_u 不相等。线路的模量参数矩阵 L_m、C_m 和 R_m 可以写为

$$L_m = T_u^{-1} L_x T_i = V_u^{-\mathrm{T}} L_x V_i^{-1} \tag{1-90}$$

$$C_m = T_i^{-1} C_x T_u = V_u^{-\mathrm{T}} C_x V_u^{-1} \tag{1-91}$$

$$R_m = T_u^{-1} R_x T_i = V_u^{-\mathrm{T}} R_x V_i^{-1} \tag{1-92}$$

式中,L_m 和 C_m 为对角阵,而 R_m 不是对角阵,但其非对角元素比对角元素至少小 1~2 个数量级,在应用中可以认为 R_m 是对角阵。此外,虽然 R_x 和 L_x 是频率的函数,但其相模变换矩阵却随频率的变化很小,可以认为频变参数线路的相模变换矩

阵是常数矩阵。当大地电阻率为 $100\Omega\cdot\text{m}$、频率为 50Hz 时，$\boldsymbol{V}_u$、$\boldsymbol{V}_i$、$\boldsymbol{R}_{\text{m}}$、$\boldsymbol{C}_{\text{m}}$ 和 $\boldsymbol{L}_{\text{m}}$ 分别为

$$\boldsymbol{V}_u = \begin{bmatrix} 0.607409 & 0.516997 & 0.607409 \\ -0.40822 & 0.819688 & -0.40822 \\ -0.707107 & 0 & 0.707107 \end{bmatrix} \tag{1-93}$$

$$\boldsymbol{V}_i = \begin{bmatrix} 0.578113 & 0.575822 & 0.578113 \\ -0.364629 & 0.856791 & -0.364629 \\ -0.707107 & 0 & 0.707107 \end{bmatrix} \tag{1-94}$$

$$\boldsymbol{R}_{\text{m}} = \begin{bmatrix} 0.203397 & -0.000715584 & 0 \\ -0.000715584 & 0.0271565 & 0 \\ 0 & 0 & 0.0299271 \end{bmatrix} \Omega/\text{km} \tag{1-95}$$

$$\boldsymbol{C}_{\text{m}} = \begin{bmatrix} 7.88196\times10^{-9} & 0 & 0 \\ 0 & 1.43308\times10^{-8} & 0 \\ 0 & 0 & 1.20557\times10^{-8} \end{bmatrix} \text{F/km}$$

$$\tag{1-96}$$

$$\boldsymbol{L}_{\text{m}} = \begin{bmatrix} 0.00218015 & 0 & 0 \\ 0 & 0.00080088 & 0 \\ 0 & 0 & 0.00096888 \end{bmatrix} \text{H/km} \tag{1-97}$$

利用上述方法可以把不对称 n 相传输线解耦为 n 个独立的单相传输线。对于单相传输线，可以使用 Marti 线路模型方便地考虑其参数频变特性。由于电力系统中还有别的非线性元件(如避雷器)或时变元件(如开关动作)，而且电力系统中可能有非三相系统(如直流输电系统)，不同线路可能有不同的线路结构，因此很难把整个全系统进行解耦，所以计算电磁暂态仿真在相域中进行比较合适，n 个独立的单相输电线路使用相模变换及相模反变换(模相变换)接口与系统连接，其结构如图 1-45 所示。这样，系统总体来说是在相域中进行计算，可以方便地考虑非线性元件和时变元件；而线路是按单相计算，可以方便地考虑参数频变。

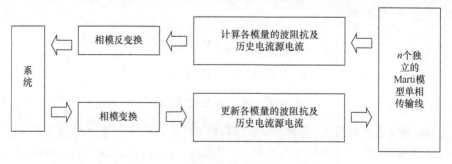

图 1-45　输电线路与系统的接口方法

2. 冲击电晕模型

高幅值的雷电冲击波将在导线上产生强烈的冲击电晕。研究表明,形成冲击电晕所需的时间非常短,正冲击时只需大约 $0.05\mu s$,负冲击时只需大约 $0.01\mu s$,而且与电压陡度的关系非常小。因此可以认为,在不是非常陡的波头范围内,冲击电晕的发生只与电压的瞬时值有关。但是不同的极性对冲击电晕的发展有显著的影响。

1) 冲击电晕的伏库特性

冲击电晕的伏库特性是研究与计算波衰减与变形的基础。所谓伏库特性,就是波传播过程中,导线上的冲击电压瞬时值 u 与导线上及其周围电晕套内的总电荷 q 的关系:$q = f(u)$。

典型的电晕伏库特性曲线如图 1-46 所示,呈现回环形。回环面积的大小与电晕产生空间电荷的能量耗散成比例。由于冲击电压的极性对电晕的发展影响很大,所以正负极性的伏库特性存在明显的差异。在给定幅值的波形下,正极性的回环面积要比负极性的大。每一伏库特性可以分为三段。

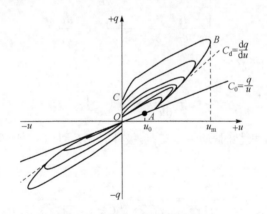

图 1-46　冲击电晕的伏库特性

OA 段对应于电压 u 小于电晕起始电压 u_0 时的雷电波波头部分,伏库特性呈直线,其斜率等于导线的几何电容 C_0。

AB 段对应于 $u \geqslant u_0$ 时的雷电波波头部分电晕发展阶段。强烈的游离随着电压增长,使导线周围积聚起越来越多的同极性的空间电荷,因此伏库特性呈非线性上翘。空间电荷的存在,形成导电性能良好的电晕套。对于电场,相当于导线半径增大,对地电容增加。此时导线的电容是变化的,其单位长度动态电容 $C_d = dq/du > C_0$。但电晕套的轴向电导率极小,电流几乎完全集中在导线里,因此可不考虑电晕对导线电感的影响。这段伏库特性可以近似地用经验公式来表示。目前比较通用的伏库特性为

$$\frac{q}{q_0} = A + B\left(\frac{u}{u_0}\right)^{4/3} \tag{1-98}$$

式中,q 为电压瞬时值为 u 时的电荷;q_0 为电晕起始电压 u_0 时的电荷;正极性时,常数 $A=0$,$B=1.02$,负极性时 $A=0.15$,$B=0.85$。此式对于分裂导线也基本上适用。

伏库特性的 BC 段对应于冲击电压峰值过后的波尾部分。雷电冲击波的变化过程非常快,空间电荷还来不及复合和消散,只有导线上的电荷随着电压的下降而减少,因此波尾部分的伏库特性几乎和 OA 段平行,导线的对地电容等于或略大于几何电容,通常计算时仍等于 C_0。

2) 冲击电晕引起行波的衰减和变形

在雷电冲击波作用下,引起波衰减和变形的决定因素是电晕。为简化分析,可以略去其他影响因素。参照无损线的波动方程,对于电晕线路有

$$\begin{cases} -\dfrac{\partial u}{\partial x} = \dfrac{\partial \Psi}{\partial t} = L_0 \dfrac{\partial i}{\partial t} \\[2mm] -\dfrac{\partial i}{\partial x} = \dfrac{\partial q}{\partial t} = \dfrac{\partial q}{\partial u}\dfrac{\partial u}{\partial t} = C_d \dfrac{\partial u}{\partial t} \end{cases} \tag{1-99}$$

式中,动态电容 C_d 由式(1-98)得

$$C_d = \frac{dq}{du} = MC_0\left(\frac{u}{u_0}\right)^{1/3} \tag{1-100}$$

式中,当雷电波为正极性时,$M=1.35$;负极性时,$M=1.13$。计及冲击电晕时的波速 v_c 可以表示为

$$v_c = \frac{1}{\sqrt{L_0 C_d}} = \frac{1}{\sqrt{L_0 C_0}}\sqrt{\frac{C_0}{C_d}} = \frac{c}{\sqrt{M}\,\sqrt[6]{u/u_0}} \tag{1-101}$$

式中,c 为光速。由式(1-101)可见,电压瞬时值越高,波速越慢。应当指出,v_c 并不是电磁波的传播速度,而只是说明当电晕发生以后,形成空间电荷,能量逐渐消耗,使波衰减变形,相当于波头上一定电压值的传播速度减小了,即把冲击电晕引起波的衰减变形等值为各电压瞬时值的传播速度不同程度的减慢。因此电晕对雷电波的影响表现为:在传播一定距离后雷电波幅值的衰减与陡度的下降。

3) 冲击电晕的电路等效

由于电晕过程中(处于电晕伏库特性中的 AB 段),动态电容 C_d 大于几何电容 C_0,这里定义电晕引起的附加电容 C_f 为

$$C_f = C_d - C_0 = MC_0\left(\frac{u}{u_0}\right)^{1/3} - C_0 \tag{1-102}$$

　　那么根据电晕的伏库特性,可以得到如图 1-47 所示的冲击电晕等效电路。图 1-47 中,D_1 和 D_2 为理想稳压二极管,稳压值为 u_0。当 $|u| < |u_0|$ 时,D_1 和 D_2 不会导通,只有 C_0 起作用,与图 1-46 中的 OA 段相吻合;当 $|u| > |u_0|$ 且 $|u|$ 不断增大时,D_1 和 D_2 将会导通,向 C_f 充电,此时电容 C_0 与 C_f 上的总电荷和 u 的关系刚好与图 1-46 中的 AB 段相吻合;当 $|u|$ 开始下降时,D_1 和 D_2 由导通转为截止,将 C_f 与电路的其他部分隔开,相当于电路中只有电容 C_0,这与图 1-46 中的 BC 段相吻合。图 1-47 中的 R 用来表示电晕引起的空间电荷的消散过程,由于空间电荷的消散过程比冲击电晕的发展过程长得多,R 值较大,故在考虑冲击电晕的电磁暂态仿真中可以不考虑 R 的影响。从图 1-47 中可以看出电晕引起的能量损失有两部分,一部分是电晕发展阶段 D_1 和 D_2 导通时在 D_1 和 D_2 上的功耗,另一部分是电晕结束 C_f 放电所带来的能量损失。

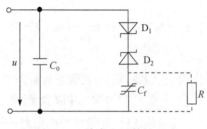

图 1-47　冲击电晕等效电路

3. 电磁暂态计算方法的实现

　　由于线路遭受雷击后,线路上不同地点、不同时间的电压不同,因此不同地点、不同时间电晕引起的附加电容 C_f 也不同。所以在考虑线路参数频变的情况下,精确计及电晕的影响是十分困难的。此外,电晕过程本来就是包含一定的随机因素,对其只能建立一个近似的数学模型,在实际中不可能也没必要建立电晕的精确数学模型。因此,这里通过将线路分为若干段来近似考虑冲击电晕对电磁暂态的影响,在每一小段线路上认为 C_f 不随位置的变化而变化,即认为一小段线路上的电压是相同的,但 C_f 仍是沿线路分布的非线性电容。然后进一步将每一小段线路分布的 C_f 以集中参数的方式插入线路的两边,这样就可以继续使用现有的比较成熟的 Marti 线路模型,形成如图 1-48 所示的考虑冲击电晕及参数频变的线路模型。图 1-48 中 R' 的代表图 1-47 中的 D_1 和 D_2。

　　由于 C_f 是非线性电容,用于数值计算还需要建立其等效数值计算模型。对于图 1-49(a)所示的非线性电容,其电压和电流关系可以表示为

$$i_{km}(t) = C_f(t) \mathrm{d}u_C(t)/\mathrm{d}t = C_f(t) \mathrm{d}[u_k(t) - u_m(t)]/\mathrm{d}t \qquad (1\text{-}103)$$

离散化式(1-103)可以得到

图 1-48　考虑冲击电晕及参数频变的线路模型

$$i_{\mathrm{km}}(t)=\frac{1}{R_C(t)}[u_{\mathrm{k}}(t)-u_{\mathrm{m}}(t)]+I_C(t-\Delta t) \qquad (1\text{-}104)$$

式中

$$R_C(t)=\frac{\Delta t}{2C_{\mathrm{f}}(t)} \qquad (1\text{-}105)$$

$$I_C(t-\Delta t)=-i_{\mathrm{km}}(t-\Delta t)-\frac{1}{R_C(t-\Delta t)}[u_{\mathrm{k}}(t-\Delta t)-u_{\mathrm{m}}(t-\Delta t)]$$

$$(1\text{-}106)$$

式中，$R_C(t)$ 和 $I_C(t-\Delta t)$ 分别表示电容 $C_{\mathrm{f}}(t)$ 在暂态计算时的等值电阻和反映历史记录的等值电流源。根据等值计算式(1-104)可以得到电容的等值计算电路，如图 1-49(b)所示。根据式(1-104)和式(1-106)可得出电容的等值电流源递推公式为

$$I_C(t-\Delta t)=-I_C(t-2\Delta t)-\frac{2}{R_C(t-\Delta t)}[u_{\mathrm{k}}(t-\Delta t)-u_{\mathrm{m}}(t-\Delta t)]$$

$$(1\text{-}107)$$

从图 1-49(b)中可以看出，计算 t 时刻的电压电流需要知道 t 时刻的 $C_{\mathrm{f}}(t)$，而 $C_{\mathrm{f}}(t)$ 是电容电压 $u_C(t)$ 的非线性函数，因此对 $C_{\mathrm{f}}(t)$ 进行计算时需要迭代求解。考虑冲击电晕及参数频变的输电线路电磁暂态计算流程如图 1-50 所示。计算思路为：当没有发生电晕时(冲击电晕伏库特性处于 OA 段)，不投入电晕附加电容 C_{f}；当发生电晕时(冲击电晕伏库特性处于 AB 段)，投入电晕附加电容 C_{f}；当电晕过程结束时(冲击电晕伏库特性处于 BC 段)，切除电晕附加电容 C_{f}。图 1-50 中，Δt 为计算步长，ε 为很小的正数，用于控制迭代精度。

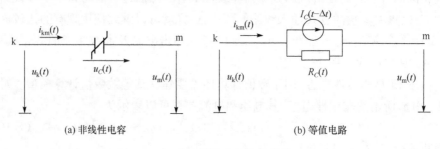

(a) 非线性电容　　　　　　　　　　(b) 等值电路

图 1-49　非线性电容的等值计算电路

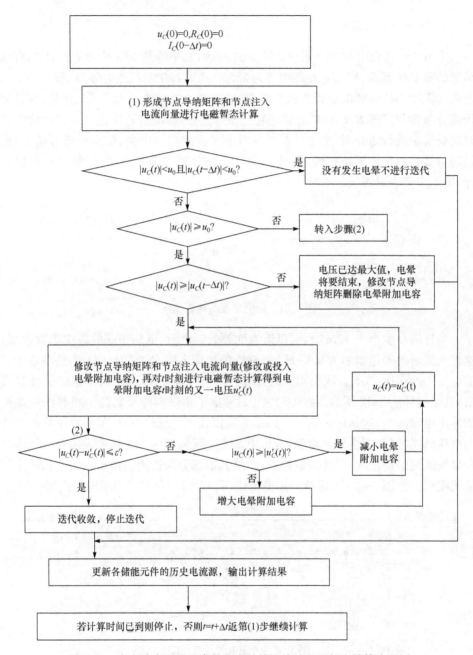

图 1-50　考虑冲击电晕及参数频变的输电线路电磁暂态计算流程图

4. 暂态仿真数值例

　　本节用于仿真的 500kV 系统如图 1-51 所示,其中线路 MN 长为 204.4km,杆塔结构如图 1-44 所示,M 端系统相电势为 $355\angle 0°$kV,N 端系统相电势为 $286\angle 30°$kV。通常计算线路故障的电磁暂态过程时,输电线路的避雷线认为零阻抗接地,在计算线路分布参数矩阵 **R**、**L** 和 **C** 时就把它们做降阶处理,消去避雷线。而在对输电线路遭受雷击进行研究时,由于需要考虑雷击避雷线档距中央、雷击杆塔等情况,而且避雷线并不是零阻抗接地,因此不应将线路分布参数矩阵 **R**、**L** 和 **C** 做降阶处理,即不应消去避雷线。

$L_{M0,1}=\{0.0837,0.0901\}$H
$R_{M0,1}=\{4.3,0.75\}\Omega$

$L_{N0,1}=\{0.1,0.08944\}$H
$R_{N0,1}=\{6.139,1.6\}\Omega$

图 1-51　500kV 系统仿真系统

　　当杆塔高度小于 40m 时,可以近似地等效为电阻、电感串联的集中参数模型,这里取铁塔的等值电感为 0.4μH/m,铁塔的接地电阻 R_T 取为 10Ω,则铁塔总的等值电感 L_T 为 14.8μH。根据本节的计算方法可以建立图 1-51 所示系统的计算模型,其结构如图 1-52 所示。图 1-52 中,只考虑了雷击档距及其两个相邻档距线路的冲击电晕影响,这是因为这 3 个档距的避雷线上电压较高,而其他档距的雷电冲击电压已经很低,不会引起电晕,故雷电冲击电压较高的 3 个档距采用 5 根导体(3根导线加两根避雷线)的传输线模型,线路其他部分采用消去避雷线的三相导体传输线模型。在图 1-52 中,虚线表示避雷线,$C_{fi}(i=1,2,\cdots,9)$表示电晕附加电容。

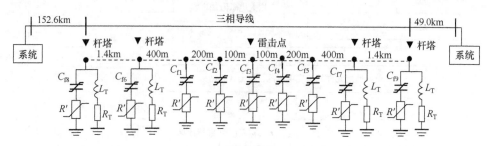

图 1-52　考虑电晕计算模型

　　本节中雷电流取 2.6μs/50μs 的标准波形,20kA 的雷电流波形如图 1-53 所示,其中时间轴单位为 ms,此外,本节中未作特殊说明,时间轴单位均为 ms。假设在图 1-51 所示系统中,线路 MN 在距 M 端 154.7km 的地方,避雷线档距中央遭

受雷击,档距长度为 1.4km。当幅值为 215kA 的雷电流在 0 时刻作用于图 1-52
所示系统的雷击点时,雷击点与距雷击点最近杆塔塔顶电压如图 1-54 所示。同
样,在雷击点作用 215kA 的雷电流而不考虑冲击电晕影响时,雷击点与距雷击点
最近杆塔塔顶电压如图 1-55 所示。

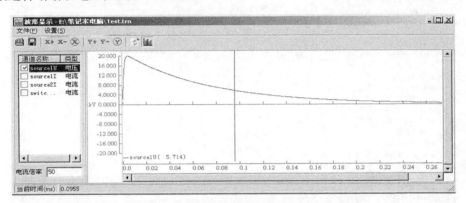

图 1-53　2.6μs/50μs 的雷电流波形

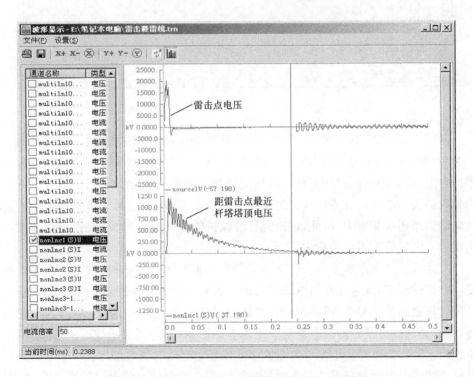

图 1-54　考虑电晕的雷击避雷线档距中央电压波形

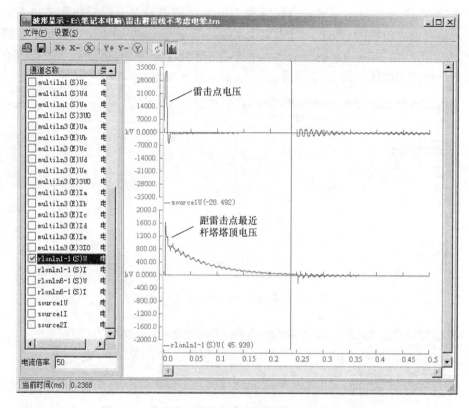

图 1-55　未考虑电晕的雷击避雷线档距中央电压波形

从图 1-54 和图 1-55 中可以看出,在考虑冲击电晕时,雷击点的电压最大幅值约为 20000kV,而不考虑冲击电晕时约为 33000kV,比考虑电晕时大了 65%;在考虑冲击电晕时,距雷击点最近杆塔塔顶电压最大幅值约为 1200kV,而不考虑冲击电晕时约为 1600kV,比考虑电晕时大了 33.3%。由此可见,冲击电晕对雷击引起的电磁暂态影响非常大,因此,在研究行波保护的雷电波抗干扰方法时应该考虑冲击电晕对电磁暂态过程的影响。

上述基于冲击电晕伏库特性的电晕等值电路模型、结合现有成熟的 Marti 频变参数线路模型,既考虑冲击电晕又考虑参数频变的输电线路电磁暂态计算方法,是通过将线路分为多个不长的小段,在每段线路两边插入考虑冲击电晕的附加电容,从而做到既计及了冲击电晕对电磁暂态的影响,又与现有的线路模型相兼容;也给出了线路雷电冲击电晕等值电路中非线性电容的时域数值计算模型与公式以及对非线性电晕附加电容迭代求解的方法。雷击输电线路的电磁暂态仿真表明,考虑冲击电晕与不考虑冲击电晕的电磁暂态过程相差很大,因此在研究行波暂态量保护的雷电波抗干扰、单端行波测距的故障点反射波甄别、雷击闪络行波辨识等命题时应该考虑冲击电晕对电磁暂态过程的影响。

1.2.5　频变参数线路任意故障电磁暂态数字计算频域方法

1.2.4 节阐述了考虑雷电冲击电晕的线路电磁暂态计算,本节主要介绍电磁暂态计算的一种频域方法,其适用于均匀换位与不换位的单回线和双回线,既可仿真横向故障也可仿真纵向故障,并考虑了电弧故障及发展性故障。在处理电弧故障中,采用了在频域内求取冲击响应,在时域内激励与冲击响应相卷积的方法实现。在处理发展性故障中,通过对时变电导(或电阻)作适当处理,可较方便地使频域内的输电线路电磁暂态计算既能考虑线路参数的频变又可考虑过渡电阻的时变,从而可做到对发展性短路故障的精确数字仿真。本节讨论的线路为:①均匀换位三相线路;②水平排列不换位三相线路;③九段换位耦合双回线路;④不换位或三段换位耦合双回线路。

1. 线路模量上的波参数计算

相关教材均有对线路电容参数的计算的介绍。诸如前述,由于导线和大地在交变电磁场作用下具有集肤效应,输电线路的电阻和电感随电流频率变化,成为频变参数,这在地模量中表现尤其明显。此时,线路对于不同频率分量呈现出不同的传输特性,将会直接影响电磁暂态过程。为了考虑非理想导体、大地集肤效应对阻抗参数的影响,复数深度被引入阻抗参数计算。假设消去地线后每公里线路阻抗矩阵为 $[Z_{ij}(s)]_{n\times n}$,导纳矩阵为 $s\,[C_{ij}]_{n\times n}$,$[C_{ij}]_{n\times n}$ 为电容矩阵,n 为相数。对于均匀换位三相线路,其阻抗和导纳矩阵设为

$$\mathbf{Z}(s)=\begin{bmatrix} z_s & z_m & z_m \\ z_m & z_s & z_m \\ z_m & z_m & z_s \end{bmatrix}\quad 且\quad \begin{aligned} z_s&=\frac{1}{3}\big[Z_{11}(s)+Z_{22}(s)+Z_{33}(s)\big] \\ z_m&=\frac{1}{3}\big[Z_{12}(s)+Z_{13}(s)+Z_{23}(s)\big] \end{aligned} \tag{1-108}$$

和

$$\mathbf{Y}(s)=\begin{bmatrix} y_s & y_m & y_m \\ y_m & y_s & y_m \\ y_m & y_m & y_s \end{bmatrix}\quad 且\quad \begin{aligned} y_s&=\frac{s}{3}(C_{11}+C_{22}+C_{33}) \\ y_m&=\frac{s}{3}(C_{12}+C_{13}+C_{23}) \end{aligned} \tag{1-109}$$

若耦合双回线两回的导线相同,则均匀换位六相线路的阻抗和导纳矩阵为

$$\mathbf{Z}(s)=\begin{bmatrix} \mathbf{Z}_s & z'_m\mathbf{1}_u \\ z'_m\mathbf{1}_u & \mathbf{Z}_s \end{bmatrix},\quad \mathbf{Y}(s)=\begin{bmatrix} \mathbf{Y}_s & y'_m\mathbf{1}_u \\ y'_m\mathbf{1}_u & \mathbf{Y}_s \end{bmatrix} \tag{1-110}$$

式中,矩阵 $\mathbf{1}_u$ 定义为 3 阶全 1 的方阵;矩阵 $\mathbf{Z}_s$ 和 $\mathbf{Y}_s$ 分别定义为形如式(1-108)和式(1-109)的公式,此外

$$z'_m = [Z_{14}(s) + Z_{15}(s) + Z_{16}(s) + Z_{24}(s) + Z_{25}(s) + Z_{26}(s) + Z_{34}(s) + Z_{35}(s) + Z_{36}(s)]/9 \tag{1-111}$$

$$y'_m = s(C_{14} + C_{15} + C_{16} + C_{24} + C_{25} + C_{26} + C_{34} + Z_{35} + Z_{36})/9 \tag{1-112}$$

对于对称三相线路,其电压电流相模变换矩阵选用 $0\alpha\beta$ 相模变换关系

$$\boldsymbol{T}_{u,i}^{-1} = \boldsymbol{T}_{u,i}^{\mathrm{T}} = \begin{bmatrix} 1/\sqrt{3} & 1/\sqrt{3} & 1/\sqrt{3} \\ 1/\sqrt{2} & 0 & -1/\sqrt{2} \\ 1/\sqrt{6} & -2/\sqrt{6} & 1/\sqrt{6} \end{bmatrix} \tag{1-113}$$

式中,上标 T 代表取转置;下标 u、i 分别代表电压和电流。而且将相互独立的 3 个模量 $0\alpha\beta$ 仍记为 012 模。模量线路的阻抗和导纳参数为 $Z_L^{(0,1,2)} = (z_s + 2z_m)$,$(z_s - z_m)$,$(z_s - z_m)$ 和 $Y_L^{(0,1,2)} = (y_s + 2y_m)$,$(y_s - y_m)$,$(y_s - y_m)$。模量上的波参数为 $\gamma_m = [Z_L^{(m)} Y_L^{(m)}]^{1/2}$ 和 $Z_{cn} = [Z_L^{(m)} / Y_L^{(m)}]^{1/2}$ $(m=0,1,2)$。

对于对称六相线路本节采用相模变换关系

$$\boldsymbol{T}_D^{-1} = \frac{1}{\sqrt{2}} \begin{bmatrix} \boldsymbol{T}_i^{-1} & \boldsymbol{T}_i^{-1} \\ \boldsymbol{T}_i^{-1} & -\boldsymbol{T}_i^{-1} \end{bmatrix}, \qquad \boldsymbol{T}_i^{-1} = \boldsymbol{T}_{u,i}^{-1} \tag{1-114}$$

式(1-114)对应的模分量标号 m 定义为 $T0$、$T1$、$T2$、$F0$、$F1$ 和 $F2$,且称 $T012$ 三个模量为同向模,称 $F012$ 为反向模。在 $T12$ 和 $F12$ 分量上,线路阻抗和导纳参数为 $Z_L^{(m)} = (z_s - z_m)$ 和 $Y_L^{(m)} = (y_s - y_m)$ $(m=T1, T2, F1, F2)$。$T0$ 模阻抗和导纳参数为 $Z_L^{(T0)} = (z_s + 2z_m + 3z'_m)$ 和 $Y_L^{(T0)} = (y_s + 2y_m + 3y'_m)$,$F0$ 模阻抗和导纳参数为 $Z_L^{(F0)} = (z_s + 2z_m - 3z'_m)$ 和 $Y_L^{(F0)} = (y_s + 2y_m - 3y'_m)$。模量上的波参数为 $\gamma_m = [Z_L^{(m)} Y_L^{(m)}]^{1/2}$ 和 $Z_{cn} = [Z_L^{(m)} / Y_L^{(m)}]^{1/2}$,$m = T012, F012$。

水平排列不换位三相线路,曾由 Wedepohl 首先推导,作者经推导给全其电压电流相模变换关系为

$$\boldsymbol{T}_u = \begin{bmatrix} 1 & 1 & 1 \\ t_1(s) & 0 & t_2(s) \\ 1 & -1 & 1 \end{bmatrix}, \quad \boldsymbol{T}_i = \begin{bmatrix} 1 & 1 & 1 \\ -2/t_1(s) & 0 & -2/t_2(s) \\ 1 & -1 & 1 \end{bmatrix} \tag{1-115}$$

式中

$$t_{1,2}(s) = -\frac{p_a + p_c - p_e}{2p_b} \pm \left[\left(\frac{p_a + p_c - p_e}{2p_b} \right)^2 + \frac{2p_d}{p_b} \right]^{1/2} \tag{1-116}$$

式中

$$\begin{bmatrix} p_a & p_b & p_c \\ p_d & p_e & p_d \\ p_c & p_b & p_a \end{bmatrix} \overset{\text{def}}{=} \boldsymbol{P} = \boldsymbol{Z}(s)\boldsymbol{Y}(s) \tag{1-117}$$

可见,水平排列不换位三相线路的电压电流变换矩阵 $\boldsymbol{T}_{u,i}$ 对于每个复频率 s_j 只需计算 $t_{1,2}(s_j)$。利用 $\boldsymbol{T}_{u,i}$ 和 $\boldsymbol{T}_{u,i}^{-1}$ 可将水平排列不换位三相线路在每一个复频率

s_j 上去耦为三个相互独立的模量线路,且记为 012 三个模量。

原则上,同杆并架的不换位或三段换位双回线路,在每一个复频率 s_j 上,借助特征值理论,解算 $\boldsymbol{Z}(s_j)\boldsymbol{Y}(s_j)$ 的左右特征向量矩阵 $\boldsymbol{T}_{u,i}$,使 $\boldsymbol{Z}(s_j)\boldsymbol{Y}(s_j)$ 在每一个复频率 s_j 上去耦。由矩阵代数理论可知,能使乘积矩阵 $\boldsymbol{Z}(s_j)\boldsymbol{Y}(s_j)$ 去耦的 $\boldsymbol{T}_{u,i}$ 当然变能使 $\boldsymbol{Z}(s_j)$ 和 $\boldsymbol{Y}(s_j)$ 每一个 s_j 上去耦。但是,复数矩阵特征值问题的解算颇占内存和机时,因此,不对称六相的所有计算均在相坐标中进行。下面将介绍线路传递参数 $[\boldsymbol{A}\quad\boldsymbol{B}\quad\boldsymbol{C}\quad\boldsymbol{D}]$ 的计算方法。

当线路电阻和电感参数均为频率的函数时,描述线路电磁暂态过程的偏微分方程不再可以直接使用,解决的方法是从频域入手,考虑参数的频率影响,计算到一定步骤后再“返回”到时域得出最终结果。长为 l 的线路相坐标中传递参数由线路阻抗和导纳参数表示为

$$\begin{bmatrix} \boldsymbol{A}(s) & \boldsymbol{B}(s) \\ \boldsymbol{C}(s) & \boldsymbol{D}(s) \end{bmatrix} = \begin{bmatrix} \mathrm{ch}\left[\sqrt{\boldsymbol{Z}(s)\boldsymbol{Y}(s)}\,l\right] & \mathrm{sh}\left[\sqrt{\boldsymbol{Z}(s)\boldsymbol{Y}(s)}\,l\right]\boldsymbol{Y}_c^{-1}(s) \\ \mathrm{sh}\left[\sqrt{\boldsymbol{Z}(s)\boldsymbol{Y}(s)}\,l\right]\boldsymbol{Y}_c(s) & \mathrm{ch}\left[\sqrt{\boldsymbol{Z}(s)\boldsymbol{Y}(s)}\,l\right] \end{bmatrix}$$

$$(1\text{-}118)$$

式中,特征导纳 $\boldsymbol{Y}_c(s) = \boldsymbol{Z}^{-1}(s)\sqrt{\boldsymbol{Z}(s)\boldsymbol{Y}(s)} = \left[\sqrt{\boldsymbol{Z}(s)\boldsymbol{Y}(s)}\right]^{-1}\boldsymbol{Y}(s)$。在传播常数矩阵 $\boldsymbol{P}(s) = \boldsymbol{Z}(s)\boldsymbol{Y}(s)$ 可对角化前提下,线路传递参数可用模量上的波参数表示为

$$\begin{bmatrix} \boldsymbol{A}(s) & \boldsymbol{B}(s) \\ \boldsymbol{C}(s) & \boldsymbol{D}(s) \end{bmatrix} = \begin{bmatrix} \boldsymbol{T}_u\langle\mathrm{ch}(\gamma_m l)\rangle\boldsymbol{T}_u^{-1} & \boldsymbol{T}_u\langle Z_{cm}\mathrm{sh}(\gamma_m l)\rangle\boldsymbol{T}_i^{-1} \\ \boldsymbol{T}_i\langle\mathrm{sh}(\gamma_m l)/Z_{cm}\rangle\boldsymbol{T}_u^{-1} & \boldsymbol{T}_i\langle\mathrm{ch}(\gamma_m l)\rangle\boldsymbol{T}_i^{-1} \end{bmatrix} \quad (1\text{-}119)$$

式中,$\langle\cdot\rangle$ 为对角阵,如 $\langle\mathrm{ch}(\gamma_m l)\rangle = \mathrm{diag}[\mathrm{ch}(\gamma_m l), m = 0, 1, \cdots, n-1]$,$n$ 为相数。

均匀换位线路变换为模量上相互独立的单个模计算。水平排列不换位三相线路的传递参数,采用式(1-119)进行计算。三段换位或不换位耦合双回线路的传递参数,采用分段 $[\boldsymbol{A}\quad\boldsymbol{B}\quad\boldsymbol{C}\quad\boldsymbol{D}]$ 参数合成法进行计算。其方法是将线路等分为 k 段,每段长记为 h,每段的传递参数由式(1-118)得

$$\begin{bmatrix} \boldsymbol{A}_h(s) & \boldsymbol{B}_h(s) \\ \boldsymbol{C}_h(s) & \boldsymbol{D}_h(s) \end{bmatrix} = \begin{bmatrix} \mathrm{ch}\left[\sqrt{\boldsymbol{Z}(s)\boldsymbol{Y}(s)}\,h\right] & \mathrm{sh}\left[\sqrt{\boldsymbol{Z}(s)\boldsymbol{Y}(s)}\,h\right]\boldsymbol{Y}_c^{-1}(s) \\ \mathrm{sh}\left[\sqrt{\boldsymbol{Z}(s)\boldsymbol{Y}(s)}\,h\right]\boldsymbol{Y}_c(s) & \mathrm{ch}\left[\sqrt{\boldsymbol{Z}(s)\boldsymbol{Y}(s)}\,h\right] \end{bmatrix}$$

$$(1\text{-}120)$$

由矩阵函数的幂级数展开得

$$\boldsymbol{A}_h(s) = \boldsymbol{D}_h^{\mathrm{T}}(s) = \sum_{n=0}^{\infty} \frac{h^{2n}}{(2n)!}\left[\boldsymbol{Z}(s)\boldsymbol{Y}(s)\right]^n \quad (1\text{-}121\mathrm{a})$$

$$\boldsymbol{B}_h(s) = \left\{\sum_{n=0}^{\infty} \frac{h^{2n+1}}{(2n+1)!}\left[\boldsymbol{Z}(s)\boldsymbol{Y}(s)\right]^n\right\}\boldsymbol{Z}(s) \quad (1\text{-}121\mathrm{b})$$

$$C_h(s) = \left\{ \sum_{n=0}^{\infty} \frac{h^{2n+1}}{(2n+1)!} \left[\boldsymbol{Z}(s)\boldsymbol{Y}(s) \right]^n \right\} \boldsymbol{Y}(s) \tag{1-121c}$$

式(1-121)的矩阵级数绝对收敛,若用有限项之和逼近,存在一个最大收敛长度 $h_{\max}$。就传输特性而言,具有 $2N+1$ 阶近似的传递参数为

$$\dot{\boldsymbol{A}}_h(s) = \dot{\boldsymbol{D}}_h^{\mathrm{T}}(s) = \sum_{n=0}^{N} \frac{h^{2n}}{(2n)!} \left[\boldsymbol{Z}(s)\boldsymbol{Y}(s) \right]^n \tag{1-122a}$$

$$\dot{\boldsymbol{B}}_h(s) = \left\{ \sum_{n=0}^{N} \frac{h^{2n+1}}{(2n+1)!} \left[\boldsymbol{Z}(s)\boldsymbol{Y}(s) \right]^n \right\} \boldsymbol{Z}(s) \tag{1-122b}$$

$$\dot{\boldsymbol{C}}_h(s) = \left\{ \sum_{n=0}^{N} \frac{h^{2n+1}}{(2n+1)!} \left[\boldsymbol{Z}(s)\boldsymbol{Y}(s) \right]^n \right\} \boldsymbol{Y}(s) \tag{1-122c}$$

可见, N 值的大小决定了一定长度 h 条件下 $[\dot{\boldsymbol{A}}_h \quad \dot{\boldsymbol{B}}_h \quad \dot{\boldsymbol{C}}_h \quad \dot{\boldsymbol{D}}_h]$ 对 $[\boldsymbol{A}_h \quad \boldsymbol{B}_h \quad \boldsymbol{C}_h \quad \boldsymbol{D}_h]$ 的逼近程度。众所周知,矩阵大小的度量应采用任意一种矩阵范数, N 值的确定便应由预置的精度结合矩阵范数的计算加以控制。这样做将增加计算负担。由于式(1-122)的首项含有单位矩阵,所以一种实用且有效的措施是,由当前项与单位矩阵比较来终止循环。有了小段的传递参数,整段线路传递参数由每段传递参数级联为

$$[\boldsymbol{A}(s) \quad \boldsymbol{B}(s) \quad \boldsymbol{C}(s) \quad \boldsymbol{D}(s)] = [\dot{\boldsymbol{A}}_h \quad \dot{\boldsymbol{B}}_h \quad \dot{\boldsymbol{C}}_h \quad \dot{\boldsymbol{D}}_h]^k \tag{1-123}$$

研究表明,短路引起的谐波与诸如电源容量及其等值序阻抗比值、线路结构及其参数、故障起始角、故障位置及其过渡阻抗等众多因素有关。现在取 20kHz 频率计算,计算表明,谐波下计算传输线的 $[\boldsymbol{A} \quad \boldsymbol{B} \quad \boldsymbol{C} \quad \boldsymbol{D}]$ 参数时,各段长 h 在 10km 左右且式(1-122)的 N 在 8～10 取值,可兼顾精度与计算速度。

简便起见,仅以水平排列不换位三相线路为例,表 1-9 列出 $l=160$km 在 $f=20$kHz 的正弦稳态下线路传递参数的 $\boldsymbol{A}(s)$ 项。栏 1# 由相模变换技术计算,即利用式(1-119)计算,并且借此作为真值,栏 2#、3# 分别由分段 $[\boldsymbol{A} \quad \boldsymbol{B} \quad \boldsymbol{C} \quad \boldsymbol{D}]$ 参数合成法计算。其中栏 2# 的 $h=10$km、$N=10$,栏 3# 的 $h=2.5$km、$N=10$。计算表明,在 $f \leqslant 20$kHz 的前提下,$N=10$、$h \leqslant 10$km 时,h 取得再小对改善计算精度已不明显。工频下水平排列不换位三相传递参数 $\boldsymbol{A}(s)$ 项列于表 1-10 中,其中,$l=160$km、$h=80$km、$N=10$,且栏 1# 由相模变换技术法求取,栏 2# 由分段 $[\boldsymbol{A} \quad \boldsymbol{B} \quad \boldsymbol{C} \quad \boldsymbol{D}]$ 参数合成法求取。由此可见,"分段 $[\boldsymbol{A} \quad \boldsymbol{B} \quad \boldsymbol{C} \quad \boldsymbol{D}]$ 参数合成法"有效。

表 1-9　水平排列不换位三相线路传递参数的 $\boldsymbol{A}(s)$ 项

1#　$\boldsymbol{A}(s)$	$4.5364960\angle-66.583°$	$4.1217760\angle-69.756°$	$4.1353490\angle-76.747°$
	$4.5692520\angle-70.386°$	$4.3835060\angle-68.773°$	$4.5692520\angle-70.386°$
	$4.1353490\angle-76.747°$	$4.1217760\angle-69.756°$	$4.5364960\angle-66.583°$

2# $A(s)$	4.5364930∠−66.583°	4.1217610∠−69.757°	4.1353340∠−76.747°
	4.5692380∠−70.386°	4.3834900∠−68.773°	4.5692310∠−70.386°
	4.1353370∠−76.747°	4.1217590∠−69.756°	4.5364790∠−66.583°
3# $A(s)$	4.5364910∠−66.583°	4.1217690∠−69.757°	4.1353400∠−76.747°
	4.5692430∠−70.386°	4.3835030∠−68.773°	4.5692380∠−70.386°
	4.1353410∠−76.747°	4.1217650∠−69.757°	4.5364820∠−66.584°

表 1-10　水平排列三相线路工频下传递参数的 $A(s)$ 项

1# $A(s)$	0.9821689∠0.212°	0.0034448∠148.823°	0.0036182∠144.759°
	0.0039355∠148.260°	0.9827737∠0.191°	0.0039355∠148.260°
	0.0036181∠144.759°	0.0034448∠148.823°	0.9821689∠0.212°
2# $A(s)$	0.9821687∠0.212°	0.0034448∠148.822°	0.0036181∠144.759°
	0.0039355∠148.260°	0.9827738∠0.191°	0.0039355∠148.260°
	0.0036181∠144.759°	0.0034448∠148.822°	0.9821687∠0.212°

2. 故障分量计算

为了突出电磁暂态计算的重点,故障发生较短时间内,发电机励磁、调速环节尚未响应,两侧系统的等值电势为恒定电势,等值阻抗为恒定阻抗。在电磁暂态计算过程中认为电力传输线是线性的。

由线性网络的可加性,线路故障后各处电压电流(记为 $e_F(t)$)可分解为故障前的负荷状态下的数据(记为 $e_P(t)$)和故障引起的附加状态下的数据(记为 $e(t)$)相叠加,即故障分量为

$$e(t) = e_F(t) - e_P(t) \qquad (1\text{-}124)$$

式中,下标"F"表示故障之后(faulted)、"P"表示故障之前(pre-fault)。可见数值求解 $e_F(t)$ 可由 $e_P(t)$ 的数值和 $e(t)$ 的数值相叠加,而 $e_P(t)$ 在故障前负荷状态下由向量法求解后转换为正弦函数,因此,本节重点讨论故障分量 $e(t)$ 的解算。

3. 电弧等效模型

实际中,电弧是很复杂的,它受到电弧所经路径、电弧几何形状、电弧冷却速度等因素的影响。Djuric 给出的实测电弧电压电流波形和特性如图 1-56 和图 1-57 所示,其电压为近似方波电弧波形如图 1-58 所示。Johns 给出了实测电弧的伏-安特性如图 1-59 所示,并可由下式精确表达:

$$dg_P/dt = (G_P - g_P)/T_P \qquad (1\text{-}125)$$

式中,g_P为电变电弧电导;G_P为静态电弧电导;T_P为持续时间。对于暂态仿真而言,最关注电弧的转移特性,观察图 1-56～图 1-59 可建立近似电弧转移特性如图 1-60(b)所示,其电路等效模型如图 1-60(c)所示。图 1-57 中的AB、BC和CD段分别近似为图 1-60(a)中的AB、BC和CD段。

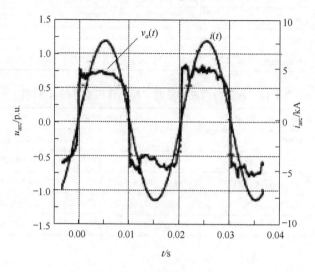

图 1-56　电压和电流波形

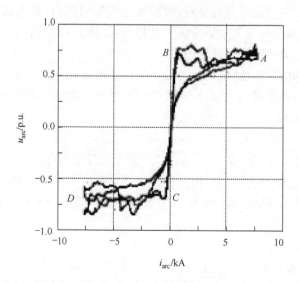

图 1-57　电压-电流特性

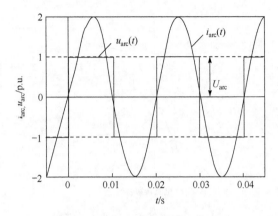

图 1-58 方波波形的电弧电压

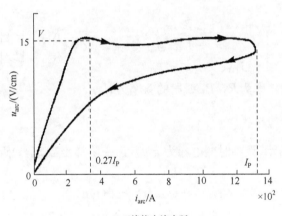

(a) 1.4kA 峰值电流电弧

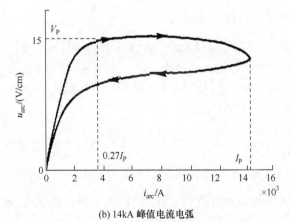

(b) 14kA 峰值电流电弧

图 1-59 大电流电弧的伏-安特性

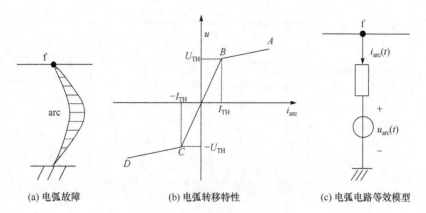

(a) 电弧故障　　　　　　(b) 电弧转移特性　　　　　　(c) 电弧电路等效模型

图 1-60　电弧转移特性及等效模型

图 1-60(b)中：

$$u_{\text{arc}}(t)=\begin{cases}U_{\text{TH}}, & i_{\text{arc}}\geqslant I_{\text{TH}}\\ 0, & -I_{\text{TH}}<i_{\text{arc}}<I_{\text{TH}},\\ -U_{\text{TH}}, & i_{\text{arc}}\leqslant -I_{\text{TH}}\end{cases} \quad R=\begin{cases}R_1, & |i_{\text{arc}}|\geqslant I_{\text{TH}}\\ R_2, & |i_{\text{arc}}|<I_{\text{TH}}\end{cases}$$

AB 和 CD 线段的斜率为 R_1，BC 线段的斜率为 R_2。

4. 时变电导的处理

如图 1-61 所示，设某时变电导为 $g(t)$，以一阶梯函数 $g_{st}(t)$ 近似代替 $g(t)$，则有

$$i(t)=g(t)u(t)\approx g_{st}(t)u(t) \tag{1-126}$$

式中，$g_{st}(t)=g(0)\varepsilon(0)+\sum_{k=0}^{n}\{g(k\Delta t)-g[(k-1)\Delta t]\}\varepsilon(k\Delta t)$，$\varepsilon(t)$ 为单位阶跃函数。对式两边同时进行拉氏变换得

$$\begin{aligned}I(s) &= g(0)U(s)+\sum_{k=1}^{n}\{g(k\Delta t)-g[(k-1)\Delta t]\}\Big[U(s)-\int_{0}^{k\Delta t}u(t)\mathrm{e}^{-st}\mathrm{d}t\Big]\\ &= g(k\Delta t)U(s)-\sum_{k=1}^{n}\{g(k\Delta t)-g[(k-1)\Delta t]\}\int_{0}^{k\Delta t}u(t)\mathrm{e}^{-st}\mathrm{d}t\\ &= g(k\Delta t)U(s)-I'(s)\end{aligned} \tag{1-127}$$

式中，$I'(s)=\sum_{k=1}^{n}\{g(k\Delta t)-g[(k-1)\Delta t]\}\int_{0}^{k\Delta t}u(t)\mathrm{e}^{-st}\mathrm{d}t$，这里称为附加电流源。考虑到这是一因果系统，若用此方法求 $i(t)$ 在 $0\sim m\Delta t$ 区间的值，则与 $m\Delta t$ 后的 $g(t)$ 值无关。若式中的 $u(t)$ 可使 $\int_{0}^{k\Delta t}u(t)\mathrm{e}^{-st}\mathrm{d}t$ 为一解析表达式，则计算会简单些，否则需数值求解 $\int_{0}^{k\Delta t}u(t)\mathrm{e}^{-st}\mathrm{d}t$ 的值，这使计算量增加。

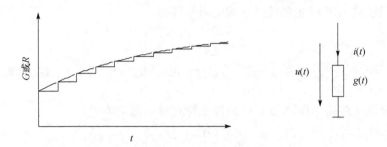

图 1-61　时变电导或电阻等效处理示意图

5. 故障模型的建立

当发生电阻性短路故障时,故障模型如图 1-62 所示,通过在 $[0,\infty]$ 区间上改变各个电阻的值可以等效各种故障。当发生电弧性短路故障时,图 1-62 中 $R_{a,b,c}$ 或 $R_{a,b,c,a',b',c'}$ 将根据实际情况换为电弧模型或 ∞ 或 0;当发生电弧性短路故障时,图 1-62 中 $R_{a,b,c}$ 或 $R_{a,b,c,a',b',c'}$ 将根据实际情况换为时变电阻 $R_{a,b,c,d}(t)$ 或 $R_{a,b,c,a',b',c',d}(t)$。通过这种处理可切实仿真单相、两相、三相接地、三相不接地和相间短路及各种发展性故障。当发生断线故障时,故障模型如图 1-63 所示,通过把各电导 $G_{a,b,c}$ 或 $G_{a,b,c,a',b',c'}$ 取为 0 或 ∞,可仿真各种断线故障。

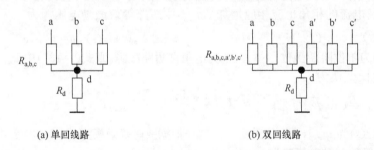

(a) 单回线路　　　　　　　　　(b) 双回线路

图 1-62　短路故障模型

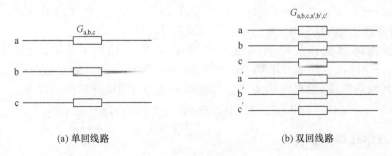

(a) 单回线路　　　　　　　　　(b) 双回线路

图 1-63　断线故障模型

单回线路 ABCG 短路故障过渡电阻矩阵为

$$\boldsymbol{G}_f = \begin{bmatrix} \boldsymbol{G}'_{abc} & \boldsymbol{G}'^T_m \\ \boldsymbol{G}'_m & \boldsymbol{G}'_d \end{bmatrix} \tag{1-128}$$

式中，$\boldsymbol{G}'_m = [-R_a^{-1}, -R_b^{-1}, -R_c^{-1}]$；$\boldsymbol{G}'_{abc} = \mathrm{diag}[R_a^{-1}, R_b^{-1}, R_c^{-1}]$；$\boldsymbol{G}'_d = R_a^{-1} + R_b^{-1} + R_c^{-1}$。

耦合双回线路 ABCA'B'C'G 短路故障过渡电阻矩阵为

$$\boldsymbol{G}_f = \begin{bmatrix} \boldsymbol{G}''_{abc} & \boldsymbol{G}''^T_m \\ \boldsymbol{G}''_m & \boldsymbol{G}''_d \end{bmatrix} \tag{1-129}$$

式中，$\boldsymbol{G}''_m = [-R_a^{-1}, -R_b^{-1}, -R_c^{-1}, -R_{a'}^{-1}, -R_{b'}^{-1}, -R_{c'}^{-1}]$；$\boldsymbol{G}''_{abc} = \mathrm{diag}[R_a^{-1}, R_b^{-1}, R_c^{-1}, R_{a'}^{-1}, R_{b'}^{-1}, R_{c'}^{-1}]$；$\boldsymbol{G}''_d = R_a^{-1} + R_b^{-1} + R_c^{-1} + R_{a'}^{-1} + R_{b'}^{-1} + R_{c'}^{-1} + R_d^{-1}$。

单回线路断线故障过渡电导矩阵为

$$\boldsymbol{G}_o = \mathrm{diag}[G_a, G_b, G_c] \tag{1-130a}$$

耦合双回线路断线故障过渡电导矩阵为

$$\boldsymbol{G}_o = \mathrm{diag}[G_a, G_b, G_c, G'_a, G'_b, G'_c] \tag{1-130b}$$

6. 故障等效激励源

精确获取故障之前非故障状态下的电压电流是个复杂的问题。此处假设由向量法在故障前网络上求得 x_f 处的三相电压为 $\dot{\boldsymbol{U}}_{f,P} = \mathrm{col}[\,|\dot{U}_{f,P}^{(p)}|\angle\varphi_{u.p1}, p=\mathrm{a,b,c}]$，使 $\varphi_{u.p1}$ 增加 $\Delta\varphi_u$ 到 $\varphi_{u.p2}$（$\varphi_{u.p2}$ 为设定的故障点故障时刻对应的相角），其他各故障前电压、电流的相角也应相应增加 $\Delta q_{u.p}$，则短路等效激励电压源为

$$\boldsymbol{U}_f(t) = \mathrm{col}[(\sqrt{2}|\dot{U}_{f,P}^{(p)}|\cos(w_0 t + \varphi_{u.p2}) + u_{arc.p}(t))\varepsilon(t), p=\mathrm{a,b,c}] \tag{1-131}$$

式中，$\varepsilon(t)$ 为单位阶跃函数，下同。若为电阻性短路故障，则式(1-131)中 $u_{arc,p}(t)=0$。$\boldsymbol{U}_f(t)$ 的拉氏变换为

$$\boldsymbol{U}_f(s) = \mathrm{col}\left[\sqrt{2}|\dot{U}_{f,P}^{(p)}|\frac{s\cos\varphi_{u.p2} + w_0\sin\varphi_{u.p2}}{s^2 + w_0^2} + U_{arc.p}(s), p=\mathrm{a,b,c}\right] \tag{1-132}$$

式中，$U_{arc.p}(s)$ 为 $u_{arc,p}(t)$ 的拉氏变换。这样根据故障等效模型(图 1-62)及式(1-127)可得故障等效激励电流源为

$$\boldsymbol{I}_f(s) = [\boldsymbol{I}_{fabc}, I_{fd}]^T \quad 且 \quad I_{fd} = I_{fa} + I_{fb} + I_{fc} - I'_d \tag{1-133}$$

式中，$\boldsymbol{I}_{fabc} = [I_{fa}, I_{fb}, I_{fc}]^T = \boldsymbol{G}_{abc}\boldsymbol{U}_f(s) - [I'_a, I'_b, I'_c]^T$，$I'_a$、$I'_b$、$I'_c$、$I'_d$ 为由于 $R_{a,b,c}(t)$ 及 $R_d(t)$ 时变所引起的附加电流。非发展性故障 I'_a、I'_b、I'_c、I'_d 为 0。

假设由向量法在故障前网络上求得 x_f 处的三相电流为 $\boldsymbol{I}_{f,P} = \mathrm{col}[\,|\dot{I}_{f,P}^{(p)}|\angle\varphi_{i.p1}, p=\mathrm{a,b,c}]$，使 $\varphi_{i.p1}$ 增加 $\Delta\varphi_i$ 到 $\varphi_{i.p2}$（$\varphi_{i.p2}$ 为设定的故障点故障时刻对应的相角），其他各电压、电流的相角也应相应增加 $\Delta q_{i.p}$，断线等效激励源为

$$i_f(t) = \mathrm{col}[\sqrt{2}|\dot{I}_{f,P}^{(p)}|\cos(w_0 t + \varphi_{i.p2})\varepsilon(t), p=\mathrm{a,b,c}] \tag{1-134}$$

7. 线路故障分量求解

在短路故障分量图 1-64 中，根据电路理论，从 f 点到 M 端的等效导纳

$Y_{x.f.M}(s)$ 为

$$Y_{x.f.M}(s)=[C_x(s)Z_M(s)+D_x(s)][A_x(s)Z_M(s)+B_x(s)]^{-1} \quad (1\text{-}135)$$

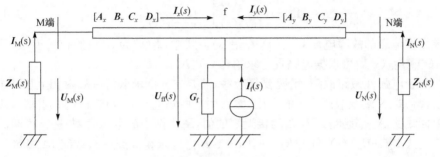

图 1-64　短路故障分量网络

同理,从 f 点到 N 端的等效导纳 $Y_{y.f.N}(s)$ 为

$$Y_{y.f.N}(s)=[C_y(s)Z_N(s)+D_y(s)][A_y(s)Z_N(s)+B_y(s)]^{-1} \quad (1\text{-}136)$$

那么,从 f 点看进去的系统等效导纳 $Y'_f(s)$ 为

$$Y'_f(s)=Y_{x.f.M}(s)+Y_{y.f.N}(s) \quad (1\text{-}137)$$

在断线故障分量图 1-65 中,从 f_1 点到 M 端的等效导纳 $Y_{x.f1.M}(s)$ 为

$$Y_{x.f1.M}(s)=[C_x(s)Z_M(s)+D_x(s)][A_x(s)Z_M(s)+B_x(s)]^{-1} \quad (1\text{-}138)$$

从 f_2 点到 N 端的等效导纳 $Y_{y.f2.N}(s)$ 为

$$Y_{y.f2.N}(s)=[C_y(s)Z_N(s)+D_y(s)][A_y(s)Z_N(s)+B_y(s)]^{-1} \quad (1\text{-}139)$$

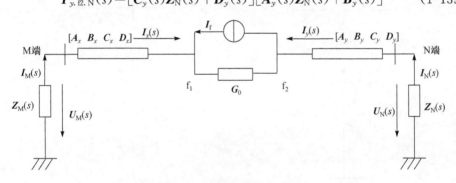

图 1-65　断线故障分量网络

那么,应建立的导纳矩阵 $Y_f(s)$ 为

$$Y_f(s)=\begin{bmatrix} Y_{x.f1.M}(s)+G_0 & -G_0 \\ -G_0 & Y_{y.f2.N}(s)+G_0 \end{bmatrix} \quad (1\text{-}140)$$

对于纯电阻性短路故障,列方程如下:

$$Y_f(s)U_{ff}(s)=I_f(s) \quad (1\text{-}141)$$

式中,$Y_f(s)=G_f+\begin{bmatrix} Y'_f(s) & 0 \\ 0 & 0 \end{bmatrix}$。可求得故障点的故障电压 $U_{ff}(s)$,已知 $U_{ff}(s)$ 后可

根据电路理论求得$I_M(s)$、$I_N(s)$、$U_M(s)$、$U_N(s)$。

对于断线故障,列方程如下:

$$Y_f(s)\begin{bmatrix}U_{f1,f}(s)\\U_{f2,f}(s)\end{bmatrix}=\begin{bmatrix}I_f(s)\\-I_f(s)\end{bmatrix} \tag{1-142}$$

可求得故障点的故障电压$U_{f1,f}(s)$、$U_{f2,f}(s)$。式中,$I_f(s)$为$i_f(t)$的拉氏变换,已知$U_{f1,f}(s)$、$U_{f2,f}(s)$后可根据电路理论求得$I_M(s)$、$I_N(s)$、$U_M(s)$、$U_N(s)$。

对于电弧性短路故障,情况要复杂些,需要先分别求取每一故障相上加冲击激励后,M 端、N 端及故障点 f 的电压,然后用这些响应与$u_f(t)$卷积迭代求解。现以一单回线路 A 相接地故障(R_d为接近零的值,R_a为图中的电弧模型)进行说明。

用式$Y_f(s)U_{\delta,ff}(s)=[1/R_{1,a},0,0,-1/R_{1,a}]^T$求得故障点 f、线路 M 端和 N 端的冲击响应$[U_{\delta,ff}(s),I_{\delta,ff}(s)]$、$[U_{\delta,M}(s),I_{\delta,M}(s)]$和$[U_{\delta,N}(s),I_{\delta,N}(s)]$以及它们的拉氏反变换$[u_{\delta,ff}(t),i_{\delta,ff}(t)]$、$[u_{\delta,M}(t),i_{\delta,M}(t)]$和$[u_{\delta,N}(t),i_{\delta,N}(t)]$。

接下来,用试探的方法确定电弧的状态,若处于AB和CD段,边界处理按图 1-66(a)处理,若处于BC段,边界处理按图 1-66(b)处理,以此求得图 1-66 中 A 点等效激励$u'_{fa}(t)$。在图 1-66(a)中,$u'_{fa}(t)=u_{f,a}(t)+u_{arc,a}(t)$,在图 1-66(b)中,将根据电路方程确定$u'_{fa}(t)$。在求得$u'_{fa}(t)$后,用其与$u_{\delta,M}(t)$、$i_{\delta,M}(t)$、$u_{\delta,N}(t)$、$i_{\delta,N}(t)$进行卷积可得到 M 端、N 端的电压、电流$u_M(t)$、$i_M(t)$、$u_N(t)$、$i_N(t)$。若把断线故障中的故障距离设得很小,则可仿真断路器断开的电磁暂态过程。若把式(1-137)改为$Y'_f(s)=Y_{x,f,M}(s)$,则可仿真断路器合上的电磁暂态过程。

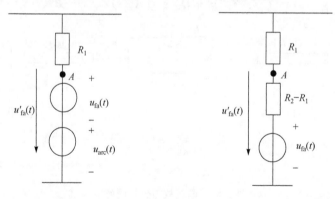

(a) 位于转移特性曲线AB与CD段　　　　　(b) 位于转移特性曲线BC段

图 1-66　A 相电弧接地故障边界表征

8. Hosono 的拉氏反变换技术

众所周知,函数$F(s)$的拉氏反变换$L^{-1}[F(s)]$为

$$f(t)=L^{-1}[F(s)]=\frac{1}{2\pi j}\int_{\sigma-j\infty}^{\sigma+j\infty}F(s)e^{st}ds \tag{1-143}$$

式中，$j^2 = -1$，下同。Hosono 将指数函数 e^{st} 作如下近似(当 $a \gg 1$ 时)：

$$E_{ec}(st,a) \stackrel{\text{def}}{=} \frac{1}{2}\exp(a)/\mathrm{ch}(a-st) = e^{st} - e^{-2a}e^{3st} + e^{-4a}e^{5st} - \cdots \approx e^{st}$$

$$(1\text{-}144)$$

并将 $E(st,a)$ 的表达式代入式(1-144)的 e^{st} 项，利用残数定理和尤拉变换得

$$f(t) = \frac{e^a}{t}\Big(\sum_{n=1}^{q-1}F_n + 2^{-m-1}\sum_{n=0}^{m}A_{mn}F_{q+n}\Big) \qquad (1\text{-}145)$$

式中

$$F_n \stackrel{\text{def}}{=} (-1)^n \mathrm{Im}\Big\{F\Big[s = \frac{\alpha+j(n-0.5)\pi}{t}\Big]\Big\}$$

$$A_{mn} = 1, \quad A_{mn-1} = A_{mn} + \begin{bmatrix} m+1 \\ n \end{bmatrix} \qquad (1\text{-}146)$$

Hosono 的拉氏反变换方法也正是为了解决行波问题而提出的，有关式(1-145)的精度，Hosono 也已作了详细讨论。计算实践表明，通常可以先确定 a 值，时间间隔 Δt 取为 $0.001\mathrm{ms}$ ，其 (q,m) 需要试选合适的值。

9. 电磁暂态数值计算实例

导线排列及其架线结构如图 1-67 所示，取线长 $l = 400\mathrm{km}$、$x_f = 0.5l = 200\mathrm{km}$。

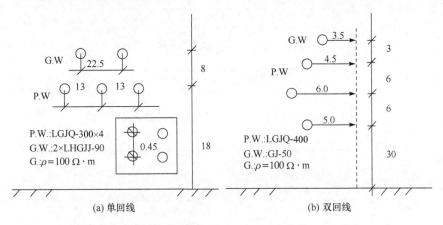

图 1-67　导线排列及其线路结构(单位:m)

系统频率为 $50\mathrm{Hz}$，系统参数为：

M 端：$E''_M = 335\sqrt{2}\angle 0°\mathrm{kV}$；

　　　$L''_0 = 0.08369975\mathrm{H}$；

　　　$L''_1 = 0.09009629\mathrm{H}$。

N 端：$E''_N = 268.5\sqrt{2}\angle 30°\mathrm{kV}$；

　　　$R''_0 = 1.6\Omega$，$R''_1 = 6.139\Omega$；

$L_0'' = 0.08953808\text{H}$；

$L_1'' = 0.09997179\text{H}$。

　　部分暂态仿真结果如图 1-68～图 1-71 所示,各图为 0.02s 时发生不同类型故障的电压电流波形图。

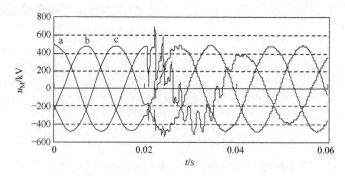

图 1-68　单回线路电弧型 AG 故障 M 端电压波形

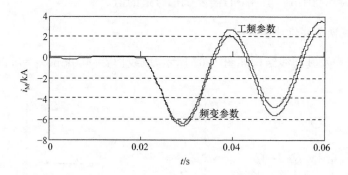

图 1-69　双回工频/频变参数线路 AG 故障之零序电流

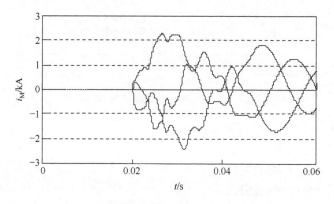

图 1-70　M 端断路器合上前后 M 端三相电流波形

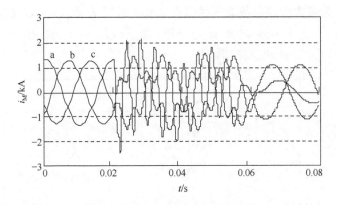

图 1-71　单回线路 A 相断线前后 M 端三相电流波形

图 1-72 为考虑线路参数频变线路在 0.02s 时 x_f 点发生 AG 故障($R_a=1\Omega$，$R_d=0.0001\Omega$)，在 0.03s 时发展为 ABG 故障($R_a=1\Omega,R_b=1\Omega,R_d=0.0001\Omega$)时 M 端的电压电流波形。

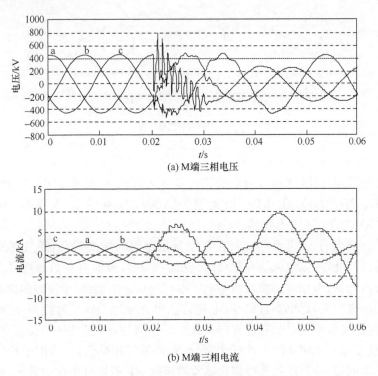

(a) M 端三相电压

(b) M 端三相电流

图 1-72　从 AG 到 ABG 故障

图 1-73 为考虑线路参数频变线路在 0.02s 时于 x_f 点发生 AG 故障($R_a = 1\Omega$, $R_d = 0.0001\Omega$)，在 0.03s 时发展为 ABG 故障($R_a = 0.5\Omega$, $R_b = 0.5\Omega$, $R_d = 10000\Omega$)时 M 端的电压电流波形。

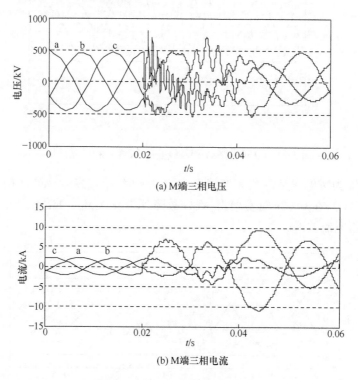

(a) M端三相电压

(b) M端三相电流

图 1-73　从 AG 发展为 AB 故障

图 1-74 为考虑线路参数频变线路在 0.02s 时于 x_f 点发生 ABCG 故障($R_{abcd} = \{1\Omega, 2\Omega, 3\Omega, 4\Omega\}$)，在 0.03s 时发展为 ABCG 故障($R_{abcd} = \{10\Omega, 20\Omega, 30\Omega, 40\Omega\}$)时 M 端的电压电流波形。

上述分析表明，不考虑频变时在零模分量上将有较大误差；通过对时变电导(电阻)的适当处理，以前未能在频域内分析的非线性或时变参数器件可以在频域内进行分析计算；考虑电弧将给两端电压电流增加新的谐波，谐波的多少与故障点距本端的距离有关，远则多近则少；上述方法可方便地设定故障距离 x_f 和故障类型，可作为需要大量电磁暂态仿真样本数据时所采用的较为理想遍历全线长的计算方法，且在 a、b、c 相分量上进行计算，不需要进行相模变换，适用于均匀换位或不换位的单回线、双回线以及线路传播常数矩阵 **ZY** 不能对角化的情况；故障发生的时刻，故障点电压的相角可根据需要任意设定。

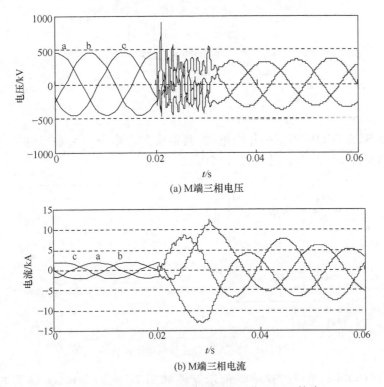

(a) M端三相电压

(b) M端三相电流

图 1-74　从一种 ABCG 发展为另一种 ABCG 故障

1.3　含 FACTS 元件的线路和 MTDC 线路故障仿真

在含 FACTS 元件和 MTDC 的系统中,控制器的调节作用使线路故障暂态过程十分复杂,稳态故障分量和谐波分量均会依不同的元件和故障位置变化,对传统继电保护的性能和原理提出了挑战。对含 FACTS 元件和 MTDC 的线路故障进行电磁暂态仿真,精确模拟行波暂态过程,是开展新型的保护和故障测距研究的必备实验手段。现以含 STATCOM、SSSC、UPFC 和 VSC-MTDC 的线路为例,说明故障仿真的过程。

1.3.1　含 STATCOM 的线路故障仿真

STATCOM 的基本原理是将自换相桥式电路通过电阻和电抗(包括变压器漏抗与电路中其他电抗)或者直接并联在电网上,根据输入系统的无功功率、有功功率和电压指令,调节交流侧输出电压的幅值及其相位,或直接控制其交流侧电流就可以使该电路吸收或者发出满足系统所需的无功电流,实现动态无功补偿,如图 1-75 所示。

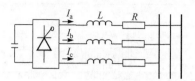

图 1-75　STATCOM 原理图

可将 STATCOM 看成一并网电源,其逆变侧产生一个与系统电源电压同步且幅值与相位可调的电压,如图 1-76 所示。

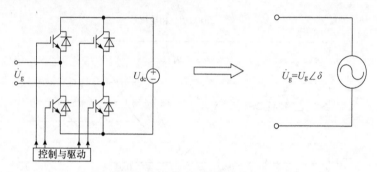

图 1-76　STATCOM 等效电压源特性

STATCOM 与系统的连接等值示意图如图 1-77(a)所示,将联系电抗记为 X_g,若 STATCOM 运行在如图 1-77(b)所示的运行区间,则注入电网的电流为

$$\dot{I} = \frac{\dot{U}_s - \dot{U}_g}{jX_g} \qquad (1\text{-}147)$$

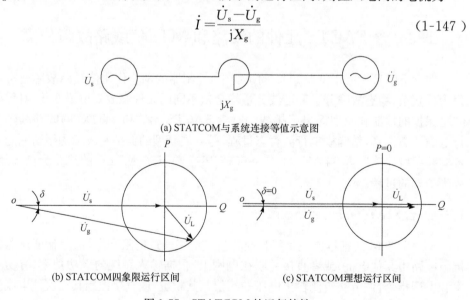

(a) STATCOM 与系统连接等值示意图

(b) STATCOM 四象限运行区间　　　　(c) STATCOM 理想运行区间

图 1-77　STATCOM 的运行特性

STATCOM 吸收的有功功率和无功功率分别为

$$P=\frac{U_sU_g\sin\delta}{X_g} \tag{1-148}$$

$$Q=\frac{U_s(U_s-U_g\cos\delta)}{X_g} \tag{1-149}$$

通常运行情况下，$\delta=0°\sim\pm6°$，STATCOM 只吸收很少的有功功率或不吸收有功功率，产生电压 U_g 与系统电压 U_s 相角差接近 0，如图 1-77(c)所示，因此 STATCOM 装置吸收的无功功率为

$$Q=\frac{U_s^2-U_sU_g}{X_g} \tag{1-150}$$

当 STATCOM 的电压低于系统电压(即 $U_g<U_s$)时，STATCOM 吸收无功功率，相当于电感；当 STATCOM 的电压高于系统电压(即 $U_g>U_s$)时，STATCOM 发出无功功率，相当于电容。STATCOM 的电压 U_g 的大小可连续快速控制，能够连续、快速地调节无功功率。

在 PSCAD/EMTDC 下搭建如图 1-78 所示的含 STATCOM 的 110kV 系统模型，STATCOM 采用定电压控制，0.8s 时在线路 MN 距 M 侧 10km 处发生三相故障，过渡电阻为 100Ω，持续时间为 0.2s，以模拟母线电压跌落。STATCOM 投入和未投入情况下母线电压有效值变化如图 1-79 所示。可见，未投入 STATCOM 情况下，母线电压有效值仅为 0.8p.u.，故障后电压跌落至 0.7p.u.；投入 STAT-COM 情况下，STATCOM 能提供系统所需的无功功率，使母线电压上升至 1p.u.，对于故障期间的电压跌落，STATCOM 也能迅速响应并提升至 1p.u. 附近，短窗下含 STATCOM 的观测母线处三相电压波形如图 1-80 所示，故障初瞬附近窄窗下的 M 侧电流行波如图 1-81 所示，可见，该仿真模型能够有效模拟 STAT-COM 对系统电压的提升作用，能精细地模拟晶闸管的换相引起的电压纹波，故障

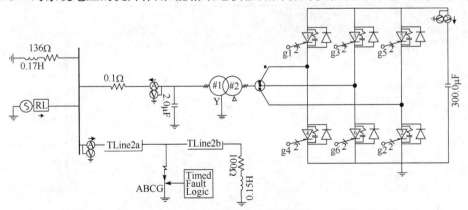

图 1-78　系统仿真模型

初瞬由于 STATCOM 控制系统尚未来得及动作,使得故障行波的变化规律与未投入 STATCOM 的情况下一致,即 STATCOM 对线路的电流行波无影响。

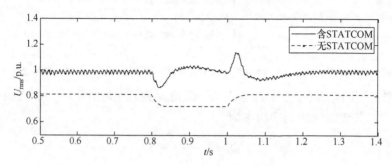

图 1-79　STATCOM 对母线电压的影响

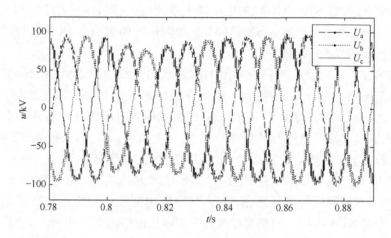

图 1-80　母线三相电压瞬时值

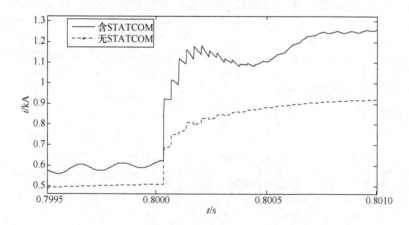

图 1-81　STATCOM 对故障电流行波的影响

1.3.2 含 SSSC 的线路故障仿真

基于电压型换流器的串联补偿器称为静止同步串联补偿器(SSSC),其核心是带有一个直流储能电容的电压源逆变器,通过耦合变压器接入线路,并由控制回路进行控制,实现对线路潮流的调节,改善系统稳定性,其原理如图 1-82 所示。

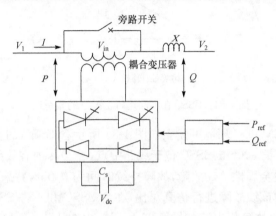

图 1-82　SSSC 原理图

可将电压型变流器看成一个同步电压源,如图 1-83 所示,当同步交流电压源的输出正好与串联电容电压相等时,就能够起到与串联电容同样的效果,即

$$\dot{U}_q = \dot{U}_C = -jX_C\dot{I} = -jkX\dot{I} \tag{1-151}$$

式中,U_C 是补偿注入电压;I 是线路电流;X_C 是串联电容的容抗;X 是线路电抗;$k = X_C/X$,为串联补偿度。与串联电容相比,其还能在线路电流变化时维持恒定的补偿电压,或者控制补偿注入电压的幅值,并且与线路电流幅值无关。此外,还可通过简单的控制操作使输出电压反向,能提供超前或滞后线路电流 90° 的补偿,实现电容性与电感性补偿。其注入电压 U_q 一般可表示为

$$\dot{U}_q = \pm jU_q(\zeta)\frac{\dot{I}}{I} \tag{1-152}$$

式中,ζ 为所选择的控制参数。

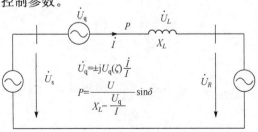

图 1-83　串联补偿图

　　SSSC 在不同工况下的相量图如图 1-84 所示,线路正常运行时 SSSC 的工作相量图如图 1-84(a)所示;容性补偿模式下的相量图如图 1-84(b)所示;感性补偿模式下的相量图如图 1-84(c)所示。

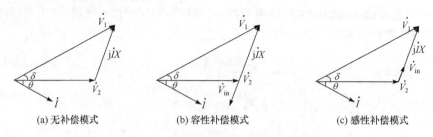

图 1-84　SSSC 在不同运行工况下的相量图

　　在 PSCAD/EMTDC 环境下建立如图 1-85 所示含 SSSC 的 500kV 输电系统模型,线路 MN 全长 300km,SSSC 位于线路中点,0.707s 时在线路 MN 距 N 侧变电站 50km 处发生金属性 AG 故障,故障持续时间为 0.05s,并采用相同故障条件对不含 SSSC 时的该线故障进行仿真对比,在含 SSSC 和不含 SSSC 两种情况下,线路 M 侧、N 侧的故障相电流如图 1-86 所示。由图 1-86(a)和(b)可以看出,含 SSSC 能在线路正常运行时提升线路的输送功率,并能在故障期间对通过 SSSC 侧的短路电流(图 1-85 中的 M 侧)具有一定的抑制;故障初瞬,控制系统尚未来得及动作,SSSC 接入点处的漏抗导致行波在此发生折反射,影响了如图 1-87(a)所示的位于观测点和 SSSC 之后线路上故障产生的行波到达观测点的陡度,如图 1-86(c)所示;对于如图 1-87(b)所示的故障发生于观测点和 SSSC 之间线路的情况,SSSC 不影响观测点处初始行波的幅值、陡度,但会导致出现在 SSSC 处反射并经故障点透射至观测点的行波,如图 1-86(d)所示。

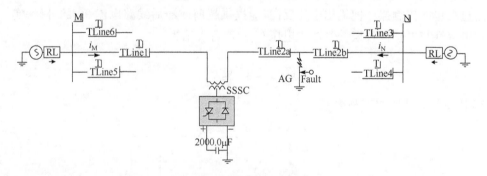

图 1-85　系统仿真模型

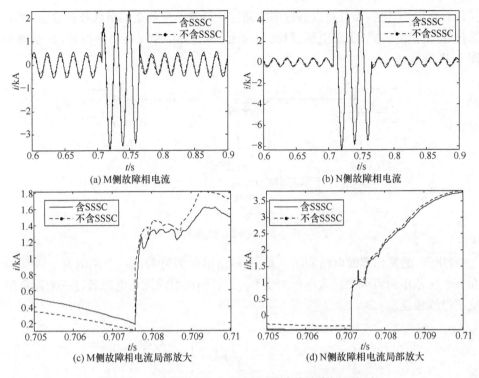

(a) M侧故障相电流　　　　　　　(b) N侧故障相电流

(c) M侧故障相电流局部放大　　　　(d) N侧故障相电流局部放大

图 1-86　不含 SSSC 与含 SSSC 时的线路故障相电流对比

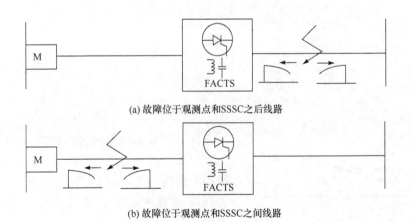

(a) 故障位于观测点和SSSC之后线路

(b) 故障位于观测点和SSSC之间线路

图 1-87　不同故障位置对故障行波暂态量观测的影响

1.3.3　含 UPFC 的线路故障仿真

UPFC 是一种串并联混合型 FACTS 控制器,可看做将一台 STATCOM 和一台 SSSC 的装置在直流侧并联。UPFC 具有全面的补偿功能,不但能提供独立可

控的并联无功补偿,而且可以通过向线路注入相角不受约束的串联补偿电压,可有
选择性地控制传输线上的电压、阻抗和相角,实现有功和无功功率控制,其原理如
图 1-88 所示。

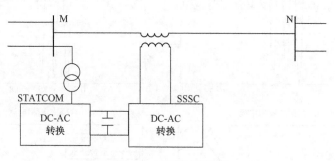

图 1-88　UPFC 原理图

　　UPFC 的简化等效电路如图 1-89 所示。串联侧可看成一个幅值有上限相角
在 0~2π 范围内可调的注入电压向量 $\dot{U}_s$,并联侧可看成无功电源通过一个连接阻
抗与母线相连。

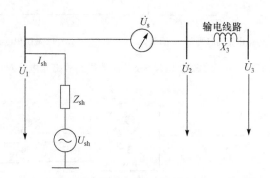

图 1-89　UPFC 简化等效电路

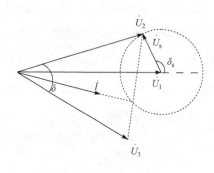

图 1-90　UPFC 工作向量图

　　　　　　含 UPFC 的线路向量图如图 1-90 所示,
$\dot{U}_s$ 在以最大注入电压为半径、入端电压 $\dot{U}_1$ 为
圆心的圆内变化,从而实现线路电压和潮流
的调节,线路末端电压、有功功率和无功功率
满足

$$\dot{U}_2 = \dot{U}_1 + \dot{U}_s \tag{1-153}$$

$$P = \frac{U_2 U_3 \sin\delta}{X_3} \tag{1-154}$$

$$Q = \frac{U_2 (U_2 - U_3 \cos\delta)}{X_3} \tag{1-155}$$

　　在 PSCAD/EMTDC 下搭建如图 1-91 所示含 UPFC 的 220kV 输电系统模型,线路 MN 全长 100km,UPFC 位于线路中点,0.803s 时在线路 MN 距 N 侧变电站母线 30km 处发生 AG 故障,过渡电阻为 5Ω,故障持续时间为 0.05s,M 侧、N 侧的故障相电流如图 1-92 所示。作为对比,对不含 UPFC 时的线路 MN 采用相同故障条件进行仿真,M、N 两侧的故障相电流如图 1-93 所示。对比图 1-92(a) 和图 1-93(a) 可以看出,UPFC 的存在,使正常运行时线路谐波电流成分增多;在故障期间,UPFC 能限制流过其自身的短路电流;故障初瞬,由于控制系统尚未来得及动作,UPFC 串联部分的漏抗构成的"实体"边界阻碍故障产生的高频行波暂态电流的通过,使得当故障发生在 UPFC 之后线路上时,本端观测点可能难以观测到故障行波暂态量,如图 1-92(c) 所示,而当故障发生在 UPFC 之前的线路上时,本端观测点能够观测到故障初始行波及其后续在 UPFC 连接处的反射波,如图 1-92(d) 所示。

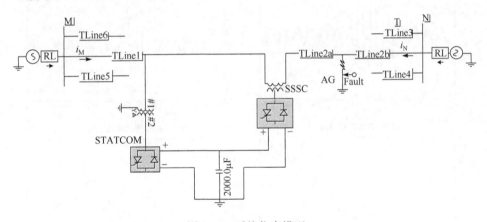

图 1-91　系统仿真模型

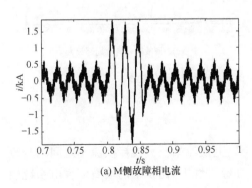

(a) M 侧故障相电流

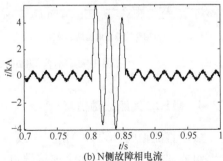

(b) N 侧故障相电流

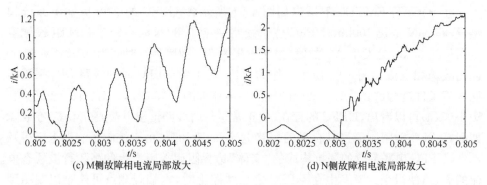

(c) M侧故障相电流局部放大　　　　　　(d) N侧故障相电流局部放大

图 1-92　含 UPFC 时的线路故障相电流

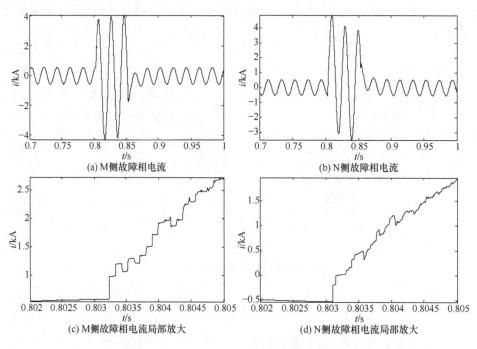

(a) M侧故障相电流　　　　　　　　　(b) N侧故障相电流

(c) M侧故障相电流局部放大　　　　　　(d) N侧故障相电流局部放大

图 1-93　不含 UPFC 时的线路故障相电流波形

1.3.4　MTDC 线路故障仿真

多端直流输电(MTDC)由三个或三个以上换流站及其连接换流站之间的直流线路组成,与交流系统有多个连接端口。在经济性上,比多个两端直流输电系统能节省输电走廊、减少造价较高的换流站个数,有效减少投资成本和运行费用;在灵活性上,可根据需求使某个或某些换流站既可作为整流运行,也可作为逆变运行,通过功率反转,调节潮流分布。根据 MTDC 换流站的类型可分为:全为电流源换流站的电流源型(CSC-MTDC)、全为电压源换流站的电压源型(VSC-MTDC)和既有电流源型换流站又有电压源型换流站的混合型(Hybrid-MTDC)。根据换流站在直流电网中的连接方式,可分为串联型、并联型和混合型。

MTDC 运行的灵活性带来了保护的复杂性,对于两端直流系统,由于是一个整体,线路发生故障时,系统作为整体退出运行;而 MTDC 线路发生故障时,系统必须判断并切除故障线路,并尽快使剩余系统运行。电磁暂态仿真是模拟 MTDC线路故障现象、研究快速保护原理的重要手段。

以 VSC-HVDC 为例,在 PSCAD/EMTDC 环境搭建如图 1-94 所示 400kV 三

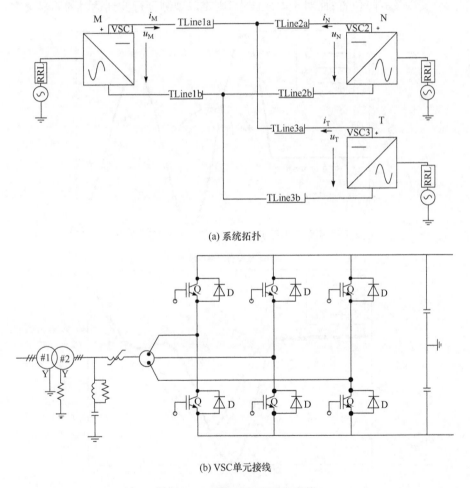

(a) 系统拓扑

(b) VSC单元接线

图 1-94　三端 VSC-HVDC 系统

端星形拓扑的 MTDC 系统模型,三段架空直流线路 TLine1、TLine2、TLine3 的长度依次为 40km、70km 和 50km,仿真步长设为 $2\mu s$,0.7s 时在 TLine1 段线路中点处发生金属性接地故障,M、N 和 T 三端观测到的暂态电流和电压波形如图 1-95(a)和(b)所示。可见,故障时,三侧电流骤增、电压骤降,并在随后控制系统的作用下电流逐渐减小、电压上升。故障行波到达初瞬附近的电流、电压局部波形如图 1-95(c)和(d)所示,由于控制系统在此极短的时间内尚未来得及动作,不影响故障行波的传播,线路换流站侧的电容对高频行波相当于短路,能清楚地看出因故障距三个观测点的远近不同所致故障电流初始行波到达时刻的差异,并据此确定故障分支以及故障位置;而对于电压波形,则难以观测到行波到达时的明显突变。

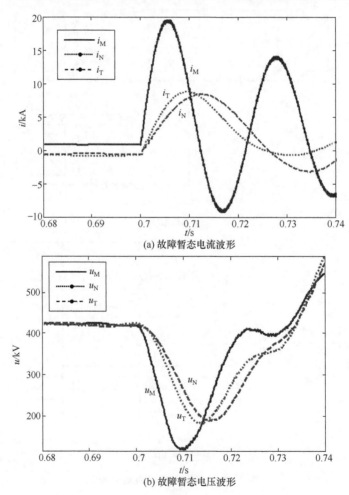

(a) 故障暂态电流波形

(b) 故障暂态电压波形

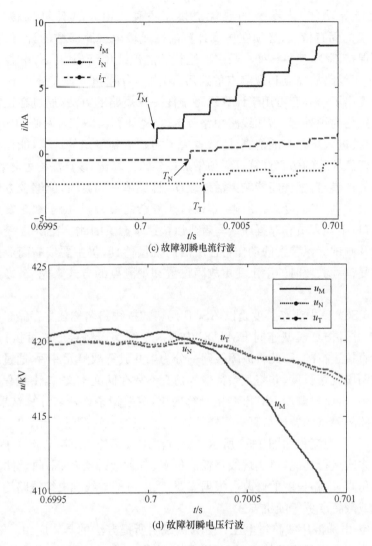

(c) 故障初瞬电流行波

(d) 故障初瞬电压行波

图 1-95 观测点处暂态电流电压波形及故障初瞬行波

1.4 电磁暂态仿真批处理与数模混合静态模拟

1.4.1 电磁暂态仿真批处理

出于校验保护算法原理、计算线路沿线过电压、优化控制器参数等目的,经常需对同一模型进行变参数(观测点、故障位置、故障类型、过渡电阻和故障角等)批量仿真。以 PSCAD 为代表的商业仿真软件界面友好,模型丰富,仿真规模大,且有外部扩展接口,在电力系统中获得了广泛的应用,特别是其动态调用机制、变参

数多次运行等功能,为参数的寻优提供了方便。由于其计算内核所采用的
Bergeron法的固有特点,必须在仿真计算前完成输电线路参数的计算,在仿真过
程中必须保持不变,使得该变参数多次运行功能仅适用于集中元件和控制器的参
数,不能用于线路故障点和观测点的遍历;国内学者陈超英曾在分析 Bergeron 法
的基础上提出了一整套可用于计算线路中任一点短路的方法,通过在正常仿真中
自动加入短路前预处理,增加线路短路节点,自动计算新增节点两侧的历史电压电
流,从而直接进入短路点的仿真计算,省去了初始值到稳态的计算,能在任意时刻
进行线路任意故障的仿真计算且无须增加过多的计算量,该算法构思巧妙,但并未
得到应有的推崇;自编程序能较灵活地改动,解决单一问题时,能够较方便地实现
变参数批量仿真,然而受规模所限,难以搭建复杂的模型,且由于缺乏友好的图形
化人机接口,工程人员和非程序编写者难以快速掌握。因此,当前对于统计沿线电
压分布以及测试继保装置的动作特性所需的批量仿真,仍主要依靠商业仿真软件
中大量重复、单调、耗时的手工变更故障位置和观测点的方式来完成,极大地影响
了效率。

　　鉴于 PSCAD 中线路长度是以 ASCII 码格式按线路名称独立存储于各自的数
据文件中,并且仿真模型连同 EMTDC 内核被系统编译链接形成可执行文件、能
以命令行直接运行的,因此将故障线路一分为二并放置故障元件后,通过编程实现
动态调整两段线路长度,并将其余待输入仿真参数存储文本文件,由编程直接写屏
代替人工输入,反复调用 EMTDC 的计算内核,按故障条件命名计算结果数据,能
够实现线路故障点的遍历仿真。同样的,在连接点处放置测量单元,可实现沿线观
测点的遍历,实现流程如图 1-96 所示。此方法未破坏原有 EMTDC 的内核,不影
响原有的多次运行功能,可实现线路任意位置、各种故障类型、不同元件参数下的
批量自动仿真,线路长度的修改可根据需要,采用对架空线和电缆线路均适用的定
步长遍历或蒙特卡罗等随机方式。

　　以架空-电缆混用线路过电压计算为例说明所提方法的具体应用。架空-电缆
混用线路由于电缆的容升效应,加上架空线、电缆接头处波阻抗不连续,增加了波
传播过程的复杂性,重合闸产生的过电压可能非常严重,而对其过电压的解析则存
在困难,造成该类线路自动重合闸投切策略难以确定。在 PSCAD/EMTDC 下针
对线缆混联线路建立对应的电磁暂态仿真模型,采用这里所提线路故障位置和观
测位置的遍历方法可得各种情况下的沿线电压分布,得到最大过电压倍数,作为制
定该类线路重合闸策略的重要依据。如图 1-97 所示的 110kV 架空线-电缆混用线
路,在线缆接头处发生单相接地瞬时性故障,故障消失后,进行三相重合闸,按
500m 步长进行观测点遍历仿真,得到故障相电压沿线分布如图 1-98(见文后彩
图)所示。

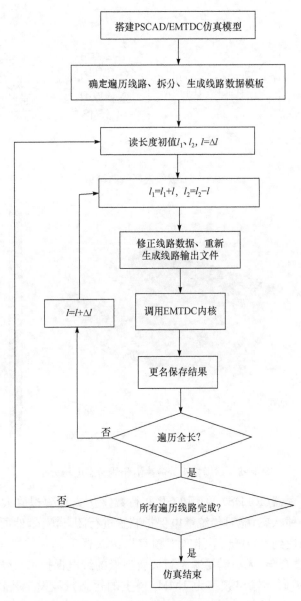

图 1-96　批处理仿真实现流程

1.4.2　数模混合静态模拟

　　数字仿真只能验证保护算法原理上的正确性,检验保护装置功能上是否有效,则需要依靠具有模拟量输出的测试。传统继电保护测试仪的信号输出频率最高为10kHz,仅适用于传统工频量保护装置的测试;由加拿大曼尼托巴直流研究中心研

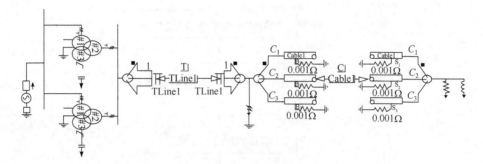

图 1-97　　线缆混联线路模型

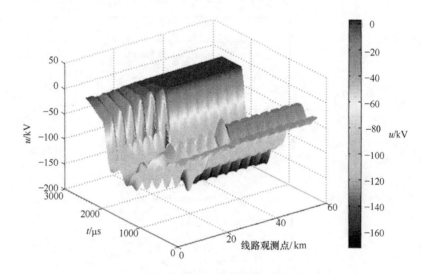

图 1-98　　线缆接头处故障沿相线暂态电压分布

制的实时数字仿真器(RTDS),采用 DSP 并行数字仿真和模拟放大电路来实时模拟电力系统的各种状态,能对传统继电保护装置进行闭环测试,然而由于该系统最大输出频率只能达到 20kHz,不能产生频率高达数百千赫兹的暂态行波,且受硬件限制,计算规模有限,无法满足基于行波暂态量的继电保护和故障定位装置的实验要求。因而,需研制输出频率为 1MHz 以上的暂态行波发生装置,精细模拟线路在各种情况下的行波暂态过程,此外,也需要高速、可靠的硬件采集平台和便于保护算法实现的软件开发环境,为原理样机的研发提供高效的平台。

　　基于微机和高速 A/D 和 D/A 搭建的数模混合静态模拟具有配置灵活、经济性强、易于扩充维护等优点,是促进保护装置研发和实现样机测试的重要平台。平台结构如图 1-99 所示,由 EMTP、EMTDC 或自编程序对系统进行电磁暂态仿真,仿真数据由高速暂态波形发生器的微机读入,并经高速数据接口由高速 D/A 输出,通过宽频、高线性度的功率放大器进行功率放大,此部分功能都由图中所示的高速暂态波形发生器(transient waveform generator,TWG)完成,其输出接至高速暂态录波器(transient waveform recorder,TWR),用于测试装置数据采集是否正确,启动是否灵敏可靠,原理及逻辑回路是否正确、完善,进而确定各单元及整机的动作时间,还可通过所记录到的装置动作时刻来修改数字仿真中的控制变量,以多次回放离线仿真数据的方式,实现闭环模拟。

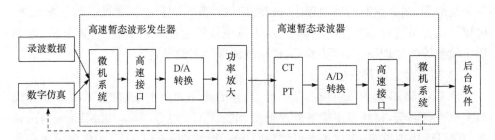

图 1-99　电磁暂态数模混合静态模拟平台示意图

　　简化平台如图 1-100 所示,主要包括图形化用户界面(GUI)、高精度 GPS 授时、电磁暂态仿真计算内核(EMT)、TWG、TWR 以及录波 COMTRADE 文件格式转换器。仿真数据文件由 TWG 读入,也可以直接将数字仿真程序安装于 TWG 的微机系统内,TWG 通过将多路高速模拟信号同步发至 TWR,TWR 负责暂态记录波形并进行算法判断,满足动作条件则发跳闸信号至 TWG,TWG 计算总时差并动态修改仿真中的断路器动作时间和标记位,再次进行仿真,如此往复,实现故障、跳闸、重合闸、重合失败加速跳闸等后续多个过程的静态闭环模拟。

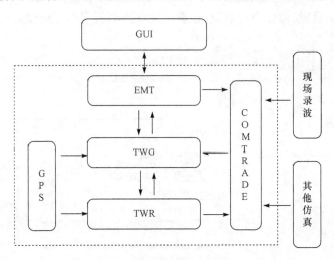

图 1-100　简化的电磁暂态数模混合静态模拟平台

系统的硬件部分由两台 PXIe-8130 双核嵌入式计算机、多块 PXIe-6124 同步采集板、多块 PXI-5412 高速任意波形发生器板,以及 2 个 PXIe-6672 时间同步板等组成,软件通过 LabVIEW 开发。一台嵌入式计算机与多块高速任意波形发生模块构成了高速多通道同步任意信号发生器,作为暂态波形的输出部分,输出的原始数据可通过现场录波数据或电磁暂态仿真软件获得,用于模拟电力系统电磁暂态过程;另一台嵌入式计算机与多块高速同步采集卡构成电力系统暂态信号的高速采集部分,根据编制的后台程序完成相应的计算。两台主机通过屏蔽电缆相连,构成了电力系统暂态仿真与测试平台,为输电线路暂态保护、雷击行波分析、电能质量检测等的原理研究、算法验证、样机测试提供实验平台。

1) 高速暂态波形发生器

以 PXI-5412 作为任意波形发生板卡,并借此作为模拟量输出,采用 PCI 总线与主机进行通信,每块板卡能够外部触发,单通道 14 位分辨率,100Mbit/s 输出速率,20MHz 模拟带宽,多块板卡可实现同步输出。多块 PXI-5412 构成多通道高速任意波形发生单元。采用 ARBITER SYSTEMS 公司的 1092B GPS 时钟,根据需要定制报文及秒脉冲。使用 1 块 PXIe-6124 板卡作为辅助板,用于多路开关量的输入与输出。

暂态波形发生装置对主流仿真软件产生的数据文件、故障录波数据格式具有良好的兼容性。以 EMTDC 仿真生成的扩展名为 out 的数据文件为例,在 LabVIEW 下由路径函数和电子表格读取子 VI 导入数据,作全通道归一化后待 PXI-5412 板卡读取,相应的 LabVIEW 框图如图 1-101 所示。用户界面主要包括触发源选择,GPS 时间、模拟通道输出波形和开关量输入显示,增益、直流偏置、采样率等模拟通道的输出设置,以及串口参数、板载时钟和物理板卡等系统设置。

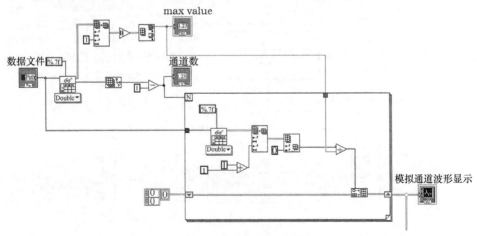

图 1-101　数据文件读取

模拟量同步输出是装置的核心,采集板具有 14 位分辨率、100Mbit/s 输出速率、20MHz 模拟带宽,并带有 8MB 缓存,较好地满足了较长时窗、高速率、高精度暂态波形的外放需要。程序开始执行时首先依次初始化各板卡,并设置采样率、同步时钟、滤波、输出增益以及直流偏置等参数,并将归一化后的模拟波形按通道依次读入缓存中,采用 Tclk 实现 6 块板卡间的同步触发。

通过 RS232 接口接收 GPS 报文。根据 GPS 的输出设置配置 LabVIEW 下串口的波特率、数据位、校验、停止位等参数。由于 GPS 发送的报文每秒更新一次,为确保报文的读取稳定,GPS 报文采用提前 1s 发送,在读取报文前使用顺序结构设置一定的时延,如图 1-102 所示。PXIe-6124 板卡 P1 端口的最低位数字通道用于接收秒脉冲。当检测到秒脉冲到达时,显示根据报文得到的时间。该端口的另外 7 路数字通道用于对待测试装置发出的跳闸等开关量信号的检测,当检测到 7 路信号中任意一路有开关量输入时,显示该路通道并获取当前系统的微秒级时间,与模拟通道发出时的系统时间相减,得到保护装置动作的"响应时间",如图 1-103 所示。可在数字仿真程序中对应该时间设置响应保护动作,并进行仿真计算,得到含保护动作的仿真数据,再由此转化成物理量发出,用以测试装置后续动作的性能。

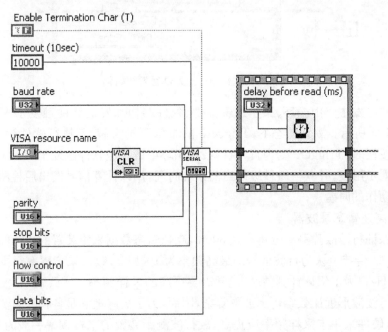

图 1-102   串口读取

设置有外部硬件触发、软件触发和 GPS 触发三种触发方式,一旦满足触发条件,多块 PXI-5412 板卡均将在系统高速同步时钟的作用下进行模拟波形的同步输出。考虑到同步多路模拟输出的通道数量会随数据文件和仿真需要而改变,为保

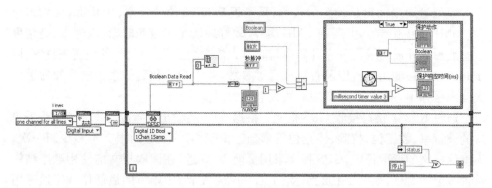

图 1-103　GPS秒脉冲显示与开关量检测

证触发的有效性,硬件触发和 GPS 触发分别接入首块任意波形发生板卡的外部触发接口,在系统初始化过程中,开放该卡数字边沿触发,如图 1-104 所示。

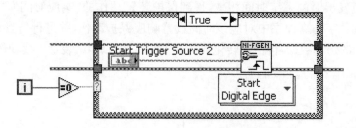

图 1-104　数字边沿外部触发初始化

软件触发主要由循环、布尔逻辑控件、条件结构和发送软件触发子 VI 构成,如图 1-105 所示。默认状态下,Trigger2 的布尔逻辑为假,不执行软件触发;当单击触发按钮时,Trigger2 变为真,执行条件循环中的发送软件触发子 VI,实现多块板卡的同步触发,并获得微秒级的当前系统时间,用以计算信号发出后检测到最先开关量动作的时差。

2) 高速暂态录波器

为保证行波故障测距分辨率达 300m,高速暂态数据采集装置的采样间隔应不大于 1μs。传统上认为行波信号的最高频率为 100kHz,数据采集频率至少应不低于 200kHz。为了保证计算精度,通常需要更高的采样频率。实践表明,实际系统的暂态行波波形远比数字仿真波形复杂,因而,为了更好地满足各种故障测距算法的要求,硬件采集卡采样频率应提高,故行波测距装置的采样频率一般为 1MHz。考虑到实际线路故障多由雷击导致,雷电本身包含着极其丰富的高频分量,合理采集并通过现代信号处理手段,有望发掘蕴涵在其中的丰富雷击信息。特别是随着罗柯夫斯基线圈的优良频率传变特性及其在雷电流等脉冲大电流测量方面的普及,基于行波分析的输电线路雷击信息发掘向着实用化迈进。因此,系统设计时通

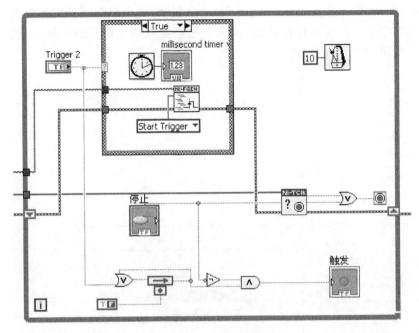

图 1-105　软件触发

道采样速率不低于 2MHz,考虑到同塔双回线路的普及和同塔四回线路的出现,同步采集模拟通道应不低于 12 路,模拟量通道信号采集质量更高、工作更稳定,且板卡应具有自检功能,在保证能实现原有行波装置所具有的突变量启动、GPS 时标、网络通信、远程操作、数据文件存储的基础上,应尽可能提高暂态数据的存储深度,为电力系统各类电磁暂态分析应用提供可靠的硬件平台。

　　模拟多通道同步采集是系统的核心。采用多块 PXIe-6124 数据采集卡用以高速采集,每通道中 4MHz 采样速率的 4 路同步采样模拟输入,具有 16 位分辨率,支持模拟、数字触发,同时有 2 路 16 位模拟输出、24 条数字 I/O 线、2 个 32 位计数器。模拟信号采用差分方式输入,采用屏蔽电缆连接。多块板卡中其中 1 块用于突变量启动,采样频率降低至 10kHz 工作,剩余作为高速模拟通道采集,采样频率最高可达 4MHz,可实现 12 路以上的高速同步暂态行波录波。串口接收 GPS 报文,计数器和数字 I/O 线同时接收 GPS 秒脉冲。8 路数字 I/O 线作为开关量输出,用于模拟保护跳闸等开关量信号。

　　考虑到行波波头富含大量信息,需要完整捕获,因此采用预触发方式进行多路数据同步采集。采样频率、预触发数据长度、总的数据长度均可设定。借助板载计数器和预触发功能,实现对采集数据的时标标定,原理如下:设定板卡的预触发数据长度,突变量启动(即触发脉冲发出时),板载 10MHz 的计数器开始计数,直至下一个 GPS 秒脉冲到达时,计数停止。根据计数值可得触发时刻的采样点与下一整秒间的时差,如图 1-106 所示。结合串口报文,可得触发时刻的绝对时标,由于采用等间隔采样、采样频率已知,故该有限长度数据的时间均可标定,图 1-107 给出了 LabVIEW 下的实现。

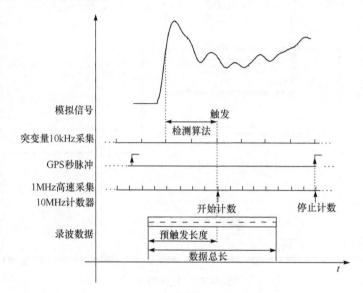

图 1-106　高速采集数据时标标定

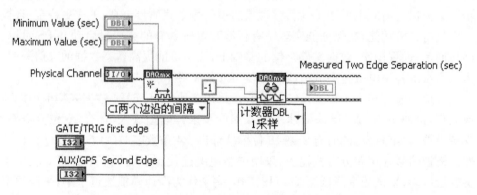

图 1-107　GPS 与突变量启动间的时差标定

暂态录波装置提供了多路开关量输出,用以模拟跳闸、合闸信号。考虑到断路器固有分合闸时间相对较长,因而保护样机的动作速度保证在毫秒数量级即可,故可在 LabVIEW 运行环境下,由保护算法判别断路器是否动作,并与条件结构相连,实现合闸、跳闸信号输出,如图 1-108 所示。

数据存储包括暂态录波数据文件存储以及时标的记录。系统采用 LabVIEW 的 TDMS 格式存储暂态录波数据文件。该格式是一种二进制记录格式,兼顾了高

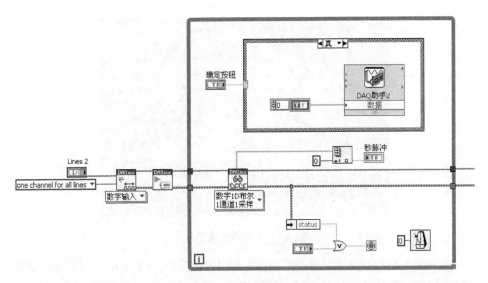

图 1-108　开关量输入输出

速、易存取和方便等多种优势,能够在 NI 的各种数据分析或挖掘软件之间进行无缝交互,也能够提供一系列 API 函数供其他应用程序调用,可以被 Excel、MAT-LAB 等程序调用。考虑到便于海量录波数据检索,录波文件按月份放置在同一子目录下,采用日期+时间的格式命名,如图 1-109 所示。采用日期+时间+"time"的命名文本文件记录包括年月日时分秒的绝对时间以及突变量启动的时刻与GPS 秒脉冲到达之间的精确微秒级时差,与录波数据文件关联。

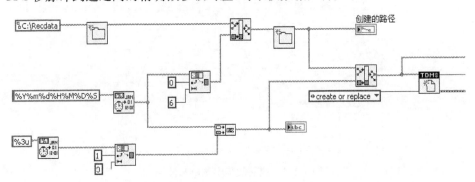

图 1-109　录波数据文件存储

　　将高速暂态波形发生器与暂态行波记录平台对应模拟量通道和开关量通道通过屏蔽电缆相连,并将外部 GPS 的报文和秒脉冲分别接入,构成完整的实验平台,如图 1-110 所示。

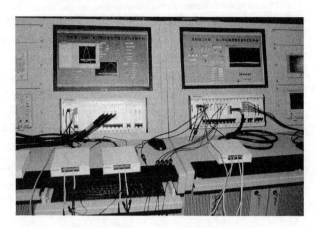

图 1-110　完整实验平台

采用图 1-111(见文后彩图)所示的某 220kV 双回线路的其中一回 C 相故障时变电站保护安装处相电流的现场实测数据,以 1MHz 刷新速率 6 通道同步回放该故障波形,暂态行波记录与分析平台显示结果和现场装置记录到的波形如图1-112(见文后彩图)所示。对比两图数据表明该实验平台波形输出精度高、启动可靠、采集稳定,可用于输电线路暂态量保护、雷击行波分析等的原理样机测试。

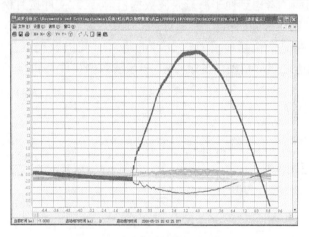

图 1-111　线路故障实测电流波形

总而言之,电力系统电磁暂态过程是各元件中磁场和电场的能量分布重新达到平衡的过程,电压、电流行波反映了此过程电场、磁场能量分布的瞬时变化。行波沿线传播并在波阻抗不连续点发生折反射。对于不同性质的激励源,反映为观测点处的行波暂态量响应存在差异。采用故障附加网络和相模变换能够简化分析过程,突显其中所蕴涵的线路故障信息。

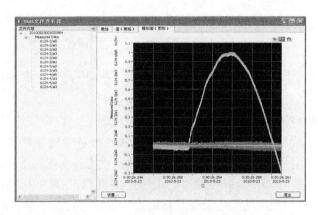

图 1-112　行波记录平台暂态录波

对于多相输电线路,计及大地频变和土壤电阻率使零模通道传播参数显著区别于线模通道。模量通道是静止的,模量通道中所传输的故障行波成分是动态的。相域行波沿两类模量通道传播的行波分量相继到达观测点导致波头"缺损"的严重程度决定了是否有必要采用相模变换解耦。实际中分相采集的行波,受通道采集品质不均衡的影响,由两相域行波相减构造的线模行波将引入额外的奇异性,而故障相分量行波系直接由高速采集获得,且通常具有线模分量主要特征,相域行波应作为行波分析应用应予以足够重视,甚至应作为具有 OPGW 架空避雷地线的线路行波分析和应用的主导。

网格图和特征线法是两类主流的行波过程计算方法,前者将系统中的集中参数化为等值线段,计算波在节点处的折反射,并按折射波、反射波到达时间的先后叠加,得到随时间变化的波形;后者根据系统中各种元件的微分方程,通过合理的近似得到电阻与历史电流源并联的集中参数等效模型,在电阻网络中以线性方程组形式求解。

内核调用式复杂故障批处理仿真能够实现对线路任意位置、各种故障类型、不同观测点的自动仿真,高效、全面验证保护算法原理,基于微机和高速 A/D 及 D/A 构建的数模混合静态模拟,能够以多步离线仿真数据回放的方式经济地实现待测装置硬件在环测试,检验装置性能。

第 2 章　电网过电压仿真分析及分类辨识

　　电力系统中绝缘击穿是线路跳闸的主要原因之一。在电气绝缘击穿事故中,过电压引起的事故所占比例最高,给电力部门和各行各业的生产和经营带来巨大的损失。随着高电压、大电网的迅速建设与发展,过电压对电网安全运行的影响越来越受到人们的重视,为此,对各种过电压的产生机理、主要特征和类型识别进行深入分析和研究,对提高输配电设备及系统安全可靠运行水平具有重要的意义。

　　过电压作为电力系统工学的一个重要命题,研究电力系统中电压不正常升高现象,电力系统过电压是电力系统在一定条件下所出现的超过工作电压的异常电压升高,属于电力系统中的一种电磁扰动现象。过电压类型较多,且其产生原因、持续时间和幅值各不相同,所采取的过电压抑制措施也不同,因此正确辨识输电线路过电压的成因,对增强线路绝缘配合有指导意义。根据过电压的激励源是否来自系统内部,可将过电压分为外部过电压和内部过电压两大类。其中,外部过电压激励源来自电力系统外,又称大气过电压,主要是指雷击过电压,根据雷电是否直接击中线路,可以将雷击过电压分为感应雷过电压和雷电直击过电压;而内部过电压是电力系统故障或开关操作引起电网中电磁能量转化或传递,从而引起瞬时或长时间的过电压,主要包括操作过电压以及谐振过电压等,产生内部过电压的原因包括空载长线路的电容效应、不对称接地故障、甩负荷引起的工频过电压,以及系统中的线性或非线性谐振过电压等。工频过电压和谐振过电压一般作用时间较长,是电磁能量转换达到或接近稳态时的过电压,应称为稳态过电压或短时过电压,用其幅值和作用时间来衡量。内部过电压大小与系统参数、断路器触头分合闸电阻、中性点接地方式等因素有关。本章未涉及快速暂态过电压(VFTO)命题。波头很陡、频率很高的操作过电压可能出现在 SF_6 气体绝缘的 GIS 中,GIS 中用隔离开关操作短母线时,由于开关的多次击穿和熄灭,可能造成频率非常高的过电压,其初始前沿一般在 3~200ns。VFTO 陡波的频率和陡度远高于雷电过电压,而氧化锌避雷器(MOA)无法限制这种过电压。VFTO 可能威胁到 GIS 及其相邻设备的安全,特别是变压器匝间绝缘的安全,也可能引发变压器内部的高频振荡。

　　操作过电压是由断路器及隔离开关操作和系统故障引起的暂态过程,具有峰值高、存在高频振荡,以及持续时间短等特点。其对电气设备绝缘和保护装置的影响,主要取决于过电压的峰值、波形、陡度和持续时间。通常,操作过电压的波头陡度低于雷击过电压。

围绕交流线路过电压产生机理展开,分别建立 1000kV 特高压交流输电线路、500kV 超高压交流输电线路、110kV 线缆混合线路、35kV 配电线路和牵引网线路电磁暂态仿真分析模型。从输电线路波过程入手,分析过电压形成机理,通过数字仿真分析线路遭受雷击或发生内部过电压时的暂态电压特征,探讨不同电压等级输电线路在过电压方面存在的特殊问题。以 1000kV 半波长线路为基础,分析非对称接地故障情况下线模行波和零模行波的模混杂问题,对于架空避雷线逐塔(或部分塔)接地的架空线路,探讨其线模行波对零模行波的"提速"现象和作用。分析串联补偿装置和并联补偿装置对 500kV 输电线路过电压的影响。利用瞬时功率曲线进行 PCA 聚类分析,对雷击故障与非雷击故障、反击与绕击故障、绕击未闪络与雷击避雷线未闪络进行了聚类辨识,分别通过导线两端与线路上安装的 Rogowski 线圈所测三相初始行波极性进行了绕击与雷击避雷线的识别,进而针对反演恢复绕击输电线路注入导线的雷电流波形进行了探讨和尝试。分析不同运行工况和线路长度情况下,合闸电阻对合闸过电压的影响,针对一条具体线路,探讨合闸电阻值的合适大小。对行波在 110kV 线缆混合线路的传播进行简要分析,探讨线缆混合线路的过电压特殊问题,并对重合闸技术应用于线缆混合线路的可能性进行分析。介绍 35kV 配电网线路的多种中性点接地方式,对因中性点不直接接地而造成的铁磁谐振过电压、普通故障和弧光接地过电压进行分析和辨识。简要介绍电铁牵引网线路的结构特点,并对因机车作为移动的非线性负荷和受电弓与线路接触不良而导致的谐波和"弓网分离"等过电压问题进行分析。

在全书内容设置当中,本章衔接第 1 章线路的行波和暂态量概念,安排电网的过电压仿真分析及相关专题,以期与第 1 章有关行波及暂态量命题相呼应。雷击过电压和一些操作过电压是由于行波的传播而引起的,故本章对电网操作、雷击、故障等引起的行波过程进行仿真分析,也是后续章节进一步分析行波及暂态量的重要基础,为后续章节的行波及暂态量应用命题的阐述做铺垫。

2.1　1000kV 输电线路

1000kV 特高压交流输电系统是目前国际上电压等级最高的交流输电系统。特高压线路具有很强的输电能力,其自然功率可达 5000MW 左右,理论上一条 1000kV 交流线路的传输功率相当于 4～5 条 500kV 超高压交流线路功率。但由于目前技术上的局限性,当前特高压输电线路的最大输送能力与理论值还存在一定的差距。其影响因素除了线路热稳定极限、高阻抗变压器对潮流的限制和系统稳定因素之外,特高压线路过电压的限制必须得到保证,故大容量的高压电抗器是特高压线路的必需配置,其在重负荷时会影响线路的无功平衡,因此大容量的高抗成为制约长距离特高压线路输送能力的一个重要因素,即在功率输送方面必须做出妥协。总体而言,特高压输电系统的特殊性体现在:高电压等级、大输送容量,实现跨大区、跨流域输电;线路呈现明显的分布参数特性,且线路充电电容电流大小及其影响特别突出;故障暂态特征复杂,潜供电流大,故障熄弧时间长;过电压问题严重,尤其操作过电压、故障过电压和重合闸过电压问题突出;超强的电场强度、磁场强度及无线电干扰问题。本节将探讨 1000kV 输电线路的过电压类型和产生原因,并对 1000kV 输电系统的内部过电压和外部过电压进行辨识和过电压水平预测。针对 1000kV 半波长输电线路,讨论当 1000kV 半波长输电线路发生过电压时,各类过电压在半波长输电线路中的特点。

2.1.1　1000kV 输电线路过电压

与 500kV 线路相比,特高压输电线路分布电容大,波阻抗较小,系统短路容量与线路自然功率的比值相对较小,使得特高压线路的操作过电压比 500kV 线路严重。其在甩负荷时可能导致严重的暂时过电压,在正常运行负荷变化时将给无功调节、电压控制以及单相重合闸潜供电弧熄灭等造成一系列问题,高电压长空气间隙绝缘的饱和特性、高海拔的绝缘特性和电气设备制造的因素都给过电压的限制提出更高的要求,这些使得特高压系统的过压问题成为特高压系统能否成功建设和运行的关键问题。

根据日本和俄罗斯的运行经验,外部过电压是引起特高压输电线路断路器跳闸的主要原因。根据雷击时雷电是否直接注入输电系统设施,可以将雷击线路分为直击雷和感应雷两种情况。雷击输电线路附近大地在导线上引起的过电压称为感应雷过电压,雷电绕击导线、雷击塔顶或避雷线等情况下引起的过电压称为直击雷过电压。感应雷过电压的幅值最高约为 400kV,而雷电绕击导线、雷击塔顶或避雷线等直击雷引起的过电压幅值远高于感应雷,1000kV 输电线路的绝缘子耐压水平较高,可以达到数千千伏,感应雷过电压一般不会引起绝缘子闪络,故在分析 1000kV 输电线路外部过电压时可以不考虑感应雷过电压,而只需考虑直击雷对输电线路的影响。

1000kV 输电线路的充电功率大、线路长,当线路空载时,因电容效应引起的线路工频过电压很高。除工频过电压外,输电线路上常见的过电压是因故障或断路器动作而引起的,故在分析内部过电压时,主要研究故障、断路器动作及线路空载所引起的过电压。

1. 外部过电压

1) 雷击塔顶和雷击避雷线

雷电直击线路可分为雷击塔顶、雷击避雷线和雷电绕击导线。当雷击塔顶或避雷线时,在雷电流入地过程中,因存在杆塔波阻抗及接地装置电阻,塔顶电位不

为 0,绝缘子两端电压不再是工频电压瞬时值,雷击塔顶或避雷线的示意如图 2-1
所示。

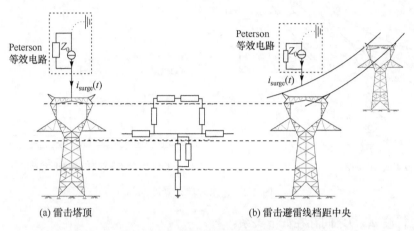

(a) 雷击塔顶　　　　　　　　　　　(b) 雷击避雷线档距中央

图 2-1　雷击塔顶和雷击避雷线示意图

目前较多采用的杆塔模型为多波阻抗模型,塔身不同高度所对应的波阻抗不
同,注入杆塔的雷电流行波在杆塔上传播的过程中会在波阻抗不连续的部分发生
折反射,塔顶电位是杆塔上折反射电压行波的叠加,遭受雷击之前,塔顶电位为 0,
因杆塔波阻抗和接地装置电阻的存在,在雷击瞬间,塔顶电位不再为 0,塔顶电位
大小与接地电阻大小、雷电流幅值、杆塔波阻抗等因素有关。绝缘子和杆塔连接处
的电位和塔顶电位基本相同,当绝缘子两端电压大于 $U_{50\%}$ 或两端电压曲线与绝缘
子伏秒特性曲线相交时,绝缘子发生闪络。

当发生雷击档距中央避雷线时,避雷线对地电位发生变化,避雷线和导线间的
电压可能超过避雷线和导线间的空气间隙放电电压,造成避雷线和导线间的空气
间隙被击穿。当注入避雷线的雷电流传播到达避雷线和杆塔连接处时,因避雷线
波阻抗一般远大于杆塔波阻抗,大部分雷电流沿杆塔入地,造成塔顶电位升高,引
起导线绝缘子两端电压升高,其过程和雷击塔顶类似。

2) 雷电绕击

在输电线路遭受雷电绕击情况下,根据 Peterson 等效电路,可将雷电流注入
导线的行波浪涌(surge)等效为一电流源及其波阻抗的雷电流通道模型,如图 2-2
所示。

图 2-2 中,雷电通道以 Peterson 等效电路表示,Z_0 为雷电通道等效波阻抗,Z_c
为导线波阻抗,$i_{surge}(t)$ 为注入导线的雷电流,$i_1(t)$ 和 $i_2(t)$ 为注入导线的雷电流向
导线两端传播的电流行波,在导线为无限长导线或注入浪涌的反射波未返回注入
点之前,有 $i_1(t)=i_2(t)=i_{surge}(t)/2$。因导线波阻抗的存在,注入导线的雷电流行
波在导线上传播的过程中,会在导线上产生相应的电压行波 $u(t)$,电流行波 $i_1(t)$

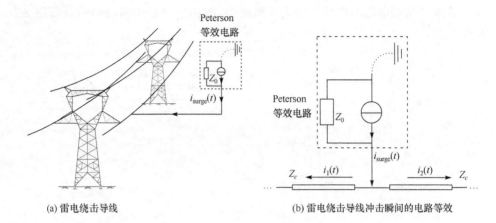

(a) 雷电绕击导线　　　　　　　　　(b) 雷电绕击导线冲击瞬间的电路等效

图 2-2　雷击导线示意图

和电压行波 $u_1(t)$ 之间存在如下关系:

$$u_1(t) = Z_c i_1(t) \tag{2-1}$$

　　1000kV 输电线路导线的正序波阻抗为 $200 \sim 300\Omega$,峰值为 10kA 的雷电流可在雷击点导线间产生 $2000 \sim 3000$kV 的电压。在相同频率下,导线零模波阻抗往往大于正序波阻抗,所产生的对地电压高于线间电压,若雷电流峰值大于 10kA,则导线绝缘子可能会发生闪络。

　　因导线之间存在互电容和互电感,即存在电场耦合和磁场耦合,流过导线的电流会通过互电感在平行导线上产生相应的感应电流,导线上的电压是由导线上的电荷产生的,导线上的电荷会通过相间电容在平行导线上产生相应的电压。除三相导线外,高压、超高压和特高压输电线路往往全线架设避雷线,如两根避雷线和三相导线组成了线路传输系,传输系的导纳矩阵 $\boldsymbol{Y}$ 和阻抗矩阵 $\boldsymbol{Z}$ 都为 5×5 的矩阵,在计算和分析交流电力系统的过程中,与仅有三相导线的 3×3 参数矩阵相比较,5×5 的参数矩阵在计算时更为复杂。在避雷线逐塔接地或避雷线两端均接地的情况下,避雷线和大地电位相同,可以将矩阵 $\boldsymbol{Y}$ 和 $\boldsymbol{Z}$ 进行降阶,化为 3×3 的参数矩阵。输电线和避雷线的对地电位与线路上的电荷密度之间存在如下关系:

$$\begin{bmatrix} \boldsymbol{U}_{LL} \\ \boldsymbol{U}_{GG} \end{bmatrix} = \begin{bmatrix} \boldsymbol{P}_{LL} & \boldsymbol{P}_{LG} \\ \boldsymbol{P}_{GL} & \boldsymbol{P}_{GG} \end{bmatrix} \begin{bmatrix} \boldsymbol{Q}_{LL} \\ \boldsymbol{Q}_{GG} \end{bmatrix} \tag{2-2}$$

式中,$\boldsymbol{U}_{LL}$ 为三相导线对地电位矩阵;$\boldsymbol{U}_{GG}$ 为避雷线对地电位矩阵;$\boldsymbol{P}_{LL}$ 为三相导线电位系数矩阵;$\boldsymbol{P}_{LG}$ 和 $\boldsymbol{P}_{GL}$ 为三相导线与避雷线之间的互电位系数矩阵;$\boldsymbol{P}_{GG}$ 为避雷线电位系数矩阵;$\boldsymbol{Q}_{LL}$ 为三相导线的线电荷密度矩阵;$\boldsymbol{Q}_{GG}$ 为避雷线的线电荷密度矩阵。若避雷线逐塔接地,$\boldsymbol{U}_{GG} = 0$,则

$$\boldsymbol{U}_{LL} = \boldsymbol{P}_{LL}\boldsymbol{Q}_{LL} - \boldsymbol{P}_{LG}\boldsymbol{P}_{GG}^{-1}\boldsymbol{P}_{GL}\boldsymbol{Q}_{LL} = \boldsymbol{P}_{e}\boldsymbol{Q}_{LL} \tag{2-3}$$

式中

$$P_{e}=P_{LL}-P_{LG}P_{GG}^{-1}P_{GL} \tag{2-4}$$

根据式(2-3)和式(2-4)即可将含有避雷线和三相导线的 5×5 导纳矩阵化为仅含三相导线的 3×3 导纳矩阵。在交变电流作用下,导线和大地中会出现集肤效应,使输电线路的电阻和电感成为电流频率的函数,但是在某一确定频率下,沿输电线路单位长度内的压降与导线电流之间符合如下关系:

$$-\frac{d}{dx}\begin{bmatrix} U_{LL} \\ U_{GG} \end{bmatrix}=\begin{bmatrix} Z_{LL} & Z_{LG} \\ Z_{GL} & Z_{GG} \end{bmatrix}\begin{bmatrix} I_{LL} \\ I_{GG} \end{bmatrix} \tag{2-5}$$

式中,U_{LL} 和 U_{GG} 的含义与式(2-2)相同;Z_{LL} 为三相导线阻抗矩阵;Z_{LG} 和 Z_{GL} 为三相导线与避雷线之间的互阻抗矩阵;Z_{GG} 为避雷线阻抗矩阵;I_{LL} 为三相导线电流矩阵;I_{GG} 为避雷线电流矩阵。当避雷线逐塔接地时,沿避雷线的回路压降为 0,可将式(2-5)简化为

$$-\frac{d}{dx}U_{LL}=Z_{e}I_{LL} \tag{2-6}$$

式中

$$Z_{e}=Z_{LL}-Z_{LG}Z_{GG}^{-1}Z_{GL} \tag{2-7}$$

在避雷线两端接地,包括线路中间部分塔接地的情况下,根据式(2-2)~式(2-7)对由避雷线和导线构成的 5×5 矩阵进行降阶,化为仅包含三相导线参数的 3×3 矩阵,消去避雷线影响,方便对三相传输线系统进行分析。

在三相传输线系统中,行波在一相导线上传播的过程中,也会在另外两相导线上耦合产生行波。以分布参数模型作为输电线路的等值电路模型,设三相线路之间的互电感和互电容相同,在分布参数输电线路上取一长度为 dx 的微元段,在微元段上忽略参数的分布性,以集中参数代表微元段,则此微元段的电路模型如图 2-3 所示。

假设 AC 两相间互电容、互电感和 AB 两相间互电容、互电感相同,图 2-3 中,C、C_0 分别为单位长度相间电容和导线对地电容,G、G_0 分别为单位长度相间电导和导线对地电导,R、L 分别为单位长度导线电阻和电感,M 为单位长度导线间互电感。根据图 2-3 可列出如下偏微分方程:

$$\begin{cases} (G_0+2G)u_A+(C_0+2C)\dfrac{\partial u_A}{\partial t}-G(u_B+u_C)-C\left(\dfrac{\partial u_B}{\partial t}+\dfrac{\partial u_C}{\partial t}\right)=-\dfrac{\partial i_A}{\partial x} \\[2mm] (G_0+2G)u_B+(C_0+2C)\dfrac{\partial u_B}{\partial t}-G(u_A+u_C)-C\left(\dfrac{\partial u_A}{\partial t}+\dfrac{\partial u_C}{\partial t}\right)=-\dfrac{\partial i_B}{\partial x} \\[2mm] (G_0+2G)u_C+(C_0+2C)\dfrac{\partial u_C}{\partial t}-G(u_A+u_B)-C\left(\dfrac{\partial u_A}{\partial t}+\dfrac{\partial u_B}{\partial t}\right)=-\dfrac{\partial i_C}{\partial x} \end{cases} \tag{2-8}$$

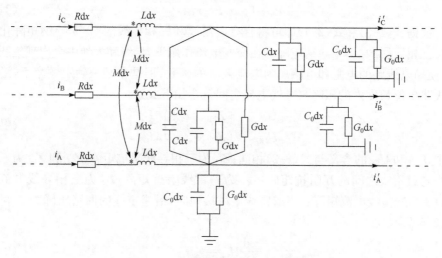

图 2-3　三相耦合传输线 $\mathrm{d}x$ 线元模型

$$
\begin{cases}
Ri_\mathrm{A}+L\dfrac{\partial i_\mathrm{A}}{\partial t}+M\left(\dfrac{\partial i_\mathrm{B}}{\partial t}+\dfrac{\partial i_\mathrm{C}}{\partial t}\right)=-\dfrac{\partial u_\mathrm{A}}{\partial x} \\[2mm]
Ri_\mathrm{B}+L\dfrac{\partial i_\mathrm{B}}{\partial t}+M\left(\dfrac{\partial i_\mathrm{A}}{\partial t}+\dfrac{\partial i_\mathrm{C}}{\partial t}\right)=-\dfrac{\partial u_\mathrm{B}}{\partial x} \\[2mm]
Ri_\mathrm{C}+L\dfrac{\partial i_\mathrm{C}}{\partial t}+M\left(\dfrac{\partial i_\mathrm{A}}{\partial t}+\dfrac{\partial i_\mathrm{B}}{\partial t}\right)=-\dfrac{\partial u_\mathrm{C}}{\partial x}
\end{cases}
\tag{2-9}
$$

将式(2-9)的时域方程代入频域求解,设

$$
\gamma_1(s)=\sqrt{(R+sL+2sM)(sC_0+G_0)}
\tag{2-10}
$$

$$
\gamma_2(s)=\sqrt{(R+sL-sM)(3sC+sC_0+3G+G_0)}
\tag{2-11}
$$

$$
Z_{c1}(s)=\sqrt{\dfrac{R+sL+2sM}{sC_0+G_0}}
\tag{2-12}
$$

$$
Z_{c2}(s)=\sqrt{\dfrac{R+sL-sM}{3sC+sC_0+3G+G_0}}
\tag{2-13}
$$

三相传输线的始端边界条件为 $\boldsymbol{P}(0)=[U_{\mathrm{A}0}(s),U_{\mathrm{B}0}(s),U_{\mathrm{C}0}(s),I_{\mathrm{A}0}(s),$ $I_{\mathrm{B}0}(s),I_{\mathrm{C}0}(s)]^\mathrm{T}$,根据式(2-8)～式(2-13),与导线始端距离为 x 处的电压电流表达式为

$$
U_{\mathrm{A}x}(s)=A_1U_{\mathrm{A}0}(s)+A_2U_{\mathrm{B}0}(s)+A_3U_{\mathrm{C}0}(s)+A_4I_{\mathrm{A}0}(s)+A_5I_{\mathrm{B}0}(s)+A_6I_{\mathrm{C}0}(s)
\tag{2-14}
$$

式中

$$
\begin{cases}
A_1 = \dfrac{2}{3}\mathrm{ch}\gamma_1(s)x + \dfrac{1}{3}\mathrm{ch}\gamma_2(s)x \\[2mm]
A_2 = -\dfrac{1}{3}\mathrm{ch}\gamma_1(s)x + \dfrac{1}{3}\mathrm{ch}\gamma_2(s)x \\[2mm]
A_3 = -\dfrac{1}{3}\mathrm{ch}\gamma_1(s)x + \dfrac{1}{3}\mathrm{ch}\gamma_2(s)x \\[2mm]
A_4 = -\dfrac{2Z_{c1}}{3}\mathrm{sh}\gamma_1(s)x - \dfrac{Z_{c2}}{3}\mathrm{sh}\gamma_2(s)x \\[2mm]
A_5 = \dfrac{Z_{c1}}{3}\mathrm{sh}\gamma_1(s)x - \dfrac{Z_{c2}}{3}\mathrm{sh}\gamma_2(s)x \\[2mm]
A_6 = \dfrac{Z_{c1}}{3}\mathrm{sh}\gamma_1(s)x - \dfrac{Z_{c2}}{3}\mathrm{sh}\gamma_2(s)x
\end{cases}
\tag{2-15}
$$

由式(2-14)和式(2-15)可知,在导线之间存在电磁联系的三相输电线路上,某一相导线上的电压和电流不仅与自导线末端注入的电压、电流有关系,也与其他两相导线的电压、电流有关系。

由于三相输电线路上相导线与相导线之间、相导线与避雷线之间、避雷线与避雷线之间都存在电磁联系,雷电流注入导线后不仅会在遭受雷击的相导线上产生雷击过电压,且注入导线的雷电流行波在传播过程中,也会因相间互电容和互电感的作用,在未遭受雷电直击的另外两相导线上产生过电压。

雷击是造成输电线路跳闸的主要原因之一,随着电力系统的发展,雷电及其防护问题的研究日逐迫切,高速摄影、记录示波器、雷电定向定位仪、雷电定位系统、卫星雷电探测系统等现代化测量技术应用于雷电观测机器研究取得进展,将不断丰富人们对于雷电的认识。近年来,Takami 和 Okabe 等日本学者在高压输电线路附近安装了一些光学监测装置,并监测得到雷电直击和绕击 1000kV 特高压输电线路的照片及雷电流波形,如图 2-4 所示。

雷电流峰值和上升沿持续时间对雷击过电压大小有决定性的影响,故对雷电流波形监测的重点在于对雷电流峰值和上升沿时间的获取。日本学者长时间观测得到的雷电流波形实测数据显示,雷击注入日本特高压和超高压线路的雷电流峰值大约为 29.4kA,大部分雷电流波形上升沿的持续时间为 $4\sim10\mu s$,半峰值时间主要集中于 $9\sim50\mu s$。

2. 内部过电压

由于特高压输电线路输送容量大、输送距离远,而自身无功功率很大,每 100km 的 1000kV 线路无功功率可达 530MVar 左右,此使得特高压交流输电系统在甩负荷时可致严重的暂态过电压,以及在正常运行负荷变化时将给无功调节、电

(a) 雷击塔顶　　　　　　　　　　　　　　(b) 雷电绕击

(c) 雷电流波形

图 2-4　日本学者监视获取的雷击塔顶和绕击输电线路的照片及雷电流波形

压控制和单相重合闸潜供电弧熄灭等造成困难。因此,使各种过电压限制在一个合理的水平是特高压输电系统设计中面临的重要命题。分析、设计特高压输电系统时需要考虑的过电压的操作类型较多,主要有:①按计划的线路操作:线路从一端合闸,空载线路从一端合闸;②突然甩负荷:自然功率下及 1.1~1.2 倍自然功率下从一端三相跳闸;③快速三相自动重合闸;④单相自动重合闸;⑤重合闸不成功下二次切除不对称故障;⑥长线路末端不对称故障下,断路器在 0.04~0.05s 内将线路从一端断开;⑦振荡过程中断开线路。且上述这些过电压与系统阻抗、电动势大小、电动势间夹角、并联电抗器投入的数量等因素有关,在过电压计算中应充分考虑。

　　从电磁暂态过电压角度来看,输电线路故障或断路器动作是 1000kV 输电线路产生内部过电压的主要原因,当发生故障或断路器动作时,故障点或断路器处的电压和电流会发生突变,电气量突变一般伴随着电网中电感和电容元件不正常的充放电,往往导致输电线路电压不正常升高。随着杆塔和档距中绝缘距离的增大和变电所户外配电装置相应距离和尺寸的增大,架空线路相间绝缘强度也相应增大,单相接地故障的发生次数远大于两相故障和三相故障,大部分两相故障和三相故障也是因未能及时排除单相接地故障而导致的,故本小节只考虑单相接地故障导致的过电压。

1) 单相故障过电压

输电线路发生单相接地故障时,故障点导线电压迅速下降,因故障点导线电压发生突变,故障相导线上会产生向导线两端传播的故障行波,故障行波极性和故障发生时故障点的电压极性相反。根据式(2-8)～式(2-15)的分析,由于三相导线之间存在互电容和互电感,故障发生后,健全相导线上也会产生故障行波,在健全相导线上传播的故障行波极性和在故障相导线上的故障行波极性相反。在故障发生前,三相导线电压相差 120°,在健全相导线上传播的故障行波极性可能和健全相工频电压极性相同。设故障相导线上的故障初始行波幅值为 U,健全相导线上的故障初始行波幅值为 $kU(k<1)$,若忽略行波的衰减,在故障行波传播过程中可能出现的最大电压为 $U_{max}=kU+U_{system}$,U_{system} 为健全相电压峰值。因导线电阻的存在,行波在导线上传播的过程中会发生衰减,故障行波传播过程中,健全相导线上可能出现的最大电压小于故障行波幅值与工频电压峰值之和,即 $U_{max}<kU+U_{system}$。

除健全相导线上的故障行波会和工频电压叠加产生过电压外,因接地故障导致系统三相不平衡,也可能引起健全相工频电压幅值升高,造成工频过电压。

设 A 相输电线路发生金属性单相接地故障时,故障点的边界条件为故障相电压 $u_A=0$,健全相对地故障电流 $i_B=i_C=0$。根据单相接地故障时的边界条件,可得单相接地故障时的复合序网图如图 2-5 所示。

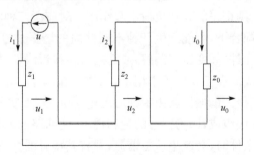

图 2-5　单相接地故障模量分解网络

图 2-5 中,z_1、z_2 和 z_0 分别为由故障点看入输电网络的等效正序、负序和零模阻抗,设 $z_1=z_2$,故障前导线对地电压峰值为 U_{A0},则三序电流的峰值为

$$I_0=I_1=I_2=U_{A0}/(2z_1+z_0) \tag{2-16}$$

未故障前,健全相 B 相的电压相位和 A 相相差 $120°$,故障后 B 相电压的峰值为

$$U_B=\sqrt{\frac{3(1+K+K^2)}{K+2}}U_{A0} \tag{2-17}$$

U_{A0} 为故障发生前导线相电压峰值,式中:

$$K=z_0/z_1 \tag{2-18}$$

输电网络的电阻值一般远小于电抗值,若忽略网络电阻值,则式(2-18)可改写为

$$K=x_0/x_1 \tag{2-19}$$

中性点接地的系统中,x_1 和 x_0 一般为感性,但是二者的相对大小未知,故不能确定健全相电压是否比额定相电压高。

2) 空载变压器合闸引起的谐振过电压

电力系统中存在大量电感和电容元件,电感元件有如电力变压器、互感器、发电机、电抗器、消弧线圈和线路导线电感等,电容有如补偿用的并联和串联电容器组、线路导线相间电容和对地电容、高压设备的杂散电容等。当电力系统进行操作或发生故障时,电感、电容元件形成各种振荡回路,如果回路某一自由振荡频率等于外加强迫频率就会发生谐振。谐振是一种周期性或准周期性的运行状态。发生谐振的那个谐波的振幅会急剧上升,且持续时间长,甚至稳定存在,性质上属于暂时过电压(持续时间长)。谐振过电压的严重性取决于过电压的幅值和持续时间,过电压危及电气设备的绝缘,持续过电流烧毁小容量电感元件,还影响诸如避雷器的灭弧条件。系统中的有功负荷是阻尼振荡和限制谐振过电压的有利因素,但对于零序回路的谐振,则正序的有功负荷不起作用。对应于三种电感参数,在一定电容参数和其他条件配合下,可能产生三种不同性质的谐振过电压现象。谐振回路由不带铁心的电感元件(如变压器漏感)或励磁特性接近线性(如消弧线圈)与系统中的电容元件所组成。在正弦电源作用下,系统自振频率与电源频率相等或接近时,可能产生线性谐振。谐振回路由带铁心的电感元件(如空载变压器、电压互感器)与系统的电容元件组成,因为铁心的饱和现象,使回路的电感参数是非线性的,在满足一定的谐振条件时,会产生铁磁谐振,并有其特有的性质。由电感参数作周期变化的电感元件(如凸极发电机的同步电抗)与系统的电容元件(如空载长线)组成回路,当参数配合时,通过电感的周期变化,不断向谐振系统输送能量,将会造成参数谐振过电压。

电网电源经过空载线路合闸于空载变压器的过程中,因变压器铁心材料的非线性磁化特性,可能导致变压器发生励磁涌流,由于铁心饱和,变压器电感会产生

周期性变化,可能会与导线充电电容、母线杂散电容和变压器出口杂散电容等产生谐振,引起谐振过电压。

图 2-6 为空载变压器合闸的等效电路图,$u(t)$ 为电网等效电源,L_s 为电源等效电感,L_1 为输电线路等效电感,L_1 的大小与导线长度和导线单位长度电感有关,L_T 为变压器励磁电感,L_T 的大小与流过变压器的电流大小有关,L_T 随电流大小变化可能导致空载变压器合闸的过程中发生谐振电压,C_0 为变压器入口电容和母线电容,C_1 为输电线路对地电容,C_1 的大小与导线长度和导线单位长度电感有关,CB 为断路器。在图 2-6 所示仿真模型中,L_s 约为 0.1681H,L_1 约为 0.0505H,C_0 约为 260μF,C_1 约为 4.3338μF。

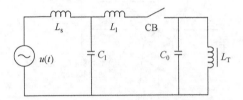

图 2-6　合闸空载变压器的等值电路

当图 2-6 所示断路器 CB 合闸时,由于励磁电感 L_T 的非线性特性,L_T 上可能产生励磁涌流,流过 L_T 的电流中出现奇次谐波,变压器电感 L_T 的大小会作周期性变化,电感变化的频率是电压频率的偶数倍,将在电流波形中产生偶次谐波。L_T 随电流作周期性变化的过程中,图 2-6 所示回路的谐振频率也会发生变化,谐振频率可能会和流过电感的各次谐波频率相同,导致电网电源经过空载线路合闸于空载变压器时会在变压器两端产生谐振过电压。

2.1.2　1000kV 输电线路过电压仿真分析

1000kV 特高压交流输电系统的模型示意图及参数如图 2-7 所示,图中输电线路在工频下的正序波阻抗约为 249Ω,零模波阻抗约为 553Ω,正序衰减常数 α_1 约为 $1.88×10^{-8}$Np/m,正序相位常数 β_1 约为 $1.06×10^{-6}$rad/m,零模衰减常数 α_0 约为 $1.14×10^{-7}$Np/m,零模相位常数 β_0 约为 $1.48×10^{-6}$rad/m。

图 2-7 中并联电抗器 SR$_1$ 的容量为 960MVar,中性点小电抗为 280Ω,SR$_2$ 和 SR$_3$ 的容量为 720MVar,中性点小电抗为 370Ω,SR$_4$ 的容量为 600MVar,中性点小电抗为 440Ω,系统两端母线的对地杂散电容为 0.01μF。

研究外部过电压需要对雷电冲击进行建模,雷电流模型包括双指数模型、Heidler 模型、脉冲模型等。双指数模型应用较为广泛,现采用 2.6μs/50μs 双指数模型,表达式为

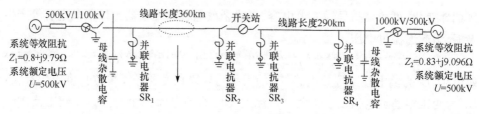

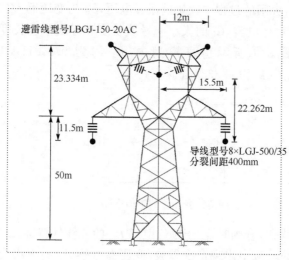

图 2-7　1000kV 输电系统模型

$$i_{\text{lightning}}(t)=I_{\text{m}}(\text{e}^{-\alpha t}-\text{e}^{-\beta t})\tag{2-20}$$

式中,I_{m} 为雷电流峰值;α 和 β 为决定雷电流上升沿陡度、持续时间和下降沿持续时间的两个常数,α 为 20000,β 为 1666666.7。

　　准确模拟杆塔在雷击电磁暂态计算中占有重要的地位,集中电感模型、单一波阻抗模型和多波阻抗模型是三种常用的杆塔模型,集中电感模型将杆塔等效为一个集中电感,忽略杆塔雷电流行波在杆塔上的传播过程;单一波阻抗模型计及行波在杆塔上的传播,将杆塔等效为一段波阻抗恒定的导体;多波阻抗模型将杆塔划分为数段波阻抗不同的导体,考虑到行波在横担和塔身不同位置会发生折反射,其适合于模拟高度较高的杆塔。在模拟雷击塔顶时,因等效方式不同,不同的杆塔模型可能会导致雷击后观测到的塔顶电位变化也不同。设 1000kV 输电线路发生雷击塔顶,雷电流峰值为 80kA,雷击未造成绝缘子闪络,分别观测当采用不同杆塔模型时,塔顶电位在雷击后的变化情况,三种杆塔模型的对比如表 2-1 所示,表 2-1 所示波形图中以归算值为单位,在 2.1 节中基准值为 817kV。

表 2-1　不同杆塔模型对比

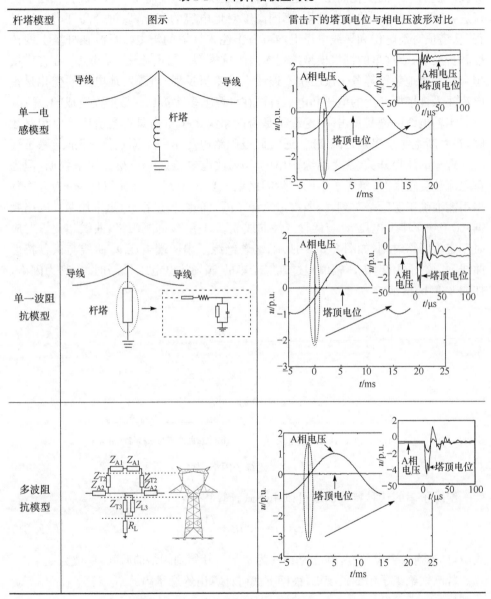

杆塔模型	图示	雷击下的塔顶电位与相电压波形对比
单一电感模型		
单一波阻抗模型		
多波阻抗模型		

由表 2-1 可知,采用不同的杆塔模型模拟雷击塔顶后塔顶电位的变化情况,所得结果也不尽相同。集中电感模型以集中电感代替杆塔,忽略杆塔上的波过程,雷击塔顶时,塔顶对地电压波形与雷电流波形基本一致;单一波阻抗杆塔模型考虑了行波在杆塔上的传播,但该模型只适合于高度不超过 30m 的杆塔,从波形上无法看出行波在杆塔上发生的折反射;1000kV 输电线路所用杆塔高度超过 30m,杆塔

的波阻抗随高度的变化而发生改变,对杆塔建模时,不仅需要考虑行波在杆塔上的行进,还需考虑杆塔的自身结构、不同高度对地电容的变化,以符合高杆塔的波过程,从塔顶对地电位和导线电压上均可看出注入杆塔的雷电流行波在杆塔上的传播和折反射,故这里的杆塔模型选用多波阻抗模型。雷电流注入杆塔后,在杆塔横担末端和接地装置等各个波阻抗不连续点发生折反射,塔顶对地电压的变化是雷电流注入杆塔所产生的电压和电压行波在杆塔上多次折反射叠加而造成的。

　　当输电线路遭受雷击时,绝缘子是否闪络决定了雷击是否会造成输电线路故障,在判断绝缘子串是否闪络时,通常假设闪络电压是一个固定值,即把绝缘子视为一理想的压控开关,并将绝缘子串的 50% 放电电压($U_{50\%}$)视为闪络判据,但当雷电流陡度较大时,绝缘子串的实际闪络电压要大于 $U_{50\%}$,仅用 $U_{50\%}$ 作为闪络判据不能准确确定闪络时刻,按照雷击绝缘子闪络的物理过程,这里采用两种闪络判据:①绝缘子串上电压 u_s 与伏秒特性曲线 $u_{s\text{-}t}(t)$ 相交,即判闪络,曲线相交点对应时刻定为闪络时刻,如图 2-8(a)所示;②若绝缘子串两端电压 u_s 曲线与伏秒特性曲线 $u_{s\text{-}t}(t)$ 不相交,电压幅值超过绝缘子串的 50% 放电电压 $U_{50\%}$ 时,也判为闪络,如图 2-8(b)所示。

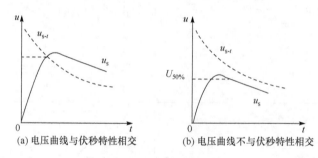

(a) 电压曲线与伏秒特性相交　　　　(b) 电压曲线不与伏秒特性相交

图 2-8　绝缘子闪络判据

　　绝缘子串的伏秒特性曲线可以用下式计算得到:

$$u_{s\text{-}t}(t) = 400L + \frac{710L}{t^{0.75}} \tag{2-21}$$

式中,L 为绝缘子串长度,单位为 m;t 为从雷击开始到闪络的时间,单位为 s。

　　若已知绝缘子串的长度 L,根据下式可计算出绝缘子串的 $U_{50\%}$:

$$U_{50\%} = 533L + 110 \tag{2-22}$$

式中,L 的单位为 m;$U_{50\%}$ 的单位为 kV。1000kV 输电线路绝缘子串长度为 11.5m,计算结果 $U_{50\%}$ 为 6239.5kV。

　　如第 1 章所述,高幅值的雷电冲击波会在导线上产生强烈的冲击电晕,线路起晕后,会引起流动波的衰减和变形。研究表明,形成冲击电晕所需的时间非常短,正冲击时只需大约 $0.05\mu s$,负冲击时只需大约 $0.01\mu s$,而且与电压陡度的关系非常小。因此可以认为,在不是非常陡的波头范围内,冲击电晕的发生只与电压的瞬时值有关。

设图 2-7 所示仿真模型中发生雷电绕击 A 相输电线路,雷电流峰值为 15kA,分别对不考虑冲击电晕和考虑冲击电晕两种情况进行仿真。在不考虑冲击电晕影响和考虑冲击电晕影响时,雷电流行波由雷击点沿输电线路传播 1km 后,A 相电压行波波形如图 2-9 所示。

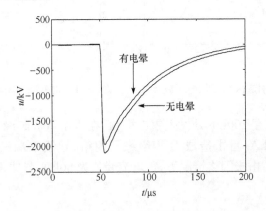

图 2-9　有电晕和无电晕情况的电压行波波形比较

1. 外部过电压仿真实验

感应雷引起的过电压一般不超过 400kV,不会威胁 1000kV 输电线路绝缘,故 2.1 节只考虑雷电绕击导线和雷击塔顶造成的过电压。

设图 2-7 所示仿真模型在距离导线首端 100km 处发生雷电绕击 B 相导线,造成绝缘子闪络的情况下,导线末端三相电压波形如图 2-10 所示,雷电流幅值为 35kA;雷电绕击未造成绝缘子闪络情况下,导线末端三相电压波形如图 2-11 所示,雷电流幅值为 15kA。图中 y 轴坐标为标幺值 p.u.,若无其他说明,本章中的电压波形图均以标幺值为单位,2.1 节中的基准值为导线相电压峰值 817kV。

由图 2-10 和图 2-11 可知,雷电绕击闪络情况下,雷击发生后,被雷击相和健全相同时出现雷电流引起的电压行波,健全相上电压行波是雷电流通过相间电容和互电感引起的,极性和雷电流极性相反,雷击相上电压行波是雷电流注入导线引起的,极性和雷电流相同。和健全相相比,被雷击相导线电压峰值更高,绝缘子闪络后,被雷击相导线工频电压降低,而行波在线路两端折反射形成的高频分量也因导线电阻等因素逐渐衰减。在雷击未造成绝缘子闪络情况下,注入导线的雷电流在线路上传播,产生对应的电压行波,受导线电阻和冲击电晕的影响,雷电流注入导线引起的电压行波逐渐衰减至 0。

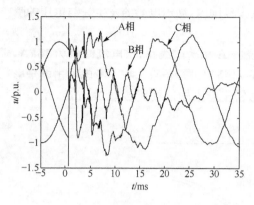

图 2-10　雷电绕击引起闪络三相电压波形

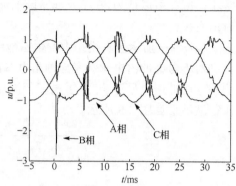

图 2-11　雷电绕击未闪络三相电压波形

设距离导线末端 100km 处发生雷击塔顶,在雷击造成绝缘子闪络的情况下,雷电流峰值为 150kA,雷击造成 B 相绝缘子闪络,导线末端三相电压波形如图 2-12(a)所示。在雷击未闪络情况下,雷电流峰值为 80kA,导线末端三相电压波形如图 2-12(b)所示。

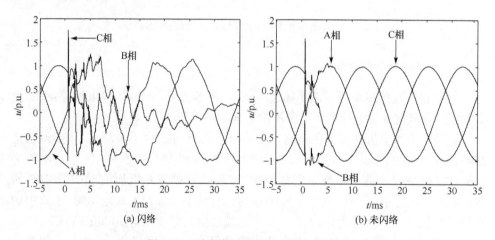

(a) 闪络

(b) 未闪络

图 2-12　雷击塔顶情况下三相电压波形

由图 2-12 可知,雷击造成绝缘子闪络故障的情况下,雷击后绝缘子两端电势差大于击穿电压需要一个电势差建立的过程,雷击初瞬三相导线对地电压在雷击时刻呈现雷击特征,导线对地电压为工频电压和雷电冲击电压的叠加。在绝缘子闪络后,故障相导线工频电压降低,三相导线上都有故障和雷击造成的行波。在雷击塔顶未闪络情况下,导线受到的冲击电压是雷电流经杆塔注入大地在导线上产生的零模电压行波,三相导线之间的电压未发生变化,导线之间不存在过电压。雷电冲击在三相导线上造成行波初始行波极性相同,受导线电阻和电晕的影响,在线路两端的折反射过程中,电压行波逐渐衰减和畸变,雷击后半个工频周期,雷击引起的行波基本衰减至 0。

无论雷击是否造成闪络,直击雷过电压峰值都发生在雷击时刻,在绕击情况下,被雷击相的过电压水平要高于其他两相。受导线电阻和冲击电晕的影响,电压行波在导线上传播的过程中将逐渐衰减和畸变。

2. 内部过电压仿真实验

1) 单相接地故障产生的过电压

根据 2.2.1 小节的分析,故障和断路器动作是引起 1000kV 输电线路过电压的主要原因。因此在分析内部过电压时,应在发生故障之后及保护(断路器)动作的过程中分析线路过电压。在 1000kV 特高压输电线路发生单相接地故障后,断路器断开故障相导线,熄灭故障点接地电弧。由于特高压输电线路较长,导线间互电感和相间电容数值较大,健全相导线会通过相间电容和互电感在被切除的故障相导线上产生潜供电流,在故障点处引起二次电弧,导致故障不能有效清除,降低了重合闸的成功率。为加速故障点二次电弧的熄灭,可以采取在导线上装设电抗器或高速接地开关的方法。日本的 1000kV 输电线路采用在导线两端装设高速接地开关的方法来消除二次电弧。当输电线路发生短路故障后,故障导线两端断路器跳闸,断开故障相导线之后高速接地开关闭合,在导线两端形成接地点,减小故障点电弧电流,以利于熄灭故障点的二次电弧。高速接地开关闭合一段时间后自动断开,自动重合闸动作,尝试恢复导线正常运行。为仿真模拟线路故障后保护、高速接地开关及重合闸等一系列动作,设置 1000kV 仿真模型如图 2-13 所示。

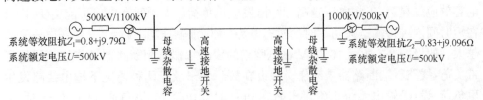

图 2-13　带高速接地开关的 1000kV 输电线路模型

根据 2.2.1 小节的分析,发生故障时健全相导线工频电压可能会高于正常值,且会因故障相导线在健全相导线上的耦合而出现行波,导线电压是耦合产生的行波幅值和工频电压的叠加。而合闸时故障相导线和健全相导线上均有行波,行波在沿线传播的过程中与工频电压叠加,可能会引起持续时间短暂的线路过电压。设图 2-13 所示输电线路在距送端导线末端 300km 处发生 A 相金属性接地故障,保护启动后的动作时序及导线末端的电压波形如图 2-14 所示。

由图 2-14 可知,发生故障后,故障点产生电弧,故障相导线电压下降,而健全相电压升高,且波形上有行波的叠加,导线故障相断路器跳闸后,故障点一次电弧

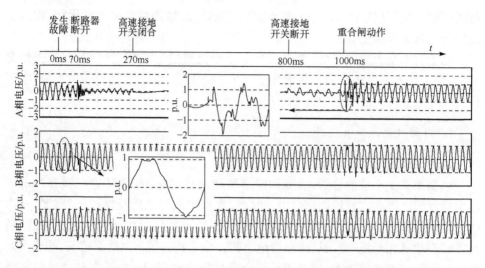

图 2-14　单相接地故障及保护动作后三相电压波形

熄灭,受健全相对故障相的静电感应影响,故障点出现二次电弧,高速接地开关闭合,输电线路两端强制接地,清除二次电弧。此后,高速接地开关断开,重合闸动作。在导线发生故障、断路器跳闸和重合闸动作时,健全相导线都会出现过电压;在断路器跳闸或重合闸动作时,故障线路也会出现过电压,且过电压倍数大于健全相导线。

2) 甩负荷过电压

输电线路发生甩负荷时,线路末端断路器跳闸后,空线仍由电源充电,其充电电容效应越显著,工频电压越高,此外,发生甩负荷后电源暂态电势不能突变,造成在短时间内维持输送大功率时的暂态电势,跳闸前输送功率越大,其工频电压升高越大。假设图 2-7 所示 1000kV 输电网络的线路末端三相断路器动作切除导线所带负荷,线路首端断路器未动作。假设在故障和未故障两种情况下输电线路发生甩负荷:设:①输电系统正常供电时在 0ms 时刻切除 100％负荷;②在 0ms 时,负荷端母线发生三相故障,靠近负荷端的断路器在故障发生后 50ms 切除 100％负荷。在①和②两种情况下,电源侧导线末端的三相电压波形如图 2-15 所示。

在图 2-15(a)中,断路器在导线电流过 0 时断开线路,切除负荷后,线路末端会出现工频过电压,因断路器在导线电流过 0 时断开,线路上未产生明显的行波,跳闸后三相电压幅值升高超过稳态运行电压。在图 2-15(b)中,负荷侧发生三相故障后,导线末端三相电压下降,故障发生 50ms 后,导线末端断路器切除负荷,工频电压上升。和输电线路正常工作情况相比,发生三相短路时,产生的工频过电压幅值大于稳态工作甩负荷的情况。

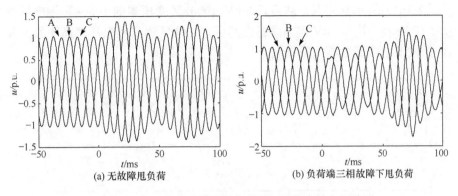

(a) 无故障甩负荷　　　　　　　(b) 负荷端三相故障下甩负荷

图 2-15　1000kV 输电线路甩负荷三相导线末端电压波形

3) 空载变压器合闸

500kV 电网电源带空载线路合闸于 500kV/1000kV 变压器时,由于变压器铁心电感的非线性特性,流过变压器的电流中包含大量的奇次谐波和偶次谐波,输电线路等效电感、变压器铁心电感和励磁涌流非线性电感与输电线路电容、母线电容、变压器出口电容等组成的回路可能发生振荡,在变压器的 1000kV 侧和 500kV 侧产生谐振过电压。

设图 2-16(a) 所示仿真模型发生电网电源带空载线路合闸于 1000kV 变压器,500kV 电源空载输电线路长度为 60km,变压器励磁特性曲线如图 2-16(b) 所示。

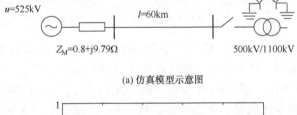

(a) 仿真模型示意图

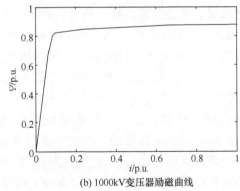

(b) 1000kV变压器励磁曲线

图 2-16　空载变压器合闸仿真

　　图 2-16(a)所示断路器合闸后,500kV/1000kV 变压器的 1000kV 侧电压波形如图 2-17 所示。其 500kV 侧断路器合闸后,1000kV 侧三相电压都高于额定相电压,电压波形中明显含有大量谐波分量,并非正弦波形。

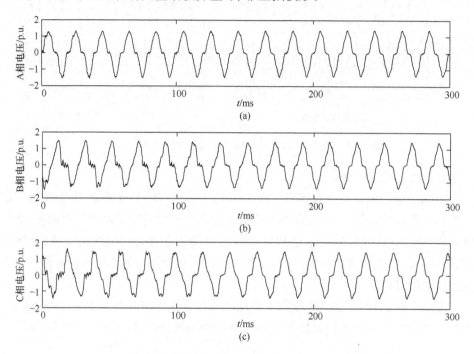

图 2-17　合闸空载变压器 1000kV 侧三相电压波形

　　由图 2-17 可知,空载变压器在 500kV 侧合闸后,三相电压值未到达额定电压的两倍,但是过电压持续时间长,衰减速度慢,经过 300ms 后,三相电压峰值依然高于额定相电压峰值。当电网电源带空载线路从 500kV 侧合闸于 1000kV 变压器时,可能会引起变压器铁心电感的非线性变化,造成谐振过电压,并且谐振过电压会影响到变压器的 1000kV 侧电压波形,在 1000kV 侧引起过电压。

　　根据 1000kV 输电线路外部过电压和内部过电压的仿真实验可知,雷击所造成的外部过电压幅值大于因普通接地故障和断路器动作造成的内部过电压,雷击对输电线路绝缘的威胁要大于内部过电压。外部过电压是因雷击感应或直击导线引起的,雷电流激励持续时间短,雷击过电压的峰值发生于雷击时刻,在导线上引起的电压行波属于暂态量,在导线上传播的过程中会逐渐衰减。内部过电压的激励源来自系统内部,和外部过电压相比,内部过电压的幅值一般较小,持续时间较长。在暂态过程结束后,往往还会产生持续较长时间的工频过电压。

2.1.3　1000kV 输电线路雷击过电压和故障过电压分类辨识

输电线路内部过电压和外部过电压的产生机理不同,相应的抑制手段也不相同。防止外部过电压的手段以架设避雷线、在变电站导线出口处加装避雷器等防雷措施为主,而抑制内部过电压的方法为在导线末端装设可控高抗或 MOA 等设备抑制短时工频过电压。在内部过电压中,接地故障所产生的过电压幅值一般不高,但是在 1000kV 输电线路上,由于稳态工频电压幅值高、线路长,故障产生的暂态过电压值可能较大。因此,1000kV 输电线路的内部和外部过电压分类所需辨识的内部过电压为单相接地故障引起的过电压,所需辨识的外部过电压为绕击、雷击避雷线和雷击塔顶引起的过电压,雷击引起绝缘子闪络所造成的过电压是由雷击引起的,在故障瞬间呈现雷击的特征,之后才发展为闪络故障特征,因此也将雷击导致的输电线路故障归为外部过电压。

雷击持续时间很短,上升沿持续时间仅为 $2.6\mu s$,采样率低于 500kHz 时难以捕捉到注入导线的雷电流上升沿,而雷击主要特征集中于雷电流上升沿部分,故研究雷击过电压时,采样率不应低于 500kHz。雷电流是一种高频能量非常丰富的冲击激励,雷电流中高频部分的能量集中于雷击发生时刻,而普通接地故障在高频部分产生的能量较小,和雷电流在高频部分的能量相比基本可以忽略。变电站所测电压是工频电压和高频暂态电压的叠加,若将电压信号的高频量和工频量区分开,或选取某一频带上的高频分量,根据普通接地故障情况下电压的高频能量比雷击情况下高频能量小的特点,就可判别普通接地故障和雷击过电压。

选取变电站检测到雷击或故障后 5ms 的三相电压数据进行分析,采样率为 1MHz,通过小波变换将所测三相电压数据分解至(0Hz, 250kHz)和(250kHz, 500kHz)两个频带上。受导线衰耗和冲击电晕影响,行波在导线上传播的过程中逐渐衰减和畸变,在所取时窗内,(250kHz, 500kHz)频带上的最大值出现在故障或雷击初始行波到达变电站时,设图 2-7 所示 1000kV 输电线路 A 相发生雷电绕击未闪络,雷击点距导线首端 150km,雷电流峰值为 15kA,变电站所测三相电压如图 2-18(a)所示,设图 2-7 所示 1000kV 输电线路发生非雷击 AG 故障,故障点距导线首端 100km,过渡电阻为 20Ω,变电站所测三相电压如图 2-18(b)所示。

现选取雷电流行波或故障行波导线末端后 5ms 内的导线末端三相电压数据进行分析,采样率为 1MHz,通过式(2-23)离散小波变换(DWT)将所测三相电压数据进行分解。

$$W_{T_s}(a, iT_s) = T_s a^{-\frac{1}{2}} \sum_{n=1}^{N} x(nT_s) \psi^* \left[\frac{(n-i)T_s}{a} \right] \tag{2-23}$$

式中,T_s 为采样间隔;a 为尺度因子;i 为位移点数;N 为总采样点数;$x(n)$ 为某相电压采样数据。

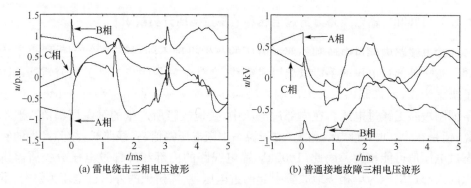

(a) 雷电绕击三相电压波形　　　　　(b) 普通接地故障三相电压波形

图 2-18　雷击和普通接地故障三相电压波形比较

将(250kHz,500kHz)频带上的数据分为 10 个区段,利用下式求取小波能量谱:

$$E_j = \sum_{n=1+500(j-1)}^{500j} W_{T_s}^2(a, iT_s) \qquad (2\text{-}24)$$

根据式(2-24)求得每一相的电压在高频部分的小波能量谱 $\boldsymbol{E}$ 为

$$\boldsymbol{E} = \begin{bmatrix} \boldsymbol{E}_A \\ \boldsymbol{E}_B \\ \boldsymbol{E}_C \end{bmatrix} = \begin{bmatrix} E_{A1} & E_{A2} & \cdots & E_{A10} \\ E_{B1} & E_{B2} & \cdots & E_{B10} \\ E_{C1} & E_{C2} & \cdots & E_{C10} \end{bmatrix} \qquad (2\text{-}25)$$

将三相小波能量谱相加得到小波能量谱 $\boldsymbol{E}_0$:

$$\boldsymbol{E}_0 = \boldsymbol{E}_A + \boldsymbol{E}_B + \boldsymbol{E}_C \qquad (2\text{-}26)$$

设图 2-7 所示系统 B 相发生雷电绕击未故障和普通故障,雷击闪络故障距离为 130km,过渡电阻为 10Ω,变电站所测三相电压的小波能量谱如图 2-19 所示。

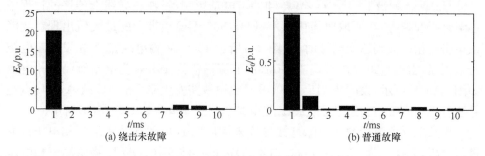

(a) 绕击未故障　　　　　　　　(b) 普通故障

图 2-19　$\boldsymbol{E}_0$ 小波能量谱

选取由式(2-26)刻画的小波能量谱作为输入 ANN 的样本属性,本节所取的样本数据需考虑雷击故障距离、闪络故障发生的初相角和故障过渡电阻等因素对电压波形的影响。线路 MN 全长 650km,雷击故障距离变化步长为 5km;故障过渡电阻分别取 10Ω、100Ω;故障初始角分别取 $-90°$、$0°$、$90°$。

将小波能量谱 E_0 作为输入神经网络的样本属性,以函数 logsig 作为输出层的传递函数,以函数 tansig 作为隐含层的传递函数。将上述样本输入构造好的神经网络进行训练,本方法采用的以神经网络结构为具有单层隐含层的 BP 神经网络,其各层节点数为 $10 \times 12 \times 1$。

将雷击或故障发生后小波能量谱 E_0 输入训练好的内部过电压和外部过电压辨识网络就可以实现内部过电压和外部过电压辨识,不同故障条件下的辨识结果如表 2-2 所示。

表 2-2　不同故障条件下辨识结果

类型	雷击或故障距离/km	雷电流/kA	过渡电阻/Ω	判断结果
雷电绕击故障	110	35	0	雷击
	210	25	0	雷击
雷电绕击未故障	230	10	—	雷击
	540	15	—	雷击
雷击塔顶故障	480	100	0	雷击
	120	120	0	雷击
雷击塔顶未故障	170	80	—	雷击
	360	75	—	雷击
普通接地故障	80	—	20	普通故障
	390	—	30	普通故障

根据雷击和普通接地故障,由表 2-2 可知,利用大量样本训练得到的神经网络可以正确区分普通接地故障和雷击。上述仿真和辨识结果是基于雷击放电模型满足 Peterson 等效模型的情况下所得出的结论,对实际输电线路的适用性有待检验。雷击或故障引起的暂态波形中所包含的高频分量及各频带能量分布与线路长度、闪络故障或雷击位置、时窗长度等多种因素有关,选择不同的时窗对各频带能量分布存在很大影响,对于不同长度的输电线路,在选择时窗长度时需要慎重。

2.1.4　1000kV 输电线路过电压水平预测

过电压水平是决定输电线路绝缘配合的重要依据,配置设备绝缘时往往根据规程所定操作过电压倍数进行计算以选取合适的绝缘强度,因断路器操作等原因造成的操作过电压幅值一般小于雷击造成的外部过电压,故雷击过电压对输电线路和变电站设备绝缘的威胁更大。本小节对 1000kV 输电线路进行过电压水平预测,根据变电站所测暂态电压数据计算雷击在输电线路上可能造成的最大过电压。

雷击输电线路造成的行波自雷击点向输电线路两端传播,输电线路上的电压量测点通常位于输电线路末端变电站内,雷击输电线路造成的电压行波向输电线路两端传播的过程中会发生衰减和畸变,传播至线路末端时行波幅值和雷击点处雷击造成的行波幅值相比已经减小,输电线路末端既有呈电容性质的母线,也有呈电感性质的变压器、互感器等设备,边界较为复杂,线路末端呈现电感或者电容性质将影响行波波头的陡度甚至是幅值。母线电容通常小于 $0.1\mu F$,而变压器等电感性设备均可视为大电感,基本可以忽略母线电容的影响,特高压输电线路上出线较少,这里仅考虑只有一回出线的情况,不考虑多回出线对行波波头及过电压水平的影响。

设图 2-7 所示输电线路发生雷电绕击 A 相导线,雷击点距导线末端 300km,雷击未造成绝缘子闪络,注入导线的雷电流向导线两侧传播,变电站、距离变电站 100km、200km 和雷击点的 A 相导线电压波形如图 2-20(a)所示。

由图 2-20(a)可知,因稳态工频电压为一时间函数,输电线路上各点的电压瞬时值不同,在电压行波传播的过程中,沿线工频电压也在变化,在计算过电压时,需计及工频电压瞬时值对量测点所测电压数据的影响。为便于分析和计算,利用雷击前一个周期的电压数据和雷击后所测电压数据相减,滤除电压量中的工频部分,仅保留行波和暂态量部分,所得沿线电压波形如图 2-20(b)所示。剔除电压中的工频分量后,从图 2-20(b)可看出受导线电阻和冲击电晕的影响,随着电压行波的传播,行波幅值逐渐衰减,波形发生畸变,行波波头陡度减小。行波到达变电站时,线路边界存在变压器等电感性质元件和母线等电容性元件,因母线电容较小,可以忽略不计,输电线路末端边界可近似视为一电感元件,含丰富高频成分的电压行波在导线末端的反射系数约等于1,导线末端近似于开路,电压行波在边界产生与入射波极性相同的反射波,导线末端所测电压 u_{end} 为入射波 $u_{forward}$ 和反射波 $u_{backward}$ 的叠加,即

$$u_{end} = u_{forward} + u_{backward} \tag{2-27}$$

式中,$u_{forward}$ 和 $u_{backward}$ 极性相同,故 u_{end} 比附近线路电压的陡度更大、幅值更高。从雷击点至导线末端附近,随着传播距离的增加,电压行波幅值逐渐减小,电压行波包含丰富的高频成分,频率越高的成分衰减速度越快,而行波的衰减和时间是非线性关系,随着传输距离的增加,行波幅值衰减速度逐渐变小。在导线末端,因边界呈现电感性质,在导线末端所测电压行波幅值比附近线路电压更大。因幅值减小速度和传播距离之间为非线性关系,以及导线末端的电压互感器所测电压会受到边界影响,故通过变电站内电压互感器所测电压数据难以直接确定雷击在导线上造成的过电压幅值。

电压行波幅值的衰减速度和行波传输距离虽为非线性关系,但是随着传输距离的增加,行波幅值始终在减小,衰减速度逐渐变缓。在导线末端,入射波和反射波的叠加虽然会造成变电站内量测点所测行波幅值大于导线上的行波幅值,但行波能量主要集中于高频部分,导线末端等效集中电感的反射系数可近似视为1,导

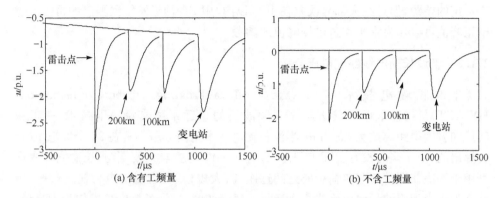

图 2-20 雷电绕击 A 相导线未闪络情况下 A 相导线不同点电压行波

线末端量测点所测电压行波幅值近似为量测点附近导线电压行波幅值的 2 倍。在已知雷击点的情况下,剔除导线末端电压的工频分量,将电压峰值和雷击点距离作为输入神经网络的样本属性,以函数 logsig 作为输出层的传递函数,以函数 tansig 作为隐含层的传递函数。将上述样本输入构造好的神经网络进行训练,采用的神经网络结构为具有单层隐含层的 BP 神经网络,其各层节点数为 $2\times12\times1$。

将雷击后导线末端雷击分量电压数据输入训练好的过电压水平预测网络就可以实现雷击过电压水平预测。上述不同故障条件下的雷击点电压峰值预测结果如表 2-3 所示。

表 2-3 雷击点电压峰值预测结果

故障距离/km	雷电流/kA	变电站量测值/kV	雷击点实际值/kV	雷击点预测值/kV	误差/%
30	15	2212.3	2189.5	2425.0	10.8
130	15	1759.5	2174.9	2122.6	2.4
230	15	1573.6	2163.9	2134.3	1.4
330	15	1483.5	2158.2	2230.5	3.4
430	15	1406.5	2156.1	2020.9	6.3
530	15	1334.6	2156.7	2320.8	7.6
630	15	1265.4	2165.2	2031.5	6.2
230	20	2093.9	2883.7	2799.8	2.9
430	20	1882.6	2875.8	2884.5	0.3
150	13	1478.8	1884.4	1762.9	6.4
490	13	1176.6	1868.1	1721.6	7.8

由表 2-3 可知,将变电站所测雷击相电压幅值作为样本属性输入经过训练的 BP 神经网络中,利用 BP 神经网络预测出的雷击点雷击电压峰值和实际电压峰值

有一定的差距,但是绝大部分误差在 10% 以内,用 BP 神经网络预测出的雷击点过电压峰值可以作为雷击点过电压峰值的参考。

2.1.5　半波长输电线路过电压分析

半波长输电技术(half-wave-length alternating current transmission, HWACT)是指输电距离接近半个工频波长的超远距离交流输电技术,在工频 50Hz 时,输电距离约为 3000km,半波长输电技术是由苏联学者在 20 个世纪 40 年代提出的,由于当时没有实际工程需求,且其关键技术未突破,半波长输电技术虽可用于解决能源基地与负荷中心之间远距离、大规模、大容量的电力输送难题,但迄今为止尚无半波长输电网络投入运行。尽管如此,半波长输电技术作为大容量、远距离交流输电方式,其优势是等效电气距离为 0,理论上输电能力无穷大;传输自然功率时,全线稳态均压 1p. u. ;全线无功自平衡,无须额外的无功补偿设备;与 UHVDC 相比,半波长输电利用纯交流系统的自然特性,无须额外运行控制设备。因此,半波长输电技术仍有其魅力和吸引力,近年成为面向具体需求工程的可行性研究热点,巴西为将亚马逊流域水电送至负荷中心、韩国为将西伯利亚水电送至本国、中国为将西部电能送至沿海中心城市,相继对半波长输电技术作为输电方案进行可行性研究。超长的输电线路导致沿线电压分布非常不均匀,和现有的输电线路相比,半波长输电线路的过电压存在显著的特点,这里就半波长输电线路工频过电压、操作过电压、行波传播规律等进行一些理论探讨。

根据我国 1000kV 特高压输电线路的系统阻抗、输电线路型号等参数,构建半波长输电线路的仿真实验模型,仿真实验模型示意如图 2-21(a)所示。设导线首端电压为一周期为 T 的正弦波形,在时刻 t_0,首端电压 $u(t_0)=\sin(2\pi t_0/T+\theta)$,$\theta$ 为电压波形初相角,当 $u(t_0)$ 传播了半个工频波长距离时,线路首端电压为 $u(t_0+T/2)$。根据正弦函数的特点,正弦函数上间隔半个周期的任意两点,大小相同,极性相反,即

$$U(t_0+T/2)=-u(t_0) \tag{2-28}$$

由式(2-28)可知,无论线路负载情况如何,首端电压和末端电压始终大小相同,极性相反。当半波长输电线路正常运行时,在同一时窗内,导线首端电压和末端电压的波形如图 2-21(b)所示。

(a) 半波长输电线路仿真模型示意图

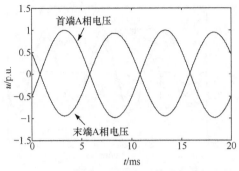

(b) 正常运行情况下首端电压和末端电压

图 2-21　半波长输电线路模型及正常运行时首端和末端电压

由图 2-21(b)可知,受导线电阻损耗的影响,与首端电压相比,末端电压幅值略微减小,首端和末端电压相位相差 180°。

1. 空载、带负载和故障情况下沿线电压分布

1) 线路空载

在输电线路空载情况下,导线末端电流 $i_{end}(t)=0$。根据均匀传输线传播方程,设 $U_{end}(s)$ 表示复频域上的导线末端电压,和末端相距 x 处的导线上电压 $U_x(s)$ 为

$$U_x(s)=U_2(s)\mathrm{ch}[\gamma(s)x] \tag{2-29}$$

式中,$\gamma(s)$ 为导线传播常数,在 50Hz 工频交流电系统中,因输电线路单位长度电阻远小于单位长度电抗,单位长度电导远小于单位长度电纳,故可将传播常数 $\gamma(s)$ 视为一虚数,即将导线视为无损传输线,设 $\gamma(s)=\alpha(s)+\mathrm{j}\beta(s)$,则式(2-29)可改写为

$$U_x(s)=U_2(s)\mathrm{ch}[0+\mathrm{j}\beta(s)x]=U_2(s)\cos[\beta(s)x] \tag{2-30}$$

由式(2-30)可知,在导线空载的情况下,半波长输电线路沿线电压的幅值按正弦曲线分布,导线首端和末端的电压幅值最大。从首端发出的正向电压行波在空载线路末端发生全反射,形成的反向电压行波和正向电压行波幅值相同、频率相等、方向相反。因输电线路长度为半个工频波长,满足形成驻波的条件,导线首端和末端为波腹,电压幅值最高,导线中点为波节,电压始终为 0。导线上任一点的电压幅值都小于首端和末端的电压幅值,故当半波长输电线路空载时,不存在工频过电压。半波长输电线路空载时,导线上距首端 300km、600km、900km、1200km 和 1500km 处的 A 相电压波形如图 2-22 所示。

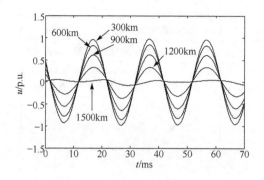

图 2-22　半波长输电线路空载情况下 A 相电压波形

由图 2-22 可知,在输电线路的前半段,距离导线首端越远,导线电压幅值越小,在输电线路中点,电压基本为 0,仅有微小的波动。在输电线路后半段,距离导线末端越近,导线电压越高,末端电压和首端电压幅值基本相同,但相位相反。

2) 线路带负载

根据 2.1.2 小节 1000kV 输电线路参数,输电线路波阻抗约为 250Ω,设负荷为纯有功负载,负载等效电阻和波阻抗相同,则半波长输电线路上距首端 300km、600km、900km、1200km 和 1500km 处的 A 相电压波形如图 2-23 所示。

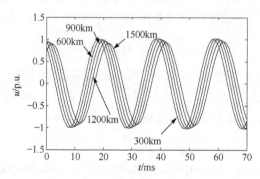

图 2-23　半波长输电线路传输功率为自然功率情况下的 A 相电压波形

由图 2-23 可见,半波长输电线路传输功率为自然功率时,沿线工频电压幅值基本相同。半波长输电线路稳态工作情况下的沿线电压幅值和负载大小有关,不同负载大小情况下沿线电压幅值如图 2-24 所示。

由图 2-24 可知,半波长输电线路稳态电压分布有其特殊性,稳态沿线电压极值点在线路中点,且其电压标幺值近似为负荷功率与自然功率的比值,负荷功率等于自然功率时,即当传输自然功率时,全线均压,均为 1p. u. ;在负荷功率小于自然功率的情况下,半波长输电线路沿线电压低于首端和末端电压,在负荷功率大于自然功率的情况下,首端和末端电压幅值相等,沿线电压幅值比首端电压高,在

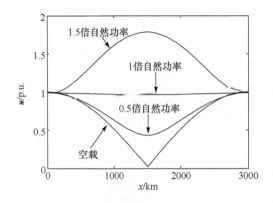

图 2-24 不同负载大小沿线电压分布

1500km 内,距离首端越远电压幅值越高,在 1500km 处达到最大值;在导线后半段,距离首端越远电压幅值越低。当导线空载时,半波长输电线路不会出现工频过电压,当负荷功率大于导线自然功率时,沿线电压高于额定电压,因稳态电压幅值最大点位于输电线路的中点,计算半波长输电线路过电压时不仅要计算输电线路两端的电压,还应计算线路中点的电压。通常,半波长输电系统最严重故障不在线路两端,而位于距首端 75%~90% 的全线长内。

半波长输电线路长度达到半个工频波长,输电系统稳定运行时,在同一时刻导线末端电压和导线首端电压大小相同,方向相反。除导线两端外,稳态运行时沿线电压幅值的大小和负载功率大小有关,导线负载越重,沿线电压幅值越高,在负载功率超过自然功率的情况下,沿线电压幅值大于电源电压幅值。

3) 接地故障

半波长输电线路发生金属性单相接地故障后,故障相导线在故障点的对地电压为 0。设流过故障点的电流为 $I_{fault}(s)$,输电线路波阻抗为 $Z_c(s)$,根据均匀无损传输线的传播方程,距离故障点 x 处,故障相导线的零模电压为

$$U_{x0}(s)=Z_c(s)I_{fault}(s)sh[\gamma(s)x] \tag{2-31}$$

设流过故障点的电流为 $i=I\sin(\omega t)$,则距离故障点 x 处的故障相电压为

$$u_x(t)=Z_cI\sin[\gamma(s)x]\cos(\omega t) \tag{2-32}$$

当故障点流过正弦电流时,距离故障点 x 处的故障相导线电压也是正弦电压,电压幅值与导线波阻抗、故障点电流幅值和故障点的位置有关,在故障点电流较大的情况下,距离故障点 x 处的故障相导线电压幅值可能高于健全相导线电压幅值,超(特)高压输电线路的短路电流可达到几十千安,可在导线上产生数千千伏的电压。设图 2-21(a)所示仿真模型在导线末端发生 A 相导线金属性接地故障,发生故障前,导线上传输的功率为 80% 的自然功率,故障后沿线电压幅值如图 2-25所示。

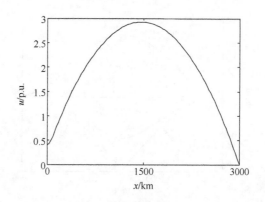

图 2-25　导线末端单相接地故障情况下故障相沿线电压幅值

由图 2-25 可知,当半波长输电线路末端发生金属性接地故障时,故障点电压降为 0,在距离导线末端 0～1500km 内,随着距离导线末端逐渐变远,故障相导线对地电压由导线末端逐渐升高,在距离导线末端接近 1/4 工频波长处,即 1500km 处,故障相导线对地工频电压幅值达到最大,接近 3 倍的工频电压幅值,在距离导线末端 1500～3000km 处,故障相导线对地工频电压幅值逐渐下降。由于半波长输电线路的输电距离达到半个工频电压波长,半波长输电线路的故障相导线电压幅值可能超过正常工作时的幅值,若沿线无过电压限制措施,则故障后导线上可能出现超过 2 倍正常工频电压幅值的工频过电压,且在距离故障点 1/4 工频波长处达到最大值。

2. 空载合闸过电压

半波长输电线路空载合闸时,断路器合闸在输电线路上造成的电压行波由变电站相线路末端传播,行波传播速度小于等于光在真空中的传播速度,大约 10ms 后,电压行波到达输电线路末端,因空载线路末端开路,电压行波在输电线路末端发生全反射,反射波极性和入射波相同,导线末端电压为 2 倍的电压行波幅值。在断路器合闸后约一个工频周期,由线路末端反射至变电站的行波到达变电站,反射波到达变电站时,导线首端的工频电压电压瞬时值约等于断路器合闸时刻的电压瞬时值。如果忽略输电线路的损耗,反射波和工频电压叠加所产生的电压为 2 倍的工频电压瞬时值。若断路器合闸时,变压器出口处 A 相电压恰处于峰值,则合闸后 20ms,A 相导线首端的电压可能达到 2 倍的工频电压峰值。设图 2-21(a)所示半波长输电线路发生空载合闸,M 端断路器合闸于空载导线,合闸时 A 相电压相角为 −90°,导线首端和末端 A 相电压波形如图 2-26 所示。

由图 2-26(a)可知,虚线框所示为合闸后 20ms,断路器合闸产生的电压行波由导线末端反射到导线首端,由于导线上电阻的存在,经过 6000km 的传播后,行波

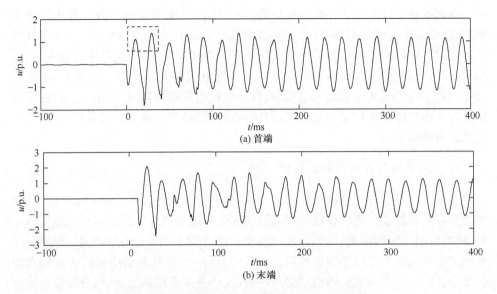

(a) 首端

(b) 末端

图 2-26　空载线路合闸导线首端和末端电压波形

幅值已经小于工频电压幅值,但是行波到达母线时,和工频电压叠加依然会引起过电压,图 2-26(a)中导线首端电压可达到 1.8p.u.。。断路器合闸行波到达导线末端时,因导线末端开路,导线末端电压可达到 2 倍的工频电压幅值,随着时间的推移,导线末端电压幅值逐渐下降,最后稳定于工频电压幅值。

3. 单相故障恢复电压

输电线路发生单相接地故障后,线路两端断路器断开,在故障点熄弧后,被切除相导线上首端与距首端 300km、600km、900km、1200km、1500km 处的电压波形及沿线恢复电压幅值如图 2-27 所示。

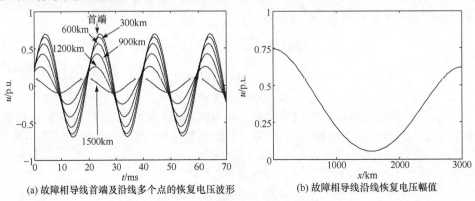

(a) 故障相导线首端及沿线多个点的恢复电压波形

(b) 故障相导线沿线恢复电压幅值

图 2-27　被切除相导线恢复电压

被切除相导线相当于一段空载导线,沿线电压分布和空载半波长输电线路类似,线路两端电压幅值最高,在距离导线首端 1500km 处恢复电压最低,导线首端为送端,导线末端为受端,首端母线电压比末端电压略高,距离线路中点越近,电压幅值越低,在线路中点,电压幅值最低。由于输电线路长达半个工频波长,相间等效电容和互电感远大于普通输电线路,首端恢复电压幅值超过 0.5p.u.,若在发生瞬时性单相故障后采用单相重合闸,可能在线路首端产生较大的过电压,不利于变电站设备绝缘。

4. 故障过电压及电压行波分析

输电线路发生非对称接地故障后,故障相上会注入线模行波和零模行波,线模行波和零模行波会分别沿线模传播通道和零模传播通道在线路上传播。除故障点外,输电线路都能够解耦,线模行波和零模行波之间不会发生交叉透射,行波会在线路末端和故障点之间来回折反射。在故障点处,由线路末端反射到达故障点的行波会在故障点发生交叉透射,部分线模行波会进入零模通道,而部分零模行波会在故障点渗入线模通道。线模行波在线模通道传播的过程中,10kHz 以上频率成分的波速几乎相等,相对于传播了相同距离的零模行波,波形的衰减和畸变较小,透射进入零模通道的线模行波幅值、斜率较大,将污染零模通道的零模行波。

设图 2-21(a)所示仿真模型在距 M 端距离为 x 处发生接地故障,故障行波会在故障点和线路两端发生折反射,故障行波相当于在故障点与两侧母线所构成的两个区间内传播,两侧母线检测到的行波浪涌到达时刻带有一定的周期性特征。在波阻抗不连续点,行波会发生折反射,在图 2-21(a)所示仿真模型中,两端母线都只有一回出线,导线两端的边界由母线等效电容和变压器组成,变压器可等效为一个电感元件,对于行波中的不同频率分量,变压器呈现的阻抗也不相同,频率越高,变压器所呈现的等效阻抗就越大。对于行波中的高频分量,变压器可近似等效为开路,设导线波阻抗为 $Z_c(s)$,M 端与 N 端变压器等效阻抗值分别为 $Z_{MT}(s)$ 和 $Z_{NT}(s)$,则导线两端的反射系数 $\beta_M(s)$ 与 $\beta_N(s)$ 为

$$\begin{cases} \beta_M(s) = \dfrac{Z_c(s) - Z_{MT}(s)}{Z_c(s) + Z_{MT}(s)} \\[2mm] \beta_N(s) = \dfrac{Z_c(s) - Z_{NT}(s)}{Z_c(s) + Z_{NT}(s)} \end{cases} \tag{2-33}$$

为了方便分析,以单线传输系代替三相系统,设导线发生故障时,故障点过渡电阻为 $Z_f(s)$,行波经过故障点时,故障点折射系数 $\alpha_f(s)$ 和反射系数 $\beta_f(s)$ 分别为

$$\alpha_f(s) = \frac{2[Z_c(s)//Z_f(s)]}{Z_c(s) + Z_f(s)} \tag{2-34}$$

$$\beta_f(s) = \frac{Z_c(s) - Z_c(s)//Z_f(s)}{Z_c(s) + Z_c(s)//Z_f(s)} \tag{2-35}$$

在式(2-33)~式(2-35)中,并未考虑线路两端边界与故障点处的折射系数与反射系数的时变特性,仅适用于折射系数与反射系数不会随时间变化的情况,若折射系数与反射系数为时变函数,则需对式(2-33)~式(2-35)进行修正。

设半波长输电线路稳定运行时,传输功率为自然功率,在距离 M 端 800km 处 A 相导线发生金属性接地故障,故障初相角为 90°,M 点所测三相电压和 AB 线模波形如图 2-28 所示,仿真步长为 1μs。发生故障后,A、B、C 三相导线上都会出现故障行波,故障行波沿线传播过程中,沿线工频电压瞬时值也在发生改变,若故障行波极性和工频电压极性相同,故障行波和工频电压叠加可能造成导线电压瞬时值高于工频电压峰值。在图 2-28(b)中,接地故障产生的初始行波到达变电站时,B 相导线上电压瞬时值超过了 1000kV,高于稳态工频电压峰值 816.5kV。

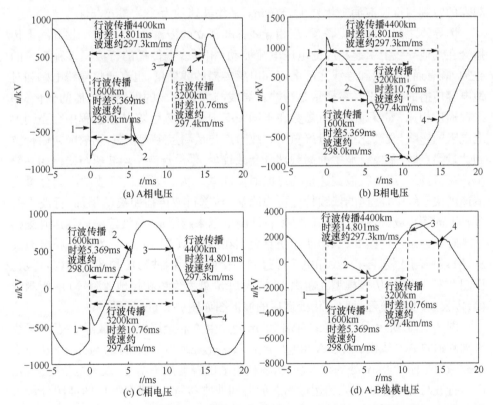

图 2-28　在 800km 处 A 相短路下线路端部 M 测点三相电压及 A-B 线模电压行波

接地故障发生后,A 相电压发生突变,故障行波由故障点向导线两端传播,图 2-28(a)、(b)、(c)、(d)所示行波浪涌 1 为导线首端量测点观测到的故障初始行波,利用三次 B 样条小波分解,提取 A-B 线模和三相电压在 250~500kHz 频带上的小波模极大值,以获得小波模极大值求取行波浪涌的平均波速。A-B 线模和三相电压所对应的行波浪涌 1 由故障点传播至导线首端的平均波速为 298.5km/ms，导线首端直接与变压器相连，行波将在导线末端发生折反射，发生接地故障后，故障点和大地相连，故障点波阻抗和导线波阻抗不同，行波会在故障点发生折反射。行波浪涌 2 为行波浪涌 1 由导线末端传播至故障点后，从故障点反射至量测点的故障行波，与行波浪涌 1 相比传播距离增加了 1600km，到达量测点时刻与行波浪涌 1 相差 5.369ms，平均波速约为 298.0km/ms。行波浪涌 3 为行波浪涌 2 从线路末端传播至故障点后，由故障点反射至量测点的故障行波，与行波浪涌 1 相比，传播距离增加了 3200km，到达时刻量测点时刻与行波浪涌 1 相差 10.76ms，平均波速约为 297.4km/ms。行波浪涌 4 为由对端母线传播至故障点，经故障点折射后到达 M 端量测点的行波，与行波浪涌 1 相比，传播距离增加了 4400km，到达量测点的时刻与行波浪涌 1 相差 14.801ms，平均波速约为 297.3km/ms。

因导线之间存在电磁联系，三相导线并非孤立的传输系，行波在一根导线上传播会在其他导线上引起相应的电压电流波动，相导线上传播的行波是多种模量的叠加，既有通过导线和导线之间电容和电感传播的线模量，也有通过导线电感和对地电容传播的零模量。零模量是行波在导线与大地组成的回路中传播的分量，和线模通道相比，零模通道阻抗参数在不同频率下变化较大，在传播过程中会受到大地电阻的影响，衰减比线模量严重。若故障点与量测点距离较短，则故障初始行波到达量测点时，零模行波中的高频部分衰减较少，零模行波平均波速与线模相差较小，零模行波与线模行波到达量测点的时间相差不大。因零模行波中高频分量衰减速度快于线模，波速的依频特性更为明显，随着行波传播距离的增加，行波中的多种不同频率成分逐渐分离开，零模行波畸变越来越严重，行波浪涌的到达时刻越来越难以标定。设图 2-21(a)所示仿真模型在距离 M 端 10km 处发生单相接地故障，M 端所测线模、零模、A 相电压经过归一化处理后的波形图如图 2-29(a)所示。设图 2-21(a)所示仿真模型在距离 M 端 800km 处发生单相接地故障，M 端所测线模、零模、A 相电压经过归一化处理后的波形图如图 2-29(b)所示。

图 2-29(a)所示为距离导线首端 10km 处发生 A 相金属性接地故障情况下，导线首端测到的 A-B 线模、零模、A 相电压经过归一化处理后的波形图，与图 2-29(b)所示故障发生于 800km 处的情况相比，零模行波的畸变尚不明显，线模电压行波、相电压行波与零模电压行波到达量测点的时间非常接近，零模行波中的高频分量未完全消失，相电压行波、线模行波与零模行波之间的波速差距很小，利用小波模极大值标定行波到达时刻，A 相、线模和零模电压行波所对应的到达时刻几乎相同。由图 2-29(b)可知，在导线首端观测到的零模量与 A-B 线模量、A 相电压相比，波速更慢、幅值更小、陡度更小、畸变更为严重，故障产生的零模量首次浪涌到达量测点的时刻滞后于线模量和相电压，相电压的首次行波浪涌到达时刻与线模电压的首次行波浪涌到达时刻相同，线模电压行波是相电压行波的主导成分，利用小波模

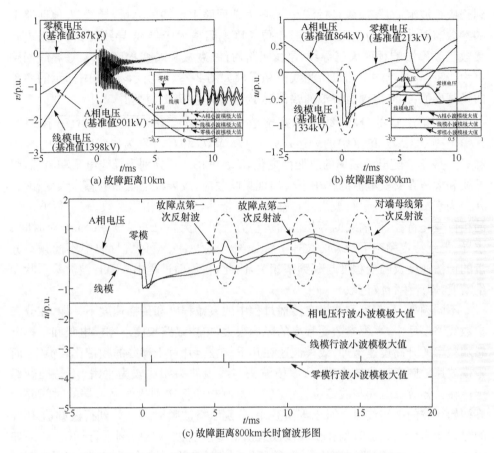

(a) 故障距离10km

(b) 故障距离800km

(c) 故障距离800km长时窗波形图

图 2-29　A-B 线模、零模与 A 相电压经过归一化的行波波形

极大值标定行波到达时刻,零模行波到达量测点的时刻晚于线模及相电压。与线模量相比,零模量的幅值更小,波形更加平缓,在相电压上不易观测到零模行波浪涌,不会增加相电压行波浪涌的奇异点,相电压上的行波浪涌以线模量为主,对相电压行波浪涌进行奇异点检测,所检测到的奇异点为线模行波浪涌的奇异点。图 2-29(c)所示波形为图 2-29(b)所示的初始行波及线模、零模、相电压的后续 3 个行波浪涌。由图 2-29(c)可知,无论是故障初始行波、故障点反射波或对端母线反射波,相电压行波浪涌与线模行波浪涌到达量测点的时刻相同,相电压行波浪涌主要反映线模行波浪涌的特征,零模行波浪涌在相电压上表现得不明显,难以从相电压上看出零模行波浪涌的特点。由线模、零模与相电压行波小波模极大值可知,故障初始行波的零模量到达量测点的时间落后于线模量和相电压。

　　由图 2-28 与图 2-29 可知,故障行波在 A 相导线上传播的过程中,B、C 相导线上也会观测到相应的行波,在由 A 相导线和其他导线组成的模量上,也能够观测到相应行波浪涌,零模量是行波在导线-大地回路上传播的分量,导线-大地回路上的参数需要计及大地电阻的影响,单位长度电阻值大于导线-导线回路,电阻电感参数受频率影响程度大于导线-导线回路,行波衰减和畸变程度比导线-导线回路更为严重,导线末端量测点所测线模和零模如图 2-29(b)所示,由图中标示的各条曲线基准值可知,零模行波浪涌幅值远小于线模,波头更为平滑。

根据第 1 章的分析,线路传播常数 $\gamma(\omega)=\sqrt{[R(\omega)+\mathrm{j}\omega L(\omega)](G+\mathrm{j}\omega C)}=\alpha(\omega)+\mathrm{j}\beta(\omega)$,$\alpha(\omega)$ 和 $\beta(\omega)$ 的表达式见 1.1.3 节,G 和 C 分别为导线电导和电容,G 和 C 一般不会随电流频率的改变而变化,$R(\omega)$ 和 $L(\omega)$ 分别为导线电阻和电感,因导线和大地在交变电流的作用下会出现集肤效应,故导线电阻和电感为频变参数,$\alpha(\omega)$ 为衰减系数,表示行波沿线传播的衰减特性,$\beta(\omega)$ 为相移系数,表示行波沿线的相位变化特性,传输线的等相位面运动方程可写为 $\omega t\pm\beta(\omega)x=\mathrm{const}$,对时间 t 求导,得到特定频率下行波的波速 $v=\mathrm{d}x/\mathrm{d}t=\omega/\beta(\omega)$。可见,行波中不同频率分量的传播速度及畸变程度与其频率相关,因此,在传播过程中故障行波波头形状发生畸变,即产生行波色散。

不同频率下,零模和线模在传播过程中的衰减程度和传播速度不一样,在分布参数线路模型中,零模参数受频率的影响很大,单位线路长度下零模电阻和零模电感随频率的升高迅速增加,线模波速在几千赫兹至几百千赫兹的频带比较恒定,而零模波速随频率变化较大,导致零模波头与线模波头相比较为平滑,不易准确标定。在已知故障时间与故障位置情况下,检测初始行波到达线路首端的时间并计算初始行波的平均波速。对于零模波速,分别以行波瞬时值上升到行波幅值 10% 的时刻作为行波到达时刻和小波模极大值对零模行波到达时刻进行标定,结果如图 2-30(a)所示。需要注意的是,计算所得行波波速为行波传播一段距离所表现出的平均波速,并非行波的瞬时波速。为分析故障点模量交叉透射对零模波速的影响,由初始行波浪涌和故障点反射波计算得到的平均波速,如图 2-30(b)所示。为进一步分析单相故障情况下零模波速与纯粹零模波速的差异,并探讨避雷线对零模波速的影响,分别对如下三种情况进行讨论:①撤除图 2-21(a)所示线路的避雷线,分别将两端的三相线路短接,从导线末端注入阶跃波,利用小波模极大值标定阶跃波到达时刻;②撤除图 2-21(a)所示线路的避雷线,设导线末端发生金属性单相接地故障,在导线首端利用小波模极大值标定零模行波到达时刻;③保留图 2-21(a)所示线路的避雷线,分别将两端的三相线路短接,从导线末端注入阶跃波,利用小波模极大值标定阶跃波到达时刻,三种情况所得波形和小波模极大值进行归一化处理,所得波形如图 2-30(c)所示。

如图 2-30(a)所示,对行波到达时刻采用不同的标定方法,会影响计算得到的零模波速。若以 1MHz 采样率作为仿真采样率,以 250～500kHz 频带下的小波模极大值标定零模波速,在故障距离不同的情况下,所得零模波速差别较小,始终保

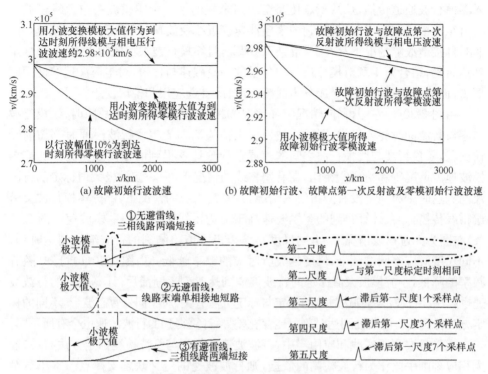

(a) 故障初始行波波速

(b) 故障初始行波、故障点第一次反射波及零模初始行波波速

(c) 不同情况下小波模极大值标定的零模行波浪涌到达时刻

图 2-30 行波"波速"比较

持在 2.9×10^5 km/s 以上。若以行波瞬时值上升到行波幅值 10% 的时刻作为行波到达时刻,则计算得到的零模行波波速明显小于线模波速,且随着故障距离的增加,零模波速逐渐减小。由于零模浪涌较为平缓,使用不同的波头标定方法所得零模波速存在明显差异,若使用零模浪涌中的高频分量标定零模浪涌的到达,则所得零模波速接近线模波速,且波速与零模浪涌传播距离的关系不大。若以零模浪涌达到零模初始行波幅值 10% 的时刻作为零模浪涌到达时刻,则零模行波波速明显小于线模波速,且零模波速随传播距离的增加而减小。相电压行波包含线模行波与零模行波成分,在相电压行波中,线模行波为主导成分,因零模行波浪涌幅值较小、波头较为平缓,故零模行波不会增加相电压行波的奇异点。设已知故障点的位置,利用故障初始行波与故障点第一次反射波到达量测点的时间差对线模与零模波速进行计算,不同故障距离所对应的计算结果如图 2-30(b)所示,计算得到的零模波速与线模波速相差极小,而故障初始行波与故障点第一次反射波到达量测点的时间差计算得到的零模波速与故障初始行波零模波速相差较大。考虑非对称故障情况下,线模行波和零模行波在故障点会发生模量交叉透射,部分线模行波会进

入零模行波通道传播,从故障点传播至线路末端的第二个零模波头包含线模波头透射至零模通道的成分,检测到的零模波速接近线模波速,但不等于零模波速。因非对称接地故障情况下存在"模混杂"的情况,且零模行波浪涌较为平缓,不易标定到达时刻,结合第 1 章对模分量与相分量的理论叙述与比较,对零模波速的使用应慎重,而相分量行波的主导成分为线模行波,应首选应用和推广使用。

由图 2-30(c)左图可知,情况①和情况②相比,发生单相接地故障时,线模行波与零模行波同时注入导线,通过小波模极大值检测到的零模行波浪涌时刻超前于情况①,零模行波与线模行波之间的模混杂导致计算得到的零模波速高于纯粹零模波速。情况①和情况③相比,在有避雷线的情况下,由小波模极大值标定的行波浪涌到达时刻超前于没有避雷线的情况,在有避雷线的情况下,部分零模行波会沿避雷线传播,导致计算得到的零模波速高于无避雷线情况下的零模波速。图 2-30(c)右图为无避雷线情况下,不同尺度小波模极大值检测到的行波浪涌到达时刻,不同尺度对应不同的频带,尺度越大所对应的频率越低。由图 2-30(c)可知,随着频率的降低,小波模极大值标定的行波浪涌到达时刻逐渐滞后,计算得到的行波波速也越小。行波浪涌到达时刻的标定与标定方法有关,对于同一暂态波形,不同的标定方法得到的行波浪涌到达时刻可能存在差异,计算得到的行波波速也会有所不同。

故障行波测距实践和应用当中,行波波速的刻画与行波检测标定方法有关,若无相应刻画手段作为行波检测的依据,则行波波速的定义缺乏支撑点。本小节对零模行波与线模行波波速差异及零模行波标定方法等问题的叙述,旨在阐明零模行波传播的特点和零模波头标定的难点。虽然本书作者于 2003 年提出利用零模行波构成单相接地故障的行波测距式距离保护算法,之后也有人提出利用线、零模波速差和波到时差进行配网故障定位等方法,但是零模行波应用于定位确实存在一些问题。

5. 雷击过电压

当半波长输电线路遭受雷电绕击时,遭受雷击的相导线电压由雷电流引起的电压行波和工频电压叠加而成,在雷电流向导线两端传播的过程中,导线工频电压随时间和位置发生变化,雷电流在输电线路上引起的电压行波和沿线工频电压相叠加所造成的过电压倍数可能和雷击点有较大差异。设距 M 点 1300km 处发生雷电绕击 A 相导线,雷电流幅值为 15kA,雷击未造成绝缘子闪络,雷击点和 M 点的电压波形如图 2-31 所示。

发生雷击时,雷击点 A 相工频电压处于正半轴,工频电压角度接近 90°,雷电流为负极性,在导线上引起的电压行波极性和工频电压极性相反,雷电冲击电压和工频电压叠加,产生的过电压峰值约为 1.5 倍的工频电压峰值。在沿线传播过程中,雷电流行波幅值逐渐衰减,当雷电流行波到达导线边界的 M 点时,工频电压处

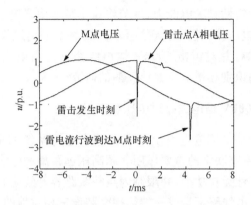

图 2-31　雷击半波长线路雷击点和 M 点电压波形

于负半轴峰值附近,和负极性雷电冲击行波和工频电压叠加,产生的过电压约为 2.8 倍的工频电压峰值。由图 2-31 可知,由于半波长输电线路长达 3000km,导线不同位置的对地电压相差很大,雷电流行波注入导线时,雷电流极性和工频电压极性相反,产生的过电压倍数仅约为 1.5 倍,不易引起闪络,注入导线的雷电流行波到达 M 点时,工频电压和雷电冲击行波的极性相同,工频电压和雷电流行波叠加造成了约 2.8 倍的过电压。在半波长输电线路上,因导线较长,工频电压峰值较大,若雷电流极性与工频电压瞬时值极性相反,雷电流在雷击点不一定会产生较高的雷电过电压,注入导线的雷电流在传播过程中,可能会在工频电压瞬时值极性与雷电流极性相反的位置造成绝缘子闪络。

　　诚然,以上分析是聚焦于过电压和暂态行波传播的仿真分析,然而半波长输电作为技术命题和工程命题,目前仍面临许多挑战,尤其是受到相对成熟的 UHVDC 技术的挑战,此外,还有诸如在非工频条件下,线路将失去半波长传输线的优势特性;如何快速降低潜供电流,实现单相重合闸;如何有效抑制短路过电压;线路中间不可落点,电力的汇集和分配不灵活,运维困难;线路跨越距离长,自然环境和气候条件复杂,元件的高可靠性要求等一系列技术挑战和困难。

2.2　500kV 输电线路

　　500kV 超高压输电线路是我国整个电力系统的重要构成部分之一,它起着功率传送和系统联络的重要作用。一些长距离 500kV 输电线路会装设串联电容补偿装置,以缩短输电线路两端之间的电气距离,提高线路的输送能力。为降低长距离输电线路工频容升效应造成的过电压,长距离输电线路会在线路一端或两端装设并联电抗器,并在并联电抗器中性点经小电抗接地,达到减小输电线路故障后潜供电流的目的,加速故障点电弧熄灭,提高单相重合闸成功率,同时改善线路电压分布,增强系统的稳定性和输电能力,本节将讨论带有串联电容补偿装置或并联电抗器的输电线路过电压特殊性,仿真分析双回线路不平衡绝缘对雷击双回线造成两回线路闪络的影响,并对雷击 500kV 输电线路进行雷电绕击与雷击塔顶的识别、雷击闪络与否的识别和雷电流波形反演的研究。

2.2.1　带补偿的 500kV 输电线路过电压

正如前述,500kV 交流输电系统是我国整个电力系统的重要构成部分之一,它起着功率传送和系统联络的重要作用。超高压远距离输电线路的对地电容电流很大,为吸收这种容性无功功率,并限制因空载线路容升效应而导致的输电线路末端工频电压升高,输电线路两端或一端往往会装设三相对地的并联电抗器,以抑制长距离超高压输电线路的工频过电压。对于使用单相自动重合闸的线路,为限制潜供电流、提高重合闸的成功率,会在三相电抗器的中性点接一台电抗值较小的单相电抗器,以补偿线路相间及相对地耦合电容,加速潜供电弧熄灭,从而提高单相自动重合闸的成功率,对超高压输电线路的稳定运行,以致对整个系统的安全稳定运行都起着至关重要的作用。在超高压远距离输电线路上,为了提高输电系统稳定性和输送容量,可采用在输电线路上加装串联补偿电容的办法,用串联补偿电容的容抗补偿部分输电线路感抗,减小两侧电源间的等效电抗,缩短交流传输的电气距离。为限制线路空载时工频过电压和故障后的潜供电流,一般在线路两端装有中性点经小电抗接地的并联电抗器。500kV 输电线路电压等级较高,杆塔高度通常高于 30m,易受雷电直击,外部过电压以直击雷过电压为主,内部过电压有不对称故障造成的工频过电压和空载线路合闸等操作过电压。目前,国内已有安装了 TCSC 的 500kV 输电线路。装设有 TCSC 的 500kV 交流输电系统、线路和杆塔等参数见图 2-32,图中输电线路在工频下的正序波阻抗和零模波阻抗分别约为 238Ω 和 524Ω,正序衰减常数 α_1 约为 5.91×10^{-8} Np/m,正序相位常数 β_1 约为 1.06×10^{-6} rad/m,零模衰减常数 α_0 约为 1.99×10^{-7} Np/m,零模相位常数 β_0 约为 1.29×10^{-6} rad/m。

串联补偿装置为可控串补和固定串补同时补偿的模式,固定串补补偿度为 35%,每相串联电容值为 0.10031mF;可控补偿装置补偿度为 5%,每相串联电容值为 0.70218mF。500kV 输电线路杆塔采用多波阻抗模型,绝缘子以 2.1.2 小节所述绝缘子伏秒特性模拟,采用式(2-22)计算 500kV 绝缘子的 50% 放电电压,可得 500kV 绝缘子 50% 放电电压为 3360kV。母线对地杂散电容为 0.015μF。

目前,超高压输电系统中广泛采用无间隙的氧化锌(ZnO)避雷器,其是由一组非线性伏安特性很好的 ZnO 电阻片串联组成。在正常运行情况下,避雷器呈现很高的电阻,在避雷器中只有很小的泄漏电流,而在雷电冲击或开关非正常操作引起过电压的情况下,避雷器呈现很小的电阻值,具有非线性的伏安特性。

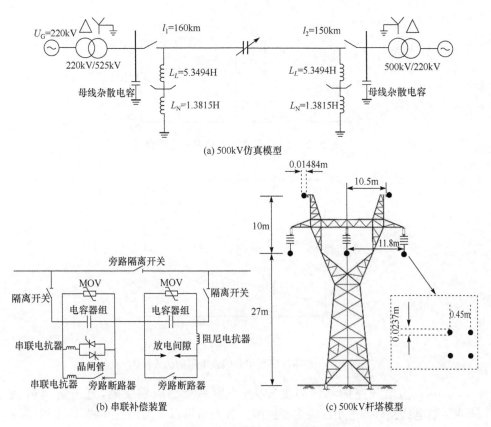

图 2-32　500kV 输电线路模型

在雷电冲击和操作过电压的情况下,避雷器呈现出不同的动态特性,即避雷器的动态特性是频率相关的,当冲击电流的波头很陡(雷电冲击情况下)时,避雷器的放电电压较高,而当冲击电流的波头较缓时,避雷器的放电电压较低。因此,仅利用一个非线性电阻来模拟避雷器是不够准确的。IEEE 提供的避雷器的模型如图 2-33 所示,电感 L_1 和 R_1 构成的低通滤波器将两个非线性电阻 A_0 和 A_1 分开。对于相同幅值的冲击电流非线性电阻 A_0 的两端电压要比 A_1 高。当加在避雷器上的冲击电流的波头很缓(如开关操作情况下)时,L_1 和 R_1 构成的低通滤波器呈现很小的阻抗值,整个避雷器的伏安特性与 A_1 接近,而当波头很陡(雷电冲击情况下)时,这个低通滤波器呈现很高的阻抗,整个避雷器的伏安特性与 A_0 接近。电感 L_0 的作用是,加在避雷器上的冲击电流波越陡,避雷器两端的电压越高,它用来适应不同陡度的雷电波(上升时间一般为 $0.5\sim45\mu s$)。这个模型很好地适应了避雷器动态特性反映于波头陡度的情况。目前在超高压输电系统中广泛采用的是无间隙的氧化锌避雷器,典型的 500kV 系列避雷器模型中的非线性电阻的伏安特性如图 2-34 所示。

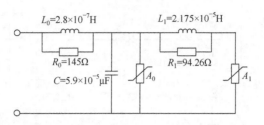

图 2-33　IEEE 提供的 ZnO 避雷器模型

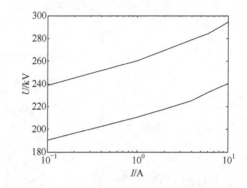

图 2-34　避雷器模型中非线性电阻的伏安特性

500kV 输电线路的绝缘强度较大,不容易受感应雷影响,直击雷是造成 500kV 输电线路外部过电压的主要原因。直击雷可以分为雷击导线、雷击避雷线档距中央和雷击塔顶三种情况。根据绝缘子是否闪络,每种情况又可分为两类。

断路器动作或电力系统故障,使系统结构发生变化,在电力系统内部将产生电磁能量的转化和传播,在此过程中将出现过电压,这种过电压统称为内部过电压。使系统参数发生变化的原因多种多样,因此内部过电压的幅值、振荡频率以及持续时间不尽相同,通常可按产生原因将内部过电压分为操作过电压和暂时过电压,操作过电压的持续时间一般在 0.1s 以内,而暂时过电压的持续时间可达几秒甚至更长。

1. 直击雷过电压

设图 2-32 所示 500kV 输电线路仿真模型发生雷电绕击 A 相输电线路,雷击未造成绝缘子闪络,雷击点距导线 M 端 260km,雷电流峰值为 10kA,M 侧变电站所测三相电压波形如图 2-35 所示。发生雷击后,导线电压迅速升高,因导线之间存在互电感和互电容,未遭受雷击的 B、C 相导线上都产生了雷击过电压。若无特殊说明,2.1 节的电压波形图均以标幺值为单位,基准值为导线相电压峰值 408kV。

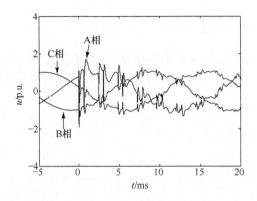

图 2-35　雷电绕击未闪络三相电压波形

由图 2-35 可知,因雷击未造成绝缘子闪络,发生雷击后,注入导线的雷电流行波在输电线路两端来回折反射,三相电压波形上能够观测到行波的多次折反射。

2. 单相接地故障产生的过电压

设图 2-32 所示输电线路仿真模型发生 A 相单相接地故障,过渡电阻为 10Ω,故障点距导线首端 210km,变电站所测三相电压如图 2-36 所示。

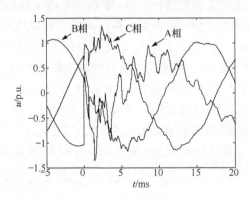

图 2-36　单相故障三相电压波形

发生单相接地故障后,故障相工频电压幅值明显降低,因 500kV 输电线路为中性点直接接地系统,故健全相工频电压不一定会升高。因三相导线之间存在电磁耦合,故障相线路和健全相线路上都能够观测到故障行波,故障行波幅值受到故障时故障点瞬时电压和过渡电阻等影响,若故障时故障点瞬时电压较大、过渡电阻较小,则故障行波幅值较大。健全相电压为工频电压和故障电压行波的叠加,可能会导致导线电压高于正常工作的电压峰值,单相接地故障产生的线路过电压一般不会太高,在图 2-36 中,单相接地故障产生的过电压峰值未超过 1.4 倍的稳态工频电压峰值。

3. 空载线路合闸过电压

设图 2-32 所示输电线路两端断路器处于断开状态,在 0 时刻 M 端断路器合闸于长度为 358km 的空载输电线路,导线两端三相电压如图 2-37 所示。

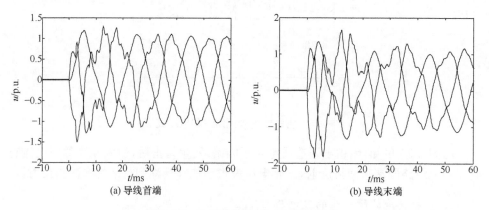

(a) 导线首端　　　　　　　　　　(b) 导线末端

图 2-37　空载线路合闸三相电压波形

当空载导线合闸时,合闸产生的电压行波在导线上来回折反射,当仅有 M 端断路器合闸时,N 端导线末端为开路状态,行波到达导线末端会发生全反射,在导线末端产生 2 倍于行波幅值的电压,合闸电压行波和工频电压叠加后,可能产生更高的过电压峰值。由图 2-37 可知,合闸行波到达 N 端后,在 N 端产生的电压峰值达到约 1.8 倍的工频电压峰值,在 M 端产生的过电压峰值约为 1.5 倍的工频电压峰值,电压行波和母线工频电压相叠加可能在导线两端产生较大的过电压。500kV 输电线路大都装设有并联电抗器,导线末端装设的并联电抗器可以补偿经导线对地电容流过大地的电容电流,降低空载导线末端的工频电压幅值,在图 2-37 中,因并联电抗器补偿空载线路对地电容的作用,M 端和 N 端的工频电压幅值相差不大。

4. 被切除相恢复电压

设输电线路 A 相导线发生单相接地故障,数十毫秒后,线路两端保护动作,切除故障相导线,由故障相电源向故障点注入的短路电流被切断,故障点接地电弧熄灭。故障相导线切除后三相输电线路示意如图 2-38 所示。

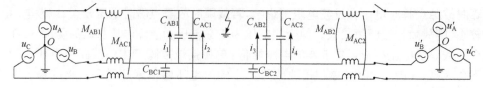

图 2-38　健全相导线对断开相导线的耦合

　　图 2-38 中，C_{AB1}、C_{AC1}、C_{AB2} 和 C_{AC2} 为健全相输电线路与故障相的等效相间电容，M_{AB1}、M_{AB2}、M_{AC1} 和 M_{AC2} 为等效相间互电感。保护动作只切除了故障相导线，健全相导线继续向负荷供电，若保护切除故障相导线后故障没有消失，通过相间电容 C_{AB1}、C_{AC1}、C_{AB2} 和 C_{AC2}，健全相导线电压 u_B 和 u_C 会向故障导线注入电容电流 i_1、i_2、i_3 和 i_4，流过健全相导线的电流经过相间互电感 M_{AB1}、M_{AB2}、M_{AC1} 和 M_{AC2} 在故障相导线上感应产生互电感电势，互电感电势通过导线对地电容和故障点形成的回路产生电流。保护动作后，因互电感电势和相间电容的作用而流过故障点的电流称为潜供电流，在故障点产生的电弧称为二次电弧或潜供电弧。

　　当故障点电弧熄灭后，健全相电压通过互电感电磁耦合和相间电容静电耦合在故障相导线上产生的电压称为恢复电压。若以分布参数模型表示导线模型，忽略导线电阻和电导，则断开相导线在频域上的电压 $U_A(s)$ 和电流 $I_A(s)$ 满足如下方程：

$$-\frac{\partial U_A(s)}{\partial x} = sLI_A(s) + sM[I_B(s) + I_C(s)] \tag{2-36}$$

$$-\frac{\partial I_A(s)}{\partial x} = s(C_0 + 2C)U_A(s) - sC[U_B(s) + U_C(s)] \tag{2-37}$$

式中，C_0、C、L、M、$U_B(s)$、$U_C(s)$、$I_B(s)$ 和 $I_C(s)$ 的含义和图 2-3 及其公式推导中的相同。

　　断开相导线首端的边界条件为 $U_A(s) = U_1(s)$，$I_A(s) = 0$，则距离导线首端 x 处的电压 U_x 为

$$U_x(s) = U_1(s)\text{ch}[\gamma(s)x] + A_1[U_B(s) + U_C(s)] + A_2[I_B(s) + I_C(s)] \tag{2-38}$$

式中

$$A_1(s) = \frac{2s^2LC}{\gamma^2(s)}\{1 - \text{ch}[\gamma(s)x]\} \tag{2-39}$$

$$A_2(s) = -\frac{M}{L}Z_C(s)\text{sh}[\gamma S(s)x] \tag{2-40}$$

　　当系统稳态运行时，$U_B(s)$、$U_C(s)$、$I_B(s)$ 和 $I_C(s)$ 均为正弦稳态量，故障相的恢复电压波形也为正弦波形。保护动作后，自动重合闸会在数秒内启动，尝试恢复断开相供电，断路器合闸瞬间，设 A 相导线首端恢复电压瞬时值为 u_{A1}，A 相电源瞬时值为 u_{A2}，导线首端的电压为

$$u_{max} = u_{A1} + u_{A2} \tag{2-41}$$

　　在线路两端装设有并联电抗器的情况下，以 T 形模型等效输电线路。假设故障消失瞬间电弧电流过零点，熄弧瞬间流过导线等效电感的电流为 0，断开相导线的能量集中于导线等效电容，熄弧后断开相导线电感 L、对地电容 C 和并联电抗器 L_R 构成如图 2-39 所示的复频域等效电路。

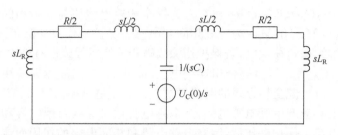

图 2-39　装设并联电抗器情况下断开相导线等效电路

　　和未安装并联电抗器的情况相比,故障点熄弧后,图 2-39 所示等效电容、电感元件会产生衰减振荡分量,除电磁耦合电压和静电耦合电压外,恢复电压还包含因电路结构突变而产生的衰减分量。根据复频域下的电路图可求出导线首端所测到的恢复电压衰减振荡频率 f 和衰减常数 A 分别为

$$f = \frac{\sqrt{4(L+2L_{\mathrm{R}})C+(RC/2)}}{(L+2L_{\mathrm{R}})C} \tag{2-42}$$

$$A = \frac{R}{L+2L_{\mathrm{R}}} \tag{2-43}$$

式(2-43)中,导线等效电阻 $R \ll L+2L_{\mathrm{R}}$,$A \approx 0$,故可认为衰减振荡频率的幅值不随时间变化,恢复电压 u_{re2} 为

$$u_{\mathrm{re2}}(t) = U_{\mathrm{re2}}(t)\sin(\omega_1 t + \phi_1 - \theta) \tag{2-44}$$

式中

$$U_{\mathrm{re2}}(t) = \sqrt{U_1^2 + U_2^2 + 2U_1 U_2 \cos(\omega_{\mathrm{re2}} t + \phi_{\mathrm{re2}})} \tag{2-45}$$

$$\theta = \arctan \frac{U_2 \sin(\omega_{\mathrm{re2}} t + \phi_{\mathrm{re2}})}{U_1 + U_2 \cos(\omega_{\mathrm{re2}} t + \phi_{\mathrm{re2}})} \tag{2-46}$$

$$\omega_{\mathrm{re2}} = \omega_1 - \omega_2 \tag{2-47}$$

$$\phi_{\mathrm{re2}} = \phi_1 - \phi_2 \tag{2-48}$$

式中,ϕ_1 和 ϕ_2 为恢复电压工频分量和衰减分量的初相角,由故障初始角、断路器跳闸时间等因素决定,一般为未知量;U_1 和 ω_1 为恢复电压工频分量的幅值和频率;U_2 和 ω_2 为恢复电压衰减分量的幅值和频率。在装设并联电抗器的情况下,恢复电压的峰值为 $U_{\mathrm{re2m}} = U_1 + U_2$,在自动重合闸动作后,断开相输电线路首端可能出现的最大电压为

$$U_{\max} = U_{\mathrm{A}} + U_{\mathrm{re2m}} \tag{2-49}$$

式中,U_{A} 为电源额定电压幅值。在装设并联电抗器的情况下,自动重合闸动作时,导线首端的电压叠加了衰减分量的幅值,可能产生的过电压峰值比未装设并联电抗器情况下更大。

　　设图 2-32 所示输电线路仿真模型发生 A 相接地故障,故障后 80ms,导线两端断路器切断故障相导线,故障点电弧熄灭,切除故障 1s 后,自动重合闸动作,导线首端断路器重合,导线末端 A 相电压如图 2-40 所示,拍频频率约为 7Hz。

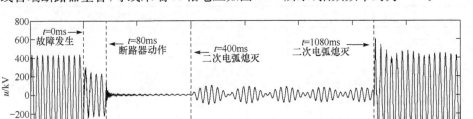

图 2-40　被切除相恢复电压波形

　　若线路故障为瞬时性故障,则在故障相导线被切除、故障点电弧熄灭后,健全相将通过电磁耦合及电容耦合在故障断开相上产生恢复电压。装设于超高压输电线路上的并联电抗器会补偿健全相导线与断开相导线之间的电容,降低断开相导线的恢复电压,但是并联电抗器与导线间电容组成谐振回路,当故障点电弧熄灭后,谐振回路将产生自由振荡分量,被切除相导线上的恢复电压为谐振回路自由振荡电压和健全相被切除相耦合电压的叠加,断开相恢复电压呈现拍频特性。由图 2-40 可知,除由健全相耦合至断开相的工频电压外,断开相电压还带有其他频率分量,使得断开相电压呈现拍频波形。

5. 串联补偿装置对雷击过电压和空载合闸过电压的影响

　　本小节假设其 500kV 输电线路的串联电容补偿设备装设于线路中央,将导线视为无限长无损均匀传输线,则在距离串补电容 x 处注入电流行波,该点电压和电流分别为 $U(s)$ 和 $I(s)$,在串补电容另一侧,距离串补电容 L 处的电压 $U_L(s)$ 和电流 $I_L(s)$ 满足:

$$\begin{bmatrix} U_L(s) \\ I_L(s) \end{bmatrix} = \begin{bmatrix} \text{ch}\left[\sqrt{Z(s)Y(s)}L\right] & \text{sh}\left[\sqrt{Z(s)Y(s)}L\right]Z_c(s) \\ \text{sh}\left[\sqrt{Y(s)Z(s)}L\right]/Z_c(s) & \text{ch}\left[\sqrt{Y(s)Z(s)}L\right] \end{bmatrix} \times$$

$$\begin{bmatrix} 1 & -\dfrac{1}{sC} \\ 0 & 1 \end{bmatrix} \begin{bmatrix} \text{ch}\left[\sqrt{Z(s)Y(s)}x\right] & \text{sh}\left[\sqrt{Z(s)Y(s)}x\right]Z_c(s) \\ \text{sh}\left[\sqrt{Y(s)Z(s)}x\right]/Z_c(s) & \text{ch}\left[\sqrt{Y(s)Z(s)}x\right] \end{bmatrix} \begin{bmatrix} U(s) \\ I(s) \end{bmatrix}$$

$$(2\text{-}50)$$

式中,$Z_c(s)$ 为导线波阻抗;C 为串联电容值,在复频域中,电容对不同频率下的行波呈现的电抗值不同,且电抗值与频率成反比。

　　可控串补装设于线路中间,在系统发生故障、断路器动作或遭雷击等情况下,可控串补的补偿度和 MOV 是否动作都可能影响线路的过电压水平。在不同补偿度下,输电线路发生过电压时的导线末端电压如表 2-4 所示。

表 2-4　串联补偿装置对过电压的影响

仿真实验	导线末端电压波形示意图
直击雷过电压——在系统时间 0ms 时,雷击 A 相输电线路,雷击未造成绝缘子闪络,雷击点距导线末端 70km,右图中只列出了被雷击相的电压波形图	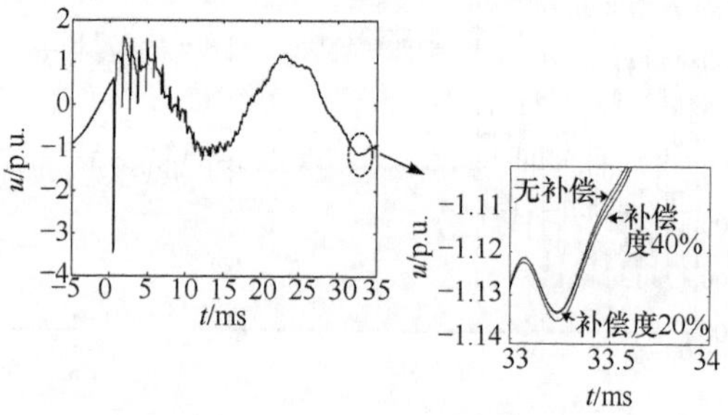
操作过电压——在系统时间 0ms 时,正常合闸于长度 360km 的空载输电线路	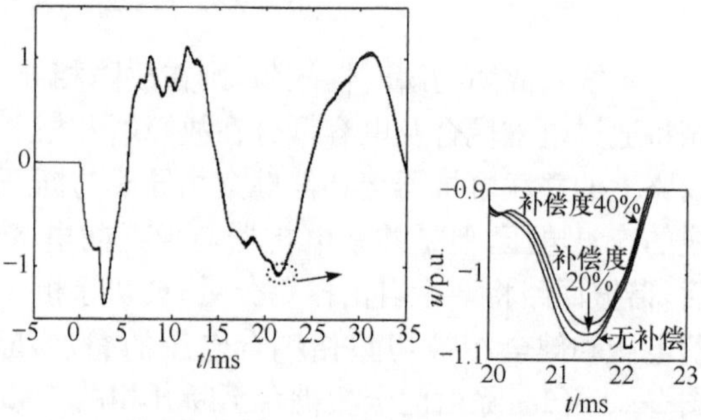

串联补偿装置可等效为一个电容元件,行波通过集中参数元件时可忽略传播时间,故串联补偿装置不影响行波的传播速度。雷击过电压等发生时间较短,仿真中未考虑可控串联补偿装置的动作特性。由上述仿真实验可知,当串联补偿装置处于不同补偿度时,对行波波头几乎没有影响。

6. 并联电抗器对恢复电压的影响

设图 2-32 所示输电线路仿真模型发生 A 相接地故障,故障后 100ms,导线两端断路器切断故障相导线,故障点电弧熄灭,切除故障 1s 后,自动重合闸动作,导线首端断路器重合,分别对输电线路带并联电抗器和不带并联电抗器的情况进行仿真实验,导线末端 A 相电压如图 2-41 所示。

当输电线路两端不带并联电抗器时,两端断路器跳闸、故障点电弧熄灭后,被切除相导线对地电压为健全相导线对被切除相导线的耦合电压,电压波形为一正弦波形。当输电线路两端带并联电抗器时,因并联电抗器和导线对地电容所组成的谐振回路的振荡,被切除相导线恢复电压呈现拍频特性,带并联电抗器的导线恢复电压峰值高于不带并联电抗器的导线恢复电压峰值。

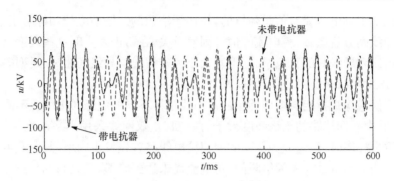

图 2-41　被切除相导线末端恢复电压波形

2.2.2　500kV 同塔双回输电线路不平衡绝缘

为了减少投资,减少输电线路走廊对土地的占用,提高单位走廊的输送容量,同塔双回线结构在 500kV 输电线路中已得到了大量的应用。受杆塔结构和导线排列的影响,处于一个输电线路走廊的双回、多回线相间、线间电磁耦合和静电耦合是不对称的,故此应对同塔双回线、多回线的不平衡问题进行专门研究计算。和单回线路的杆塔相比,同塔双回线路的杆塔更高,更易遭受雷电直击,根据珠海供电局的 1996—2004 年的统计数据,同塔双回线遭受雷击造成两回输电线路同时跳闸的次数占总雷击跳闸次数的 70%。为保证双回线在同一次雷击时不同时发生闪络,国内外都对不平衡绝缘方式展开了研究,采用不平衡绝缘设计的双回线也有投入运行。本小节针对不平衡绝缘和平衡绝缘情况下双回线杆塔的雷击过电压进行分析仿真。

发生雷电直击塔顶时,设在雷电击中塔顶瞬间的塔顶电位为 $u_{\text{tower}}(t)$,$u_{\text{tower}}(t)$ 和雷电流极性相同,忽略雷电流在避雷线上的传播过程,设避雷线电位和塔顶电位相同,即避雷线对地电压为 $u_{\text{tower}}(t)$,因避雷线和导线之间存在互电感和互电容,避雷线上电压通过线间耦合会在导线上产生电压 $u_1(t)$:

$$u_1(t) = ku_{\text{tower}}(t) \tag{2-51}$$

式中,k 为避雷线和导线间的耦合系数;$u_1(t)$ 和 $u_{\text{tower}}(t)$ 极性相反。雷击塔顶时,雷电通道上雷电流产生的电磁场迅速变化,将在导线上感应产生和雷电流极性相反的电压 $u_2(t)$。雷击塔顶时,导线上的电压是工频电压、线路间耦合电压和感应电压的叠加,绝缘子串两端的电压 u_{in} 为

$$u_{\text{in}}(t) = (1-k)u_{\text{tower}}(t) - u_2(t) + u_{\text{norm}}(t) \tag{2-52}$$

式中,$u_{\text{norm}}(t)$ 为导线上工频电压的瞬时值。绝缘子串两端电压 $u_{\text{in}}(t)$ 受到工频电压瞬时值、塔顶电位、避雷线和导线之间互电感、互电容大小的影响。发生雷击时,

各相导线上工频电压瞬时值是随机的,往往无法预测。塔顶电位和杆塔接地电阻、杆塔和导线间分流系数、雷电流峰值等因素有关,在雷击发生时这些因素已基本确定。避雷线和导线间的互电感、互电容大小和避雷线与导线间距离、线型等参数有关,在雷击发生时是定值,不随时间改变。

不平衡绝缘是指相同电压等级的双回线按照不同的绝缘要求配置不同个数的绝缘子,其中一回线路的绝缘强度大于另一回,在双回线采用不平衡绝缘情况下,当发生雷击杆塔时,绝缘较为薄弱的一回输电线路首先发生闪络,假设发生闪络的导线为导线 Ⅰ A,导线 Ⅰ A 闪络瞬间,雷电流尚未达到峰值,闪络瞬间导线 Ⅰ A、Ⅱ A和两根避雷线之间的耦合关系如图 2-42 所示。

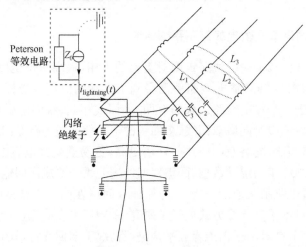

图 2-42　导线 Ⅰ A、Ⅱ A 和两根避雷线之间的耦合关系

忽略杆塔塔身电阻,绝缘子闪络后,闪络故障相导线经闪络绝缘子和杆塔与接地装置相连。在故障点,闪络故障相导线对地电位和塔顶电位、避雷线电位相同。对于健全线路,发生闪络的 A 相导线可等同于一根接地的避雷线,即 A 相闪络后,闪络导线和避雷线同时起到屏蔽作用,因闪络导线和健全线路之间存在互电感和互电容,A 相闪络后,耦合系数 k 增大,相应的 $u_1(t)$ 增大,健全线路绝缘子串两端电压 $u_{insul}(t)$ 减小,降低剩余健全线路发生闪络的可能性。

双回线杆塔仿真模型如图 2-43 所示,等值系统电源和输电线路长度等参数详见 2.1.1 节的仿真模型,绝缘子闪络判据见 2.1.2 节。

图 2-43 中,两回线路分别位于杆塔两侧。设图 2-43 中左侧三相导线为 Ⅰ 回输电线路,右侧三相导线为 Ⅱ 回输电线路。图 2-43 所示采用分段传输线模型的多波阻抗杆塔模型中各部分波阻抗的大小如表 2-5 所示,图 2-43 中的接地装置电阻值 $R_G = 10\Omega$。

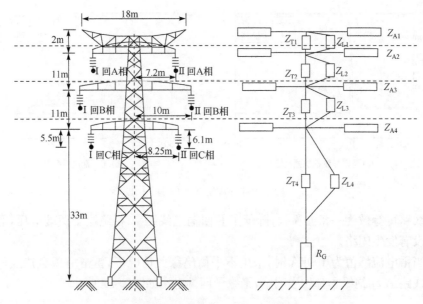

图 2-43　双回线杆塔仿真模型

表 2-5　双回线杆塔多波阻抗模型各部分波阻抗值　　　　　　（单位：Ω）

k	Z_{Ak}	Z_{Tk}	Z_{Lk}
1	181	186	1674
2	173	160	1440
3	152	124	1116
4	138	78	702

　　按照正常绝缘标准,绝缘子串长度为 5.5m,加强绝缘情况下,绝缘子串长度为 6.1m。设两回线路都按加强绝缘强度来配置,雷电流峰值为 80kA 时,雷击时刻为 0ms,雷击塔顶后,两回输电线路都发生闪络,闪络绝缘子两端电压波形如图 2-44 所示。其仿真中,两回输电线路相导线对称排列,两回线路 A 相绝缘子串两端电压相等,在峰值为 80kA 的雷电流冲击下,采用加强绝缘方案配置的两回输电线路都发生闪络。

　　在 I 回输电线路,按照正常绝缘要求配置绝缘子,II 回输电线路按照加强绝缘的方案配置绝缘子的情况下,设在时间 0ms 时,发生雷击塔顶,雷电流幅值为 80kA,I 回输电线路 A 相绝缘子发生闪络,II 回输电线路未发生闪络,两回输电线路 A 相绝缘子两端电压如图 2-44(b)所示。雷击后,绝缘较为薄弱的 I 回输电线路发生闪络,发生闪络时,绝缘子两端电压小于两回线路都是加强绝缘时的电压,即雷电流尚未达到峰值时 I 回线路 A 相绝缘子已经闪络。闪络故障发生后,

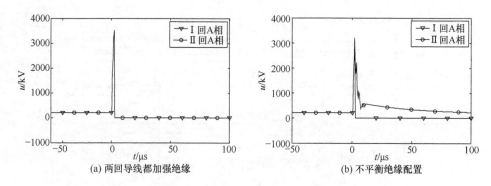

图 2-44　ⅠA 和ⅡA 绝缘子两端电压波形

Ⅰ回线路可等效为一条避雷线,降低了Ⅱ回输电线路 A 相绝缘子两端电压,Ⅱ回线路没有发生闪络。

当雷电流峰值为 100kA 时,采用不平衡绝缘的情况下,雷击塔顶会造成两回输电线路 A 相绝缘子都发生闪络,绝缘子两端电压如图 2-45 所示。

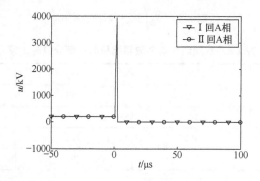

图 2-45　不平衡绝缘情况下两回线路均发生闪络的ⅠA 和ⅡA 绝缘子两端电压波形

由图 2-45 可知,闪络相导线对健全相导线的保护效果有限,在雷电流峰值较小的情况下,不平衡绝缘能够降低双回线同时闪络的概率,在雷电流峰值较大时,采用不平衡绝缘同样可能出现双回线路都发生闪络的情况,不平衡绝缘不能保证双回线一定不会同时闪络。

在数字仿真实验中,双回线都采用加强绝缘配置的情况下,峰值为 80kA 的雷电流可造成两回输电线路都发生闪络,在一回线路采用正常绝缘配置,另一回采用加强绝缘配置的情况下,峰值为 80kA 的雷电流仅造成正常绝缘配置的输电线路故障,采用加强绝缘的另一回线路未发生闪络。不平衡绝缘增强了绝缘较强线路的耐雷水平,通过让一回输电线路首先闪络的方法降低另一回输电线路的闪络概率,在一定程度上避免两回输电线路同时闪络的情况。但是在雷电流峰值较大时,依然会发生两回输电线路闪络的情况。

2.2.3　500kV 输电线路雷击闪络性质分析及雷电流波形反演

雷击、污闪、山火、鸟害、风偏、脱冰抖动等因素都会引起线路故障。从闪络跳闸频次来看,雷击是引起线路故障的主要原因,若能够从大量故障中筛选出雷击故障,不仅可以对线路易发生的故障类型做出辨识,针对不同线路易发生的故障类型做出相应的防范措施,还可以划分线路的重雷区段,对线路防雷工作给出针对性的意见,避免线路防雷工作的盲目性。然而,当前对雷击故障与非雷击故障的区分依然需要现场人员通过观察故障点附近杆塔绝缘子有无雷击痕迹进行确认,在杆塔较高或气象条件较差时,确认雷击痕迹是否存在较为困难。

直击雷引起的跳闸包括反击和绕击,两者故障的机理及过程不同,相应的防雷措施也不同,只能正确地区分出绕击和反击。对于绕击故障情况较多的线路,应调整以减小避雷线保护角,甚至采用负保护角,以资减少雷电绕击线路的次数;对于反击故障情况较多的线路,则无须调整避雷线保护角,而应进行降阻改造,才能有效降低线路雷击跳闸率。在直击雷未引起线路跳闸的情况下,也应对雷电绕击与雷击塔顶或避雷线进行区分。针对易发生绕击未闪络的线路区段应调整避雷线保护角,避免雷电对输电线路的直接冲击。针对易发生雷击塔顶或避雷线未闪络的区段,应保证杆塔接地装置电阻足够小。目前,绕击导线、雷击塔顶或避雷线的辨别仍存在困难,国内外对绕击与雷击塔顶或避雷线的区分主要综合以下经验进行判定:①根据测得的雷电强度,认为大强度雷击为雷击塔顶或避雷线,小强度雷击为绕击;②根据输电线路发生闪络的塔基和相别,认为单基单相或相邻两基同相发生闪络为绕击,单基多相发生闪络为雷击塔顶或避雷线;③根据闪络点的地形和接地电阻情况,认为山坡山顶为绕击,接地电阻大为雷击塔顶或避雷线。实际中,线路雷击的复杂性、多样性,加上人经验的主观性因素,使得对雷击类型的判定主观性强、可信性差。曾有研究报道,在杆塔安装磁带,根据杆塔不同位置雷电流大小和方向来进行判定,识别准确率高,但对于远距离跨省区的高压输电线路,由于缺乏线路走廊上的落雷密度、落雷强度、雷击故障性质的统计,应用"杆塔上安装磁带"的技术,在观测点的选取方面仍存在一定的盲目性,其运行维护也不甚方便,较难推广应用。因此,绕击导线、雷击塔顶或避雷线的正确辨别仍然是当今线路防雷方案设计中亟待解决的一大难题。

由上述分析可知,在进行输电线路雷击分析时,应首先判别故障是否为雷击故障,对雷击故障应区分是绕击故障还是反击故障,在雷击未故障情况下,也应对绕击和雷击塔顶或避雷线进行区分,分析步骤流程如图 2-46 所示。当采集装置采集到暂态波形时,首先判断是否为故障引起的暂态波形,若判定为故障,则继续判定故障是否为雷击造成,若判定为雷击故障,则对雷击故障是绕击还是反击进行判别。若暂态波形不是故障波形,而是雷击未闪络波形,则需判断雷击未闪络是雷击导线未闪络还是雷击塔顶或避雷线未闪络。

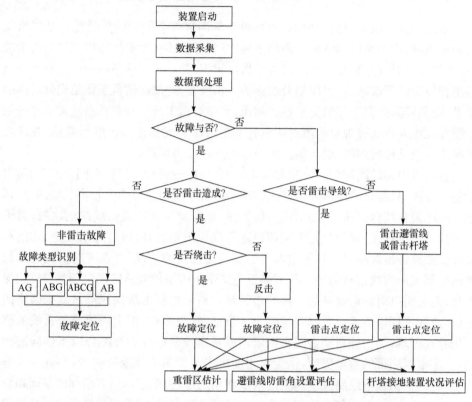

图 2-46　输电线路遭受雷击情况的分析步骤流程图

　　下面将从电路原理方面分析雷击输电线路、雷击塔顶与雷击避雷线情况下,各个电流通道的电流行波暂态响应,探讨雷电绕击导线与雷击塔顶或避雷线时各个电流通道的行波过程。

　　雷电绕击导线示意如图 2-47 所示,将雷击点、闪络绝缘子和二者之间的导线视为一个广义电路节点,忽略雷击点与附近绝缘子之间的距离,即假设雷击点与闪络点位置一致。根据 Peterson 等值电路,雷电通道波阻抗为 Z_0,雷击放电相当于在雷击点处注入一个电流激励源 $i_{lightning}(t)$,$i_{lightning}(t)$ 在导线上产生向线路两端传播的暂态电流行波,分别记为 $i_1(t)$ 和 $i_2(t)$,雷击发生后经过时间 τ,雷击点附近的绝缘子被击穿,绝缘子闪络电流记为 $i_3(t-\tau)$。

　　雷电绕击线路所注入的雷电流传播至绝缘子时,将在绝缘子上产生暂态过电压。当雷击点附近的绝缘子两端电势差未超过其耐受电压时,绝缘子不会被击穿,输电线路与大地之间的闪络故障通路未形成,绝缘子上没有闪络电流流过,注入导线的雷电流在该传输系引起的电流行波响应为输电线路的电流行波响应 $i_1(t)$ 和

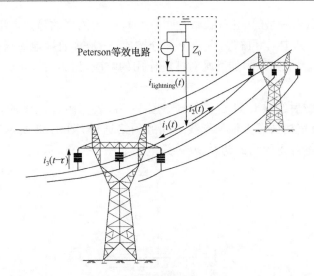

图 2-47　雷电绕击导线示意图

$i_2(t)$。根据电路叠加定理,图 2-32 所示传输系在遭受雷电绕击未引起闪络的初瞬,其等效电路如图 2-48 所示。

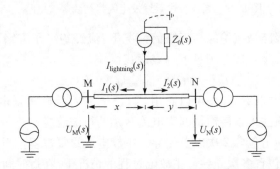

图 2-48　雷电绕击导线未闪络雷电流注入初瞬等效电路

图 2-48 中,x 为雷击点与 M 侧保护安装处之间的线路距离,y 为雷击点与 N 侧保护安装处之间的线路距离,M 侧和 N 侧分别代表系统两端变电站,U_M 和 U_N 分别为系统 M 侧和 N 侧保护安装处所测到的暂态电压。设 R_M、R_N、L_M 和 L_N 分别为 M 侧和 N 侧的系统等效电阻和电感。

对于雷击未造成绝缘子闪络,线路电流和雷电流满足如下等式:

$$i_1(t) + i_2(t) = i_{lightning}(t) \tag{2-53}$$

在绕击导线闪络情况下,该传输系的电流行波响应由雷电流注入和闪络故障附加激励先后两次相继的冲击相叠加产生,即绝缘子发生闪络后各观测点的行波响应为

$$行波响应 = r_A + r_B \tag{2-54}$$

式中,r_A 为雷击未闪络的响应(起始时间 $t=0$);r_B 为闪络故障附加激励的响应(起始时间 $t=\tau$)。其中 r_B 可视为由两个部分构成,一是普通接地短路故障附加激励的响应,记为 r_{B1},二是该附加激励对杆塔作用的响应,记为 r_{B2},即

$$r_B = r_{B1} + r_{B2} \tag{2-55}$$

设雷击导线后经过时间 τ,绝缘子发生闪络,故障附加激励源接入输电线路中,绝缘子和杆塔构成了大地和导线之间的闪络通道,图 2-32 所示传输系在受到雷电绕击引起绝缘子闪络的初瞬,其等效电路如图 2-49 所示。

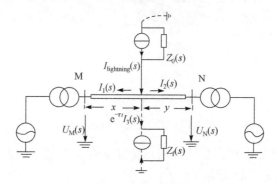

图 2-49　雷电绕击导线发生闪络初瞬等效电路

在雷击输电线路造成绝缘子闪络的情况下,流经绝缘子闪络通路的电流由故障电流和雷电流分量合成并满足下列表达式:

$$i_1(t) + i_2(t) = i_{\text{lightning}}(t) - i_3(t-\tau) \tag{2-56}$$

从式(2-55)和式(2-56)中可以看出,$i_1(t) + i_2(t)$ 反映了雷电绕击导线时,绝缘子发生闪络之前注入该传输系的雷电流激励的行波响应。

55%的雷电冲击包含 2 次以上先导—主放电的重复过程。当发生雷电绕击导线时,在雷电冲击包含多次先导—主放电过程的情况下,在短时间内有多次雷电流注入导线,导线电流波形非常复杂,难以分析。在雷电冲击仅包含一次先导—主放电过程的情况下,导线电流中仅包含一次雷电流行波注入激励,以仅包含一次先导—主放电过程的雷电冲击为切入点,分析雷电流注入导线后在导线、闪络绝缘子等行波通道上的传播规律。

雷电绕击闪络情况下,导线先后受到雷电流注入和闪络故障所附加的两次激励,线路 M 端和 N 端的暂态响应是先后两次激励所产生的。绝缘子闪络后,雷电流主要通过杆塔与闪络绝缘子构成的闪络通道流入大地。闪络电流 $i_3(t-\tau)$ 是闪络故障附加激励以及雷电流注入形成冲击电压的截波之后的响应,闪络故障附加激励在其中占主导作用。若使用导线两端变电站所测电气量数据恢复注入导线的雷电流,在雷电绕击未闪络或绝缘子在雷电流峰值前闪络的情况下反演得到的才是注入导线的完整雷电流波形。

假设绝缘子闪络后注入导线的雷电流完全流入绝缘子,则波前闪络和波后闪络时注入导线的雷电流激励分别如图 2-50 的实线所示,图中 τ 为波前闪络情况下绝缘子闪络时刻,τ' 为波后闪络情况下绝缘子闪络时刻,虚线所示为注入导线的雷电流波形。

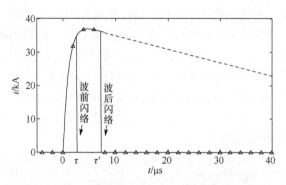

图 2-50　闪络时注入导线的雷电流激励波形

当绝缘子闪络时刻位于波前区域,如图 2-50 中的时刻 τ,即绝缘子被击穿时,绝缘子两端电压(绝对值)尚处于上升阶段,图 2-48 中各电流行波路径的电流 $i_1(t)$、$i_2(t)$、$i_3(t-\tau)$、$i_{\text{lightning}}(t)$ 波形如图 2-51(a)所示,τ 表示绝缘子发生闪络的时刻,当 $t<\tau$ 时,线路电流 $i_1(t)$ 和 $i_2(t)$ 随着雷电流的注入而增大,绝缘子内尚无电流通过。$t>\tau$ 时,绝缘子被击穿,闪络通路形成,线路电流 $i_1(t)$ 和 $i_2(t)$ 迅速减小,此时,雷电流上升沿已经由导线传播而离开闪络绝缘子,雷电流的下降沿经过闪络绝缘子和杆塔形成的故障通道流入大地。杆塔各个部分波阻抗不连续的缘故,闪络电流行波在杆塔和绝缘子内传播时将发生折反射,导致绝缘子上所测得的闪络电流上叠加了一些振荡分量,并进而影响到闪络点附近的线路暂态电流 $i_1(t)$、$i_2(t)$,致使闪络电流和闪络点附近的线路电流在波形上呈现出明显的振荡特征。

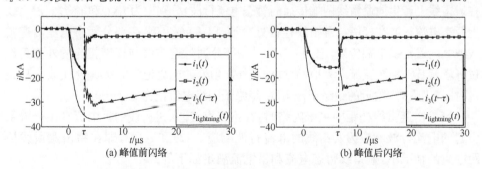

图 2-51　绝缘子闪络情况下各行波路径电流波形

若绝缘子闪络发生在波后区域,即对应图 2-50 中的时刻 τ',对应的雷电流波

形已经过峰值并处于下降阶段,图 2-48 中诸电流行波路径的电流波形如图 2-51
(b)所示。以 τ 表示绝缘子发生波后闪络的时刻,在 $t < \tau$ 所对应的时刻内,雷电流
绝对值已经开始减小,而绝缘子内没有闪络电流流过,无法检测到相应雷电流的波
前信息。线路电流行波响应 $i_1(t)$ 和 $i_2(t)$ 在此段时间内呈现雷击未故障情况下的
暂态电流波形特征,若能够获取 $i_1(t)$ 和 $i_2(t)$ 在这段时间内的波形,则可以通过二
者之和 $i_1(t) + i_2(t)$ 重现相应雷电流的完整上升沿波形。波后闪络情况下,雷击点
两侧导线电流之和 $i_1(t) + i_2(t)$、绝缘子闪络电流与雷电流的比较如图 2-52 所示。
当 $t > \tau$ 时,绝缘子被击穿,流过绝缘子的电流行波响应为雷电流下降沿的响应和
闪络故障附加激励的响应,与注入线路内的雷电流相比,其幅值和陡度有较大的出
入,雷击点两侧导线电流之和 $i_1(t) + i_2(t)$ 含有注入导线的雷电流的完整上升沿,
其中包含了雷电流峰值参数。

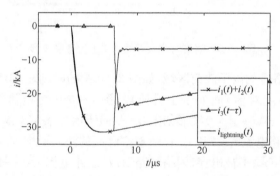

图 2-52　雷击点两侧线路电流之和、闪络电流与雷电流波形

　　雷击输电线路避雷线档距中央示意图如图 2-53 所示,忽略雷击点与附近绝缘
子之间的距离,即假设雷击点与闪络点位置一致,根据 Peterson 等效电路,雷电通
道波阻抗为 Z_0,雷击放电相当于在雷击点处注入一个电流激励源 $i_{\text{lightning}}(t)$,$i_{\text{lightning}}(t)$
在避雷线上产生向避雷线两端传播的暂态电流行波,分别记为 $i_1(t)$ 和 $i_2(t)$。避雷线
上暂态电流行波在杆塔与避雷线连接处分流,以 $i_1(t)$ 为例,一部分暂态电流沿避雷
线继续向避雷线末端传播,记为 $i_5(t)$,另一部分通过避雷线与杆塔相连的外撑角经
过杆塔及其接地装置流入大地,流过杆塔外撑角处的电流记为 $i_3(t)$。雷击发生后经
过时间 τ,雷击点附近的绝缘子被击穿,绝缘子闪络电流记为 $i_4(t - \tau)$。

　　当雷击避雷线档距中央未闪络时,在雷击点,注入避雷线的雷电流在该传输系
引起的电流行波响应为避雷线的电流行波响应 $i_1(t)$ 和 $i_2(t)$,即在雷击避雷线档
距中央的情况下,避雷线暂态电流和雷电流满足如下等式:

$$i_1(t) + i_2(t) = i_{\text{lightning}}(t) \tag{2-57}$$

　　针对图 2-53 中的 $i_1(t)$,在避雷线与杆塔相连的外撑角处,暂态电流 $i_1(t)$ 发生
分流,分流后暂态电流 $i_3(t)$ 和 $i_5(t)$ 满足以下等式:

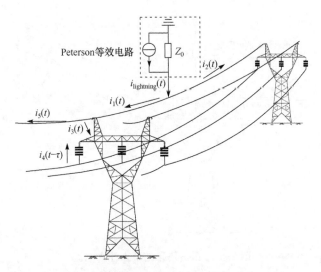

图 2-53　雷击避雷线档距中央的节点注入电流

$$i_3(t) + i_5(t) = i_1(t) \tag{2-58}$$

500kV 避雷线波阻抗(约 700Ω)与杆塔波阻抗(约 200Ω)相比大得多,大部分避雷线上暂态电流将沿杆塔流入大地,杆塔外撑角处暂态电流 $i_3(t)$ 包含大部分 $i_1(t)$ 的上升沿信息,若能够获取避雷线和杆塔之间的分流系数,则可以将 $i_3(t)$ 的上升沿近似作为 $i_1(t)$ 的上升沿以获取雷电流波形参数。

雷击避雷线档距中央发生绝缘子闪络时,该传输系的电流行波响应由雷电流注入和闪络故障附加激励先后两次冲击叠加产生,雷电流激励首先作用于避雷线上,作用过程与雷击未闪络时相同。在雷击避雷线档距中央引起闪络情况下,式(2-57)和式(2-58)依然成立。闪络故障附加激励首先作用于图 2-53 所示传输系的绝缘子上,流过绝缘子的电流为闪络故障电流和杆塔折反射电流行波,即绝缘子发生闪络后绝缘子的行波响应 r 为

$$r = r_A + r_B \tag{2-59}$$

式中,r_A 为闪络故障附加激励的响应(起始时间 $t = \tau$);r_B 为由杆塔注入闪络绝缘子的雷电流折反射行波响应(起始时间 $t = \tau$)。绝缘子闪络电流 $i_4(t-\tau)$ 是先后两次激励产生的,其中不含雷电流上升沿的响应。

雷击塔顶示意图如图 2-54 所示,图 2-54 中标号的含义与图 2-53 相同。

雷击塔顶发生后,绝大部分雷电流将沿杆塔直接流入大地(诚然,杆塔接地装置瞬态模型较复杂),因此在绝缘子未闪络时,流过杆塔外撑角处的雷电流较少,注入避雷线的暂态电流即为流过杆塔外撑角处的雷电流,故在雷击塔顶情况下,避雷线暂态电流 $i_1(t)$、$i_2(t)$ 和杆塔外撑角处电流 $i_3(t)$ 所包含的雷电流较少,不能用于雷电流波形参数的获取。

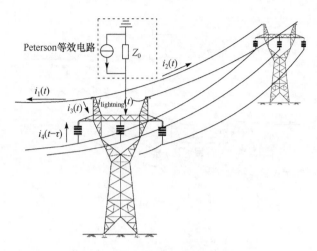

图 2-54　雷击塔顶的节点注入电流

雷击塔顶发生绝缘子闪络时,避雷线暂态电流 $i_1(t)$、$i_2(t)$ 和杆塔外撑角处电流 $i_3(t)$ 中所含雷电流上升沿的响应依然较少,其中还含有闪络故障附加激励施加的冲击电流。绝缘子闪络时,雷电流上升沿已经传播离开绝缘子,绝缘子闪络电流 $i_4(t-\tau)$ 由闪络故障附加激励主导,其中不含雷电流上升沿。因此在雷击塔顶情况下,避雷线暂态电流 $i_1(t)$ 及 $i_2(t)$、杆塔外撑角处电流 $i_3(t)$ 和绝缘子闪络电流 $i_4(t-\tau)$ 都不能用于雷电流波形参数的获取。对于雷击塔顶情况下雷电流波形参数的获取方法,依然需要继续深入探讨和研究。

1. 雷击故障与非雷击故障判别

造成输电线路故障的原因多种多样,但是常年运行统计数据表明,雷击跳闸一直是影响电力系统安全稳定运行的最主要因素。然而,目前的雷击故障判别方法还是依靠现场巡线人员观察杆塔绝缘子上是否有雷击痕迹进行判别。在故障定位不够准确,巡线人员未找到闪络故障杆塔的情况下,会造成故障原因判断错误。若能够利用变电站高速数采记录的暂态电压和电流对雷击故障与非雷击故障进行区分,则可以减少巡线人员的负担,划分出雷击易闪络区段,提高线路防雷措施的针对性。

下面将尝试利用主成分分析(PCA)对雷击故障与非雷击故障进行聚类分析,尝试辨识雷击故障与非雷击故障。

PCA 经常用于减少数据集的维数,同时保持数据集中对方差贡献最大的特征。PCA 将数据划分出多个主成分,低阶成分往往能够保留住数据的最重要方面。通过保留低阶主成分,忽略高阶主成分的方法,在尽可能多地保留数据集信息的基础上实现数据集降维。对于一个系统,若可从 p 个变量对研究系统进行刻画

和描述,从而构成观测矩阵 $\boldsymbol{X}$,其形式为

$$\boldsymbol{X} = \begin{bmatrix} x_{11} & x_{12} & \cdots & x_{1n} \\ x_{21} & x_{22} & \cdots & x_{2n} \\ \vdots & \vdots & & \vdots \\ x_{p1} & x_{p2} & \cdots & x_{pn} \end{bmatrix} \tag{2-60}$$

主成分分析就是通过对 n 个变量 $x_i(i=1,2,\cdots,n)$,进行线性变换,形成新的变量 $\boldsymbol{Z}$,其中

$$\boldsymbol{Z} = (z_{ij}) = \boldsymbol{V}^{\mathrm{T}}\boldsymbol{X} \tag{2-61}$$

式中

$$\boldsymbol{V} = [v_1, v_2, \cdots, v_n] = \begin{bmatrix} v_{11} & \cdots & v_{n1} \\ \vdots & & \vdots \\ v_{1n} & \cdots & v_{m} \end{bmatrix}, z_{ij} = v_{i1}x_{1j} + v_{i2}x_{2j} + \cdots + v_{in}x_{nj} = \sum_{k=1}^{n} v_{ik}x_{kj}$$

则它的第 k 个主成分为 $z_k = v_k^{\mathrm{T}}\boldsymbol{X}$,$z_1$ 是主成分中方差最大者;z_2 是与 z_1 最不相关且方差最大者;z_k 是与 $z_1, z_2, \cdots, z_{k-1}$ 不相关且方差最大者。

对于三维空间下的一个点 i,其原始变量的坐标系为 x_1, x_2, x_3,如式(2-62)和式(2-63)所示:

$$\mathrm{PC}_1 = a_1 x_{i1} + a_2 x_{i2} + a_3 x_{i3} \tag{2-62}$$

$$\mathrm{PC}_2 = b_1 x_{i1} + b_2 x_{i2} + b_3 x_{i3} \tag{2-63}$$

即

$$[\mathrm{PC}_1, \mathrm{PC}_2] = [x_{i1}, x_{i2}, x_{i3}] \begin{bmatrix} a_1 & b_1 \\ a_2 & b_2 \\ a_3 & b_3 \end{bmatrix} \tag{2-64}$$

对原始坐标系经过坐标平移、尺度伸缩、旋转等变换后,得到一组新的、相互正交的坐标轴 v_1、v_2。可见,主成分分析的过程也就是坐标旋转的过程,各主成分表达式就是新坐标系与原坐标系的转换关系,新坐标系中各坐标轴的方向就是原始数据方差最大的方向。若所需分析的数据为二维数据,在横纵坐标轴上形成一个椭圆形状的点阵,如图 2-55 所示,则其主成分 PC_1 与 PC_2 分别与椭圆的长轴和短轴平行。

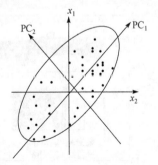

图 2-55 PCA 的几何解释

由图 2-55 可以看出,这 n 个样本点无论沿着 x_1 轴方向或 x_2 轴方向都具有较大的离散性,其离散的程度可以分别用观测变量 x_1 的方差和 x_2 的方差定量地表示。显然,如果只考虑 x_1 和 x_2 中的任何一个,那么包含在原始数据中的信息将会有较大的损失。如

果将 x_1 轴和 x_2 轴先平移,再同时按逆时针方向旋转 θ 角度,得到新坐标轴 PC_1 和 PC_2。PC_1 轴方向上离散程度最大,表明 PC_1 轴方向可以表征原始数据的绝大部分信息。

当输电线路遭受雷击或者发生故障时,滤除电压中的工频分量,将电压中的暂态分量记为 Δu;滤除电流中的工频分量,将电流中的暂态分量记为 Δi。暂假设 Δu 可以由 CVT 获取,设三相瞬时总功率 $\Delta p(t) = \Delta u_A(t)\Delta i_A(t) + \Delta u_B(t)\Delta i_B(t) + \Delta u_C(t)\Delta i_C(t)$。利用瞬时功率 Δp 的曲线进行 PCA 聚类分析,可构建以下闪络故障或者雷击未故障的辨识方法。当然,对于超高压线路,可近似以线模波阻抗作为相分量的波阻抗,其每相暂态电压行波也可根据 $\Delta u = Z_c\Delta i$ 来获取。

现以图 2-56 所示的仿真系统为例,线路全长 150km,采样频率为 1MHz,沿输电线路 MN 每隔 1km 分别设置雷击避雷线 A 相闪络、雷电绕击 A 相闪络,以及 A 相 90°金属性接地故障三种情况,对此进行电磁暂态仿真遍历,计算得到故障后瞬时功率 $\Delta p(t)$ 的曲线簇如图 2-57(见文后彩图)所示。取瞬时功率曲线簇到达量测端前 100 个采样点、到达量测端后 900 个采样点合计 1ms 时窗数据进行 PCA 聚类,得到其在 PCA 空间中的投影值 q_1、q_2 分布如图 2-58 所示。

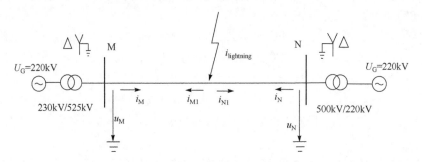

图 2-56　雷击 500kV 线路示意图

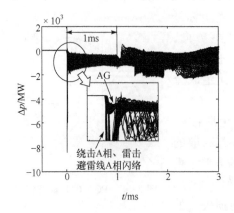

图 2-57　三相总瞬时功率曲线簇

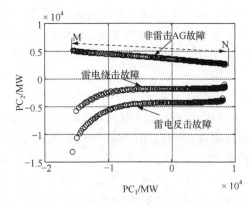

图 2-58　利用功率曲线簇进行 PCA 聚类的结果

由图 2-58 可以看出,雷击故障与非雷击故障情况下,故障分量瞬时功率曲线簇在 PCA 空间中分别聚类成三条点簇,可根据故障分量的瞬时功率在 PCA 空间中的分布情况属于哪一簇来确定故障是否由雷击造成。由图 2-58 可知,雷击故障的 q_2 值小于 0,而非雷击 AG 故障的 q_2 值大于 0,根据这一特点,可以利用式(2-65)和式(2-66)对雷击故障与非雷击 AG 故障进行判别:

$$q_2 < 0,为雷击故障 \tag{2-65}$$

$$q_2 > 0,为非雷击故障 \tag{2-66}$$

现将上述仿真获得的雷击闪络与非雷击故障情况下瞬时功率曲线簇进行 PCA 聚类分析,得到第一主成分和第二主成分的投影值 q_1 和 q_2 作为 SVM 的输入属性,建立基于 PCA-SVM 机器学习判别机制。支持向量机(support vector machine,SVM)是 Cortes 和 Vapnik 于 1995 年首先提出的,其原理建立在统计学习理论的 VC 维理论和结构风险最小原理基础上,根据有限的样本信息在模型的复杂性和学习能力之间寻求最佳折中,以期获得最好的泛化能力。

SVM 可以将线性不可分的样本通过核函数映射到高维线性可分空间,这样实现了数据样本的分类。SVM 分类的原理如图 2-59 所示。

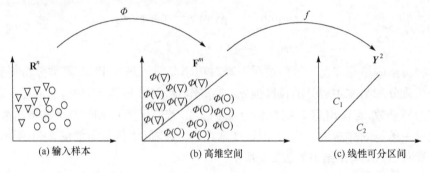

图 2-59　SVM 分类原理

将图 2-59(a)输入样本记为 $\mathbf{R}^n$,经过非线性核函数 $\boldsymbol{\Phi}$ 的作用映射到高维线性可分的空间,即

$$\boldsymbol{\Phi}: \mathbf{R}^n \rightarrow \mathbf{F}^m, \quad x_i \rightarrow \boldsymbol{\Phi}(x_i) \tag{2-67}$$

在式(2-67)中,$\boldsymbol{\Phi}$ 为核函数。常用的核函数有:①多项式 $K(x_m, x_n) = [(x_m x_n) + \varepsilon]^d$,其中,$\varepsilon$ 为偏置系数,d 为多项式的阶数;②高斯径向基核函数(RBF)$K(x_m, x_n) = \exp\left[-\dfrac{\parallel x_m - x_n \parallel^2}{\sigma^2}\right]$;③神经网络核函数 $K(x_m, x_n) = \tanh[v(x_m x_n) + c]$,其中,$v > 0, c < 0$。RBF 核函数具有较好的学习能力,无论是低维、高维、小样本还是大样本情况,RBF 核函数均适用,且具有较宽的收敛域,是较为理想的分类依据函数。

高维空间可分的样本经过函数 f 的作用,使得输入样本分成两类,且使分类间隔最大,即

$$f: \mathbf{F}^m \rightarrow \mathbf{Y}^2, \quad \boldsymbol{\Phi}(x_i) \rightarrow f[\boldsymbol{\Phi}(x_i)] \tag{2-68}$$

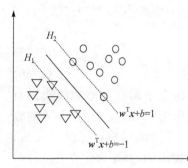

图 2-60　最优超平面

寻找一个满足分类要求的平面,并且使训练集中的点距离分类面尽可能远,也就是寻找一个分类面使它两侧的空白区域(margin)最大,这个平面叫超平面。过两类样本中离分类面最近的点且平行于最优分类面的超平面上 H_1、H_2 的训练样本就叫做支持向量,如图 2-60 所示。

在图 2-60 中,w 为权重向量,b 为偏置项,则超平面上 H_1 和 H_2 之间的距离为

$$m = \frac{2}{\|w\|} \tag{2-69}$$

最优分类面问题可以表示成约束优化问题,即求取最大的 m。转换成优化问题为

$$\begin{cases} \text{minimize} \quad \phi(w) = \frac{1}{2}\|w\|^2 \\ \text{s. t.} \quad y_i[(w \cdot x_i) + b] \geqslant 1 \end{cases} \tag{2-70}$$

将雷击闪络与非雷击故障情况下瞬时功率曲线簇进行 PCA 聚类分析得到的第一主成分和第二主成分的投影值 q_1 和 q_2 作为 SVM 的输入属性,选取径向基函数作为核函数,若输出为 1,则判断为雷击故障,若输出为 0,则判断为非雷击故障。每次对一条新的样本进行测试,测试样本在 PCA 空间中的分布如图 2-61 所示,样本设置和 SVM 输出结果如表 2-6 所示。

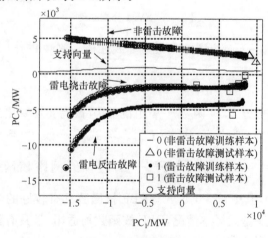

图 2-61　PCA-SVM 机器学习判别机制

表 2-6　测试样本设置与 PCA-SVM 机器学习判别机制的判别测试结果

测试样本设置			SVM 输出	判断结果
雷击闪络性质 或非雷击故障	雷击/故障位置 与 M 端距离/km	故障类型		
绕击 C 相	136.5	—	1	绕击
绕击 B 相	21.5	—	1	绕击
绕击 A 相	65.3	—	1	绕击
反击 B 相	136.5	—	1	反击
反击 C 相	136.5	—	1	反击
反击 A 相	65.3	—	1	反击
—	21.5	BG	0	非雷击单相接地
—	21.5	CG	0	非雷击单相接地
—	136.5	AG	0	非雷击单相接地

综上分析可知,对于单相闪络的情况,利用三相瞬时功率曲线簇进行 PCA 聚类分析所形成的 PCA 判别软件,可用于 A、B、C 三个单相雷击闪络与非雷击单相故障的判别。

2. 线路雷电绕击与反击故障的判别

1) 利用三相瞬时功率曲线簇进行 PCA 聚类分析的识别方法

绕击与反击故障的机理不同,线路防护措施也不同。反击主要与杆塔接地电阻和线路绝缘强度有关,绕击主要与避雷线保护角有关。结合故障定位统计信息可评估雷击故障多发线路避雷线防雷角度的设置是否合理或杆塔接地装置电阻是否足够小。若某一段输电线路多次发生绕击,则说明该段线路的避雷线防雷角度设置不佳,需要往小角度甚至负角度调整;若某一段输电线路频繁发生雷击避雷线故障或雷击杆塔故障,则说明该段线路避雷线防雷角度设置合理,但杆塔接地装置电阻过大,需进行降阻改造。

对于雷击输电线路导致单相闪络的情况,在图 2-56 所示系统中,沿输电线路 MN 每隔 1km 分别设置雷电反击 A 相与绕击 A 相故障两种情况,对此进行雷击电磁暂态仿真,其瞬时功率波形曲线簇如图 2-62(见文后彩图)所示。

取故障后 1ms 时窗内的数据作为样本进行 PCA 聚类,得到绕击故障和反击情况下样本在 PCA 空间中的投影分布如图 2-63 所示。

由图 2-63 可知,绕击故障、反击故障样本分别在 PCA 空间中沿线聚类成两条点簇,线路雷击闪络高速采集记录装置启动后,可根据获得的故障瞬时功率数据投影至 PCA 空间中属于哪一簇来判别绝缘子闪络是由绕击导线导致的还是由雷击避雷线或者塔顶导致的。

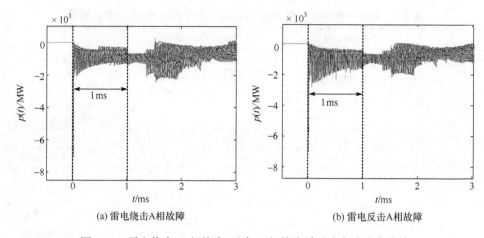

(a) 雷电绕击A相故障　　　　　　　　(b) 雷电反击A相故障

图 2-62　雷电绕击 A 相故障、反击 A 相故障瞬时功率波形曲线簇

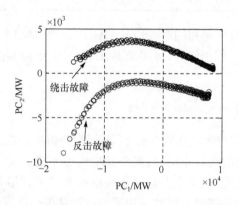

图2-63　绕击故障与反击情况下 PCA 聚类空间

　　求取图 2-63 中两条点簇的中心 N_1、N_2,N_1 表示绕击闪络曲线簇 PCA 聚类的中心,N_2 表示反击闪络曲线簇 PCA 聚类的中心,得到绕击和反击故障聚类中心坐标分别为(361.55,2128.39)和(−361.55,−2128.39)。

　　对于不同的单相闪络情况,每次增加一条新的样本进行测试,将测试样本投在 PCA 空间中的投影(q_1,q_2)求取其距 N_1、N_2 的欧氏距离最小值 d_{min},以资判别绕击还是反击。样本设置以及测试结果如表 2-7 所示。

表 2-7　利用欧氏距离最小值 d_{min} 判别的绕击故障与反击故障测试结果

测试样本设置		绕击	反击		
雷击闪络性质	故障位置与 M 端的距离/km	d_1	d_2	d_{min}	判别结果
绕击 C 相	136.5	**16917**	17610	d_1	绕击

续表

测试样本设置		绕击	反击	d_{min}	判别结果
雷击闪络性质	故障位置与 M 端的距离/km	d_1	d_2		
绕击 B 相	21.5	**19350**	20363	d_1	绕击
绕击 A 相	65.3	**2398**	6108	d_1	绕击
反击 B 相	136.5	20869	**20494**	d_2	反击
反击 C 相	136.5	17933	**17414**	d_2	反击
反击 A 相	65.3	5888	**2383**	d_2	反击

由表 2-7 可知,利用欧氏距离最小值可以准确判别故障为绕击还是反击。

根据三相总瞬时功率曲线簇在 PCA 空间中的投影值分布,可利用 PCA-SVM 机器学习判别机制进行绕击和反击的识别。设 SVM 输出结果为 1 表示反击故障,输出结果为 0 表示绕击故障,采用径向基函数为核函数,得到判别结果如图 2-64 所示。测试样本设置和 SVM 输出结果如表 2-8 所示。

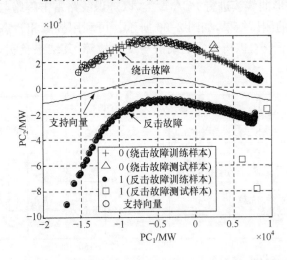

图 2-64　绕击故障与反击情况下 PCA-SVM 机器学习判别机制

表 2-8　利用 PCA-SVM 判别机制的判别测试结果

测试样本设置		SVM 输出	判别结果
雷击闪络性质	故障位置与 M 端的距离/km		
绕击 C 相	136.5	0	绕击
绕击 B 相	21.5	0	绕击
绕击 A 相	65.3	0	绕击

测试样本设置		SVM 输出	判别结果
雷击闪络性质	故障位置与 M 端的距离/km		
反击 B 相	136.5	1	反击
反击 C 相	136.5	1	反击
反击 A 相	65.3	1	反击

综上所述,在雷电绕击、反击情况下,利用量测端暂态电压电流故障分量乘积 $\Delta u \Delta i$ 构成的瞬时功率曲线簇进行聚类分析所构建的 PCA 空间,对线路雷电绕击与反击闪络辨识的测试均有效。值得指出的是,虽然以上是在假设了 Δu 可由 CVT 宽频线性传变的前提下获取的,但事实上,仍可利用故障相暂态电流 Δi 的绝对值 $|\Delta i|$ 波形曲线簇进行 PCA 聚类,以辨识线路雷击闪络与非雷击闪络故障,其结果及实际雷击数据的测试结果如图 2-65 所示。可利用三相暂态电流之和($\Delta i_a + \Delta i_b + \Delta i_c$)的波形曲线簇进行 PCA 聚类,以辨识线路雷击闪络与未闪络,其结果及实际雷击数据的测试结果,如图 2-66 所示。可利用故障相暂态电流的 Δi 波形曲线簇进行 PCA 聚类,以辨识雷电绕击与反击故障,其结果及实录数据的测试结果如图 2-67 所示。

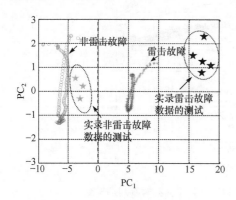

图 2-65　线路雷击闪络与非
雷击闪络的辨识测试

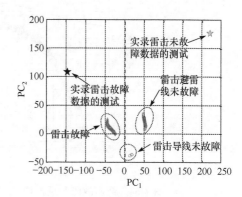

图 2-66　线路雷击闪络与雷击
未闪络的辨识测试

2) 利用导线两端所测瞬时电压的模极大值识别方法

在雷击塔顶或避雷线造成绝缘子闪络的情况下,电能传输系瞬间受到雷电流注入和闪络故障附加激励两次冲击,绝缘子两端电势差的建立需要一定的时间,雷电流注入杆塔和绝缘子闪络是两个发生在不同时刻的事件,在导线绝缘子尚未闪络的情况下,雷电流经由杆塔注入大地,因杆塔波阻抗和杆塔接地装置电阻的存

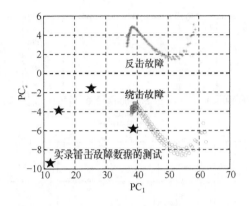

图 2-67　线路雷电绕击与反击故障的辨识测试

在,塔顶电位不为 0,塔顶电压极性和雷电流极性相同,雷击点附近三相导线上将产生与雷电流极性相反的感应电压,在导线绝缘子被击穿前,没有雷电流注入导线,雷击在三相导线上引起的感应电压极性相同,在导线末端,三相导线上向导线两端传播的感应电压行波极性相同。当绝缘子两端电压超过绝缘子的耐受电压时,绝缘子被击穿,闪络故障附加激励作用于传输系,闪络故障行波产生时刻滞后于感应电压行波,在闪络故障发生时刻,雷击塔顶造成的感应电压行波已经传播离开雷击点,无论雷击塔顶造成一相、两相或三相闪络,线路上传播的首次行波浪涌都是感应电压行波,三相导线感应电压行波极性相同。在雷电绕击导线情况下,注入导线的雷电流在被雷击相导线上产生与雷电流极性相同的电压行波,受导线间电磁耦合的影响,非雷击相导线上会产生与雷电流极性相反的电压行波,无论雷电绕击是否造成绝缘子闪络,雷电绕击在非雷击导线与被雷击导线上引起的电压行波极性相反。由于雷击塔顶或避雷线情况下三相导线行波首次行波浪涌极性一致而雷电绕击情况下被雷击相和非雷击相导线电压行波极性不同,可以根据雷击后在变电站所测三相电压初始行波极性以判别绕击和雷击塔顶。

设图 2-56 所示系统在距离 M 点 70km 处发生负极线雷击避雷线,雷电流幅值为 80kA,雷击造成 A 相导线闪络。M 点处的三相电压波形如图 2-68(a)、(b)、(c)所示。图 2-56 中雷击避雷线在三相导线上引起的电压初始行波浪涌极性都为正,与雷电流极性相反。以三次 B 样条小波分解三相电压波形,分别求取三相电压波形小波模极大值,雷击避雷线所对应的小波模极大值如图 2-68(d)、(e)、(f)所示。

设距离 M 点 70km 处发生负极线雷电绕击 A 相导线,雷电流峰值为 25kA,绕击造成 A 相绝缘子闪络,M 点所测电压波形及对应的小波模极大值如图 2-69 所示。

由图 2-68 和图 2-69 可知,首次行波浪涌的小波模极大值所对应的极性能够准确反映行波浪涌的极性,以到达量测点的三相电压首次行波浪涌极性是否相同

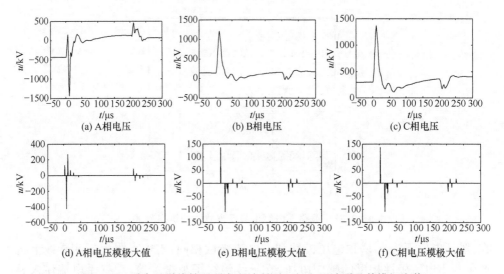

图 2-68　雷击避雷线情况下变电站所测三相电压波形及其模极大值

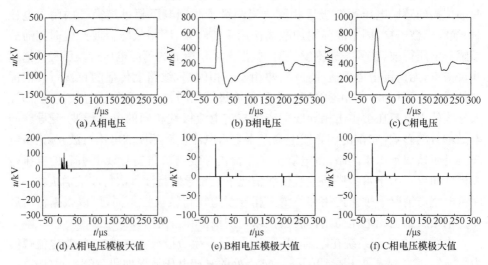

图 2-69　雷电绕击导线情况下变电站所测三相电压波形

来判别雷击输电线路为绕击还是反击。在上述雷击避雷线与雷电绕击情况下,由小波变换提取变电站所测暂态电压波形的小波模极大值,所得结果如表 2-9 所示。

表 2-9　雷电绕击和反击情况下初始行波小波模极大值极性

	A	B	C
绕击	−	+	+
反击	+	+	+

雷击避雷线情况下,三相电压突变方向相同,雷击浪涌初始行波小波模极大值的极性相同,而绕击情况下,被雷击相和非雷击相电压突变方向相反,被雷击相和非雷击相电压初始行波小波模极大值极性不同。根据变电站所测暂态电压波形的初始行波小波模极大值的极性,可以判别输电线路是遭受雷电绕击还是雷击避雷线。

3) 利用导线上装设的 Rogowski 线圈所测瞬时电流进行判别

Rogowski 线圈是根据被测电流所产生的磁通势来确定电流大小的测量装置。目前用于新型电流互感器的 Rogowski 线圈一般使用圆形的骨架,绕组均匀密绕在一个非磁性骨架上,线圈绕成偶数层(一般为两层,有时为一层,回线采用单根导线)。在利用 Rogowski 线圈测量大电流时,将线圈围绕载有被测电流的导体,整个线圈均匀地绕在一个环形的非磁性骨架上。由于具有测量电流脉冲幅值大、频带宽、无磁心饱和现象、输出信号隔离以及插入损耗小等特点,目前,已经有 Rogowski 线圈作为现场监测终端安装于高压输电线路上,在高压输电线路中,Rogowski 线圈的安装如图 2-70(a) 所示,每隔一段距离在各相导线上分别装设一只 Rogowski 线圈,如图 2-70(b) 所示。设 500kV 输电线路上每隔 50km 装设一套 Rogowski 线圈,示意如图 2-70(c) 所示,线路全长 310km。图中数字 1~5 分别代表安装于导线上的 5 套 Rogowski 线圈,每套 Rogowski 线圈之间相距 50km,1 号 Rogowski 线圈与 M 端相距 50km,5 号 Rogowski 线圈与 N 端相距 60km。

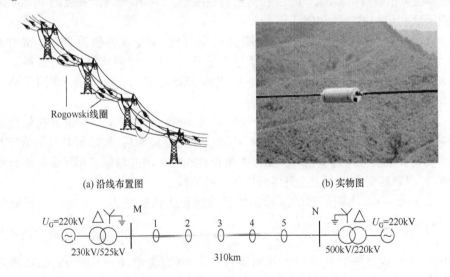

(a) 沿线布置图　　　　　　　　　　　　　　(b) 实物图

(c) 沿线安装 Rogowski 线圈的 500kV 输电线路模型

图 2-70　沿线安装的 Rogowski 线圈检测装置

设图 2-70(c) 所示系统在距离 M 点 160km 处发生负极性雷直击避雷线,雷电流幅值为 80kA,雷击造成 A 相导线闪络。

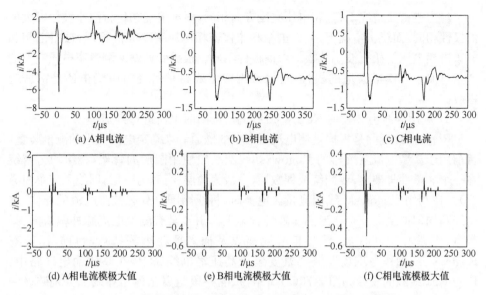

图 2-71　雷击避雷线、2 号 Rogowski 线圈所测三相电流波形

　　由图 2-71 可知,发生雷击避雷线时,Rogowski 线圈所测三相电流初始行波突变方向一致,对三相电流行波进行小波模极大值检测后,得到的三相电流初始行波小波模极大值极性也相同。可见,在雷击避雷线情况下,由导线上安装的 Rogowski 线圈所测初始行波极性相同。

　　设图 2-70(c)所示模型发生雷电绕击 A 相导线,雷电流峰值为 25kA,雷击造成 A 相绝缘子闪络,雷击发生于 2 号与 3 号 Rogowski 线圈之间,雷击点距 2 号 Rogowski 线圈 15km,距 3 号 Rogowski 线圈 35km。2 号 Rogowski 线圈所测三相电流如图 2-72 所示。

　　由图 2-72 可知,发生雷电绕击导线时,Rogowski 线圈所测三相电流初始行波突变方向不一致,对三相电流行波进行小波模极大值检测后,故障相电流初始行波小波模极大值极性与健全相行波模极大值极性相反。因此根据三相导线初始行波极性,可以判断雷击是绕击还是雷击塔顶或避雷线。

　　设 Rogowski 线圈记录的三相初始行波模极大值极性为 p_A、p_B、p_C(正极性 $p=1$,负极性 $p=0$),则定义 P 为

$$P=(p_A \odot p_B) \cdot (p_B \odot p_C) \cdot (p_C \odot p_A) \qquad (2\text{-}71)$$

式中,$\odot$ 为同或逻辑运算;$\cdot$ 为与逻辑运算。$P=0$ 为绕击,$P=1$ 则为雷击塔顶或避雷线。

　　根据沿线 Rogowski 线圈记录的雷电流行波的极性关系,还能够确定雷击点所在区段:若两 Rogowski 线圈所记录的雷电流行波极性相同,说明雷击发生在这两个 Rogowski 线圈之外的线路区段;否则,说明雷击发生在这两个 Rogowski 线圈之内的线路区段,进而可根据这两个 Rogowski 线圈记录到的雷电流初始行波

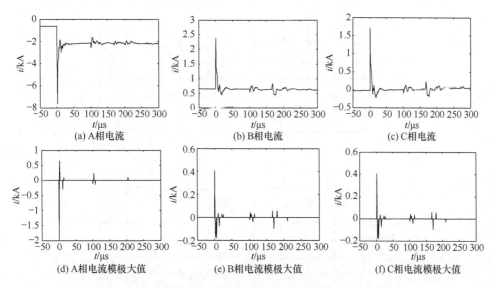

图 2-72 雷电绕击导线、2 号 Rogowski 线圈所测三相电流波形

到达时差来精确定位雷击点。现以某线路发生雷电绕击的实测波形为例说明实现方案,发生绕击时,该条线路上 5 个分布式终端记录到的电流波形如图 2-73 所示。

根据前 4 个终端电流初始波头极性与第 5 个的极性相反,可确定雷击点位于第 4、5 个终端之间的线路上,进而根据初始行波到达这两个终端的时差 $65\mu s$ 和这两个终端之间的距离 $L=24.097$km,以及经验波速 $v=0.298$km/μs,按式(2-72)所示双端行波测距公式计算得到雷击点距 195# 杆塔 21.74km 处。有关双端行波测距的具体内容将在本书第 4、9、10 章详细介绍。

$$x=L/2+v\Delta t/2 \tag{2-72}$$

3. 雷击未闪络情况下雷击避雷线与绕击导线的识别

2005 年,作者发表"雷击输电线路电磁暂态仿真"、"输电线路雷击的电磁暂态特征分析及其识别方法研究"等论文,对线路雷击电晕建模,以及研究雷电绕击与反击变电站端冲击响应特征和雷击未闪络辨识方法。根据线路闪络故障工况下,其零模电流因存在冲击电流浪涌入地通路,故于短时窗内逐渐增大,而雷击未闪络工况下,其零模电流经过多次振荡会逐渐趋近于 0 的特点,提出的"波形一致性系数"方法能准确辨识雷击故障与雷击未故障。

在雷击线路未引起绝缘子闪络的情况下,若能对绕击未故障及雷击塔顶或避雷线未故障进行正确区分,并能定位线路落雷点且统计出绕击未引起故障情况较多,说明此段线路应调整避雷线保护角,减小甚至采用负保护角,以期减少雷电对输电线路导线的直接冲击;若定位落雷点且统计出雷击塔顶或避雷线情况较多,则表明此段线路避雷线保护角较合适,但应确保此段杆塔接地装置的电阻足够小,避

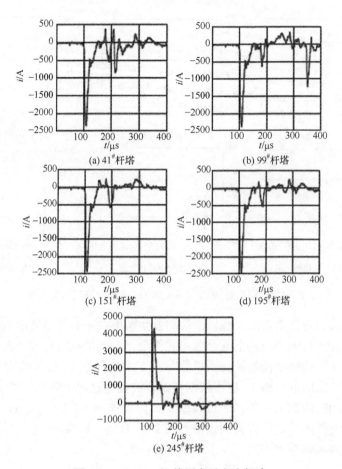

图 2-73　Rogowski 线圈实录电流行波

免反击闪络发生。

　　设图 2-70(c)所示仿真系统遭受雷击未闪络,采样率为 1MHz,沿线路 MN 每隔 1km 分别设置雷击 A 相导线未闪络和雷击避雷线未闪络两种情况,选取雷电流行波浪涌到达量测端后 1ms 的瞬时功率数据作为样本数据,获得的瞬时功率波形曲线簇如图 2-74(a)(见文后彩图)所示。将这些样本数据进行 PCA 聚类,构建 PCA 空间,其在 PC_1 和 PC_2 轴上投影值的分布图如图 2-74(b)所示。

　　由图 2-74 可知,雷击导线未闪络在 PC_1 轴上的投影值 q_1 均为负,而雷击避雷线未闪络在 PC_1 轴上的投影值 q_1 均为正,根据 q_1 值的正负可判别雷击位置。以此构建的雷击线路未闪络时雷击部位判据为

$$若\ q_1 > q_{1,\text{set}},则雷击部位为避雷线 \tag{2-73}$$

$$若\ q_1 < q_{1,\text{set}},则雷击部位为导线 \tag{2-74}$$

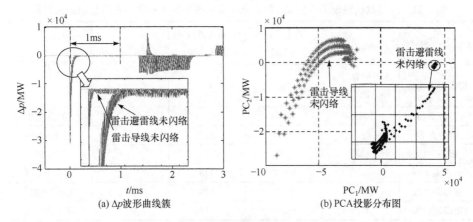

(a) Δp 波形曲线簇　　　　　　　　　　(b) PCA 投影分布图

图 2-74　输电线路遭受雷击但未发生闪络

式(2-73)和式(2-74)中 $q_{1,\text{set}}$ 设为零。现设置 6 组测试样本以验证式(2-73)和式(2-74)的可靠性。测试结果如表 2-10 所示。

表 2-10　雷击未闪络时雷击部位的判别测试结果

测试样本设置		投影 q_1 值	判别结果
雷击闪络性质	雷击位置与 M 端的距离/km		
雷击 A 相	65.3	−39023	雷击导线
雷击 B 相	21.5	−26985	雷击导线
雷击 C 相	136.5	−24978	雷击导线
雷击避雷线	21.5	41997	雷击避雷线
雷击避雷线	65.3	41652	雷击避雷线
雷击避雷线	136.5	40915	雷击避雷线

由表 2-10 可知,利用投影值 q_1 的正负可以可靠识别雷电绕击导线和雷击避雷线。

现求取图 2-74(b)中两条点簇的中心 N_1、N_2,N_1 表示雷击导线的聚类中心,N_2 表示雷击避雷线的聚类中心,得到绕击导线未闪络和雷击避雷线未闪络的聚类中心坐标分别为(−41259.581,900.10)和(41259.58,−900.10)。

对于不同的雷击情况,每次增加一条新的样本进行测试,将测试样本投影到 PCA 空间并求取其欧氏距离最小值 $d_{\min}$,以期判别雷击部位是避雷线还是导线。测试样本设置以及测试结果如表 2-11 所示。

表 2-11　利用欧氏距离最小值 $d_{\min}$ 判别绕击未闪络和雷击避雷线未闪络的测试结果

测试样本设置		雷击导线未闪络	雷击避雷线未闪络	$d_{\min}$	判别结果
雷击闪络性质	雷击位置与 M 端的距离/km	d_1	d_2		
雷击 C 相	136.5	**16744**	66271	d_1	雷击导线
雷击 A 相	65.3	**3539**	80288	d_1	雷击导线
雷击 B 相	21.5	**4362**	79187	d_1	雷击导线
雷击避雷线	65.3	82927	**428**	d_2	雷击避雷线
雷击避雷线	136.5	82205	**579**	d_2	雷击避雷线
雷击避雷线	21.5	83267	**857**	d_2	雷击避雷线

由表 2-11 可知,利用欧氏距离最小值可以准确判别雷击未闪络属于绕击导线还是雷击避雷线或塔顶的情况。

根据三相瞬时功率曲线簇在 PCA 空间中的投影值分布,可利用 PCA-SVM 机器学习判别机制进行雷击未闪络时雷击部位的辨识。设 SVM 输出结果为 1 表示雷击导线,输出结果为 0 表示雷击避雷线,采用径向基函数为核函数,得到判别结果如图 2-75 所示,测试样本设置和 SVM 输出结果如表 2-12 所示。

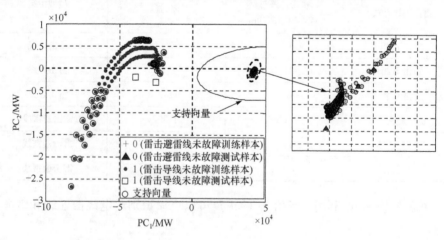

图 2-75　PCA-SVM 机器学习判别机制

表 2-12　利用 PCA-SVM 判别机制的判别测试结果

测试样本设置		SVM 输出	判别结果
雷击闪络性质	雷击位置与 M 端的距离/km		
雷击 C 相	136.5	1	雷击导线
雷击 A 相	65.3	1	雷击导线

续表

测试样本设置		SVM 输出	判别结果
雷击闪络性质	雷击位置与 M 端的距离/km		
雷击 B 相	21.5	1	雷击导线
雷击避雷线	65.3	0	雷击避雷线
雷击避雷线	136.5	0	雷击避雷线
雷击避雷线	21.5	0	雷击避雷线

由以上分析可知,利用 SVM 可以准确判别雷击未闪络属于绕击导线还是雷击避雷线或塔顶的情况。

4. 雷电绕击导线注入雷电流波形恢复

雷电流参数的准确获取支撑或修正原有雷击与耐雷水平计算模型,对提高线路雷电防护措施的有效性和针对性,降低雷电跳闸率有着重要的作用。在不同雷击情况下,导线上所包含的雷电流行波信息不同,针对雷电流波形参数的获取,由前面的分析可知,在绕击未闪络与上升沿之后发生闪络情况下,导线上包含完整的雷电流上升沿部分,可以尝试用于获取雷电流上升沿斜率参数及峰值。

1) 时域法

(1) 利用导线两端所测瞬时电压进行雷电流波形恢复。

若以 Bergeron 模型作为传输线模型,则无损传输线的时域等效电路模型可以用图 2-76 表示。

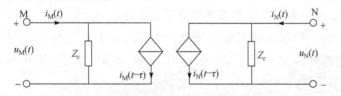

图 2-76　无损传输线 MN 的时域等效电路

图 2-76 中,可用 M 端电气量表示在时刻 t 的沿线电流、电压分布为

$$i(x,t)=\frac{1}{2Z_c}\big[u_M(t+x/v)-i_M(t+x/v)Z_c\big]-\frac{1}{2Z_c}\big[u_M(t-x/v)+i_M(t-x/v)Z_c\big]$$

(2-75)

$$u(x,t)=\frac{1}{2}\big[u_M(t+x/v)-i_M(t+x/v)Z_c\big]-\frac{1}{2}\big[u_M(t-x/v)+i_M(t-x/v)Z_c\big]$$

(2-76)

式中，x 为沿线任意一点到 M 端的距离；Z_c 为导线波阻抗；v 为电磁波在导线上的传播速度。

若计入电阻损耗，图 2-76 所示传输线时域等效模型可改为图 2-77 所示的导线分布参数时域模型。

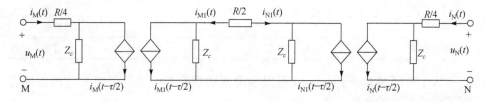

图 2-77　有损线路 MN 分布参数模型的时域等效电路

在图 2-77 中，$R=lr$，r 为导线电阻率，以 M 端电气量表示时刻 t 的沿线电流为

$$i(x,t)=\frac{1}{2Z_c}\Big(\frac{Z_c+rx/4}{Z_c}\Big)\big[u_M(t+x/v)-i_M(t+x/v)(Z_c-rx/4)\big]$$
$$-\frac{1}{2Z_c}\Big(\frac{Z_c-rx/4}{Z_c}\Big)\big[u_M(t-x/v)-i_M(t-x/v)(Z_c-rx/4)\big]$$
$$-\frac{rx}{4Z_c^2}\big[u_M(t)-i_M(t)(rx/4)\big] \tag{2-77}$$

上述沿线电流表达式未计及三相导线之间的电磁耦合关系，只适用于单根导线的情况。将上述表达式应用于三相线路时，应通过相模变换将三相线路解耦，多导体相互之间没有电磁联系的模量线路相当于独立的单根导线。

设图 2-70(c)所示 500kV 输电线路发生雷电绕击 C 相导线，雷击未引起绝缘子闪络，雷电流峰值为 14kA，雷击点 F 距 M 点 160km，距 N 点 150km，输电线路采用频变参数模型。

剔除量测点所测瞬时电压和电流中的工频稳态分量，利用式(2-77)推算雷击发生前后雷击点处 M 侧电流 $i_{M1}(t)$ 和 N 侧电流 $i_{N1}(t)$，将 $i_{M1}(t)$ 和 $i_{N1}(t)$ 相加，可计算得到 $i_{lightning}(t)$。通过 M 点和 N 点所测暂态电压电流数据反演得到的雷电流波形如图 2-78(a)所示。在仿真中，输电线路模型为频变参数模型，输电线路电阻、电感等参数随导线上电磁波的频率而改变，行波中频率越高的成分衰减速度越快，而式(2-77)是基于输电线路阻抗等参数固定的假设而得到的，未考虑行波在沿线传播过程中的波形畸变及不同频率成分衰减速度不同的情况。由图 2-78(a)可知，在输电线路以频变参数模型所做的仿真中，由 M 点和 N 点推算出的雷电流 $i_{M1}(t)+i_{N1}(t)$ 和注入导线的雷电流 $i_{lightning}(t)$ 在陡度、幅值方面都有一定的差异。

将图 2-70(c)所示仿真模型的输电线路模型改为 Bergeron 模型,其余条件不变,利用量测点 M 和 N 所测暂态电压电流数据,根据式(2-77)推算出雷击发生时刻前后的 $i_{M1}(t)$ 和 $i_{N1}(t)$,计算出的雷电流 $i_{M1}(t)+i_{N1}(t)$ 波形如图 2-78(b)所示。由图 2-78(b)可知,和输电线路采用频变参数模型时相比,当输电线路采用 Bergeron 模型时,利用 M 点和 N 点所测暂态电压、电流数据推算出的 $i_{M1}(t)+i_{N1}(t)$ 和雷电流更为相似,幅值和陡度更为接近。Bergeron 模型不考虑导线参数的依频特性,但是针对雷击的问题往往只研究雷击产生的初始行波,因此将 Bergeron 作为导线模型具有一定的工程近似价值。实际工程中,导线虽为频变参数模型,以 Bergeron 模型从导线两端推算雷电流幅值和陡度会产生一定的差异,但是可以对推算出的雷电流进行一定的修正,增加推算出的雷电流的陡度和幅值,使修正后的雷电流和注入导线的雷电流更为接近,达到工程应用所能容忍的误差范围。

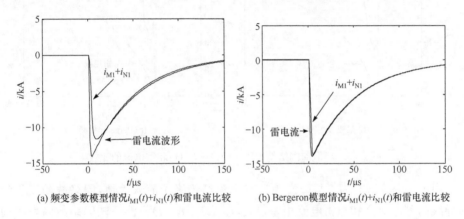

(a) 频变参数模型情况 $i_{M1}(t)+i_{N1}(t)$ 和雷电流比较　　　(b) Bergeron 模型情况 $i_{M1}(t)+i_{N1}(t)$ 和雷电流比较

图 2-78　未闪络情况下时域法雷电流恢复

在雷击造成绝缘子闪络的情况下,根据绝缘子闪络发生在雷电流峰值到达前或到达后,将绝缘子闪络分为峰值前闪络和峰值后闪络。发生峰值前闪络时,闪络点两侧的导线电流包含雷电流行波的部分上升沿。设图 2-70(c)所示 500kV 输电线路发生雷电绕击 C 相导线,雷击引起绝缘子在峰值前闪络,雷电流峰值为 37kA,闪络点 F 距 M 点 160km,距 N 点 150km,雷电流和闪络点两侧电流之和如图 2-79(a)所示。根据量测点 M 和 N 所测时域电压 $u_M(t)$、$u_N(t)$ 和电流 $i_M(t)$、$i_N(t)$,剔除量测数据中的工频稳态分量,利用式(2-77),推算出雷击发生前后雷击点处 M 侧和 N 侧电流 $i_{M1}(t)$ 和 $i_{N1}(t)$,$i_{M1}(t)+i_{N1}(t)$ 应能反映雷电流上升沿部分波形。比较导线模型分别为频变参数模型和 Bergeron 模型情况下,通过 M 点和 N 点所测暂态电压电流数据反演得到的波形和雷电流波形比较如图 2-79(b)、(c)所示。

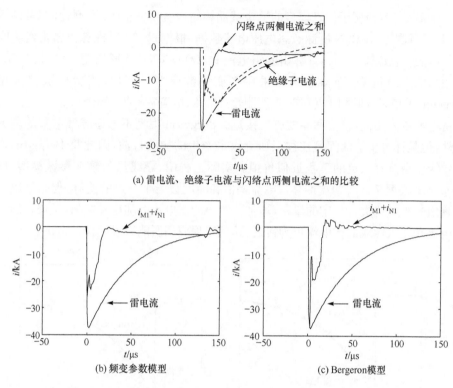

(a) 雷电流、绝缘子电流与闪络点两侧电流之和的比较

(b) 频变参数模型　　　　　　　　(c) Bergeron模型

图 2-79　峰值前闪络情况下 $i_{M1}(t)+i_{N1}(t)$ 和雷电流的比较

　　由图 2-79 可知,闪络故障发生后雷电流经绝缘子流入大地,闪络故障发生后的导线两侧电流之和与雷电流相差很大,$i_{M1}(t)+i_{N1}(t)$ 只能反映闪络故障发生前的雷电流上升沿部分。比较图 2-79(a)和(b),因式(2-77)未计及频变参数的影响,在线路模型为频变参数模型的情况下,$i_{M1}(t)+i_{N1}(t)$ 和雷电流上升沿有一定差别,而线路模型为 Bergeron 模型情况下,$i_{M1}(t)+i_{N1}(t)$ 能够反映雷击点两侧电流所包含的雷电流上升沿部分。

　　设图 2-70(c)所示 500kV 输电线路发生雷电绕击 C 相导线,雷击引起绝缘子在峰值后闪络,雷电流峰值为 25kA,闪络点 F 距 M 点 160km,距 N 点 150km,雷电流和闪络点两侧电流之和如图 2-80(a)所示。根据量测点 M 和 N 所测时电压 $u_M(t)$、$u_N(t)$ 和电流 $i_M(t)$、$i_N(t)$,剔除量测数据中的工频稳态分量,利用式(2-77),推算出雷击发生前后雷击点处 M 侧和 N 侧电流 $i_{M1}(t)$ 和 $i_{N1}(t)$。分别比较导线模型为频变参数模型和 Bergeron 模型情况下,通过 M 点和 N 点所测暂态电压电流数据反演得到的波形和雷电流波形比较如图 2-80(b)、(c)所示。

　　由图 2-80 可知,闪络点两侧电流之和包含雷电流上升沿的全部特点。在线路模型为频变参数模型情况下,由于行波中不同频率成分的波速和衰减速度不同,雷

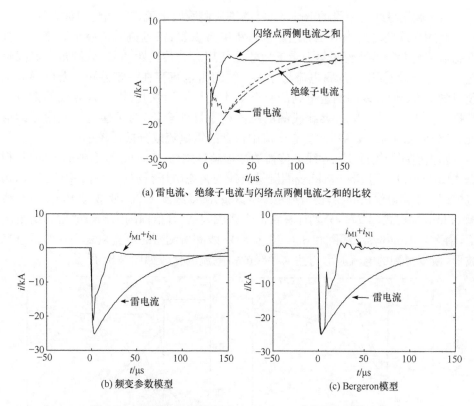

(a) 雷电流、绝缘子电流与闪络点两侧电流之和的比较

(b) 频变参数模型

(c) Bergeron模型

图 2-80　峰值后闪络情况下 $i_{M1}(t)+i_{N1}(t)$ 和雷电流的比较

电流和闪络电流传播 160km 后难以反映波后闪络特征,由变电站所测电压、电流行波计算得到的 $i_{M1}(t)+i_{N1}(t)$ 与雷电流有一定差异。在线路模型为 Bergeron 模型的情况下,根据式(2-77)计算得到的 $i_{M1}(t)+i_{N1}(t)$ 与注入导线的雷电流波形在上升沿部分基本吻合,能够准确反映雷电流峰值、陡度等信息。

　　在 Bergeron 模型中,行波中不同频率分量的线模波速相同,行波波形畸变较小,故利用导线两端变电站所测电压和电流能够推算出在绝缘子闪络前注入导线的雷电流波形,获取相应的雷电流上升沿信息。在频变参数模型中,行波中不同频率分量的线模波速和衰减速度都不相同,频率越高,波速越快,衰减速度越快,而雷电流包含丰富的高频分量,低频分量较少,随着雷电流行波在线路上传播,波形畸变越来越严重,利用导线两端变电站所测电压和电流以时域法计算得到的雷电流上升沿部分与注入导线的雷电流上升沿部分相比有一定差异,计算得到的雷电流上升沿部分的陡度、幅值等参数小于注入导线的雷电流上升沿陡度、幅值。计算得到的雷电流波形相比会有一定的偏差,但是可以对推算出的雷电流上升沿部分进行一定的修正,增加推算出的雷电流上升沿的陡度和幅值,使修正后的雷电流上升沿和注入导线的雷电流更为接近,达到工程应用所能容忍的误差范围。

(2) 利用导线上装设的 Rogowski 线圈所测瞬时电流进行雷电流波形恢复。

利用导线两端所测电压与电流进行雷电流恢复,雷电流需传播至线路两端被互感器传变并行波装置采集记录下后才能使用。若传播距离较远,则雷电流损耗越大,由波形恢复得到的雷电流与注入导线的雷电流存在一定差距。若以导线上装设的 Rogowski 线圈测得得到的暂态电流进行波形恢复,因注入导线的雷电流传播至雷击点两侧 Rogowski 线圈的距离小于导线全长,与传播至导线两端的情况相比,Rogowski 线圈所测暂态电流中包含的雷电流成分损耗较小。

雷击引起初始行波在导线上传播的过程满足式(2-1),剔除波形中的工频量,根据式(2-1)可以得到 Rogowski 线圈测量点处的暂态电压行波。设图 2-70(c)所示仿真模型发生雷电绕击导线,雷击点距 2 号 Rogowski 线圈 15km,距 3 号 Rogowski 线圈 35km,根据式(2-77),分别计算雷击未造成闪络、峰值前闪络和峰值后闪络情况下,由 2 号 Rogowski 线圈和 3 号 Rogowski 线圈所测暂态电流恢复得到的雷电流波形,恢复得到的电流波形与注入导线的雷电流的比较如图 2-81 所示。

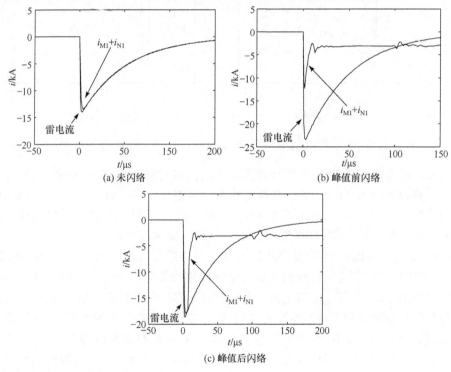

(a) 未闪络　　　　　　　　　(b) 峰值前闪络

(c) 峰值后闪络

图 2-81　$i_{M1}(t)+i_{N1}(t)$ 和雷电流的比较

由以上分析可知,利用 Rogowski 线圈所测暂态电流波形可以进行雷电流波形恢复,因雷击点至雷击点两侧 Rogowski 线圈的距离比雷击点至线路两端的距离更短,故暂态电流中所包含的雷电流成分损耗更小,由反演获取的电流波形更接近注入导线的雷电流波形。

　　2) 频域法

　　实际输电线路有损且参数频变,若从频域计算入手,考虑参数的频率影响,推导频域下的线路传递函数,最终返回时域获得线路的时域传变特性。采用复数深度法计算频变线路参数。

　　长为 l 的输电线路在相(极)域的传递参数可由线路阻抗和导纳参数表示为

$$\begin{bmatrix} A(s) & B(s) \\ C(s) & D(s) \end{bmatrix} = \begin{bmatrix} \mathrm{ch}\left[\sqrt{Z(s)Y(s)}\,l\right] & \mathrm{sh}\left[\sqrt{Z(s)Y(s)}\,l\right]Z_c(s) \\ \mathrm{sh}\left[\sqrt{Y(s)Z(s)}\,l\right]Z_c^{-1}(s) & \mathrm{ch}\left[\sqrt{Y(s)Z(s)}\,l\right] \end{bmatrix}$$

$$(2\text{-}78)$$

　　在传播常数矩阵 $P(s)=Z(s)Y(s)$ 可对角化的情况下,线路可去耦为模量上相互独立的单个模量线路进行计算,避免因线路间电磁耦合造成计算过于烦琐。

　　设图 2-70(c)所示输电线路发生雷电绕击,频域下雷击分量网络的运算电路如图 2-82 所示,导线两端量测点 M、N 与雷击点 f 的距离分别为 x、y,$I_{\text{lightning}}(s)$ 为注入导线的雷电流,$U_{\text{lightning}}(s)$ 为雷击点暂态电压,$I_x(s)$ 和 $I_y(s)$ 分别为雷击点两侧暂态电流,$I_{\text{M}}(s)$ 和 $I_{\text{N}}(s)$ 分别为导线两端量测点所测电流,$U_{\text{M}}(s)$ 和 $U_{\text{N}}(s)$ 分别为导线两端电压。

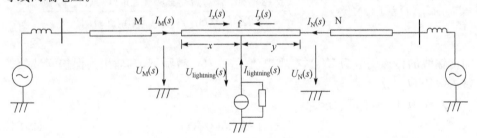

图 2-82　频域下雷击输电线路示意图

　　由图 2-82 所示雷击分量网络可知,雷击点电流 $I_x(s)$ 和 $I_y(s)$ 可由式(2-79)和式(2-80)求出:

$$\begin{bmatrix} U_\text{f}(s) \\ I_x(s) \end{bmatrix} = \begin{bmatrix} A_x(s) & B_x(s) \\ C_x(s) & D_x(s) \end{bmatrix}\begin{bmatrix} U_\text{M}(s) \\ I_\text{M}(s) \end{bmatrix}$$

$$= \begin{bmatrix} \mathrm{ch}\left[\sqrt{Z(s)Y(s)}\,x\right] & \mathrm{sh}\left[\sqrt{Z(s)Y(s)}\,x\right]Z_c(s) \\ \mathrm{sh}\left[\sqrt{Y(s)Z(s)}\,x\right]/Z_c(s) & \mathrm{ch}\left[\sqrt{Y(s)Z(s)}\,x\right] \end{bmatrix}\begin{bmatrix} U_\text{M}(s) \\ I_\text{M}(s) \end{bmatrix} \quad (2\text{-}79)$$

$$\begin{bmatrix} U_\text{f}(s) \\ I_y(s) \end{bmatrix} = \begin{bmatrix} A_y(s) & B_y(s) \\ C_y(s) & D_y(s) \end{bmatrix}\begin{bmatrix} U_\text{N}(s) \\ I_\text{N}(s) \end{bmatrix}$$

$$= \begin{bmatrix} \mathrm{ch}\left[\sqrt{Z(s)Y(s)}\,y\right] & \mathrm{sh}\left[\sqrt{Z(s)Y(s)}\,y\right]Z_c(s) \\ \mathrm{sh}\left[\sqrt{Y(s)Z(s)}\,y\right]/Z_c(s) & \mathrm{ch}\left[\sqrt{Y(s)Z(s)}\,y\right] \end{bmatrix}\begin{bmatrix} U_\text{N}(s) \\ I_\text{N}(s) \end{bmatrix}$$

$$(2\text{-}80)$$

在雷击点 f 及两侧量测点 M、N，满足边界条件：

$$I_x(s)+I_y(s)+I_f(s)=0 \tag{2-81a}$$

$$U_M(s)+I_M(s)Z_c(s)=0 \tag{2-81b}$$

$$U_N(s)+I_N(s)Z_c(s)=0 \tag{2-81c}$$

联立式(2-81a)～式(2-81c)可得

$$\begin{bmatrix} -G_y(s) & 0 & D_y(s) & 0 & 0 & 0 & 1 \\ C_x(s) & D_x(s) & 0 & 0 & -1 & 0 & 0 \\ 0 & -1 & 1 & 0 & 0 & 0 & 0 \\ -A_x(s) & -B_x(s) & 0 & 1 & 0 & 0 & 0 \\ 0 & 0 & 0 & 1 & Z_M(s) & 0 & 0 \\ -A_y(s) & 0 & B_y(s) & 0 & 0 & 1 & 0 \\ 0 & 0 & 0 & 0 & 0 & 1 & Z_N(s) \end{bmatrix} \begin{bmatrix} U_f(s) \\ I_x(s) \\ I_y(s) \\ U_M(s) \\ I_M(s) \\ U_N(s) \\ I_N(s) \end{bmatrix} = \begin{bmatrix} 0 \\ 0 \\ I_f(s) \\ 0 \\ 0 \\ 0 \\ 0 \end{bmatrix}$$

$$\tag{2-82}$$

式中，$A_x(s)$、$B_x(s)$、$C_x(s)$、$D_x(s)$ 和 $A_y(s)$、$B_y(s)$、$C_y(s)$、$D_y(s)$ 分别为雷击点左右两侧线路的传递参数。化简式(2-82)后可得

$$U_M(s)=I_f(s)Z(s)=I_f(s)\frac{Z_c^2(s)\{\mathrm{ch}[\gamma(s)(l-x)]+\mathrm{sh}[\gamma(s)(l-x)]\}}{2Z_c^2(s)\{\mathrm{ch}[\gamma(s)l]+\mathrm{sh}[\gamma(s)l]\}}$$

$$\tag{2-83}$$

即传输线的传递函数为 $Z(s)$，在雷电流 $I_{\text{lightning}}(s)$ 激励下，其输出为保护安装处的雷击电压 $U_M(s)$。

对应地，时域中可表示为

$$U_M(t)=I_f(t)\otimes Z(t) \tag{2-84}$$

离散化卷积公式表示为

$$u_M(k) = \sum_{r=1}^{N_1} i_f(k-r)z(r) + \varepsilon(k) \tag{2-85}$$

式中，$\varepsilon(k)$ 为考虑传变及测量环节引入的误差，$k=1,2,\cdots,N_1+N_2-1$，N_1、N_2 为 $z(t)$ 与 $i_f(t)$ 离散化时采样点数。

可见，与无损线路相似，频变线路保护安装处获得的暂态电压与雷击点处的雷电流也存在对应关系，即在线路参数、电源内阻、雷击点已知的前提下，保护安装处必然存在一个暂态雷击电压与雷击电流相对应，并且是可以解析的。线路参数已知，行波双端定位技术已较为成熟，雷击点能够较精确确定，线路参数可根据几何尺寸采用复数深度法计算，两侧电源等值内阻可根据雷击后的电压电流的雷击分量列微分方程利用最小二乘法求解，故根据保护安装处获得的暂态电压恢复雷击点处的雷击电流是可行的。

由 $Z(s)$ 计算 $Z(t)$ 需要使用数值拉氏逆变换算法，这里仍采用式(1-143)～

式(1-146)描述的 Hosono 算法。其中，a、q、m 根据采样间隔和计算精度需要进行适当选取。

设图 2-70(c)所示 500kV 输电线路发生雷电绕击 C 相导线，雷击未引起绝缘子闪络，雷电流峰值为 14kA，雷击点 f 距 M 点 160km，距 N 点 150km，输电线路采用频变参数模型。利用式(2-85)所示频域反演方法，根据雷击点两侧 50km 处所测暂态电流推算雷电流波形，所得雷电流反演波形和注入导线的雷电流波形比较如图 2-83 所示。

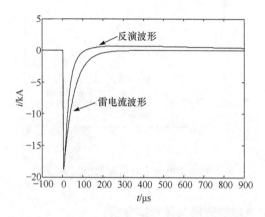

图 2-83　频域法反演雷电波形和雷电流波形的比较

与时域法相比，利用数值拉氏反变换的频域法恢复雷电流计算较为复杂，计算结果受多种因素影响，甚至可能出现反卷积计算发散的情况。

事实上，变电站端电流互感器 TA 一次设备具有较好的宽频电流传变特性，但是一般认为 CVT 不具备宽频电压传变特性。如何利用变电站端获取的宽频暂态电流对注入导线的雷电流波形主要参数进行反演估计呢？理论上，在雷击导线未发生闪络的工况下，可利用雷击线路两端暂态电流对注入导线的雷电流陡度和幅值进行反演估计；在雷击导线发生闪络的工况下，如果采样率为 1MHz，雷击点距闪络点在 0.3km 以上，利用雷击侧的变电站端暂态电流实录波形，可根据 $\exp(-\gamma x)$ 行波传播规律对注入导线的雷电流陡度和幅值参数进行反演估计，其实效性较好，满足工程要求；雷击点距闪络点在 0.3km 以下，则需提高行波采集装置的采样频率至 1MHz 以上。原理上，对于雷击避雷线档距中央，致使绝缘子闪络或未闪络的情况，其注入避雷线的雷电流会在导线上引起极性相反的初始浪涌传播至变电站端，从而有可能获取其上升沿和幅值参数，但如何检出和辨识是技术难题。

这里给出一个实例，作为注入导线雷电流反演命题的结尾。原理上，在雷击导线发生闪络故障的情况下，线路雷击一侧暂态电流响应起始部分包含截波之前雷电流信息，在计及了实测宽频暂态波形会受冲击电晕、互感器传变特性以及量化噪声、随机干扰等影响,在信号复原和噪声放大之间进行折中,采用小波降噪、Prony拟合和最小二乘反卷积技术,并且需要采取缓解反问题求解病态性的措施。直接利用变电站侧由 TA 传变并经高速采集记录的故障相宽频暂态电流波形,对注入导线雷电流未经拟合处理,直接进行反演效果示意如图 2-84 所示。

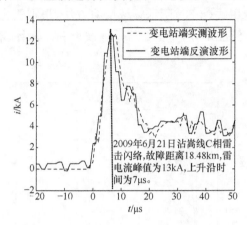

图 2-84　雷电流上升沿和幅值反演结果

2.2.4　断路器合闸电阻的适用条件影响分析

　　在合空载线路以及重合闸线路的操作中,会产生威胁电力系统安全运行的操作过电压。合闸于空载线路是电力系统常见的操作。通常分为计划合闸和故障后自动重合闸两种情况,且后者在合闸瞬间线路上具有残余电荷和电压,可能出现更高的合闸过电压,是随机的、不可预知的,故其过电压更为严重。为降低合闸操作过电压水平,国内在 500kV 输变电系统设计中一般都采用了带合闸电阻的断路器,并将避雷器作为后备保护措施。但是,采用带合闸电阻的断路器在实际应用中也存在不少问题,首先,合闸电阻对热容量要求比较苛刻,造价昂贵,装设合闸电阻增加了断路器设备投资和维护工作量;其次,带合闸电阻的断路器操动机构复杂,辅助开关操动系统可靠性差,在诸如云南等高原山地地区,变电站建设过程中,长距离运输易使辅助开关受到外力破坏,可能造成操动系统传动部件碎裂,甚至会因断路器主触头不能及时短接合闸电阻,导致合闸电阻爆炸,损坏断路器和周围设备。因合闸电阻存在易损坏、合格率低的问题,故 500kV 线路是否应该装设合闸电阻、能否改用避雷器等其他过电压限制措施这一问题,得到了工程界和学术界的高度重视。目前,设计部门对合闸电阻的使用依据大多从线路电压等级和线路长度考虑,对于 500kV 电压等级,输送距离超过 200km 的线路均要求线路断路器装设合闸电阻,而这一依据没有考虑补偿设备对过电压幅值变化的影响。

由于断路器合闸电阻容易在长途运输过程中损坏,造成大量合闸电阻处于带故障运行的状态,极易引发安全事故,因此国内外都曾进行过以避雷器或其他过电压限制装置取代合闸电阻的研究,但是是否应该取消合闸电阻一直存在争议,在合闸电阻值大小方面也缺乏深入的探讨,导致针对安装合闸电阻的必要性及合闸电阻值合适大小的研究较为缺乏。

为研究合闸电阻对合闸过电压的抑制效果,并探讨装设合闸电阻是否必要以及其适用条件,这里将针对云南电网德宏—博尚线路构建电磁暂态仿真模型,以此为基础研究合闸电阻值大小、线路长度、补偿装置是否投入、避雷器安装与否等不同运行工况对合闸过电压大小的影响,分析适合于安装合闸电阻的线路长度范围,并针对德宏—博尚(德博)线路探讨合闸电阻值的合适大小。

断路器附加合闸电阻可分为单级合闸电阻和断路器附加多级合闸电阻,其结构示意图如图 2-85 所示。图 2-85(a)、(b)、(c)分别为断路器带单级、二级和三级合闸电阻的示意图,其中 K 为主触头,K_1、K_2、K_3 分别为辅助触头,R、R_1、R_2、R_3 为合闸电阻。带有多级合闸电阻的断路器在合闸时首先闭合辅助触头把所有合闸电阻接入,然后逐级短接合闸电阻,最后合上主触头。

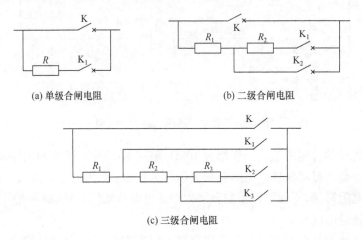

(a) 单级合闸电阻 (b) 二级合闸电阻

(c) 三级合闸电阻

图 2-85 合闸电阻示意图

合闸时辅助触头闭合,接入合闸电阻,经过一段时间后,主触头闭合,短接合闸电阻。接入合闸电阻的过程中,由于合闸电阻对过渡过程起阻尼作用,合闸电阻值越大,过电压越低,合闸电阻值较大对过电压的抑制效果较好,而在短接合闸电阻过程中,合闸电阻值越大,闭合主触头时过渡过程越剧烈,过电压越高,合闸电阻值较小对降低主触头闭合时产生的过电压有一定作用,因此,在利用合闸电阻抑制合闸过电压时,需考虑合适的合闸电阻值大小,才能充分发挥合闸电阻作用,有效降低过电压幅值。

为模拟带合闸电阻的断路器在合闸过程中引起的过电压,现以德宏—博尚500kV线路为仿真模型,如图2-86所示,线路全长257km。线路采用Bergeron模型,线路正序阻抗和电容分别为:$R_1=0.01634\Omega/\mathrm{km}$,$X_{L1}=0.2021\Omega/\mathrm{km}$,$C_1=0.01765\mu F/\mathrm{km}$。线路零模阻抗和电容分别为:$R_0=0.27369\Omega/\mathrm{km}$,$X_{L0}=0.9126\Omega/\mathrm{km}$,$C_0=0.0074\mu F/\mathrm{km}$。并联电抗器的并联电抗器值为1680.6Ω,中性点小电抗为800Ω。串联补偿度为50%,每相额定电容值为112.34μF,阻尼电感为590μH。选择图2-85(a)所示带单级合闸电阻的断路器作为仿真模型,在断路器合闸过程中,首先闭合断路器K_1,接入合闸电阻R,在K_1闭合数毫秒后,断路器K闭合,将K_1和合闸电阻R短接,完成合闸操作。

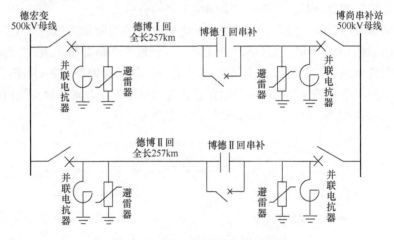

图2-86 德宏—博尚线路仿真模型

现场装设的合闸电阻值一般都为400Ω,超过了500kV线路的正序波阻抗,接入合闸电阻会明显降低线路上的合闸电压行波幅值,在合闸电阻接入一段时间后再将合闸电阻短接,不仅可以限制合闸初瞬的过电压幅值,还能够保证合闸后线路能够正常输送电能。

为了比较安装合闸电阻与未安装合闸电阻在空载线路合闸时的暂态过程,设德博Ⅱ回线不投入,德博Ⅰ回线并联电抗器投入、串补不投入,线路两侧都带避雷器,德宏侧在A相工频电压近峰值处三相不同期合闸,A相主触头合闸时间比C相提前2.5ms,相位为90°,B相主触头合闸时间比C相提前5ms,相位为−75°,C相合闸相位为255°。在装设有合闸电阻的情况下,合闸电阻接入时长为8ms,合闸电阻为400Ω,线路末端博尚侧的电压波形如图2-87所示。

比较图2-87(a)和图2-87(b)可知,安装了合闸电阻后,空载合闸电压的幅值明显减小,电压上升速度明显降低,因线路两端安装有避雷器和并联电抗器,线路末端博尚侧的过电压未超过1000kV,但是幅值已经接近2.0p.u.。

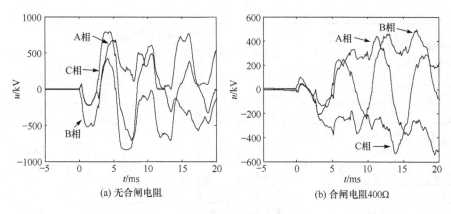

图 2-87　线路末端博尚侧的电压波形

1. 空载合闸过电压仿真分析

由于 500kV 三相断路器分别有独立的操作机构,合闸时断路器在主触头的配合时间上存在一定程度的时间差,导致三相断路器不同期合闸。不同期合闸将使系统在短时间内处于非全相运行状态,导致中性点电压偏移,产生零模电流,在三相线路上引起过电压,尤其先合一相引起的过电压比先合两相时严重。根据《高压交流断路器订货技术条件》(DL/T 402—2007)规定,断路器合闸相间不同期不大于 5ms,为模拟断路器不同期合闸较为严重的情况,将选择不同期时间较长的情况进行仿真,在 2.2.4 小节中基准值均为 450kV。

1) 运行工况对合闸过电压的影响

针对图 2-86 所示仿真系统,设置了五种工况,检测不同工况下断路器不带合闸电阻所产生的合闸过电压水平。

工况一:德博 I 回线德宏侧空载合闸,德博 II 回线已经投入运行,德博 I、II 回线并联电抗器、串联补偿都投入,线路两侧都带避雷器。在 A 相工频电压近峰值处三相不同期合闸,分别对断路器不带合闸电阻和带合闸电阻进行仿真,德宏侧、线路 1/5 处、1/2 处、4/5 处和博尚侧线路过电压最大值如表 2-13 和表 2-14 所示。

表 2-13　工况一情况下不带合闸电阻空载合闸过电压最大值

相别	合闸时刻 /s	合闸相位 /(°)	最大过电压/kV				
			德宏侧	1/5 处	1/2 处	4/5 处	博尚侧
A	0.2047	99	638.64	902.20	899.01	851.62	813.69
B	0.2022	−66	633.95	703.05	771.84	771.45	802.35
C	0.2072	264	654.12	841.74	885.82	857.21	805.63

相别	合闸时刻/s	合闸相位/(°)	最大过电压/kV				
			德宏侧	1/5 处	1/2 处	4/5 处	博尚侧
A	0.2042	90	662.43	917.72	915.09	885.52	821.02
B	0.2017	−75	624.53	693.29	748.22	753.91	793.36
C	0.2067	255	647.68	819.16	884.03	858.39	803.40

相别	合闸时刻/s	合闸相位/(°)	最大过电压/kV				
			德宏侧	1/5 处	1/2 处	4/5 处	博尚侧
A	0.2062	126	555.38	716.63	692.03	679.92	755.58
B	0.2037	−39	584.62	694.91	756.26	737.74	802.58
C	0.2087	291	604.96	806.63	809.68	752.23	785.33

表 2-14　工况一情况下带合闸电阻空载合闸过电压最大值

合闸电阻 400Ω,接入时间:10ms

相别	主触头合闸相位/(°)	辅助触头投入时刻/s	主触头投入时刻/s	最大过电压/kV				
				德宏侧	1/5 处	1/2 处	4/5 处	博尚侧
A	90	0.1942	0.2042	471.99	496.67	503.29	522.27	535.43
B	−75	0.1917	0.2017	492.61	518.36	549.30	543.27	553.72
C	255	0.1967	0.2067	445.92	477.28	490.58	514.93	545.16

相别	主触头合闸相位/(°)	辅助触头投入时刻/s	主触头投入时刻/s	最大过电压/kV				
				德宏侧	1/5 处	1/2 处	4/5 处	博尚侧
A	99	0.1947	0.2047	485.38	505.20	518.88	526.60	535.19
B	−66	0.1922	0.2022	487.34	507.90	537.81	551.39	570.90
C	264	0.1972	0.2072	466.32	473.62	496.79	524.94	538.79

合闸电阻 400Ω,接入时间:8ms

相别	主触头合闸相位/(°)	辅助触头投入时刻/s	主触头投入时刻/s	最大过电压/kV				
				德宏侧	1/5 处	1/2 处	4/5 处	博尚侧
A	90	0.1962	0.2042	471.38	535.14	554.51	583.10	607.25
B	−75	0.1937	0.2017	507.33	552.90	557.13	549.52	577.08
C	255	0.1987	0.2067	511.65	561.84	546.17	557.63	568.64

相别	主触头合闸相位/(°)	辅助触头投入时刻/s	主触头投入时刻/s	最大过电压/kV				
				德宏侧	1/5 处	1/2 处	4/5 处	博尚侧
A	99	0.1967	0.2047	485.80	513.20	554.89	596.37	618.71
B	−66	0.1942	0.2022	532.48	548.63	542.84	553.01	558.05
C	264	0.1992	0.2072	510.39	547.49	565.60	578.27	591.41

　　根据表 2-13 和表 2-14 可知,在工况一情况下,当断路器不带合闸电阻时,线路上最大过电压超过 900kV,线路 1/5 处和 1/2 处都会出现高于 2.0p. u. 的操作过电压,仅依靠串补、并补和避雷器不能将空载合闸过电压幅值限制在 2.0p. u. 以下。当断路器带合闸电阻时,合闸电阻会明显减低过电压幅值,沿线电压水平都低于 2.0p. u.。

　　工况二:德博Ⅰ回线德宏侧空载合闸,德博Ⅱ回线不投入运行,德博Ⅰ回线并联电抗器、串联补偿都投入,线路两侧都带避雷器。在 A 相工频电压近峰值处三相不同期合闸,分别对断路器不带合闸电阻和带合闸电阻进行仿真,德宏侧、线路 1/5 处、1/2 处、4/5 处、博尚侧线路过电压最大值如表 2-15 和表 2-16 所示。

表 2-15　工况二情况下不带合闸电阻空载合闸过电压最大值

相别	合闸时刻/s	合闸相位/(°)	最大过电压/kV				
			德宏侧	1/5 处	1/2 处	4/5 处	博尚侧
A	0.2042	90	641.30	932.97	1058.95	1045.00	853.23
B	0.2017	−75	766.05	792.96	712.03	758.45	836.98
C	0.2067	255	709.72	777.14	931.08	930.99	845.78
相别	合闸时刻/s	合闸相位/(°)	德宏侧	1/5 处	1/2 处	4/5 处	博尚侧
A	0.2047	99	602.25	882.46	994.64	986.37	838.03
B	0.2022	−66	770.64	799.64	733.64	756.26	844.32
C	0.2072	264	678.45	798.82	916.04	928.34	846.05
相别	合闸时刻/s	合闸相位/(°)	德宏侧	1/5 处	1/2 处	4/5 处	博尚侧
A	0.2007	27	630.91	729.17	857.09	934.66	830.63
B	0.1982	−138	587.11	676.95	747.68	801.96	810.37
C	0.2032	192	612.26	679.81	695.21	680.80	685.50

表 2-16　工况二情况下带合闸电阻空载合闸过电压最大值

合闸电阻 400Ω,接入时间:10ms

相别	主触头合闸相位/(°)	辅助触头投入时刻/s	主触头投入时刻/s	最大过电压/kV				
				德宏侧	1/5 处	1/2 处	4/5 处	博尚侧
A	90	0.1942	0.2042	484.67	492.17	504.78	504.01	517.69
B	−75	0.1917	0.2017	484.87	504.81	524.56	542.75	565.93
C	255	0.1967	0.2067	495.99	510.13	512.41	530.14	558.39

合闸电阻 400Ω,接入时间:10ms

相别	主触头合闸相位/(°)	辅助触头投入时刻/s	主触头投入时刻/s	最大过电压/kV				
				德宏侧	1/5 处	1/2 处	4/5 处	博尚侧
A	99	0.1947	0.2047	480.35	500.61	511.02	519.73	529.58
B	−66	0.1922	0.2022	509.05	523.15	557.32	570.87	580.42
C	264	0.1972	0.2072	522.08	533.73	526.05	543.30	555.58

合闸电阻 400Ω,接入时间:8ms

相别	主触头合闸相位/(°)	辅助触头投入时刻/s	主触头投入时刻/s	最大过电压/kV				
				德宏侧	1/5 处	1/2 处	4/5 处	博尚侧
A	90	0.1962	0.2042	517.78	538.47	566.97	569.53	568.36
B	−75	0.1937	0.2017	547.42	583.78	623.79	636.80	648.40
C	255	0.1987	0.2067	565.67	609.63	622.92	640.90	667.74

相别	主触头合闸相位/(°)	辅助触头投入时刻/s	主触头投入时刻/s	最大过电压/kV				
				德宏侧	1/5 处	1/2 处	4/5 处	博尚侧
A	99	0.1967	0.2047	505.14	542.72	556.61	562.56	588.77
B	−66	0.1942	0.2022	559.64	599.22	632.63	649.86	662.20
C	264	0.1992	0.2072	592.48	606.29	650.35	676.89	686.36

根据表 2-15 和表 2-16 可知,若母线仅有德博Ⅰ回一条出线,没有其他出线,在断路器不带合闸电阻的情况下,过电压最大值出现在线路 1/2 和 4/5 处,分别为 1058.95kV 和 1045kV。在母线上没有其他出线的情况下,合闸产生的电压行波在母线处的反射系数接近 1,入射波与反射波极性相同,幅值接近,因此过电压幅值明显高于有其他出线的情况。在断路器带合闸电阻的情况下,沿线过电压水平明显低于不带合闸电阻的情况,沿线未超过 2.0p.u. 。

工况三:德博Ⅱ回线不投入,德博Ⅰ回线并联电抗器投入、串补不投入,线路两侧都带避雷器。在 A 相工频电压近峰值处三相不同期合闸,分别对断路器不带合闸电阻和带合闸电阻进行仿真,仿真结果如表 2-17 和表 2-18 所示。

表 2-17　工况三情况下不带合闸电阻空载合闸过电压最大值

相别	合闸时刻/s	合闸相位/(°)	最大过电压/kV				
			德宏侧	1/5 处	1/2 处	4/5 处	博尚侧
A	0.2007	27	630.75	728.83	856.33	933.99	832.70
B	0.1982	−138	586.44	676.51	747.13	801.38	811.77
C	0.2032	192	612.06	679.43	694.93	680.35	686.68

续表

相别	合闸时刻/s	合闸相位/(°)	最大过电压/kV				
			德宏侧	1/5 处	1/2 处	4/5 处	博尚侧
A	0.2042	90	641.04	932.40	1058.30	1044.49	855.60
B	0.2017	−75	766.16	793.17	712.28	759.05	830.94
C	0.2067	255	709.41	777.03	930.99	930.78	848.01

相别	合闸时刻/s	合闸相位/(°)	最大过电压/kV				
			德宏侧	1/5 处	1/2 处	4/5 处	博尚侧
A	0.2047	99	602.00	881.92	994.01	985.85	840.16
B	0.2022	−66	770.72	799.73	733.78	756.65	839.20
C	0.2072	264	678.11	798.65	916.24	928.12	848.24

表 2-18　工况三情况下带合闸电阻空载合闸过电压最大值

合闸电阻 400Ω，接入时间：10ms

相别	主触头合闸相位/(°)	辅助触头投入时刻/s	主触头投入时刻/s	最大过电压/kV				
				德宏侧	1/5 处	1/2 处	4/5 处	博尚侧
A	90	0.1942	0.2042	484.68	492.18	504.46	503.92	509.35
B	−75	0.1917	0.2017	485.22	505.11	524.78	542.93	561.94
C	255	0.1967	0.2067	497.25	511.51	513.06	531.33	546.05

相别	主触头合闸相位/(°)	辅助触头投入时刻/s	主触头投入时刻/s	最大过电压/kV				
				德宏侧	1/5 处	1/2 处	4/5 处	博尚侧
A	99	0.1947	0.2047	480.34	500.42	510.95	519.68	526.38
B	−66	0.1922	0.2022	509.29	523.16	557.37	570.93	578.74
C	264	0.1972	0.2072	522.56	534.39	526.80	543.42	545.55

合闸电阻 400Ω，接入时间：8ms

相别	主触头合闸相位/(°)	辅助触头投入时刻/s	主触头投入时刻/s	最大过电压/kV				
				德宏侧	1/5 处	1/2 处	4/5 处	博尚侧
A	90	0.1962	0.2042	517.18	537.71	566.17	568.68	574.48
B	−75	0.1937	0.2017	547.21	583.38	623.19	636.00	658.99
C	255	0.1987	0.2067	565.95	609.57	622.70	640.87	663.14

相别	主触头合闸相位/(°)	辅助触头投入时刻/s	主触头投入时刻/s	最大过电压/kV				
				德宏侧	1/5 处	1/2 处	4/5 处	博尚侧
A	99	0.1967	0.2047	504.29	541.97	555.72	561.73	568.48
B	−66	0.1942	0.2022	559.37	598.63	631.81	648.99	669.62
C	264	0.1992	0.2072	592.70	606.28	650.13	676.53	684.54

　　根据表 2-17 和表 2-18,若 500kV 母线只剩德博Ⅰ回一条出线,且串补未投入使用,当断路器不带合闸电阻时,过电压最大值出现在线路 1/2 和 4/5 处,分别为 1058.30kV 和 1044.49kV,当断路器带合闸电阻时,沿线过电压幅值未超过 2.0p.u.。比较工况二和工况三的仿真计算结果可知,德博Ⅰ回线串补投入与否,对线路空载合闸过电压的影响不大。

　　工况四:德博Ⅱ回线不投入,德博Ⅰ回线并联电抗器和串补都不投入,线路两侧带避雷器。在 A 相工频电压近峰值处三相不同期合闸,分别对断路器不带合闸电阻和带合闸电阻进行仿真,仿真结果如表 2-19 和表 2-20 所示。

表 2-19　工况四情况下不带合闸电阻空载合闸过电压最大值

相别	合闸时刻/s	合闸相位/(°)	最大过电压/kV				
			德宏侧	1/5 处	1/2 处	4/5 处	博尚侧
A	0.2042	90	668.08	966.02	1102.88	1076.03	867.23
B	0.2017	—75	785.71	843.95	810.20	781.31	816.35
C	0.2067	255	749.36	821.95	971.02	948.50	856.37

相别	合闸时刻/s	合闸相位/(°)	最大过电压/kV				
			德宏侧	1/5 处	1/2 处	4/5 处	博尚侧
A	0.2047	99	639.97	920.65	1052.32	1047.24	857.99
B	0.2022	—66	789.25	857.84	819.82	785.03	837.32
C	0.2072	264	735.37	795.66	946.56	948.29	858.09

表 2-20　工况四情况下带合闸电阻空载合闸过电压最大值

合闸电阻 400Ω,接入时间:10ms

相别	主触头合闸相位/(°)	辅助触头投入时刻/s	主触头投入时刻/s	最大过电压/kV				
				德宏侧	1/5 处	1/2 处	4/5 处	博尚侧
A	90	0.1942	0.2042	571.11	606.63	622.68	632.86	658.99
B	—75	0.1917	0.2017	659.17	694.08	666.93	686.99	729.16
C	255	0.1967	0.2067	650.45	752.80	773.91	786.94	792.63

相别	主触头合闸相位/(°)	辅助触头投入时刻/s	主触头投入时刻/s	最大过电压/kV				
				德宏侧	1/5 处	1/2 处	4/5 处	博尚侧
A	99	0.1947	0.2047	567.10	571.77	614.82	642.93	656.68
B	—66	0.1922	0.2022	643.21	664.60	638.90	663.96	679.01
C	264	0.1972	0.2072	662.01	733.15	781.81	799.56	797.12

续表

合闸电阻 400Ω,接入时间:8ms

相别	主触头合闸相位/(°)	辅助触头投入时刻/s	主触头投入时刻/s	最大过电压/kV				
				德宏侧	1/5 处	1/2 处	4/5 处	博尚侧
A	90	0.1962	0.2042	576.57	613.29	627.66	649.25	666.15
B	−75	0.1937	0.2017	670.78	701.51	682.06	682.44	698.27
C	255	0.1987	0.2067	656.74	775.25	798.31	809.47	798.80
相别	主触头合闸相位/(°)	辅助触头投入时刻/s	主触头投入时刻/s	最大过电压/kV				
				德宏侧	1/5 处	1/2 处	4/5 处	博尚侧
A	99	0.1967	0.2047	562.17	575.43	595.20	612.62	622.02
B	−66	0.1942	0.2022	654.75	680.89	666.57	678.55	687.91
C	264	0.1992	0.2072	673.12	748.76	802.96	817.68	807.56

根据表 2-19 和表 2-20 可知,由于没有并联电抗器的补偿作用,与带并联电抗器的工况三相比,当断路器不带合闸电阻时,空载合闸产生的过电压更高,线路中点处产生的过电压最高,线路中点处过电压最大值为 1102.88kV,超过 2.0p.u.,当断路器带合闸电阻时,沿线电压没有升高到 2.0p.u. 以上,但是在线路 4/5 处与博尚侧,过电压幅值已经接近 2.0p.u.。

工况五:德博 II 回线不投入,德博 I 回线并联电抗器和串补都不投入,线路两侧不带避雷器。在 A 相工频电压近峰值处三相不同期合闸,别对断路器不带合闸电阻和带合闸电阻进行仿真,仿真结果如表 2-21 和表 2-22 所示。

表 2-21　工况五情况下不带合闸电阻空载合闸过电压最大值

相别	合闸时刻/s	合闸相位/(°)	最大过电压/kV				
			德宏侧	1/5 处	1/2 处	4/5 处	博尚侧
A	0.2042	90	677.98	941.30	1094.01	1139.25	1204.20
B	0.2017	−75	771.18	842.58	990.95	960.50	1125.83
C	0.2067	255	747.64	973.50	1164.59	1236.24	1284.08
相别	合闸时刻/s	合闸相位/(°)	最大过电压/kV				
			德宏侧	1/5 处	1/2 处	4/5 处	博尚侧
A	0.2047	99	660.07	885.11	1019.81	1047.68	1103.48
B	0.2022	−66	769.49	819.09	958.29	918.52	1104.35
C	0.2072	264	754.93	927.32	1134.80	1195.66	1256.36

表 2-22　工况五情况下带合闸电阻空载合闸过电压最大值

合闸电阻接入时间:10ms

相别	主触头合闸相位/(°)	辅助触头投入时刻/s	主触头投入时刻/s	最大过电压/kV				
				德宏侧	1/5 处	1/2 处	4/5 处	博尚侧
A	90	0.1942	0.2042	484.68	492.18	504.46	503.92	509.35
B	−75	0.1917	0.2017	485.22	505.11	524.78	542.93	561.94
C	255	0.1967	0.2067	497.25	511.51	513.06	531.33	546.05
相别	主触头合闸相位/(°)	辅助触头投入时刻/s	主触头投入时刻/s	最大过电压/kV				
				德宏侧	1/5 处	1/2 处	4/5 处	博尚侧
A	99	0.1947	0.2047	480.34	500.42	510.95	519.68	526.38
B	−66	0.1922	0.2022	509.29	523.16	557.38	570.94	578.74
C	264	0.1972	0.2072	522.56	534.39	526.80	543.42	545.55

合闸电阻接入时间:8ms

相别	主触头合闸相位/(°)	辅助触头投入时刻/s	主触头投入时刻/s	最大过电压/kV				
				德宏侧	1/5 处	1/2 处	4/5 处	博尚侧
A	90	0.1962	0.2042	518.54	540.89	572.75	574.85	580.42
B	−75	0.1937	0.2017	554.08	587.11	636.78	651.75	672.29
C	255	0.1987	0.2067	565.95	609.57	630.71	653.06	676.42
相别	主触头合闸相位/(°)	辅助触头投入时刻/s	主触头投入时刻/s	最大过电压/kV				
				德宏侧	1/5 处	1/2 处	4/5 处	博尚侧
A	99	0.1967	0.2047	507.27	544.26	566.09	572.91	578.16
B	−66	0.1942	0.2022	564.32	608.15	638.39	668.19	693.11
C	264	0.1992	0.2072	593.10	606.37	652.90	690.95	701.60

　　根据表 2-21 和表 2-22 可知,在没有避雷器抑制线路过电压的情况下,线路末端博尚侧的过电压水平明显升高,线路上 1/2、4/5 处三相过电压幅值都超过了 2.0p.u.。当断路器带合闸电阻时,沿线电压没有升高到 2.0p.u. 以上,合闸电阻有效地抑制了过电压幅值。

　　在断路器不带合闸电阻的情况下,当空载线路合闸时,在工频电压峰值或峰值附近,线路上可能出现超过 2.0p.u. 的操作过电压。避雷器对线路两端的操作过电压的抑制效果良好,但是对线路中间部分的过电压基本没有抑制效果。当母线上只有一条出线时,电压行波在母线处的反射系数接近于 1,从对端母线反射至线路首端的行波会在首端叠加产生接近于 2 倍电压行波幅值的电压,因此,当 500kV 母线只有一条出线时,应考虑采用一些过电压抑制措施,如断路器合闸电阻等,以达到将合空线过电压限制到行标允许范围的目的。线路两端安装并联电抗器对线路两端空载合闸过电压有一定的抑制效果,而串联补偿对过电压的影响较小。

在断路器带合闸电阻的情况下,即使在母线上仅有一回出线、串补和并补都不投入、两侧未安装避雷器这样严苛的条件下,线路中间和末端过电压都不超过 2.0p.u.。可见对于 500kV 长距离输电线路,断路器装设合闸电阻对于抑制空载合闸操作过电压效果显著,且断路器合闸电阻的接入时间会影响过电压抑制效果,接入时间越长,对过电压的抑制作用越明显。

2) 线路长度对空载合闸过电压的影响

由于线路存在对地电容,长距离输电线路末端的电压容升效应明显,线路长度是合闸操作过电压最敏感的影响因素之一,线路长度越长,合闸过电压水平随之越高。为计算线路长度不同的情况下,合闸电阻对空载合闸过电压的影响,对图 2-86 所示系统模型进行仿真,计算不同线路长度对空载三相不同期合闸过电压水平的影响。设 500kV 母线仅德博 I 回一条出线,线路串补退出运行,线路两侧并联电抗器和避雷器都投入,并联电抗器补偿度为 50%,合闸电阻为 400Ω,计算结果见表 2-23。

表 2-23 线路长度对空载合闸过电压的影响

线路长度 /km	相别	合闸时刻/s	合闸相位 /(°)	最大过电压/kV				
				德宏侧	1/5 处	1/2 处	4/5 处	博尚侧
80	A	0.2042	90	545.61	652.40	616.83	610.59	617.83
	B	0.2017	−75	648.09	627.45	730.06	800.07	617.83
	C	0.2067	255	652.40	670.93	727.89	730.95	752.88
120	A	0.2042	90	608.56	665.72	727.75	748.87	785.14
	B	0.2017	−75	662.06	710.49	780.66	777.17	785.14
	C	0.2067	255	665.72	639.52	644.28	816.95	818.86
160	A	0.2042	90	631.92	678.97	813.49	818.56	797.68
	B	0.2017	−75	637.12	807.41	755.89	884.45	797.68
	C	0.2067	255	678.97	843.50	861.96	916.70	846.15
200	A	0.2042	90	621.85	699.82	845.73	863.53	823.46
	B	0.2017	−75	774.68	757.16	785.59	852.46	823.46
	C	0.2067	255	699.82	908.09	967.29	1026.7	868.12
258	A	0.2042	90	641.04	932.40	1058.3	1044.5	855.60
	B	0.2017	−75	766.16	793.17	712.28	759.05	830.94
	C	0.2067	255	709.41	777.03	930.99	930.78	848.01

　　根据以上计算结果,在德博Ⅰ回线的实际参数下,德宏变 500kV 母线上只有德博Ⅰ回一条出线的运行工况下,当线路长度超过 160km 时,空载合闸过电压在线路 4/5 处过电压略高于 2.0p. u. 。综合线路长度和母线出线情况,500kV 长距离输电线路断路器合闸电阻的适用条件可得出以下结论:

　　(1) 线路长度超过 160km 时,建议电源侧的断路器配置合闸电阻,以起到较好抑制线路空载合闸过电压的效果。

　　(2) 线路长度低于 160km 时,根据线路所在系统运行条件确定是否可取消合闸电阻,利用并联电抗器、避雷器等措施抑制操作过电压。

　　2. 重合闸过电压仿真分析

　　设线路运行工况为德宏侧 500kV 母线只有德博Ⅰ回一条出线,线路串补退出运行,并联电抗器和避雷器正常投运。按德宏侧断路器是否带合闸电阻两种情况分别进行计算重合闸电压。A 相单相接地故障发生时刻分别设为 0.205s(90°)和 0.2s(0°),故障点位于线路中点,接地故障持续时间为 0.1s,故障 40ms 后线路两侧断路器动作跳闸,断路器动作 0.9s 后重合闸动作,不带合闸电阻时,沿线过电压仿真计算结果如表 2-24 所示。

表 2-24　德博Ⅰ回线单相接地故障重合闸过电压(不带合闸电阻,德宏Ⅱ回退出)

条件	故障相别	德宏侧/kV	1/5 处/kV	1/2 处/kV	4/5 处/kV	博尚侧/kV
故障初相角 0°	A	490.91	506.87	488.02	491.24	483.62
	B	460.08	457.62	451.70	446.59	441.21
	C	450.98	453.04	453.17	450.90	445.53
故障初相角 45°	A	692.75	753.04	775.25	830.11	771.28
	B	520.08	525.39	574.63	507.14	514.74
	C	482.12	495.81	530.72	529.74	494.95
故障初相角 90°	A	652.21	723.82	802.19	864.17	737.06
	B	564.56	554.73	564.58	586.63	591.88
	C	592.26	625.44	646.58	587.67	548.84

　　在断路器带合闸电阻的重合闸仿真中,带合闸电阻断路器操作时序如下:①0.205s 时,发生单相接地(故障持续时间 0.1s);②0.245s 时,断路器动作跳闸;③1.145s 时,合闸电阻辅助触头接入(开始重合闸);④1.153s 时,断路器主触头投入;⑤1.155s 时,合闸电阻辅助触头退出。沿线过电压的仿真结果如表 2-25 和表 2-26 所示。

表 2-25　德博 I 回线单相接地故障重合闸过电压(带合闸电阻,德宏 II 回退出)

条件	故障相别	德宏侧/kV	1/5 处/kV	1/2 处/kV	4/5 处/kV	博尚侧/kV
故障初相角 0°	A	480.06	447.85	469.63	462.39	450.84
	B	442.89	438.63	438.26	437.55	450.84
	C	447.85	451.70	449.87	442.88	438.38
故障初相角 45°	A	612.02	453.77	628.66	653.36	625.13
	B	496.52	539.46	534.51	495.05	625.13
	C	453.77	458.92	464.09	457.24	463.69
故障初相角 90°	A	637.80	559.00	670.40	730.12	629.13
	B	528.60	537.58	555.36	519.18	629.13
	C	559.00	561.90	543.32	518.86	522.84

表 2-26　德博 I 回线单相接地故障重合闸过电压(A 相故障,带合闸电阻,德宏 II 回投入运行)

条件	故障相别	德宏侧/kV	1/5 处/kV	1/2 处/kV	4/5 处/kV	博尚侧/kV
故障初相角 90°	A	615.35	482.38	616.39	622.72	531.88
	B	534.48	559.16	580.61	564.60	531.88
	C	482.38	520.78	574.04	561.33	517.57

　　根据仿真计算结果,在线路相同运行工况下,发生单相接地瞬时故障时,断路器带合闸电阻相比不带合闸电阻所产生的过电压幅值减少了 177kV。但是断路器不带合闸电阻进行瞬时性故障重合闸操作时,暂态过电压未超过规程规定的 2.0p.u. 操作过电压。因此,仅从满足线路重合闸操作过电压的角度来看,500kV 德博 I 回线德宏侧断路器无须安装合闸电阻。

　　3. 合闸电阻阻值大小对合闸过电压的影响

　　合闸电阻值大小会影响电阻上压降的大小,进而影响线路上的过电压幅值,电阻值过大可能会导致断路器造价昂贵,而电阻值过小会导致过电压抑制效果达不到要求。根据前面所做仿真分析可知,在相同运行工况下,单相重合闸产生的过电压小于空载线路合闸产生的过电压,因此,合闸电阻的阻值大小应按照空载合闸过电压大小进行选择。为分析适合于德博线的合闸电阻阻值,对图 2-86 所示模型进行仿真计算,设线路运行工况为德宏侧 500kV 母线只有德博 I 回一条出线,线路串补退出运行,并联电抗器和避雷器正常投运,合闸电阻接入时长为 8ms,A 相辅助触头合闸时间比 C 相提前 2.5ms,相位为 90°,B 相辅助触头合闸时间比 C 相提前 5ms,相位为 -75°,C 相合闸相位为 255°,线路两端和中点处的过电压幅值如图 2-88 所示。

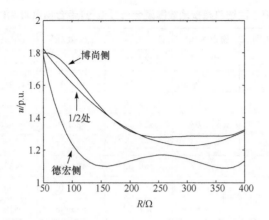

图 2-88　合闸电阻阻值大小对空载合闸过电压的影响

　　由图 2-88 可知,合闸电阻值越大,过电压幅值越低。当合闸电阻值降低到 50Ω 时,空载线路合闸过电压也没有超过 2.0p. u.。合闸电阻能够有效抑制空载合闸过电压的大小,即使合闸电阻值仅有 50Ω,也能够将空载合闸过电压限制在 2.0p. u. 以下。合闸电阻值与空载合闸过电压抑制效果并非线性关系,需要选择合适的合闸电阻值才能达到最佳的空载合闸过电压幅值抑制效果。

　　在运行工况相同的情况下,空载线路合闸产生的过电压高于单相重合闸过电压,因此,计算合闸过电压应着重关注空载线路合闸过电压,要确定线路是否需要安装合闸电阻或选择合适的合闸电阻阻值大小,只需保证合闸电阻能够将空载合闸过电压抑制在 2.0p. u. 以下即可。线路长度会影响空载合闸过电压大小,线路越长,过电压越大。在线路两端装设了并联电抗器和避雷器的情况下,当线路长度超过 160km 时,线路上空载合闸过电压可能超过 2.0p. u.,因此,若线路长度超过 160km,应考虑装设合闸电阻,避免合闸过电压过高引起绝缘安全问题。针对德博Ⅰ回线路,在线路两端并联电抗器正常投运并安装了避雷器的情况下,若不安装合闸电阻,空载合闸过电压会超过 2.0p. u.,若安装合闸电阻,即使合闸电阻值只有 50Ω,也能够将空载合闸过电压幅值限制在 2.0p. u. 以下,故应建议德博线路装设合闸电阻,以保证合闸过电压对线路的过电压冲击在合理范围内,但是可以适当减小合闸电阻值大小,即使合闸电阻值降低到 50Ω,合闸电阻也能够明显降低合闸过电压幅值。在诸如云南等高原山地环境,带合闸电阻的断路器需经远距离运输,降低合闸电阻值可以减小合闸电阻装置的体积大小,减少带合闸电阻在运输过程中因路途颠簸而导致的损坏,从而降低合闸电阻带缺陷或带故障运行的概率。

2.3　110kV 线缆混合线路

110kV 输电线路往往毗邻居民住宅区、大型工厂等人口稠密地区。为减少输电线路走廊占地面积,减小电网对交通运输和城市建设的影响,110kV 系统常采用线缆混合线路进行输电。

和架空线相比,电缆的单位长度充电电容为架空线的 15 倍左右,单位长度电缆流过的电容电流更大,因容升效应造成的工频过电压更为明显。

电力电缆结构复杂,每根电缆都是由电缆芯、屏蔽层、护层等组成的多导体传输系。在建立电缆的电路模型时,往往将电缆视为 n 个平行导体系统,再共同与大地构成回路,数值 n 需根据电缆的具体结构来确定。图 2-89(a)所示为单相单芯电缆截面图。以分布参数模型作为单相单芯电缆线路的等效电路模型,在分布参数输电线路上取一长度为 $\mathrm{d}x$ 的微元段,在微元段上忽略参数的分布性,以集中参数代表微元段,则每根电缆的微元段等效电路模型如图 2-89(b)所示,图中,R_k 和 L_k $(k=c,s,g)$ 分别为导芯、护层、大地单位长度电阻、电感,Y_{cs} 和 Y_{sg} 分别为导芯与护层、护层与大地之间的导纳,M_{cs}、M_{sg} 和 M_{cg} 分别为导芯与护层、护层与大地、导芯与大地之间的互感。

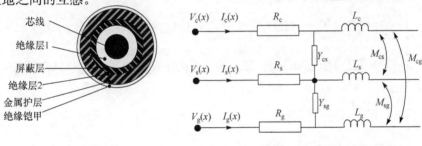

(a) 单相单芯电缆截面图　　　　　　　　(b) 单相单芯电缆微元段模型

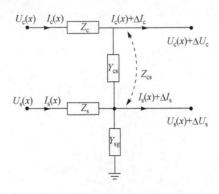

(c) 单相单芯电缆微元段简化等效电路

图 2-89　单相单芯电缆结构与等效电路

根据图 2-89(b)所示电路,电缆上任一点电压 $u(x,t)$ 和电流 $i(x,t)$ 满足如下等式:

$$
\begin{cases}
-\dfrac{\partial u_{cg}}{\partial x}=R_c i_c+L_c\dfrac{\partial i_c}{\partial t}+M_{cg}\dfrac{\partial i_g}{\partial t}+M_{cs}\dfrac{\partial i_s}{\partial t}-R_g i_g-L_g\dfrac{\partial i_g}{\partial t}-M_{cg}\dfrac{\partial i_c}{\partial t}-M_{sg}\dfrac{\partial i_s}{\partial t}\\[3mm]
-\dfrac{\partial u_{sg}}{\partial x}=R_s i_s+L_s\dfrac{\partial i_s}{\partial t}+M_{sg}\dfrac{\partial i_g}{\partial t}+M_{cs}\dfrac{\partial i_c}{\partial t}-R_g i_g-L_g\dfrac{\partial i_g}{\partial t}-M_{sg}\dfrac{\partial i_s}{\partial t}-M_{cs}\dfrac{\partial i_c}{\partial t}\\[3mm]
-\dfrac{\partial u_{cs}}{\partial x}=R_c i_c+L_c\dfrac{\partial i_c}{\partial t}+M_{cg}\dfrac{\partial i_g}{\partial t}+M_{cs}\dfrac{\partial i_s}{\partial t}-R_s i_s-L_s\dfrac{\partial i_s}{\partial t}-M_{sg}\dfrac{\partial i_g}{\partial t}-M_{cs}\dfrac{\partial i_c}{\partial t}
\end{cases}
$$

$$(2\text{-}86)$$

$$
\begin{cases}
-\dfrac{\partial i_c}{\partial x}=G_{cs}u_{cs}+C_{cs}\dfrac{\partial u_{cs}}{\partial t}\\[3mm]
-\dfrac{\partial i_s}{\partial x}=G_{cs}u_{cs}+C_{cs}\dfrac{\partial u_{cs}}{\partial t}+G_{sg}u_{sg}+C_{sg}\dfrac{\partial u_{sg}}{\partial t}\\[3mm]
-\dfrac{\partial i_g}{\partial x}=G_{sg}u_{sg}+C_{sg}\dfrac{\partial u_{sg}}{\partial t}
\end{cases}
$$

$$(2\text{-}87)$$

将图 2-89(b)所示电路模型简化为图 2-89(c)所示等效电路,则式(2-86)和式(2-87)的频域表达式可写为

$$
\begin{cases}
\dfrac{\partial U_{cg}}{\partial x}=[R_c+R_g+s(L_c+L_g-2M_{cg})]I_c+[R_g+s(L_g+M_{cs}-M_{cg})]I_s\\[3mm]
\dfrac{\partial U_{sg}}{\partial x}=[R_g+s(L_g+M_{cs}-M_{cg})]I_c+[R_s+R_g+s(L_s+L_g-2M_{sg})]I_s\\[3mm]
\dfrac{\partial I_c}{\partial x}=Y_{cs}U_{cg}-Y_{cs}U_{sg}\\[3mm]
\dfrac{\partial I_s}{\partial x}=-Y_{cs}U_{cg}+(Y_{cs}+Y_{sg})U_{sg}
\end{cases}
$$

$$(2\text{-}88)$$

写为矩阵形式则为

$$
\begin{bmatrix}\dfrac{\partial \boldsymbol{U}}{\partial x}\\[3mm]\dfrac{\partial \boldsymbol{I}}{\partial x}\end{bmatrix}=\begin{bmatrix}\mathbf{0}&\boldsymbol{Z}\\\boldsymbol{Y}&\mathbf{0}\end{bmatrix}\begin{bmatrix}\boldsymbol{U}\\\boldsymbol{I}\end{bmatrix}
$$

$$(2\text{-}89)$$

式中

$$
\boldsymbol{U}=[\,U_{cg}\quad U_{sg}\,]^{\mathrm{T}}
$$

$$(2\text{-}90a)$$

$$
\boldsymbol{I}=[\,I_c\quad I_s\,]^{\mathrm{T}}
$$

$$(2\text{-}90b)$$

$$
\boldsymbol{Z}=\begin{bmatrix}R_c+R_g+s(L_c+L_g-2M_{cg})&R_g+s(L_g+M_{cs}-M_{cg})\\R_g+s(L_g+M_{cs}-M_{cg})&R_s+R_g+s(L_s+L_g-2M_{sg})\end{bmatrix}
$$

$$(2\text{-}91a)$$

$$Y = \begin{bmatrix} Y_{cs} & -Y_{cs} \\ -Y_{cs} & Y_{cs}+Y_{sg} \end{bmatrix} \qquad (2\text{-}91\mathrm{b})$$

根据后文中图 2-94 所示电缆参数，工频下，式(2-91a)和式(2-91b)所示电缆阻抗与导纳矩阵为

$$Z = \begin{bmatrix} 0.0681+\mathrm{j}0.6929 & 0.0494+\mathrm{j}0.6279 \\ 0.0494+\mathrm{j}0.6279 & 0.2529+\mathrm{j}0.6269 \end{bmatrix} \Omega/\mathrm{km}$$

$$Y = \begin{bmatrix} 0.5249\times10^{-4} & -0.5249\times10^{-4} \\ -0.5249\times10^{-4} & 0.5266\times10^{-3} \end{bmatrix} \mathrm{S/km}$$

由于电缆的对地电导非常小，通常在工程中可以忽略，并且电缆线路的相间电容也很小，数量级为 $10^{-20}\mathrm{F}$，也可忽略，但各相导体对地电容又不会随着电缆敷设情况等因素而改变。电缆阻抗参数随频率变化较为突出，当频率升高超过某一范围后，电缆导芯与屏蔽层的互阻抗接近屏蔽层自阻抗。单芯电缆构成的多相系统发生单相短路故障，主要是自参数决定行波过程，而互参数几乎不影响其行波过程。顺便指出，与三芯电力电缆或架空线路相比，单芯电缆构成的三相电缆线路在故障行波测距、频差法测距方面优势明显，将在第 4、5 章详述。

与架空线相比，电缆依频特性突出，行波在传播过程中畸变较为严重，行波波头顶部更为平缓。设架空线与电缆均为半无限长线路，架空线与电缆的参数如 2.3.2 节中的图 2-94 所示，一段阶跃波分别在架空线和电缆上传播 20km 后，架空线上行波波形和电缆上行波波形的比较如图 2-90 所示。

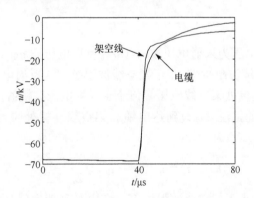

图 2-90　行波分别在架空线和电缆传播 20km 后的波形比较

由图 2-90 可知，行波分别在架空线和电缆上传播相同的距离后，与架空线上的行波波头相比，电缆上的行波波头顶部更为平缓，波头幅值更小。电缆电阻和电感的依频特性更为明显，行波色散更为严重，但是行波到达时刻的标定主要是依据行波突变最为明显的部分进行标定，电缆对行波的色散作用对行波的标定影响较小。

2.3.1 110kV 线缆混合线路过电压

110kV 线路多架设于城市、村镇等人员密集区域,因此出线多为电缆与架空线混合线路,简称线缆混合线路或缆线混合线路。与超高压输电线路相比,110kV 输电线路杆塔高度较低,绝缘水平较差,受雷电绕击的可能性较小,更易遭受雷电反击。110kV 线缆混合线路不仅要考虑雷击对架空线的影响还要考虑电缆遭受的雷击过电压。

电缆线路单位长度电容远大于架空线,空载电缆产生的工频过电压远大于相同长度的架空线。故障和断路器操作是造成 110kV 线缆混合线路发生内部过电压的主要原因。由于架空线和电缆的波阻抗差距较大,故障或断路器操作产生的行波会在电缆和架空线连接处发生折反射,电缆长度往往较短,短时间内,电缆与架空线连接处可能会有多次行波到达并相互叠加,导致连接处发生过电压。

在架空线遭受雷电绕击的情况下,不仅架空线会遭受雷电冲击,且雷击在架空线上产生的电压行波由架空线传入电缆,可能造成电缆护套过电压。在电缆护套不接地端或绝缘接头处,雷电入侵波产生的过电压可能超过护套绝缘水平,造成电缆护套被击穿,引起接地故障。

在发生雷击架空线的情况下,雷电冲击造成的电压行波由雷击点向导线两端传播。设架空线和电缆的波阻抗分别为 Z_{c1} 和 Z_{c2},当雷击架空线造成的行波 $u_{f1}(t)$ 到达架空线和电缆的连接处时,连接处架空线的电压 $u_{line}(t)$ 为

$$u_{line}(t) = u_{f1}(t) + u_{f1}(t)\frac{Z_{c2} - Z_{c1}}{Z_{c1} + Z_{c2}} \tag{2-92}$$

连接处架空线电压为入射电压波 $u_{f1}(t)$ 和反射电压波 $u_{f1}(t)(Z_{c2} - Z_{c1})/(Z_{c2} + Z_{c1})$ 的叠加,因电缆波阻抗 Z_{c2} 小于架空线波阻抗 Z_{c1},反射电压波极性和入射电压波极性相反,故连接处架空线电压幅值小于入射电压波幅值。

在电缆上传播的行波 $u_{f2}(t)$ 到达电缆和架空线连接处时也会发生折反射,连接处的电缆电压 $u_{cable}(t)$ 为

$$u_{cable}(t) = u_{f2}(t) + u_{f2}(t)\frac{Z_{c1} - Z_{c2}}{Z_{c1} + Z_{c2}} \tag{2-93}$$

电缆波阻抗 Z_{c2} 小于架空线波阻抗 Z_{c1},在电缆和架空线连接处入射电压波和反射电压波极性相同,连接处电缆电压幅值大于入射电压波幅值。在电缆长度较短的情况下,当电缆行波波头到达架空线和电缆连接处后,在连接处产生的反射波向沿着和入射波相反的方向传播,在电缆上和入射波波尾部分相叠加,反射波到达电缆末端后再次发生反射。设如图 2-91 所示的线缆混合线路上,L_1 和 L_2 为架空线,假设架空线 L_1 和 L_2 为无穷长线,波阻抗分别为 Z_{c1} 和 Z_{c2},Cable 为电缆,波阻抗为 Z_{c3},指数波 $u_f(t) = Ue^{-\alpha t}$ 由架空线 L_1 从 M 点传入电缆 Cable。

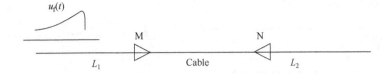

图 2-91　行波在线缆混合线路上传播示意图

忽略行波在传播过程中的衰减和畸变,行波在电缆上经过 n 次折反射后,电缆 Cable 和架空线 L_2 连接处 N 点的电压 $u_{\mathrm{N}}(t)$ 为

$$u_{\mathrm{N}}(t) = U\frac{2Z_{c3}}{Z_{c1}+Z_{c3}}\sum_{i=0}^{n}\mathrm{e}^{-a[t+(n-i)T]}\left[\frac{(Z_{c3}-Z_{c1})(Z_{c2}-Z_{c3})}{(Z_{c1}+Z_{c3})(Z_{c2}+Z_{c3})}\right]^{i} \quad (2\text{-}94)$$

式中,T 为行波从电缆始端传播至末端所需时间,电缆长度越短,T 越小,指数项 $\mathrm{e}^{-a[t+(n-i)T]}$ 数值越大,电缆末端电压 $u_{\mathrm{N}}(t)$ 越大。电缆长度一般仅为数百米至数千米。为了防止电缆两端电压过高,电缆和架空线连接处往往接有避雷器,电缆两端的护套直接接地。

1. 空载线路工频过电压

故障和断路器操作是造成 110kV 线缆混合线路发生内部过电压的主要原因,故障和空载线路合闸产生的行波会在电缆和架空线连接处发生折反射,可能导致连接处发生过电压。单位长度电缆线路的电容电流较大,空载电缆线路是 110kV 线缆混合线路产生工频过电压的原因。

当电流护套破损或被过电压击穿时可能导致电缆发生接地故障,电缆护套绝缘被损坏后不会自行修复,故电缆故障一般为永久性故障。为防止故障导致断路器跳闸后自动重合闸重合于带故障的电缆,对电缆绝缘和系统稳定造成进一步破坏,变电站处继电保护检测到导线故障后,一般采取三相跳闸且不装设自动重合闸的保护措施,但是线缆混合线路的故障并非都是永久性故障。2.3.2 节将从过电压的角度探讨自动重合闸运用于 110kV 线缆混合线路的可能性。

电缆由护套、芯线等部分组成,高压电缆的芯线和金属护套有着紧密的电磁耦合。在电缆正常运行时护套上会产生感应电压,护套上的感应电压会在电缆和大地之间形成环流。为了减小正常运行时流经金属护套的环流并避免过电压时金属护套感应电压过高导致护套绝缘击穿,往往需要对高压电缆金属护套采取特殊的连接和接地方式,电缆线路较短时可采取金属护套单端接地或护套中点接地长度的方式,分别如图 2-92(a)和(b)所示。电缆线路传输功率较小时也可采用护套两端接地的方式,但稍长一点的高压电缆线路都采用金属护套交叉互连方式,即将电缆线路分成若干大段,大段之间三相金属护套直接接地,每个大段再分成长度相等的三小段,小段之间用绝缘接头连接,绝缘接头处金属护套三相间用同轴电缆经换位箱进行换位连接。

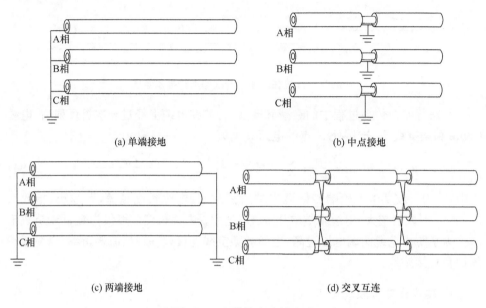

(a) 单端接地　　　　　　　　　　　(b) 中点接地

(c) 两端接地　　　　　　　　　　　(d) 交叉互连

图 2-92　电缆护套连接方式

　　超过 1km 长的电缆通常使用交叉互连方式连接护套,护套交叉点的电缆护套结构不同于其他位置的护套结构。电缆芯线和护套之间存在紧密的电磁耦合,护套结构发生改变将影响电缆线路波阻抗的大小。护套交叉点为电缆波阻抗不连续点,沿电缆传播的行波会在护套交叉点发生折反射,增加了电缆线路行波过程的复杂程度。

　　2. 谐振过电压

　　在中性点接地系统的 110kV 变电站母线上,通常安装有电磁式电压互感器(PT),变电站出线的断路器上装设有均压电容。当发生断路器或刀闸操作导致母线通过断路器的均压电容供电时,暂态过程可能诱发铁磁谐振,导致母线上电压急剧增加,PT 中电流大幅上升导致 PT 外绝缘烧毁或母线避雷器爆炸等事故。

　　空载母线和系统电源相连时,母线由系统电源充电。当母线和系统电源之间的断路器断开后,电源经过与断路器并联的均压电容向母线充电,断路器断开时,母线上电压发生突变,母线 PT 两端电压发生突变,导致 PT 上产生高于稳态值的电流,引起 PT 等效电感减小,可能和并联于断路器两端的均压电容形成谐振回路,引起母线电压异常升高。系统等效电源、均压电容、母线对地电容和母线 PT 所组成的回路如图 2-93(a)所示,其等效简化回路如图 2-93(b)所示。

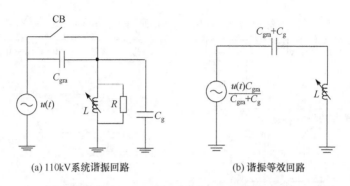

(a) 110kV系统谐振回路　　　　　　　　　(b) 谐振等效回路

图 2-93　110kV 系统谐振回路与等效回路

图 2-93(a) 中, $u(t)$ 为电源电势, C_{gra} 为与断路器并联的均压电容, C_g 为母线对地电容, L 为电磁式电压互感器的等效电感, R 为电磁式电压互感器的等效对地电阻, CB 为断路器。当断路器闭合时, 断口均压电容被短路, 电磁式电压互感器的对地电压和电源电势相等, 母线对地电容 C_g 很小, $\omega L < 1/(\omega C_g)$, 系统不会发生谐振。当断路器 CB 断开后, 电源通过断口均压电容 C_{gra} 与电磁式电压互感器相连, 电磁式电压互感器的等效电感随流过互感器的电流而改变, 可能与母线电容、断路器均压电容组成谐振回路, 造成空载母线电压谐振过电压。图 2-93(a) 可简化为图 2-93(b) 所示的等效简化回路。由图 2-93(b) 可知, 当电磁式电压互感器等效电感 L 与等效电容 $C_{gra}+C_g$ 满足如下等式时, 图 2-93(a) 所示电路会发生谐振:

$$\omega L = 1/[\omega(C_{gra}+C_g)] \tag{2-95}$$

2.3.2　110kV 线缆混合线路过电压仿真分析

本节所用 110kV 线缆混合系统的模型示意图及参数如图 2-94 所示, 图中所示电缆为地下电缆, 电缆护套连接方式为电缆两端护套接地。该电压等级的架空线在工频下的正序波阻抗和零模波阻抗大小分别约为 382Ω 和 614Ω, 正序衰减常数 α_1 约为 1.57×10^{-7} Np/m, 正序相位常数 β_1 约为 1.09×10^{-6} rad/m, 零模衰减常数 α_0 约为 3.06×10^{-7} Np/m, 零模相位常数 β_0 约为 1.41×10^{-6} rad/m。

图 2-94 中所用架空线杆塔为门型双杆塔, 杆塔高度未超过 15m, 可以不考虑杆塔上的波过程。以集中电感模型作为杆塔等效模型, 杆塔等效电感为 0.42μH/m。绝缘子串结构高度为 1.19m, 50% 放电电压为 732.54kV。避雷器额定电压为 108kV, 持续运行电压为 84kV, 雷电冲击电流为 5kA 时残压不大于 281kV。母线对地杂散电容为 580pF。

在输电线路不均匀换位、三相负荷不平衡或发生不对称故障的情况下, 线路中会包含一定的零模电流, 零模电流会通过大地和接地的避雷线流回电源, 示意图如图 2-95(a) 所示。在交变电流的作用下, 导线和大地会出现集肤效应, 使输电线路

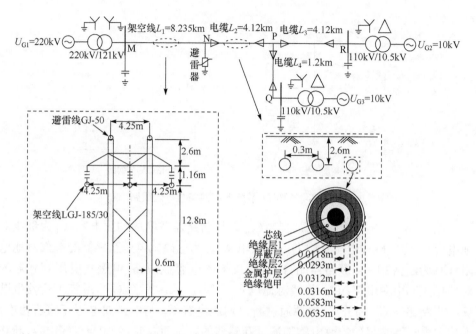

图 2-94　110kV 线缆混合线路模型

的电阻和电感成为电流频率的函数,导致输电线路的电阻和电感矩阵计算较为困难。计算多导体传输系参数矩阵的方法很多,包括 Carson 公式、修正 Carson 公式、Deri 公式等。Carson 公式利用导体与其镜像之间的距离计算多导体传输系的阻抗矩阵。修正 Carson 公式对 Carson 公式进行了简化,一定程度上提高了运算效率。Deri 公式将大地等效为地面下多个不同复数深度的平面,不同频率成分从不同复数深度的平面通过。此处将利用 Carson 公式计算图 2-94 所示线路的阻抗矩阵。在 Carson 模型中,每一条线路在地面下都有对应的镜像,镜像至地面的距离与线路至地面的距离相同,如图 2-95(b)所示。

图 2-95(a)中,i_A、i_B、i_C 分别为三相电流,u_0、i_0 分别为零模电压和零模电流,i_{earth} 为流过大地的电流,i_{n1} 和 i_{n2} 分别为流过两条避雷线的电流。图 2-95(b)中,h_i 为第 i 根导线的对地高度,D_{ik} 为导线 k 的镜像与导线 i 之间的距离,d_{ik} 为导线 i 与导线 k 之间的距离,θ_{ik} 为 D_{ik} 与 h_i 之间的夹角。

根据 Carson 公式,线路自阻抗为

$$Z_{ii} = R_G + 4\omega P_s G + j[2\omega G\ln(r_i/GMR_i) + 2\omega G\ln(2h_i/r_i) + 4\omega Q_s G] \quad (2\text{-}96)$$

线路间互阻抗为

$$Z_{ik} = 4\omega P_m G + j[2\omega G\ln(D_{ik}/d_{ik}) + 4\omega Q_m G] \quad (2\text{-}97)$$

式中,R_G 为单位长度线路直流电阻;ω 为角频率;r_i 为导线 i 的半径;GMR_i 为导线 i 的几何平均半径,设 $n = s, m$,P_s、P_m、Q_s、Q_m 分别为

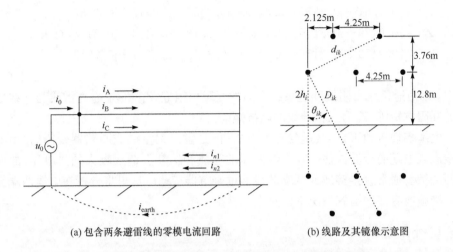

(a) 包含两条避雷线的零模电流回路　　　　　(b) 线路及其镜像示意图

图 2-95　110kV 零模电流回路与线路及其镜像示意图

$$P_n=\frac{\pi}{8}-\frac{k_n\cos\theta_n}{3\sqrt{2}}+\frac{k_n^2}{16}\cos2\theta_n\left(0.6728+\ln\frac{2}{k_n}\right)+\frac{k_n^2}{16}\theta_n\sin2\theta_n+\frac{k_n^3}{45\sqrt{2}}\cos3\theta_n-\frac{\pi k_n^4\cos4\theta_n}{1536}$$

(2-98a)

$$Q_n=-0.0386+-\frac{k\cos\theta_n}{3\sqrt{2}}+\frac{k_n^2}{16}\cos2\theta_n\left(0.6728+\ln\frac{2}{k_n}\right)$$

(2-98b)

$$+\frac{k_n^2}{16}\theta_n\sin2\theta_n+\frac{k_n^3}{45\sqrt{2}}\cos3\theta_n-\frac{\pi k_n^4\cos4\theta_n}{1536}$$

式中, $n=\mathrm{s}$、m; $k_\mathrm{s}=1.1713\times10^{-3}h_i\sqrt{f/\rho}$; $\theta_\mathrm{s}=0$; $k_\mathrm{m}=0.8565\times10^{-3}D_{ik}\sqrt{f/\rho}$; $\theta_\mathrm{m}=\arccos[(h_i+h_k)/D_{ik}]$, 其中, f 为频率, ρ 为大地电阻率。

按照上述公式可计算得到图 2-94 所示线路在 50Hz 工频下的阻抗矩阵, 假设线路均匀换位, 土壤电阻率为 $100\Omega\cdot\mathrm{m}$, 阻抗矩阵如式(2-99)所示。因线路包含 2 根避雷线, 故阻抗矩阵为 5×5 矩阵。

$$\boldsymbol{Z}=\begin{bmatrix}\boldsymbol{Z}_\mathrm{gg}&\boldsymbol{Z}_\mathrm{gl}\\\boldsymbol{Z}_\mathrm{lg}&\boldsymbol{Z}_\mathrm{ll}\end{bmatrix}$$

(2-99)

式中

$$\boldsymbol{Z}_\mathrm{gg}=\begin{bmatrix}0.5746+\mathrm{j}0.7981&0.0477+\mathrm{j}0.3091\\0.0477+\mathrm{j}0.3091&0.5746+\mathrm{j}0.7981\end{bmatrix}\Omega/\mathrm{km}$$

(2-100a)

$$\boldsymbol{Z}_\mathrm{gl}=\boldsymbol{Z}_\mathrm{lg}^\mathrm{T}=\begin{bmatrix}0.0478+\mathrm{j}0.3326&0.0478+\mathrm{j}0.3326&0.0478+\mathrm{j}0.3326\\0.0478+\mathrm{j}0.3326&0.0478+\mathrm{j}0.3326&0.0478+\mathrm{j}0.3326\end{bmatrix}\Omega/\mathrm{km}$$

(2-100b)

$$\boldsymbol{Z}_{ll}=\begin{bmatrix}0.1661+j0.7313 & 0.0479+j0.3155 & 0.0479+j0.3155\\ 0.0479+j0.3155 & 0.1661+j0.7313 & 0.0479+j0.3155\\ 0.0479+j0.3155 & 0.0479+j0.3155 & 0.1661+j0.7313\end{bmatrix}\ \Omega/km$$

$$(2\text{-}100c)$$

式中，$\boldsymbol{Z}_{gg}$ 由避雷线自阻抗和避雷线之间的互阻抗组成；$\boldsymbol{Z}_{gl}$ 和 $\boldsymbol{Z}_{lg}$ 为避雷线与导线之间的互阻抗矩阵；$\boldsymbol{Z}_{ll}$ 为三相导线的阻抗矩阵。

电缆多埋于地下，不会遭受雷电直击，但是雷击架空线或断路器合闸后，由架空线流入电缆的行波往往会在电缆两端的芯线和护套上造成较大的过电压，故电缆两端护套通常直接接地或两端芯线通过避雷器接地。这里将分析在电缆两端无保护措施或有保护措施情况下的过电压情况。

1. 外部过电压

设图 2-94 所示仿真模型在距离 M 端 4km 处发生雷击塔顶。雷电流峰值为 90kA，发生雷击时雷击点 B 相工频电压为负半周 90°，雷击造成 B 相绝缘子闪络，在电缆和架空线连接处未装设避雷器的情况下，在 M 点、N 点、P 点、Q 点和 R 点所测三相电压如图 2-96 所示，图中所示电压为标幺值，基准值为 110kV/$\sqrt{3}\times\sqrt{2}=89.8$kV。

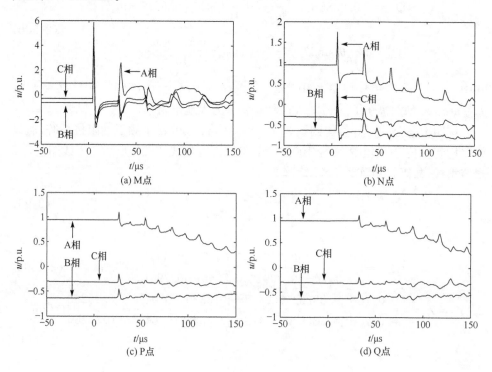

(a) M点　　　　(b) N点

(c) P点　　　　(d) Q点

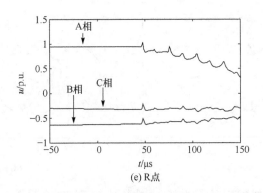

(e) R点

图 2-96 电缆两端未装设避雷器情况下雷击架空线各观测点三相电压

因雷击点距离导线末端较近,雷电流行波衰减较少。由图 2-96(a)可知,绕击在架空线末端引起超过工频电压峰值 6 倍的雷击过电压,雷电流行波由架空线传入电缆后,在电缆两端引起雷击过电压。在电缆和架空线连接处(N 点),电缆芯线超过工频电压峰值 4 倍以上,因电缆波阻抗小于架空线,峰值相同的雷电流行波在电缆芯线上产生的电压行波峰值小于在架空线上产生的电压行波峰值,故雷击在电缆芯线上的过电压倍数小于在架空线情况下,在 P 点、Q 点和 R 点,雷击造成的过电压为工频电压峰值的 2 倍左右。可见,在架空线和电缆连接处未装设避雷器的情况下,雷击会在电缆芯线上造成过电压,在电缆和架空线连接处造成的过电压较为严重。

在电缆和架空线连接处装设避雷器的情况下,距离图 2-94 所示的输电线路 M 端 4km 处发生雷电绕击 B 相导线,雷击造成 B 相绝缘子闪络,雷电流峰值为 25kA,发生雷击时雷击点 B 相工频电压为负半周 90°,N 点、P 点、Q 点和 R 点的三相电压如图 2-97 所示。

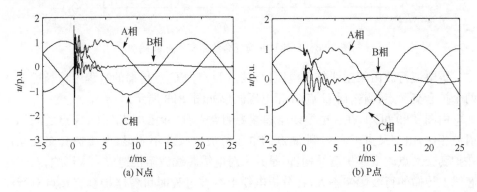

(a) N点

(b) P点

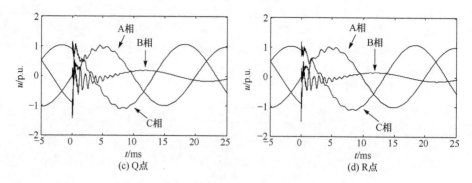

图 2-97　线缆连接处装设避雷器情况下雷击架空线各观测点三相电压

由图 2-97 可知,在电缆和架空线连接处装设避雷器的情况下,雷击造成的电压行波到达架空线和电缆连接处,避雷器两端电压高于避雷器额定电压时避雷器导通,部分雷电流经由避雷器流入大地,由架空线流入电缆的电流减小。和未装设避雷器时相比,雷击在电缆和架空线连接处 N 点造成的过电压倍数明显降低,仅为工频电压峰值的 2 倍左右,电缆末端 P 点、Q 点、R 点的过电压倍数也得到抑制,不超过 2 倍工频电压峰值。在电缆和架空线连接处装设避雷器可降低电缆所承受的过电压水平,抑制雷击对电缆绝缘造成的破坏。

当地下电缆以交叉互连形式连接时,在交叉点的护套波阻抗不连续,需要分析交叉互连可能会对电缆上的波过程产生的影响。设如图 2-98 所示的 110kV 线缆混合线路 A 相导线受到雷电绕击,电缆长度为 1.2km,电缆被划分为三段,每段长度为 0.4km,护套交叉点为 E 点和 F 点,雷击点距离 D 点 30km,雷电流幅值为 20kA,雷击未造成故障。

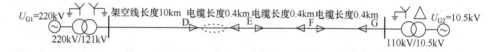

图 2-98　110kV 线缆混合线路交叉互联模型

雷电流行波由架空线传入电缆,行波由 D 点向 G 点传播的过程中将经过 E、F 两个护套交叉点,雷击后 G 点 A 相电压波形如图 2-99 所示。

由图 2-99 可知,在长电缆线路起端观测点来看,和雷电流在 D、G 点之间的反射波相比,由交叉点 F 反射到 G 点的电压行波波头并不明显,电缆护套交叉互连在护套交叉点改变了护套结构,但是并未对电缆芯线波阻抗造成太大影响,对于在芯线上传播的行波影响不大,在分析电缆上行波过程时可忽略护套交叉点对行波传播过程的影响。

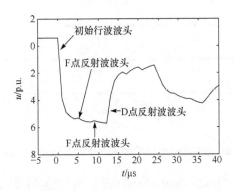

图 2-99　G 点 A 相电压波形

2. 内部过电压

1) 重合闸过电压

因电缆故障多为绝缘被损坏的永久性故障,目前,我国电力系统规程上并未明确指出 110kV 线缆混合线路是否需要装设重合闸。因此,有必要研究此类线路发生瞬时性单相接地故障时,单相自动重合闸在电缆和架空线上所产生的过电压峰值,从而明确单相自动重合闸在 110kV 线缆混合线路上的可行性。

110kV 线缆混合线路设图 2-94 所示线缆混合线路 NP 段电缆发生 A 相导线接地故障,故障点距 N 点 1km,过渡电阻为 10Ω,故障持续 100ms,故障初相角为 90°,故障发生后 200ms,导线两端断路器切除 A 相导线,故障切除后 800ms,重合闸动作 M 点、Q 点、R 点 A 相电压如图 2-100 所示。

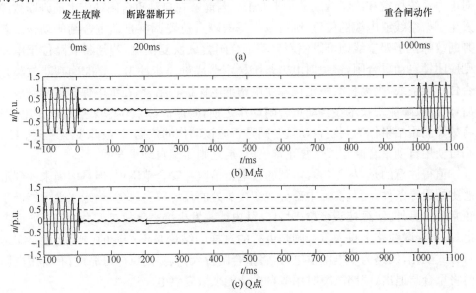

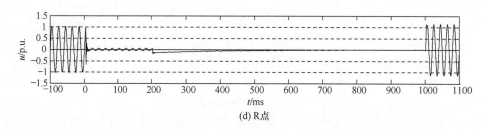

(d) R点

图 2-100　　110kV 线缆混合线路单相接地故障及保护动作后三相电压波形

由图 2-100 可知,当线路两端断路器跳闸,断开 A 相导线后,A 相导线上电流由故障后稳态值迅速变为 0,导线等效电感所包含的磁能迅速转化为导线等效电容的电能,造成导线电压升高。在故障点消失、M 侧自动重合闸动作后,A 相导线和 M 侧电源相连,P 点、Q 点和 R 点都出现了空载线路工频过电压,过电压倍数如表 2-27 所示。

表 2-27　　自动重合闸动作在电缆接头造成的过电压倍数

量测点	N	P	Q	R
过电压倍数/p.u.	1.0874	1.0907	1.0909	1.0927

由表 2-27 可见,自动重合闸在电缆线路上造成的过电压倍数不高,若接地故障发生于架空线,则可能为瞬时性故障,故障点电弧在断路器跳闸后会自动熄弧,自动重合闸可迅速恢复故障线路的正常供电。因电缆绝缘遭到破坏后不会自行恢复,故电缆故障多为永久性故障,若重合闸重合于电缆线路上的永久性故障,则会对电力系统稳定和绝缘造成进一步冲击。若能够在自动重合闸动作之前判断故障发生于架空线或电缆的位置,则可以根据故障点位置调整自动重合闸的动作。若判断故障位于架空线则可以使用自动重合闸尝试恢复供电,若判断故障位于电缆则应闭锁自动重合闸,避免对电力系统稳定造成进一步冲击。要准确判断故障是否位于架空线,则需将故障定位和变电站继电保护相结合,在继电保护检测到故障后,通过故障测距技术在自动重合闸动作之前,判断故障点位于架空线还是电缆,将故障测距结果作为判断自动重合闸是否应该动作的依据,若故障发生于架空线,则可使用自动重合闸尝试恢复正常供电,反之则闭锁自动重合闸。

值得注意的是,尽管仿真得到的过电压倍数在安全范围内,但是因尚未找到最恶劣的边界条件,而且实际中部分线缆接头处的环境较为恶劣,绝缘水平可能低于正常值。另外,线缆接头多位于城区,从电缆头发生爆裂事故对人身的安全方面考虑,提出混联线路上投入重合闸是可行的这样的结论是不严谨的。因此建议在运行方式变化,线路为单电源供电时,将重合闸投入,以提高供电可靠性;有备用电源时将重合闸退出,线路故障时用备自投功能来恢复供电。

2）谐振过电压

110kV 系统的谐振过电压多发生于空载母线倒闸操作的过程中，是由断路器均压电容和电磁式电压互感器组成的谐振回路发生振荡引起的。设图 2-94 所示 110kV 线路与 110kV 变电站母线断开，110kV 变电站母线仅与电磁式电压互感器、变压器相连，仿真示意图如图 2-101(a)所示。图 2-101 中，A、B、C 三相的母线对地电容都为 580pF，每相断路器的断口均压电容为 900pF。110kV 电磁式电压互感器的励磁曲线如图 2-101(b)所示。

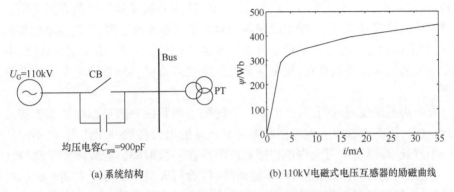

| (a) 系统结构 | (b) 110kV电磁式电压互感器的励磁曲线 |

图 2-101　发生铁磁谐振的 110kV 仿真模型及励磁曲线

图 2-101 所示仿真模型中，仿真开始时断路器 CB 与母线相连，CB 断开后，母线上的三相电压如图 2-102 所示。

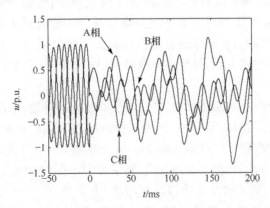

图 2-102　110kV 系统发生铁磁谐振时母线三相电压

图 2-102 中，断路器于 0 时刻分闸，电磁式电压互感器上电压骤降，铁磁谐振发生，母线上三相电压发生振荡。由于电网谐振回路中电感不是常数，回路没有固定的自振频率，既可能产生基频谐振，又可能产生高频谐振（如 2 次、3 次、5 次等）和分频谐振（1/2 次、1/3 次、1/5 次等）。母线三相电压并非稳态工频电压，而是工

频电压和多种谐波的叠加,振荡过程中三相电压瞬时值可能超过稳态工频电压幅值,造成母线电压异常升高。

2.4 35kV 配电网

35kV 配电网系统是一种中压电网,和 220kV 及以上电网中性点直接接地方式不同,配电网中性点通常为不接地或经消弧线圈接地。由于中性点不直接接地的特点,配电网的过电压类型及产生原因和中性点直接接地的电网有所不同。在中性点不直接接地情况下,输电线路各点对地电压并非确定值,当发生单相接地故障时,健全相稳态对地电压幅值会升高至线电压幅值。此外,由于消弧线圈、电磁式电压互感器等元件的存在,配电网易发生中性点直接接地系统不常见的谐振过电压。

在电力系统发展的初期,3kV 及以上的配电网系统一般是以中性点不接地方式运行的。因为中性点和地连接起来对于正常的电力传输并无作用,而不接地却有一个好处,即运行中可允许单相接地故障存在一段时间。若故障属于瞬时性故障,则绝缘可能自行恢复;当故障不能消除时,运行人员一般可以有两小时的时间排除故障,提高了供电可靠性。中性点不接地系统中单相接地时的故障电流随线路长度的增加而增大,这使电弧接地故障难以自动消除,而间歇电弧接地会在系统中引起危险的过电压,导致健全相绝缘损坏,继而发展为两相短路事故。在 20 世纪初,德国和美国分别采取两种不同的方法解决这个问题。德国的 Peterson 在 1916 年提出谐振接地方式,它的作用是由电抗器产生的电感性电流补偿故障处线路对地产生的电容性电流,电弧便容易自动熄灭。而美国的配电网系统大多采用中性点经小电阻接地的方式,发生接地故障时继电保护装置动作,断路器快速切除故障。

目前,配电网的中性点接地方式主要包括中性点不接地、中性点经消弧线圈接地和中性点经小电阻接地等三种。三种中性点接地方式的示意图如图 2-103(a)、(c)、(e)所示。因配电网中性点不直接接地,主变压器 35kV 侧绕组连接方式主要有 △ 和 Y_0 两种。若 35kV 侧绕组为 △ 接线,则系统中不存在中性点,若中性点要装设消弧线圈或电阻器,则需增设 Z 形接地变压器,人为建立一个中点性,以便在中性点接入接地消弧线圈或电阻器,加装 Z 形接地变压器的配电网系统如图 2-103(b)、(d)、(f)所示。

图 2-103(a)所示中性点不接地方式主要应用于单相接地障电容电流小于 10A 的配电网系统。中性点不接地方式结构简单,运行方便,不需要任何附加设备。发生单相接地故障时,流过故障点的电流较小,跨步电压和接触电压低,单相故障后,三相之间的线电压不变,可以保持故障后继续供电。但是系统单相接地时,健全相

电压升高为线电压,对设备绝缘等级要求高,设备的耐压水平必须按线电压选择,对设备安全不利。

　　电网容量的扩大、电缆线路的增多,使得配电网系统电容电流越来越大。当单相接地故障电容电流大于 10A 时,故障电弧不易自动熄灭,可能进一步破坏故障点绝缘,造成两相故障,故单相接地障电容电流大于 10A 的配电网系统通常采用图 2-103(b)或图 2-103(c)所示中性点经消弧线圈接地方式。当变压器 35kV 侧为星形连接方式时,消弧线圈两端分别与变压器中性点和大地相连,即如图 2-103(b)所示。当变压器 35kV 侧为三角形连接方式时,需在母线上加装 Z 形接地变压器,构造系统中性点,将消弧线圈两端分别与 Z 形接地变压器和大地相连,即如图 2-103(c)所示。流过消弧线圈的电感电流相位和健全相导线流向故障点的电容电流相位相反,流过消弧线圈的电感电流会补偿部分或全部电容电流,减小故障点电流,有利于接地电弧熄灭,以降低建弧率,减少跳闸次数。此外,变电站装设的电磁式电压互感器和消弧线圈处于并联状态,消弧线圈的感抗比电磁式电压互感器的励磁电抗小得多,能够抑制电磁式电压互感器饱和引起的铁磁谐振现象。但是消弧线圈电感值设置不当导致消弧线圈处于全补偿状态时,会放大中性点位移电压,引起谐振过电压,且线路发生永久性接地故障时,消弧线圈的补偿不利于快速隔离接地线路,造成故障时间较长,可能导致事故扩大。

　　近年来,国内配电网开始尝试采用中性点经电阻接地,如图 2-103(d)和(e)所示。根据电阻的大小,可以分为经小电阻接地和经高阻接地两类。中性点经高阻接地适用于电容电流小于 10A 的配电网系统,发生单相接地故障后无须中断供电,中性点所接高阻可以消耗弧光过电压中的电磁能量,降低中性点电位,减缓故障相恢复电压的上升速度。中性点经小电阻接地适用于电容电流较大的系统,系统单相接地时,故障电流较大,零模电流保护灵敏度高,易于快速检出并隔离接地线路,防止事故扩大。

　　实际运行中,中性点位移电压普遍存在,根据 DL/T 620—1997《交流电气装置的过电压保护和绝缘配合》规定:消弧线圈接地系统,在正常运行情况下,中性点的长时间电压位移不应超过系统标称相电压的 15%。目前,预调式消弧线圈采用并(串)阻尼增加阻尼率的方式限制中性点位移电压,阻尼率一般取 10%～20%,发生接地故障后需迅速切断阻尼电阻;随调式消弧线圈在电网正常运行时增大脱谐度来抑制中性点电压,发生接地故障后随调式消弧线圈立即调整到全补偿状态。而随调式消弧线圈采取增大失谐度的方式,使消弧线圈远离谐振点,当电网发生单相接地故障后,瞬时调整消弧线圈至全补偿状态。为了弥补中性点经消弧线圈接地情况可能引起谐振过电压的缺点,可通过在消弧线圈两端并联电阻以增加配电网阻尼的方法来解决,如图 2-103(f)和(g)所示。一方面,中性点经消弧线圈并联电阻接地方式以可自动调谐的消弧线圈为基础,可达到补偿故障点电容电流的目的;另一方面,消弧线圈两端并联接地电阻器,并联电阻会消耗降低谐振过电压概率。

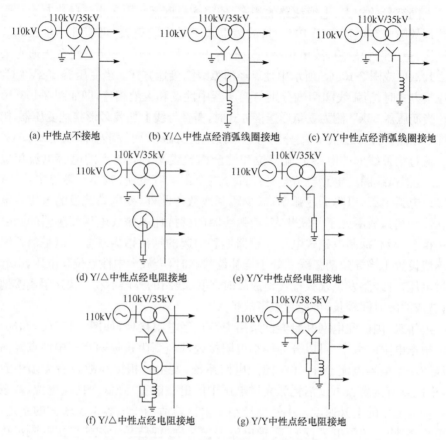

图 2-103　配电网中性点接地方式

2.4.1　35kV 配电网过电压

35kV 配电网线路绝缘水平较低,绝缘子爬距较短,导线和杆塔间的空间距离较小,在遭受雷电直击时一般都会发生闪络,但是配电网杆塔的高度一般不超过20m,雷电直击配电线路的概率相对较小。配电网架空线一般不会沿线架设避雷线,仅在架空线两端靠近变电站的部分装设避雷线,未装设避雷线的架空线绝缘水平较低,缺少避雷线对感应雷的屏蔽作用,因此在分析配电网外部过电压时,必须考虑感应雷在导线上引起的过电压水平。造成配电线路断线或绝缘子闪络的雷击大多为感应雷,雷电直击配电线路的次数较少,概率较小,故配电网外部过电压的研究应以感应雷过电压为主。

　　发生单相接地故障时,因中性点不直接接地,大地电位和故障相导线电位一致,健全相的对地电压不再是相电压而是线电压,零模电压不再是系统稳定时较小的不平衡电压而是相对较大的相电压。若故障点过渡电阻为一稳定值,在排除故障之前,健全相导线对地电压始终保持为线电压,高于正常导线对地电压,单相接地故障导致的健全相导线对地电压升高是配电网线路最常见的工频过电压。

　　若系统中性点不接地,发生接地故障后,故障点和健全相对地电容形成回路。在对地电容对故障点输送的电容电流较小的情况下,故障点的电弧不能维持稳定的燃烧,在电流过零点时,电弧暂时熄灭,当恢复电压超过绝缘恢复强度时,故障点再次被击穿。发生间歇性弧光接地,会导致故障点电弧每隔半个周期熄灭、重燃一次。电弧每次重燃的瞬间都会导致健全相和故障相的电压突变,引起电压振荡,造成线路过电压。

1. 感应雷过电压

　　2012 年,边凯等发表了"架空配电线路雷电感应过电压计算研究"的论文。一次完整的雷击过程包含云中电荷聚集、先导发展和回击三个过程。三个过程均伴随着空间电磁场的变化,但前两个过程发展速度较慢,通过系统中性点或其他与大地相连设备进入线路的电荷将使线路基本保持零电位,只有接近光速的回击过程产生的瞬变电磁脉冲才能在线路上感应出对绝缘有足够威胁的过电压。因此,计算雷电电磁脉冲时只考虑雷电回击过程,雷电电磁脉冲计算原理如图 2-104 所示。

　　假设雷电回击通道无分支且垂直于大地表面,并由一系列垂直取向的偶极子电流元 $i(z',t)\mathrm{d}z$ 组成。回击发生时,回击电流以速度 v 沿通道向上传播,处于高度 z' 处的偶极子电流元 t 时刻的电流值 $i(z',t)$ 与通道底部雷电流 $i(0,t)$ 之间存在 $t-z'/v$ 的延时关系。考虑通道电晕层对电荷的存储作用,回击电流向上传播时按 $\mathrm{e}^{-z'/2000}$ 规律衰减,那么,高度 z' 处偶极子电流元的电流值可由式(2-101a)表示。对于通道底部雷电流 $i(0,t)$,这里采用 Heilder 函数表示,即 $i(z',t)=i(0,t-z'/v)\mathrm{e}^{-z'/2000}$。

　　偶极子电流元 $i(z,t)\mathrm{d}z$ 在空间 P 点的磁场由其矢量磁位推导得出。假设大地为理想导体,应用镜像法,沿雷电回击通道及其镜像对式(2-101a)～式(2-101c)进行数值积分即可得到雷电回击过程在 P 点产生的电磁脉冲。式(2-101b)为水平电场,式(2-101c)为垂直电场,式中的 c 为光速:

$$\mathrm{d}H_\varphi(r,z,t)=\frac{\mathrm{d}z'}{4\pi}\left[\frac{r}{R^3}i\left(0,\tau-\frac{z'}{v}-\frac{R}{c}\right)\mathrm{e}^{-z'/2000}+\frac{r}{cR^2}\frac{\partial i\left(0,\tau-\frac{z'}{v}-\frac{R}{c}\right)\mathrm{e}^{-z'/2000}}{\partial t}\right]$$

$$(2\text{-}101a)$$

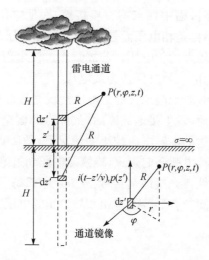

图 2-104　雷电电磁脉冲计算原理示意图

$$\mathrm{d}E_r(r,z,t) = \frac{\mathrm{d}z'}{4\pi\varepsilon_0}\left[\frac{r(z-z')}{c^2R^3}\frac{\partial i\left(0,\tau-\dfrac{z'}{v}-\dfrac{R}{c}\right)\mathrm{e}^{-z'/2000}}{\partial t}\right.$$

$$+\frac{3r(z-z')}{cR^4}i\left(0,\tau-\frac{z'}{v}-\frac{R}{c}\right)\mathrm{e}^{-z'/2000}$$

$$\left.+\frac{3r(z-z')}{R^5}\int_0^t i\left(0,\tau-\frac{z'}{v}-\frac{R}{c}\right)\mathrm{e}^{-z'/2000}\mathrm{d}\tau\right] \qquad (2\text{-}101\mathrm{b})$$

$$\mathrm{d}E_z(r,z,t) = \frac{\mathrm{d}z'}{4\pi\varepsilon_0}\left[\frac{-r^2}{c^2R^3}\frac{\partial i\left(0,\tau-\dfrac{z'}{v}-\dfrac{R}{c}\right)\mathrm{e}^{-z'/2000}}{\partial t}\right.$$

$$+\frac{2\,(z-z')^2-r^2}{cR^4}i\left(0,\tau-\frac{z'}{v}-\frac{R}{c}\right)\mathrm{e}^{-z'/2000}$$

$$\left.+\frac{2\,(z-z')^2-r^2}{R^5}\int_0^t i\left(0,\tau-\frac{z'}{v}-\frac{R}{c}\right)\mathrm{e}^{-z'/2000}\mathrm{d}\tau\right] \qquad (2\text{-}101\mathrm{c})$$

雷电放电先导通道向大地发展时,通道上充满与雷云极性相同的电荷(假设为负电荷),先导通道上电荷对附近导线产生静电感应,导线上的正电荷被吸引到靠近先导通道的导线部分,导线上的负电荷则被排斥至导线远端,经过线路泄漏电导流入大地,由于雷电先导发展的速度较慢,导线上电荷积累过程也很慢,电荷在导线上移动所引起的电流很小,可以忽略不计。假设先导通道电场使靠近先导通道的导线部分获得$-u_{\mathrm{in}}$的电位,导线上的正电荷将使导线获得$+u_{\mathrm{in}}$的电位,故导线上的电压依然为工频电压。

　　主放电开始后,大地和雷云之间的通路导通,先导通道上的电荷立刻被大地中和,先导通道上的电荷对导线产生的电场迅速减弱,导线上所积累的正电荷被释放,迅速向线路两端传播,形成电压行波。在先导通道电荷被中和的瞬间,因先导通道电荷而在导线上产生的$-U$电位消失,导线电位将由工频电压u_{norm}变为$u_{norm}+u_{in}$,$+u_{in}$为感应雷通过静电感应在导线上产生的最高电压。若先导通道电荷在瞬间被完全中和,将在先导通道周围空间产生时变磁场,在导线上产生电磁感应过电压。由于先导通道和导线在空间上基本垂直,两者之间的互电感很小,可以忽略电磁感应在导线上产生的过电压,即认为感应雷过电压以静电感应分量为主。

　　和直击雷相比,感应雷不直接作用于导线,感应雷过电压的极性和雷电极性相反,过电压在三相导线上同时出现,且幅值相差不会很大,相间电压和雷击前相比差别不大,感应雷造成的电压行波陡度较小,上升沿持续时间较长。

　　2. 铁磁谐振过电压

　　铁磁谐振过电压是非线性电感元件与系统电容元件组成的回路在满足一定谐振条件下发生的非线性谐振过电压。这种非线性电感参数在如空载变压器、电磁或电压互感器的铁心饱和的情况下,电感值呈现非线性特性。配电网装设的电磁式电压互感器是一种铁磁元件,电感值呈现非线性特性。由于铁磁元件磁化曲线的非线性特征,在导线对地电压发生突变时,极易在电磁式电压互感器上产生大电流,引起电磁式电压互感器铁心饱和,造成铁磁谐振过电压。铁磁谐振是中性点不接地系统最常见、造成事故最多的内部过电压。

　　假设电磁式电压互感器的磁链Ψ及电感L随线圈中电流i变化的关系曲线如图2-105所示。

　　当电流较小时,可以认为磁链Ψ与电流i成正比,反映这一关系的电感值$L=\Psi/i$基本保持不变。随着电流的逐渐增加,铁心中的磁通也逐渐增加,铁心开始饱和,磁链与电流的关系呈现非线性,电感值不再是常数,而是随着电流(磁链)的增加而逐渐减小。在线路

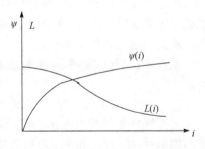

图 2-105　铁心元件的非线性特性

电压发生突变(故障消失或断路器合闸)的过程中,电磁式电压互感器所受电压发生突变。为保持铁心元件的磁势不突变,铁磁元件暂态励磁电流急剧增大,引起铁磁元件磁饱和,电感值下降。

　　简单的非线性RLC串联谐振回路如图2-106(a)所示,非线性电感及线性电容元件的伏安特性如图2-106(b)所示。

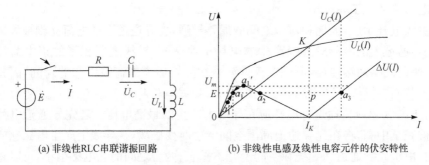

(a) 非线性RLC串联谐振回路　　　(b) 非线性电感及线性电容元件的伏安特性

图 2-106　串联铁磁谐振回路和特性曲线

由图 2-106(b)可见,在交点 I_K 以前,$\omega L > 1/(\omega C)$,回路中的电流呈感性,$\Delta U = U_L - U_C$;随着回路电流增大,铁心饱和,电感降低,在电流大于 I_K 以后,$\omega L < 1/(\omega C)$,回路中的电流呈容性,$\Delta U = U_C - U_L$。

铁心未饱和时,回路参数满足 $\omega L > 1/(\omega C)$ 的条件,回路的自振角频率 ω_0 低于电源角频率 ω,不会发生谐振。随着线圈中电流的增加,铁心开始饱和,电感值下降,使回路自振角频率 ω_0 上升到接近或等于电源角频率 ω,满足了串联谐振的条件 $\omega L = 1/(\omega C)$,回路就进入谐振状态。

根据电势平衡原理,有 $\dot{E} = \Delta \dot{U}$,可看出 $\dot{E}$ 与 $\Delta \dot{U}$ 在图 2-106(b)中的交点有 3个。但只有 a_1 和 a_3 点是稳定的,a_1 点称为非谐振工作点;在 a_3 点,工作区域已超过特性曲线的交点 I_K,称为谐振工作点。此时电流和压降急剧增大,即发生了由于铁心磁饱和引起的谐振过电压。

发生铁磁谐振时,互感器的一相、两相或三相绕组电压同时升高,即各相导线的对地电压发生变动;而电源变压器的三相绕组电势维持恒定不变,它们由发电机的正序电势决定。因此,在整个电网内,电压的变动表现为电源中性点发生位移,而三相之间的电势保持不变。

系统电源、互感器非线性电感和电网对地电容组成的谐振回路如图 2-107所示。

图 2-107 中,u_A、u_B 和 u_C 为系统等效三相电源,L_A、L_B 和 L_C 为三相电磁式电压互感器等效非线性电感,C_A、C_B 和 C_C 为系统三相等效电容,R_{A1}、R_{B1} 和 R_{C1} 为导线对地电导,R_{A2}、R_{B2} 和 R_{C2} 为互感器对地电导。在系统正常运行时,电磁式电压互感器电感不饱和,电感值为常数,感抗小于系统对地容抗。因断路器动作或故障消失而造成电压互感器磁饱和后,电压互感器的激磁阻抗可能与系统的对地电容形成非线性谐振回路。由于回路参数及外界激发条件的不同,可能造成分频、工频或高频铁磁谐振过电压。

3. 消弧线圈谐振过电压

谐振回路由接近线性的电感和系统中的电容元件组成,在正弦电源作用下,系

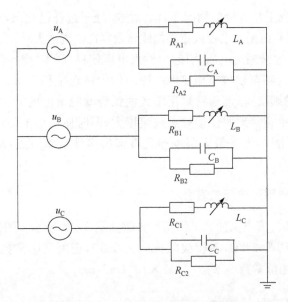

图 2-107　中性点不接地配电网谐振回路

统自振频率与电源频率相等或相近,会产生线性谐振过电压。诸如两种补偿电网中的线性谐振:①消弧线圈补偿电网中的线性谐振;②超高压补偿线路(并联电抗器)中不对称切合引起的工频谐振。

　　与电磁式电压互感器等效电感相比,消弧线圈等效电感较小,故中性点经消弧线圈接地的配电网系统不易发生铁磁谐振,但是消弧线圈和导线对地电容组成的零模回路可能发生谐振,引起谐振过电压。中性点经消弧线圈接地点配电网零模回路如图 2-108 所示。图中,L_{asc} 为消弧线圈等效电感,C_0 为配电网等效对地电容,R_L 和 R_0 分别为消弧线圈对地电阻和三相线路对地电阻。

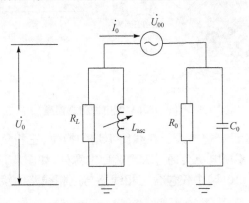

图 2-108　中性点经消弧线圈接地的零模谐振等效电路

在配电网系统正常运行的情况下,消弧线圈处于过补偿状态,系统中只有稳态工频电压,不会引起谐振。当投入更多馈线导致容性电流增大时,系统可能会进入全补偿状态,从而产生谐振过电压,引起中性点电压偏移,产生"虚幻接地"现象,谐振过电压可能会接近其至超过单相接地故障时的中性点位移电压。为避免"虚幻接地"对系统运行的影响,目前通常采用增大消弧线圈脱谐度的方法,但是脱谐度增加必然会在系统单相接地时使接地点残流增大,同时使接地电弧熄灭后故障相导线电压恢复速度增快,无法最大限度地发挥谐振接地技术特点,从而影响到灭弧效果。

2.4.2　35kV 配电网过电压仿真分析

本节所用 35kV 配电网的系统结构和参数如图 2-109 所示。图中架空线在工频下的正序波阻抗约为 382Ω,零模波阻抗约为 993Ω,正序衰减常数 α_1 约为 $3.14\times10^{-7}\mathrm{Np/m}$,正序相位常数 β_1 约为 $1.11\times10^{-6}\mathrm{rad/m}$。

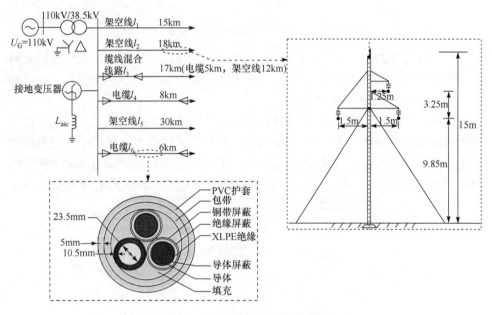

图 2-109　35kV 配电网仿真模型

配电网线路一般没有避雷线。在线路不均匀换位、三相负荷不平衡或发生不对称故障的情况下,零模电流会通过大地流回电源处,如图 2-110(a)所示。由于没有架设避雷线,图 2-110(b)中仅包含三相线路与三相线路的镜像。图中标号含义与图 2-95 相同。

与 110kV 系统所使用的单相单芯电缆不同,35kV 配电网所使用的地下电缆多为三芯电缆。在三相系统正常运行时,流过三相芯线的电流之和为 0,三相芯线

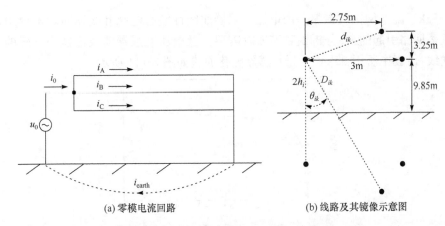

(a) 零模电流回路　　　　　　　　(b) 线路及其镜像示意图

图 2-110　配电网零模电流回路与线路及其镜像示意图

在护套上产生的感应电流之和为 0,感应电流在护套上产生的感应电压也为 0,故三芯电缆无须进行交叉互连等复杂的接地方式降低护套电压。图 2-109 所示仿真模型中所采用的三芯电缆型号为 YJV23-35/95。根据式(2-96)~式(2-98)所示 Carson 公式,设土壤电阻率为 $100\Omega \cdot m$,可以计算得到图 2-109 中配电网架空线的阻抗矩阵。阻抗矩阵如表 2-28 中电阻矩阵和电感矩阵所示。配电网线路一般仅为几千米至几十千米,通常不会进行换位,故线路阻抗矩阵的非对角元素并非全部相等。架空导线和地下电缆在工频下的参数如表 2-28 所示。

表 2-28　架空线和电缆 RLC 参数

架空导线	电阻矩阵 $R/(\Omega/km)$	电感矩阵 $L/(10^{-3}H/km)$	电容矩阵 $C/(10^{-9}F/km)$
架空导线	$\begin{bmatrix} 0.2978 & 0.0481 & 0.0483 \\ 0.0481 & 0.2976 & 0.0481 \\ 0.0483 & 0.0481 & 0.2978 \end{bmatrix}$	$\begin{bmatrix} 2.4271 & 1.2080 & 1.1513 \\ 1.2080 & 2.4277 & 1.1179 \\ 1.1513 & 1.1179 & 2.4271 \end{bmatrix}$	$\begin{bmatrix} 7.5602 & -1.4130 & -1.3972 \\ -1.4130 & 7.1905 & -1.1157 \\ -1.3972 & -1.1157 & 7.5602 \end{bmatrix}$
地下电缆	$[R_1, R_0]$ $[0.193, 1.93]$	$[L_1, L_0]$ $[0.422, 1.477]$	$[C_1, C_0]$ $[143, 143]$

在图 2-109 所示配电网仿真模型中,架空线全长为 75km,等效对地电容 C_{line} 为 $0.4199 \times 10^{-3}F$,三芯电缆全长为 19km,等效对地电容 C_{cable} 为 $2.5594 \times 10^{-3}F$。发生单相接地故障时,流过接地点的工频电容电流有效值为 85.14A,在消弧线圈完全补偿情况下,消弧线圈等效电感 L_{asc} 应为 1.069H。以随调式补偿策略控制消弧线圈,在系统正常运行情况下,消弧线圈处于 15% 过补偿运行状态,等效电感 L_{asc} 为 0.90865H,以零模电压工频量作为消弧线圈的启动依据,在单相接地故障发生后 20ms 时,消弧线圈启动,改变消弧线圈等效电感值,L_{asc} 由 0.90865H 变为 1.069H,消弧线圈从过补偿状态转变为全补偿状态。

35kV 配电网铁磁谐振是由电压互感器非线性铁心电感和线路对地电容组成的振荡回路引起的,在分析铁磁谐振时需要计及电压互感器非线性铁心电感的磁化曲线,仿真中所用 35kV 电压互感器磁化曲线如图 2-111 所示。

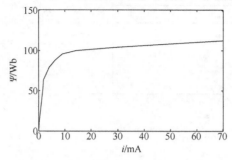

图 2-111　35kV 电压互感器磁化曲线

单相接地是运行电网的主要故障形式。在小电流接地配电网系统中,单相接地故障电流通常较小,故障点接地电弧可能会出现周期性的熄弧和燃弧,在故障相和非故障相上都会产生弧光过电压。

电弧是一个高度非线性的时变过程,电弧包含电阻及等效的电感、电容分量,具体形态随电弧电流、电弧长度、周围环境等变化而千差万别,因此很难用数学模型来准确描述,理论分析很困难,且具有较大的误差。有些电弧性故障在故障电流一次过零或几个周波后自动消失,称为瞬时性故障;有些电弧故障则在故障消失后又重燃,称为间歇性故障;如果电弧只在故障电流过零时熄灭,过零后又重燃,则称为稳定性电弧。电弧接地是一个稳定的熄、拉弧过程,可能引起系统运行方式的改变,导致电弧能的强烈振荡和积聚,产生波及全网的电弧过电压。

配电网单相接地故障多为弧光接地故障。实际中,电弧是很复杂的,它受到空气热导率,电弧长度、形状、辐射情况、对流情况和交流外回路参数的影响。电弧等离子体的研究和电力系统实验都表明,在频率较低的交流感性回路中,尽管电弧电流接近正弦,但是电弧电压畸变比较严重,因此电弧的等值模型应该是时变的非线性阻抗。对于电弧性接地故障,电弧电阻的变化范围要跨过低阻区和高阻区。由图 1-56~图 1-60 可知,根据稳定电弧电压近似方波、电弧电流近似正弦波的特征,可建立电弧电压-电流转移特性及其等效电路,其转移特性 AB 和 CD 线段的斜率为 R_1,BC 线段的斜率为 R_2,从而建立电弧型故障电磁暂态仿真模型。

目前,描述电弧特性的模型主要有 Cassie 模型、Mayr 模型和"控制论"模型。从模型的推导过程来看,Cassie 模型适用低电弧电阻的情况;而 Mayr 模型适用于高电弧电阻的情况。这里采用"控制论"模型,即用压控开关作为实际电弧接地的理想数学化模型,用开关的开合来表征电弧的重燃和熄灭。

1. 外部过电压

35kV 配电网的杆塔高度远低于 500kV 输电系统的杆塔高度,通常不易受到雷电直击,但是当雷击线路附近大地时,雷电通道周围空间电磁场的急剧变化,对导线产生静电感应并在放电通道周围空间建立脉冲磁场,因此会在雷击点附近的导线上产生感应过电压。配电网的外部过电压以感应雷过电压为主。

设图 2-108 所示配电网仿真模型发生感应雷过电压,雷击线路 l_1 附近,雷击点距导线末端 7km,变电站所测三相电压波形如图 2-112 所示。图中所示为标幺值,在 2.4 节中,若无特殊说明,电压基准值均为 28.577kV。

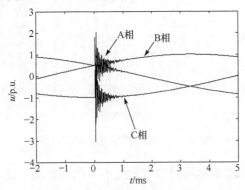

图 2-112　配电网感应雷过电压

感应雷在三相导线上产生的初始行波浪涌极性相同,配电网线路较短,线路末端的量测点会在短时间内观测到多次电压行波折反射。由于没有避雷线的保护,感应雷在导线上产生的过电压较高,对配电网影响较大。

2. 内部过电压

1) 铁磁谐振过电压

为了监测发、变电站母线对地电压,通常在发电机或变电站母线上接有电磁式电压互感器,并且一次绕组接成星形、中性点接地。在接地故障消失或接入了电压互感器的线路合闸等情况下,电压互感器一次绕组电压发生突变。为维持铁心电感磁势不突变,绕组上会产生较大的电流,引起铁心电感磁饱和,磁饱和过程中励磁电感会减小,电感变化过程中可能会和配电网的对地电容组成谐振回路,引起谐振过电压。谐振频率的大小和对地电容、励磁电感的值有关。由于网络等效回路参数和外界激发条件不同,可能出现分频、基频和高频铁磁谐振。铁磁谐振是35kV 配电网系统中常见的谐振过电压现象,在中性点不接地的配电网系统中,电磁式电压互感器铁心饱和引起的铁磁谐振过电压是最常见、造成事故最多的一种过电压。

设图 2-113 所示配电网系统导线 l 发生 B 相接地故障,图 2-113 中的架空线参数与图 2-108 中相同。在系统时间 0ms 时故障消失,当导线长度不同时,将分别出现分频、基频和高频谐振过电压,零模电压如图 2-114 所示。

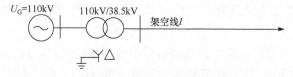

图 2-113　铁磁谐振仿真模型示意图

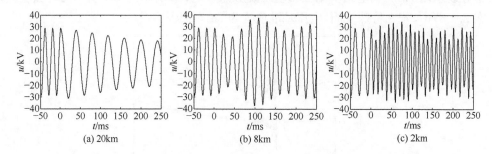

(a) 20km　　　　　　　　(b) 8km　　　　　　　　(c) 2km

图 2-114　铁磁谐振母线零模电压

由图 2-114 可知,在配电网对地电容大小不同的情况下,铁磁谐振频率也不相同,线路越长,线路对地电容越大,铁磁谐振频率越小。在图 2-113 所示仿真系统中,线路全长为 8km 的情况下,所发生的铁磁谐振为基频铁磁谐振;线路长度超过8km 时可能发生分频铁磁谐振;谐振频率低于 50Hz,线路长度不足 8km 的情况下可能发生高频铁磁谐振,谐振频率高于 50Hz。铁磁谐振是电压互感器铁心电感和配电网对地电容组成的振荡回路引起的。随着配电网对地电容的改变,谐振频率也会发生相应改变,对地电容越大,谐振频率越低,对地电容越小,谐振频率越高。

2) 消弧线圈串联谐振过电压

图 2-108 所示配电网模型正常运行时,消弧线圈处于 15% 过补偿状态,将配电网等效为图 2-107 所示电压谐振等效电路。在配电网稳定运行时,图 2-107 所示谐振电路的谐振频率不等于 50Hz,若另投入一段长为 11.7km 的电缆线路,则等效对地电容 C_0 增加,图 2-107 所示谐振电路谐振频率变为 50Hz,带消弧线圈的配电网系统发生谐振。变电站所测零模电压如图 2-115 所示。

谐振发生于消弧线圈和导线电容组成的零模回路中,谐振频率为 50Hz。发生谐振后,变电站所测零模电压逐渐上升,因谐振频率为工频,消弧线圈引起的零模回路谐振易被误认为是单相接地故障引起的零模电压升高。

3) 弧光接地过电压

在中性点不接地的配电网系统中,发生单相接地故障时,易在故障点引发电

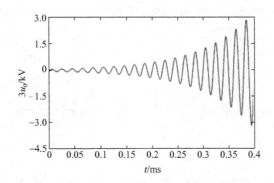

图 2-115　消弧线圈串联谐振变电站零模电压

弧。由于小电流系统的单相接地故障电流不大,故障点电弧不一定发展为稳定电弧,而是出现间歇性电弧。间歇性电弧的每一次间歇性燃烧都会在配电网系统中引起过电压,对系统绝缘造成冲击。设图 2-108 所示配电网仿真模型线路 l_2 发生间歇性电弧接地故障,故障点与量测点 M 之间距离 10km。量测点 M 所测零模电压波形如图 2-116 所示。

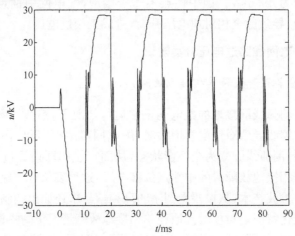

图 2-116　电弧过电压情况下零模电压波形

　　因配电网多为中性点不直接接地系统,发生单相接地故障时,接地电流较小,故障点可能无法形成稳定的接地电弧,造成导线被多次击穿,引发间歇性电弧接地故障,造成弧光过电压。发生弧光过电压时,导线被反复击穿,变电站所测零模电压呈现方波特性,弧光过电压能够持续 0.2~2s,影响遍及全网,对配电网中的绝缘薄弱点有很大的影响。

　　4) 接地故障工频过电压

　　在发生单相接地故障后,若故障点未发展成间歇性接地电弧,而是发生金属性接地故障,变电站所测零模电压和三相电压如图 2-117 与图 2-118 所示。

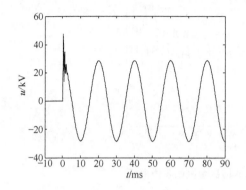

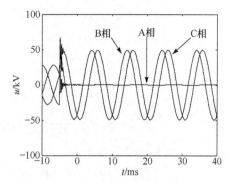

图 2-117　单相接地故障时零模电压　　　　图 2-118　单相接地故障时三相电压

　　发生金属性接地故障后,故障相对地电压几乎为 0。因配电网中性点不直接接地,大地电压和故障相电压一致,健全相对地工频电压升高为线电压。由图 2-118 可知,故障发生前,三相导线对地电压峰值约为 28.6kV,故障发生后,健全相对地工频电压峰值约为 49.5kV。因中性点不直接接地,配电网中性点电压会在导线发生故障时改变,导致健全相对地电压升高,造成工频过电压。

2.4.3　35kV 配电网线路过电压分类辨识

1. 消弧线圈串联谐振和单相接地故障判别

　　在中性点经消弧线圈接地的配电网正常运行情况下,消弧线圈处于过补偿状态。当投入更多馈线导致对地电容增大时,配电网对地电容和消弧线圈可能会在工频下产生谐振,消弧线圈变为全补偿状态,从而产生串联谐振过电压,谐振过电压可能会接近单相接地故障时的中性点位移电压,这种现象称为虚幻接地。

　　现利用包络检波技术,从振幅受调制的高频信号中还原出调制信号,提取出高频信号的包络变化特征。对虚幻接地和单相接地故障情况下的零模电压波形进行包络检波特征提取,如图 2-119 和图 2-120 所示。虚幻接地情况下,中性点零模电压幅值随时间不断增大;单相接地故障情况下,故障后中性点零模电压波形幅值随时间基本保持不变。利用这一特征差异,从零模电压波形特征入手,进行虚幻接地和单相接地故障的识别。同时,将上述两种情况下波形的上下包络线做差,将进一步增大特征差异,更有利于虚幻接地和单相接地故障的准确识别。为了便于特征完整地描述,从启动 80ms 后选取 300ms 长时窗的数据进行分析,对虚幻接地情况下的上下包络线做差进行一次函数 $u_0 = at + b$ 拟合,计算其与 t 正半轴的夹角 θ,如图 2-119 所示,计算所得 $\theta = 29°$。对单相接地故障情况下上下包络线做差进行一次拟合,计算夹角 θ,如图 2-120 所示,计算所得 $\theta = 0°$。

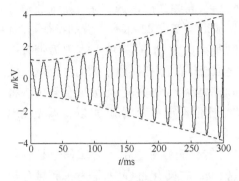

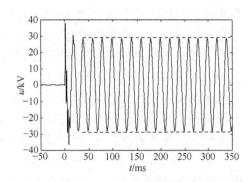

图 2-119　消弧线圈谐振　　　　　　　　　图 2-120　单相接地故障

发生消弧线圈谐振时,零模电压幅值逐渐增大,波形外包络线的斜率不为 0,而单相接地故障后,零模电压和工频相电压幅值一致,包络线斜率接近于 0。根据零模电压包络线斜率的不同,可以区分单相接地故障和消弧线圈谐振。

2. 铁磁谐振和单相接地故障判别

在中性点不接地的配电网系统中,铁磁谐振过电压会引起线路零模电压变化,容易和接地故障所引起的中性点电压偏移混淆,引起继电器误动作、造成工作人员和故障选线装置误判,因此正确辨识铁磁谐振和单相接地故障是进行选线的前提。

配电网故障中约 80% 为单相接地故障,根据故障是否是稳定的接地故障,可将故障划分为间歇性弧光接地故障和普通接地故障。若故障为间歇性弧光接地,每次线路绝缘被击穿致使电弧重燃,都伴随着电网中电磁能量的剧烈振荡,在电弧重燃瞬间,健全相和系统中性点都会受到过电压冲击。若故障为普通接地故障,则系统只会在故障初瞬受到暂态过电压冲击,之后故障点一直保持接地,健全相对地电压会保持在线电压,不会对系统绝缘造成多次冲击。若能对弧光接地和普通接地故障进行快速准确的区分,则可针对不同接地故障采取不同的应对措施,避免系统受到更大的危害。

1) 分频铁磁谐振、高频铁磁谐振与接地故障判别

在实际电力系统中,配电变压器的故障接地、输电线路断线、熔断器的不对称熔断、三相断路器不同期操作等,均能构成串联谐振回路,只要有足够强烈的冲击扰动,并且参数配合不当(如有一定的线路长度、断线点),就会激起基频、分频、高频谐振。此外,中性点不接地系统中电磁式电压互感器饱和会引起中性点工频、谐波位移电压。

在频域上,分频铁磁谐振零模电压的能量集中于工频的一半(25Hz),高频铁磁谐振零模电压的能量集中于工频的整数倍频率(2 倍,3 倍,⋯),而基频铁磁谐振、弧光接地故障和普通接地故障的零模电压信号都以工频量为主。据此,可将零

模电压信号转化至频域上,根据频谱分析将分频、高频铁磁谐振和弧光接地故障等过电压区分开。弧光接地过电压的零模电压波形畸变严重,带有方波的特征,并且每次绝缘被击穿时零模电压波形上都会出现很大的波动,在频域上表现为带有大量的高次谐波,尤其是以奇次谐波为主,而普通接地故障和铁磁谐振的零模电压波形基本保持了正弦波形,不存在每个工频周期都会出现的突变,谐波成分较少。将高次谐波成分的幅值和基波幅值相比,对这个比值设定一个阈值,可以将弧光接地过电压和基频铁磁谐振、普通接地故障区分开。

通过 Fourier 变换将时域的零模电压信号转化至频域。由于时域信号是有限长离散数据,转化至频域后也是有限长离散数据。在转化过程中,需考虑频域分辨率的问题,频域分辨率 f_c 与采样率 f_s、采样点数 N 的关系为

$$f_c = \frac{f_s}{N} \tag{2-102}$$

式中,f_c 表示频域上两个数据点之间的频率差。根据前面对铁磁谐振和接地故障主要频率成分的分析,在频域上差距最小的是 25Hz(分频铁磁谐振)和 50Hz(接地故障和基频铁磁谐振),因此频域分辨率至少为 25Hz 才能将二者区分开。在固定数据时窗内,采样数据长度和采样率成正比,因此数据时窗的长度决定了频域分辨率的大小,数据时窗越长,频域分辨率越高。图 2-121 为分频铁磁谐振和基频铁磁谐振在不同数据时窗长度下的频谱图。

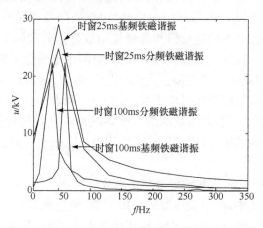

图 2-121　分频铁磁谐振和基频铁磁谐振在不同数据时窗长度下的频谱图

由图 2-121 可知,当时窗取为 25ms 时,已经不能从频域上分辨出基频铁磁谐振和分频铁磁谐振的能量集中频率,若要提高频域分辨率需加长数据时窗。

在选取数据时窗长度时,需考虑各类过电压的持续时间,防止在数据时窗内的过电压特征消失,引起频域上各类过电压频率能量集中区域出现偏差。普通接地故障和铁磁谐振的持续时间很长,可达几秒甚至更长,而间歇性弧光接地的持续时

间较短,为 0.2～2s,之后间歇性弧光接地故障会发展为稳定电弧接地故障,只在电流过零点时熄灭,过零点后又自动重燃,熄弧时间可忽略不计。为避免弧光接地的间歇性接地特征消失,同时保证数据时窗足够长,故选用的时窗长度为 100ms,数据时窗起始时刻为故障或谐振发生时刻。本节的过电压分类并不需要研究故障初瞬的暂态过程,故采样率不需太高。为避免采样数据过长,选取采样率为10kHz,采样点数为 1000,频域分辨率为 10Hz。5 类过电压的频谱特性如图 2-122所示。弧光接地过电压和普通接地故障情况下,故障距离为 7km。

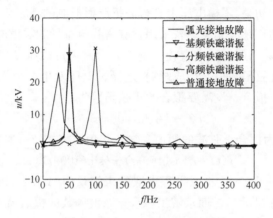

图 2-122　各类过电压频谱图

在频域分辨率为 10Hz 的条件下,分频铁磁谐振的能量集中频率显示为30Hz。这是因为在 10Hz 的频域分辨率下不能分辨出 20～30Hz 内的频率,经过Fourier 变换后,25Hz 的频率成分被分散至 30Hz 的频率上。根据频谱图上幅值最大点所对应的频率,可将分频铁磁谐振和高频铁磁谐振与其他类型过电压区分开。

设经过 Fourier 变换后,数据为 $F(n)$($n=1～1000$),为区分出弧光接地过电压,求取零模电压在三次谐波 150Hz 处的值与基波值的比值 K 为

$$K=\frac{F(16)}{F(6)} \tag{2-103}$$

基频铁磁谐振和普通接地故障的 K 值为 0.02,弧光接地过电压的 K 值为0.11,据此,可将 $K=0.1$ 作为判断弧光接地过电压和基频铁磁谐振、普通接地故障的阈值:$K\geqslant0.1$ 为弧光接地过电压,$K<0.1$ 为普通接地故障或基频铁磁谐振。

2)基频铁磁谐振和单相接地故障判别

(1)利用正弦波形拟合。

铁磁谐振是由电磁式电压互感器非线性励磁特性引起的。系统发生基频铁磁谐振时,波形会发生畸变,零模电压波形并不是标准的正弦波。当发生单相接地故

障时,因行波在导线边界和故障点的折反射,在故障初瞬会在零模电压上有高频暂态成分,大约经过1~2个周波,零模电压的高频暂态量基本消失,其波形为稳定的正弦波。利用过电压发生后2~3个周波的零模电压波形,计算波形畸变的大小以区分基频铁磁谐振与普通接地故障。以波形畸变的程度作为辨识普通接地故障和基频铁磁谐振的标准,需要有一个标准的正弦信号作为对比。为使标准的正弦波形能够与零模电压数据进行比较,利用过电压采样数据拟合标准正弦波,以拟合得到的正弦波形和零模电压波形进行比较。

发生过电压的初瞬,零模电压上有行波折反射形成的高频暂态量,此类高频暂态量与所需拟合的正弦波无关。若采用含有高频暂态量的零模电压数据拟合正弦波,易造成拟合函数与所需函数有较大偏差。为避免过电压发生初瞬零模电压上的高频暂态量对正弦函数拟合造成影响,选择过电压发生2个周期后的零模电压数据进行正弦曲线拟合。设需要拟合的正弦函数为

$$f(t) = A\sin(100\pi t + \theta) \tag{2-104}$$

式中,A 和 θ 分别为拟合正弦波的幅值和初始相角。将式(2-104)展开可得

$$f(t) = a\cos(100\pi t) + b\sin(100\pi t) \tag{2-105}$$

式中,$a = A\sin\theta$;$b = A\cos\theta$。将原方程求取的未知量由 A 和 θ 转化为 a、b,通过最小二乘拟合计算得到 a、b,进而求解出拟合正弦波函数的幅值 A 和初始相角 θ。

采样数据为等时间间隔的离散数据。设采样时间间隔为 Δt,采样时间序列 $\boldsymbol{t} = (0, \Delta t, \cdots, (n-1)\Delta t)$,零模电压采样序列为 $\boldsymbol{y} = (y_1, y_2, \cdots, y_n)$,在对应时刻拟合正弦函数的数据为 $\boldsymbol{f} = (f_1, f_2, \cdots, f_n)$,设拟合函数对应值和采样数据的误差为 $\delta_i = f_i - y_i (i = 1, 2, \cdots, n)$,记为向量形式 $\boldsymbol{\delta} = (\delta_1, \delta_2, \cdots, \delta_n)^{\mathrm{T}}$。拟合函数值与所给数据的误差平方和就是误差向量 $\boldsymbol{\delta}$ 的 2 范数的平方,即

$$\| \boldsymbol{\delta} \|_2^2 = \sum_{i=1}^{n} \delta_i^2 = \sum_{i=1}^{n} (f_i - y_i)^2 = \varepsilon(a, b) \tag{2-106}$$

为使误差向量的平方最小,必须满足以下条件:

$$\frac{\partial \varepsilon}{\partial a} = 0 \tag{2-107}$$

$$\frac{\partial \varepsilon}{\partial b} = 0 \tag{2-108}$$

根据式(2-107)和式(2-108)计算得到 a、b 进而求取 A 和 θ:$A = \sqrt{a^2 + b^2}$,$\theta = \arctan(a/b)$。

定义拟合正弦函数波形与零模电压波形的差异度为

$$\Delta = \frac{\| \boldsymbol{\delta} \|_1}{\| \boldsymbol{f} \|_1 + \| \boldsymbol{y} \|_1} \times 100\% \tag{2-109}$$

式中,Δ 反映采样波形与标准正弦波的差异度,Δ 越小说明波形相似程度越高。设

置阈值 K，当 $\Delta>K$ 时，判定系统发生基频铁磁谐振；当 $\Delta<K$ 时，判定系统发生普通接地故障。

　　分别选取普通接地故障和基频铁磁谐振过电压发生 3 个周波后的零模电压数据，数据时窗为 40ms。根据最小二乘法拟合得到普通接地故障情况下正弦函数幅值和初相角分别为 28.501kV 和 −89.66°，基频铁磁谐振情况下正弦函数幅值和初相角分别为 27.162kV 和 56.712°。拟合正弦函数和零模电压波形的比较如图 2-123 所示。

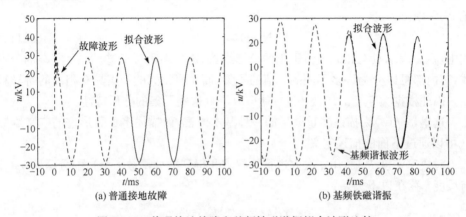

(a) 普通接地故障　　　　　　　(b) 基频铁磁谐振

图 2-123　普通接地故障和基频铁磁谐振拟合波形比较

　　从图 2-123 可以看出，在普通接地故障情况下，拟合得到的正弦曲线和零模电压波形差异很小，波形几乎重合，波形差异度 $\Delta=0.03\%$。在发生基频铁磁谐振过电压情况下，由于基频铁磁谐振的波形畸变，拟合得到的正弦曲线和零模电压波形与普通接地故障情况相比差异较大，波形差异度 $\Delta=2.14\%$。以 $\Delta=1\%$ 作为阈值，可以对普通接地故障和基频铁磁谐振进行区分，$\Delta>1\%$ 为基频铁磁谐振，$\Delta\leq1\%$ 为普通接地故障。

　　(2) 利用分形判别。

　　分形是指一类无规则、混乱而复杂、但其局部与整体在形态、功能和信息等方面具有相似性的体系。分形近年来成为研究和处理自然与工程中不规则图形强有力的理论工具。分形维数是分形的定量表征，描述了分形内在的复杂性，分形集越复杂，分形维数越高；波形的上下波动次数越多，则分形维数越高，表明波形越复杂。普通接地故障发生时，零模电压中含有行波折反射产生的高频分量，故障初瞬的零模电压波形出现上下波动，而基频铁磁谐振发生时没有高频分量产生，根据零模电压波形中是否存在高频分量，可以利用分形维数对普通接地故障和基频铁磁谐振进行区分。

　　对分形表面的每一个点用质量分布概率 $P(x)$ 来度量，用许多尺度为 ε 的小区域去覆盖整个分形表面,第 i 个小区域上的质量分布概率 $P_i(\varepsilon)$ 与尺度 ε 的关系为

$$P_i(\varepsilon) \propto \varepsilon^{\alpha} \tag{2-110}$$

式中,α 称为标度指数,它反映的是分形体内各个小区域的奇异程度,因此也称作奇异性指数。当 $\varepsilon < 1$ 时,$\alpha_{\min}$ 对应质量分布概率最小的子集,$\alpha_{\max}$ 对应质量分布概率最大的子集,而 $\Delta\alpha = \alpha_{\max} - \alpha_{\min}$ 则表明每一次分割时最大与最小子集的差别,即表示每次分割形成的多重分形集上各个子集的质量分布概率分布的不均匀程度。如果在分形体中,尺度为 ε 的盒子,若 $[\alpha, \alpha + \mathrm{d}\alpha]$ 内测度为 P_{α} 的盒子数为 $N_{\alpha}(\varepsilon)$,则把 $N_{\alpha}(\varepsilon)$ 定义为

$$N_{\alpha}(\varepsilon) \propto \varepsilon^{-f(\alpha)} \tag{2-111}$$

式中,$f(\alpha)$ 表示具有相同 α 值子集的分形维数,称为多重分形谱。一个复杂的分形体,其内部可以分为许多不同的 α 值的子集,而 α 值相同的子集具有相同的奇异程度。因此根据关于 α 的函数 $f(\alpha)$,就可以了解这些子集的分形特性。

这里,α-$f(\alpha)$ 为描述多重分形的一种基本语言,而描述多重分形谱的广义维数 D_q 可以通过下面的描述定义。

对概率密度 $P_i(\varepsilon)$ 用 q 次方进行加权求和得到配分函数 $\chi_q(\varepsilon)$,配分函数 $\chi_q(\varepsilon)$ 与尺度 ε 存在以下关系:

$$\chi_q(\varepsilon) \equiv \sum p_i(\varepsilon)^q \tag{2-112}$$

如果存在临界指数 $\tau(q)$ 使得

$$\chi_q(\varepsilon) = \varepsilon^{\tau(q)} \tag{2-113}$$

则称 $\tau(q)$ 为质量指数。$\chi_q(\varepsilon)$ 为反映几何支集上奇异测度不均匀性的统计量,并由此定义广义维数

$$D_q = \begin{cases} \dfrac{1}{q-1} \lim\limits_{\varepsilon \to 0} \ln\chi_q(\varepsilon)/\ln\varepsilon, & q \neq 1 \\ \lim\limits_{\varepsilon \to 0} \sum p_i(\varepsilon) \ln p_i(\varepsilon)/\ln\varepsilon, & q = 1 \end{cases} \tag{2-114}$$

广义维数 q-D_q 为描述多重分形的另一种基本语言,D_q 与 $\tau(q)$ 满足下述关系:

$$\tau(q) = (q-1)D_q \tag{2-115}$$

广义维数 q-D_q 与 α-$f(\alpha)$ 两种语言有如下等价关系:

$$\alpha = \frac{\mathrm{d}\tau(q)}{\mathrm{d}q} \tag{2-116}$$

$$f(\alpha) = q\alpha - \tau(q) \tag{2-117}$$

将单相接地故障或基频铁磁谐振发生后 100ms 的零模电压数据进行分形处理,分别计算在单相接地故障和基频铁磁谐振情况下多重分形集上各个子集的质量分布概率分布的不均匀程度 $\Delta\alpha$,故障初始角为 $30°$,过渡电阻为 100Ω,不同故障

距离的 $\Delta\alpha$ 和基频铁磁谐振相比较如图 2-124 所示。

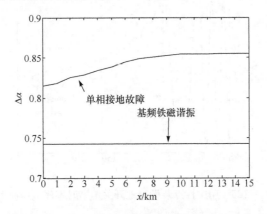

图 2-124　单相接地故障和基频铁磁谐振 $\Delta\alpha$ 比较图

由图 2-124 所示波形可知,由于单相故障情况下电压波形中存在的暂态高频分量和衰减直流分量,而基频铁磁谐振中不存在高频分量,故单相接地故障的 $\Delta\alpha$ 明显高于基频铁磁谐振的 $\Delta\alpha$,用分形可以区分单相接地故障和基频铁磁谐振。

2.4.4　35kV 配电网铁磁谐振消谐

配电网铁磁谐振是指导线对地电容和电磁式电压互感器铁心电感在零序回路中所产生的谐振过电压,若能在发生铁磁谐振时切断导线对地电容与电磁式电压互感器铁心电感组成的零序回路或在零序回路中串入电阻,就可以抑制铁磁谐振的发生。

电磁式电压互感器的中性点与大地之间加装一个常闭的单相接地开关。当发生铁磁谐振时,接地开关断开再迅速重合,开关断开即切断了电磁式电压互感器和大地的连接,切断了导线对地电容与电磁式电压互感器铁心电感组成的零序回路,谐振立即消失,开关重合后,电磁式电压互感器恢复正常运行。设 35kV 系统发生基频铁磁谐振时,在铁磁谐振发生 100ms 后,电磁式电压互感器中性点和大地之间的接地开关断开,开关断开后 100ms,开关重新接通,零序电压波形如图 2-125 所示。图中,配电网系统在 0 时刻发生铁磁谐振,60ms 时接地开关断开,160ms 时接地开关重合。

电磁式电压互感器中性点和大地的连接断开后,导线对地电容和铁心电感组成的振荡回路被破坏,谐振消失,配电网零序电压下降,接地开关重合后,零序电压幅值再次升高,但电压幅值明显低于接地开关断开前的电压幅值,并且幅值逐渐下降。因配电网三相导线不均匀换位,配电网存在一定的不平衡电压,故谐振消失后零序电压为幅值约为 1kV 的正弦波形。

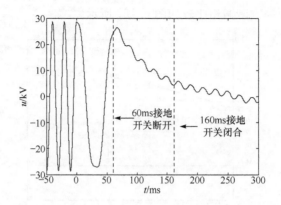

图 2-125　用中性点装设接地开关消谐时零序电压波形

　　在三相电压互感器二次开口三角接入阻尼电阻用于消耗电源供给谐振的能量,能够抑制铁磁谐振过电压。若在开口三角装设一个小电阻,当配电网正常运行时,小电阻不接入开口三角回路,当发生铁磁谐振时,小电阻接入开口三角回路,谐振消除后切除阻尼电阻。设 35kV 系统在 0ms 时刻发生基频铁磁谐振,在铁磁谐振发生 60ms 后,1Ω 小电阻接入开口三角回路,在铁磁谐振发生后 560ms,小电阻断开,配电网零序电压波形如图 2-126 所示。

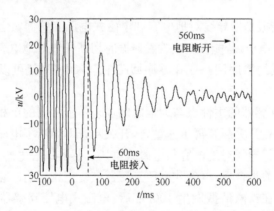

图 2-126　用开口三角接入小电阻消谐时零序电压波形

　　小电阻接入开口三角回路后,零序电压幅值逐渐下降,小电阻接入后 500ms,谐振消失,断开小电阻和开口三角的联系。因配电网三相导线不均匀换位,配电网存在一定的不平衡电压,故谐振消失后零序电压为幅值约为 1kV 的正弦波形。

2.5　全并联 AT 牵引网

牵引供电网是一种为铁路轨道上的电力机车供电的单相供电网络。牵引网的负荷是在铁路轨道上行进的电力机车而非静止不移动的负载,电力机车需要通过整流(及逆变)等方法将从架空线获得的电压较高的交流电转化为电压较低的直流电或交流电以提供给牵引电动机。在整流过程中,整流装置不可避免地会在交流侧产生谐波,导致牵引网电压和电流的谐波含量较大,在电力机车正常运行的情况下,牵引网导线上的电压波形不是正常的正弦波波形。牵引网供电方式有直接供电、BT 供电和 AT 供电等方式。本节用于仿真实验分析的牵引网供电模型为全并联 AT 供电方式。所谓全并联 AT 供电方式是将若干台自耦变压器(AT)按一定的间距装设在正馈线和接触线之间,其中性点与轨道相连,在所有自耦变压器装设点,通过横连线分别将上下行牵引网的接触线、轨道和正馈线对应连接在一起,全并联 AT 供电方式示意图如图 2-127 所示。

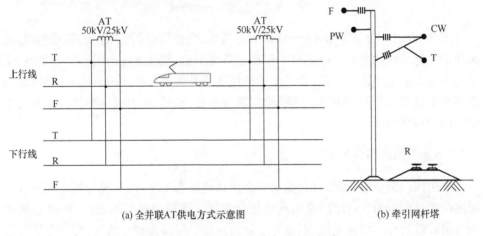

(a) 全并联AT供电方式示意图　　　(b) 牵引网杆塔

图 2-127　全并联 AT 供电方式及杆塔

图 2-127(a)中,T、R、F 线分别表示接触线、轨道和正馈线,接触线和正馈线之间的电压为 50kV,二者对地电压有效值均为 25kV,线路全长 41.5km。在 AT 站,自耦变压器将正馈线、接触线和轨道连接全并联 AT 牵引网线路包括接触网、轨道、正馈线、保护线和承力索等部分,图 2-127(a)中只画出了接触线、轨道和正馈线,牵引网的杆塔及线路如图 2-127(b)所示,PW 表示保护线,CW 为承力索,牵引网各条线路之间不进行换位。接触线是一种沿钢轨架设的特殊电力线路,悬挂在钢轨上方,电力机车通过机车顶部的受电弓与接触线滑动接触以获取电能。除了作为列车的导轨外,轨道还与接触线、正馈线、电力机车、自耦变压器等共同组成电

流回路,将流过机车负载的电流导引至牵引变电所。每隔一段距离保护线就会与轨道相连以减小轨道的对地电压。当输电线路全线有保护线并且良好接地时,可以将轨道等效为一条线路。承力索的主要作用是悬挂接触线,每隔6~7m就通过吊弦吊挂住接触线,也可以承载一定的电流以减小牵引网阻抗,降低电压损耗和能耗。为简化模型,可以将承力索和接触线等效为一根线。在全并联AT供电方式下,沿铁路轨道大约每隔10km就会有一个自耦变压器与接触线和正馈线相连,将轨道上的电流引至正馈线,在自耦变压器装设点(AT站),上下行的接触线、正馈线和轨道都会通过横连线分别连接起来。

在线路未发生故障,机车稳定运行时,牵引网电流回路如图2-128所示。

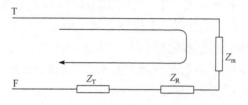

图 2-128　牵引网正常运行时电流回路

图2-128中,Z_m、Z_R和Z_T分别为电力机车、轨道和自耦变压器的等效阻抗,箭头所示为电流流动方向。电流从牵引变电所流出后,经接触线向机车负载供电,流过电力机车的电流流入轨道,轨道上的电流在AT所经自耦变压器流入正馈线,正馈线将电流引入牵引变电所,正馈线、自耦变压器、轨道、电力机车和接触线组成了牵引网的电流回路。

2.5.1　牵引网线路过电压

牵引网线路是中压网络,与高压线路相比绝缘水平不高,所遭受的外部过电压以感应雷过电压为主,此外,牵引网往往会经过气候较为恶劣的地区,而牵引网并没有沿线装设专门的避雷线,不能有效防雷。保护线虽为架空地线,有一定的防雷作用,但是架设高度一般不高于正馈线,主要作用也并非防雷。牵引网的防雷形势较为严峻,雷击是造成牵引网绝缘故障和跳闸停电等事故的主要原因之一。

因牵引网系统为单相供电网络,所带负荷不同于普通的配电网络,和普通配电网络相比,在内部过电压方面有一些特殊点,不仅所带机车负荷会产生大量谐波,机车负荷和牵引供电网络之间的接触不良也可能造成牵引线路过电压。

电力机车是牵引网最主要的负荷成分,也是一种大功率整流负荷,在机车运行的过程中,通过受电弓和接触线滑动接触,机车从牵引供电系统获取的交流电经由机车内的整流器转化为直流电供给牵引电动机。整流器是一种非线性元件,工作时会在交流侧产生大量谐波,导致牵引网线路上交流侧的电压和电流波形不再是正常的正弦波,而是工频分量和多种奇次谐波分量的叠加,故在机车正常运行的过程中,接触线和正馈线上的电压有可能会超过工频电压峰值。

　　电力机车通过受电弓和接触线的滑动接触以获取电能,机车上受电弓示意图如图 2-129 所示。

图 2-129　受电弓示意图

　　为保证电力机车连续不断地获取电能,要求弓网受流系统作用良好,即接触线与受电弓在运行中良好接触。"良好接触"的概念主要包括:弓网振动小、相互冲击小、离线次数和时间少、导线和受电弓滑板磨耗小等。在电力机车高速行驶的过程中,可能会因为受电弓振动或接触线不平滑等原因而造成受电弓和接触线分离,这种因受电弓和接触线之间接触不良而造成的受电弓和接触线分离的状况称为离线。在离线过程中,受电弓和接触线之间会产生电弧和火花,机车和牵引线路之间通过电弧相连,示意图如图 2-130(a)所示。电弧不仅会损坏接触线和受电弓,而且会干扰周围无线电通信。受电弓和接触网之间的电弧可以在一定程度上维持接触线对机车的供电,但电弧的出现相当于在受电弓与接触线之间串联了一个非线性时变电阻,其示意图如图 2-130(b)所示。

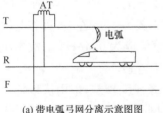

(a) 带电弧弓网分离示意图图

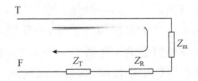

(b) 带电弧弓网分离情况牵引网等效回路

图 2-130　带电弧弓网分离

在电弧持续燃烧的情况下,接触线和受电弓之间保持电流流通,接触线可以持续为机车供电。图 2-127 所示接触线和正馈线之间的电压 $U(s)$ 为

$$U(s)=[Z_R(s)+Z_T(s)+Z_m(s)+R_{arc}(s)]I(s) \tag{2-118}$$

若受电弓和接触线的间距过大,可能导致电弧不能持续燃烧,电弧熄灭时,接触线与电力机车断开连接,这种情况相当于牵引网瞬时失去负荷,类似于输电线路断线故障或甩掉 100% 负荷,线路上的电流由稳态值瞬间变为 0,导线电感上的磁能将转化为导线电容上的电能,引起导线上电压升高,导致离线过电压。

2.5.2　牵引网线路过电压仿真分析

本小节所用全并联 AT 牵引网仿真模型示意图及参数如图 2-131 所示。

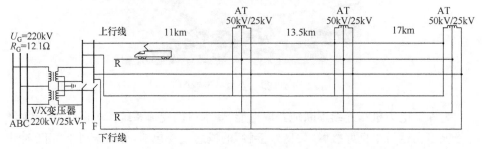

图 2-131　全并联 AT 牵引网仿真模型

图 2-131 中,A、B、C 母线表示供给牵引变电所的三相电源,U_G 为外部电源额定电压,R_G 为电源等效阻抗,AT 为自耦变压器,T、R、F 线分别表示接触线、轨道和正馈线。接触线和正馈线之间的电压为 50kV,二者对地电压的有效值均为 25kV,线路全长 41.5km。沿线共有 3 个 AT 站,上下行线路的正馈线、接触线和轨道分别和自耦变压器相连,从电力机车注入轨道的电流经自耦变压器引入正馈线。牵引线路模型包含接触线、承力索、正馈线、钢轨和保护线等部分,牵引网支柱及线路参数如图 2-132 所示。

图 2-132 中,PW 表示保护线,CW 为承力索,F、R、T 的含义与图 2-131 一致,牵引网各条线路之间不换位。牵引网支柱高度一般为 10m 左右,可将其视为一个集中参数电感。在防雷计算中,一般铁塔的电感值取为 $0.5\mu H/m$,故本小节所用牵引网支柱模型的可等效为一个 $4.25\mu H$ 的集中电感。

牵引网属于中压网络,和高压网络相比,绝缘强度较差,采用伏秒特性曲线和绝缘子两端电压曲线是否相交的方法判断牵引网支柱绝缘子是否闪络,伏秒特性曲线计算见式(2-21)。

电力机车是一种移动负荷,移动速度可达到 50m/s 以上。在仿真实验中,所需观察的时窗往往仅为数毫秒至数十毫秒。在数毫秒或数十毫秒的时间内,电力

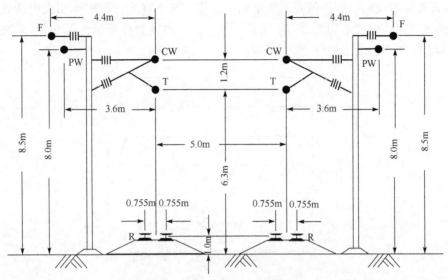

图 2-132　牵引网支柱及线路参数

机车的移动距离仅为几米至几十米,对于传播速度接近光速的行波暂态量来说可以忽略不计,故在仿真中可将电力机车视为一个固定的谐波负荷。电力机车通常分为交-直型和交-直-交型两种,本节采用的电力机车模型为交-直型电力机车,电力机车模型如图 2-133 所示。

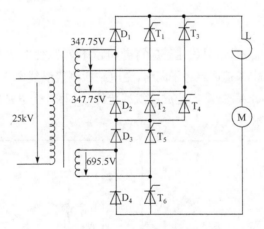

图 2-133　电力机车模型

图 2-133 中,D_i($i=1,2,3,4$)为二极管,T_i($i=1,2,\cdots,6$)为晶闸管,L 为平波电抗器,M 为机车所带直流电机。通过机车上所带整流装置,从受电弓获取的交流电转化为直流电供给牵引电机。在整流装置正常工作的情况下,会在交流侧产生大量谐波,故在机车稳定运行的过程中,导线电压为工频电压和多次谐波叠加而

成,可能导致线路电压峰值高于额定电压峰值。机车稳定运行时牵引变电所处测到的接触线电压波形如图 2-134 所示。图 2-134 中纵坐标所示为标幺值,基准值为额定电压下相电压峰值 35.355kV。

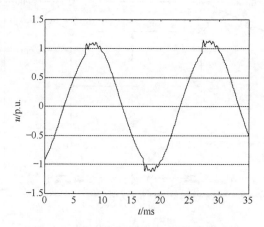

图 2-134　机车稳定运行时接触线电压波形

由图 2-134 可以看出,在牵引网运行过程中,大量的谐波叠加于工频电压上,正馈线和接触线电压波形已经不是标准的正弦波,稳态运行时,牵引网线路电压峰值已经是额定电压峰值的 1.1 倍左右。

1. 外部过电压

设距离导线首端 27km 处发生感应雷击,电力机车距变电站 31.5km。当雷电流幅值为 30kA 时,雷击未造成绝缘子闪络,变电站所测接触线电压波形如图 2-135(a)所示;当雷电流为 50kA 时,雷击造成接触线绝缘子闪络,变电站所测接触线电压波形如图 2-135(b)所示。

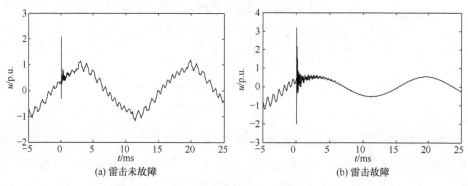

(a) 雷击未故障　　　　　　　　　　(b) 雷击故障

图 2-135　雷击牵引网过电压

由图 2-135 可知,雷击发生时,变电站所测接触线电压由工频分量、电力机车产生的高次谐波分量和感应雷在接触线上造成的冲击电压等三种分量叠加而成。在雷击未造成绝缘子闪络的情况下,雷击瞬间在牵引网线路上产生冲击电压行波,引起过电压。在雷击造成接触线绝缘子闪络的情况下,发生雷击瞬间,牵引网线路上发生过电压,闪络故障发生后,接触线电流由故障点入地,没有电流从接触线注入电力机车,电力机车也不会在接触线上产生谐波,故接触线电压的高次谐波分量消失,工频电压幅值减小。

2. 内部过电压

受电力机车在行驶过程中的振动及受电弓和接触线之间的摩擦等不利因素的影响,受电弓和接触线脱离的情况并不少见。发生弓网分离时,若受电弓和接触线之间存在电弧,则受电弓和接触线依然保持电气连接,若因弓网距离过大导致电弧熄灭,则可能引起接触线电流突变,导致接触线上产生过电压。设图 2-131 所示仿真系统中,电力机车在距离牵引变电站 30km 处发生弓网分离,产生离线过电压,弓网分离持续 $100\mu s$,牵引变电站所测接触线电压波形如图 2-136 所示。

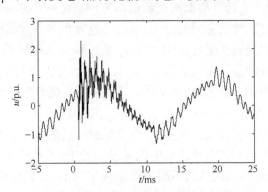

图 2-136　牵引网离线过电压

由图 2-136 可知,发生弓网分离时,由于机车上电流突然由稳态值降为 0,在电弧熄灭点产生向导线两端传播的电压行波。电压行波极性和离线前接触线电流极性相反,电压行波幅值大小和弓网离线时流过受电弓的瞬时值有关,电流瞬时值越小,离线造成的过电压越小。弓网离线电弧放电会造成导线电压波动,引起过电压,电弧熄灭时,也会造成导线和机车间电流突变,引发截流过电压。

弓网离线电弧放电过程是一个电场、磁场、热场的综合作用过程,而且弓网之间相对运动关系非常复杂,研究难度较大,即便在相同线路、相同的条件下,重复进行实验也会产生不同的结果。弓网系统电弧的产生是一个复杂的动态物理过程,不仅取决于接触面的电流和电压、滑板和接触线材料,还与弓网系统的运行速度、取流量、环境气候及气压等多种因素有关。电弧对弓网系统的影响程度难以用数学方法严格计算,这里仅从弓网分离时电弧反复熄灭和重燃可能在导线上产生的过电压进行分析和仿真,未讨论弓网速度、气象条件等因素对电弧的影响。

综上所述,本章系统地分析了不同电压等级系统中不同类型过电压的发生机理、发展过程和波形特点。在特高压半波长输电线路中,分析了单相接地故障情况下,线模行波和零模波速差的问题,在单相故障情况下,线模行波和零模行波同时注入导线,此外,行波到达故障点时,线模行波和零模行波分别会发生交叉透射,导致非对称接地故障情况下存在"模混杂"的情况,流入零模通道的线模行波会导致检测到的零模波速增加,检测到的零模波速并非真实的零模波速,而是经过线模行波"提速"后的行波波速。行波到达时刻的标定与检测方法有关,采用不同的检测方法定义了不同的行波浪涌到达时刻,计算得到的波速也存在差异。

针对雷击故障与非雷击故障、绕击故障与反击故障、绕击未故障与雷击避雷线未故障等情况,利用瞬时功率进行 PCA 聚类分析,以样本数据构造 PCA 聚类空间。根据雷击故障与非雷击故障、绕击故障与反击、绕击未故障与雷击避雷线在 PCA 聚类空间上分布不同的特点,计算不同故障或雷击类型的样本数据在 PCA 空间投影的聚类中心坐标。根据测试数据与不同聚类中心坐标的欧氏距离,对雷击故障与非雷击故障、绕击故障与反击、绕击未故障与雷击避雷线未故障等情况进行判别。不像小波分析、S 变换、HHT、形态学等算法那样对单一信号进行处理,PCA 聚类分析处理的是一批暂态量波形,对一批信号整体特征上"聚同分异"地进行聚类;与有监督学习的 ANN、SVM 等不同,PCA 聚类分析也便于对历史样本进行复用。

雷电绕击输电线路可以看作叠加了电流源激励后的电路全响应。当绕击未闪络时,该传输系只受到了注入导线雷电流激励的冲击,当绕击闪络时,该传输系瞬间先后受到雷电流注入和闪络故障附加激励两次冲击;无论是峰值前闪络还是峰值后闪络,绝缘子闪络电流中都不包含雷电流上升沿信息,上升沿信息只含于导线暂态电流行波,峰值前闪络时,导线暂态电流行波不包含雷电流峰值参数,峰值后闪络时,导线暂态电流含有雷电流峰值参数。利用输电线路两端采集到的电压和电流信号,通过时域法或拉氏反变换可以计算得到雷击点两侧电流的近似波形,进而求取近似的雷电流波形。

线路合闸时,由于合闸电阻的分压作用,合闸电阻能够降低线路上的压降,减小合闸过电压水平,即使合闸电阻值只有 50Ω,装设合闸电阻也会明显减低合闸过电压。但是合闸电阻操作装置容易在运输过程中损坏,故合闸电阻自身的质量问题反而会影响输电线路的安全运行。针对是否安装合闸电阻与合闸电阻值大小的选择,需考虑线路长度、线路运行工况等因素。线路的长度会影响空载合闸过电压的大小,线路越长,过电压越大。在线路两端装设了并联电抗器和避雷器的情况下,当线路长度超过 160km 时,应考虑装设合闸电阻,避免合闸过电压过高引起绝缘安全问题。

电缆结构复杂,每根电缆都是由芯线、屏蔽层、护套等组成的多导体系统,其电磁暂态过程比架空线更为复杂,且多埋设于地下,与大地联系紧密,依频特性较为严重。在线缆混合线路中使用自动重合闸的难点在于对故障位置的判别,当故障位于电缆时,应闭锁自动重合闸,当故障位于架空线时,可以使用自动重合闸尝试恢复供电。要准确判断故障是否位于架空线,需将故障定位和变电站继电保护相结合,在继电保护检测到故障后,在自动重合闸动作之前,通过故障测距技术判断故障点位于架空线还是电缆,将故障测距结果作为判断自动重合闸是否应该动作的依据。

中性点不接地配电网系统易发生铁磁谐振过电压,发生铁磁谐振时,中性点电压会发生偏移,可能会与单相故障混淆。利用 Fourier 变换可以辨识分频谐振过电压和高频谐振过电压。针对基频铁磁谐振和单相接地故障波形较为相似,不易区分的问题,根据基频铁磁谐振波形存在一定的波形畸变,并非标准正弦波形的特点,采用正弦波形拟合、分形、相邻阶次差分平面的相邻点距离和梯度绝对值大小等方法可以对基频铁磁谐振和单相接地故障进行区分。

第 3 章　行波及暂态量含有故障位置信息解析

电力线路故障是电力系统的主要故障。运行中的电力线路由于外部因素，如雷击、鸟害、山火、风偏、污闪、覆冰和脱冰弹跳等，致使电力线路多发短路故障。其中，雷击线路致使绝缘子串闪络是多见且主要的故障跳闸现象，一般占到一半及以上。通常从发生故障至重合闸之前先后历经一次电弧、二次电弧、恢复电压三个不同的物理阶段。线路端部通常作为保护安装处测点，故障线路端口测点的故障暂态电气量是重要的故障信息。运行中的线路故障引起的暂态电气量主要是指故障电压、电流暂态量，此暂态量从故障发生直至断路器分闸之前，其电路、电磁和电气约束关系及规律一直存在，其携带故障方向、故障距离、故障相别和故障初相角等丰富的故障信息。此外，线路断路器分闸后的电压暂态量、线路单相故障跳闸之后重合至可能的故障所引起的电压电流暂态量，甚至在线路重合强送中，线路充电至一定电压水平后，再出现绝缘子闪络击穿，由此引起的线路电压电流暂态量同样含有线路状态信息和故障位置信息。

众所周知，交流线路微机保护的主要任务正是提取和利用线路故障引起的暂态电气量所含有的故障信息来甄别线路故障方向、故障相别、故障线路边界等，并结合动作方程和预设时序，及时准确、可靠切除故障（相）线路。而线路故障测距的主要任务也是提取和利用线路故障暂态电气量携带的故障位置、故障方向、故障初相角等故障信息，进行准确的故障测距和合理的故障分析，输出故障距离和故障类型等。

现以 500kV 交流输电线路为例，探讨量测端获取的故障分量与故障位置之间的映射关系。数字仿真模型和参数如图 3-1 所示。除了有特殊说明外，此后的 500kV 交流输电系统均以图 3-1 所示仿真系统为例。

对于 500kV 交流输电系统，其变电站的高压侧大多采用 3/2（或称一个半断路器）接线方式。母线每条出线配有三组独立的电流互感器，线路侧采用三相 CVT，母线侧采用单相 CVT。对于一个半断路器的母线接线形式，宜将高压并联电抗器布置在出线侧。并联电抗器主要用于补偿输电线路运行中的容性功率，在轻负荷时吸收无功功率，控制无功潮流，稳定网络运行电压；在重合闸操作时，可以限制潜供电流，提高重合闸的成功率。电力线载波设备包括线路阻波器与耦合电容器、结合设备等，安装方式分为相-地和相-相两种。相-相安装方式的可靠性远高于相-地安装方式。故有的线路为了提高通道的可靠性，在三相线路上均装有阻波器。

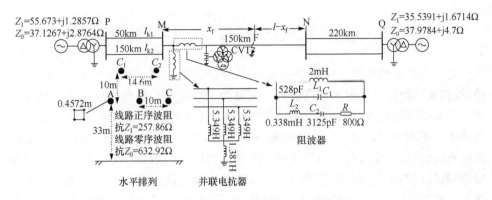

图 3-1　500kV 交流输电系统示意图

如图 3-1 所示的系统,若距离 M 端 40km 处,发生 A 相接地故障,故障初相角为 90°,过渡电阻为 10Ω,量测端故障相电流和电压如图 3-2 所示。

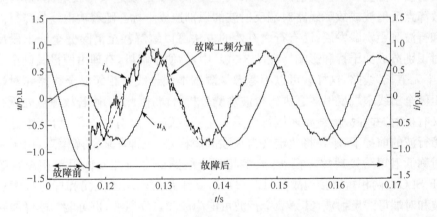

图 3-2　线路 AG 故障下量测端的故障电压电流瞬态响应波形

运行中的输电线路故障阶段可粗略地划分为故障初瞬行波阶段、故障暂态阶段和故障稳态阶段。这里暂不论及诸如 VFTO 陡波命题,线路发生故障将引起从直流分量到故障行波高频分量的宽频暂态分量,上限频率在几百千赫兹左右。图 3-2 中故障后的电压、电流数据携带着故障距离、故障初相角、故障方向等丰富的故障信息。以下阐述运行中的电力线路短路故障所引起的瞬态电气量中,其故障行波、故障暂态电气量的频差 Δf、故障工频分量和衰减直流分量反映故障位置的机理,为建立各类故障测距算法奠定理论基础。基于线路故障暂态电气量的时域法测距原理则安排在第 6 章予以阐述。

3.1　行波突变反映故障距离及其测距应用

　　运行的输电线路发生故障(F),故障行波自故障点 F 向线路两侧 M 和 N 传播,线路两侧故障初始浪涌理应最强。假设两侧母线均为多出线的三相线路发生非对称短路接地故障,如 SLG 故障,观测端检测到的故障行波全量的无频变行波网格图可用图 3-3(a)表示。线路两侧量测端(M 和 N)可能观测到的行波通常有故障点反射波、对端反射波和健全线路末端反射波。若线路发生全相金属性短路故障,故障行波于线路两侧在故障点与本侧量测端之间的路径上各自独立往返传播。如果健全线末段反射波未进入观测时窗,则故障线路两侧的初始行波的后续行波呈现等间隔波到规律。若线路发生故障点反射波微弱,不足以检测和标定的所谓高阻弱故障,如 HIF-SLG 故障,故障线路两侧观测端只能检测到线路对侧母线反射波和健全线末段反射波。如果健全线末段反射波进入行波观测时窗,则会对故障点反射波或故障线路对端反射波的识别造成干扰。随着输电线故障行波理论和行波测距实践发展,已有行之有效的方法可以缓解甚至消除健全线末段反射波对识别造成的干扰和影响。在图 3-3(a)中,为便于解析,有理由假设其健全线路为“半无穷长”线路,这样就可以不考虑量测端本端母线上相邻健全线路和对端母线上健全出线末端反射波会进入行波观测分析时窗,因此,①倘若故障点处既有反射又有折射,并在故障线路两侧行波采集记录装置 A/D 分辨率下,可清晰标定其故障行波的前提下,不妨将此定义为较强故障模态,也即非弱故障模态,属于一种非对称低阻短路接地故障模态,如多相耦合线路的金属性或低阻单相短路故障(LIF-SLG)、两相短路接地故障(LL-G)等,其线路两端均能观测和标定故障点反射波和对端母线反射波,其第 2 个行波可能为故障点反射波,也可能为故障线路对端反射波或健全线末端反射波;②倘若故障点处只有反射而没有折射,将此定义为强故障模态,如多相线路的全相金属性短路,此类故障线路两端只能观测到相对于本侧而言的所谓故障点反射波而没有对端母线反射波,线路两端同侧初始行波之后的行波波到时差等间隔(如果有一端存在明显等间隔规律,那就是此端的近端低阻短路故障);③倘若故障点反射微弱而折射很强,将此定义为高阻弱故障(HIF)模态,如过渡电阻(远)高于线路正序波阻抗的单相短路 HIF-SLG 故障,则其量测端只能观测到相对于本侧而言的所谓对侧母线反射波而很难标定其故障点反射波。沿线传播的行波在波阻抗不连续点处总会发生折反射,通常输电线路端部和故障点是最常见的波阻抗不连续点。其中,波阻抗不连续的输电线路端部通常作为故障行波量测点,线路电流互感器 TA 二次侧测点观测到的行波或是源自本级线路的入射行波与其反射波的叠加,或是来自相邻线路折射行波,二者必居其一。此外,混合线路线缆接头处和 T 接线路接头处也是波阻抗不连续点。若近似认为同一母线所连的各架空线波阻抗 Z_c 相等,并在多出线的接线形式下忽略变电站母线处杂散电容后,则易推知母线处的等值波阻抗及折反射系数将取决于母线连接的线路数量。故此,行波在线路端部母线处发生折反射示意如图 3-3(b)所示。

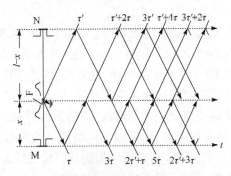

(a) 量测端故障行波网格图

(b) 线路故障行波在母线处的折反射示意

图 3-3　线路故障行波网格图及母线处行波折反射示意图

在图 3-3(b)中,忽略变电站母线处的杂散电容,每回线路波阻抗为 Z_c,本级故障线路为 l,上级线路也即量测端 M 相邻健全线路为 l_{k1} 和 l_{k2},这里属"两进一出"母线接线形式,借此分析故障行波在母线处的折反射。当线路发生金属性短路故障时,假设故障附加激励源为 u_f,则自故障点开始向线路两侧母线传播的故障电压行波为 u_f、故障电流行波为 u_f/Z_c,此由故障点起始的故障电压行波 u_f 和故障电流行波 u_f/Z_c 分别称为向 M 端行进的入射电压行波 u_I 和入射电流行波 i_I。设故障距 M 端 x(km),并规定 u_M 极性相对于地为正,i_M 的正方向为离开母线指向线路。行进的故障行波会在波阻抗不连续的母线(M)处发生折反射,一部分故障行波将透射过母线至线路 l_{k1} 和 l_{k2} 上传播,另一部分故障行波将反射回线路 l 上传播,这一部分故障行波称为反射波,将电压和电流反射波分别记为 u_R 和 i_R。可见量测端 M 获取的故障行波为入射波和反射波的叠加,即量测端获取的电压行波为 $u_M(x,t)=u_I\mathrm{e}^{-\gamma x}+u_R\mathrm{e}^{\gamma x}$,电流行波为 $-i_M(x,t)=i_I\mathrm{e}^{-\gamma x}+i_R\mathrm{e}^{\gamma x}$ 且 $-i_M=(u_I\mathrm{e}^{-\gamma x}-u_R\mathrm{e}^{\gamma x})/Z_c$。根据量测端 M 两条健全出线 l_{k1}、l_{k2} 的等效波阻抗 $Z_T=u_M/(-i_M)=(u_I+$

$u_R)/(i_I+i_R)$和线路波阻抗 $Z_c=u_I/i_I=-u_R/i_R$,可得量测端反射电压行波与入射波电压行波的关系为 $u_R=[(Z_T-Z_c)/(Z_T+Z_c)]u_I=\beta_{Mu}u_I$,其中,$\beta_{Mu}$ 为 M 端电压行波反射系数,即 $\beta_{Mu}=(Z_T-Z_c)/(Z_T+Z_c)$,同样的,可得电流行波反射系数 $\beta_{Mi}=-\beta_{Mu}=(Z_c-Z_T)/(Z_T+Z_c)$,且这里有 $Z_T=Z_c/2$,$\beta_{Mu}=-1/3$,$\beta_{Mi}=1/3$。值得指出的是,此处的两回出线 l_{k1}、l_{k2} 波阻抗相同、起始电流行波相同,均为 $\alpha_M i_{MI}$,其中,折射系数 $\alpha_M=2Z_T/(Z_T+Z_c)=2/3$,这里应强调的 l_{k1}、l_{k2} 起始电流行波均为 $\alpha_M i_{MI}$,不能再进行所谓的分流计算。此外,量测端 M 线路电流互感器 TA 所观测的行波有两种:一种是来自故障线路入射行波和其入射波在母线处反射行波的叠加;另一种是上一级线路或健全线 l_k 经母线 M 的折射行波。全书中线路电流互感器 TA 所观测的行波概念均同此处,后面不再赘述。值得指出的是,对于单相线路 LG 故障,如果其过渡电阻为 R_f,则对于单相图其故障处线路起始电流行波幅值应为 $u_f/(Z_c+2R_f)$,而不是 u_f/Z_c,此相当于三相线路短路接地故障 ABCG,三相过渡电阻均为 R_f 的情况。如果故障处线路起始电流行波幅值为 u_f/Z_c,则此时对应的应该是全相金属性短路,故障点不存在折射,属于强故障模态,那就在故障点与故障线路两侧之间形成两个独立的行波路经,行波网格图就不同于图 3-3(a)。故此,原理上,如果故障处线路起始电流行波幅值表述为 u_f/Z_c,则其需对应强故障的行波网格图进行分析。

量测端观测到的故障行波除初始行波外,还会有故障点反射波、对侧母线反射波和本侧及对侧母线上健全线路末端反射波。为了便于列写量测端在各行波路径下所对应的行波(波头)解析表达式,取行波全量网格图的部分行波路径所对应的行波进行解析,如图 3-4 所示。这里仅列 3 个行波路径所对应的行波(波头)表达式,其他行波路径所对应的行波(波头)表达式,依此类推。

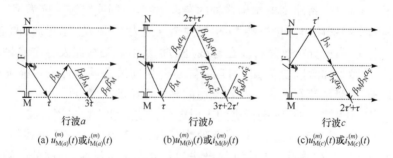

图 3-4　相对于量测端的部分故障行波路径

在图 3-4(a)中,相对于同侧观测端而言,行波(波头)a 为第 1 次故障点反射波(3τ 处),与初始行波同极性,它所对应的行波路径为 F—M—F—M—,它反映故障点离开 M 端的距离为 x_f。在图 3-4(b)中,行波(波头)b 为第 1 次故障点折射波的对端母线反射波($3\tau+2\tau'$ 处),它所对应的行波路径为 F—M—F—N—F—M—,它

反映线路全长 l。在图 3-4(c) 中,行波(波头)c 为第 1 个对端母线反射波($\tau+2\tau'$ 处),它所对应的行波路径为 F—N—F—M—,即对端母线第 1 次反射波,它反映故障点距离 N 端的距离为 $l-x_f$,这里的故障位置 x_f 与其所谓对偶故障位置 $l-x_f$ 的行波突变是反极性的,且有单端时差判别式 $x_f/v+(l-x_f)/v=l/v$ 成立。正如第 1 章分析的那样(第 10 章还将详细分析),由行波网格图 3-3(a) 和图 3-4 可知,假设初始行波波到时刻为 t_0,将其后 $2l/v$ 长的时窗划分为 2 个相继时窗 $[t_0,t_0+l/v]$ 和 $[t_0+l/v,t_0+2l/v]$,则量测端在观测时窗 $[t_0,t_0+l/v]$ 内可观测到半线长之内,如 LIF-SLG 故障点处的反射波(对于高阻 HIF-SLG 故障则定义故障点反射波微弱而不能对其标定)而观测不到对端母线反射波(反映 $l-x_f$ 线长),或可观测到半线长之外,如 LIF-SLG 故障下对端反射波(反映 $l-x_f$ 线长)而观测不到其故障点反射波(反映 x_f 位置)。而在观测时窗 $[t_0,t_0+2l/v]$ 内,则可观测到如 LIF-SLG 故障点反射波和对端反射波,且半线长之内,如 LIF-SLG 故障,其故障点反射波先于对端反射波到达,而半线长之外,如 LIF-SLG 故障,其对端反射波先于故障点反射波到达。也就是在观测时窗 $[t_0+l/v,t_0+2l/v]$ 内,可观测到半线长之内,如 LIF-SLG 故障的对端反射波而观测不到故障点反射波,或可观测到半线长之外,如 LIF-SLG 故障点的反射波而观测不到其对端反射波。可见,在两个相继的行波观测时窗 $[t_0,t_0+l/v]$ 和 $[t_0+l/v,t_0+2l/v]$ 内,所能够观测到的如 LIF-SLG 故障点第 1 次反射波和对端第 1 次反射波是分属于这 2 个相继时窗的,且两者总是关于第 1 个 l/v 行波行程时刻点 t_0+l/v 对称,两者与 l/v 行波行程时刻点 t_0+l/v 的时差总是 $|l-2x_f|/v$。借此,在这 2 个相继的时窗内并结合单端时差判别式 $x_f/v+(l-x_f)/v=l/v$,对行波(波头)属性进行辩证和协同分析与甄别,可提高行波的识别效率和可靠性。

在无频变行波网格表征体系下,为了简洁地表达,未含其他路径的行波相叠加(后同),这些行波路径所对应的故障电流行波(波头)a、b、c 的表达如下。

行波 a:
$$i_{M(a)}^{(m)}(t)=-(1+\beta_{Mi})\beta_{Mi}\beta_{Fi}u_f(t-3\tau)/(Z_c+2R_f) \tag{3-1}$$

行波 b:
$$i_{M(b)}^{(m)}(t)=-(1+\beta_{Mi})\beta_{Mi}\beta_{Ni}\alpha_F^2 u_f(t-3\tau-2\tau')/(Z_c+2R_f) \tag{3-2}$$

行波 c:
$$i_{M(c)}^{(m)}(t)=(1+\beta_{Mi})\beta_{Ni}\alpha_F u_f(t-2\tau'-\tau)/(Z_c+2R_f) \tag{3-3}$$

这些行波路径所对应故障电压行波表达如下。

行波 a:
$$u_{M(a)}^{(m)}(t)=(1+\beta_{Mu})\beta_{Mu}\beta_{Fu}u_f(t-3\tau) \tag{3-4}$$

行波 b:
$$u_{M(b)}^{(m)}(t)=(1+\beta_{Mu})\beta_{Mu}\beta_{Nu}\alpha_F^2 u_f(t-3\tau-2\tau') \tag{3-5}$$

行波 c：

$$u_{M(c)}^{(m)}(t)=(1+\beta_{Mu})\beta_{Nu}\alpha_F u_f(t-2\tau'-\tau) \tag{3-6}$$

图 3-4 所示的故障电流行波 a、b 和 c 的复频域表示如下。

行波 a：

$$I_{M(a)}^{(m)}(s)=-(1+\beta_{Mi})\beta_{Mi}\beta_{Fi}U_f(s)/(Z_c+2R_f)e^{-3s\tau} \tag{3-7a}$$

行波 b：

$$I_{M(b)}^{(m)}(s)=-(1+\beta_{Mi})\beta_{Mi}\beta_{Ni}\alpha_F^2 U_f(s)/(Z_c+2R_f)e^{-3s\tau-2s\tau'} \tag{3-7b}$$

行波 c：

$$I_{M(c)}^{(m)}(s)=(1+\beta_{Mi})\beta_{Ni}\alpha_F U_f(s)/(Z_c+2R_f)e^{-2s\tau'-s\tau} \tag{3-7c}$$

图 3-4 所示的故障电压行波 a、b 和 c 的复频域表示如下。

行波 a：

$$U_{M(a)}^{(m)}(s)=(1+\beta_{Mu})\beta_{Mu}\beta_{Fu}U_f(s)e^{-3s\tau} \tag{3-8a}$$

行波 b：

$$U_{M(b)}^{(m)}(s)=(1+\beta_{Mu})\beta_{Mu}\beta_{Nu}\alpha_F^2 U_f(s)e^{-3s\tau-2s\tau'} \tag{3-8b}$$

行波 c：

$$U_{M(b)}^{(m)}(s)=(1+\beta_{Mu})\beta_{Nu}\alpha_F U_f(s)e^{-2s\tau'-s\tau} \tag{3-8c}$$

以上公式中,未含其他路径的行波相叠加。对于单相图表示,其 $\alpha_F=2R_f/(Z_c+2R_f)$ 为行波在故障点的折射系数,β_{Mu}、β_{Fu} 和 β_{Nu} 分别为电压行波在量测端 M、故障点 F 和对端 N 的反射系数;模量序号 $m=0,\alpha,\beta$;τ 为行波由故障点传播至量测端 M 的时长;τ' 为行波由故障点传播至量测端 N 的时长。电流行波在量测端 M、故障点 F 和对端 N 的反射系数分别为 $\beta_{Mi}=-\beta_{Mu}$、$\beta_{Fi}=-\beta_{Fu}$ 和 $\beta_{Ni}=-\beta_{Nu}$。值得指出的是,α_M、β_M 与母线的接线形式及出线数目有关,对于单相图表示的波阻抗相等的多出线情况为:$\alpha_M=2/(n_M+1)$、$\beta_{Mi}=(n_M-1)/(n_M+1)$,其中,$n_M$ 为母线 M 除故障线路之外的出线数目。β_F 与故障类型和过渡电阻有关,$\beta_{Fi}=Z_c/(Z_c+2R_f)$。

如图 3-1 所示的 500kV 交流输电线路,相对于量测端 M 而言,为"二进一出"线路,设本级线路 l 全长 150km 处,l_{k1} 和 l_{k2} 是量测端健全线路,分别设为 50km 和 150km。现分别假设距离 M 量测端 40km 处和 120km 处,发生 A 相接地(AG)故障。在不同故障条件下,故障 A 相电流行波如图 3-5 所示。

在图 3-5(a)中,1 为故障初始行波,在无频变行波网格表征体系下,当 R_f 为 0Ω 时,初始行波 1 为 $i_1=-(1+\beta_{Mi})u_f(t-\tau)/Z_c$;2 为故障点反射波,对应的行波路径为 F—M—F—M,对应该路径的行波 2 为 $i_2=-(1+\beta_{Mi})\beta_{Mi}\beta_{Fi}u_f(t-3\tau)/Z_c$,它未含其他路径行波相叠加(后同);3 为健全线路 l_{k1} 末端反射波,对应的行波路径为 F—M—P—M,行波 3 为 $i_3=-\beta_{Pi}\alpha_M^2 u_f(t-\tau-2l_{k1}/v)/Z_c$,反映健全线路全长;4 为健全线路末端反射波,对应的行波路径为 F—M—P—M—F—M,行波 4 为 $i_4=-(1+\beta_{Mi})\beta_{Pi}\beta_{Fi}\alpha_M^2 u_f(t-3\tau'-2l_{k1}/v)/Z_c$,反映"健全线路 l_{k1} 全长+故障距离 x_f";5

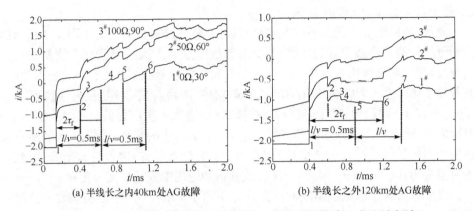

(a) 半线长之内40km处AG故障　　　　　　(b) 半线长之外120km处AG故障

图 3-5　不同位置和故障条件下量测端 M 观测到的故障 A 相电流行波

为 N 端反射波,对应的行波路径为 F—N—F—M,行波 5 为 $i_5 = (1+\beta_{Mi})\beta_{Ni}\alpha_F u_f$ $(t-2\tau'-\tau)/Z_c$,它反映故障点离开 N 端的距离;6 为健全线路 l_{k2} 末端反射波,对应的行波路径为 F—M—P—M,行波 6 为 $i_6 = -\beta_{Pi}\alpha_M^2 u_f(t-\tau-2l_{k2}/v)/Z_c$。$\tau$ 为故障行波由故障点传播至量测端 M 的时间,τ' 为故障行波由故障点传播至量测端 N 的时间。在图 3-5(b)中,1 为故障初始行波,2 为对端母线反射波,对应的行波路径为 F—N—F—M;3 为健全线路 l_{k1} 末端反射波,对应的行波路径为 F—M—P—M;4 为对端母线第 2 次反射波,对应的行波路径为 F—N—F—N—F—M;5 为 M 端健全线路 l_{k1} 末端反射波,对应的行波路径为 F—M—P—M—F—M,反映"健全线路 l_{k1} 全长+故障距离 x_f";6 为故障点反射波,对应的行波路径为 F—M—F—M,反映故障点离开 M 端的距离;7 为健全线路 l_{k2} 末端反射波,对应的行波路径为 F—M—P—M,反映健全线路 l_{k2} 全长。

　　从暂态行波电流波形相似性来看,由图 3-5 可知,对于同一传输介质、三相耦合的架空输电线路,在相同故障类型、相同故障位置、相近故障条件下,其故障电流波形具有很高的相似性,有如图 3-5(a)所示的半线长之内 AG 故障电流行波波形。以初始行波到时刻 t_0 为时窗起点,在 $[t_0, t_0+2l/v]$ 时窗内,即于 1ms 时窗内的相关系数为:$r(1^\#, 2^\#)$ 为 0.9967,$r(1^\#, 3^\#)$ 为 0.9910,$r(2^\#, 3^\#)$ 为 0.9984;同样,图 3-5(b)所示的半线长之外 AG 故障电流行波波形之间的相关系数为:$r(1^\#, 2^\#)$ 为 0.9925,$r(1^\#, 3^\#)$ 为 0.9910,$r(2^\#, 3^\#)$ 为 0.9972。而相同故障类型、相同故障条件、不同故障位置下,其故障电流波形的差异性较大,且随着过渡电阻增大,这种差异性有减小的趋势。图 3-5(a)和图 3-5(b)所示不同位置故障下的 A 相故障电流行波之间相关系数为:$r(1^\#, 1^\#)$ 为 0.2441,$r(2^\#, 2^\#)$ 为 0.6128,$r(3^\#, 3^\#)$ 为 0.7814。利用相同位置故障的故障电流波形之间相似性大、不同位置故障的故障电流波形之间差异性大的时域特征,借助数学回归方法可以进行故障测距,有基于故障波形相似度的 k-NN 测距近邻算法,也有利用 SVM 的回归算法,将于第 7 章和第 8 章中讨论。

此外,借助图 3-5 的分析以及借助行波网络图分析可知:①对于图 3-1 所示的两端母线均为多出线形式的线路,其非对称故障点第 1 次反射波与本侧初始行波同极性,而对端母线第 1 次反射波与本侧初始行波反极性;②对于半线长内故障,其故障点第 1 次反射波位于$[t_0, t_0+l/v]$时窗内、线路对端第 1 次反射波位于$[t_0+l/v, t_0+2l/v]$时窗内;对于半线长外故障,其对端第 1 次反射波位于$[t_0, t_0+l/v]$时窗内、故障点第 1 次反射波位于$[t_0+l/v, t_0+2l/v]$时窗内;③第 1 次故障点反射波及对端反射波波到时刻总是关于t_0+l/v时刻点对称,两者与t_0+l/v时刻点的时差皆为$|l-2x_f|/v$。对此,故障行波分析和应用中应予以充分重视。

以上分析属于输电线路故障行波分析,属于正命题。事实上,行波含有故障位置信息:在图 3-5 所示的单相接地故障相电流行波中,$2\tau_f(=2x_f/v)$为行波自量测端到故障点往返一次(行波路径长为$2x_f$)所用的时间。图 3-5(a)中故障点反射波和初始行波的时差$2\tau_f=268\mu s$,此处选取光速作为行波波速来计算故障距离,可得故障距离为$x_f=v\tau_f=40.2\text{km}$;图 3-5(b)中故障点反射波和初始行波的时差$2\tau_f=799\mu s$,同样,选取光速作为行波波速来计算故障距离,可得$x_f=v\tau_f=119.85\text{km}$。值得指出的是,故障测距属于行波分析的逆过程,属反问题,故障位置未知,是需要通过量测端观测的行波属性含义及其波到时差,反推获取故障距离。单端行波测距(所谓 A 型)的本质:或是利用源自某一波阻抗不连续点的行波两次到达同一观测点的时差来获取该波阻抗不连续点与观测点之间的距离,具有折、反射的故障点或近乎只有反射的故障点就是此种波阻抗不连续点,这就是基于故障点反射波的单端行波测距,其测距就是推算故障点距本观测端的距离,如果确定了故障点第 1 次反射波,则通常它相对于初始行波波到时差最为清晰,且期间的波速较为固定,于是基于故障点反射波的单端行波测距的关键和核心就是辨识和标定故障点第 1 次反射波,以期能够获取故障点反射波与初始行波波到时差$2\tau_f=2x_f/v$,再结合波速就可获取故障点与观测端之间的距离,实现单端测距;或是利用对端母线第 1 次反射波与初始行波达到同一观测端的时差来推算故障点与波阻抗不连续的对端母线之间的距离,这就是基于对端反射波的单端行波测距原理,其关键和核心就是正确辨识和准确标定对端母线的第 1 次反射波。可见,基于对端反射波的单端行波测距,适于对故障点兼具折反射或近乎只有折射而无反射且对端母线反射波又较强足以支持其检测和标定的故障施行单端行波测距。

由此可见,行波(波头)属性、含义和标定对单端行波测距十分重要,而观测端由高速采集所获取的行波数据是行波沿线传播过程中频繁经过故障点、对端母线和健全线末段等这些波阻抗不连续点发生多次折反射所形成的一系列行波(群),很难逐一辨识和确定每个行波(波头)的属性和意义,导致从这一系列波头(群)中识别测距所需的少数波头(如故障点反射波)较为困难,需结合行波幅值、极性、到达时序等特征来综合辩证地进行判别。由图 3-5 可知,对于观测电流行波而言对

于多出线的 M 端,出线数目越多越有利于故障点反射波辨识,故障点反射波与初
始行波同极性,相邻健全线路末端反射波远小于故障点反射波,其极性与健全线路
末端接线形式有关;对于多出线的对侧母线 N 端,对端反射波与初始行波反极性。
原理上,两侧为多出线的线路通过极性就可以区分故障点反射波和对端反射波。
图 3-5(a)中故障点反射波 2 和图 3-5(b)中故障点反射波 6 均与故障初始行波同
极性,与其初始行波波到时差为 $2\tau_f$。在未受到相邻健全线路末端反射波干扰情况
下,若第 2 个行波与初始行波同极性,则为故障点第 1 次反射波;若反极性,则为对
端第 1 次反射波。

　　欲正确识别行波属性意义和准确标定行波波到时刻,行波分析所选取的行波
数据时窗长度也很重要。通常,在尽可能短的行波观测时窗内其行波波头数量少
而清晰,甄别效率高;在尽可能长的行波观测时窗内,其行波波头数量多、富含故障
信息,有利于发掘其隐含的行波极性和波到时序规律用于甄别故障点反射波/对端
反射波,完成测距。借助行波网格图分析可知,以行波可检测标定为前提,若以故
障初始行波波到时刻 t_0 作为时窗起点,时刻区间为 $[t_0,t_0+2l/v]$ 的行波观测时
窗,在传输时间上可确保线路远端故障点反射波、线路近端故障下的对端母线反射
波进入该观测分析时窗。且在 $[t_0,t_0+l/v]$ 时窗内有:①对于故障点既有反射又有
折射的所谓较强非对称故障模态(非弱故障模态),线路两侧观测端必定有一侧观
测到相对本观测侧而言属半线长之内故障情况下的故障点反射波而无对端母线反
射波,而另一侧观测到相对本侧而言属半线长之外故障情况下的对端母线反射波
而无故障点反射波,固然,在 $[t_0+l/v,t_0+2l/v]$ 观测时窗内,要么有近端故障下的
对侧母线反射波,要么有远端故障下的故障点反射波。②对于故障点只有反射而
没有折射的所谓全相金属性接地短路强故障模态,只有故障点反射波没有对端反
射波,线路两侧观测端必定有一侧观测到相对而言属半线长之内故障情况下的故
障点反射波,而另一侧相对而言就属半线长之外故障情况下的故障点反射波,它未
进入另一侧的 $[t_0,t_0+l/v]$ 时窗、但必进入另一侧的 $[t_0+l/v,t_0+2l/v]$ 观测时窗。
③对于故障点反射微弱而折射很强的所谓高阻弱故障模态,有对端反射波恒没有
故障点反射波,线路两侧观测端必定有一侧观测到相对而言属半线长之外故障情
况下的对端反射波,而相对另一侧而言属半线长之内故障情况下的对端反射波未
进入另一侧的 $[t_0,t_0+l/v]$ 时窗、但必进入另一侧的 $[t_0+l/v,t_0+2l/v]$ 观测时窗。
在线路同侧两个相继的行波观测时窗 $[t_0,t_0+l/v]$ 和 $[t_0+l/v,t_0+2l/v]$ 内,对行
波属性进行综合、辩证、协同的分析和辨识,可提高行波波头甄别的正确性和效率。
然而,线路两侧观测端在 $[t_0,t_0+l/v]$ 行波数据时窗内,是否含有健全线路末端反
射波,则由健全线路长度 $l_{k,M}$、$l_{k,N}$ 与线长 l 及故障距离 x_f 之间的大小关系来决定。

　　借助行波网格图可分析健全线路 $l_{k,M}$、$l_{k,N}$ 末端反射波是否进入 $[t_0,t_0+l/v]$
时窗。相对于观测端而言,在行波观测分析时窗 $[t_0,t_0+l/v]$ 内,对于既有故障点
反射波又有对端反射波的较强非对称故障模态有如下结论成立:①若故障位于相

对 M 端半线长之内,且故障点反射波能量足够并能够检测和标定,则必可观测到故障点反射波,没有对端反射波也没有对端健全线末端反射波,且有:当 $l_{k,M} < x_f < l/2$ 时,M 端健全线 $l_{k,M}$ 末端反射波先于故障点反射波波到;当 $x_f < l_{k,M} < l/2$ 时,故障点反射波先于 $l_{k,M}$ 末端反射波波到。②若故障位于相对 M 端半线之外,且对端反射波能量足够且能够检测和标定,则必可观测到对端反射波而没有故障点反射波,且有:当 $l_{k,M} < l-x_f < l/2$ 时,M 端健全线 $l_{k,M}$ 末端反射波先于对端反射波波到;当 $l-x_f < l_{k,M} < l/2$ 时,对端反射波先于 $l_{k,M}$ 末端反射波波到;当 $(l-x_f) + l_{k,N} < l/2$ 时,则对端反射波总是先于 N 端健全线 $l_{k,N}$ 末端反射波波到。对于只有故障点反射波没有对端反射波的全相金属性接地短路强故障模态,只可观测到相对 M 端半线长之内故障点反射波,且当 $l_{k,M} < x_f < l/2$ 时,M 端健全线 $l_{k,M}$ 末端反射波先于故障点反射波波到;当 $x_f < l_{k,M} < l/2$ 时,故障点反射波先于 $l_{k,M}$ 末端反射波波到。对于有对端反射波而故障点反射波微弱的高阻弱故障,只可观测到相对 M 端半线之外故障下的对端反射波,且当 $l_{k,M} < l-x_f < l/2$ 时,M 端健全线 $l_{k,M}$ 末端反射波先于对端反射波波到;当 $l-x_f < l_{k,M} < l/2$ 时,对端反射波先于 $l_{k,M}$ 末端反射波波到;当 $(l-x_f) + l_{k,N} < l/2$ 时,对端反射波总是先于 N 端健全线 $l_{k,N}$ 末端反射波波到。同理,在 $[t_0 + l/v, t_0 + 2l/v]$ 行波观测时窗内,可进行与上述相类似的分析并获取对偶性结论。

由此可见,故障是位于半线之内还是半线长之外、健全线路长度及其末端接线形式如何、是高阻弱故障还是(较)强故障模态、是雷击闪络故障还是山火故障等信息,都蕴涵并反映在量测端观测的行波性态中,尤其是反映在波形形态(行波陡度、极性和波到时差)当中。以观测端高速行波采集装置的 A/D 最小分辨率和波头标定有效为前提,以观测端能否检测、标定对端母线反射波为依据,分别在线路两端 M 和 N 于首波头后宽度为 l/v 的时窗内对行波进行观测分析,有望实现上述三种故障模态的区分:①倘若在线路两端中只有一端能检测和标定相对于该观测端而言所谓的"对端反射波"波到,而另一端未能检测和标定相对于同侧而言所谓的"故障点反射波"波到,则为高阻弱故障模态。②倘若在线路两端能检测和标定相对于观测端而言所谓的"故障点反射波"和所谓的"对端反射波"波到时刻可以相配对并对齐,则为较强非对称故障模态(非弱故障模态);倘若在线路单侧观测分析和辨识,将 $[t_0, t_0 + l/v]$ 内的故障点反射波或者对端反射波与其同侧初始行波波到时差记为 Δt_1,而将 $[t_0 + l/v, t_0 + 2l/v]$ 内的对端反射波波到时刻或者故障点反射波波到时刻与 $t_0 + l/v$ 时刻的时差记为 Δt_2,则在线路单侧有关系 $\Delta t_1 + \Delta t_2 = l/v$ 成立,此式的求证将在第 10 章给出,借助此式并结合微机线路保护给出的故障信息,也可于单侧甄别较强非对称故障模态,借助此式也可剔除健全线路末端反射波影响,而且故障点反射波和对端反射波必须分属两个相继的时窗 $[t_0, t_0 + l/v]$ 和 $[t_0 + l/v, t_0 + 2l/v]$ 内,可在 $[t_0, t_0 + l/v]$ 和 $[t_0 + l/v, t_0 + 2l/v]$ 内剔除无效波头标定,继而进一步甄别较强非对称故障点反射波和对端反射波。③倘若在线路两端能检测和标定相对于本观测端而言均属所谓的"故障点反射波"行波波到(时刻),结合行波极性、微机线路保护装置给出的故障信息,且有对偶关系 $x_f/v + (l-x_f)/v = l/v$ 成立,或者在尽可能长的行波时窗内,消除健全线末段反射波影响后,线路两侧初始行波之后的后续行波波到呈现等间隔波到规律,则为全相金属性(或接近金属性)短路的强故障模态。诚然,分析辨识上述三种故障模态是为了更好地施行行波测距,并提高行波测距的可靠性。

　　正如前述,利用故障点反射波或利用对端母线反射波均可以进行单端行波测距,这样对于同一传输介质的输电线路单端行波测距就有两条技术路线可循:一是围绕故障点第 1 次反射波来开展,由故障点第 1 次反射波与初始行波的波到时差 $2\tau_f(=2x_f/v)$,结合波速获取故障点与量测端 M 之间的距离 x_f,显见,基于故障点反射波的单端行波测距以故障点具有较大的反射系数为条件,以故障点反射波的准确标定和正确辨识为前提;二是围绕对端母线第 1 次反射波来开展,由对端母线反射波与初始行波之间的波到时差 $2(l-x_f)/v$,结合波速获取故障点与对端之间的距离 $(l-x_f)$,这样,对端母线反射波的正确辨识和精确标定就成了基于对端反射波的单端行波测距的关键。这两条技术路线是相辅相成、相互联系的,而不是孤立的,且就同一侧观测端而言,这两个距离 x_f 和 $l-x_f$ 是对偶的。以往人们强调第一条技术路线较多,围绕故障点反射波识别进行深入研究,而对端母线反射波的识别和应用关注不够,应当综合分析和应用这一对对偶的故障点反射波和对端反射波,进行协同的单端行波测距。

　　毋庸置疑,(超)高压输电线路故障多为雷击故障,但行波测距实践表明偶尔也有高阻故障。对于高阻故障欲施行单端行波测距,其故障点反射波不易捕捉,势必需要应用对端母线反射波来进行单端行波测距。倘若对端母线为波阻抗连续的一进一出接线形式,其对端母线反射波仅由母线对地杂散电容引起,这种反射波非常微弱,很难捕捉、不足以支持其行波测距。此情况下应当对单端行波测距方法和实施线路进行有效延拓,经延拓后再行测距。因此,这里提倡围绕故障点反射波和对端母线反射波两条技术路线,对故障点反射波和对端母线反射波辩证和综合地加以利用。同时,提倡充分关注第 2 个行波信息、关注 $[t_0,t_0+l/v]$ 时窗内的行波信息并兼顾比较 $[t_0,t_0+2l/v]$ 时窗内的行波信息,关注健全线路末端反射波信息,以及关注在尽可能长的行波时窗内初始行波之后的行波极性和波到时序可能隐含的周期性规律,尤其是初始行波之后可能出现的故障点反射波表现的相继连续等间隔行波波到。有条件时,也应当关注相邻健全线路行波信息的协同应用和线路两端行波信息的协同应用。有关协同测距内容将于第 9 章详述。

　　对(超)长线路若选取单一固定波速很难保障全线长范围内的故障测距精度,然而,若故障位于半线长之内,则采用故障点第 1 次反射波与初始行波的波到时差 Δt 来获取故障点离开观测端的距离 $x_f(=v\Delta t/2)$;若故障位于半线长之外,则采用对端母线第 1 次反射波与初始行波之间的波到时差 Δt 来获取故障点与线路对端

之间的距离 $l-x_\text{f}(=v\Delta t/2)$。由此测距原则所获取的故障位置解 x_f 或 $l-x_\text{f}$ 将均不大于半线长,只不过是故障距离的参考端不同而已。此种处理方法有利于所选取的固定波速进行行波测距更趋合理,其测距精度和可靠性较高。可见,若能辩证、协同地使用故障点反射波和对端母线反射波则有利于提高(超)长线路单端行波测距的精度和可靠性。由此可形成如下结论:一方面,利用故障点反射波或利用对端反射波均可施行单端行波测距;另一方面,在同一侧观测端分别由故障点反射波和对端母线反射波获取一对对偶故障距离,可对故障位置解集进行相互校验,通常取其小值作为故障位置解则有利于单端行波测距精度和可靠性的提高。至此,呼之欲出的命题是,在线路两侧观测端分别由其故障点反射波和对端母线反射波获取一对对偶故障距离,并在线路两侧分别取其小值作为故障位置解,则此两侧的小值位置解相等且恒不大于半线长。接下来必须解决的问题是怎样在线路两侧排除健全线末端反射波的影响,如何获取此两侧的相等的小值故障位置解。这样,顺理成章就可发展一种两端之间数据不要求同步且与线路长度 l 发生变化与否无关的新型双端行波测距原理和方法。

如第 1 章所述,传统的双端行波测距(所谓 D 型)原理是利用故障线路两端初始行波波到时差结合波速进行测距的,其优势是线路两侧首次行波浪涌适于检测标定,宜于行波属性的机器分析和行波测距的自动化,其缺点是要求线路两端之间数据同步和线路长度 l 参与测距计算。倘若分别在线路两端 M 和 N 在初始行波波到时刻为起点的时窗长 l/v 内,分别在 $[t_\text{M0},t_\text{M0}+l/v]$ 和 $[t_\text{N0},t_\text{N0}+l/v]$ 行波观测时窗内对齐 M 端和 N 端故障初始行波波到时刻 t_M0、t_N0,在其两端初始行波的后续行波中,相对于观测端而言,一般只有一端属所谓的"故障点反射波"与另一端属所谓的"对端反射波"波到时刻能配对并对齐,即这两个波到时刻与其对应的初始行波之间的波到时差相等,健全线末端反射波波到一般不相配对也不对齐,只有当故障线路两端健全线满足 $l_{k,M}=l_{k,N}<l/2$ 的关系时,线路两端健全线末端反射波波到时刻才能配对并对齐。如果有此情况则可先排除两端初始行波波到之后具备 $l_{k,M}/v=l_{k,N}/v$ 条件的所谓相对齐的健全线末端反射波波头,而后,再利用此种配对并对齐的"故障点反射波"和"对端反射波"的波到与初始行波波到的时差就可获取属同一个值的故障距离(故障距离参考端也为其同侧),此测距方法不要求两端故障数据同步,线路长度也未参与测距计算,与实际线路长度发生变化与否无关,只与行波波到时刻标定和波速选取有关。这种在线路两端利用其初始行波对齐配对"故障点反射波"与"对端反射波"波到(时刻)的方法,为在线路双端利用跨厂家跨平台行波数据有针对性地开展两端不同厂家行波采集记录装置之间的协同测距奠定了基础。诚然,这种不依赖于精确的线路长度和线路两端数据精确同步的新型双端行波测距方法,对行波标定准确性和可靠性要求更高,此外,对于波速衰减大的多分裂超长架空输电线路或者波速衰减快的长电缆线路,在线路两侧较

难获取相配对的属同一个量值的"时差",故匹配中应该计及此因素而设置适当的容错裕度。

3.2　频差反映故障距离和频差测距原理

早在 20 世纪 70 年代,研究发现,故障电压行波和电流行波的频率与故障距离之间具有一定的函数关系。在 1979 年,Swift 撰文报道对行波频谱的研究结果,他发现在线路观测端背侧交流系统条件为开路或短路的情况下,故障距离与行波频谱的主成分有确定的数学关系。但是,实际运行的电力系统,其线路端部边界通常并非是"理想"开路或短路状态,行波频谱中频率分布受线路边界的影响较大,这就导致直接利用行波自然频率值进行故障测距的结果并不理想。后面分别论述故障暂态电气量行波频谱和自由振荡分量的频谱分布及其与故障距离、量测端背侧系统参数的关系,在此基础上进一步分析频差 Δf 量值与故障距离的关系。分析表明,将频差 Δf 应用于故障测距,能够获取满意的测距精度。

3.2.1　故障行波的频率特征分析

从波过程的角度来看,行波在故障点和量测端发生多次反射形成反映故障位置的频率,通常,行波的主频率最低且幅值最大,其他频率成分的幅值随频率增高而降低。

通常,三相平衡交流系统发生三相对称短路故障,可以化为单相交流系统进行故障分析。在三相金属性短路故障条件下,三相故障行波分析则可化为单相故障行波的波过程进行分析。图 3-6 为单相系统的故障附加网络示意图。在量测端 M 非金属性短路下,行波路径组合主要有 F—M—F—M—和 F—N—F—M—,它们分别反映观察点至故障点的距离和故障点至对端的距离。以 F—M—F—M—为例,如图 3-7 所示。

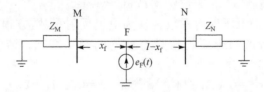

图 3-6　线路故障附加网络

以图 3-7 所示的行波路径 F—M—F—M—为例进行阐述,Z_M 为 M 端背侧系统等效阻抗,Z_F 为故障等效阻抗,Z_c 为线路波阻抗,$e_F(t)$ 为故障附加电源。输电线路量测端电压 $u_M(t)$ 和故障点电压 $u_F(t)$ 可以分别表示为

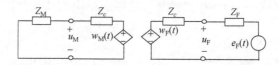

图 3-7　反映 F—M—F—M—行波路径自然频率的电路模型

$$u_M(t) = \frac{Z_M}{Z_M + Z_c} w_M(t) \tag{3-9}$$

$$u_F(t) = \frac{Z_F}{Z_c + Z_F} w_F(t) + \frac{Z_c}{Z_c + Z_F} e_F(t) \tag{3-10}$$

图 3-7 中，$w_M(t)$ 与 $w_F(t)$ 表示具有延时效应的受控源，其表达式为

$$w_M(t) = 2u_F(t - \tau) - w_F(t - \tau), \quad t > \tau \tag{3-11}$$

$$w_F(t) = 2u_M(t - \tau) - w_M(t - \tau), \quad t > \tau \tag{3-12}$$

式中，τ 为行波从故障点传播至母线 M 端的时间，即 $\tau = x_f / v$，v 为行波传播速度。联立式(3-9)～式(3-12)可得电压 $u_M(t)$ 和 $u_F(t)$ 的复频域的表达式为

$$U_M(s) = \frac{P(s)}{1 - \Gamma_M(s)\Gamma_F(s)P^2(s)} \cdot \frac{2Z_M(s)}{Z_M(s) + Z_c(s)} \frac{2Z_c(s)}{Z_F(s) + Z_c(s)} E_F(s) \tag{3-13}$$

$$U_F(s) = \frac{P^2(s)\Gamma_M(s)}{1 - \Gamma_M(s)\Gamma_F(s)P^2(s)} \frac{Z_F(s)}{Z_F(s) + Z_c(s)} + \frac{Z_c(s)}{Z_F(s) + Z_c(s)} E_F(s) \tag{3-14}$$

式中，$\Gamma_M(s) = [Z_M(s) - Z_c(s)]/[Z_M(s) + Z_c(s)]$；$\Gamma_F(s) = [Z_F(s) - Z_c(s)]/[Z_F(s) + Z_c(s)]$；$U_M(s)$、$U_F(s)$ 和 $E_F(s)$ 分别为 $u_M(t)$ 与 $u_F(t)$ 及 $e_F(t)$ 的拉氏变换；$Z_c(s)$、$Z_M(s)$ 和 $Z_F(s)$ 分别为拉氏域的线路波阻抗、母线端系统等效阻抗及故障点阻抗；$P(s) = e^{-s\tau}$ 为线路时延拉氏算子；$\Gamma_M(s)$ 与 $\Gamma_F(s)$ 分别为拉氏域中 M 端反射系数和故障点反射系数，采用极坐标可以表示为 $\Gamma_M(s) = A_M(s) \angle \theta_M(s)$，$\Gamma_F(s) = A_F(s) \angle \theta_F(s)$。

M 量测端获取的行波的频谱由式(3-13)的特征式决定，即

$$1 - \Gamma_M(s)\Gamma_F(s)P^2(s) = 0 \tag{3-15}$$

将式(3-15)中的电压反射系数替换为电流反射系数，方程不发生任何改变，这说明故障电流行波与电压行波具有相同的频谱特征。结合欧拉公式，可将式(3-15)变换为

$$e^{2s\tau} = A_M A_F e^{j(\theta_M + \theta_F)} e^{j(2k\pi)}, \quad k = 0, \pm 1, \pm 2, \cdots \tag{3-16}$$

由式(3-16)可解得

$$s = \frac{\ln \sqrt{|A_M A_F|}}{\tau} + j \frac{\theta_M + \theta_F + 2k\pi}{2\tau} \tag{3-17}$$

根据 Laplace 函数极点的物理意义可知，式(3-17)的实部表示故障行波频率的衰减程度，而虚部为故障行波的角频率。根据式(3-17)，考虑实际频率的非负性，可得故障行波的频率为

$$f_k = \frac{\mathrm{Im}(s)}{2\pi} = \frac{\theta_\mathrm{M} + \theta_\mathrm{F} + 2k\pi}{4\pi\tau}, \quad k = 1, 2, 3, \cdots \tag{3-18}$$

由式(3-18)可以看出,故障行波的频谱与故障距离、线路母线背侧等值系统反射角、故障点反射角都有关系。

根据式(3-18)可得故障距离的计算公式为

$$x_\mathrm{f} = \frac{(\theta_\mathrm{M} + \theta_\mathrm{F} + 2k\pi)v}{4\pi f}, \quad k = 1, 2, 3, \cdots \tag{3-19}$$

当单相系统的线路发生金属性接地故障时,量测端获取到的行波反映 F—M—F—M—···行波路径,利用 FFT 提取到的频率反映故障点与 M 端的距离。当线路发生过渡电阻的接地故障时,行波在故障点反射减弱,折射增强,量测端获取的行波不仅有反映 F—M—F—M—···行波路径的,还有反映 F—N—F—M—···行波路径的。利用 FFT 可能会提取到某个主频率,这个频率或者反映故障点与 M 端的距离,或者反映故障点与 N 端的距离。这些情况与故障边界条件和故障数据时窗长度有关。

欲利用式(3-19)进行故障测距,想取得较好的测距精度,除准确提取行波信号的频率外,还必须估算出线路量测端背侧系统及故障点的反射角。这就使得利用行波频率值进行故障测距的难度增大、实用性变差。

通过应用现场大量实录行波数据进行频率法测距的研究表明,在实际故障测距中取 θ_F 为 0 所估算出的距离虽然与实际故障距离有差别,但误差是可以接受的,因此主要考虑 θ_M 的取值对测距结果的影响。当量测端系统可等效为开路时,$\theta_\mathrm{M} \approx -\pi$,利用主频率测距:$x_\mathrm{f} = v/(4f_1)$;当量测端系统可等效为短路时,$\theta_\mathrm{M} \approx 0$,利用主频率测距:$x_\mathrm{f} = v/(2f_1)$;当量测端系统不能等效为开路或者短路时,需要对 θ_M 进行估算才能取得较好的测距精度。

于是,当线路量测端背侧系统在行波的频率范围可等效为开路或短路时,利用行波主频率的测距公式可归纳为

$$x_\mathrm{f} = \frac{v}{n_\mathrm{p} f_1} \tag{3-20}$$

式中,若故障点与量测端的反射系数同号,则取 $n_\mathrm{p} = 2$;若故障点与量测端的反射系数异号,则取 $n_\mathrm{p} = 4$。

显然,利用式(3-20)进行故障测距的应用范围受限,后面另辟蹊径,从频差 Δf 入手,分析其与故障距离之间的关系。

根据式(3-18)可得相邻频率分量之间的频差 Δf 为

$$\Delta f = f_{k+1} - f_k = \frac{\theta_\mathrm{M} + \theta_\mathrm{F} + 2(k+1)\pi}{4\pi\tau} - \frac{\theta_\mathrm{M} + \theta_\mathrm{F} + 2k\pi}{4\pi\tau} = \frac{1}{2\tau} \tag{3-21}$$

由式(3-21)可以看出,故障行波频谱的频差 Δf 只与故障距离有关,而与量测端背侧系统及故障边界无关,此结论非常重要。值得关注的是,式(3-21)中仍然

假设了在两个相邻频率电气量之间其 θ_M、θ_F 未发生变化。

根据式(3-21),利用稳定等间隔的频差 Δf 可得故障距离的计算公式为

$$x_f = \frac{v}{2\Delta f} \qquad (3\text{-}22)$$

由式(3-22)可以看出,故障行波频谱的频差 Δf 与故障距离有确定的反比函数关系,将其应用于故障测距,不受故障线路量测端背侧和故障点这两种边界条件的影响。

采用 PSCAD/EMTDC 软件对上述理论分析进行仿真验证,系统电压等级为 500kV,线路长度为 200km。为说明线路量测端背侧系统对行波而言既不能视为开路也不能视为短路这样一种性状。不妨假设量测端背侧系统为多台变压器并联运行,母线上除故障线路外无其他出线,并假设距离量测端 70km 处发生三相金属性接地故障。因为在该母线接线形式和性状下,其故障电压行波过程明显,故而采用量测端 10ms 内的 α 模电压分量进行分析,采样率 $f_s = 1\text{MHz}$,量测端 α 模电压波形及其频率分布如图 3-8 所示。其中,此处暂不论述如何获取故障线路电压行波命题,图 3-8(a)为含故障相的线模电压,图 3-8(b)为利用 FFT 变换获取的频谱分布,图 3-8(c)为利用 CWT 变换获取的频谱分布。

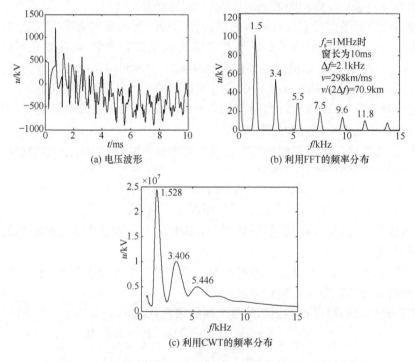

图 3-8　多台变压器并联运行时的故障电压波形及其频率分布

因假设量测端背侧系统为多台变压器并联运行,故量测端背侧不能等效为开路也不能等效为短路。图 3-8(b)中主频 $f_1 = 1.5\text{kHz}$,若利用该主频 f_1 进行故障测距,必须估算出 θ_M,增加了测距中间步骤中的基础计算难度。而由前面的分析可知,故障距离与频差 Δf 有确定的反比函数关系,图 3-8(b)中稳定 Δf 近似为 2.1kHz,架空输电线路,取 v 为 298km/ms,利用式(3-22)可计算出故障距离为 70.9km。此外,由图 3-8(c)可以看出,利用 CWT 并不能很好地表征故障行波的频谱特征,因此,后面将统一采用 FFT 来分析故障行波的频率特征。

综上所述,由于故障行波主频率不仅与故障距离有关,还与线路量测端背侧系统及线路故障边界的性状有关,因此,利用故障行波主频率(f_1)进行故障测距,欲取得较好的测距精度,除准确提取故障行波信号的主频率外,还必须计及并获取线路量测端背侧系统参数,此增加了直接利用主频率进行故障测距的难度,若将线路量测端系统等效为开路或者短路会引入原理误差,导致测距结果不理想,甚至不可靠。相比之下,频差 Δf 只与相间故障的距离直接相关联,将其应用于含相间故障模式(当然包括多相接地短路故障)的故障测距可消除线路量测端背侧系统及线路故障边界的影响,有较好的测距精度,尤其在现场初始行波(波头)未能捕捉首波头数据缺损情况下,可作为一种后备方法。

3.2.2 自由振荡分量的频率特征分析

通常,要么以单相线路短路故障,要么以三相线路三相金属性接地故障为例,研究高压输电线路故障时的自由振荡分量。高压输电线路发生三相短路故障时,含故障的整个系统仍然是平衡对称的,所以可用单相系统来进行分析,这里选取 A 相进行分析,此时的故障分量网络如图 3-9 所示,$U_{M,A}(s)$ 和 $I_{M,A}(s)$ 分别为量测端 M 处的 A 相电压和电流;$U_{F,A}(s)$ 和 $I_{F,A}(s)$ 分别为故障点处的 A 相电压和电流;x 为故障点与量测端 M 之间的距离。

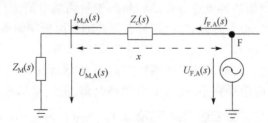

图 3-9 三相金属性接地短路故障的 A 相故障分量网络

假设故障点 A 相电压的正常运行正弦稳态分量为 $U_{F,A} = U_{F,A}^{(0)}\sin(\omega_0 t + \varphi_A)$,则故障点电压在复频域中的表达式为

$$U_{F,A}(s)=\frac{-U_{F,A}^{(0)}(\omega_0\cos\varphi_A+s\sin\varphi_A)}{s^2+\omega_0^2}\tag{3-23}$$

式中,$U_{F,A}^{(0)}$为其初始幅值;ω_0为工频频率;φ_A为 A 相的初相角。

根据均匀传输线方程可得 $U_{F,A}(s)$、$I_{F,A}(s)$、$U_{M,A}(s)$、$I_{M,A}(s)$之间的关系为

$$U_{M,A}(s)=\cosh(\gamma x)U_{F,A}(s)-Z_c(s)\sinh(\gamma x)I_{F,A}(s)\tag{3-24}$$

$$I_{M,A}(s)=-\frac{\sinh(\gamma x)}{Z_c(s)}U_{F,A}(s)+\cosh(\gamma x)I_{F,A}(s)\tag{3-25}$$

式中,$\gamma(s)=\sqrt{(R_1+sL_1)sC_1}$;$Z_c(s)=\sqrt{(R_1+sL_1)/sC_1}$,$R_1$、$L_1$、$C_1$ 为线路单位长度线模参数。

对于 M 侧故障分量,有如下关系:

$$U_{M,A}(s)=Z_M(s)I_{M,A}(s)\tag{3-26}$$

式中,$Z_M(s)=R_M+sL_M$,R_M、L_M 为 M 侧系统参数。

联立式(3-24)~式(3-26)可以获取 $I_{M,A}(s)$的表达式为

$$I_{M,A}(s)=\frac{-U_{F,A}^{(0)}(\omega_0\cos\varphi_A+s\sin\varphi_A)}{(s^2+\omega_0^2)[Z_c(s)\cosh(\gamma x)+Z_c(s)\sinh(\gamma x)]}\tag{3-27}$$

由 $I_{M,A}(s)$的表达式可以看出,$s=\pm j\omega_0$ 是其一对共轭极点,代表了 $I_{M,A}(s)$中的工频分量,由式(3-27)还可以得出如下极点方程:

$$Z_c(s)\cosh(\gamma x)+Z_c(s)\sinh(\gamma x)=0\tag{3-28}$$

式(3-28)的每一个实根或每一对共轭复根对应了 $I_{M,A}(s)$暂态分量的一个频率分量。通常存在一个代表电流故障分量中非周期分量的实根 $s=-\alpha$,以及代表基本自由振荡频率分量的无穷多个共轭复根 $s_k=\alpha_k\pm j\omega_k$,其中,$k=1,2,3,\cdots$。在故障引起的附加激励源作用下,超高压线路的分布电容不能忽略而与系统阻抗和线路阻抗构成电气谐振关系,式(3-28)所示方程即为相应的谐振方程,称为基本谐振方程。由它得出的一系列交流频率解,称为基本自由振荡频率。这里需要指出的是,式(3-28)所描述的极点方程虽然是基于量测端电流进行推导的,然而,量测端电压具有相同的极点方程,即电压具有相同的自由振荡频率。

求解基本谐振方程,可获取一系列自由振荡频率值,然而,式(3-28)为双曲函数方程,直接求解比较困难。这里做两点简化:①在实际超高压输电线路中沿线分布的单位长度线路电阻非常小,故可忽略线路电阻,把线路当作无损线路来考虑;②系统阻抗为纯电抗。在上述假设下,有 $Z_c(s)=\sqrt{L_1/C_1}=R_c$,$\gamma(s)=s\sqrt{L_1C_1}$,$\tau=x_f/v$,$v=1/\sqrt{L_1C_1}$,$s\tau=\gamma(s)x_f$,$Z_M(s)=sL_M$,$s=j\omega$,$Z_c(s)\tau=L_1x_f$。将上述关系代入式(3-28),可获取如下三角函数方程:

$$\tan(\omega\tau)=-\frac{L_M}{L_1x_f}(\omega\tau)\tag{3-29}$$

式(3-29)为超越方程,无解析解,但是其左边为正切函数曲线,右边为经过原

点的直线,可以采用作图法求出两条曲线的交点,即为 $\omega_k\tau$ 的近似值。由于 τ 为确定值,所以由 $\omega_k\tau$ 的值即可求出 ω_k,进而求出一系列自由振荡频率,如图 3-10 所示。

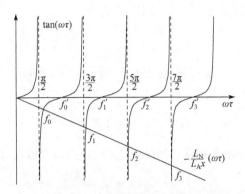

图 3-10　自由振荡频率的图解法

分析图 3-10 可以得出,若 L_M 不为零,则其自由振荡频率值满足

$$f_k=(2k-1)f_1, \quad k=1,2,3,\cdots \tag{3-30}$$

若 L_M 为零,则其自由振荡频率值满足

$$f_k=kf_1, \quad k=1,2,3,\cdots \tag{3-31}$$

式中,f_1 为主自由振荡频率。

上述作图法无法求取 f_k 的值,下面将基本谐振方程式(3-28)转化为指数方程进行近似分析。结合双曲正、余弦公式,将式(3-28)变换可得如下指数方程:

$$e^{2s\tau}=\frac{Z_c(s)-Z_M(s)}{Z_c(s)+Z_M(s)}=\frac{R_c-(R_s+sL_M)}{R_c+(R_s+sL_M)}=\Gamma e^{j\theta}e^{j2k\pi} \tag{3-32}$$

式中,$\Gamma=\left|\dfrac{Z_c(s)-Z_M(s)}{Z_c(s)+Z_M(s)}\right|$;$\theta=\arg\left[\dfrac{Z_c(s)-Z_M(s)}{Z_c(s)+Z_M(s)}\right]$。考虑到超高压线路的波阻抗 R_c 相对于 R_M 较大,故可忽略 R_M,即系统阻抗可简化为纯电抗,式(3-32)可进一步简化为

$$e^{2s\tau}=\frac{R_c-sL_M}{R_c+sL_M}=\Gamma e^{j\theta}e^{j2k\pi} \tag{3-33}$$

(1) 若系统阻抗较大,量测端背侧系统等效为开路,即 $R_c\ll sL_M$ 成立,可忽略 R_c,则有 $\theta=-\pi$,此时可求得基本自由振荡频率分量的各个频率值为

$$f_k=\frac{2k-1}{4\tau}, \quad k=1,2,3,\cdots \tag{3-34}$$

k 值足够大时,各相邻频率分量之间的间隔趋于稳定,大致相等,频差 Δf 为

$$\Delta f=f_{k+1}-f_k=\frac{1}{2\tau} \tag{3-35}$$

根据式(3-34),利用自由振荡频率构成的测距公式为

$$x_f = \frac{(2k-1)v}{4f_k}, \quad k=1,2,3,\cdots \tag{3-36}$$

根据式(3-35),利用频差 Δf 构成的测距公式为

$$x = \frac{v}{2\Delta f} \tag{3-37}$$

(2) 若量测端背侧系统可等效为短路,则有 $\theta=0$,此时可求得基本自由振荡频率分量的各个频率值为

$$f_k = \frac{k}{2\tau}, \quad k=1,2,3,\cdots \tag{3-38}$$

k 值足够大时,各相邻频率分量之间的间隔趋于稳定,大致相等,频差 Δf 为

$$\Delta f = f_{k+1} - f_k = \frac{1}{2\tau} \tag{3-39}$$

根据式(3-38),利用自由振荡频率构成的测距公式为

$$x_f = \frac{kv}{2f_k}, \quad k=1,2,3,\cdots \tag{3-40}$$

根据式(3-39),利用频差 Δf 构成的测距公式为

$$x_f = \frac{v}{2\Delta f} \tag{3-41}$$

(3) 在实际运行中的电力系统,量测端背侧系统既不是开路也不是短路,设有 $\theta = a\pi (0 < a < 1)$,此时可求得基本自由振荡频率分量的各个频率值为

$$f_k = \frac{2k-a}{4\tau}, \quad k=1,2,3,\cdots \tag{3-42}$$

k 值足够大时,各相邻频率分量之间的间隔趋于稳定,大致相等,频差 Δf 为

$$\Delta f = f_{k+1} - f_k = \frac{2(k+1)-a}{4\tau} - \frac{2k-a}{4\tau} = \frac{1}{2\tau} \tag{3-43}$$

根据式(3-42),利用自由振荡频率构成的测距公式为

$$x_f = \frac{(2k-a)v}{4f_k}, \quad k=1,2,3,\cdots \tag{3-44}$$

根据式(3-43),利用频率间隔构成的测距公式为

$$x_f = \frac{v}{2\Delta f} \tag{3-45}$$

综观式(3-36)、式(3-40)、式(3-44)及式(3-37)、式(3-41)、式(3-45)可知,若利用主自由振荡频率(主频率)进行测距,受线路量测端背侧系统的影响,应用起来相当复杂。相比之下,当 k 值足够大时,频率间隔 Δf 只与故障距离直接相关,呈反比例关系,且不受量测端背侧系统的影响,应用起来简便可靠。

采用 PSCAD/EMTDC 对上述理论分析所得结论进行仿真验证,系统电压等级为 500kV,线路长度为 200km。量测端背侧系统为多台变压器并联运行,假设距离量测端 70km 处发生三相金属性接地故障。因为故障电流行波过程不明显,主要是自由振荡分量在工频分量上的叠加,故特采用量测端 α 模电流分量进行分析,以资与图 3-8 所示的利用电压波形进行比较分析,量测端 α 空间模电流波形及其频率分布如图 3-11 所示。

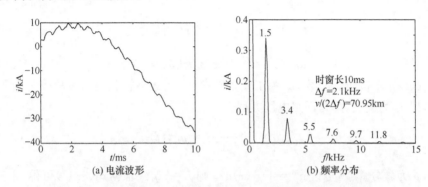

(a) 电流波形　　　　　(b) 频率分布

图 3-11　多台变压器并联运行时故障电流 α 模量波形及其频率分布

图 3-11(b)中主频率 $f_1 = 1.5\text{kHz}$,无论将量测端系统视为短路还是开路,应用主频率 f_1 进行测距的效果皆不理想,必须根据式(3-44)进行测距,但因式(3-44)中 a 的具体数值很难确定,故式(3-44)的实用性并不强;而利用频率间隔 Δf 进行测距:v 取 298km/ms,$\Delta f = 2.1\text{kHz}$,则 $x_f = v/(2\Delta f) = 70.95\text{km}$,可见,其测距效果理想。

综上分析,可得出这样的结论:交流输电线路发生短路故障时会产生自由振荡分量,在半个或者一个工频周期(即 $T/2$ 或 T)长度的时窗之内,将线路量测端获取的故障电流进行 DFT 变换。在频域中,除工频频率外,频率最低且幅值最大的频率即为主自由振荡频率。由于主自由振荡频率不仅与故障距离有关,还与量测端背侧系统阻抗有关,故而将其应用于故障测距时,需要根据量测端系统的实际情况选取不同的测距公式,且当量测端背侧系统不能视为短路或开路时,测距公式应用起来较为复杂,原理上难以保证测距结果的正确性。相比之下,当自由振荡频率较大时,频率间隔 Δf 只与故障距离有关,将其应用于故障测距,可消除量测端背侧系统对测距结果的影响,应用起来较为简单且具有较好的测距精度。

3.2.3　故障行波频率特征与自由振荡分量频率特征的统一性

现将输电线路 MN 等效为二阶 LC 回路,如图 3-12 所示。图中,l 为线路全长,L_0 和 C_0 分别为线路单位长度的电感和电容。设线路发生三相对称短路,因三相系统仍然是三相对称的,故可以利用单相来进行分析。这里选取 A 相进行分

析,其故障附加等效激励源为

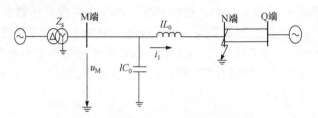

图 3-12　输电线路二阶 LC 等效电路

$$u_{\mathrm{f,A}}(t)=\sqrt{2}U\cos(\omega_0 t+\theta_{\mathrm{A}})\varepsilon(t) \tag{3-46}$$

式中,$\varepsilon(t)$ 为单位阶跃函数;ω_0 为工频角频率;θ_{A} 为故障初相角。设故障为金属性短路,以 i_1 为变量,列写回路电压方程:

$$lpL_0 i_1+\frac{1}{lpC_0}i_1=u_{\mathrm{f,A}}(t) \tag{3-47}$$

式中,p 为微分算子,可设 $q_1=\int_0^t i_1(\tau)\mathrm{d}\tau$,则 $i_1=pq_1$。根据式(3-47)可得

$$lL_0 p^2 q_1+\frac{1}{lC_0}q_1=u_{\mathrm{f,A}}(t) \tag{3-48}$$

即

$$l\left(L_0 p^2+\frac{1}{l^2 C_0}\right)q_1=u_{\mathrm{f,A}}(t) \tag{3-49}$$

则式(3-49)的特征方程为

$$L_0 p^2+\frac{1}{l^2 C_0}=0 \tag{3-50}$$

其特征根 p 为

$$p=\pm\mathrm{j}\omega_1=\pm\mathrm{j}\frac{1}{l}\sqrt{\frac{1}{L_0 C_0}},\quad \mathrm{j}^2=-1 \tag{3-51}$$

可见,量测端电压 u_{M} 的齐次方程解为

$$u_{\mathrm{M,齐}}=A\sin(\omega_1 t+\theta_{\mathrm{A}}) \tag{3-52}$$

在式(3-52)中,A 和 θ_{A} 由初始条件决定,其振荡频率 ω_1 为

$$\omega_1=\frac{1}{l}\sqrt{\frac{1}{L_0 C_0}} \tag{3-53}$$

忽略线路损耗和色散,若将输电线路等效为 n 级链形 LC 回路,导线全长为 l,设 $t=0$ 时,直流电源分别合闸到末端短路和断路的 n 级链形线路上,分别如图 3-13(a)和 (b)所示。根据图 3-1 所示 500kV 线路结构和线路参数,计算不同频率下正序阻抗参数和导纳参数。设线路全长为 500km,将线路正序参数分别代入图 3-13(a)

和(b)中,可得不同频率下线路末端开路和短路的输入阻抗,如图 3-13(c)所示,实线对应于线路末端断路,虚线对应于短路,图中相邻点之间的频率间隔(分辨率)为 10Hz。

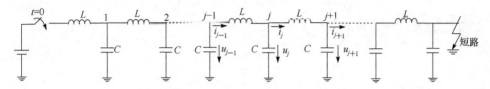

(a) 直流电源合闸到末端短路的 n 级链形线路

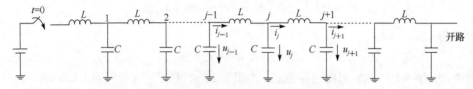

(b) 直流电源合闸到末端断路的 n 级链形线路

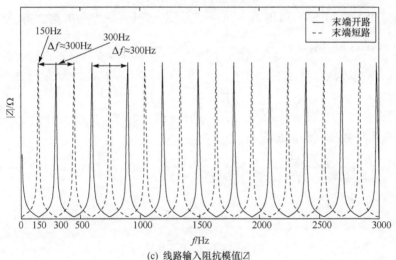

(c) 线路输入阻抗模值 $|Z|$

图 3-13 n 级链形 LC 回路的等效输电线路模型及其阻抗-频率特性

对如图 3-13(a)所示的 n 级回路中第 j 节在频域中的电压、电流方程为

$$u_j(s) - u_{j+1}(s) = sLi_j(s) \qquad (3\text{-}54\text{a})$$

$$u_{j-1}(s) - u_j(s) = sLi_{j-1}(s) \qquad (3\text{-}54\text{b})$$

$$i_{j-1}(s) - i_j(s) = sCu_j(s) \qquad (3\text{-}54\text{c})$$

将式(3-54b)减去式(3-54a)再将式(3-54c)代入可得

$$u_{j-1}(s) - 2u_j(s) + u_{j+1}(s) = s^2 LCu_j(s) \qquad (3\text{-}55)$$

式(3-55)为典型的差分方程,其齐次解的形式为

$$u_j(s) = Ae^{Bj} \tag{3-56}$$

式中,B 为常数。将式(3-56)代入式(3-55)得

$$Ae^{B(j-1)} - 2Ae^{Bj} + Ae^{B(j+1)} = s^2 LCAe^{Bj} \tag{3-57}$$

上式两边约去 Ae^{Bj},得 $e^{-B} - 2 + e^{B} = s^2 LC$,则有

$$\frac{e^B + e^{-B}}{2} = 1 + \frac{LC}{2}s^2 \tag{3-58a}$$

即

$$\text{ch}B = 1 + \frac{LC}{2}s^2 \text{ 或 } B = \pm \text{arch}\left(1 + \frac{LC}{2}s^2\right) \tag{3-58b}$$

由此得

$$u_j(s) = A_1 e^{Bj} + A_2 e^{-Bj} \tag{3-59}$$

式中,A_1 和 A_2 为常数,可由边界确定。由图 3-13(a)可知,若 n 级线路末端短路,则有

$$u_j(s) = E/s, \quad j=0 \tag{3-60a}$$
$$u_j(s) = 0, \quad j=n \tag{3-60b}$$

将式(3-60)代入式(3-59),可得 $A_1 + A_2 = E/s$,$A_1 e^{Bn} + A_2 e^{-Bn} = 0$,解之得

$$A_1 = -\frac{E}{s}\frac{e^{-Bn}}{2\text{sh}B \cdot n}, \quad A_2 = \frac{E}{s}\frac{e^{Bn}}{2\text{sh}B \cdot n} \tag{3-61}$$

将式(3-61)代回式(3-59)得

$$u_j(s) = \frac{E}{s}\frac{\text{sh}B \cdot (n-j)}{\text{sh}B \cdot n} \tag{3-62}$$

用分解定理求得式(3-62)的原函数为

$$u_j(t) = E\left[1 - \frac{j}{n} - \sum_{k=1}^{n}\frac{1}{n}\cot\left(\frac{k\pi}{2n}\right)\sin\left(\frac{j}{n}k\pi\right)\cos(\omega_k t)\right], \quad k=1,2,\cdots,n \tag{3-63}$$

式中

$$\omega_k = \frac{2}{\sqrt{LC}}\sin\left(\frac{k\pi}{2n}\right)$$

当 $n\to\infty$ 时,每个 LC 环节将趋于无限小,即有 $L=L_0\mathrm{d}x$,$C=C_0\mathrm{d}x$,这时的电路就是均匀无损传输线的分布参数等值电路。显然,若导线长为 l,则有

$$u_j(x,t) = E\left[1 - \frac{x}{l} - \lim_{n\to\infty}\sum_{k=1}^{n}\frac{1}{n}\cot\left(\frac{k\pi}{2n}\right)\sin\left(\frac{j}{n}k\pi\right)\cos(\omega_k t)\right]$$

$$= E\left[1 - \frac{x}{l} - \frac{2}{\pi}\sum_{k=1}^{\infty}\frac{1}{k}\sin\frac{kx}{l}\pi\cos(\omega_k t)\right], \quad k=1,2,\cdots \tag{3-64}$$

式中,$\omega_k = \frac{k\pi}{\sqrt{lL_0 lC_0}} = \frac{k\pi}{l}\frac{1}{\sqrt{L_0 C_0}} = \frac{k\pi}{l}v$,其中,$v = \frac{1}{\sqrt{L_0 C_0}}$ 为行波在导线周围介质的

传播速度,则其"基波"频率为

$$f_1 = \frac{1}{2l\sqrt{L_0 C_0}} = \frac{v}{2l} = \frac{v}{\lambda_1} \tag{3-65}$$

式中,λ_1 为其"基波"波长。同理,对于如图 3-13(b)所示直流电源合闸到末端开路的 n 级链形线路,用同样的方法可以可得

$$u_j(x,t) = E\left[1 - \frac{4}{\pi}\sum_{k=1}^{\infty}\frac{1}{(2k-1)}\sin\frac{(2k-1)x}{2l}\pi\cos(\omega'_k t)\right], \quad k = 1,2,\cdots \tag{3-66}$$

式中,$\omega'_k = \frac{(2k-1)\pi}{2l\sqrt{L_0 C_0}}(k=1,2,\cdots)$。因此,对于直流电压合闸末端开路的 n 级回路,其"基波"频率为 f_1,即

$$f_1 = \frac{1}{4l\sqrt{L_0 C_0}} = \frac{v}{4l} = \frac{v}{\lambda_1} \tag{3-67}$$

在图 3-13(c)中,对于忽略色散和损耗的理想传输线,在理想线路末端开路的情况下,输入阻抗的第一个极大值点位于 300Hz 处,即主频 f_1 为 300Hz,且两个极大值点之间相隔约 300Hz,即频差 Δf 为 300Hz。在末端短路情况下,输入阻抗的第一个极大值点位于 150Hz 处,即主频 f_1 为 150Hz,且两个极大值点之间相隔约 300Hz,即频差 Δf 为 300Hz。对于实际有损和频变线路,线模行波波速接近 298km/ms,在终端开路情况下,根据式(3-65),行波在 500km 线路上传播一个来回需要约 3.3509ms 的时间长度,对应频率为 298.4Hz,约等于 300Hz。当终端短路时,根据式(3-67),行波在 500km 线路上传播一个来回需要约 1.6755ms 的时长,对应频率为 149.2Hz,约等于 150Hz。

将线路输入阻抗作为策动点阻抗,则其反映的是线路入端电压与电流之间的关系。在忽略电阻和电导损耗影响的情况下,入端电压和电流都是由振幅相同且不衰减的入射波和反射波叠加而成的。设入端电压和电流的频率为 f_k,波速为 v,在终端开路情况下,若频率 f_k 与线路长度 l 满足 $f_k = kv/(2l)(k=1,2,\cdots)$,则入端电流幅值将接近于 0,输入阻抗接近于无穷,对应地有 $f_1 = v/(2l)$,也即 $l = v/(2f_1)$。在终端短路情况下,线路上离开入端 v/f_k 处的电压幅值将为 0,若频率 f_k 与线路长度 l 满足关系:$f_k = (2k-1)v/(4l)(k=1,2,\cdots)$,则入端电流幅值将接近 0,输入阻抗接近于无穷,对应地有 $f_1 = v/(4l)$,也即 $l = v/(4f_1)$。末端无论是开路还是短路,线路输入阻抗的第一个极大值点都对应于反映线路全长的主频率 f_1,而相邻极大值点之间的 Δf 都等于 $v/(2l)$,即 Δf 是关于线路长度的反比例函数。反之,线路长度是关于频差 Δf 的反比例函数,且 $l = v/(2\Delta f)$。

需要指出的是,对于实际线路故障电流或电压,由 FFT 计算获取的 Δf 精度往往受限于频域分辨率。假设线路长度为 503km,则反映线路全长的 $\Delta f =$

296.64Hz,与线路长度为 500km 时的 298.4Hz 相差不到 2Hz。要实现二者的区分,对频域分辨率要求非常高,而频域分辨率与时域中电气量的采样率及其数据时窗长度有关,若在 $f_s=1$MHz 采样率下对故障行波进行高速采集与记录,实际中,电力线路行波测距装置很难实现多通道同步数据的长时窗高采样率的"长期"持续记录。由此可见,对于超长输电线路,欲对全线长范围内所有可能的故障位置应用其频差 Δf 进行测距,其测距精度或测距公式 $v/(2\Delta f)$ 的有效性是难以保证的。那么对于超长线路的频差法测距需采用两种装置获取故障数据,并于线路两侧分别应用 Δf 法测距。一种是应用行波测距装置获取的行波数据以应对相对较近距离的近端故障,由于目前技术上限制了行波故障数据时窗不可能太长。另一种是用普通故障录波数据检测其自由振荡分量频差 Δf,以应对较远距离的故障测距,由于普通故障录波数据很长。尽管如此,还不能确保这样的方法总是奏效的。事实上,对于超长实际有损有色散的输电线路,在全线长范围内可能的行波路径上较难确保其行波波速恒定不变,简单直观的有:当多相短路的第 2 个 $2\tau_f$ 时长大于第 1 个 $2\tau_f$ 时长时,其稳定等间隔 Δf 量值便不能形成。因此频差法故障测距对于(超)长行波路径并不总是适用。可见,超长输电线路故障测距应当作为专门的命题予以解析。

以下用行波过程来描述故障行波的频率特征。将图 3-1 所示故障线路自故障点至量测端背侧系统的故障行波路径 F—M—F—M—⋯等效为如图 3-14 所示的单相传输线路。系统阻抗 $Z_M=R_M+jL_M$,Z_c 为线路特征阻抗,R_f 为过渡电阻,故障距离为 x_f。

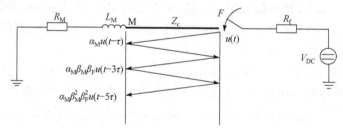

图 3-14　反映 MF 单相线路两端部之间故障行波折反射示意图

对应于故障行波路径 F—M—F—M—⋯,可列写 M 端电压行波的时域表达式为

$$u_M(t)=\alpha_M u(t-\tau)+\alpha_M\beta_M\beta_F u(t-3\tau)+\alpha_M\beta_M^2\beta_F^2 u(t-5\tau)+\cdots \quad (3\text{-}68)$$

式中,τ 为故障行波由故障点传播至 M 端的时间。

将式(3-68)进行拉氏变换,可得

$$U_M(s)=A_M U e^{-\tau s}+B_M B_F A_M U e^{-3\tau s}+B_M^2 B_F^2 A_M U e^{-5\tau s}+\cdots \quad (3\text{-}69a)$$

式(3-69a)可以改写为

$$U_{\mathrm{M}}(s) = UA_{\mathrm{M}}\mathrm{e}^{-s\tau} \sum_{n=0}^{m} (B_{\mathrm{M}}B_{\mathrm{F}}\mathrm{e}^{-2s\tau})^n \tag{3-69b}$$

式中，m 为故障行波传播至量测端 M 的次数。

折反射系数的复频域表达式为

$$A_{\mathrm{M}} = 2(sL_1 + R_1)/(sL_1 + Z_c + R_1) \tag{3-70}$$

$$B_{\mathrm{F}} = (R_2 - Z_c)/(R_2 + Z_c) \tag{3-71}$$

$$B_{\mathrm{M}} = [sL_1 - (Z_c - R_1)]/(sL_1 + Z_c) \tag{3-72}$$

式(3-69b)可以写为

$$U_{\mathrm{M}}(s) = UA_{\mathrm{M}}\mathrm{e}^{-s\tau}\frac{1 - (B_{\mathrm{M}}B_{\mathrm{F}})^m\mathrm{e}^{-2ms\tau}}{1 - B_{\mathrm{M}}B_{\mathrm{F}}\mathrm{e}^{-2s\tau}} \tag{3-73}$$

则传递函数 $Tf(s)$ 为

$$Tf(s) = \frac{U_{\mathrm{M}}(s)}{U} = A_{\mathrm{M}}\mathrm{e}^{-s\tau}\frac{1 - (B_{\mathrm{M}}B_{\mathrm{F}})^m\mathrm{e}^{-2ms\tau}}{1 - B_{\mathrm{M}}B_{\mathrm{F}}\mathrm{e}^{-2s\tau}} \tag{3-74}$$

将 $s = \mathrm{j}\omega$ 代入式(3-74)中，可得

$$f(\omega) = \frac{1 + B_{\mathrm{MF}}^{2m} - 2B_{\mathrm{MF}}^m\cos(2\tau m\omega + \omega\theta)}{1 + B_{\mathrm{MF}}^2 - 2B_{\mathrm{MF}}\cos(2\tau\omega + \theta)} \tag{3-75}$$

式中，$B_{\mathrm{MF}} = |B_{\mathrm{M}}(\omega)B_{\mathrm{F}}(\omega)|$；$\theta = \angle(B_{\mathrm{M}}(\omega)B_{\mathrm{F}}(\omega))$。

由式(3-75)可以看出，欲使 $f(\omega)$ 取得最大值，则

$$\omega = \omega_c = \frac{2n\pi - \theta}{2\tau}, \quad n = 1, 2, 3, \cdots \tag{3-76}$$

由式(3-76)可知，当 $n = 1$ 时，其"基波"频率 f_1 为

$$f_1 = \frac{2\pi - \theta}{4\pi\tau} \tag{3-77}$$

假设故障过渡电阻为纯电阻性质，且过渡电阻小于线路特征阻抗 Z_c，故故障点反射系数 β_{F} 为一负实数。当 M 端背侧阻抗为纯电阻性质且小于 Z_c 时，θ 为 0，式(3-77)可以写成

$$f_1 = \frac{1}{2\tau} \tag{3-78}$$

对应的故障距离为

$$x_{\mathrm{f}} = \frac{v}{2f_1} \tag{3-79}$$

当 M 端背侧阻抗为纯电抗性质，且大于波阻抗 Z_c 时，θ 为 π，式(3-77)可以写成

$$f_1 = \frac{1}{4\tau} \tag{3-80}$$

对应的故障距离为

$$x_f = \frac{v}{4f_1} \qquad (3\text{-}81)$$

当 M 端系统阻抗为 $Z_M = R_M + jL_M$ 的形式时，$0 < \theta < \pi$。根据式(3-77)可得故障测距公式为

$$x_f = \frac{(2\pi - \theta)v}{4\pi f_1} \qquad (3\text{-}82)$$

通常情况下，$0 < \theta < \pi$，而 θ 的计算较为困难，这也就增加了利用式(3-82)进行故障测距的难度。然而，由式(3-76)可以推导出利用频差 Δf 的测距公式为 $x = v/(2\Delta f)$，它与式(3-22)、式(3-37)、式(3-41)及式(3-45)相同。

上述所谓的"基波"频率就是行波主自然频率或主自由振荡频率(通常由二分之一工频周期或一个工频周期内的故障暂态数据进行 FFT 来获取)，可统称为主频率。自由振荡频率是在不同阶次 LC 集中参数 Γ 形等效线路模型下，此动态电路过渡过程的一种描述。其本质反映的是线路电感和充电电容的磁场和电场能量相互转换的过程。而故障行波自然频率是用流动的波来描述分布参数长传输线的另一种方式。当然值得指出，就目前的高速同步采集记录技术而言，对于每块卡 8路通道每通道同步采集，1MHz 采样率，记录故障数据长度一般不大于 20ms。这里，100ms 高速采集数据长度的展示，纯属为说明故障行波自然频率频差 Δf 和故障自由振荡分量频差 Δf 物理本质的统一性及其于故障测距应用的有效性问题的考虑。

采用如图 3-1 所示的仿真系统，采样频率为 1MHz，线路长度为 200km，量测端系统为多台变压器并联运行。假设距离量测端 70km 处发生三相金属性接地故障，量测端 α 模电压波形如图 3-15 所示。将图 3-15(a)中的数据平均划分为 10 个小时窗，每个 10ms 的小时窗内包含 10000 个采样点，对其进行 FFT 变换，每个时窗的频率值如表 3-1 所示。借此来研究故障行波自然频率和故障自由振荡分量频率之间的关系。

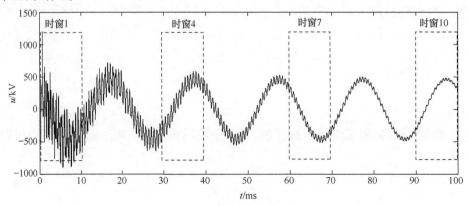

(a) 量测端 α 模电压波形

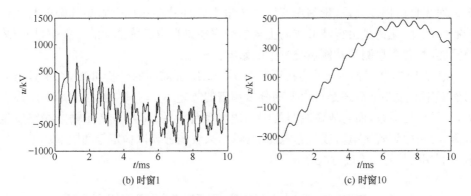

(b) 时窗1　　　　　　　　　　(c) 时窗10

图 3-15　距离量测端 70km 处发生三相金属性短路接地故障其量测端的 α 模电压波形

表 3-1　不同时窗内数据隐含的频率值　　　　（单位：kHz）

时窗序号	f_1	f_2	f_3	f_4	f_5	f_6	f_7	Δf
1	1.5	3.4	5.4	7.5	9.6	11.8	13.9	2.1
2	1.5	3.4	5.4	7.5	9.6	11.8	13.9	2.1
3	1.5	3.4	5.4	7.5	9.6	11.8	13.9	2.1
4	1.5	3.4	5.4	7.5	9.6	11.8	—	2.1
5	1.5	3.4	5.4	7.5	9.6	11.8		2.1
6	1.5	3.4	5.4	7.5	9.6	—		2.1
7	1.5	3.4	5.4	7.5	—			2.1
8	1.5	3.4	5.4	—				
9	1.5	3.4	—					
10	1.5	—	—	—	—	—	—	

注："—"表示无此频率成分项。

如图 3-15(b) 所示，时窗 1 内的电压行波，行波过程明显，自然频率主要由故障行波在故障点和量测端来回反射形成。如图 3-15(c) 所示，时窗 10 内的电压行波主要是自由振荡分量在工频分量上的叠加，反映的是故障点与量测端之间线路电感和充电电容的磁（场）和电（场）的能量振荡。对其进行 FFT 变换，其频谱反映的是自由振荡分量的幅值随频率的分布。

表 3-1 中的阴影部分表明，随着时间的推移，暂态行波信号的高频分量由高到低依次衰减为 0，这是因为信号频率越高，其衰减速度越快。

由表 3-1 可以看出，各时窗内 f_1 均相同，即由行波来回反射形成的主自然频率或为自由振荡分量的主频率相同。由于并不是研究雷电入侵波引起的响应问题，故而，此处将量测端背侧系统视为集中参数元件。在故障行波层次上，行波在此处发生折反射，时域中，它影响行波的幅值与陡度，频域中，它影响自然频率的分布。对于自由振荡分量,量测端背侧系统集中元件的存在也会影响其幅值与频率分布。因此,无论是由行波形成的主自然频率还是自由振荡分量的主频率,用于故障测距时,皆受量测端背侧系统参数的影响。

表 3-1 中,各时窗内 Δf 均接近于 2.1kHz,结合前面的分析可知,无论是行波自然频率的频差 Δf,还是自由振荡分量频谱的频差 Δf 均只与相间故障的距离有关,且呈反比关系,而与故障线路两端的边界条件无关。因此,高压输电线路发生故障,分析故障暂态电流或暂态电压的频谱,只要能够获取稳定等间隔的频差 Δf,就可利用其稳定 Δf 进行故障测距。

3.3　工频量反映故障位置和工频量测距原理

在三相交流线路故障分量中,工频故障分量能量最大,其幅值和相位也反映故障位置。常用的工频量测距方法有阻抗法及由它发展起来的故障分析法。相对于利用行波量的故障测距而言,利用工频故障电气量进行故障测距的可靠性高。这是因为在故障切除之前,线路上的故障工频分量长期存在。一方面,确保了故障电气量数据冗余度高、可靠度高;另一方面,有足够富裕的时间躲过故障初瞬强非周期分量对 Fourier 算法提取工频量的精度的影响。

对于图 3-1 所示的系统,线路模型采用 RL 串联线路模型。设 A 相发生金属性接地故障,如图 3-16 所示。则量测端 M 的 A 相电压为

$$u_{M,A}=x_f(i_A+3K_Ri_A)R_1+L_1x_fd(i_A+3K_Li_A)/dt \tag{3-83}$$

式中,$K_R=(R_0-R_1)/(3R_1)$;$K_L=(L_0-L_1)/(3L_1)$。对式(3-83)时域微分方程的两边进行一个周期的 Fourier 变换,可得

$$\dot{U}_{M,A}=x_f(\dot{I}_A+3K\dot{I}_0)Z_1+\Delta\dot{U} \tag{3-84}$$

式中,$K=(Z_0-Z_1)/(3Z_1)$为零序补偿系数;L_1 为输电线路单位长度正序电感参数;Z_0、Z_1 分别为输电线路单位长度零序阻抗和正序阻抗。其 $\Delta\dot{U}$ 为

$$\Delta\dot{U}=L_1x_f[i_A(t)-i_A(t-T_0)]e^{-j\omega_0 t}+3KL_1x_f[i_0(t)-i_0(t-T_0)]e^{-j\omega_0 t} \tag{3-85}$$

式中,T_0 为一个工频周期;ω_0 为工频角频率。当电流为工频分量或倍频分量时,$\Delta\dot{U}=0$,此时的方程为相量方程。但对于非周期分量,$\Delta\dot{U}\neq0$,可见衰减直流分量不满足相量方程。因此,使用故障之后断路器动作之前的最后一个整周期数据提取工频量,这样可尽可能躲开衰减直流分量的动态过程,便于更准确地提取工频分量,为可靠精确测距提供了保证。利用故障后的一个整周期提取工频量并由式(3-86)得到的测量阻抗 Z_M 为

$$Z_M=\dot{U}_{M,A}/(\dot{I}_A+3K\dot{I}_0)=x_fZ_1 \tag{3-86}$$

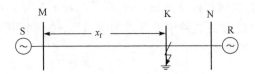

图 3-16　双电源系统发生 A 相金属性短路接地故障

由式(3-86)可知,线路量测端测量阻抗与故障距离 x_f 成正比关系。这样,根据量测端测量阻抗及线路参数即可计算出故障距离,此即为典型的阻抗法故障测距原理。但是,电力系统中短路一般都不是金属性的,而是在短路点存在过渡电阻。此过渡电阻的存在,将使量测端的测量阻抗发生变化,这会使得测距结果偏大或者偏小。线路 K 点发生单相经过渡电阻 R_f 短路,如图 3-17 所示。

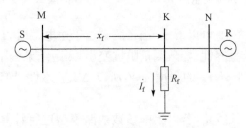

图 3-17　双端系统发生经过渡电阻 R_f 的单相短路接地故障

考虑过渡电阻,母线 M 处的测量电压为

$$\dot{U}_{M,A}=U_f+x_f(\dot{I}_A+3K\dot{I}_0)Z_1=\dot{I}_fR_f+x_f(\dot{I}_A+3K\dot{I}_0)Z_1 \tag{3-87}$$

测量阻抗为

$$Z_M=x_fZ_1+\frac{\dot{I}_f}{\dot{I}_A+3K\dot{I}_0}R_f \tag{3-88}$$

由式(3-88)可知,由过渡电阻引起的测量阻抗误差 ΔZ 为

$$\Delta Z=\frac{\dot{I}_f}{\dot{I}_A+3K\dot{I}_0}R_f \tag{3-89}$$

由式(3-88)、式(3-89)可以看出过渡电阻 R_f 越大,测量阻抗误差 ΔZ 越大,阻抗法测距精度越低。

运用向量图对测量阻抗误差进行定性分析,分别以 S 和 R 作为送电侧和受电侧来描述 $\dot{I}_f$ 和 $\dot{I}_A+3K\dot{I}_0$ 的相量关系图,分析 ΔZ 的性质。

A 相接地时,假定正序电流分配系数 $\dot{C}_{1M}$、负序电流分配系数 $\dot{C}_{2M}$ 相等,且近似为实数 C_M,零序电流分配系数 $\dot{C}_{0M}$ 近似为实数 C_{0M},则 A 相电流表达式为

$$\dot{I}_A=\dot{I}_{AL}+(2C_M+C_{0M})\frac{\dot{I}_f}{3}=\dot{I}_{AL}+\alpha\dot{I}_f \tag{3-90}$$

式中,$\dot{I}_{AL}$ 为负荷电流;$\dot{I}_f$ 为短路点的故障电流;系数 $\alpha=(2C_M+C_{0M})/3$。

按照 $\dot{I}_f$ 与 $\dot{I}_0$ 近似同相位来考虑,可得单相短路时的电压相量图如图 3-18 和图 3-19 所示。图中 $\dot{U}_k^{(0)}$ 为故障前短路点的电压值;过渡电阻 $R_f \in [0,\infty)$;$\dot{E}_S$、$\dot{E}_R$ 分别为 S 和 R 端的电动势。

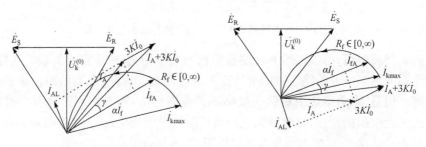

图 3-18　送端向量图　　　　　　　　　　图 3-19　受端向量图

由图 3-18 和图 3-19 可以看出,当量测端位于送电端时,$\dot{I}_f$ 滞后于 $\dot{I}_A + 3K\dot{I}_0$ 的角度为 γ,所以 ΔZ 呈容性,导致测量阻抗变小,测距结果偏小。当量测端位于受端时,$\dot{I}_f$ 超前于 $\dot{I}_A + 3K\dot{I}_0$ 的角度为 γ,所以 ΔZ 呈感性,导致测量阻抗变大,测距结果偏大。

对于(特)超高压长线路,若以集中参数线路模型进行计算,测距误差较大,因此一般采用分布参数线路模型进行计算。分布参数线路模型的故障分量序网络如图 3-20 所示。

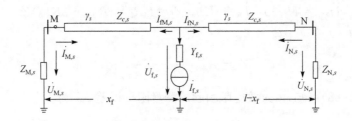

图 3-20　线路故障工频量序网

根据量测端故障电压 $\dot{U}_{M,s}$ 和电流 $\dot{I}_{M,s}$ 计算故障点电压和电流分别如下。

故障点电压:

$$\dot{U}_{f,s} = \dot{U}_{M,s}\cosh\gamma_s x_f - Z_{c,s}\dot{I}_{M,s}\sinh\gamma_s x_f \tag{3-91}$$

故障电流:

$$\dot{I}_{f,s} = \frac{(Z_{c,s}\dot{I}_{M,s} - Z_{N,s}\dot{U}_{N,s}/Z_{c,s})\sinh\gamma_s l + (Z_{N,s}\dot{I}_{M,s} - \dot{U}_{M,s})\cosh\gamma_s l}{Z_{c,s}\sinh\gamma_s(l-x_f) + Z_{N,s}\cosh\gamma_s(l-x_f)} \tag{3-92}$$

假设故障过渡电阻为纯电阻,则根据式(3-91)和式(3-92)可得测距方程为

$$\mathrm{Im}[R_f(x_f)] = \mathrm{Im}\left(\frac{\dot{U}_{f,s}}{\dot{I}_{f,s}}\right) = 0 \tag{3-93}$$

显然,$\dot{U}_{\mathrm{f},s}$ 和 $\dot{I}_{\mathrm{f},s}$ 是关于故障距离的函数,可应用式(3-93)进行故障测距,其中,下标 $s=0,1,2$ 表征序分量。这里需要指出的是,因式(3-92)中含有线路长度 l,而炎热季节重负荷与寒冷季节轻负荷下的线长 l 变化较大,故这里的单端工频量测距精度受线长 l 变化的影响,且线路越长、故障位置越远,线长 l 变化对测距精度的影响越严重。此外,$\dot{I}_{\mathrm{f},s}$ 与对端系统等效阻抗 $Z_{\mathrm{N},s}$ 有关,单相接地故障的工频量测距精度主要受对端系统阻抗变化的影响。通常,对于 $x_{\mathrm{f}}<0.5l$ 的故障,其定位精度受对端系统阻抗的变化的影响较小,尤其对于超高压线路普遍存在的单永金属性短路故障,对端系统等值阻抗偏离典型值对单端工频量测距精度影响甚小。对于 $x_{\mathrm{f}}>0.5l$ 的故障,一般而言,故障位置距离量测端越远,过渡电阻越大,其单端工频量故障定位精度受对端系统阻抗变化的影响越严重。针对该情况,可在线路两侧分别应用单端工频量测距方法,取其测距结果中的较小值作为离开量测端的故障距离,从而克服对端系统阻抗变化对测距精度的影响。利用工频量的故障测距方法,其可靠性得以保障得益于从故障发生至故障切除之前的长时窗内,故障工频分量长期存在,其准确性得以保障得益于所利用的数据可以取自断路器动作切除故障之前的一个周期,这样就避开了故障初瞬阶段富含非周期分量和剧烈振荡快速变化高频成分,也就降低了此故障初瞬阶段富含的非周期分量和非整次高频谐波对工频分量提取算法提取工频量精度的影响。总之,基于诸如式(3-93)此类的单端工频量测距存在以下三个方面应当关注的问题:①提取工频量的精度受到非周期分量、非整次高频谐波、时变负荷和系统频率变化的影响;②对远端故障的测距精度受到线路对端系统等值阻抗因系统运行方式变化而变化的影响较大,受到对侧系统馈入电流影响也较大;③对长线路基于单端信息的测距方程可能存在增根,需要剔除伪故障点。

3.4　衰减直流分量反映故障位置及测距应用

1. 衰减直流分量

输电线路采用 Γ 形二阶 LC 电路来等效。现假设在故障相电压的初相角为 $0°$ 时,线路发生金属性接地短路,如图 3-21 所示。

根据图 3-21 可知,故障相电压的初相角为 $0°$ 时,充电电容被短接,电感通过电阻放电,则可列写关于 i_{M} 的齐次方程为

$$L\frac{\mathrm{d}i_{\mathrm{M}}}{\mathrm{d}t}+Ri_{\mathrm{M}}=0 \qquad (3\text{-}94)$$

特征方程和特征根分别为

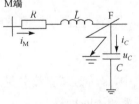

图 3-21　电压初相角为 $0°$ 时
单相线路等效电路

$$p + \frac{R}{L} = 0 \tag{3-95}$$

和

$$p = -\frac{R}{L} \tag{3-96}$$

则量测端电流 i_M 的齐次方程解形式为

$$i_{M,齐} = A e^{-t/\tau} \tag{3-97}$$

式中，$\tau = -1/p = L/R$ 为衰减时间常数，取决于线路的电阻和电感。由式(3-97)可知，当接地故障发生在电压初相角为零时，短路电流中的衰减直流分量占主导，没有明显的暂态行波过程。此外，输电线路电压等级越高，短路引起的非周期分量越大，衰减时间常数越大。

现假设三相输电线路距离 M 量测端 100km 处发生 A 相接地故障，A 相故障初始相角分别设为 90°和 5°，采样频率为 1MHz。在不同过渡电阻下所获取的故障暂态电流波形如图 3-22 所示。

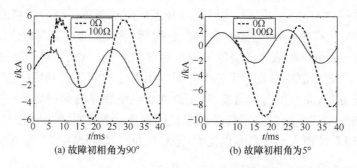

        (a) 故障初相角为90°   (b) 故障初相角为5°

图 3-22　不同故障初相角不同过渡电阻下量测端故障电流瞬态波形

由图 3-22 可见，图 3-22(a)中，故障初相角为 90°时，过渡电阻较小，其故障电流含有明显的行波暂态；图 3-22(b)中，当故障初相角较小(如 5°)时，其故障电流中衰减直流分量明显。

2. 衰减直流分量反映故障距离

通常，量测端检测的电流可以表示为

$$i_M = I_0 e^{-t/\tau} + \sum_{n=1}^{N} I_n \sin(n\omega_0 + \varphi) \tag{3-98}$$

式中，I_0 为衰减直流分量的初值；ω_0 为含自由振荡频率分量的工频基波频率；n 为基波频率的倍数。

假设在一个工频全波采样周期内，对式(3-98)进行积分，则式(3-98)的第 2 项积分为 0，仅剩下衰减直流分量积分不为零，记为 H_m：

$$H_m = \int_{t-T_0}^{t} I_0 e^{-t/\tau} dt = -I_0\tau\left[e^{-t/\tau} - e^{-(t-T_0)/\tau}\right] = -I_0\tau e^{-t/\tau}(1 - e^{-T_0/\tau})$$

$$(3-99)$$

在新一个全波周期 $[t+T_0, t+T_0+T_1]$，对式(3-99)进行积分，可得

$$H_n = -I_0\tau e^{-(t+T_1/\tau)}(1 - e^{-T_0/\tau}) = H_m e^{-T_1/\tau} \qquad (3-100)$$

由式(3-99)和式(3-100)可求得衰减直流分量时间常数 τ 的精确计算公式为

$$\tau = -\frac{T_1}{\ln(H_n/H_m)} \qquad (3-101)$$

考虑到 ln 函数计算量大，利用泰勒级数展开式的有限项来逼近 $e^{-T_1/\tau}$，可求出时间常数 τ。$e^{-T_1/\tau}$ 的泰勒级数展开式为

$$e^{-T_1/\tau} = 1 + (-T_1/\tau) + (-T_1/\tau)^2/2! + (-T_1/\tau)^3/3! + \cdots + (-T_1/\tau)^n/n! \qquad (3-102)$$

取其前两项，则衰减直流分量时间常数的计算公式可以简化写为

$$\tau = \frac{T_1 H_m}{H_m - H_n} \qquad (3-103)$$

计算出时间常数 τ 值，进而可以根据式(3-97)计算出衰减直流分量的初值 I_0 为

$$I_0 = -\frac{H_m}{\tau(e^{-T_0/\tau} - 1)} \qquad (3-104)$$

采用图 3-1 所示的仿真系统，假设故障类型为 A 相接地，故障初相角为 5°、过渡电阻为 10Ω。根据式(3-103)和式(3-104)通过大量数字仿真求得不同故障距离下，衰减时间常数和衰减直流分量初值与故障位置的关系如图 3-23 所示。

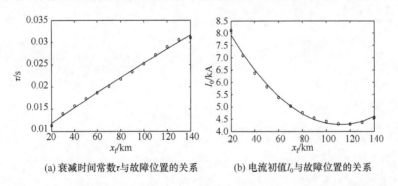

(a) 衰减时间常数τ与故障位置的关系　　(b) 电流初值I_0与故障位置的关系

图 3-23　衰减直流分量的衰减时间常数 τ 和电流初值与故障位置的关系

由图 3-23 可知，衰减时间常数 τ 和电流初值与故障位置均存在映射关系，然而，衰减直流分量故障初相角和过渡电阻也有关。针对该情况可采用神经网络，利用其强大的非线性拟合能力来建立在不同的故障初相角、不同故障过渡电阻情况

下衰减直流分量与故障位置之间的映射关系,进而建立以衰减直流分量为属性的故障测距 ANN 模型及 Prony-ANN 测距算法。

　　综上所述,由输电线路故障引起的行波及暂态电气量均含有故障位置信息:量测端获取的故障行波波头的极性和波到时序与故障位置有对应关系;相间故障线模电流或线模电压的行波频差 Δf 和自由振荡分量频差 Δf 反映故障位置;能量最大的工频故障分量,其幅值和相位反映故障位置;对于小角度故障,其衰减直流分量与故障位置有关。因此,利用上述这些故障分量均可进行故障测距。此外,从线路故障初瞬至断路器分闸的全过程中,线路保护安装处量测的暂态电气量同样会有故障位置信息,借此可以建立线路故障测距的时域算法,这将于第 6 章阐述。上述"全过程"也为躲过短路引起的衰减直流分量提供了长时窗条件,有利于工频量测距和时域法测距精度的提高。毋庸置疑,作为带并联电抗器的超高压远距离输电线路,其并联电抗器为在线路故障跳闸之后的较长时间内利用电压电流暂态量提供了测点条件,借此也可发展新型的线路自动重合闸原理与故障测距方法,应当是有魅力的研究命题。此外,随着柔性输电技术、分布式能源并网发电等的广泛应用,对于与电源特性几乎无关、与线路边界特性有关,主要由故障线路端口特性决定且不依赖于线路一次参数解析的新型继电保护原理和方案,以及能够由计算机可靠实现自动分析的故障测距原理和技术,也是人们孜孜以求的。

第 4 章　架空输电线路行波测距

　　研究利用在运线路故障引起的行波进行测距,起步最早的线路场景当属架空输电线路。运行中的输电线路若发生故障,自故障点向线路两侧传播的故障电流行波和电压行波(统称故障行波)遇到波阻抗不连续的点将发生折反射。在单一故障行波源下,就故障线路保护安装处量测端而言,除初始行波之外,量测端所观测的本质上属反射波(即使是由同侧母线健全线透射而至的折射波),正是反射波的存在和线路端部此类反射波的可观测性,才得以把沿线的线路参量信息反馈到量测端,也才能够在量测端获取线路远端的状态信息,进而构成单端量行波保护或者测距。就运行中的输电线路故障所引起的行波分析理论及行波检测技术发展历程和阶段性而言,输电线路行波测距方法经历了早期行波故障测距和现代行波故障测距两个发展阶段。最早的行波测距可以追溯到 1940 年,美国邦纳维尔电力局(Bonneville Power Administration,BPA)率先采用故障引起的行波进行故障测距。早期的行波测距原理(所谓 B 型)是在线路一端(收信端)测量点感受到故障初始行波浪涌时启动电子计数器,而在另一端(发信端)测量点感受到故障初始行波浪涌时启动发信机并向收信端发信。当收信端测量点的收信机接受到来自发信端的信号时即停止计数,从而在本端可以获得行波在故障点与发信端测量点之间往返一次的传播时间,对应于故障点到发信端之间距离的 2 倍。现代行波故障测距技术能够得以实现并不断向前发展,与其相关领域技术在行波测距中的应用分不开,其中最重要的技术包括全球定位系统(GPS)、高速数采技术和各种信号处理技术。现代行波测距技术取得了较大发展,但仍存在一些问题亟待解决,尤其是行波波头的可靠检测、有效表征、准确标定和正确辨识,以及单端行波测距的可靠性和精度提高、实用化、机器分析和自动化测距如何真正得以实现等方面。行波测距方法,从利用行波的行波源来分,可分为注入高压脉冲(所谓 C 型)的雷达原理和利用故障引起的行波进行故障测距的被动式测距方法;从所利用故障引起的行波电气量来分,可分为故障电流行波测距和故障电压行波测距;从利用故障引起的行波信号是故障线路单侧还是双侧,又可以分为单端行波测距(如 A 型)和双端行波测距(如 D 型)。

　　正如第 3 章所述,对于诸如 LIF-SLG、LL-G 较强非对称低阻短路故障,传统的单端行波测距(A 型)利用线路单端获取的故障点第 1 次反射波与初始行波波到时差 Δt,并结合经验波速 v 计算获得故障距离,而把对端母线反射波作为干扰波予以剔除。事实上,单端行波测距可以是利用故障行波往返量测端与故障点之间一次所历经的时长($2\tau_{\mathrm{f}}=x_{\mathrm{f}}/v$),并结合行波波速 v 来进行故障测距:应用 $2x_{\mathrm{f}}-2\tau_{\mathrm{f}}$ 的对应关系,也即利用量测端获取的故障点第 1 次反射波与其同侧初始行波波到时差 Δt,并结合波速 v 来进行故障测距($2x_{\mathrm{f}}=v\Delta t$)。可见,这种基于故障点反射波的单端行波测距的关键在于故障点反射波的可靠捕捉、准确标定和正确辨识,只有当故障点反射波具有足够能量,能够利用信号处理算法对其进行检测标定并正确甄别时,该基于故障点反射波的单端测距方法才能取得满意的效果。诚然,倘若故障点反射波能量微弱不易检测标定,如 HIF-SLG,此情况下,如果本级故障线路对端母线反射波较强甚或下一级线路终端母线反射波较强,则可对此加以利用来实施单端行波测距。对于诸如近端低阻短路接地故障、全相金属性短路故障,基于故障点反射波的单端行波测距方法具有明显的优势。对于非对称低阻短路接地故障模态,单端行波测距也可以利用对端母线第 1 次反射波进行:正确甄别和精确标定对端反射波,获取对端母线第 1 次反射波与初始行波之间的波到时差 $2(l-x_{\mathrm{f}})/v$,继而获得故障点与对端之间的距离($l-x_{\mathrm{f}}$),这样对端母线反射波的正确辨识和精确标定就成了基于对端反射波的单端行波测距的关键。对于(超)长线路远端发生的非对称低阻短路接地故障,采用对端反射波进行测距,其因波速较为固定而具有明显的优势。由于单端观测的第 2 个行波可能是故障点反射波、对端母线反射波、量测端相邻健全线路末端反射波,甚至可能是对端母线上健全线路末端反射波,而所有线路终端反射波极性均与其终端母线接线形式有关,故障点反射波或者对端母线反射波的辨识受到健全线路末端反射波、故障是位于半线长之内还是之外、电弧故障、山火故障、污闪、冰闪、鸟害故障、雷击故障、电晕等诸多因素和工况的影响和干扰,需要应用专门的分析和辨识原理和方法。以初始行波波到时刻 t_0 作为时窗起点,在$[t_0,t_0+l/v]$时窗内,观测端 M 或者有半线长之内非对称低阻短路故障点第 1 次反射波(高阻情况下则无故障点反射波)而无对端母线反射波,或者有半线长之外非对称低阻短路故障情况下的对端母线第 1 次反射波而无故障点反射波,因此,单端行波测距应于$[t_0,t_0+l/v]$最短时窗内甄别同侧第 2 个行波是故障点反射波还是健全线路末端反射波,或者甄别其是对端反射波还是对端母线上健全线路末端的反射波,以提高行波甄别的效率。应在尽可能长的行波刻画明显的时窗内(如初始行波波到后 $4l/v$ 时窗长内)分析其行波极性和波到间隔所隐含的周期性规律,识别其故障模态。在相继的两个时窗$[t_0,t_0+l/v]$和$[t_0+l/v,t_0+2l/v]$内,结合行波极性(对于宽频暂态电流波形振荡不明显的普通短路故障,参见第 1 章),需对行波属性和故障模态进行辩证、综合、协同的分析和辨识,才能甄选出一对对偶的故障点反射波和对端反射波。对于普通短路故障,基于测后模拟原理,利用群体比幅比极性或利用带极性波到时序匹配等方法可辨识半线长内、外故障。此外,单端行波测距方法的应用可以进行有限和有效拓展,较典型的是链式电网,利用本段线路对下一段线路故障行波信息具有覆盖特性,可以直接延拓和间接延拓。传统的双端行波测距（D 型）是利用故障产生的初始行波浪涌到达故障线路 MN 两端量测端的时间差 Δt_{MN} 来计算离开本侧 M 的故障距离（$x_f = l/2 + v\Delta t_{MN}/2 = l/2 - v\Delta t_{NM}/2$）。可见，实现双端行波测距的关键是两端高速采集数据高精度同步，以及线路长度的工程呼称值与其真实长度吻合。同样，双端行波测距原理应用也可以进行有效拓展，其中，较典型的是链式电网络，当然也可以拓展至具有环网结构线路、π 接线路和双回线路等具有回路行波通路的电网络，形成基于单侧行波数据的回路双端行波测距方法，其关键是如何辨识其来自健全线的"回路首波头"。

4.1　行波测距若干命题讨论

　　得益于现代微电子技术、GPS 技术、网络通信技术和信号处理技术的蓬勃发展，20 世纪 90 年代以来，行波测距的暂态信号高速同步采集、存储和数据通信等技术变得易于实现，通常由此开始称为现代行波测距。在行波信号提取、波头标定和测距原理等方面的研究和工程实践上，现代行波测距均取得了里程碑式的突破。在行波信号提取方面，我国学者徐丙垠对线路 CT 暂态响应特性研究发现，常规 CT 能传变 100kHz 以上的暂态电流，满足行波测距的要求，提出了直接采集 CT 二次侧电流的行波测距技术，极大地推动了行波测距技术的进步。由于电容式电压互感器（CVT）高频特性差、截止频率过低，CVT 不能如实传变高频电压行波，电压行波信号在相当长一段时期内需通过专用传感器套装在 CVT 接地线上来提取，施工较复杂，限制了电压行波测距的推广。我国学者尹项根研究发现，CVT 二次侧信号能够同步地反映行波到达时刻，提出直接从 CVT 二次侧提取行波信息的新技术，有力促进电压行波测距的实用化。在波头标定方面，我国学者董新洲率先将小波变换应用于故障行波波头标定，对于实际线路实际故障初始波头的标定取得了较为满意的效果，掀起了小波变换在电力系统中应用研究的热潮。在测距原理方面，断路器分闸、合闸行波的测距新方法的出现，为永久性故障的测距提供了新思路。在工程实践方面，国内外一些研究单位相继研制成功行波测距装置并产业化，并逐渐在实际电网规模化投运。其中，以英国 Hathaway 公司研制的电流行波测距系统、加拿大 Hydro 研制的电压行波测距系统、山东科汇有限公司研制的 XC 系列电流行波测距系统，以及中国电力科学研究院研制的 WFL 系列、昆明理工大学研制的 XB 系列（2005—2010—2015 三代）电流行波测距系统等为典型代表，挂网运行时间均在 10 年或以上。其 XB 系列以雷击检测分析及单端行波测距实用化和自动化作为技术追求和技术特征。

　　一直以来，行波测距研究的热点命题多，研究取得了一定的理论成果：不同类型线路、不同故障位置、不同故障类型、不同原因行波激励源情况下的行波特征和传播规律;行波信号的有效获得和提取;行波的可靠检测和波头的正确标定;为克服或缓解传统测距方法可靠性差,如何通过改变所选用的行波激励源、模量通道或行波观测点的位置等方式来更可靠地检测、辨识出测距所需波头,以获取新的行波测距方法;雷击故障及雷击点与闪络点不一致情况的识别与测距;电弧性故障单端行波测距;行波分量在输电线路传播会发生频散并产生衰减,频率越高的行波分量衰减越快,故障行波到达母线测量端的行波分量的波速严格意义来讲是具有最高频率且到达测量端后幅值仍可被检出的行波分量的波速度,因此波速的取值在一定范围内具有不确定性,那么如何缓解波速影响,尤其是超长线路;对含 FACTS等补偿线路、电缆线路、混合线路、T 接线路、直流线路、配网多分支馈线、牵引供电线等特殊线路场景下如何改进并应用行波测距;电网电流型行波装置的网络化行波测距与优化布点;经高速 A/D 采样获得的实际电流行波往往含有量化噪声和通道背景噪声,易使波形多处出现奇异,导致机器辨识第 2 个有效行波的正确率不高,自动测距效果很不理想,不得不基本依靠专业人士人工分析或与阻抗法或双端测距配合使用,严重制约了单端行波测距功能的发挥,那么如何改进单端测距中第2 个波头自动标定的可靠性不高的现实问题;故障点反射波或者对端反射波的甄别及其协同应用;如何从多通道电流暂态录波数据中筛选出有效的故障行波录波数据;在故障线两侧母线间存在健全通路的条件下,如何利用故障线和健全线构成的回路主导波头时差信息进行单端测距;对于链式电网拓扑结构,在下级线路故障时如何在本级线路在行波信息全覆盖条件下进行可靠的单端测距,不满足直接延拓的条件时如何利用两个时窗内关联波头到达时刻信息进行单端测距的间接延拓;对于双端测距,如何利用两侧行波到达时序配对关系辨识较强故障模态及对应该模态下不依赖数据同步和线长的双端协同测距方法。如何利用实际线路故障往往存在的复发性或相似性,对输电线路历史故障行波及其测距案例进行复用,提升单端行波测距品质。

1. 传统行波测距方法基本原理

正如前述,传统的双端行波测距是基于线路两侧故障初始行波波到的绝对时刻,故只需标定线路两端故障初始浪涌波到时刻,如小波变换、形态学、HHT、SOD和 S 变换等卓越的行波奇异性标定算法得以应用,其对初始行波波头标定的精度和可靠性极高,因此双端行波测距原理和方法相对成熟,易于实现行波机器分析和自动测距,故在现场行波测距技术的实际应用中,目前仍以双端行波测距为主,单端行波测距为辅。枢纽变电站位于电力系统的枢纽节点,变电容量大,联系着多个电源,母线上有多条出线。对于这种具有多回出线的所谓第 I 类母线,故障电流行波在该处的反射系数较大,电流行波幅值和陡度较大,此有利于电流行波检测标定,此种 I 类母线利用电流行波进行故障测距具有优势,如果故障线路另一侧母线也属多出线接线形式,那么,其对端母线第 1 次反射波与初始行波为反极性、故障点反射波与初始行波同极性,此特性便于故障点反射波的甄别。终端变电站位于输电线路的终端,接近负荷点,终端变电站属于所谓的第Ⅲ类母线接线形式,从行波传播过程和折反射理论来理解,在不考虑对地杂散电容情况下,其电流行波的反射波和入射波叠加近似为零,或将线路终端变原绕组对线路短路故障行波而言,可视为集中参数电感元件。从集中参数电路角度理解,在终端变线路量测端的电流行波是其电压行波的负积分,这样,经积分运算后,终端变的量测端就很难检测到电流行波,而此Ⅲ类母线的测点非常有利于电压初始行波检测标定,即对此种所谓Ⅲ类母线可利用电压行波进行双端行波测距。当然这又带来一个命题就是,如何传变获取交流输电线路的故障电压行波。当然已有一些技术和方法,可行的方案是一端采用电流行波浪涌,另一端终端变采用电压行波。这又带来一个确保测距精度的命题就是电流初始行波浪涌达到时刻如何与电压初始行波波到时刻在刻画表征反映行波波到时刻上的一致性。对于"一进一出"线路的所谓第Ⅱ类母线接线形式,其量测端波阻抗连续,此处观测的故障点电流反射波(奇异点)仅由母线对地杂散电容引起,幅值和能量极小,它很难被检测标定、很难可靠地支持其单端行波测距,当然,此情况下可以由上一级线路(设上一级线路为第Ⅰ类母线接线形式)量测端获得本级线路故障电流行波来实施电流行波测距。

通常,单端电流行波测距利用故障行波两次到达测点的时差来确定故障距测点的位置,具有经济性强、不依赖对端数据和时钟同步等显著优势。单端测距可分为基于波速差和基于行程差两类。对于高压架空输电线路,OPGW 避雷线存在导致线,零模波速差异不明显、不恒定,使得基于波速差的原理多作为区段判定而非精测手段,基于行程差的原理则在实际中得到了更为广泛的应用。该原理根据初始波头及其后续反射波的到达时差来确定故障位置,波头到达时刻的准确标定是难点和关键。基于故障点反射波的单端行波故障测距是利用故障点反射波和初始行波到达量测端的时差进行故障测距的。传统双端行波测距是利用故障初始行波到达故障线路两侧量测端的时差进行故障测距。以非对称低阻短路接地故障为例,其测距原理如图 4-1 所示。其中,线路全长为 l,故障位置离开 M 端 x_f 处。若无特殊说明,为便于阐述一般性原理,这里的分析讨论以行波突变极性和波到时刻可以被准确、有效地检测、刻画、表征和标定为前提条件,以对行波波头极性和波到时刻不错标、不漏标为前提。

由图 4-1 可知,对于单端行波测距,若初始行波到达量测端 M 的时刻记为 t_{M1},故障点第 1 次反射波到达量测端 M 的时刻记为 t_{M2},v_1 为 α 模电流行波波速,可以获得故障点离开量测端 M 的距离为 $x_f = v_1 (t_{M2} - t_{M1})/2$。可见,能够正确辨识和精确标定故障点反射波,进而能准确获得 t_{M2} 是基于故障点反射波的单端行波测距的关键,这就势必要求正确可靠地检测、表征、标定、甄别故障点反射波。如果

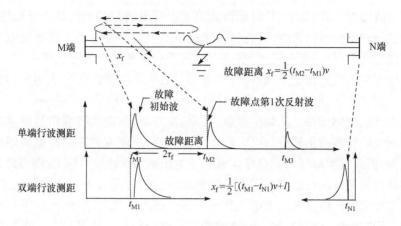

图 4-1 典型行波测距原理图

t_{M2} 不是故障点反射波到达时刻,而是故障线路对端 N 的反射波到达时刻,那么故障点离开对端 N 的距离为 $l-x_{f}=v_{1}(t_{M2}-t_{M1})/2$,这样,能够正确辨识和精确标定对端母线反射波是基于对端反射波的单端行波测距的关键。这里的 x_{f} 与 $l-x_{f}$ 是一对分别离开线路两端的距离,这两个距离是一对对偶的距离,两者之和为线路全长 l。可见,无论是基于故障点反射波还是基于对端反射波的单端行波测距,其线路长度均无须参与距离计算,只是衡量故障距离的参考起始端不同而已,这也是实用中单端行波测距精度高的一个主要原因。单端行波协同测距概念、原理和算法将在第 9 章详述。如果线路两端 M 和 N 均为多出线形式,暂不考虑健全线路影响,则分别在 M 和 N 端所观测的在故障初始行波波到(两侧初始行波浪涌对齐,初始行波波到均设为 0 时刻)之后 l/v 时窗内故障相电流行波,具有波到时刻相同而极性不同的特点,利用此特征就能够在故障线路两端在首波后的 l/v 时窗内进行类似逻辑与运算一样的波到时刻配对。如果两端健全线路末端反射波进入,一般也不会影响其波到时刻配对的有效性,只有当故障线路两端 M 和 N 的健全线长度满足 $l_{k,M}=l_{k,N}<l/2$ 的关系时,线路两端健全线末端反射波波到时刻才能配对并对齐。如果有此情况则可先排除两端初始行波波到之后具备 $l_{k,M}/v=l_{k,N}/v$ 所谓相对齐的健全线末端反射波波头,可见只要这种波到时刻配对有效,就能够在故障线路两端分别独立施行单端故障相行波测距,来建立一种新型的双端行波测距原理和方法,其突出优势是线路长度 l 不参与测距计算,也不要求线路两端之间的行波数据同步,又因利用故障相行波而非线模行波,同侧采集通道同步精度要求不高。然而,对于超长线路或色散严重的电缆线路等很难检测和准确标定故障点反射波和对端反射波的情况,此种方法应该考虑两侧行波波到误差而设置配对容错误差。不依赖双侧同步和线路长度的双端行波协同测距概念、原理和算法将在第 9 章详述。

对于传统双端行波测距,若初始行波到达线路两端的时刻分别记为 t_{M1} 和 t_{N1},可以获得离开 M 端的故障距离为:$x_f = l/2 + (t_{M1} - t_{N1})v_1/2 = l/2 - (t_{N1} - t_{M1}) \cdot v_1/2$,这里作为概略值的线路长度 l 参与了测距计算,而且这种双端行波测距的关键是线路两侧行波数据必须同步。

随着电网中越来越多的变电站装设有行波测距装置,甚至变电站同一母线上多回线路全部线路都装设行波测距装置,这样使得不仅可以利用故障线路的故障行波进行行波测距,还可以借助其他相邻线路甚或是其他回路检测到的故障行波实现行波测距。

采用如图 4-2 所示的仿真系统来辅助说明,这里隐去 M、N 两侧三相系统而未予示出,且假设在图 4-2 中各出线均装有行波测距装置。若无特殊说明,恒假设 $l_{k1} \sim l_{k6}$ 末端为第Ⅲ类母线接线形式。现分析故障线路 TA_1 观测的故障行波特征和健全线路起端(以 TA_5 为例)观测的行波特征,以资比较。假设半线长之内距 M 量测端 40km 处发生 A 相接地故障,过渡电阻为 50Ω,故障初相角为 $60°$,取母线指向线路为电流正方向。

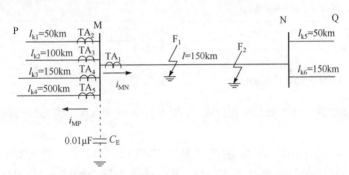

图 4-2　富含出线的母线接线形式下线路故障仿真模型

量测端各出线的电流行波波形如图 4-3 所示。选取 TA_1 和 TA_5 检测得到的故障电流行波并求取小波变换模极大值,结果如图 4-4 所示。

电流互感器 $TA_1 \sim TA_5$ 同名端接线按照电流正方向指向线路,而健全线路 TA 观测的故障初始行波为故障线路初始行波的折射行波,那么,故障线路量测端观测到的初始电流行波的极性与其健全线路量测端检测到的相反。特别是当母线的所有出线数 $n \geqslant 3$ 时,故障线路观测到的初始行波幅值必然大于健全线路观测到的故障初始行波幅值。可见,经 TA 测点所获取的行波或是其量测母线处的入射波与反射波的叠加,或是其量测母线处的折射波,而初始行波之后的行波本质上都是反射波。

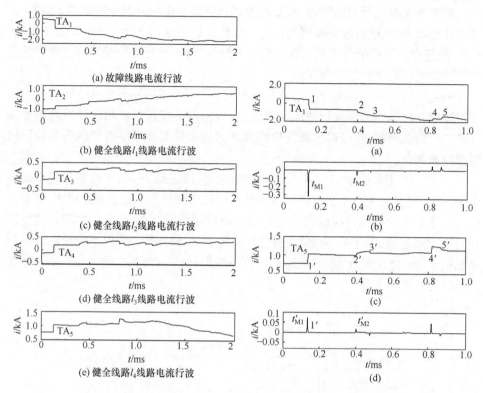

图 4-3　量测端母线各出线电流行波　　图 4-4　TA₁ 和 TA₅ 故障电流行波及其模极大值

在图 4-4 所示的由 TA₁ 量测端观测的故障行波中,1 为故障初始行波;2 为故障点反射波,对应的行波路径为 F—M—F—M;3 为健全线路 l_{k1} 末端反射波,对应的行波路径为 F—M—P—M,反映健全线路 l_{k1} 全长;4 为健全线路 l_{k2} 末端反射波,对应的行波路径为 F—M—P—M,反映健全线路 l_{k2} 全长;5 为对端母线 N 反射波,对应的行波路径为 F—N—F—M。在图 4-4 所示的由 TA₅ 量测端观测的故障行波中,$1'$为线路 l 故障初始行波的透射波;$2'$为故障点反射波的透射波,对应的行波路径为 F—M—F—M;$3'$为健全线路 l_{k1} 末端反射波,对应的行波路径为 F—M—P—M,反映健全线路 l_{k1} 全长;$4'$为健全线路 l_{k2} 末端反射波,对应的行波路径为 F—M—P—M;$5'$为对端母线 N 反射波的透射波,对应的行波路径为 F—N—F—M。若以故障线路 TA₁ 观测到的故障初始行波的极性为参考基准,由图 4-4 可知,TA₁ 观测的故障线路故障点反射波与参考故障行波同极性,对端母线反射波与参考故障行波反极性。健全线路末端反射波的极性与其健全线路末端的接线形式有关。在图 4-2 所示的仿真系统中,若健全线路末端为第Ⅲ类母线接线形式,它与参考故障行波反极性。对于相邻健全线路,由 TA₅ 观测的故障初始行波(故障首行波的透射波)与参考故障行波反极性,故障点反射波与参考故障行波反极性。对比故障线路量测端 TA_1 观测到的故障行波和相邻健全线路量测端 TA_5 观测到的行波,可以得到以下结论:相邻健全线路量测端的电流行波波头是故障线路故障行波的透射波,其小波变换模极大值小于故障线路的故障行波小波变换模极大值,即 $Mi_{TA5} < Mi_{TA1}$,且两者极性相反。另一个结论是,最长健全线路(如 l_{k4}) TA_5 量测的行波含有所有其他短健全线路末端反射波。由此可以看出,一方面,可以用最长健全线路故障电流为参考,将故障线路电流行波与最长相邻健全线路电流行波"相减"来消除健全线路末端反射波对故障点反射波辨识所造成的影响(除参考线路外),即后面将要阐述的"相减相消法";另一方面,除了可以利用故障线路电流行波实施单端故障行波测距之外,还可利用健全线路电流行波进行单端行波测距。

通过以上分析可知,相邻健全线路量测端观测到的故障行波含有故障位置的信息。传统的单端行波测距仅利用本级故障线路所含有的故障信息,如式(4-1)所示,其中 t_{M2} 为故障点反射波波到时刻。这里提出广义单端行波测距方法:单端行波测距一方面可以直接利用相邻健全线路行波测距装置记录的电流行波进行故障测距,如式(4-2)所示;另一方面,所有健全线路可与故障线路"群体"的行波波头进行"群体比幅比极性"或"相减相消",剔除健全线路末段反射波影响来识别故障点反射波,继而实施单端行波测距。

如图 4-3 和图 4-4 所示,利用故障线路的行波测距装置和健全线路的行波测距装置记录的电流行波进行单端行波测距,分别如式(4-1)和式(4-2)所示。

故障线路单端行波法:

$$x_f = (t_{M2} - t_{M1})v_1/2 \tag{4-1}$$

健全线路单端行波法:

$$x_f' = (t_{M2}' - t_{M1}')v_1/2 \tag{4-2}$$

由传统双端行波测距的原理可知,它仅利用故障线路双端故障初始行波,不需要对故障点反射波进行辨识,因此具有很高的可靠性,易于实现自动分析、自动测距,其关键是双端数据的高精度同步,需要通信支持,且线路长度参与测距计算,因此在原理和技术上,双端测距精度不一定高于基于故障点反射波的单端行波测距精度。通常,对于线路半线长之内的近端故障,采用基于故障点反射波的单端行波测距精度较高,因此工程应用中可以在线路两侧分别实施单端测距,以提高测距精度,而对于线路中间区段故障,双端法测距精度通常较高(在未计线路长度变化引入的误差情况下,双端行波法测距误差与线长误差 Δl 的关系是其 $\Delta l/2$),采用这种所谓行波组合协联测距技术路线,可提高行波测距的可靠性。

此外,对于多段链式电网络线路,双端行波测距原理极易对其进行有限拓展,实现双端测距。除了个别的线路外,输电网通常由多回线路联系,表现为环网的结构形式(较简单的包括三角形环网、π 接电网、耦合或无耦合双回线路的拓扑结构形式)。故障行波除了沿故障线路传播外,还会通过由健全线路所构成的回路传播至行波装置安装处,选择合适的、确定的构成回路的行波路径,这样就可利用电网单侧行波数据实现基于双端行波测距原理的故障定位,即实现不依赖双端数据采集同步的单侧故障测距的功能,拓展为所谓的回路双端行波法测距,其关键是如何正确识别经由该行波路径回路所传播而抵达的故障初始行波,即核心是如何正确辨识其回路波头的命题。

　　一般情况下,从一次设备电流互感器(TA)的二次侧到故障行波测距装置之间,需经由一段二次电缆连接,二次电缆长度通常在 400m 左右,有时甚至近 1km。在进行行波测距中,若忽略行波在该段二次电缆中的传播时间,将会给测距带来一定的误差。假设二次电缆长度为 400m,则故障行波从 TA 二次侧到测距装置的传播时间为 $t = l_{TA}/v_c = 400/(2.10 \times 10^8)\mathrm{s} = 1.905\mu\mathrm{s}$,如果不进行补偿,由此带来的单端行波测距误差为 $x = (v_1 t)/2 = (2.98 \times 10^8\,\mathrm{m/s} \times 1.905\mu\mathrm{s})/2 = 283.85\mathrm{m}$。为了提高测距精度,可采用 $t_{\mathrm{Merror}} = t_M - (l_{TA}/v_c)$ 来补偿故障行波到达量测端的时刻。正如第 1 章指出的,一定程度上,此段二次电缆引入的波阻抗不连续会造成初始行波之后的后续暂态波形振荡,对于实录"行波"多表现为暂态电流振荡情况下的行波检测标定和协同测距,将安排于第 9 章论述。

2. 母线接线形式对故障行波观测的影响

　　母线接线形式影响行波在母线处的折反射系数,母线接线形式的分类在第 1 章已有详述,这里仅给出线路拓扑,略去线路 MN 两侧电源系统,未予画出。现假设半线长之内距 M 量测端 40km 处发生 A 相接地故障,过渡电阻为 50Ω,故障初相角为 60°,不同母线出线形式下含故障相的 α 模电流行波如图 4-5 所示,其对应小波变换模极大值如图 4-6 所示。其中,健全线路末端为多出线形式。

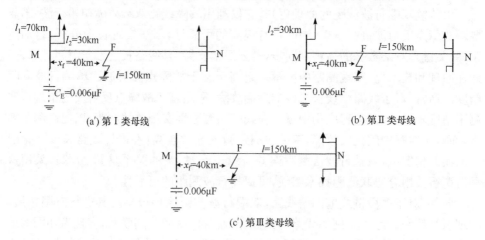

(a') 第 I 类母线　　　　　　　　(b') 第 II 类母线

(c') 第 III 类母线

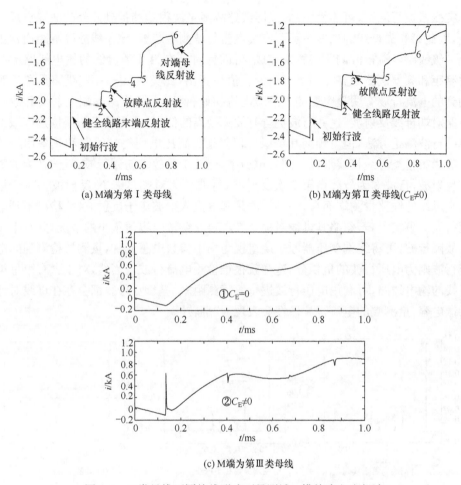

(a) M端为第Ⅰ类母线

(b) M端为第Ⅱ类母线($C_E \neq 0$)

(c) M端为第Ⅲ类母线

图 4-5　三类母线不同接线形式下量测端 α 模故障电流行波

　　在图 4-5 和图 4-6(a)中,行波 1 为故障初始行波,行波 2 为健全线路 l_2 末端反射波,行波 3 为故障点反射波,行波 4 为健全线路 l_2 末端第 2 次反射波,行波 5 为健全 M 端反射波,行波 6 为对端母线 N 反射波。可见,对于第Ⅰ类母线,电流行波在母线处的反射系数较大,且出线数目较多,适宜使用电流行波进行故障测距。图 4-6(b)中,行波 1 为故障初始行波,行波 2 为健全线路 l_2 末端反射波,行波 3 为故障点反射波,行波 4 为健全线路 l_2 末端第 2 次反射波,行波 5 为故障点反射波在健全线路末端的反射波,反映"健全线路 l_1 全长＋故障距离 x_f",行波 6 为故障点反射波在健全线路末端的 2 次反射波,反映"2 倍健全线路 l_1 全长＋故障距离 x_f",行波 7 为对端 N 反射波。可见,对于第Ⅱ类母线,量测端波阻抗连续,因此在 M 端不会发生反射($C_E = 0$),目前所见到的观测端故障点反射行波是由母线对地杂散电容产生的($C_E \neq 0$),幅值和能量均较小,如果直接采用此由 C_E 引起的行波波头突变量进行测距,可靠性不高,实际线路故障录波很难捕捉到此处的故障点反射波,因此第Ⅱ类母线的出线一般不安装电流行波测距装置,该条线故障测距通常由上一级线路电流行波测距装置来完成,后面针对具有第Ⅱ类母线的输电线路的行波测距和频差法测距将专门进行讨论。值得指出,此类"一进一出"线路量测端观测到的电流行波有明显突变的是故障电流初始行波、上级线路起端反射波和故障线路对端母线反射波,这些行波仍含有故障距离的信息,此有助于拓展构建广域的单端行波测距方法,但可预期其辨识过程复杂。高压电网终端线路和热备用线路一般为第Ⅲ类母线接线形式。图 4-6(c)中,行波 1 为故障初始行波,行波 2 为故障点反射波,行波 3 为故障点第 2 次反射波,行波 4 为对端母线 N 反射波。对于第Ⅲ类母线的线路量测端而言,一种看法是其电流入射波等于反射波,故检测不到电流行波。事实上,若忽略其母线对地杂散电容或杂散电容值很小的情况,并对于短路故障行波,可将终端变压器原边绕组视为集中参数电感元件,量测端检测到的电流行波则为电压行波的负积分,这样就很难检测电流行波。当然,对于含有第Ⅲ类母线的输电线路,可利用电压行波进行故障测距。一般地,母线都会存在母线对地杂散电容,量测端的电流行波极性会表现为"翻转"。

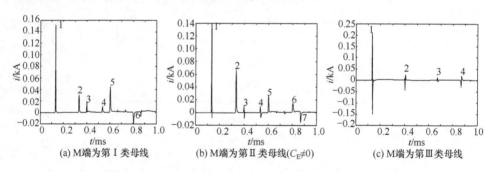

图 4-6　对应于图 4-5 的电流行波小波变换模极大值

　　值得强调的是,如图 4-5(c)所示,由于对于第Ⅲ类母线的线路故障电流行波本质为 $-(1/L)\int u_L d\tau$,其中,L 为终端变漏电感。因此,当 $C_E=0$ 时,其故障电流行波表现为斜拉函数;当 $C_E \neq 0$ 时,在电流行波斜拉函数斜率变号的拐点处发生"翻转"现象,其原因是电容电荷守恒原理,即通过电流斜拉函数拐点处的"翻转"来保证母线杂散电容的电荷守恒。这个"翻转"的小波模极大值表征如图 4-6(c)所示,欲想对实际线路实录行波数据应用小波模极大值来刻画表征此"翻转",是很难将其可靠、有效地加以实际应用的,即现实当中它是被湮没在背景和采样量化的各类噪声当中的,很难将其甄别出来并可靠地用于行波测距。故而,对于第Ⅲ类母线的出线只能采用电压行波进行行波测距。对于 CVT、套管等容性设备和变压器铁心等接地线上流过能反映母线及线路电压行波的电流突变信号($C du/dt$);而且该入地电流突变信号的波头陡度比其电压行波更大,使行波信号的波头处突变点更明显。故此,可通过容性设备接地线间接检测电压行波。为实现电压行波的高精度检测,有报道称发明了一种专用行波传感器,其为在截面均匀的环形铁钴镍合金材料上均匀密绕若干层线圈构成。传感器套接在容性设备接地线上通过检测电流行波间接提取电压行波,与一次系统无直接接触,不会对电力系统运行产生任何影响,克服了国外 CVT 接地线上串联行波检测电抗器而不能满足电力系统运行规程的重大缺陷。然而,这种专用行波传感器存在其二次侧带负载能力弱的问题,其二次侧信号引线电缆不能太长。所幸的是,此所检测的是能量最大的初始行波。如此这般,所涉及的命题并非属于单端行波测距,而是双端行波测距的命题,其所利用的是故障线路两侧初始行波波头所刻画的波到绝对时刻之差,那么对于Ⅲ类母线的故障线路电压初始行波波到的检测标定,如果考虑直接利用 CVT 二次侧输出的初始电压行波首波头,就可构成所谓一端利用初始电流行波首波头(Ⅰ类母线侧),另一端利用初始电压行波首波头(Ⅲ类母线侧)的双端测距方案。当然,这样将带出一个新的命题就是,考虑实际线路、实际 TA 和 CVT 对故障初始行波的传变特性,在不同实际故障性状下,对于两端故障初始行波的标定,如何解决一端电流初始行波波到与另一端电压初始行波波到的定义及标定是统一的、一致的,以减少由此带来的测距误差。建议采用后面的式(4-48)、式(4-50)或式(4-53)所表述的表征"行波突变能量函数"进行检测标定。

3. 线路两侧健全线路对故障点反射波辨识的影响

就单端观测而言,量测端检测到的第 2 个行波(波头),可能为故障点反射波(波头)、本级线路量测端相邻健全线路末端反射波(波头)、对端母线反射波(波头),甚至是对端母线上健全线路末端反射波(波头),其故障点反射波的正确辨识直接影响基于故障点反射波的单端行波测距方法的有效性和可靠性。现以图 4-7所示的仿真系统为例,来研究线路两侧健全线路末端反射波对故障点反射波辨识的影响。线路末端反射波性质与线路末端母线接线形式有关,其中,若无特殊说明,恒假设健全线路 $l_{k1} \sim l_{k4}$ 末端为第Ⅲ类母线接线形式。

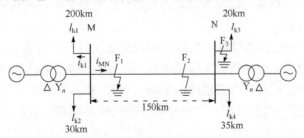

图 4-7　分析健全线末端反射波影响的系统仿真模型

　　若故障位于线路的半线长之内,量测端检测到的第 2 个行波波头,可能为故障点反射波,也可能为本端母线上健全线路末端反射波。此时,可利用构造行波的方法来消除本端母线健全线路末端反射波的影响,选取本端母线上相对于故障线路可视为"半无限长"的健全线路作为参考线路,采用故障线路起端检测到的电流行波与参考线路上检测到的电流行波相减,即由 $i_{MN} - i_{k1}$ 形成构造行波。该构造行波中不含除参考线路之外的其他相邻健全线路末端反射波,不妨将此称为"相减相消法"。图 4-7 中的 F_1 点故障,例如,设距离本端量测端半线长内的 55km 处发生单相金属性接地故障,选取最长的健全线路 l_{k1} 作为参考线路,用故障线路故障相电流减去健全线路故障相电流,即利用相电流行波由"相减相消法"得到"构造电流方向行波"。故障线路故障相电流行波如图 4-8 中虚线所示,以及利用所谓的"相减相消法"形成的构造电流行波如图 4-8 中实线所示。

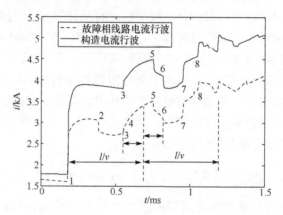

图 4-8　半线长内故障下故障相电流行波及其构造电流行波

　　图 4-8 中,1 为故障初始行波,2 为本端量测端母线上健全线路 l_{k2} 末端反射波,3 为故障点反射波,4 为健全线路 l_{k2} 末端第二次反射波,5 为健全线路 l_{k2} 末端反射波经过故障点传播至量测端的反射波,6 为对端母线反射波,7 为对端母线上健全线路 l_{k3} 末端反射波,8 为对端母线上健全线路 l_{k4} 末端反射波。可见,第 1 次故障点反射波 3 和对端母线反射波 6 的波到时刻总是关于观测端第 1 个 l/v 行波行程时刻点对称的。

　　对比图 4-8 中的故障线路电流行波和构造电流行波可以看出,构造电流行波中不包含本端母线上健全线路末端反射波,故而利用构造电流行波的方法可以消除本端母线上健全线路末端反射波的影响。但是,构造行波中包含对端母线反射波、对端母线上健全线路末端反射波,因此,利用构造电流行波的方法不能够消除对端母线以及对端母线上健全线路末端反射波的影响。此外,这里描述的由相电流行波"相减"得到的"构造电流行波",可以消除健全线路末端反射波,其效果是在

理论和数值仿真层面得到的。若考虑在实际应用中,采集通道背景噪声和量化噪声的不一致性,其效果不一定尽如人意。事实上,在初始行波波到 t_0 之后的时窗 $[t_0,t_0+l/v]$ 之内,观测到的故障相电流行波或只有故障点反射波及健全线路末端反射波,或只有对端反射波及健全线末端反射波。对于高阻故障没有故障点反射波且仅半线长外高阻故障才能进入此 $[t_0,t_0+l/v]$ 时窗。因此需要重点区分和辨识时窗 $[t_0,t_0+l/v]$ 内的行波,于是重点是要辨识行波 3 和行波 4,而在构造电流行波中就没有行波 4,同时注意与后续时窗 $[t_0+l/v,t_0+2l/v]$ 内行波信息进行综合、协同的分析,在对行波 5 和行波 6 中辨识哪个属对侧反射波时,可与时窗 $[t_0,t_0+l/v]$ 内的行波 3 和行波 4 一起,根据与初始行波波到时差关系匹配判别式 $2x_f/v+2(l-x_f)/v=2l/v$ 进行协同、综合的判断和甄别故障点反射波与对端反射波,最终便可确定行波 3 属故障点反射波、行波 6 属对端反射波。当然,也可以分别在两个相继的行波观测时窗 $[t_0,t_0+l/v]$ 和 $[t_0+l/v,t_0+2l/v]$ 内,假设故障点第 1 次反射波或对端第 1 次反射波与其初始行波的波到时差为 Δt_1,而对端反射波或故障点反射波与 t_0+l/v 时刻点的时差为 Δt_2,同样可利用波到时差关系匹配判别式 $\Delta t_1+\Delta t_2=l/v$,或者可利用两者与 t_0+l/v 时刻点的时差均为 $|l-2x_f|/v$ 的匹配判别式,进行协同、综合判断,也可得其行波 3 属故障点反射波、行波 6 属对端反射波的结论。

一直以来,基于故障点反射波的单端行波测距通常讨论其本侧量测端的健全线路末端反射波对故障点反射波辨识的影响,却极少论及对端母线上健全线路末端反射波的影响。事实上,若故障位于线路半线长之外的远端,对端母线上健全线路末端反射波可能先于故障点反射波到达量测端,其极性与其健全线路末端的母线接线形式有关(其实,所有线路终端反射波陡度和极性均与其终端母线接线形式有关)、其幅值与对端母线出线数目有关,如图 4-7 所示的仿真系统,对端母线上的健全线路末端若为第Ⅲ类母线,则对端母线上健全线路末端反射波与故障点反射波同极性,此显然会影响故障点反射波的辨识。可见,波头极性信息是十分重要的,对由仿真获取的行波波形如何加以应用尚属不易,更不要说现场实测往往伴随振荡的暂态电流波形,其波头达到时刻标定、极性标定和波头属性甄别往往较难同时确保正确,足见单端行波分析的机器实现和测距的实用化多么值得研究。现设距离本端量测端半线长外的 95km 处发生单相金属性接地故障,如图 4-7 所示的 F_2,故障线路故障相电流及构造行波如图 4-9 所示。这里应当重点关注两个相继的行波观测时窗 $[t_0,t_0+l/v]$ 和 $[t_0+l/v,t_0+2l/v]$ 内的行波属性,以及“有效行波”的甄别过程中波到时差关系匹配判别式 $\Delta t_1+\Delta t_2=l/v$ 的应用。

图 4-9 中,1 为故障初始行波,2 为本端健全线路 l_{k2} 末端反射波,3 为对端母线反射波,4 为健全线路 l_{k2} 末端第二次反射波,5 为对端母线健全线路 l_{k3} 末端反射波,6 为本端健全线路末端反射波,7 为对端母线健全线路 l_{k4} 末端反射波,8 为故障

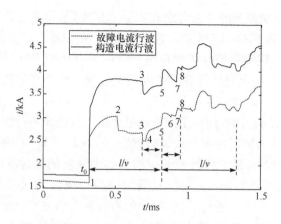

图 4-9　半线长之外故障下故障相电流及其构造电流行波

点反射波。可见,第 1 次对端反射波 3 和故障点反射波 8 的波到时刻总是关于观测端第 1 个 l/v 行程时刻点对称。由 图 4-9 可见,5、7、8 所示行波的极性与故障初始行波极性相同,都有可能是故障点反射波,此时,可利用"测后模拟"原理和"波到时序匹配"的方法进行辨识。事实上,在初始行波波到之后的 l/v 时窗之内,其构造电流行波或只有故障点反射波(反映 x_f)而无对端反射波,或只有对端反射波(反映 $l-x_f$)而无故障点反射波,对于高阻故障,没有故障点反射波且仅半线长外高阻故障的对端反射波才能进入此时窗。这样,对于故障线路 MN 两侧母线均为 I 类母线的确定接线形式,可以利用构造电流行波在 l/v 时窗长之内,排除健全线路终端反射波的影响,就能够一步到位识别出是故障点反射波(与初始行波同极性)还是对端反射波(与初始行波反极性)。这样,由故障点反射波波到时刻即可获得故障离开 M 端的距离,或者由对端反射波波到时刻即可获得故障离开线路对端 N 的距离,线路长度 l 未参与测距计算,这样的测距结果均与线路长度工程呼称值 l 是否发生了变化无关。由此可见,在两个相继的 l/v 时窗长之内利用基于与初始行波波到时差关系匹配判别式 $2x_f/v+2(l-x_f)/v=2l/v$,或者利用波到时差关系匹配判别式 $\Delta t_1+\Delta t_2=l/v$,或者利用故障点反射波和对端反射波与 t_0+l/v 时刻点时差均为 $|l-2x_f|/v$,进行协同、联合的判断和甄别故障点反射波与对端反射波,以及基于故障点反射波的或者基于对端反射波的单端行波测距算法,具有需要识别的行波数量少、波头甄别效率高、测距可靠性和精度高的优势。第 9 和 10 章将有详细阐述。

　　此外,从行波分析原理上,对端母线上其他线路的存在,使得本级线路单端法行波测距较难判断故障位置是位于本级线路还是下级线路。此情况当然就应当(事实上也是这样)依据线路微机保护装置给出的故障信息首先予以甄别剔除。仿真系统如图 4-7 所示,分别假设线路 MN 距离 M 端 10km 处(如图 4-7 中的 F_1

点),以及 N 端母线上健全线路 l_{k3} 距离 N 端 10km 处(如图 4-7 中的 F_3 点)发生单相接地故障,量测端 M 处的构造电流行波如图 4-10 所示。

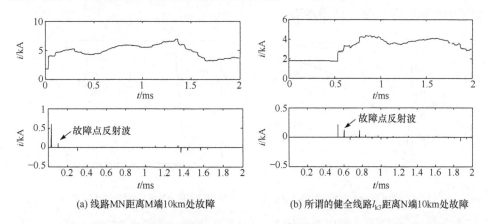

(a) 线路MN距离M端10km处故障　　　　　　(b) 所谓的健全线路l_{k3}距离N端10km处故障

图 4-10　分别在线路 MN 和健全线路 l_{k3} 发生 SLG 故障下量测端 M 处的构造电流行波

在图 4-10(a)中,故障点反射波与初始行波的时差为 $70\mu s$,计算得故障距离为 10.4km;在图 4-10(b)中,故障点反射波与初始行波的时差为 $67\mu s$,计算得故障距离为 9.98km。由图 4-10 可以看出,在 M 量测端观测,无法确定是线路 MN 故障还是对端量测端母线上其他线路故障,因此,需要保护装置故障信息的配合,首先判断出是否为本级线路故障,再进行单端故障测距。当然,也可以利用"测后模拟原理+带极性的波到时序匹配"的方法甄别筛选出真实的故障距离。这样,带出一个命题就是在所选择的合理行波分析时窗内,如合理地分析时窗可以是两个相继的时窗$[t_0, t_0+l/v]$和$[t_0+l/v, t_0+2l/v]$,如何准确有效地标定行波波头,对行波(波头)不错标、不漏标。

综上所述,量测端相邻健全线路和对端母线上其他线路的存在,均会干扰故障点反射波的识别。同时,在本量测端观测,不能区分是本级线路故障还是下级线路故障,倘若不借助于保护装置故障信息予以甄别,可能会出现"伪故障距离"。所幸的是,通常传统单端测距仅限于讨论本级线路的故障测距的命题,因此,健全线路末端反射波的影响通常也就仅指本量测端母线上的相邻健全线路,而线路对端母线上的健全线路倘若又与本量测端之间构成环网回路,当然是个值得关注的命题,这也是专门讨论对端母线上健全线路末端反射波对本级线路量测端观测的故障行波辨识形成干扰影响的另一个缘由,此处的分析可为环网线路、π 接线路、双回线路基于双侧行波测距原理的单侧故障行波测距方法奠定基础。

4. 母线杂散电容对行波波头的影响

有文献指出,500kV 变电站母线系统的对地杂散电容值一般为 0.002～

$0.1\mu F$,对不同杂散电容值的母线系统的频率特性进行分析,得到母线杂散电容对行波的反射系数的频率特性如图 4-11(a)所示,故障电流初始行波在不同杂散电容值下的时域波形如图 4-11(b)所示。

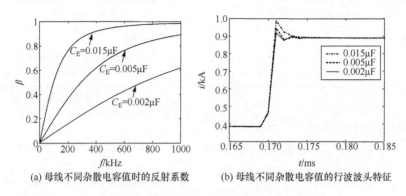

(a) 母线不同杂散电容值时的反射系数　　　(b) 母线不同杂散电容值的行波波头特征

图 4-11　在不同母线杂散电容下的反射系数和对应电流行波

由图 4-11 可知,母线对地杂散电容影响电流行波在母线处的反射系数,母线对地杂散电容越大,反射系数越大,越有利于行波波头(突变)的检测。

5. 故障点反射波的辨识及对偶故障位置

正如前述,三相输电线路发生非对称接地故障时,在单端观测,量测端获得的第 2 个行波波头可能是故障点反射波、相邻健全线路末端反射波、对端母线反射波和对端母线上健全线路末端反射波。可见,基于故障点反射波的单端行波测距的关键是故障点反射波的正确辨识,以期正确地获得 $\Delta t_{2,1}$ 或说是获得正确的 $\Delta t_{2,1}$。采用如图 4-1 所示的多出线仿真系统,设分别距 M 端半线长之内的 60km 处和半线长之外的 90km 处发生金属性单相接地故障,故障相初始相角为 $60°$,量测端 M 的故障电流全量行波如图 4-12 所示,其中,(a)和(b)分属线路 l 两个对偶故障的电流行波,其波到时差相同。

在图 4-12(a)所示的线模电流故障行波和相电流故障行波中,1 为故障初始行波,2 为相邻健全线路 l_{k1} 末端反射波,3 为故障点反射波,4 为对端母线反射波。在图 4-12(a)所示的零模电流故障行波中,1 为故障初始行波,2 为故障点反射波,3 为对端母线反射波。在图 4-12(b)所示的线模电流故障行波和相电流故障行波中,1 为故障初始行波,2 为健全线路末端反射波,3 为对端母线反射波,4 为故障点反射波。在图 4-12(b)所示的零模电流故障行波中,1 为故障初始行波,2 为对端母线反射波,3 为故障点反射波。对于图 3-1 所示的仿真系统,其母线形式为多出线的接线形式,电流行波反射系数为 $0<\beta_M<1$。由图 3-1 可知,对于线模电流故障行波和故障相电流故障行波,量测端观测到的故障点反射波与初始行波同极性。若

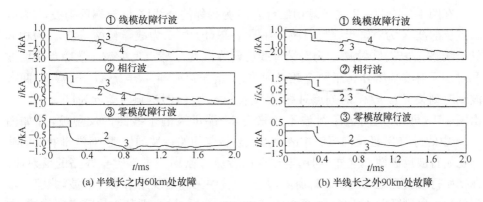

图 4-12　两侧多出线接线形式线路在半线长内、外故障下量测端全量电流行波

对侧系统也为多出线,则对端母线反射波与初始行波反极性。对于零模故障行波,故障点反射波和对端母线反射波与故障初始行波均为同极性。健全线路末端反射波的极性取决于线路末端的接线状况,若线路末端仅接有变压器,则健全线路末端反射波的极性与故障初始行波反极性,若线路末端也为多出线的母线结构形式,则健全线末端路反射波与故障初始行波同极性。对于图 4-2 所示的仿真系统,已设健全线路末端均为第Ⅲ类母线接线形式,其末端反射波与故障初始行波反极性。

1) 引入电压,利用方向行波剔除健全线路末端反射波

方向行波含有故障方向的信息,且不受母线接线形式的影响。规定电流的正方向为由母线指向线路的方向,则利用量测端电压和故障线模电流将电压行波分解为正向电压行波 $u_M^+ = (u_M + Z_c i_{MN})/2$ 和反向电压行波 $u_M^- = (u_M - Z_c i_{MN})/2$。对于图 4-12 对应的故障,利用线模电流行波和量测端电压行波构造的方向行波如图 4-13 所示。

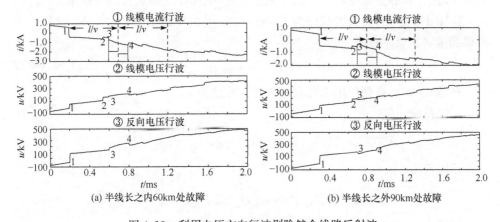

图 4-13　利用电压方向行波剔除健全线路反射波

在图 4-13(a)中,1 为故障初始行波,2 为相邻健全线路 l_{k1} 末端反射波,3 为故障点反射波,4 为对端母线反射波。在图 4-13(b)中,1 为故障初始行波,2 为相邻健全线路 l_{k1} 末端反射波,3 为对端母线反射波,4 为故障点反射波。故障点反射波和对端反射波必然分属于两个相继时窗 $[t_0, t_0 + l/v]$ 和 $[t_0 + l/v, t_0 + 2l/v]$,两者波到时刻关于 $t_0 + l/v$ 时刻点对称,且两者与 $t_0 + l/v$ 时刻点时差皆为 $|l - 2x_f|/v$。由图 4-13 可知,反向电压行波不含来自 M 端母线健全线路的反射波,即如图 4-13 中的行波 2,且反向行波中故障点反射波与初始行波同极性,对端母线反射波与初始行波反极性。这样,利用电压反向行波可以剔除本端健全线路的反射波。在初始行波波到之后的 l/v 时窗内,方向行波中无健全线路末端反射波,能够一步到位地可以判断图 4-13(a)中行波 3 与初始行波同极性,则其为故障点反射波,它反映故障点与本量测端的距离。图 4-13(b)中行波 3 与初始行波反极性,它为对端母线反射波,它反映故障点与对端的距离。但该方法中引入电压量,由于电流、电压互感器变比的频率特性不完全一致,则不一定能够完备构造方向行波。此外,如何从输电线路获得电压行波(群)波形,需专门变送、传变、检测设备。虽然有方案是在每相 CVT 接地线套穿专用行波传感器检测其电流行波浪涌(Cdu/dt),来获得电压行波突变。显然,此获取方案突出了电压的高频成分、抑制了低频成分。

2) 引入最长相邻健全线路电流行波作为参考,利用方向行波剔除健全线路反射波

目前,实际应用的行波测距装置主流还是利用电流行波进行故障测距的电流行波测距装置。在这种情况下,可利用相邻健全线路中的电流行波来构造方向行波。选取某相邻健全线路作为参考线路,且该健全线路相对故障线路可视为"半无限长"线路。若健全线路均接入行波测距装置,则选择线路最长的线路作为参考线路。由图 4-1 可知,最长的线路为 l_{k4},这样,利用相邻健全电路电流和波阻抗,可以得到量测端电压行波 u_M 为

$$u_M = Z_c i_{l_{k4}} \tag{4-3}$$

根据式(4-3)得到仅用电流表示的方向行波如下。

正向行波:

$$u_M^+ = (Z_c i_{l_{k4}} + Z_c i_{MN})/2 = Z_c (i_{l_{k4}} + i_{MN})/2 \tag{4-4}$$

反向行波:

$$u_M^- = (Z_c i_{l_{k4}} - Z_c i_{MN})/2 = Z_c (i_{l_{k4}} - i_{MN})/2 \tag{4-5}$$

利用式(4-4)和式(4-5)构造的方向行波如图 4-14 所示。

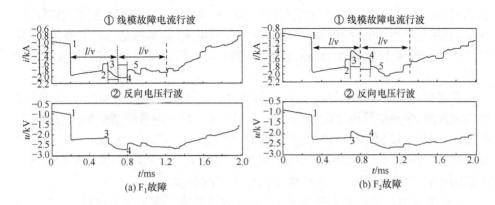

图 4-14　仅利用电流构造其方向行波来剔除健全线路末端反射波

　　在图 4-14(a)中,1 为故障初始行波,2 为健全线路 l_{k1} 末端反射波,3 为故障点反射波,4 为对端母线反射波,5 为健全线路 l_{k2} 末端反射波。在图 4-14(b)中,1 为故障初始行波,2 为健全线路末端反射波,3 为对端母线 N 反射波,4 为故障点反射波,5 为健全线路 l_{k2} 末端反射波;行波 3 和 4 的波到时刻关于 t_0+l/v 时刻点对称。由图 4-14 可知,引入波阻抗,仅利用电流构造的方向行波可以剔除健全线路末端反射波,如图中所示的行波 2 和行波 5。值得注意的是,若选用的参考线路的全长小于故障距离,则方向行波有来自参考线路末端的反射波,必须剔除参考线路的末端反射波。

　　值得一提的是,前面介绍并由图 4-12 所展示的利用故障线路检测到的电流行波与参考线路的电流行波相减,形成构造电流行波,理论上利用这种"相减相消法"也可剔除量测端上除参考线路本身之外的其他相邻健全线路末端反射波,这也是一种重要的思路和方法。由于采集通道背景噪声和量化噪声的不一致性,利用式(4-5)构造得到的反向行波有可能加大了差模干扰,因此,利用电压方向行波来剔除相邻健全线路末端反射波的方法在实际应用中并非总是奏效,尤其对于大部分 SLG 故障为雷击线路故障,应用效果更是大打折扣。以下讨论基于测后模拟原理的故障点反射波辨识原理。

　　3) 基于"测后模拟"原理的故障点反射波辨识方法及对偶故障位置

　　"测后模拟"原理是基于这样的公理,即假设故障位置与真实情况相符,则模拟计算的故障特征与真实情况的故障特征必然相符;假设故障位置与真实故障不相符,则模拟计算的故障特征与真实故障特征应当不相符。利用测后模拟原理进行单端故障测距,就是分别依次假设第 2 个行波波头以及后续的行波为故障点反射波,并分别在此假设下模拟计算所对应的故障距离,再根据这些模拟计算获得的距离,仿真出时域波形,称为模拟故障电流行波。分别对模拟故障电流行波与实测故障电流行波进行相关分析,如果假设情况与真实情况相符,则其相关系数在合适时窗内必然最大,选取其最大相关系数所对应的模拟故障距离作为真实的故障距离。可见,利用此种所谓的"测后模拟"原理进行故障定位,其本质是"试错"排除法,通过不断地假设和比较、匹配、排除、辨识、甄别和筛选出真实的故障距离,实现故障测距。

采用如图 3-1 所示的仿真系统,半线长之内距离 M 端 60km 处发生 A 相金属性接地故障,量测端线模电流如图 4-15 中①所示。现分别假设其初始行波的后续行波为故障点反射波,计算得故障距离分别为 50.95km,59.6km、89.4km 和 101.62km。对这 4 个故障距离分别进行模拟故障仿真,可得模拟故障电流行波波形如图 4-15 所示,行波 2 和 3 分属于两个相继时窗$[t_0,t_0+l/v]$和$[t_0+l/v,t_0+2l/v]$,行波 2 和 3 波到时刻关于 t_0+l/v 时刻点对称。为了便于比较,在图 4-15 中,已经将其模拟故障电流的初始行波波头与实测故障电流初始行波波头做了对齐处理。

先对模拟波形与实测波形对齐初始行波之后在 1ms 时窗内再进行相关分析,得到的相关系数分别为 0.9637、0.9944、0.9755 和 0.9847,因此,可判定行波(波头)2 为故障点反射波,故障距离为 59.6km。但是,在不同故障距离下,对齐首波头做相关分析,模拟波形和实测波形的时域相关系数都接近 1,且容易受过渡电阻、故障初相角和各种噪声的影响,因此,直接利用时域波形进行相关分析来识别故障点反射波的实际应用效果并不佳。若采用信号距离来度量行波波形之间的相似度会有所改善,但改善程度有限。鉴于此,分别将模拟故障行波和实测故障行波到达量测端的时刻构成两个时间序列,根据两个时间序列的匹配程度,来识别故障点反射波,这样可减小过渡电阻和故障初相角的影响。

现将实测故障行波到达量测端的时间序列记为

$$T=[t_1,t_2,t_3,\cdots,t_n]\mu s \tag{4-6}$$

模拟故障行波到达量测端构成的时间序列记为

$$T'_1=[t'_1,t'_2,t'_3,\cdots,t'_n]\mu s$$
$$T'_2=[t'_1,t'_2,t'_3,\cdots,t'_n]\mu s$$
$$\vdots$$
$$T'_n=[t'_1,t'_2,t'_3,\cdots,t'_n]\mu s \tag{4-7}$$

采用欧氏距离来描述两个时间序列的匹配程度

$$T_{\text{dist}}(T,T')=\sum_{k=1}^{n}(t_k-t'_k)^2 \tag{4-8}$$

图 4-15(a)、(b)、(c)和(d)所示的模拟故障行波波到序列 $T'_{a,b,c,d}$ 如表 4-1 所示。

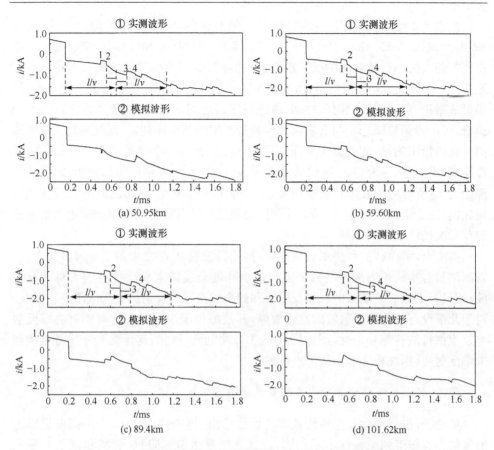

图 4-15　在"测后模拟"原理下所谓的实测电流波形与模拟电流波形

表 4-1　模拟故障行波行波到达量测端的波到时间序列

编号	波到时序/μs	编号	波到时序/μs
(a)	[0,334,677,1019,1370]	(c)	[0,344,401,601,685]
(b)	[0,343,401,602,685]	(d)	[0,333,668,1011,1370]

　　在表 4-1 中,把故障初始行波到达量测端的时刻记为 0 时刻,后续波头到达时刻均以 0 时刻为基准。实测波形的波到时间序列 $\boldsymbol{T}=[0,344,401,602,685]\mu s$,利用式(4-8)计算模拟故障行波和实测故障行波的波到时间序列 $\boldsymbol{T}$ 与 $\boldsymbol{T}'_n$ 的欧氏距离的结果如表 4-2 所示。

表 4-2　波到时间序列匹配结果

编号	(a)	(b)	(c)	(d)
T_{dist}	720206	1	1	708714

　　由表 4-2 可知,(b)和(c)的时间序列的欧氏距离最短,则故障距离为 $x_{f1}=$ 59.6km 或 $x_{f2}=89.4$km,且 $x_{f1}+x_{f2}=l$。接下来针对(b)和(c)两种情况进一步根据模拟与实测的行波波头的极性进行比对匹配,继而能够排除情况(c),得出故障距离为 $x_{f1}=59.6$km。当然,若将波到时间序列再携带有与初始行波的相对极性,即形成带正、负号的波到时间序列,再进行序列之间的匹配,则效果可得以极大地提升,可一步到位筛选出与真实波到序列最匹配的那个序列,从而获得真实故障距离。值得指出的是,此处真实故障距离为 x_{f1},还有另一个满足式 $x_{f2}=l-x_{f1}$ 的故障距离,不妨称 x_{f2} 为与 x_{f1} 对偶的故障(距离)。由行波网格图可以分析,对偶的故障距离 x_{f2} 所对应的故障行波波到时差序列(不考虑极性)与实测故障行波波到时差相同(理论上)、极性序列不同。因此,对偶的故障可通过与实测故障电流行波比较其行波极性来予以甄别。

　　事实上,可由行波网格图分析知,在初始行波波到 t_0 之后的 l/v 时窗长之内,观测端只有半线长内故障的故障点反射波和健全线路末端反射波而无对端反射波;或只有半线长外故障的对端反射波和健全线路末端反射波而无故障点反射波。对于几乎没有故障点反射波的高阻故障,其故障位于半线长外才可能有对端反射波。根据行波行程和极性,图 4-15 中的①行波电流可判断其行波 1 为 l_{k1} 健全线路末端反射波,则波头 2 必为故障点反射波。

6. 架空输电线路故障行波波到刻画与波速选取

　　理论上,进行消除架空地线处理之后的三相架空输电线路 3 个不同模量通道的带宽和通频带频率特性不尽相同,也即诸模量通道波阻抗、衰减和色散不尽相同,这就带来一个模量通道的选择问题,而模量通道的波速、色散和衰减是选择模量通道的重要准则。然而,在现场应用的实际架空输电线路行波测距中,虽然故障行波到达量测端时刻的标定和波速的选取存在一定的任意性,没有一个统一的标准,但对于输电线路(较)强故障模式,利用小波变换模极大值检测标定线模量或故障相电流行波突变极大值点作为波到时刻(点),或利用"波头突变能量函数"$S(k)$ 检测标定故障行波起始点作为波到时刻,或利用小波高频滤波器系数最大值标定初始行波波到时刻,对应地,波速取为 0.988~1.0 倍的光速,即取 296~300km/ms,均可取得工程上满意的故障测距精度。事实上,架空输电线路导线分裂数目越大,线路单位长度充电电容越大,波速偏低。而架空避雷地线对线模波速有提升效应。研究表明,对于导线分裂数目在 4 及以下的架空输电线路,单端观测的三相短路故障行波路径 F—M—F—M— 的长度在 1200km 之内(即适用于线路长度在 400km 以内的架空电力线),通常将波速取为 298km/ms,或简洁地取作光速 300km/ms,均可得到较准确的故障距离。值得指出的是,实际应用当中的波到时刻、波速大小与所采用的波到(时刻)是如何定义的、是怎样标定的,以及其他与架空线路长度、导线排列结构及其参数和故障原因和边界条件等诸多因素有关。事实上,对于架空输电线路,其线模波速或者相导线波速误差在每毫秒上是数公里的误差量级,按照 1MHz 采样率来计算,在不错标、不漏标的正常情况下,其线模波速取多大合适? 对于 $1\mu m$ 采样间隔而言,在毫秒级上讨论其波速在个尾数的差别,对行波测距是一个伪命题。在 4.2 节还将专门阐述行波检测、刻画表征和标定算法。

　　某 220kV 实际电网,全长为 93.11km 的输电线路发生单相接地故障,可供参考的巡线结果为 75.98km 处发生 SLG 故障,线路首端故障相电流行波实录波形如图 4-16(a)①曲线所示,线路末端故障相电流行波实录波形如图 4-16(b)中①曲线所示。该实录波形是经过行波采集装置模拟高通滤波器之后的故障行波记录,经模拟高通滤波器输出,极大地突出了初始行波突变量,更有利于"波头突变能量"检测标定和小波模极大值标定。

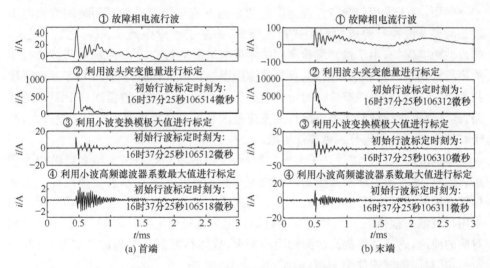

图 4-16　不同标定算法对实际线路实际故障实录暂态电流初始行波标定效果比较

　　在图 4-16 中,利用波头突变能量标定故障初始行波的到达时刻(参见式(4-53)表述),由双端测距原理计算得出故障距离为 76.65km;利用小波变换模极大值标定故障初始行波的到达时刻,由双端测距原理计算得出故障距离为 76.65km;利用小波系数标定故障初始行波的到达时刻,由双端测距原理计算得出故障距离为 77.4km。可以看出,以上三种检测标定方法均可以较好地标定故障初始行波的到达时刻。值得指出的是,在 1MHz 采样率下,对于经过模拟高通滤波器之后的故障行波高速采集记录数据,高通滤波器极大地抑制了行波低频成分,行波高频成分含量占比反而提高,行波波头奇异性增强,便于提升突变检测标定的效果,应用波头突变能量与小波变换模极大值进行检测、表征和标定,具有相同的效果。利用小波系数最大值标定初始行波到达时刻,因其是在长度为小波基支撑长度的短时窗内进行运算的,故测距精度略有降低,但具有可靠性高的优势。这里利用小波系数最大值进行标定的小波基函数为 db4,其对应的一尺度高频滤波器系数为 $[-0.23, 0.72, -0.63, -0.03, 0.19, 0.03, -0.01]$,这里所利用的小波高频滤波器系数标定方法是应用短窗数据获取小波高频滤波器系数的最大值,其可靠性高,算法简单,精度略有降低,但在富含谐波的线路(如 HVDC 线路、含大功率电力电子装置的补偿线路)双端行波测距应用中,采用其对行波进行标定就会具有优势。由上述三种标定算法下传统双端行波测距的结果来看,其线路全长 $l=93.11\text{km}$、巡线故障距离 75.98km、波速取经验波速 $v_a=298\text{km/ms}$ 和三种初始浪涌检测标定算法刻画的初始行波波到时刻当中,由波速在其个尾数上的误差而引起的行波测距误差,在 $1\mu s$ 采样间隔下,是微不足道的。因此,应把研究重点放在波头标定算法的鲁棒性和精细性上。

　　然而,对于采用依频特性较为严重的零模电流与依频特性不明显的线模电流波到时差及波速差构成的测距式行波保护,即基于故障距离 $x=v_0 v_1 \Delta T_{0,1} / \Delta v_{1,0}$ 的行波距离保护,由于量测端检测到的零模电流故障行波较为平缓,如果任意标定故障行波到达时刻和选取波速,将导致测距误差比较大,通常只能应用于故障区段判断,且不一定对全线有效。对于外壳必须逐塔接地的复合避雷线(OPGW)的线路,其线模电流行波与零模电流行波波速差区别不大且零模波头标定误差较大,基于波速差的行波行程公式可靠性更低。

　　零模故障电流行波受到了大地的影响,使得故障初始行波衰减和色散较为严重。虽然,架空避雷线对零模量行波波速有提速作用。采用小波变换模极大值来标定零模故障行波到达时刻,其小波变换模极大值的幅值较小,易受噪声干扰。现采用行波波头幅值的 10% 所对应的时刻标定为故障行波到达时刻,并采用与之相对应的波速,这样才能提高故障测距的精度,故障行波到达时刻定义如图 4-17(a)所示,其对应的波速如图 4-17(b)所示。

　　现假设故障发生时刻为 t_0,故障初始行波到达时刻为 t_s,则定义零模初始行波平均波速为

$$v_0 = \frac{l}{t_s - t_0} = \frac{l}{\Delta t} \tag{4-9}$$

在全线长范围内,不同故障距离下,零模行波平均波速如图 4-17 所示。

　　由图 4-17 可知,在以"上升沿 10%"零模行波到达时刻的定义和标定原则下,"平均波速"与"故障距离"是单调变化的,这样可以利用零模分量进行故障测距。但是,输电线路的零模故障行波到达时刻不易标定,且波速也不确定,因此在行波测距中应当辩证地且只能是辅助性地应用零模行波。这种标定故障行波到达时刻的方法,主要用于测距式行波保护中,将零模电流和线模电流波速差的特性反映在时间差 $T_{0,1}$ 上,构成接地故障下,区分正方向区内和区外故障的判据为 $T_{0,1} \geqslant$

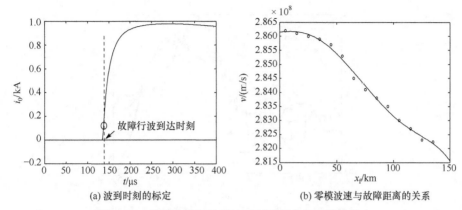

(a) 波到时刻的标定　　　　　　　　(b) 零模波速与故障距离的关系

图 4-17　零模故障行波到达时刻的标定和波速的确定

$kT_{\max}$，其中 $T_{\max}$ 为区内故障时，零、线模时间差的最大值。

　　总而言之，从工程实际应用角度出发，零模行波（波头）波到（时刻）刻画定义是个复杂命题。对于目前输电线路广泛采用外壳必须逐塔接地的复合避雷线，较易保证线模行波或相行波突变明显，其行波波到（时刻）含义明确，线模波速或相波速较为固定。当然，对于特高压长距离线路需专门讨论。

7. 故障相电流行波的应用

　　作为差模信号的线模行波通路是导线与导线之间构成的回路。该回路带宽及其通频带频率特性也已于第 1 章论述。通频带内衰减较小，波速相对较为恒定。零模行波以大地为回路，使得行波波头的衰减较大，其到达量测端的时刻滞后线模分量，且其波速不恒定。传统的行波测距，通常采用含故障相的两相之间的电压差或差流（差模信号）行波，即采用线模行波进行测距，此处讨论相行波在行波故障测距中的应用。某 220kV 电网线路在量测端 107km 处发生单相接地故障，其故障相电流 i_{phase} 实录波形、线模电流、零模电流如图 4-18 所示。现采用图 3-1 所示的仿真系统，假设距离 M 量测端 40km 处发生 A 相金属性接地故障，故障初相角为 30°，不同分量的故障电流电流行波如图 4-19（a）所示，故障电流行波对应的小波变换模极大值如图 4-19（b）、（c）、（d）所示。

　　由图 4-18 可知，初始行波在量测端与故障点之间往返一次历时 $2\tau_f$、历长 214km，故障点反射波中零模电流大部分低频成分仍按近似线模通道的规律传播，仅有少量高频分量衰减，加上零模电流在故障相电流中占比小于 1/3，因此，故障相电流与线模电流在其行波波头上升沿有一致性。理论上，相行波的故障初始行波中含有零模分量和线模分量，在图 4-19（a）所示的相电流行波中，可以清楚地看到相电流故障初始行波中有零模行波引起的奇异点。然而，实际输电线路的架空避雷线在线路两端及于线路中部接地，其或逐塔接地，这样使得架空避雷地线对

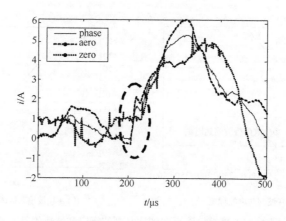

图 4-18　现场实录故障相电流与模电流行波特征的一致性分析

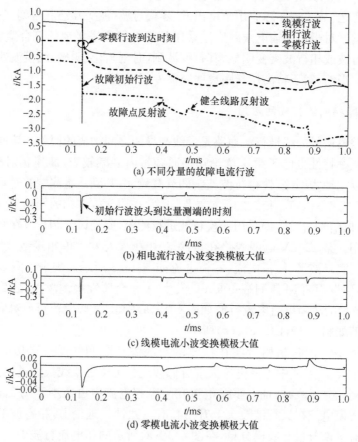

图 4-19　仿真获取的不同分量故障电流行波及其小波变换模极大值检测标定结果

零模波速有"提速"效应,导致零模行波在相域初始行波上所引起奇异点并不明显。事实上,输电线路目前多采用复合避雷线,它必须外壳逐塔接地,此客观现实使得零模通道衰耗特性和波速更为接近线模通道,使得故障相电流中仍以线模量占绝对主导。在图 4-19(b)、(c)、(d)中,故障相电流行波的小波变换模极大值与线模行波小波变换模极大值的分布一致,标定的行波到达时刻也一致。这样,现实中考虑到二次侧的采样通道中叠加了背景干扰和量化噪声,使用经相减运算得到的线模分量反而有可能会加强差模干扰,可能会引入额外的奇异性,可能反而掩盖或干扰故障信息。此外,直接采用相电流行波因无须进行差模运算,二次侧数采通道客观上的偏量不对称、不平衡、不同步也不会引入额外的奇异性,换言之,若采用相电流行波则二次侧数采通道之间并没有同步的必要条件。另外,如果行波装置高速采集通道没有前置模拟高通滤波器,那么,故障相电流行波会有能量很大的工频波形,对于故障行波分析,此工频波形仍属极好的辅助信息,且此亦有利于注入导线雷电流的电磁暂态分析和反演。如果高速数采通道具有前置模拟高通滤波器,那么,在同样的 A/D 分辨率下,其行波高频成分占比提高,行波突变陡度相对提高,更有利于对行波(波头)的检测、刻画表征、标定,此特点也表明超高压架空输电线路采用相电流行波具有优势。可见,高速数采通道前置模拟高通滤波器的去留本身亦是个两难的选择。总之,在采用复合避雷线架空地线的输电线路故障行波测距实际应用中,对于闪络接地故障可以并提倡直接利用故障相电流行波进行测距。当然,对于相间故障模式,通常也可采用由含故障相构成的线模电流行波进行测距。

8. 第 II 类母线的行波测距

正如前述,对于第 II 类母线,量测端 M 处的波阻抗连续,M 端所检测到的电流行波在故障点的反射波是由量测端母线杂散电容产生的,其幅值较小,易湮没于背景噪声和量化噪声中。若直接采用 M 端获得的故障点反射波进行故障测距,其可靠性甚低。因此,对于"一进一出"接线形式的 M 端,通常不装设电流行波测距装置,此条原则可以在全网行波装量优先化布点命题当中加以应用。然而,倘若 M 端原为"一进二出"或"二进一出"接线形式,并在 M 端装设行波测距装置,由于线路检修或雷击闪络跳闸等原因,有一条线路退出运行,致使 M 端转化为"一进一出"接线形式,那么,基于 M 端观测的 Q 端反射行波或 N 端反射波,如何实现对本级线路 l 的行波测距,也是个有价值的命题。含有第 II 类母线的输电线路如图 4-20 所示。其中,若无特殊说明,恒假设 Q 和 N 端健全出线末端均为第 III 类母线接线形式。以下要阐述 Q 端、N 端反射行波所含有的故障位置信息及其对应的行波路径,以及如何利用 Q 端或 N 端反射行波结合行波路径和测后模拟原理,由单端(M)观测的行波进行测距,以及如何在 Q 端实现对本级线路 l 的单端行波测距。

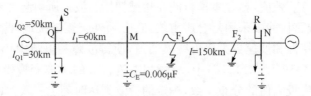

图 4-20　含有第 Ⅱ 类母线的输电线路发生 SLG 故障示意图

在图 4-20 所示的系统中,本级故障线路 l,M 端的上一级线路母线 Q 和本级线路末端 N 均为多出线形式。若距离 M 量测端 40km 处发生 A 相金属性接地故障,故障初相角为 90°,量测端 M 获取到的故障电流行波及其模极大值如图 4-21(a)所示。若距离 M 端半线长之外 116km 处发生 A 相金属性接地故障,量测端 M 获取到的故障电流行波及其模极大值如图 4-21(b)所示,对应的电流行波网格图如图 4-21(c)和(d)所示。

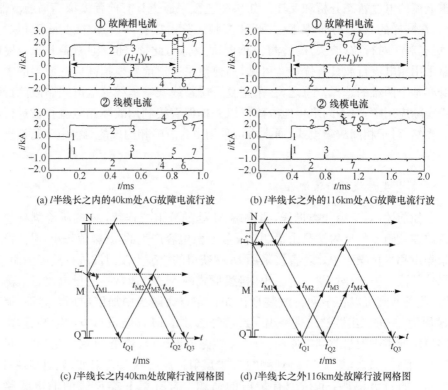

(a) l 半线长之内的40km处AG故障电流行波　　(b) l 半线长之外的116km处AG故障电流行波

(c) l 半线长之内40km处故障行波网格图　(d) l 半线长之外116km处故障行波网格图

图 4-21　"一进一出"接线形式的 M 量测端故障电流行波及其行波网格图

在图 4-21(a)中,1 为故障初始行波;2 为故障点反射波($C_E \neq 0$),对应的行波路径为 F—M—F—M—;3 为 Q 端反射波,对应的行波路径为 F—M—Q—M—;

4 为健全线路 l_{Q1} 末端反射波,对应的行波路径为 F—M—Q—R—Q—M—;5 为故障行波经 Q 端的反射波,对应的行波路径为 F—M—Q—M—F—M—,反映的距离为"M 端上级线路 l_1 全长 + 故障距离 x_f";6 为 N 端母线反射波,对应的行波路径为 F—N—F—M—;行波 5 和 6 的波到时刻关于 $t_0 + (l + l_1)/v$ 时刻点对称。这里应注意到如下问题。①故障初始行波在 Q 端反射波(行波 3)和故障点反射波在 Q 端(多出线)反射波(行波 5 较强)是同极性的,这就说明可以利用 Q 端的故障行波的反射波结合其行波路径和测后模拟原理进行 M 端单端行波测距。②一进一出线路的故障点反射波由 C_E 引起电流突变,在 M 端观测则很弱,但经多出线的 Q 端反射波在 M 端观测则仍较强。同理,对端 N 为多出线形式,N 端反射波幅值和陡度远远大于 C_E 引起电流突变的故障点反射波,可以利用 N 端反射波结合其行波路径和测后模拟原理进行 M 端单端行波测距。在图 4-21(b)中,1 为故障初始行波;2 为 N 端反射波,对应的行波路径为 F—N—F—M,反映故障点距离 N 端的距离;3 为 Q 端反射波,对应的行波路径为 F—M—Q—M—,反映 M 端上级线路 l_1 全长;4 为 N 端第 2 次反射波,对应的行波路径为 F—N—F—N—F—M—;5 为健全线路 l_{Q1} 末端反射波,对应的行波路径为 F—M—Q—R—Q—M—;6 为 N 端行波经 Q 端的反射波,对应的行波路径为 F—N—F—M—Q—M—,反映的距离为"M 端上级线路 l_1 全长 + 故障距离 $l - x_f$";7 为故障点反射波($C_E \neq 0$),对应的行波路径为 F—M—F—M—。

　　正如前述,由图 4-21(a)和(b)可知,故障点反射波幅值很小,而 Q 端和 N 端均为多出线形式,其反射波的幅值和陡度较大,这样,虽然很难利用故障点反射波进行故障测距,但上一级线路终端反射波和本级线路对端反射波均含有刻画明晰的故障位置信息,也可以用于单端(M)行波测距,但关键在于这些行波波头的正确辨识。当故障位于半线长之内时,由图 4-21(c)可知,故障行波通过对端母线 N 反射后再传播至 M 端,行波路径为 F—N—F—M,M 端获取到的故障行波中含有故障位置的信息,且 N 端反射波与故障初始行波反极性。现将初始行波到达量测端 M 时刻记为 t_{M1},对端母线 N 反射波到达量测端记为 t_{M3},则离开 M 端的故障距离为 $x_f = l - v(t_{M3} - t_{M1})/2 = l - v\Delta t/2$;同样,故障行波通过 M 端传播至上一级线路的 Q 端,并在 Q 端发生反射后传播至量测端 M 端,其行波路径为 F—M—Q—M—F—M,且故障行波经 Q 端的反射波与故障初始行波同极性,根据行波路径可以得到故障距离为 $x_f = v(t_{M4} - t_{M1})/2 - l_1$。当故障位于半线长之外时,由图 4-21(d)可知,故障行波通过对端母线 N 反射后再传播至 M 端,行波路径为 F—N—F—M,且离开 M 端的故障距离为 $x_f = l - v(t_{M2} - t_{M1})/2 = l - v\Delta t/2$;故障行波经 N 端反射后通过 M 端传播至上一级线路的 Q 端,并在 Q 端发生反射后传播至量测端 M 端,其行波路径为 F—N—F—M—Q—M,且极性与故障初始行波的极性相反,根据行波路径可以得到故障距离为 $x_f = l - [v(t_{M4} - t_{M1})/2 - l_1]$。可见,借助故障行波在其他不连续点反射波所含有的故障信息,在 M 端利用它可以进行故障测距,但需要分析含有故障位置信息的确定的行波路径。

正如前述,对于含有第Ⅱ类母线的变电站(且有上一级线路起端为Ⅰ类母线),一般在该变电站不装设行波测距装置。然而,实际运行的线路存在以下情况:线路原本系"两进一出"接线形式,装设有行波测距装置,其中,上一级线路因故障跳闸或检修等原因,有一条线路退出运行,这样,就转化为"一进一出"接线形式,本级线路若发生故障,可根据 M 端得到的数据进行单端测距。当然,若有可能也可由上一级线路起端的行波测距装置完成单端行波测距。当然,本级线路原本若为"一进两出"接线形式,因故本级线路退出一回运行,同样也会转化为"一进一出"接线形式。现以图 4-21 所示的故障电流行波为例,阐述怎么利用 M 端获取的电流行波数据和"测后模拟"原理进行故障测距。由上述分析可知,故障行波经 Q 端的反射波与故障初始行波同极性。从时序上看,Q 端反射波会先于故障行波经 Q 端的反射波到达量测端 M,可见,首个与故障初始行波同极性的故障行波为 Q 端反射波(这里不讨论与 Q 端相邻的其他健全线路末端反射波的影响,即已经采用构造电流行波方法先予以剔除),且在 Q 端第 2 次反射波到达量测端之前,会有故障点反射波到达量测端 M。由图 4-21(a)可知,行波 3 与故障初始行波同极性,且根据行波 3 与故障初始行波的波到时差,得到距离 $x=v\Delta t/2=59.60\text{km}\approx l_1$,可以判断出该行波(波头)为 Q 端反射波,并记 Q 端反射波到达量测端 M 的时刻为 t_0,则在 $[t_0,t_0+2l_1/v]$ 时窗内来搜寻故障点反射波。图 4-21(a)中 7 为 Q 端第 2 次反射波,可知 $[t_0,t_0+2l_1/v]$ 中行波 5 与故障初始行波同极性,可以确定行波 5 为故障点反射波,根据其与行波 3 的波到时差,得到距离 $x=v\Delta t/2=39.78\text{km}$,且与故障事实相符。对于图 4-21(a)所示的故障电流行波,同样可以利用本级线路末端反射波进行故障测距。由上述分析,N 端反射波与故障初始行波极性相反。在图 4-21(a)中,4 与故障初始行波反极性,假设行波 4 为对端母线反射波,根据其与故障初始行波的波到时差,得到距离 $x=l-v\Delta t/2=60.45\text{km}$,结合行波路径可知,与故障事实不符;假设行波 6 为对端母线反射波,根据其与故障初始行波的波到时差,得到距离 $x=l-v\Delta t/2=40.33\text{km}$,与故障事实相符。图 4-21(b)中,行波 3 与故障初始行波同极性,根据行波 3 与故障初始行波的波到时差,得到故障距离 $x=v\Delta t/2=59.45\text{km}\approx l_1$,可以判断出该行波为 Q 端反射波,行波 9 为 Q 端第 2 次反射波,接着在 $[t_0,t_0+2l_1/v]$ 时窗内搜寻与故障初始行波同极性的故障行波,即在行波 3 和行波 9 之间搜寻与故障初始行波同极性的行波,行波 8 与故障初始行波同极性,可知行波 8 为故障行波经 Q 端的反射波,根据其与行波 3 的波到时差,得到距离 $x=v\Delta t/2=115.32\text{km}$。由图 4-21(b)可知,行波 2 与故障初始行波反极性,根据其与故障初始行波的波到时差,得到距离 $x=l-v\Delta t/2=116.32\text{km}$,与故障事实相符。可见,M 端在一进一出线路接线形式下,仍可利用上级线路Ⅰ

类母线起端或本级线路末端Ⅰ类母线反射行波所含故障位置信息结合行波路径和测后模拟原理进行测距。

当然,正如前述,通常在 M 的上一级线路起端 Q 安装有行波测测距装置,则可通过量测端 Q 获取到故障电流进行故障测距。对应于上述图 4-21(a)、(b)所示的故障,对应的量测端 Q 获取到的故障电流行波及其模极大值如图 4-22 所示。

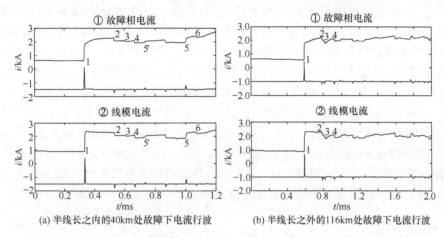

图 4-22　多出线的上一级线路 Q 量测端的故障电流行波及其小波变换模极大值

在图 4-22(a)中,1 为故障初始行波;2 为健全线路 l_{Q1} 末端反射波,对应的行波路径为 F—M—Q—S—Q;3 为故障点反射波,是由于 M 端电容(C_E)发生微弱突变而致的,对应的行波路径为 F—M—F—M—Q;4 为健全线路 l_{Q2} 末端反射波,对应的行波路径为 F—M—Q—S—Q;5′为健全线路 l_{Q1} 末端第 2 次反射波;5 为故障点反射波,对应行波路径为 F—M—Q—M—F—M—Q;6 为 N 端反射波,对应的行波路径为 F—N—F—M。在图 4-22(b)中,1 为故障初始行波;2 为健全线路 l_{Q1} 末端反射波,对应的行波路径为 F—M—Q—S—Q;3 为 N 端反射波,对应的行波路径为 F—N—F—M—Q;4 为健全线路 l_{Q2} 末端反射波,对应的行波路径为 F—M—Q—S—Q。

由图 4-22 可知,故障位于原本级线路 MN,现讨论利用上一级线路起端 Q 量测端进行单端行波测距。输电线路长度“$l+l_1$”,Q 端和 N 端皆为多出线接线形式。这样,对于 Q 端观测到的故障行波来说,故障点反射波与故障初始行波同极性,对端母线反射波与故障初始行波反极性。根据故障行波的极性,结合各线路长度,应用测后模拟原理,可以实现故障点反射波的辨识。由图 4-22 可知,若根据故障行波波到时差计算得到 $x \leqslant l_1$,可以确定该行波不是故障点反射波。通过上述分析可知,利用 Q 端行波数据进行故障测距比直接利用 M 端的数据进行测距相对容易。以图 4-22(a)所示的故障电流行波为例,阐述怎么利用 Q 端获取到的电流行波数据进行单端(Q)行波测距。假设首个与故障初始行波同极性的行波为故障点反射波,根据其与故障初始行波的时差,得到距离 $x=v\Delta t/2=60.34\text{km}\approx l_1$,可以判断该行波不是故障点反射波。继续比较后面的波头,可知行波 5 与故障初始行波同极性,根据行波 5 与故障初始行波的波到时差,得到距离 $x=v\Delta t/2=99.38\text{km}$,结果合理。可见,由上级线路起端 Q 观测到的故障行波可以实现本级故障线路的测距。

总之,对于含有第 Ⅱ 类母线的变电站 M,并且上一级线路起端为 Ⅰ 类母线接线形式,则该变电站 M 无须装设电流行波测距装置。对于有线路因故退出运行所致本级故障线路转化为一进一出接线形式,本级线路量测端 M 所观测的上一级线路起端(Q)反射波或本级线路末端(N)反射波均含有故障位置信息及其所对应的行波路径信息,仍可以由 M 端观测行波采用测后模拟原理进行测距。尤其值得关注的是,可利用多出线的 Q 端或多出线的 N 端反射波结合行波路径和测后模拟原理进行单端(M)行波测距。当然,若具备条件,也可利用 Q 端观测的故障行波实施对 MN 段线路的单端行波测距,或利用 Q 和 N 端的行波数据构成双端行波测距,提高测距的可靠性。显然,这些讨论仍然是在对仿真所获取的行波进行人工分析的层面,有关链式电网单端行波测距的进一步阐述详见 4.8 节和第 9、10 章。

9. 其他说明

(1) 对于多相线路低阻非对称接地短路故障和全相金属性接地短路故障,单端行波测距可以是利用故障点第 1 次反射波与故障初始行波到达量测端的时差(即 $\Delta t_{2,1}=2\tau_{\text{f}}=2x_{\text{f}}/v$),故此,对故障点反射波进行正确标定和辨识是单端行波测距得以成功实施的关键。正如前面所述,量测端对端反射波及被测线路相邻健全线路末端反射波均会对故障点反射波的正确识别造成干扰。前面介绍了三种方法来消除量测端相邻健全线路末端反射波的影响:一是引入电压来构造方向行波,该方法虽然可以剔除本端相邻健全线路末端反射波,但是由于需要引入电压行波,若电流、电压互感器的(高频)暂态传变特性不一致,则该方法实用效果有待实践检验;二是如前面所述引入波阻抗,并利用式 $u_{\text{M}}^+=(Z_c i_{l_4}+Z_c i_{\text{MN}})/2$ 和 $u_{\text{M}}^-=(Z_c i_{l_4}-Z_c i_{\text{MN}})/2$,即引入最长健全线路作为参考线路来构造方向行波,利用该构造方向行波,理论上,可以消除除参考线路以外的其他相邻健全线路末端反射波;三是"相减相消法",即选取量测端最长的健全线路作为参考线路,利用故障线路故障电流行波减去该参考线路电流行波,获得构造电流行波。该方法未将 Z_c 引入计算,也未引入电压行波,理论上,若不考虑行波采集通道之间的偏置和噪声不一致性的影响,则由相减运算即可消除最长参考线路之外的其他相邻健全线路末端反射波的影响。但是对雷击闪络故障情况,都不见得有效。

对于多相线路低阻非对称接地短路故障(如 LIF-SLG、LL-G)和高阻接地弱短路故障(如 HIF-SLG),单端行波测距也可以是利用故障线路第 1 次对端反射波与初始行波的时差 $2(l-x_{\text{f}})/v$,由此获得故障点与对端之间的距离 $l-x_{\text{f}}$。这样,第

1 次对端反射波的甄别就是关键。可见,单端行波测距可以围绕两个相互关联的主线展开,要么是识别故障点第 1 次反射波,要么是围绕对端反射波的识别来展开,两者相辅相成。显然,对于多相线路低阻非对称接地短路故障而言,在线路单端获取的第 1 次故障点反射波和对端反射波与其初始行波波到时差之和为 $2x_f/v$ $+2(l-x_f)/v=2l/v$。在两个相继的行波观测时窗 $[t_0,t_0+l/v]$ 和 $[t_0+l/v,t_0+2l/v]$ 内,观测线路的第 1 次故障点反射波和第 1 次对端反射波在此两个时窗只可能对偶地分布,此第 1 次故障点反射波和对端反射波只可能分属于此两个相继的时窗,且近端故障的故障点反射波或远端故障的对端反射波与初始行波波到时差 Δt_1 和近端故障的对端反射波波到或远端故障的故障点反射波波到与 t_0+l/v 时刻点时差 Δt_2,二者之和满足关系:$\Delta t_1+\Delta t_2=l/v$,或者二者分别与 t_0+l/v 时刻点的时差皆为 $\Delta t=|l-2x_f|/v$,由此式可于单侧在时窗 $[t_0,t_0+l/v]$ 和 $[t_0+l/v,t_0+2l/v]$ 内联合、辩证、协同地进行分析和甄别行波属性、剔除健全线末端反射波的影响和辨识故障模态,尤其是关注故障点反射波和对端反射波必须分属此两个相继的时窗 $[t_0,t_0+l/v]$ 和 $[t_0+l/v,t_0+2l/v]$ 内的特点,借此也可在 $[t_0,t_0+l/v]$ 和 $[t_0+l/v,t_0+2l/v]$ 内初步剔除无效的波头标定,提高辨识的效率和可靠性,此有助于甄别较强非对称故障点反射波和对端反射波,继而施行单端行波协同测距;分别在线路两侧在初始行波波到后两个相继的 l/v 行波观测时窗长内,在双端分别施行单端行波协同测距,则可形成所谓不依赖双侧数据同步、不依赖线路长度已知的双端行波协同测距方法,详见第 9 章。

(2) 由第 1 章中的典型实录故障行波波形分析可知,现场实际的故障源(不同的故障原因、故障位置)、线路拓扑、二次信号电缆、信号调理电路等多种因素导致线路故障暂态波形形态和性状具有多样性。可能会与行波网格图分析的场景和结论有所不同,与模型仿真所获取的行波波形有所不同。现场实际线路实际故障的实录电流行波一方面富含噪声;另一方面,因受雷击、信号引线电缆等因素的影响,行波波头本身及后续行波往往伴随有附加振荡。对此,一方面,尚缺乏有效的行波波头标定方法;另一方面,这种实际线路实际故障的实录行波波头往往所表现的附加振荡特性,又使得对初始行波波头突变极性和波到时刻的标定通常是正确的,对故障点反射波和对端反射波突变所反映的波到时刻标定也是正确的,但是不能确保其标定的对应“波头”“突变极性”总是正确的,因为这种波头附加振荡虽未破坏其对“波头”突变点时刻的刻画,其刻画仍在较高的精度内,但是其实录行波波形中故障点反射波和对端反射波本身相对于初始行波的相对极性往往并不是行波仿真分析的那样,即可能出现突变时刻和极性并不总是对应的现象。这是方法层面出现的问题,并不颠覆行波理论的正确性。但这样对第 1 次故障点反射波或者对端反射波的甄别造成影响,此乃长期以来单端行波测距不能实用化的两个主要原因。通常对于由仿真获取的行波波形,以及对于现场实录振荡不明显的故障行波,其行波波头和极性易施以准确和正确的标定,但架空线路多为雷击发生单相闪络,因此

现场实际线路实际故障的实测行波,在 A/D 分辨率下,行波(群)振荡十分明显,第 9、10 章架空线路行波测距将以现场实测行波为主作为分析对象,其他章则以由仿真获取的行波波形为主作为分析对象,以期阐述其一般性原理,适于读者演习和复现理论算例。第 9 章将介绍基于 Hough 变换和突变函数 $S_{2i}(k)$ 两种检测算法对行波波头进行协同标定,采用时差判别式 $\Delta t_1 + \Delta t_2 = l/v$,或者采用故障点反射波及对端反射波与 $t_0 + l/v$ 时刻点时差皆为 $\Delta t = |l - 2x_f|/v$ 的判别式,或者采用 $x_f/v + (l - x_f)/v = l/v$ 判别式,进行匹配判断为主,而波头极性判断为辅(波头极性判断通常适用于后续振荡不明显的闪络故障比较奏效)的单端行波属性协同分析、甄别和单端行波协同故障测距,旨在克服传统的单端行波测距一直以来未能实用化和不能机器分析的困难。可见,单端测距中故障点反射波的标定和辨识需要以分析现场海量实录暂态数据为基础,研究有效的行波检测标定算法,综合、辩证应用行波时差匹配或者行波路径匹配,以及波头所刻画的时刻(偶尔极性)和幅值等诸多信息,以甄别故障点反射波。

传统的双端行波测距是利用故障产生的初始行波浪涌到达线路两端的绝对时间之差来计算故障距离,且线路长度 l 参与故障距离计算,其关键是线路两端行波记录装置之间的数采需高精度同步和线路工程呼称长度与其实际真值相吻合。第 9 章将介绍不依赖于两侧数采同步的双端行波协同测距和单、双端行波联合协同测距概念、原理和方法,旨在进一步提高行波测距的精度和可靠性。

(3) 积累的大量线路故障实录暂态电流波形为有针对性地提升行波测距品质提供了可能。第 9 章基于对电流行波故障测距原理的归纳和实测故障行波形态特征的分析,提出基于案例推理的行波测距智能决策,将历史样本引入当前测距作为参照、提示,能够有效提升复发故障和形态相似的故障时波头自动标定的可靠性。历史案例推理式行波故障测距智能决策方法,发挥历史案例的提示作用,针对测距过程的波头标定和距离折算两个关键环节,分别于案例库进行最近邻搜索并复用关键参数,有助于更有效地找对波头,使其测距结果也更趋于工程巡线需要的呼称距离。通过基于历史数据的经验学习来动态提升测距品质,获得更符合现场需要的可信的测距结论,其测距效果将会随着历史故障样本积累而提升,且针对不同厂家行波装置产品,具有跨库、跨平台适应性。

(4) 测后模拟原理当然也是以行波(波头)能够准确有效地检测、刻画、表征和标定为前提,以对行波(波头)不错标、不漏标为假设条件。测后模拟原理应用于单端行波测距主要有三种匹配甄别方法:一是比较模拟波形与实际波形的相关性,与实际波形相关性最大或信号距离最小的模拟波形所对应的模拟故障距离即为真实的故障距离;二是比较模拟故障行波与实际故障行波的波到时间序列的匹配程度,与实际故障行波时间序列最匹配的模拟故障行波对应的模拟距离即为真实故障距

离（相对于初始行波极性而言,波到时序可以是带正、负号的波到时间序列）;三是
基于行波路径匹配的测后模拟方法。这里需要指出的是,在较强故障模式下,这三
种方法皆有很好的应用效果,但是,在弱故障模式下,基于时间序列匹配的测后模
拟方法受行波波头标定方法有效性的影响较大。此外,测后模拟原理是一种对象
系统模型和参数失配与否的甄别思想,可用于离线判断分析,也可在线应用。

（5）对于三角形环网、π 接线路、双回线等特殊结构的线路,根据其特殊的行
波传播路径可以巧妙利用健全线路构建形成基于回路行波测距原理的单侧行波测
距方法,一种回路双端行波测距方法,该方法将在 4.8 节的三角形环网（最简单的
环网是双回线）给予阐述,该方法最关键的是回路故障初始行波的正确辨识,简称
为所谓的"回路波头"识别。可以利用"群体比幅比极性"的方法对各类行波进行准
确辨识,进而识别出其回路故障初始行波。

（6）有限广域电流行波测距和电流行波测距装置在全电网优化配置包含两个
命题:现实的广域电流行波测距只能是有限广域实现,以及考虑既有行波装置的全
网布点优化和计及既有行波装置退出的动态布点优化,将于 4.8 节详述。然而,有
以下两种线路无须配置电流行波测距装置:一是如图 4-20 所示的第 Ⅱ 类母线即
"一进一出"线路的场合,此时可利用上一级线路的电流行波测距装置进行上级线
路和本级线路的故障测距;二是线长覆盖间接可测的场合。所谓线长覆盖间接可
测,是指母线上某一出线长度小于该母线上的其他出线长度,则该条线路故障时,
可由其他出线上的电流行波测距装置进行测距。如图 4-23 中的母线 4 处就属于
线长覆盖间接可测的场合,此处就无须配置电流行波测距装置。当线路 l_1 发生故
障时,可由 l_2、l_3 或 l_4 上的电流行波测距装置进行测距,这是因为 $l_1 < l_2$、l_3、l_4,所
以故障行波在母线 1、2、3 处的反射波不会影响对 l_1 线路故障点反射波的辨识。

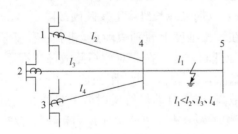

图 4-23 线长覆盖间接可测线路

（7）对于多段线缆混合线路,除了混合线路两个端部波阻抗不连续外,架空线
和电缆接头处波阻抗不连续,故障行波在接头处会发生折反射,这就使得量测端的
"行波群"即行波波形变得复杂,在单侧正确辨识故障点反射波的难度增大,将在
第 8 章将予以阐述。线缆混合线路发生故障,若量测端位于电缆起端,由于在架空

线短路故障和电缆短路故障情况下,其初始行波传播至量测端的衰减程度不一样,利用 PCA 聚类分析方法可以凸显这一差异,借此实现线缆混合线路的故障线路段判别;若量测端位于架空线起端,则分别在电缆故障和架空线故障下,其量测端初始行波的差异性较小,仅仅利用 PCA 聚类分析方法的判别,对于架空线路靠近接头 J 节点的故障,其识别效果并不理想,因此尚需构建基于 PCA-SVM 机器学习判别机制和模型的线缆混合线路故障线路段判别方法,可以取得部分改善。诚然,对靠近线缆接头处故障判别精度不高,就工程应用而言,也不能等同为存在测距死区。在准确判别出混合线路故障区段的基础上,借助测后模拟原理及带极性的波到时序匹配的方法,可实现线缆混合线路的单端行波测距。除此之外,后面还将阐述基于两侧故障行波数据的两段和三段线缆混合输电线路故障测距的双端量算法,以及基于单侧故障行波数据的两段和多段线路混合线路故障测距的 k-NN 算法及其有效性分析。

(8) 总体而言,传统的行波测距利用时差参量进行。单端测距是利用其行波往返于观测端与故障点之间的传播时间,双端测距是利用同一个故障行波源到达故障线路两侧绝对时间之差。第 10 章基于单侧行波观测时窗 $[t_0, t_0 + l/(2v)]$ 和 $[t_0 + l/(2v), t_0 + l/v]$ 内的行波波头突变沿故障线路线长维度上的分布规律,辩证、联合、协同地分析沿线行波突变反映故障位置的性状,提出一种基于行波"波头突变能量"沿线分布特性的单端法行波测距原理及其方法。该测距方法的本质是协同利用 Bergeron 线路模型具有沿线长维度上的高通滤波器作用和行波"波头能量突变"检测刻画:应用单端获取的故障电流行波数据,结合健全线路波阻抗来获取其量测母线的电压行波,应用 Bergeron 线路传递方程自故障线路起端开始,推算沿线电压行波和电流行波分布,根据沿线电压行波、沿线电流行波和波阻抗进行沿线方向行波分解以获取沿线分布的正、反向行波,再利用其正向行波和反向行波来构造测距函数 $f_u(x)$,以期在线长维度上反映硬故障点 $A(x)$ 或者其对偶故障点 $B(x)$ 处的行波突变,在线长维度上甄别故障点,建立一种基于沿线故障行波分解的新型单端行波测距原理和方法。在非对称短路故障工况下,对于行波观测时窗 $[t_0, t_0 + l/(2v)]$ 和线长 $[0, l/2]$ 范围,其测距函数 $f_u(x)$ 有反映闪络故障点突变点 $A(x)$(对于半线长内故障)或者对端母线反射波引起的突变点 $B(x)$(对于半线长外故障);对于行波观测时窗 $[t_0 + l/(2v), t_0 + l/v]$ 和线长 $[l/2, l]$ 范围,其测距函数 $f_u(x)$ 突变点有 $B(x)$ 突变点(对于半线长内故障)或者 $A(x)$ 突变点(对于半线长外故障),且有 $A(x) + B(x) = l$ 成立,A 点和 B 点关于 $l/2$ 点对称,A 点和 B 点与 $l/2$ 点之间的距离均为 $|l - 2x_f|/2$,换言之,A 点离开本侧距离为 x_f,B 点离开线路末端距离为 x_f。

4.2　行波检测与波头标定方法

行波的可靠检测和波头的正确标定是行波测距的基础。由于电压型行波测距装置采集的是节点电压,无法判别该行波来自哪条线路,故只能利用异地同步测量的初始波头进行双端测距,因而也就没有记录行波波形的必要性。由硬件电路即可实现波头的检测和时刻标定,行波检测和波头标定的效果也主要与触发门槛和时钟同步品质有关。而电流型行波测距装置采集的是变电站内接入各回线的相电流,理论上不仅能配对实现双端测距,还可以单独进行单端测距。因此,需要记录并保存故障前后的整段电流行波过程,进而采用先进信号分析处理手段标定初始行波及后续行波波头。与初始行波相比,其后续行波普遍衰减严重且难以同干扰波区分,单端测距所需第 2 个波头的检测与标定十分困难。通常波头检测与标定的也主要是针对电流行波的第 2 个波头而言的。国内外针对该具体难题进行了大量研究:早期采用高通滤波分离行波浪涌,进而由求导、相关分析、匹配滤波等方式标定波头。求导对噪声敏感、可靠性差;由于行波浪涌宽度受故障点位置和线路参数影响较大,相关分析和匹配滤波难以选择合适的时窗及参数,易将线路故障误判为近端故障。有研究提出以非故障线路作为参考线路,通过比较由故障线与该参考线暂态电流所组成的反向行波和对应的正向行波的极性,消除来自参考线路的行波影响,降低了识别故障点反射波的难度。也有研究提出依据第 2 个反向行波中零模和线模之间的相对极性关系来识别故障点反射波,进一步从理论上缩减了干扰来源。在波头标定手段上,小波变换有着严密、坚实的数学基础,其特有的多分辨率分析思想和良好时频局部化奇异性分析性能,使其迅速成为标定行波波头的有力工具:通过小波变换的模极大值点来表征故障行波的到达时刻,针对其小波基选取困难,有文献对电力暂态信号分析中小波基的选择原则进行了讨论,但尚未给出分解尺度的确定方法;有文献采用小波非线性阈值去噪,进而利用小波模极大值线对含噪声行波信号的奇异点进行检测,比单尺度寻找奇异点方法更合理,但仍存在经验系数选取的困难。小波分析在波头标定方面研究取得的成功也促进了数学形态学、希尔伯特黄变换(HHT)等诸多信号处理手段在行波波头标定的应用尝试:基于可变扁平结构元素构造出多分辨形态梯度技术(MMG),由不同长度结构元素提取不同细致程度的行波局部特征;有文献进一步提出多结构元素 MMG 组成的级联多分辨形态梯度变换,增强输入信号某些不明显的暂态特征,更利于对微弱信号变化的检测;有文献提出多分辨形态梯度与相关函数结合的波头标定方法,克服了时窗长度和行波浪涌不匹配的问题,但上述基于形态学的方法仍普遍存在着如何选取结构元素的长度以及确定分解层数的难题。有文献提出利用希尔伯特黄变换由瞬时频率标定波头，也有的提出基于局域均值分解(LMD)、快速本征模态分解(FIMD)的波头标定方法，克服 HHT 算法中经验模态分解(EMD)出现过包络、欠包络和负频率等不足；有文献提出基于 Park 变换的波头标定算法，只需利用当前时刻三相瞬时值即可识别首波头，无需数据缓冲区，识别速度快，但由于无法反映波头变化的极性信息，仅适用于首波头的标定。此外，也有文献提出利用小波变换进行信号相位的检测，利用最小二乘法的曲线拟合确定奇异点，为微弱故障行波检测开辟了一种新思路。2009 年 2 月科学出版社出版的《电力工程信号处理应用》，在刻意追求微观层面对故障行波奇异性如何进行检测表征与波头标定的算法应用研究方面，进行了卓有成效的探索。

诸如前述，传统的双端行波测距采用故障线路两端初始行波波到绝对时刻之差，而且只要求准确刻画表征初始行波突变最大点，标定为初始行波波到时刻，无须检测标定其极性。故障初始行波幅值的大小及其陡度与故障初始相角、故障过渡电阻和故障位置均有关，通常，初始行波突变明显、容易清晰表征和精确标定。单端行波测距基于故障点反射波或者对端反射波突变幅值和极性的准确刻画与标定和行波属性含义的正确识别，一方面，受到雷击闪络故障等因素下固有的行波波头伴随有附加振荡；另一方面，受到进入行波分析时窗的其他干扰波(如健全线末端反射波就是一种干扰波)的影响。此外，行波经波阻抗不连续的线路母线端反射波幅值和极性与其母线接线形式有关，如 I 类母线接线形式的观测端电流行波幅值与其出线数目有关。研究也表明，在因绝缘下降所致各类闪络引起的故障中，绝大部分故障的电压初始相角一般不小于 30°，且绝大部分击穿故障主要发生在其电压峰值附近。但各类由外界因素(如雷击、风偏、鸟害、覆冰、脱冰弹跳等)引起的输电线路故障中，并不排除在小角度发生短路、甚至故障初始相角在 0°附近发生短路故障的可能性，此时初始行波幅值将很小。通常，即使在小角度故障，当过渡电阻很小近似金属性短路时，故障行波过程明显；即使在大角度故障，当过渡电阻很大时，如电弧型故障，其行波过程复杂且突变并不明显，需要专门研究其检测算法。山火引起的闪络接地故障是带非线性时变过渡电阻的复杂的发展性的变化过程，往往会引起全相闪络接地短路，但是其暂态行波过程远非全相金属性短路那样简单，其暂态行波波形标定也具有特殊性。可见，探索能够对实际线路实录高频暂态波形除初始行波外的后续行波进行可靠有效检测及其波头标定的原理和方法仍在路上。尽管如此，为了便于读者理解掌握，这里仍在一般意义上简述十余种信号处理算法对由理论仿真所获取的行波进行检测、表征和波头标定与测距的效果。

1. 小波变换模极大值

故障信号进行小波变换后的模极大值对应信号的最大畸变点，模极大值的幅值表征了信号的突变强度,极性表征了信号的突变方向。仿真系统如图 3-1 所示,采样率 $f_s=1\mathrm{MHz}$,距 M 端 70km 发生 A 相接地故障,过渡电阻为 300Ω,故障初相角为 $5°$。属于半线长之内单相接地(SLG)弱故障。采用三次 B 样条小波函数作为小波基函数,利用小波变换模极大值得到的结果如图 4-24(a)所示;利用 db4 小波函数作为小波基函数,得到的小波变换结果如图 4-24(b)所示。

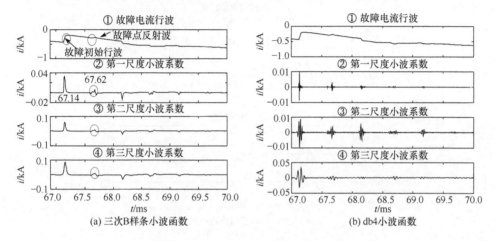

图 4-24 小波变换模极大值检测奇异性

由图 4-24 可知,不同分解尺度下,三次 B 样条小波模极大值均能检测到故障行波到达量测端的时刻,但不尽相同。不同尺度下的测距结果如表 4-3 所示,波速取为 298km/ms。

表 4-3 利用小波变换模极大值在不同尺度下的测距结果

尺度	t_1/ms	t_2/ms	测距结果/km	误差/km
第一尺度	67.1360	67.6240	72.71	2.71
第二尺度	67.1400	67.6240	72.16	2.16
第三尺度	67.1440	67.6240	71.52	1.52

2. 小波相位检测

对于非简谐振荡信号,相位信息能区分信号中不同类型的突变点,比幅值信息更易揭示信号的奇异点。在电能质量监测领域,利用相位检测信号的突变已有成功应用。对上述图 4-24(a)所示的故障电流,利用高斯复小波提取其幅值信息和相位信息,如图 4-25 所示。

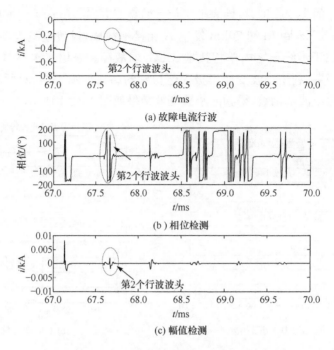

(a) 故障电流行波

(b) 相位检测

(c) 幅值检测

图 4-25　小波变换幅值检测和相位检测

由图 4-25 可知,输电线路发生故障时,电流行波中的暂态高频分量会导致电流的相位突变,相位突变的时刻与故障行波奇异点相对应。对于幅值变化轻微的弱故障信号,相位检测更易检测故障信号的突变时刻。但幅值较小的白噪声都可能产生相位突变,相位检测容易遭受噪声的干扰。这样,可以将小波变换幅值检测和相位检测结合起来,更好地检测和标定行波波头到达时刻。不同尺度下,不同过渡电阻下利用小波相位的测距结果如表 4-4 所示。

表 4-4　利用小波相位在不同尺度下的测距结果

尺度	t_1/ms	t_2/ms	测距结果/km	误差/km
第一尺度	67.1360	67.6240	72.71	2.71
第二尺度	67.1400	67.6240	72.16	2.16
第三尺度	67.1440	67.6240	71.52	1.52

3. 小波能量谱

小波能量谱检测方法将小波分析技术与 Fourier 变换的谱分析结合起来检测突变信号。二进小波变换表述为

$$W_{2^j} f(t) = 2^{-j} \int_{\mathbf{R}} f(x) \Psi\left(\frac{t-x}{2^j}\right) \mathrm{d}x = f(t) \bigotimes \Psi_{2^j}(t) \tag{4-10}$$

其频域表达式为

$$W_{2^j} f(\omega) = f(\omega)\Psi(2^j\omega) = f(\omega)\Psi(\omega) \tag{4-11}$$

二进小波变换的细节为

$$W_{2^j} f(t) = \sqrt{2} \sum_h h_k \phi(2t-k) f(t) \tag{4-12}$$

根据式(4-12)，可以得到小波系数细节"能量时谱"，其对应的 Fourier 变换称为"能量频谱"：

$$E_{Wf(t)} = |W_{2^j} f(t)|^2 \tag{4-13}$$

把小波分析技术与 Fourier 变换的谱分析概念结合起来的小波能量谱检测方法，用更集中的能量概念来表达小波分解后的信号细节，因此适合分析能量比较集中的"微弱"信号。利用小波能量谱检测行波奇异性的结果如图 4-26 所示。

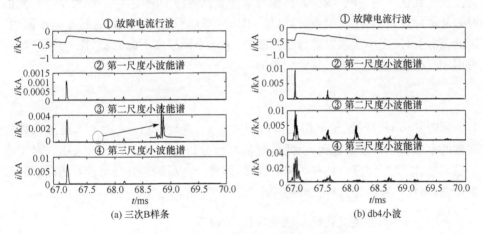

图 4-26　小波能量谱检测故障行波的奇异性

利用各尺度下小波能量谱最大值对应的时刻定义为行波到达时刻。不同尺度下，不同过渡电阻下的测距结果如表 4-5 所示。

表 4-5　利用小波能谱不同尺度下的测距结果

尺度	t_1/ms	t_2/ms	测距结果/km	误差/km
第一尺度	67.1360	67.6240	72.712	2.71
第二尺度	67.1400	67.6240	72.16	2.16
第三尺度	67.1440	67.6240	71.52	1.52

比较图 4-24 和图 4-26 可知，小波变换模极大值有"极性"特征，因此小波模极大值更适合用于输电线路的测距和保护应用。这里，对于第一个行波波头，用小波变换模极大值和小波能量谱都能检出奇异点，对于第二个行波波头的奇异性很弱，因此小波变换模极大值和小波能量谱得到的值均很小。

　　由表 4-3 和表 4-5 可知,当输电线路发生弱故障(远端高阻和或小故障角)时,利用小波变换模极大值和小波能量谱标定行波的到达时刻,得到的测距结果误差都很大。对于第一个行波到达时刻,利用小波模极大值标定的时刻可以表征行波浪涌的到达时刻,对于第二个行波波头,其波头的上升时间更长,奇异性更小,利用小波变换模极大值标定的时刻为信号突变最明显的时刻,而不是故障行波起始波到时刻。因此,不同于(较)强故障模式,对于弱故障模式的故障行波,很难将其行波波到定义与波到检测标定方法统一起来。可以认为,对于弱故障模式的故障行波波到时刻,定义为行波波头起始点(或起始部位),更适于与时域突变能量检测、刻画、表征、标定的方法相统一。详见后面的线路高阻故障检测算法。

　　若输电线路发生低阻较强故障(如 LIF-SLG),信号突变最明显的时刻标定为行波波头到达时刻,并求取初始行波与故障点反射波的时差,在不同尺度下得到的时差基本一致,而对于高阻弱故障(如 HIF-SLG),不同尺度得到的时差是不同的。因此,利用多尺度小波系数进行故障测距,求取不同尺度下的时差,在一定程度上,可以相互校验,避免噪声对某个频带的污染。

4. 连续小波变换(CWT)

　　短时 Fourier 变换(STFT)的窗口函数 $\varphi_a(t,\varpi)=\varphi(t-a)\mathrm{e}^{-\mathrm{j}t\varpi}$,通过函数时间轴的平移与频率限制得到,由此得到的时频分析窗口具有固定的大小。对于非平稳信号,需要时频窗口具有可调的性质,即要求在高频部分具有较好的时间分辨率特性,而在低频部分具有较好的频率分辨率特性。为此特引入窗口函数 $\psi_{a,b}(t)=\dfrac{1}{\sqrt{|a|}}\psi\Big(\dfrac{t-b}{a}\Big)$,并定义连续小波变换(CWT)为

$$W_\psi f(a,b)=\frac{1}{\sqrt{|a|}}\int_{-\infty}^{+\infty}f(t)\psi^*\left(\frac{t-b}{a}\right)\mathrm{d}t \tag{4-14}$$

式中,$a\in\mathbf{R}$ 且 $a\neq0$。式(4-14)定义了连续小波变换,a 为尺度因子,表示与频率相关的伸缩,b 为时间平移因子。

　　无论是二进小波变换还是连续小波变换都能够将信号分解到不同的尺度,即不同的频段,每个频段具有一个中心频率,式(4-15)为某一分解尺度 a 所对应的中心频率的计算公式:

$$f_{\mathrm{scale}}=\frac{f_{\mathrm{c}}}{a}f_{\mathrm{s}} \tag{4-15}$$

式中,f_{s} 为信号的采样频率;f_{c} 为所选小波基的中心频率。

　　连续小波和离散小波的本质区别是连续小波变换的分解尺度是连续变化的,能将信号分解到任意频段,而二进离散小波对频带的划分是离散的、二分的。采用 20 阶高斯复小波作为连续小波变换的小波基函数,不仅可以提取幅值信息,还有

相位信息。各尺度下的连续小波变换如图 4-27 所示。

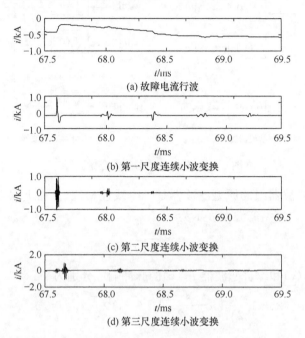

图 4-27 利用连续小波 CWT 检测暂态电流的奇异性

利用连续小波 CWT 在不同尺度下的测距结果如表 4-6 所示。

表 4-6 利用连续小波在不同尺度下的测距结果

尺度	t_1/ms	t_2/ms	测距结果/km	误差/km
第一尺度	67.1360	67.6240	72.7120	2.712
第二尺度	67.1400	67.6240	72.159	2.159
第三尺度	67.1440	67.6240	71.519	1.519

5. 余弦调制滤波器

余弦调制滤波器(CMFB)组是一种特殊的多速率滤波器组。它的分解滤波器和综合滤波器是由一个或两个低通原型滤波器通过余弦调制得到的。分解滤波器组和综合滤波器组如图 4-28 所示。分解滤波器是把带宽信号分解成 M 个子带信号,而综合滤波器组则是通过子带信号重建出原始信号。

由 Fourier 变化可知:从时域来看,正弦信号或余弦信号乘以 $f(t)$ 后,变为幅度按 $f(t)$ 的规律而变化的正弦或余弦信号,而频域中,则使 $f(t)$ 的频谱产生了平移。这一特性称为调制特性。

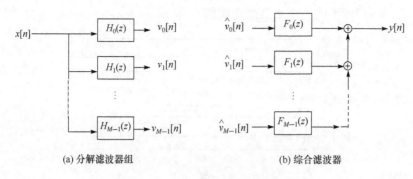

(a) 分解滤波器组　　　　　　　　　　　　　(b) 综合滤波器

图 4-28　分解滤波器和综合滤波器

余弦调制滤波器组的原型滤波器是一个线性相位、低通 FIR 滤波器,其截止频率为 $\pi/(2M)$。原型滤波器表示为

$$G(z) = \sum_{n=0}^{N-1} g(n) z^{-n} \tag{4-16}$$

分解滤波器 $H_k(z)$ 和综合滤波器 $F_k(z)$ 的脉冲响应分别为

$$h_k(n) = 2g(n)\cos\left[(2k+1)\frac{\pi}{2M}\left(n-\frac{N-1}{2}\right)+(-1)^k\frac{\pi}{4}\right], \quad 0 \leqslant n \leqslant N-1; 0 \leqslant k \leqslant M-1 \tag{4-17}$$

$$f_k(n) = 2g(n)\cos\left[(2k+1)\frac{\pi}{2M}\left(n-\frac{N-1}{2}\right)-(-1)^k\frac{\pi}{4}\right], \quad 0 \leqslant n \leqslant N-1; 0 \leqslant k \leqslant M-1 \tag{4-18}$$

式中,N 为滤波器组长度;M 为滤波器组的分支数。定义 $\widetilde{H}_k(z)$ 为 $H_k(z)$ 的共轭转置,则 $\widetilde{H}_k(z) = H_k(z^{-1})$,由式(4-17)和式(4-18)可得

$$f_k(z) = h_k(N-1-n) \tag{4-19}$$

$$F_k(z) = z^{-(N-1)}\widetilde{H}_k(z), \quad 0 \leqslant k \leqslant M-1 \tag{4-20}$$

滤波器输出可表示为

$$Y(z) = T_0(z)X(z) + \sum_{l=0}^{M-1} T_l(z)X(zW_M^l) \tag{4-21}$$

式中,$W_M = e^{-j2\pi/M}$;$T_0(z)$ 是滤波器组的传递函数;$T_l(z)$ 是滤波器组的失真传递函数,其表达式为

$$T_l(z) = \frac{1}{M}\sum_{k=0}^{M-1} F_k(z)H_k(zW_M^l), \quad l=0,1,\cdots,M-1 \tag{4-22}$$

为了得到高质量的余弦滤波器,一个好的原型滤波器应尽可能满足以下两个条件:

$$|H(\omega)|^2 = 0, \quad \pi/M < \omega < \pi \tag{4-23}$$

$$|H(\omega)|^2 + |H(\omega-\pi/M)|^2 = 1, \quad 0 \leqslant \omega \leqslant \pi/M \tag{4-24}$$

　　调制时,选择合适的相位因子,可以消除相邻子带间的混叠。如果满足式(4-23),则非相邻子带间也没有混叠;如果满足式(4-24),则滤波器组没有幅度失真。根据上述原则,得到 8 通道的余弦调制滤波器,如图 4-29 所示。在图 4-29 中,ω 是以 ω_0 为基准其对归一化后的结果。

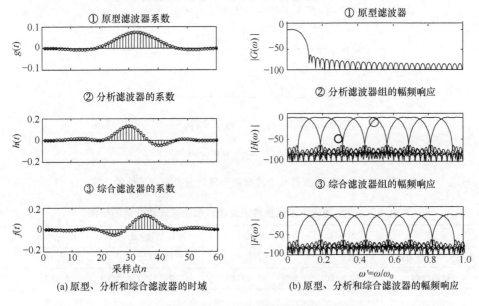

(a) 原型、分析和综合滤波器的时域　　　　(b) 原型、分析和综合滤波器的幅频响应

图 4-29　原型、分析和综合滤波器的时域和频域

　　由图 4-29(b)可知,余弦调制滤波器对频带的划分是均匀的。8 通道的余弦调制滤波器的频带划分为(875kHz～1MHz,750～875kHz,625～750kHz,500～625kHz,375～500kHz,250～375kHz,125～250kHz)。而小波对信号频带的划分不是均匀划分,具有高频频带宽而低频频带窄的特点。

　　利用余弦滤波器和小波变换模极大值对故障电流行波的奇异性检测分别如图 4-30(b)和(c)所示。利用余弦调制滤波器标定行波到达时刻,得到的测距结果如表 4-7 所示。

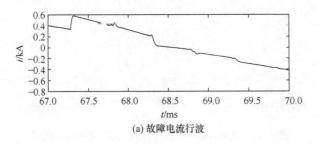

(a) 故障电流行波

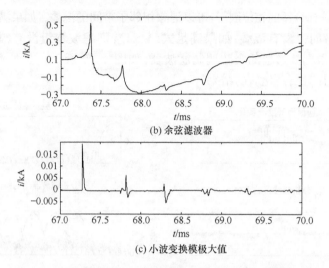

(b) 余弦滤波器

(c) 小波变换模极大值

图 4-30　余弦滤波器和小波变换模极大值检测奇异性的比较

表 4-7　分别利用小波变换模极大值和余弦滤波器的测距结果

尺度	t_1/ms	t_2/ms	测距结果/km	误差/km
小波变换模极大值	67.1360	67.6240	72.7120	2.712
余弦滤波器	67.1360	67.6240	72.7120	2.712

　　基于斜率检测奇异点的方法,其检测效果的好坏取决于具有一阶导数的小波基函数的特性。为了比较小波变换和余弦滤波器的检测行波效果,分别对小波基函数和余弦滤波器第一频带进行研究。高斯小波基的一阶导函数时域和频域特性如图 4-31 所示,余弦滤波器第一频带的时域特性和频域特性如图 4-32 所示。

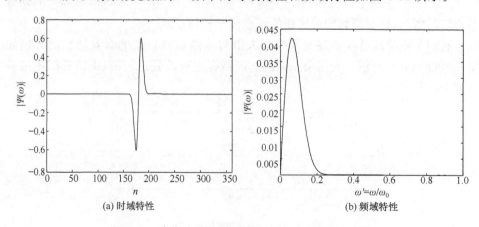

(a) 时域特性　　　　　　　　　　　(b) 频域特性

图 4-31　高斯小波基的一阶导函数时域和频域特性

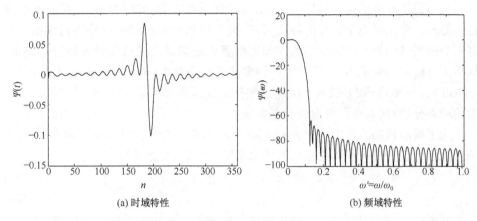

(a) 时域特性　　　　　　　　　　　(b) 频域特性

图 4-32　余弦滤波器第一频带的时域特性和频域特性

描述小波函数性能的主要指标有正交性、光滑性、衰减性、对称性以及消失矩和时窗面积。若函数 $\Psi(x)$ 在区间 $[a,b]$ 外恒为零，则该小波函数在这个区间上是有限支撑的，显然支集越窄表明该函数的局部化能力就越强，如图 4-31 和图 4-32 所示。由此可以看出余弦滤波器的时域波形是振荡衰减，但其紧支性较差。行波测距中利用的是故障行波的高频分量，而小波对信号频带的划分不是均匀的，具有高频频带宽而低频频带窄的特点。因此小波更适合检测标定行波波头到达量测端的时刻。

6. 数学形态学

数学形态学是一种非线性的分析方法，其对信号特征的提取完全在时域中进行，而不是把信号变换到频域空间处理，因此信号的相位和幅值特性不会变化。数学形态学能够把一个复杂信号分解为具有物理意义的各个部分，并将其与背景剥离，同时保持主要的形状特性，且形态变换计算过程简单，主要是加减运算和求取极值计算，不涉及乘除计算，具有实时性好、速度快、时延小的优点。

数学形态学在信号处理中的应用主要是灰值形态学。其两种基本的形态函数是灰值膨胀和灰值腐蚀。假设待处理信号 $f(n)$ 是采样得到的一维多值信号，其定义域为 $D_f=\{0,1,2,\cdots,N\}$；$g(n)$ 为一维结构元素序列，其定义域为 $D_g=\{0,1,2,\cdots,P\}$；其中 P 和 N 都是整数，$N \geqslant P$，则灰值膨胀和腐蚀分别定义为

$$(f \oplus g)(n) = \max\{f(n-x)+g(x) \mid (n-x) \in D_f \text{ 且 } x \in D_g\} \tag{4-25}$$

$$(f \ominus g)(n) = \min\{f(n+x)-g(x) \mid (nx) \in D_f \text{ 且 } x \in D_g\} \tag{4-26}$$

式中，$\oplus$ 表示膨胀运算；$\ominus$ 表示腐蚀运算。上两式逐点计算可以理解为：将结构元素的原点平移到与信号上的某一点 A 重合，信号每一点与结构元素相应每一点相加（膨胀）或相减（腐蚀），所得的结果取最大（膨胀）值或最小（腐蚀）值，A 点的膨胀、腐蚀结果就是这个最大、最小值。

从形态学梯度的定义可以看出,结构元素对形态学梯度的变换结果具有决定性的影响。而从形态学运算的性质可知,同一结构元素对同一信号进行多次变换并不会改变其结果。普通的形态学梯度运算无法满足高灵敏度奇异检测的要求。从检测灵敏度的要求出发,设计了一种多分辨形态梯度(multi-resolution morphological gradient,MMG)技术。应用这种技术处理暂态信号,可以有效地抑制信号中的稳态分量,同时突出波形的暂态特征。

为了提取暂态波形中的上升和下降边沿,在多分辨形态学梯度技术中,设计了一种长度可变并具有不同原点位置的扁平结构元素,其定义为

$$g^+ = \{\underline{g_1^+}, g_2^+, \cdots, g_{l-1}^+, g_l^+\} \tag{4-27a}$$

$$g^- = \{g_1^-, g_2^-, \cdots, g_{l-1}^-, \underline{g_l^-}\} \tag{4-27b}$$

其中的结构元素 g^+ 和 g^- 分别用来提取突变信号的上升沿和下降沿,原点位置分别为首端和末端。结构元素宽度为 $r = 2^{1-\alpha} r_a$,α 为多分辨形态梯度的分析级数,r_a 为结构元素在第1级的初始长度,下划线表示原点位置。

结合形态学梯度定义式与上面定义的结构元素,利用基本形态学梯度技术和可变扁平结构元素的概念,可以定义 MMG 为

$$G_{g^+}^a(n) = (f^{a-1} \oplus g^+)(n) - (f^{a-1} \ominus g^+)(n) \tag{4-28}$$

$$G_{g^-}^a(n) = (f^{a-1} \ominus g^-)(n) - (f^{a-1} \oplus g^-)(n) \tag{4-29}$$

$$G_g^a(n) = g_{g^+}^a(n) + G_{g^-}^a(n) \tag{4-30}$$

当 $\alpha = 1$ 时,$f^0 = f$ 为初始输入信号。MMG 不仅能明显分辨信号的跃变沿,而且可看出信号的极性信息。这对构造行波方向保护、距离保护等都具有重要的价值。这种多分辨变换的益处在于,一则可以很方便地单独设计只针对上升沿或下降沿的结构元素;再则,可进行更细致的变换,以揭示信号更细微的变化。对如图 4-33(a) 故障电流进行多分辨形态梯度变换,得到的结果如图 4-33 所示。

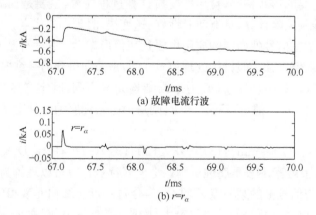

(a) 故障电流行波

(b) $r = r_a$

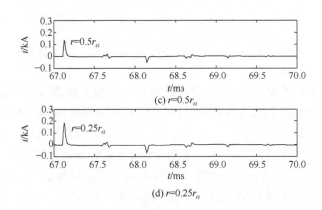

(d) $r=0.25r_a$

图 4-33　利用形态学检测暂态电流奇异点

　　由图 4-33 可知,多分辨形态梯度算法不仅能明显分辨信号的跃变沿,而且可以表征信号的极性信息。另外,随着多分辨形态梯度处理级数的增大,信号波形中更细微的变化也会被揭示出来,即高频分量被放大,同时低频稳态分量被抑制。利用数学形态学不同形态梯度下的测距结果如表 4-8 所示。

表 4-8　利用数学形态学不同形态梯度下的测距结果

r	t_1/ms	t_2/ms	测距结果/km	误差/km
r_a	67.1360	67.6120	70.924	0.924
$0.5r_a$	67.1400	67.6160	70.924	0.924
$0.25r_a$	67.1440	67.6200	70.924	0.924

7. 经验模态-希尔伯特黄变换

　　Fourier 变换理论中表征信号基本量的是正弦函数和余弦函数,是与时间无关的频率函数。短时 Fourier 变换、Winger-Vill 分布、小波变换等时频分析方法是以 Fourier 变换作为其本质的理论依据的。例如,小波变换本质上是一种窗口可调的 Fourier 变换,其小波窗内的信号必须是平稳的。由于这些概念是"全局性"的,用它们分析非平稳信号容易产生虚假频率。对于非平稳信号比较直观的分析方法是使用具有"局域性"的基本量和基本函数,如瞬时频率是一个描述信号"局部"特征的一个量。一般地,对于复信号可以表示为

$$x(t)=a(t)\mathrm{e}^{\mathrm{j}\phi(t)} \tag{4-31}$$

实数信号表示为

$$x(t)=a(t)\cos\phi(t) \tag{4-32}$$

其瞬时频率为

$$f(t)=\frac{1}{2\pi}\frac{\mathrm{d}\phi(t)}{\mathrm{d}t} \tag{4-33}$$

从信号分解基函数理论角度来看,经验模态分解方法所采用的基函数是一系列可变幅度和可变频率的正余弦函数,它是由信号中自适应得到的,可以得到很好的分解效果。而 Fourier 变换中的基函数为正弦或余弦信号的线性组合,它只适用于信号本身是线性、稳态的情况。另外,小波分解的基函数和尺度因子是预先确定的,通常不能保证最优的分解效果。利用经验模态分解算法,将上述故障电流进行分解得到的结果如图 4-34 所示,利用经验模态——HHT 的奇异性检测的结果如图 4-35 所示。

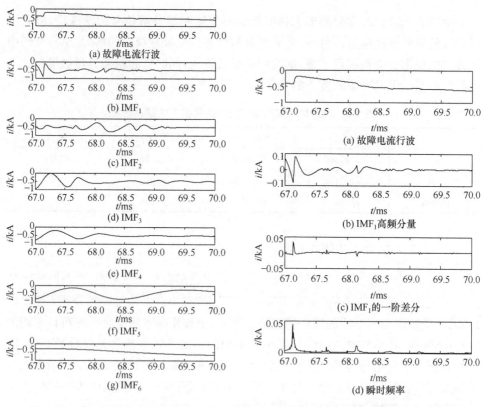

图 4-34　电流行波的经验模态分解　　　图 4-35　电流行波的 HHT 检测结果

由图 4-34 和图 4-35 可见,IMF$_1$ 分量包含了原信号的高频分量,通过对 IMF$_1$ 分量做一阶差分可以判断信号变化最大的位置和方向,可看做行波波头到达量测端的时刻和极性。分解出来的 IMF 分量具有实际的物理意义,是一种调幅调频信号,能从幅度和频率上反映信号的信息。图 4-35 中,IMF_1 分量的瞬时频率能够反映信号的突变。利用小波变换模极大值经验模态-希尔伯特黄变换的行波到达量测端的时刻及其测距结果如表 4-9 所示。

表 4-9　利用小波变换模极大值和经验模态-希尔伯特黄变换的测距结果

方法	t_1/ms	t_2/ms	测距结果/km	误差/km
小波变换模极大值	67.1360	67.6240	72.7120	2.712
经验模态-希尔伯特黄变换	67.1320	67.6280	73.9039	3.9039

8. S 变换

S 变换同样可用于行波波头的检测和标定。行波波头表现为幅值和频率的突变,它也将体现在信号经 S 变换后得到的模矩阵中,利用 S 变换可以独立地分析信号各个频率分量的幅值变化特征。观察 S 变换模矩阵中行对应的频率随时间的幅值变化情况可以判断信号突变的时刻。

S 变换是一种可逆的局部时频分析方法,其思想是对连续小波变换和短时Fourier 变换的发展。信号 $x(t)$ 的 S 变换 $S(\tau,f)$ 定义如下:

$$S(\tau,f) = \int_{-\infty}^{\infty} x(t)w(\tau-t,f)e^{-j2\pi ft}\,dt \qquad (4\text{-}34)$$

$$w(\tau-t,f) = \frac{|f|}{\sqrt{2\pi}}e^{|\frac{-f^2(\tau-t)^2}{2}|} \qquad (4\text{-}35)$$

式中,$w(\tau-t,f)$ 为高斯窗口(Gaussian window);τ 为控制高斯窗口在时间轴 t 的位置参数;f 为频率;j 为虚数单位。由式(4-34)和式(4-35)可以看出,S 变换与短时 Fourier 变换的不同之处在于高斯窗口的高度和宽度随频率而变化,这样就克服了短时 Fourier 变换窗口高度和宽度固定的缺陷。

S 变换可以利用 FFT 实现快速计算,可以得到 S 变换的离散表示形式为

$$S[m,n] = \sum_{k=0}^{N-1} X[n+k]e^{-2\pi^2 k^2/n^2}e^{j2\pi km/N} \qquad (4\text{-}36a)$$

$$S[m,n] = \frac{1}{N}\sum_{k=0}^{N-1} x[k], \quad n=0 \qquad (4\text{-}36b)$$

式中

$$X[n] = \frac{1}{N}\sum_{k=0}^{N-1} x[k]e^{-j2\pi kn/N} \qquad (4\text{-}36c)$$

对采集到的离散信号 x 采用式(4-36)进行 S 变换,变换结果为一个 $m+1$ 行 n 列的复时域矩阵,记为 S 矩阵,其列对应采样时间点,行对应频率,第一行对应信号的直流分量。顺便指出,快速 S 变换可以很方便地应用于输电线路的距离保护

算法。

　　对于长距离输电线路,发生远端高阻故障或发生小角度故障时,行波波头幅值较小,且在色散、雷电冲击电晕等因素的影响下,波头的奇异性弱,基于斜率检测的小波变换模极大值和形态学的行波波头标定面临效果变差的局面。这时仍可以利用 S 变换的时间幅值曲线对行波波头进行检测标定,如图 4-36 所示。

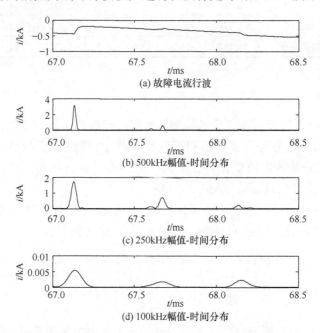

(a) 故障电流行波

(b) 500kHz幅值-时间分布

(c) 250kHz幅值-时间分布

(d) 100kHz幅值-时间分布

图 4-36　利用 S 变换对暂态电流的检测结果

　　由前述得到的故障行波信号,截取 500 个采样点,对该离散信号进行 S 变换,由 S 变换得到 251×500 的模矩阵,对应的行得到 100kHz、250kHz 和 500kHz 的时间-幅值分布如图 4-36 所示。可以看出,不同频率点处,幅值-时间曲线的极值点均与行波波头对应,并且由低频向高频来看,这种对应特征逐渐加强,因此综合观察 S 变换模矩阵多个频率点下幅值-时间曲线,可确定波头的到达时间范围,并能由最高频的模极大值确定波头的到达时刻。S 变换虽无法确定波头的极性,但 S 变换能够标定波头的到达时刻,波头的极性可以用时域波形波到时刻处的一阶差分获得。利用小波变换模极大值和 S 变换的测距结果如表 4-10 所示。

表 4-10　利用小波变换模极大值和 S 变换的测距结果

方法	t_1/ms	t_2/ms	测距结果/km	误差/km
小波变换模极大值	67.1360	67.6240	72.7120	2.712
S 变换	67.1320	67.6280	73.9039	3.9039

9. TT 变换

时频分析将一维的时域信号和频域信号映射到二维时频平面上,获得信号的时频分布,从而能在时频域中提取信号特征。TT 变换是最近发展起来的一种时时分析方法,即信号的局部化,是一维时间序列的二维时时表示。在解决时时滤波和信号噪声问题上,已经证明了 TT 变换的有效性。TT 变换广泛应用于含有多种频率成分信号的局部化应用中。TT 变换来源于 S 变换,与 S 变换相比,TT 变换能更好地描述信号的时域特性,能够准确地捕捉信号突变的起始时间,而且具有"极性"特点,适合用于电力系统中非平稳信号的处理。

1) TT 变换基本原理

短时 Fourier 变换的一个缺点是窗函数的时宽和频宽固定。在给定窗函数的情况下,在信号高频部位可能会造成时间分辨率不高,但所得信号的频带会变宽,频率分辨率下降。与 STFT 不同,S 变换窗函数的频宽和时宽随频率的变化而变化。TT 变换将 S 变换中某一频率的时域分布进行 Fourier 反变换,得到信号的局部化:

$$S(\tau,f) = \int_{-\infty}^{+\infty} x(t)\omega(t-\tau,f)\mathrm{e}^{-\mathrm{j}2\pi ft}\mathrm{d}t \tag{4-37}$$

式中,f 为频率;t 时间变量;$S(\tau,f)$ 表示信号 $x(t)$ 的 S 变换;$\omega(t,f)$ 为高斯窗函数,$\omega(t,f)=\dfrac{|f|}{k\sqrt{2\pi}}\mathrm{e}^{-(f^2t^2/2k^2)}$,$k>0$;$\tau$ 为窗函数的中心。

对式(4-37)两边同时进行 Fourier 反变换,得

$$\mathrm{TT}(t,\tau) = \int_{-\infty}^{\infty} S(t,f)\mathrm{e}^{\mathrm{j}2\pi f\tau}\mathrm{d}f \tag{4-38}$$

对于 $\mathrm{TT}(t,\tau)$,在整个区间 τ 上,对给定的 t,结果是局部化的时间函数,表示对应频率信号的幅度如何随时间和频率变化。对给定的 t,TT 变换的每一列都是一个 TT 序列。TT 变换中不同频率对应不同的窗函数,因此 TT 变换不同于加窗的 STFT 函数。图 4-37 所示为一个测试信号,由频率为 7Hz、25Hz 和 54Hz 的 3 个余弦信号组成。在频率为 7Hz 的低频上叠加一个频率为 54Hz 的高频成分。

图 4-37(a)表明,TT 变换是将一维时域信号映射到二维时域中。在时域中将信号局部化,且有很好的频率聚集能力,压制低频信号,突出了高频信号。频率越高,同一频率在变换后与变换前的幅值增大得越大。高频分量最大的点对应的时刻确定为行波波头到达时刻,且 TT 变换具有"极性",因此可以准确地确定行波波头的起始时间。图 4-37(b)表明,TT 变换实际上是 S 变换的延伸,与 S 变换有密切的联系,都具有无损可逆性。图 4-37(c)(见文后彩图)表明,TT 变换谱中对角线位置的能量要比远离对角线位置的元素能量高。在 TT 变换中,每一列都是一个局部化的时间序列,简称 TT 序列,选取两个特殊的序列($j=49$ 和 $j=127$)进行分析,结果如图 4-38 所示。

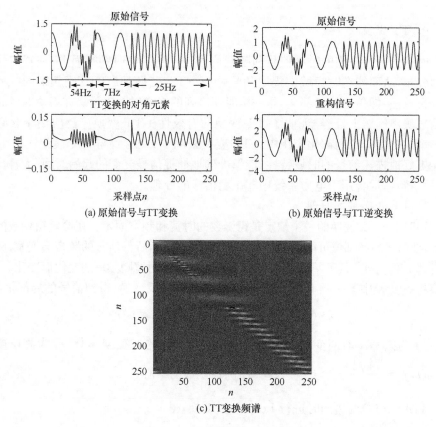

(a) 原始信号与TT变换　　　　　　　(b) 原始信号与TT逆变换

(c) TT变换频谱

图 4-37　测试信号的 TT 变换

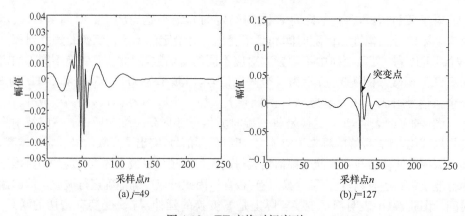

(a) $j=49$　　　　　　　　　　(b) $j=127$

图 4-38　TT 变换时间序列

　　在 TT 变换的时间序列中,$j=49$ 序列的高频成分比低频成分的幅值高,但在原信号中是低频分量比高频分量的幅值高。$j=127$ 的序列,高频分量的幅值最大,是低频信号与中频信号的分界点,因此可以利用 TT 变换,捕捉到信号的突变时刻。

2）利用 TT 变换检测行波奇异点

将故障电流进行 TT 变换，得到的结果如图 4-39 所示。若输电线路发生高阻故障和小角度故障，故障行波的奇异性不明显，而 TT 变换具有很好的频率聚集能力，它将高频信号聚集在 TT 变换的对角线位置，通过提取 TT 变换域对角线附近的元素，就可以很好地压制低频信号，突出高频信号，并且与时间域是一一对应的关系，可以很好地标定故障行波的波到时刻。

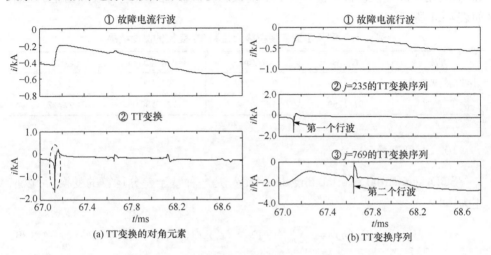

图 4-39　暂态电流行波的 TT 变换

利用小波变换模极大值和 TT 变换对故障电流信号求取信号的奇异点，结果如图 4-40 所示。利用 EMD 分解和 TT 变换对故障电流求取奇异点的结果如图 4-41 所示。

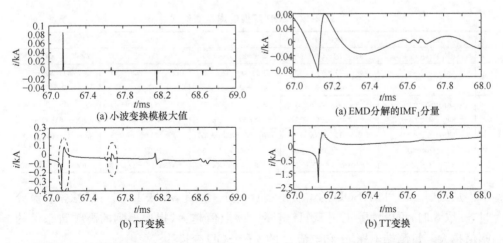

图 4-40　小波变换模极大值和 TT 变换　　　图 4-41　EMD 分解与 TT 变换

小波变换模极大值求取信号的奇异点,是求取信号的斜率,因此容易陷入局部极值点。EMD 分解是利用幅值和频率均可变化的余弦函数对信号进行时频聚焦。TT 变换具有时域局部化,TT 变换矩阵的对角元素对应的时刻为信号突变的时刻,对应的频率成分为高频成分,其幅值比低频成分大,使得突变信号变得明显,易于提取和检测,如图 4-40 所示。这对检测行波波头的到达时刻是非常有利的,利用小波变换模极大值和 TT 变换检测行波波到时刻进行故障测距的结果如表 4-11 所示。

表 4-11　利用小波变换模极大值和 TT 变换的测距结果

方法	t_1/ms	t_2/ms	测距结果/km	误差/km
小波变换模极大值	67.1360	67.6240	72.7120	2.712
TT 变换	67.1360	67.6240	72.7120	2.712

10. SOD 变换

SOD(sequential overlapping derivative)是一种基于差分运算的变换,可以描述为

$$S_m(n) = \sum_{j=1}^{j=m+1} (-1)^{j+1} (c_j)_m Q(n-j+1) \tag{4-39}$$

式中,m 为差分的阶数;$S_m(n)$ 为信号的 m 阶差分;$Q(n)$ 为原始故障信号;$(c_j)_m$ 为 SOD 变换系数。$(c_j)_m$ 的系数的取值为 $(c_1)_m = (c_{m+1})_m = 1$,$(c_2)_m = m$,$(c_2)_m = (c_j)_{m-1} + (c_{j-1})_{m-1}$,$\sum (-1)^{j+1}(c_j)_m = 0$。1~4 阶 SOD 变换递推公式如表 4-12 所示。

表 4-12　SOD 变换的递推表达式

m	$Q(n)$	$Q(n-1)$	$Q(n-2)$	$Q(n-3)$	$Q(n-4)$
1	$Q(n)-Q(n-1)$	$Q(n-1)-Q(n-2)$	$Q(n-2)-Q(n-3)$	$Q(n-3)-Q(n-4)$	$Q(n-4)-Q(n-5)$
2	$Q(n)-2Q(n-1)$ $+Q(n-2)$	$Q(n-1)-2Q(n-2)$ $+Q(n-3)$	$Q(n-2)-2Q(n-3)$ $+Q(n-4)$	$Q(n-3)-2Q(n-4)$ $+Q(n-5)$	$Q(n-4)-2Q(n-5)$ $+Q(n-6)$
3	$Q(n)-3Q(n-1)$ $+3Q(n-2)-Q(n-3)$	$Q(n-1)-3Q(n-2)$ $+3Q(n-3)-Q(n-4)$	$Q(n-2)-3Q(n-3)$ $+3Q(n-4)-Q(n-5)$	$Q(n-3)-3Q(n-4)$ $+3Q(n-5)-Q(n-6)$	$Q(n-4)-3Q(n-5)$ $+3Q(n-6)-Q(n-7)$
4	$Q(n)-4Q(n-1)$ $+6Q(n-2)$ $-4Q(n-3)+Q(n-4)$	$Q(n-1)-4Q(n-2)$ $+6Q(n-3)$ $-4Q(n-4)+Q(n-5)$	$Q(n-2)-4Q(n-3)$ $+6Q(n-4)$ $-4Q(n-5)+Q(n-6)$	$Q(n-3)-4Q(n-4)$ $+6Q(n-5)$ $-4Q(n-6)+Q(n-7)$	$Q(n-4)-4Q(n-5)$ $+6Q(n-6)$ $-4Q(n-7)+Q(n-8)$

从式(4-39)可知,SOD 的本质是多阶差分。因此,m 取 1 时,可以滤去直流分量,m 取 3 时,可以消除工频 50Hz 分量。m 取值越大,提取得到的高频暂态量的幅值越大。量测端电压 u_α 和电流 i_α 的 4 阶 SOD 变换为

$$S_u(n)=u_a(n)-4u_a(n-1)+6u_a(n-2)-4u_a(n-3)+u_a(n-4) \quad (4\text{-}40)$$

$$S_i(n)=i_a(n)-4i_a(n-1)+6i_a(n-2)-4i_a(n-3)+i_a(n-4) \quad (4\text{-}41)$$

对如图 4-42(a)所示的故障电流进行 SOD 变换,得到的结果如图 4-42(b)所示。

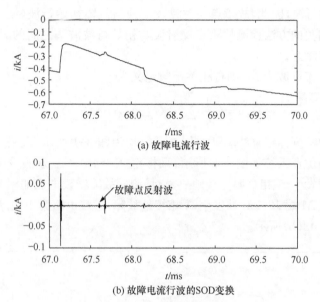

(a) 故障电流行波

(b) 故障电流行波的SOD变换

图 4-42　SOD 变换检测电流行波波头到达时刻

利用 SOD 检测故障电流行波波头到达时刻及其测距结果如表 4-13 所示。

表 4-13　利用 SOD 检测行波波头到达时刻的测距结果

变换	t_1/ms	t_2/ms	测距结果/km	误差/km
SOD 变换	67.14	67.61	70.03	0.03

11. 相关分析

通常,对于(较)强故障模式,其故障行波波到(时刻)定义与诸多故障行波检测、表征和波到时刻标定方法及其效果之间相对而言较为统一。而平缓信号的小波变换模极大值与行波的起始点之间无必然的对应关系,不同尺度的模极大值与该频段行波信号的起始点也无必然联系,这样使得很难统一地有个准则来定义和确定行波波头的到达时刻。行波起始点和行波波速在时域上难以确定,使得在实际行波测距时行波波到点的确定和行波波速的选取上存在任意性。通过小波分解,自故障点向线路两侧传播的金属性短路故障电流起始行波(u_f/Z_c)可等效为各个频段的小波信号 $f_j(t)$ 的叠加。不同频段的信号在传播过程中有不同的衰减和相移,但各个频段内的行波畸变比全频带故障行波小,利用单一频段下的波速在一定程度上可减少利用统一波速引入的测距误差。

1) 利用自相关检测线路故障点反射波

在无频变的行波网格表征体系下,故障点反射波可以看做初始行波经过一段延时 τ 之后的行波,因此,故障点反射波(波头)与故障初始行波(波头)是相似的,可以利用自相关的方法检测故障点反射波与初始行波波头之间的时间间隔 τ 值,继而进行故障测距。

若故障电流行波为 i_M,则自相关函数定义为

$$\phi(\tau) = \frac{1}{N_1} \sum_{k=1}^{N_1} i_M(k\Delta t) i_M(k\Delta t - \tau) \tag{4-42}$$

前述十种检测标定算法验证的仿真系统均为图 3-1 所示,现采用母线接线形式为多出线的仿真系统如图 4-2 所示,采样率 $f_s = 1\text{MHz}$。现假设半线长之内距 M 端 20km 处发生 A 相金属性接地故障,量测端故障线模电流如图 4-43(a) 所示,半线长之外距 M 端 120km 处发生 A 相接地故障,过渡电阻为 10Ω,量测端故障线模电流如图 4-43(b) 所示。

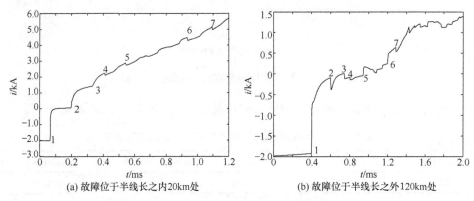

(a) 故障位于半线长之内20km处　　　　(b) 故障位于半线长之外120km处

图 4-43　量测 M 端线模电流行波

在图 4-43(a) 中,1 为故障初始行波;2 为故障点反射波,对应的行波路径为 F—M—F—M;3 为故障点第 2 次反射波;4 为健全线路 l_{k1} 末端反射波,对应的行波路径为 F—M—P—M;5 为故障点反射波经 M 折射至 l_{k1} 并由 l_{k1} 末端反射的行波,它反映的距离为"健全线路 l_{k1} + 故障距离 x_f",对应的行波路径为 F—M—P—M—F—M;6 为 N 端反射波,对应的行波路径为 F—N—F—M;7 为健全线路 l_{k2} 末端反射波,对应的行波路径 F—M—P—M。在图 4-43(b) 中,1 为故障初始行波;2 为对端母线反射波,对应的行波路径为 F—N—F—M;3 为健全线路 l_{k1} 末端反射波,对应的行波路径为 F—M—P—M;4 为对端母线第 2 次反射波;5 为 N 端健全线路 l_{k5} 末端反射波,对应的行波路径为 F—N—Q—N—F—M,反映"N 端健

全线路 l_{k5} 全长＋故障点距离 N 端的距离 $(l-x_f)$"；6 为故障点反射波，对应的行波路径为 F—M—F—M；7 为健全线路 l_{k2} 末端反射波，对应的行波路径为 F—M—P—M。其中，假设健全线路 l_{k1}、l_{k2}、l_{k5} 末端为第Ⅲ类母线接线形式。

利用小波分解重构后的时域信号，相比于原故障信息滤除了一些干扰噪声，同时保留故障信息。对重构得到的 d1 小波系数进行自相关分析，得到相关函数如图 4-44 所示。

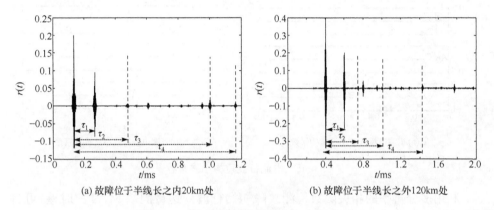

(a) 故障位于半线长之内20km处　　　　(b) 故障位于半线长之外120km处

图 4-44　利用自相关检测暂态电流行波（群）

由图 4-44(a)可以看出，第一个相关函数极大值对应的时刻为故障初始行波到达量测端的时刻。τ_1 反映故障位置，τ_2 反映健全线路 l_{k1} 全长，τ_3 反映故障点到对端 N 的距离，τ_4 反映健全线路 l_{k2} 全长。由图 4-44(b)可以看出，τ_1 反映故障点距离 N 端的距离，τ_2 反映健全线路 l_{k1} 全长，τ_3 反映"N 端健全线路 l_{k5} 全长＋故障点距离 N 端的距离 $(l-x_f)$"，τ_4 反映故障距离。为了进一步确定反射波的到达时刻，可对每一层小波重构系数进行自相关分析。在实际单端行波故障测距中，进行相关分析的时窗宽度的确定受故障距离未知的影响很难自适应变化，通常取时窗长为 $2l/v$。这里可做如下改进：选取最长健全线路作为参考线路，利用"相减相消法"形成构造电流行波，以资消除除参考线路之外的健全线路末端反射波的影响；再利用所获得的构造电流行波的每一层小波重构系数进行自相关分析，获得分别反映故障位置 x_f 或 $l-x_f$、故障线路全长、最长相邻健全线路全长的诸多 τ 值，应用测后模拟原理，由 τ 值计算其对应路径的长度，并由"行波路径匹配"方法筛选真实的故障距离 x_f，并由其相对于全线长的 x_f/l 占比映射至离散的杆塔号上，确定发生闪络故障的杆塔编号。

2) 线路两端行波数据同步下的相关分析检测

利用 db4 正交小波对 20km 处 A 相金属性短路下的 M 端和 N 端 α 模量电流行波进行分解。若取最大尺度为 5，则 M 端和 N 端重构小波系数如图 4-45 所示。

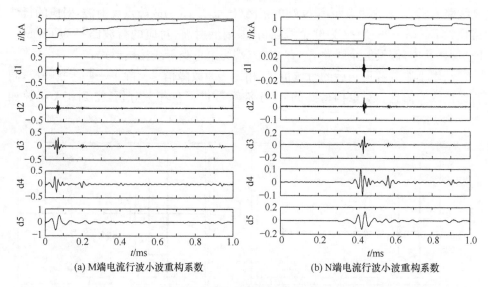

(a) M端电流行波小波重构系数   (b) N端电流行波小波重构系数

图 4-45   电流行波重构小波系数

利用多分辨率的相关函数检测故障初始行波到达量测端 M、N 的时差,可将量测端 M 电流 i_M 作为参考函数,量测端 N 电流 i_N 作为被测函数,则互相关函数为式(4-43a);将量测端 N 电流 i_N 作为参考函数,量测端 M 电流 i_M 作为被测函数,则互相关函数为式(4-43b):

$$\phi(\tau) = \frac{1}{N_1}\sum_{k=1}^{N_1} i_M(k\Delta t)i_N(k\Delta t - \tau) \qquad (4\text{-}43a)$$

$$\phi(\tau) = \frac{1}{N_1}\sum_{k=1}^{N_1} i_N(k\Delta t)i_M(k\Delta t - \tau) \qquad (4\text{-}43b)$$

式中,N_1 为数据长度。以采样间隔为步长进行移动,移动并使得式(4-43)第一次取得最大值对应的 τ 就是 t_{MN},即

$$t_{MN} = \tau|_{\max[\phi(\tau)]} \qquad (4\text{-}44)$$

事实上,若以 i_M 为参考,在时间轴上,将 i_N 往左移或右移与 i_M 进行互相关分析,并将 i_N 起始移动的时刻记为时间参考基准参考点,第一个相关函数极大值对应的时刻与基准参考点差值为 τ 或 $-\tau$,即 $|t_{MN}| = \tau$。同样,以 i_N 为参考,将 i_M 往左移或右移与 i_N 进行互相关分析,并将 i_M 起始移动的时刻记为时间参考基准参考点,第一个相关函数极大值对应的时刻与基准参考点差值为 τ 或 $-\tau$,即 $|t_{MN}| = \tau$。

至此,可形成故障初始行波到达量测端 M、N 的时差的确定流程如图 4-46 所示。

将量测端 M、N 故障电流行波的第一层小波重构系数,以 M 端电流为参考函数,得到的小波系数相关曲线如图 4-47 所示,其中,τ_1 反映故障点离开 M 端的距离。

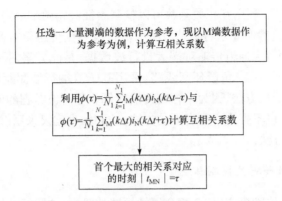

图 4-46　故障初始行波到达量测端 M、N 时差的确定

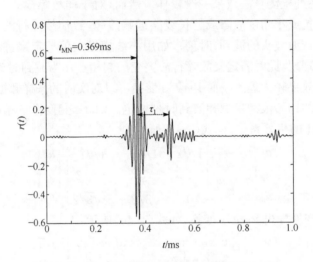

图 4-47　利用相关检测行波到达时刻

由图 4-47 可以看出,相关函数取得最大值所对应的时间 $t_{MN}=0.369\text{ms}$,再计算该频带下的波速,则可以得到不同频带下的测距结果。利用相关函数的测距结果如表 4-14 所示。

表 4-14　利用相关检测的双端测距结果

尺度	中心频率/kHz	相关系数 ρ	波速/(m/s)	测距结果/km	误差/km
第一尺度	375	0.4852	299.5049	19.89	−0.11
第二尺度	187.5	0.5932	299.3974	19.91	−0.09
第三尺度	93.75	0.7878	299.2596	19.93	−0.07
第四尺度	46.88	0.4651	299.0129	19.98	−0.02

由表 4-14 可见,利用互相关函数可以检测表征线路两端故障电流行波首波头波到时差 t_{MN},但这势必要求将对端故障电流行波数据传送至本侧分析子站系统,此行波数据量之大,由通道传输对端大量行波数据,是此方案的不足之处。然而,对于双回线、π 接线路、三角形环网线路,采用基于双端行波测距原理并利用回路波头的单侧行波定位方法,因为不存在传输对侧大量行波数据的问题,此种相关分析检测标定算法:也不失为一种有效的方法。同时,也建议采用以下阐述的高阻故障行波检测标定方法。

12. 高阻弱故障行波检测算法

通常,对于强故障模式(如全相金属性短路故障)的故障行波检测、刻画、表征、标定,上述一系列检测算法效果一般较佳。然而,对于弱故障模式,如过渡电阻远大于线路波阻抗或小角度故障或超长线路远端故障,致使故障行波变化平缓。对于平缓的故障行波波头的波到(时刻),如用小波模极大值标定来进行故障行波测距的精度并不理想,此时若定义故障行波突变的起始点作为波到时刻,来进行故障测距的精度和效果较为理想。而 Park's 变换可以对实时的采样数据进行处理,可用于高阻故障的初始浪涌检测和波到时刻标定。Clark 变换将三相电压或电流变换到 α 和 β 静止的坐标系中,如式(4-45)所示:

$$\begin{bmatrix} u_0 \\ u_\alpha \\ u_\beta \end{bmatrix} = \sqrt{\frac{2}{3}} \begin{bmatrix} 1/\sqrt{2} & 1/\sqrt{2} & 1/\sqrt{2} \\ 1 & -1/2 & -1/2 \\ 0 & \sqrt{3}/2 & -\sqrt{3}/2 \end{bmatrix} \begin{bmatrix} u_a \\ u_b \\ u_c \end{bmatrix} \tag{4-45}$$

由 Clark 变换推出 Park's 变换,如式(4-46)所示:

$$\begin{bmatrix} u_d \\ u_q \end{bmatrix} = \begin{bmatrix} \cos(\omega t + \theta) & -\sin(\omega t + \theta) \\ \sin(\omega t + \theta) & \cos(\omega t + \theta) \end{bmatrix} \begin{bmatrix} u_\alpha \\ u_\beta \end{bmatrix} \tag{4-46}$$

式中,θ 为 A 相电压与 d 坐标轴的夹角。

由式(4-46)可知,Park's 变换是将线模分量 u_α 和 u_β 变换到旋转的坐标上。从物理意义上讲,Park's 变换就是将三相电压或电流变换到 d、q、0 坐标轴上,对于对称三相电压或电流,经过 Park's 变换后,成为直流量,且零轴分量 $i_0 = 0$。故障发生后,经 Park's 变换之后不再为直流量,对于高阻故障,由于故障引起的暂态过程较为微弱,直接采用 i_d 进行故障时刻的标定,可能会因为 i_d 的突变幅值较小而导致标定失败。此处,引入 i_d 的增量 c_{dif} 及其能量 ξ_{dif} 来解决此问题。现定义

$$c_{dif}(k) = i_d(k) - i_d(k-1) \tag{4-47a}$$

$$\xi_{dif}(k) = \sum_{n=k-\Delta k_{EN}+1}^{k} \left[c_{dif}(n) \right]^2 \tag{4-47b}$$

式中,$i_d(k)$ 表示直轴分量 i_d 的第 k 个采样点;$c_{dif}(k)$ 表示 i_d 能量增量 c_{dif} 的第 k 个值;$\xi_{dif}(k)$ 表示 ξ_{dif} 的第 k 个值;Δk_{EN} 表示一定时窗内的采样点数,这里 Δk_{EN} 取 5ms

时窗数据。

　　高阻故障通常发生在单相对大地闪络的情况,往往是指过渡电阻接近和大于线路波阻抗,此处假设线路发生 AG 故障,过渡电阻为 500Ω。图 4-48 为高阻故障下,故障电流及其 ξ_{dif}。由此图可以看出,在高阻故障下,ξ_{dif} 在故障行波浪涌到达时刻突变明显,能够准确标定量测端故障浪涌到达时刻,用于输电线路弱故障模式下双端行波测距有显著优势。如果采样率取为 $f_s = 10\text{kHz}$,时窗长度不大于 1ms,则式(4-47)可用于行波保护或暂态量保护启动元件。

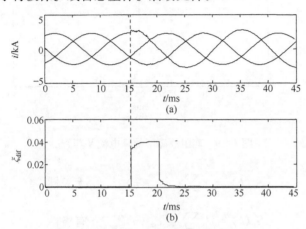

图 4-48　高阻故障下量测端故障电流及其 ξ_{dif}

　　以下继续阐述几种可以用于高阻故障行波浪涌检测和浪涌到达时刻的标定算法。

　　(1) 令

$$i_{\Sigma}(k) = i_d^2(k) + i_q^2(k) \tag{4-48a}$$

$$c_{dif}(k) = i_{\Sigma}(k) - i_{\Sigma}(k-1) \tag{4-48b}$$

$$\xi_{dif}^{\Sigma}(k) = \sum_{n=k-\Delta k_{EN}+1}^{k} \left[c_{dif}(n) \right]^2 \tag{4-48c}$$

　　图 4-49 为利用式(4-48)构造的用于高阻故障检测算法的效果图。与图 4-48 相比,ξ_{dif}^{Σ} 刻画故障行波浪涌到达时刻的突变更加明显。其中,Δk_{EN} 为 5ms 时窗内的采样点数。式(4-48)描述的检测标定算法用于输电线路弱故障的双端故障行波测距时具有明显的优势。同样,在 10kHz 采样率下取接近于且不大于 1ms 的时窗数据,则式(4-48)可用于暂态量保护启动元件。

　　(2) 利用相电流相邻两个采样值向后差分构造电流变化梯度为

$$c_{dif}(k) = \left[i(k) - i(k-1) \right] / \Delta t \tag{4-49}$$

式中,k 表示当前采样点;Δt 表示采样间隔,以 ms 为单位。若用 $S(k)$ 表示电流梯度和,则有

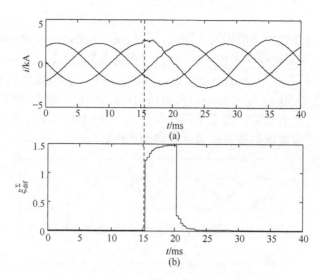

图 4-49　高阻故障下故障电流及其 $\xi^{\Sigma}_{\mathrm{dif}}$

$$S_1(k) = \sum_{n=k-N+1}^{k} \left[c_{\mathrm{dif}}(n) \right]^2, \quad 无极性 \tag{4-50}$$

$$S_2(k) = \sum_{n=k-N+1}^{k} \left[c_{\mathrm{dif}}(n) \right]^3, \quad 有极性 \tag{4-51}$$

式中,对于仿真获取的行波,N 取 5,N 最小也可取 3,就可取得较好的检测标定效果。当系统正常运行时,在短窗内电流梯度值 c_{dif} 相对很小;在故障行波浪涌波到时刻,$S(k)$ 突变明显,能够用于弱故障行波的检测及其波到时刻的标定,且 $S_2(k)$ 还可标定行波极性,如图 4-50 所示。可见,在 $f_s = 1\mathrm{MHz}$ 下,N 取合理小值,如 N 取 5 或 10,$S_2(k)$ 可以取得与小波模极大值对故障行波一样,可得相同或优异的检测标定效果,且可以先对故障行波进行小波变换,再用 $S_2(k)$ 对其高频段小波系数进行突变量检测和标定,以提高抗干扰能力。如果 N 取更大的值,更有利于提高抗干扰能力,如 N 取 10 可用于近端短路行波突变标定,或者可用于对雷击故障行波标定,而取 50 可用于山火故障行波标定;又如在 $f_s = 1\mathrm{MHz}$ 下,取 1ms 时窗数据,用 $S_1(k)$ 则能可靠标定弱故障行波浪涌到达时刻,用于双端行波测距的高阻故障定位。诚然,如果 $f_s = 10\mathrm{kHz}$ 或者 6.4kHz,取时窗 1ms 数据,$S_1(k)$ 可以构建灵敏而可靠的暂态量保护启动元件,替代现行的微机线路保护启动突变量算法,以提高保护启动元件的可靠性。

(3) 利用相电流相邻两个采样值之差构成的电流突变量 Δi 为

$$\Delta i(k) = i(k) - i(k-1) \tag{4-52}$$

现定义观测时窗内 Δi 不连续性程度的测度为"突变能量":

$$E_1(k) = \sum_{n=k-\Delta+1}^{k} \left[\Delta i(n) \right]^2, \quad 无极性 \tag{4-53}$$

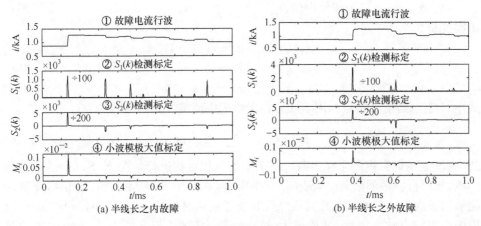

(a) 半线长之内故障　　　　　　　　(b) 半线长之外故障

图 4-50　高阻故障下故障电流及其 $S(k)$ 检测

$$E_2(k) = \sum_{n=k-\Delta k+1}^{k} \left[\Delta i(n) \right]^3, \quad \text{有极性} \tag{4-54}$$

式中，k 表示当前采样点；Δk 表示一定时窗内的采样点数，此处 Δk 取 5，最小可取 3。值得指出的是，宏观世界里的能量总是连续的，这里为了检测刻画 Δi 和 Δu 在观测时窗内的不连续性程度，取其在观测时窗内平方和来表征与计算，并定义为"突变能量"检测。全书同。此外，把式（4-53）描述的"电流突变能量"检测算法记为 $\xi(n)$，"电压突变能量"检测算法记为 $\xi u(n)$。

图 4-51 为高阻故障下，故障相电流及其 $E(k)$ 值。由此图可以看出，$E(k)$ 在故障行波浪涌波到时刻突变明显，因此，能够用于高阻故障的检测及其故障行波浪涌到达时刻的标定，且 $E_2(k)$ 可与小波模极大值类似，检测表征其行波极性。这里，$E(k)$ 和 $S(k)$ 检测所应用的场景和应用的效果是相同的，仅是表征的幅值含义不同，$S(k)$ 的检测幅值大于 $E(k)$ 的检测幅值。当然，这里暂且不论及小波分解与重构问题。

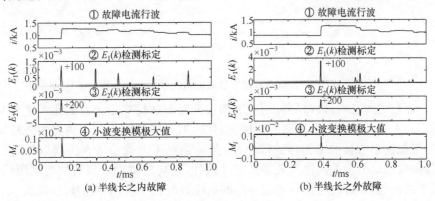

(a) 半线长之内故障　　　　　　　　(b) 半线长之外故障

图 4-51　高阻故障下故障电流及其 $E(k)$ 检测

(4) 设 i_{ab}、i_{bc}、i_{ca} 为线模电流，$i_{ab}=i_a-i_b$、$i_{bc}=i_b-i_c$、$i_{ca}=i_c-i_a$。定义线模电流突变量为

$$\Delta i_{ab}(k)=i_{ab}(k)-i_{ab}(k-1) \tag{4-55a}$$

$$\Delta i_{bc}(k)=i_{bc}(k)-i_{bc}(k-1) \tag{4-55b}$$

$$\Delta i_{ca}(k)=i_{ca}(k)-i_{ca}(k-1) \tag{4-55c}$$

式中，k 表示当前采样点。用 $S_M(k)$ 表示线模电流突变量的平方和，有

$$S_M(k)=\sum_{l=k-N+1}^{k}\Delta i_{ab}^2(l)+\sum_{l=k-N+1}^{k}\Delta i_{bc}^2(l)+\sum_{l=k-N+1}^{k}\Delta i_{ca}^2(l) \tag{4-56}$$

式中，N 表示时窗内的采样点数。在正常的三相对称运行情况下，$S_M(k)$ 的理论值为零，故障行波浪涌波到时，$S_M(k)$ 发生突变，如图 4-52 所示。由此可见，此算法能够用于高阻故障的检测及其故障行波浪涌到达时刻的标定，其中，N 取 20ms 时窗内的采样点数。当然，N 值越大，抗干扰能力越强，若这里 N 取 1ms 时窗内采样点数，则能对线路弱故障行波检测标定其波到时刻，很适宜应用于双端行波测距。同理，$S_M(k)$ 算法也可用于暂态量保护启动元件。若 N 取 3 或 5，作为启动算法，其抗干扰能力比现有微机保护突变量启动更有优势。原因是，$S_M(k)$ 同样是先微分后积分运算，其增强了抗干扰能力，而突变量启动仅是微分，尽管可以通过展宽时间来判断以期提高其可靠性，但微分运算会放大差模噪声干扰。

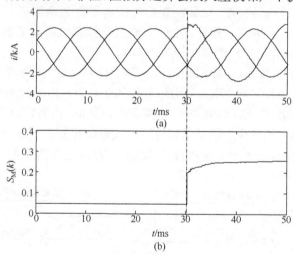

图 4-52　高阻故障下故障电流及其 $S_M(k)$ 检测

总而言之，故障行波奇异性的检出和波到时刻的标定是行波测距的重要基础和前提。上述各种检测和波到时刻标定算法，对于线路发生全相短路的强故障模式、对于振荡不明显的非雷击故障行波，尤其是对于由模型仿真所获取的行波波形，各种暂态信号检测算法其效果具有一致性，且均能得到较高精度的测距结果，而对于线路的弱故障模式，量测端获得的故障行波较平缓，不同的行波波头(波到)定义和信号处理算法得到的结果(效果)有所不同。此外，上述检测标定算法用于

初始行波标定时其效果或许具有一致性,但是,应用于单端行波测距中对实录暂态波形的有效行波进行标定时,因其故障原因多种多样,如对于线路雷击故障与山火故障,这些标定算法不一定个个都适用。以单端行波测距实用化和测距过程自动化为目标,对实际线路实际故障实录暂态波形中的行波进行检测、表征、刻画和标定有卓越表现的检测方法,如基于直线检测的 Hough 变换标定方法、突变能量函数 $S_2(k)$ 检测标定方法等的实际应用情况,可参见第 9 章。

4.3　线路雷击点与闪络点不一致的识别与测距

1. 雷击点与闪络点不一致

雷击故障是超高压输电线路的主要故障,因为感应雷一般不致超高压线路绝缘子闪络,因此以分析其直击雷为主。通常,雷电直接击中杆塔塔顶或避雷线时,其雷电流幅值一般较大,致使两基杆塔之间某一基杆塔上线路的绝缘子发生闪络,该情况可视为雷击点与闪络点一致。若雷电绕击导线,通常此雷电电流幅值较小,雷电行波沿导线传播一段距离后,若在两基杆塔之间距离以外的绝缘薄弱处发生闪络,则认为雷击点与闪络点不一致。雷击点与闪络点位置一致时,量测端得到的行波可视为来自故障点的行波在观测端经过折、反射叠加形成。该情况不影响现有的单端或双端行波法的有效性及其测距精度。雷击点与闪络点位置不一致时,线路除了由雷电流注入雷电行波外,相继还存在闪络故障行波。对于闪络侧,雷击行波与闪络行波同时到达量测端;对于雷击侧,雷电注入行波先于闪络行波到达量测端。

由初步分析可见,对于雷击点与闪络点不一致的情况,双端行波测距原理和方法对雷击点定位仍适用,但尚需进一步对闪络点进行定位,其关键是正确识别线路雷击侧和闪络侧。传统的单端行波测距原理和方法,着眼于故障点反射波的辨识。事实上,在单端观测到的行波(群)波形波到时刻和极性隐含某种周期规律,应用波到(也可含极性)序列信息可以构成广义的单端行波测距。

交流输电线路发生雷击时,雷击点与闪络点不一致情况如图 4-53 所示。线路量测端 M 采集到的第一个电流行波浪涌来自雷电注入行波,量测端 M 称为雷击侧,量测端 N 称为闪络侧,其雷电注入浪涌和闪络浪涌几乎同时到达。

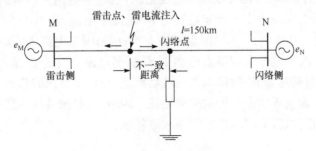

图 4-53　雷击点与闪络点不一致

2. 雷击故障暂态过程分析

大量运行经验表明,雷电放电多为负极性脉冲波,占比约为 90%,故通常可以负极性雷为例进行仿真与讨论。雷电流模型目前普遍采用双指数模型,如式(4-57)所示:

$$i_l(t)=I_0(\mathrm{e}^{-t/T_1}-\mathrm{e}^{-t/T_2})\tag{4-57}$$

式中,波前时间 T_1 的取值范围为 $1.2\sim10\mu\mathrm{s}$;波尾时间 T_2 的取值范围为 $10\sim100\mu\mathrm{s}$;I_0 为雷电流的幅值。

交流输电线路雷击点与闪络点不一致情况下的故障分量网络如图 4-54 所示。此图中设无畸变线路在 F_1 点发生雷电绕击,设雷击时刻为 0 时刻,但未闪络,雷电注入行波传播一段距离后在 F_2 处发生闪络。

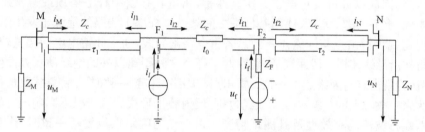

图 4-54　雷击点与闪络点不一致故障分量网络

在无频变行波网格表征体系下,量测端 M(雷击侧)检测到电流行波为

$$i(t)=\begin{cases}-(1+\beta_\mathrm{M})i_{l1}[\mathrm{e}^{-(t-\tau_1)/T_1}-\mathrm{e}^{-(t-\tau_1)/T_2}], & \tau_1<t<\tau_1+2t_0\\ -(1+\beta_\mathrm{M})i_{l1}[\mathrm{e}^{-(t-\tau_1-2t_0)/T_1}-\mathrm{e}^{-(t-\tau_1-2t_0)/T_2}]-(1+\beta_\mathrm{M})i_{f1}(t-\tau_1-2t_0), & \tau_1+2t_0<t<\tau_1+2(\tau_1+t_0)\end{cases}\tag{4-58}$$

同理,量测端 N(闪络侧)检测到电流行波为

$$i(t)=\begin{cases}0, & 0<t<t_0+\tau_2\\ -(1+\beta_\mathrm{N})\alpha_\mathrm{f}i_{l2}[\mathrm{e}^{-(t-t_0-\tau_2)/T_1}-\mathrm{e}^{-(t-t_0-\tau_2)/T_2}]-(1+\beta_\mathrm{N})i_{f2}(t-t_0-\tau_2), & t_0+\tau_2<t<2\tau_2\end{cases}\tag{4-59}$$

式中,β_M、β_N 分别为 M、N 侧母线系统的反射系数;α_f 为闪络点的折射系数;i_l 为雷击电流;i_{l1} 为雷击电流由雷击点起始流向 M 量测端电流;i_{l2} 为雷击电流由雷击点起始流向 N 量测端电流;i_f 为故障点闪络电流;i_{f1} 为闪络电流由闪络点流向 M 量测端电流;i_{f2} 为闪络电流由闪络点流向 N 量测端电流。雷击侧,雷电流注入引起的电流行波先行到达,闪络故障电流行波后到达,量测端检测的初始电流行波为雷电流注入行波,未呈现雷击致使的故障特征。闪络侧,量测端检测到由雷击引起的闪络故障电流行波(群)全量,含有闪络故障特征。

3. 雷击点与闪络点不一致情况的单端行波测距

单端行波测距的关键是故障点反射波的辨识,而对于雷击闪络故障,线路上附加了一个雷电流注入行波源。在雷击点与闪络点不一致时,量测端检测到的行波不仅有故障闪络行波,还有雷电行波,使得故障点反射波的辨识变得更加困难。因此,针对该情况,若按照传统的单端行波法进行测距,仅对某一个故障点反射波波头进行检测和标定,那错误的标定将直接影响测距结果的正确性。输电线路发生故障时,量测端不仅可以检测到幅值较大的故障初始行波波头,还可以检测到一系列的行波波头。相同性质的行波波头到达量测端的时刻呈现周期性,利用行波波头出现的周期性质,并结合分析,可以诊断性地进行故障测距。现假设如图 4-55 所示输电线路发生雷击点与闪络点不一致故障。在图 4-55 中,M 端和 N 端母线均为多出线形式,即电流在量测端的反射系数 $\beta_M > 0$,并假设健全线路为半无限长线路,故不考虑其在量测端的反射波。

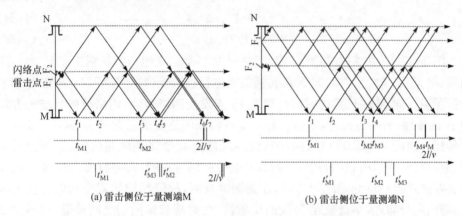

(a) 雷击侧位于量测端M　　　　　　　　(b) 雷击侧位于量测端N

图 4-55　雷击点与闪络点不一致的行波到达量测端 M 的序列

在图 4-55(a)中,M 侧为雷击侧,N 侧为闪络侧。雷电行波从雷击点 F_1 向线路两端(M 端和 N 端)传播,向 M 端传播的雷电行波直接到达测量端 M,并在 M 端发生折反射。向 N 端传播的雷电行波在绝缘薄弱点 F_2 点发生闪络故障,增加了闪络电流行波源,一方面,闪络行波向 M 端传播;另一方面,雷电行波在闪络点,折射波和闪络行波叠加在一起继续向 N 端传播,到达 N 端后将在 N 端发生折反射。由图 4-55(a)可知,初始雷电行波在故障点和量测端之间传播,在量测端观测,故障行波与雷电初始行波同极性,且等间隔分布;闪络行波在故障点和量测端之间传播,在量测端观测,故障行波与雷电初始行波反极性,等间隔分布;对端母线反射波与雷电初始行波反极性,等间隔分布。对上述情况下的行波到达量测端 M 的时刻进行标定,将初始行波的极性记为正,与之相反的极性记为负。正极性故障行波

波到时刻按照时间顺序排列起来表示为

$$\boldsymbol{t}_{i+}=[t_{M1},t_{M2},t_{M3},\cdots,t_{Mn}] \tag{4-60}$$

式(4-60)称为正极性波到时间序列。同理,负极性波头按照时间顺序排列起来可表示为

$$\boldsymbol{t}_{i1-}=[t'_{M1},t'_{M2},t'_{M4},\cdots,t'_{M2k}] \tag{4-61}$$

$$\boldsymbol{t}_{i2-}=[t'_{M1},t'_{M3},t'_{M5},\cdots,t'_{M2k+1}] \tag{4-62}$$

在式(4-60)~式(4-62)中,$n=1,2,3,\cdots$;$k=1,2,3,\cdots$。由图 4-55 可知,闪络故障点的反射波与初始雷电行波同极性,两者之间的时差所反映的是闪络点与 M 端的距离,记为 x_f;对端母线 N 端反射波的极性与雷电初始行波的极性相反,反映闪络点与 N 端的距离,记为 $l-x_f$;雷击注入电流行波在故障点反射波的极性与初始行波的极性相反,同样反映闪络点与 M 端的距离,记为 x_f。由此可得,雷击侧位于 M 侧,其等时间间隔序列 Δt_i 与故障距离的关系为

$$x_f=1/2v\Delta t_{i+} \tag{4-63}$$

$$l-x_f=1/2v\Delta t_{i1-} \tag{4-64}$$

$$x_f=1/2v\Delta t_{i2-} \tag{4-65}$$

图 4-55(b)中,雷击侧为 N 侧,闪络侧为 M 侧。雷电行波从雷击点 F_1 向线路两端(M 端和 N 端)传播,向 N 端传播的雷电行波直接到达测量端 N,并在 N 端发生折反射。向 M 端传播的雷电行波在 F_2 点发生闪络故障,闪络故障行波一方面向 N 端传播;另一方面,闪络行波和雷电行波在闪络点的透射波叠加在一起向 M 端传播。由图 4-55(b)可知,闪络行波在故障点和量测端之间传播,在量测端观测,故障行波与雷电初始行波同极性,且是等间隔分布的;雷电行波在对端 N 的反射波在故障点和量测端之间传播,在量测端观测,故障行波与雷电初始行波反极性,等间隔分布;闪络行波在 N 端的反射波,在对端和量测端之间传播,在量测端观测,故障行波与雷电初始行波同极性,等间隔分布;雷电行波在对端 N 的反射波,在对端和量测端之间传播,在量测端观测,故障行波与雷电初始行波反极性,等间隔分布。同样,对上述情况下的行波到达测量端 M 的时刻进行标定,将初始行波的极性记为正,与之相反的极性记为负。正极性故障行波波到时刻按照时间顺序排列起来可表示为

$$\boldsymbol{t}_{i1+}=[t_{M1},t_{M2},t_{M4},\cdots,t_{M2n}] \tag{4-66}$$

$$\boldsymbol{t}_{i2+}=[t_{M1},t_{M3},t_{M5},\cdots,t_{M2n+1}] \tag{4-67}$$

负极性行波波到时间序列为

$$\boldsymbol{t}_{i1-}=[t'_{M1},t'_{M2},t'_{M4},\cdots,t'_{M2k}] \tag{4-68}$$

$$\boldsymbol{t}_{i2-}=[t'_{M1},t'_{M3},t'_{M5},\cdots,t'_{M2k+1}] \tag{4-69}$$

由图 4-55(b)可知,在 M 端为闪络侧的情况下,M 端量测端初始行波为雷电行波折射波和闪络行波的叠加行波。闪络故障行波的极性与 M 端检测到的故障初始行波的极性相同,反映闪络点距离 M 的距离,记为 x_f;闪络行波在闪络点的反射波与故障初始行波同极性,反映位置为闪络点距离 N 的距离,记为 $l-x_f$;雷击行波在 N 端的反射波与故障初始行波反极性,反映闪络点距离 N 的距离,记为 $l-x_f$;对端 N 端反射波在故障点反射波与故障初始行波反极性,反映闪络点距离 M 的距离,记为 x_f。这样,雷击侧位于 N 侧、闪络侧位于 M 侧,行波波到量测端 M 的时间序列间隔 Δt_i 与故障距离的关系为

$$l-x_f=1/2v\Delta t_{i1+} \tag{4-70}$$

$$x_f=1/2v\Delta t_{i2+} \tag{4-71}$$

$$l-x_f=1/2v\Delta t_{i1-} \tag{4-72}$$

$$x_f=1/2v\Delta t_{i2-} \tag{4-73}$$

综上所述,同一极性时间序列间隔 ΔT_i 与距离的关系为

$$x=1/2v\Delta T_i \tag{4-74}$$

在式(4-74)中,$x=x_f$ 或 $l-x_f$ 为两个对偶的故障距离。可见,利用同一极性行波等间隔周期性分布的特点,对多个故障行波进行辨识和标定,可以得到两个可能的故障位置 x_f 和 $l-x_f$,且两个故障距离之和为线路的全长 l。这样,利用相同性质的行波波头波到时序上的周期性,可进行故障测距,且不需要判断线路故障是否为雷击故障,也无须判断雷击点与闪络点是否一致。

雷击点与闪络点不一致的单端行波测距的步骤如下:

(1)量测端记录的故障电流行波。

(2)利用三次 B 样条小波模极大值对行波波头到达量测端的时刻进行标定。

(3)根据行波波头与初始行波极性比较形成"正极性行波波到时序"和"负极性行波波到时序"。"正极性行波波到时序"为 $t_{i+}=[t_{1+},t_{2+},t_{3+},\cdots,t_{n+}]$,"负极性行波波到时序"为 $t_{i-}=[t_{1-},t_{2-},t_{3-},\cdots,t_{n-}]$。

(4)计算 Δt_i,应剔除初始行波经过 $2l$ 后传播至量测端 M 的那个波到时刻。

(5)搜寻 Δt_i 的周期 ΔT_i,即得到得到正极性行波波到时差的周期 $\Delta T_{ik+}(k=1,2,\cdots)$,负极性行波波到时差的周期 $\Delta T_{ik-}(k=1,2,\cdots)$。

(6)故障测距。根据步骤(5)得到 ΔT_{ik+} 和 ΔT_{ik-},根据 $x=1/2v\Delta T_i$ 计算出距离 x。

现假设雷电绕击 A 相输电线路,雷击点距离 M 端 65km,闪络点距离 M 端 80km,则量测端 M 检测并记录的故障行波波形如图 4-56(a)所示。利用三次 B 样条小波函数对行波波头到达量测端时刻进行标定,结果如图 4-56(b)所示。现假设雷电绕击输电线路,雷击点距离 M 端 95km,闪络点距离 M 端 80km,则量测端 M 检测到的故障电流行波波形如图 4-57(a)所示。利用三次 B 样条小波函数对行

波波头到达量测端时刻进行标定,其结果如图 4-57(b)所示。雷击点与闪络点不一致时,利用小波变换模极大值标定行波波到时刻的结果如表 4-15 所示。

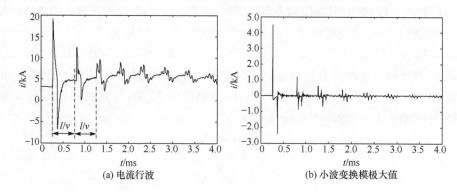

(a) 电流行波   (b) 小波变换模极大值

图 4-56   雷击点位于 M 侧的电流行波及其对应小波变换模极大值

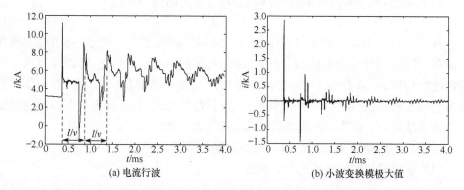

(a) 电流行波   (b) 小波变换模极大值

图 4-57   闪络点位于 M 侧的电流行波及其对应小波变换模极大值

表 4-15   雷击点与闪络点不一致时电流行波到达量测端时刻

雷击侧位于 M 端						
正极性行波波头时序/μs		0	535	(1002)	1071	
负极性行波波头时序/μs	0	466	535	937	(1002)	1071
闪络侧位于 M 端						
正极性行波波头时序/μs	0	469	534	938	(1002)	1070
负极性行波波头时序/μs	0	469	535	937	(1002)	1069

首先剔除初始行波在 298km/ms 波速下经过 $2l=300$km 后传播至量测端 M 的波到时刻,即 1002μs 附近的时刻。由图 4-56(b)和表 4-15 得到正极性行波波到时差的周期为

$$\Delta T_{i+} = [535, 536]\mu s \tag{4-75}$$

同理,得到负极性行波波到时差的周期为

$$\Delta T_{i1-} = [468, 469] \mu s \tag{4-76}$$

$$\Delta T_{i2-} = [535, 536] \mu s \tag{4-77}$$

根据式(4-76)和式(4-77)得到的结果为

$$x(\Delta T_{i+}) = [79.715, 79.8640] \text{km} \tag{4-78}$$

$$x(\Delta T_{i1-}) = [69.7320, 69.8810] \text{km} \tag{4-79}$$

$$x(\Delta T_{i2-}) = [79.715, 79.8640] \text{km} \tag{4-80}$$

由式(4-78)～式(4-80)可以得到两个距离 x_1 和 x_2,且 $x_1 + x_2 = l$。可以对得到的结果求取均值,得到最终一个折中的测距结果。如对式(4-78)和式(4-80)求取均值为

$$\overline{x} = (79.715 + 79.8640 + 79.715 + 79.8640)/4 = 79.7895 (\text{km}) \tag{4-81}$$

同理,由图 4-56(b)和表 4-15 可以得到结果为

$$x(\Delta T_{i1+}) = [69.8810, 69.8810] \text{km} \tag{4-82}$$

$$x(\Delta T_{i2+}) = [79.5660, 79.8640] \text{km} \tag{4-83}$$

$$x(\Delta T_{i1-}) = [69.8810, 69.7320] \text{km} \tag{4-84}$$

$$x(\Delta T_{i1-}) = [79.7150, 79.5660] \text{km} \tag{4-85}$$

综上分析可知,对于雷击点与闪络点不一致的情况,对后续行波按照其极性,相对于初始行波极性而言,相同定义为正极性,相反定义为负极性,这样来形成正极性波到时序和负极性波到时序 2 个时间序列,再分别利用正极性波到时序和负极性波到时序中所蕴涵的周期性质,根据式(4-74)易获得 x_f 和 $l - x_f$ 两个解,继而实现单端测距。值得指出的是,上述方法当然适用于雷击点与闪络点一致情况下的单端行波测距。诚然,上述方法的背景完全基于雷击导线的电磁暂态仿真而获取的。

4. 雷击侧与闪络侧的识别方法及双端行波故障测距

1) 利用初始电流行波幅值大小判断雷击侧和闪络侧

若不考虑行波传播过程中的衰减,量测端 M(雷击侧)检测到的第一个电流行波主要为雷电流行波,其幅值取决于雷电流行波的幅值和母线处的反射系数,量测端 N(闪络侧)检测到的第一个电流行波为雷电流和闪络电流贡献的响应之和。若 M、N 具有相同的母线接线形式,即量测端 M 和 N 的反射系数基本相同,则由于闪络点的分流作用,闪络侧检测到的第一个电流行波波头幅值应小于雷击侧检测到的第一个电流行波波头幅值,据此可以提出识别雷击侧与闪络侧的判据如下。

若 M 端检测到的电流幅值大于 N 端电流幅值,即

$$i_M - i_N > \delta \tag{4-86a}$$

则 M 侧为雷击侧。

若 M 端检测到的电流幅值小于 N 端电流幅值,即

$$i_N - i_M > \delta \tag{4-86b}$$

则 N 侧为雷击侧。

若 M 端检测到的电流幅值近似等于 N 端电流幅值,即

$$|i_N - i_M| \leqslant \delta \tag{4-86c}$$

则雷击点与闪络点一致。式中,i_M 为量测端 M 检测到的故障相电流行波第一个波头幅值的最大值;i_N 为量测端 N 检测到的故障相电流行波第一个波头幅值。为了验证其正确性,将雷击点与闪络点间隔距离均设置为 10km,对雷击点沿线进行遍历,观察雷击点在不同位置时线路两侧保护安装处检测到的故障相电流行波幅值的变化规律。当 M 侧为雷击侧,N 侧为闪络侧,雷击点发生在线路的不同位置处时,线路两侧保护安装处检测到的故障相电流幅值的分布规律如图 4-58(a)所示;当 N 侧为雷击侧,M 侧为闪络侧,雷击点发生在线路的不同位置时,线路两侧保护安装处检测到的故障相电流幅值的分布规律如图 4-58(b)所示;雷击点和闪络点一致时,线路两侧保护安装处检测到的故障相电流幅值的分布规律如图 4-58(c)所示。

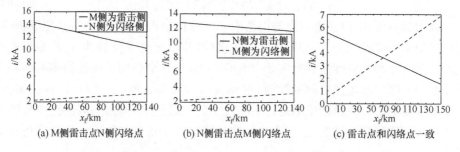

图 4-58　雷击点与闪络点不一致 M、N 两端故障相电流幅值

由图 4-58 可以看出,利用判据式(4-86)可以判断出雷击点和闪络点是否一致,当雷击侧和闪络侧不一致时,能够识别出雷击侧和闪络侧。

2) 利用小波系数能量辨识雷击侧和闪络侧

雷击侧的故障电流中雷电波所占比例相对较大,因而高频分量比例较高。在较小时间窗内,雷击侧故障电流中低频分量能量与总能量的比例低于闪络侧故障电流。据此,比较线路两侧故障电流中低频能量与总能量之比即可识别雷击侧和闪络侧。假设雷电绕击输电线路 A 相,雷击点距离 M 端 65km,闪络点距离 M 端 80km,雷击点与闪络点相差 15km。利用如图 4-59(a)所示的小波分解对线路两侧 0.3ms 内的故障电流数据进行分解,不同频带下的小波系数能量分布如图 4-59(b)所示。

图 4-59 中,不同尺度下,小波系数的能量值由式(4-87)计算所得

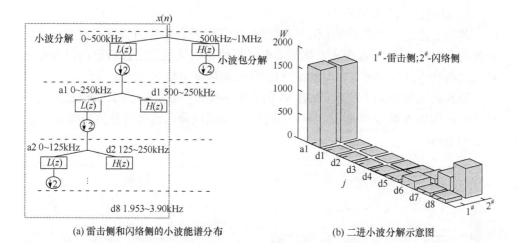

(a) 雷击侧和闪络侧的小波能谱分布　　　(b) 二进小波分解示意图

图 4-59　雷击侧与闪络侧的频谱分布

$$W_j = D_j^2(k), \quad k = 1, 2, 3, \cdots, N \tag{4-87}$$

式中，D_j 表示某一频带 j 的小波系数；W_j 表示某一频带 j 下的小波系数能量。

由图 4-59(a) 可以看出，d6~d8 尺度下，闪络侧和雷击侧的暂态电流含量差异很大，据此可以构成识别雷击侧和闪络侧的判据为

$$k = \frac{E_1}{E_2} = \frac{\displaystyle\sum_{j=6}^{8} D_j^2}{\displaystyle\sum_{j=1}^{8} D_j^2} \tag{4-88}$$

式中，E_1 为较低频带的能量和；E_2 为所有频带下的小波系数能量和。根据线路两侧低频能量与总能量之比 k 值的大小，即可判断出雷击侧和闪络侧，判据如下。

若

$$k_M / k_N > k_{set} \tag{4-89a}$$

则 M 侧为雷击侧。

若

$$k_M / k_N < k_{set} \tag{4-89b}$$

则 N 侧为闪络侧。

若

$$k_M / k_N \approx k_{set} \tag{4-89c}$$

则视为雷击侧与闪络侧一致。

大量仿真表明，除近端故障外，利用上述方法均可准确判断出雷击侧和闪络侧。

　　3) 双端行波故障测距

　　利用上述方法判断出雷击侧和闪络侧后,利用现有通常的双端行波测距算法对雷击点进行定位,再根据雷击侧雷击电流行波与闪络故障电流行波的时间差求解出闪络故障点与雷击点之间的距离,借此实现故障定位。

　　仿真系统如图 3-1 所示,设置 M 侧为闪络侧,N 侧为雷击侧,雷击点距离 N 端 85km,闪络点距离 N 端 100km,M 端和 N 端的故障电流行波分别如图 4-60 和图 4-61 所示。

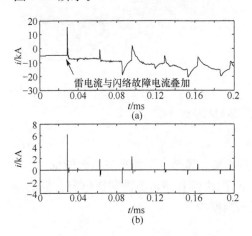

图 4-60　线路 M 端电流行波及其模极大值

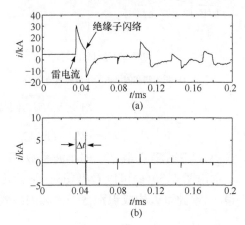

图 4-61　线路 N 端电流行波及其模极大值

　　由图 4-60 和图 4-61 可以看出,N 端检测到的第一个电流行波波头的幅值大于 M 端检测到的第一个电流行波波头的幅值,由此可以判断 N 侧为雷击侧,M 侧为闪络侧,即 M 侧检测到的第一个行波为闪络行波,N 侧检测到的行波为雷击行波。判断出雷击侧和闪络侧后,利用现有的双端测距算法对雷击点进行定位,由图 4-60 和图 4-61 可知,雷击点距离 M 端的距离 $x_M = [v(t_M - t_N) + l]/2 = 65.76km$,其中,$t_M$ 为 M 端检测到的第一个行波浪涌到达时刻,t_N 为 N 端检测到的第一个行波浪涌到达的时刻,l 为 MN 线路长度。同样可以计算出雷击点距离 N 端的距离 $x_N = [v(t_N - t_M) + l]/2 = 84.2km$。根据前面的分析可知,N 端为雷击侧,N 端获取得到首个行波为雷电流行波,与故障初始行波极性相反的第一个行波为闪络故障行波。根据 N 端电流行波首波头与故障电流行波的时间差即可求出雷击点与闪络点之间的距离。由图 4-61 可知,雷电流与故障电流的时差 Δt 为 0.102ms,则闪络点与雷击点之间的距离为 $\Delta x = v\Delta t = 15.2km$。这样,可以计算闪络点距离 N 端的距离为 $x = x_N + v\Delta t = 99.44km$,测距结果误差为 0.56km。可见,该方法较好地满足了雷击点和闪点不一致情况下双端行波故障测距的要求。

4.4　电弧故障的行波测距

高压输电线路单相接地故障有时表现为电弧性故障。非线性电弧过程可分为一次电弧(断路器开断前)和二次电弧(断路器分闸后)两个阶段。行波测距利用的是故障后较短时窗长 $2\tau_L=2l/v$ 内的数据,如 $l=300\text{km}$,时窗长取为 2ms,故这里主要研究一次电弧的特性及其对行波测距的影响。

一般地,可以用式(4-90)所示的微分表达式来模拟一次电弧:

$$\frac{\partial g_\text{p}}{\partial t}=\frac{1}{T_\text{p}}(G_\text{p}-g_\text{p}) \tag{4-90}$$

$$G_\text{p}=\frac{|i|}{v_\text{p}l_\text{p}} \tag{4-91}$$

式中,g_p 是随时间变化的一次电弧电导;G_p 反映了电弧的静态特性,可以解释为在恒定的外部条件下,当电弧电流在足够长的时间里维持某个值时的电弧电导值;i 是电弧电流;v_p 是一次电弧单位长度的电弧电压;l_p 是电弧长度。根据式(4-91)所示的搭建电弧仿真模型,电弧特性如图 4-62 所示。

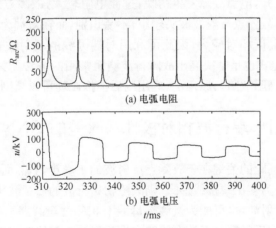

图 4-62　电弧特性

由图 4-62 可以看出,电弧的电阻是时变的,在数字仿真中,电弧电阻的范围是 5~210Ω。电弧电压近似为方波信号。

对于单端行波故障测距,行波波头的正确辨识和行波波头到达时刻准确标定是行波测距的关键。对于长为几十千米到几百千米的输电线路,电弧电压的方波特性并不会影响行波波头性质的识别。输电线路发生电弧故障时,量测端检测到故障电流行波表现出高阻故障的特征,其行波过程不明显。设图 3-1 所示的仿真系统,在距离量测端 70km 处输电线路发生电弧故障,量测端检测到的电流行波和对应的小波变换如图 4-63 所示。

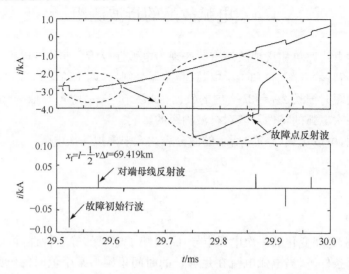

图 4-63　输电线路发生电弧故障时检测端电流行波及其对应的小波变换模极大值

　　由图 4-63 可知,电弧故障发生初瞬,过渡电阻较大,故障点反射系数较小,折射系数较大,使得故障点反射波波头较小,不易识别,而在对端为多出线形式下,其反射波的幅值和陡度相对较大,因此可利用对端母线的反射波进行故障测距,即 $x_f = l - v\Delta t/2$。此式也是解决高阻故障行波测距常用的方法。关键是如何判别属于电弧型故障或高阻故障。原理上,应用测后模拟原理可以甄别故障位置的真伪。

4.5　利用单端行波相对极性和时差的 ANN 故障测距

　　单端法行波测距的关键在于故障点反射波的正确辨识,然而,对于交流输电线路,量测端母线若为多出线接线形式,则故障初始行波的后续波头可能为故障点反射波、对端母线反射波,也可能为量测端母线上相邻健全线路末端反射波、对端母线上健全线路末端反射波。而所有线路末端反射波与其线路末端母线接线形式有关,因此,故障点反射波的辨识受到的干扰因素较多,而显得较为困难。本节利用人工神经网络的非线性函数逼近拟合能力,顺序选取量测端电流行波中初始行波后续的 3 个波头与初始行波波头的时差和相对极性作为 ANN 输入样本属性,训练并建立 ANN 故障测距模型和算法,实现单端行波测距,此将不依赖行波波头的辨识。怎样才能保证后续的 3 个行波波头必然有故障点反射波,这里拟采用由"相减相消"原理获得的构造电流行波,并用其后续 3 个行波波头与首波头相对时差和极性作为故障测距 ANN 模型的输入样本属性。以图 4-64 所示的输电线路单相接地故障为例进行阐述。其中,线路两侧母线均为第 I 类母线接线形式,且健全线路末端母线接线形式确定。

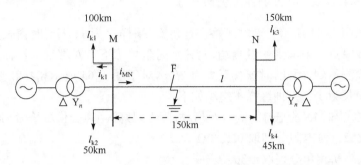

图 4-64 输电线路结构图

如图 4-64 所示的输电线路发生单相接地故障,分别假设故障位于距 M 端 40km 和 110km 处,选取 l_{k1} 作为参考线路,故障线路故障电流减去健全线路故障相电流,得到构造电流行波,即 $i_{MN} - i_{k1}$。M 量测端构造电流行波及其模极大值分布如图 4-65 所示。其中,若无特殊说明,健全线路 $l_{k1} \sim l_{k4}$ 末端为第Ⅲ类母线接线形式。

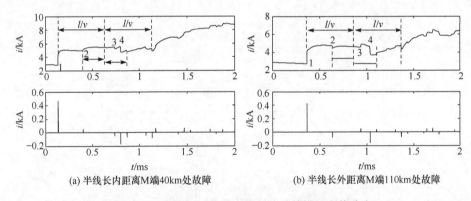

(a) 半线长内距离M端40km处故障   (b) 半线长外距离M端110km处故障

图 4-65 量测端 M 构造电流行波及其模极大值分布

图 4-65(a)中,1 为故障初始行波,2 为故障点反射波,3 与 1 的时差反映了"健全线路 l_{k2}+故障距离"的长度,4 与 1 的时差反映健全线路 l_{k1} 的长度。图 4-65(b)中,1 为故障初始行波,2 为 N 端母线反射波,3 与 1 的时差反映"线路全长-故障距离+l_{k4}"的长度,4 与 1 的时差反映健全线路 l_{k1} 的长度。行波 2 和 3 均含有故障距离的信息,随着故障距离的不同,行波 3 和 4 到达量测端的次序不同,因此故障初始行波后续的 3 个波头与故障初始行波的时差和相对极性与故障距离之间必然存在确定的映射关系。这里,选取与初始行波的相对极性作为样本属性,可以消除正角度故障和负角度故障时波头极性的差异,进而减少训练样本数量。顺便指出,由图 4-65 可知,(a)和(b)反映的是两个对偶的故障位置,它们的波到时差相同。

1. 样本组织及 ANN 测距模型的训练

采用如图 4-64 所示的输电线路进行仿真,采样率为 1MHz,时窗长应能确保线路末端故障点反射波到达量测端,尤其是高阻故障下有对端反射波而故障点反射波可能检测不到,因此,时窗长至少为 $2l/v$,对于图 4-64 所示拓扑和参数,这里至少取时窗长为 1ms。训练样本组织如下:

(1) 在线路 MN 全长 150km 内设置故障点,故障距离变化步长为 1km;

(2) 故障过渡电阻分别取 0Ω、30Ω、300Ω;

(3) 故障初相角分别取 $\pm30°$、$\pm90°$。

将上述 149 个故障位置、每个故障位置 12 种故障条件,合计 1788 种情况下,量测端故障相构造电流行波进行小波变换,顺序选取初始行波后的 3 个波头与初始行波波头的时差和相对极性作为 ANN 样本属性 $\boldsymbol{P}$,则 $\boldsymbol{P}=[\Delta t_1,\Delta t_2,\Delta t_3,p_1,p_2,p_3]$,其中,$\Delta t_1$、$\Delta t_2$、$\Delta t_3$ 表示时差,p_1、p_2、p_3 表示相对于初始行波的极性。值得指出的是,上述时窗 $2l/v$ 乃最短时窗基准参考值,实用中以初始行波之后 3 个波头合理截取行波数据。构建故障测距的 ANN 模型如图 4-66 所示。

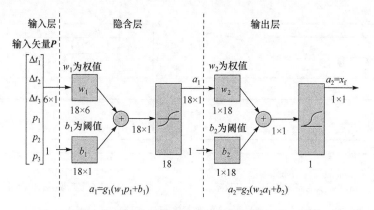

图 4-66　故障测距神经网络结构

图 4-66 所示的故障测距神经网络拓扑结构为 $6\times18\times1$,第一层为输入层;第二层为隐含层,用试凑法选取网络误差最小时对应的隐含层节点数,确定隐含层节点数为 18,传递函数为 tansigmoid;第三层为输出层,传递函数为 logsigmoid。将上述 1788 个样本作为训练样本,输入 ANN 模型中进行训练,学习率为 0.03,最大训练次数为 10000 次,训练目标误差为 10^{-6},经 2527 次训练后,ANN 测距模型收敛至目标误差要求,收敛曲线如图 4-67 所示。

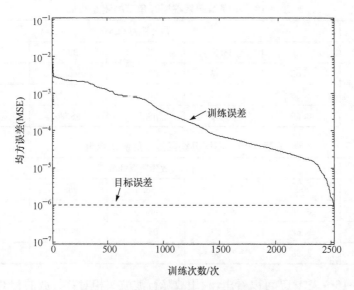

图 4-67　故障测距 BP 神经网络收敛曲线

2. ANN 测距模型的测试结果及分析

现改变故障条件及系统运行工况,对上述训练好的神经网络进行测试。不同过渡电阻下的测距结果如表 4-16 所示。不同故障初始相角下的测距结果如表 4-17 所示。测距结果随两端系统摆开角的变化如表 4-18 所示。在量测端背侧系统阻抗发生变化的情况下,原训练固化好的 ANN 测距模型和算法的测距结果如表 4-19 所示。

表 4-16　不同过渡电阻下的测距结果

过渡电阻/Ω	故障距离/km				
	8.5	38.5	68.5	98.5	128.5
0	8.68	38.53	68.51	98.20	128.58
40	8.68	38.53	68.51	98.20	128.58
100	8.68	38.53	68.51	98.20	128.58

表 4-17　不同故障初始相角下的测距结果

故障初相角/(°)	故障距离/km				
	8.5	38.5	68.5	98.5	128.5
50	8.68	38.53	68.51	98.20	128.58
−50	8.68	38.53	68.51	98.20	128.58

表 4-18   不同两端系统摆开角下的测距结果

两端系统摆开角/(°)	故障距离/km				
	8.5	38.5	68.5	98.5	128.5
20	8.68	38.53	68.51	98.20	128.58
25	8.68	38.53	68.51	98.20	128.58
30	8.68	38.53	68.51	98.20	128.58

表 4-19   不同系统阻抗下的测距结果

量测端系统阻抗增量/%	故障距离/km				
	8.5	38.5	68.5	98.5	128.5
10	8.68	38.53	68.51	98.20	128.58
20	8.68	38.53	68.51	98.20	128.58
30	8.68	38.53	68.51	98.20	128.58

由表 4-16～表 4-19 可以看出,利用故障行波波头相对首行波的相对极性和时差作为 ANN 样本属性,训练并建立的 ANN 故障测距模型和算法,很大程度上不受过渡电阻、故障初始相角、两端系统摆开角、量测端系统阻抗变化等因素的影响。大量仿真结果表明,该神经网络测距模型具有较高的可靠性和精度。

值得提出的是,线路量测端观测到的线路母线端反射波极性与母线接线形式有关,且对于 I 类母线,其多出线的数目越大,电流反射波行波幅值和陡度越大。如图 4-64 所示模型系统中,故障线路两侧母线及其健全线路末端母线接线形式明晰确定。且对于 I 类母线量测端,具备条件能够形成构造电流行波及其相对极性和时差,用于建立并施行 ANN 测距模型和算法。除了上述基于相对极性和时差的 ANN 故障测距模型和算法对同一行波传播介质的架空输电线路故障测距精度和可靠性极佳之外,三相架空输电线路在分析确知故障类型的基础上,基于单端故障行波波形相似度的 k-NN 测距算法对架空输电线路故障测距也十分有效,也即基于"同一故障类型、同一故障位置、相近故障边界条件下的故障波形相似度高",这是 k-NN 算法的必要条件;而"同一故障类型、相同故障条件、不同故障位置下故障波形之间的相似度不高",是 k-NN 算法的充分条件,也即对于架空输电线路,此种同一传输介质(ε_r),可以较好地满足 k-NN 算法要求的"差异性"和"相似性"所表述的充分和必要条件,致使 k-NN 算法的有效性、可靠性得以保证。k-NN 算法的详细内容将在第 7 和第 8 章予以介绍。

4.6   多端 T 接线路故障行波测距及有效性分析

T 接线路故障测距命题通常含故障分支识别和故障测距两个方面。这里先介绍分别利用单端、二端和三端量测行波数据实行 T 接线路故障测距,再阐述利用多端行波数据进行辐射状多端 T 接线路行波测距,并分析讨论多端 T 接线路行波法测距、单端行波频差法测距、k-NN 单端测距算法的有效性。

1. 三端 T 接线路的单端行波测距

单端行波测距的关键是故障点反射波的正确辨识。对于三端 T 接输电线路,在单侧量测端检测到的电流行波可能是本量测端母线上健全线路末端反射波、T 节点反射波、母线 Q 端的反射波和母线 N 端的反射波,还有对端母线 Q、N 健全线路末端反射波,这样使得量测端电流行波(群)波形变得复杂,极大地增加了故障点反射波辨识的难度。

三端 T 接输电线路如图 4-68 所示,其中隐去了三端电源系统,现分别假设 F_1、F_2、F_3 处故障,分析量测端 M 处的电流行波规律。其中,若无特殊说明,健全线路 l_{k1}~l_{k6} 末端为第Ⅲ类母线接线形式。

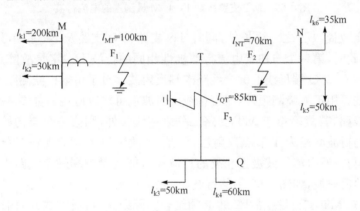

图 4-68　T 接输电线路

假设 MT 支路距离 M 端 40km 处的 F_1 点发生单相接地故障,过渡电阻为 10Ω,此处,利用构造电流行波的方法消除本端量测端健全线路的影响,M 量测端的电流行波如图 4-69 所示。

图 4-69 中,1 为故障初始电流行波。2 为本侧量测端健全线路 l_{k2} 末端反射波,其极性与该健全线路末端母线接线形式有关:若健全线路末端为第Ⅰ类,其末端反射波与初始行波极性相同;若健全线路末端为第Ⅲ类母线,其末端反射波与初始行波极性相反。3 为故障点反射波,量测端为第Ⅰ类母线,则故障点反射波与初始电流行波极性相同。4 为 T 节点反射波,量测端为第Ⅰ类母线,则其极性与初始电流行波极性相反。5 为行波 2 在故障点的反射波,其极性与行波 2 的极性相同。

通过以上分析可以看出,量测端 M 为多出线形式,MT 支路故障,构造电流行波中不再含有量测端相邻较短健全线路末端反射波。若故障位于 MT 支路二分之一线长内,则第一个与初始电流行波极性相同的行波必然为故障点反射波;若故

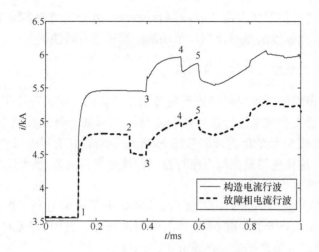

图 4-69　MT 支路故障 F_1 下 M 量测端的电流行波

障位于 MT 支路二分之一线长外,同时 TN 支路、TQ 支路及 N、Q 端母线上健全线路较短,此时,第一个与初始电流行波极性相同的行波不一定是故障点反射波,也可能是 N 端或 Q 端母线上健全线路末端反射波。对于单端行波测距而言,除故障点反射波可用于故障测距外,对端母线反射波也可加以应用。如图 4-68 所示的 T 接输电线路,若故障位于 MT 支路二分之一线长外,则第一个与初始电流行波极性相反的行波必然为 T 节点反射波,但是,若故障位于 MT 支路二分之一线长内,第一个与初始电流行波极性相反的行波也可能是量测端健全线路末端反射波在故障点的反射波,如图 4-69 中的行波 5。由此可见,对于 T 接线路,M 端为量测端,即使已知 MT 支路发生故障,也必须结合实际线路(接线方式)结构进行分析,方可对故障点反射波或 T 节点反射波进行辨识。

假设线路 NT 距离 T 端 40km 处的 F_2 点发生单相接地故障,过渡电阻为 10Ω,此处,利用构造行波的方法消除本端量测端健全线路的影响,M 量测端的电流行波如图 4-70 所示。

图 4-70 中,1 为故障初始电流行波。2 为 N 端母线反射波和本端量测端健全线路 l_{k2} 末端反射波的叠加。2′ 为 N 端母线反射波,本端量测端健全线路 l_{k2} 末端反射波的极性及其末端接线形式有关,N 端母线反射波的极性与 N 端母线接线形式有关。3 的行波路径为 F_2—T—F_2—T—M,反映故障点与 T 节点之间的距离,其极性与故障初始电流行波极性相同。4 为 N 端母线第二次反射波和本端量测端健全线路 l_{k2} 末端第二次反射波的叠加。4′ 为 N 端母线第二次反射波。5 为 N 端健全线路 l_{k6} 末端反射波,其极性与 l_{k6} 末端接线形式有关,该行波的存在同样会影响故障点反射波的辨识。

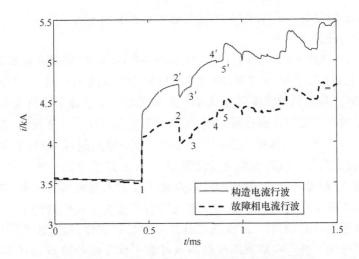

图 4-70　TN 支路 F$_2$ 故障下 M 量测端的电流行波

假设线路 QT 距离 T 端 40km 处的 F$_3$ 点发生单相接地故障,过渡电阻为 10Ω,此处,利用构造行波的方法消除本端量测端健全线路的影响。M 量测端的电流行波如图 4-71 所示。

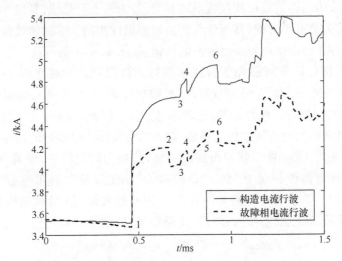

图 4-71　TQ 支路 F$_3$ 故障下 M 量测端的电流行波

图 4-71 中,1 为故障初始电流行波。2 为本端量测端健全线路 l_{k2} 末端反射波。3 的行波路径为 F$_3$—T—F$_3$—T—M,反映故障点与 T 节点之间的距离,其极性与故障初始电流行波极性相同。4 为 Q 端母线反射波,其极性与 Q 端母线的接线形式有关。5 为本端量测端健全线路 l_{k2} 末端第二次反射波。6 为 N 端母线反射

波,若 N 端母线为第 I 类母线,其极性与初始行波极性相反;若为第 III 类母线,其极性与初始行波极性相同。

由图 4-70 和图 4-71 可以看出,对于如图 4-68 所示的 T 接输电线路,当支路 TN 或 TQ 故障时,在 M 端观测,构造电流行波中反映故障点与 T 节点之间距离的行波、故障支路末端母线反射波或故障支路末端母线上健全线路末端反射波等都可能先于故障点反射波到达量测端,那么对于支路 TN 或 TQ 故障,若能判别出反映故障点与 T 节点之间距离的行波,也可进行故障测距,但必须结合实际拓扑进行分析,以支路 TN 故障为例进行说明:若 TN 支路二分之一线长内故障,同时支路 MT 及 M 端母线健全线路较短时,反映 T 节点和量测端之间距离的行波、M 端健全线路末端反射波在 T 节点的反射波皆有可能先于反映故障点与 T 节点之间距离行波到达量测端;若 TN 支路二分之一线长外故障,除上述两种行波外,故障支路末端母线上健全线路末端反射波也可能干扰反映故障点与 T 节点之间距离行波的辨识。

综上所述,可将 T 接输电线路的行波规律归纳如下。①采用构造电流行波的方法可以消除本端量测端健全线路末端反射波。②量测端为第 I 类母线,故障点反射波与初始电流行波极性相同,T 节点反射波与初始行波极性相反,故障支路末端母线反射波的极性与其母线接线形式有关:若为第 I 类母线,其极性与初始行波极性相反,若为第 III 类母线,其极性与初始行波极性相同。③故障线路末端母线上健全线路的存在会干扰故障点反射波的辨识,如图 4-70 中的行波 5,若 TN 支路发生远端故障,则行波 5 可能先于行波 3 到达而被误判。④对比图 4-69、图 4-70、图 4-71 可以看出,F_2 和 F_3 分别故障时,反映故障点与 T 节点之间距离的行波和 F_1 故障时故障点反射波极性相同,三者不易区分。因此,对于 T 接输电线路,在单端观测时,量测端的电流行波较为复杂,必须结合实际输电线路的拓扑进行分析。

现以图 4-72 所示的 T 接输电线路为例,此处为简化说明,设置 N、Q 端母线上有多条出线且假设相对于 MN、TQ 线路为"半无限长",利用测后模拟的方法进行故障定位。T 接输电线路某处发生 A 相接地故障,M 量测端构造电流行波如图 4-73 所示,实际故障位置是 TN 支路距离 T 节点 25km 处。

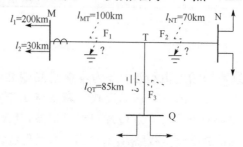

图 4-72　T 接输电线路应用测后模拟原理示意图

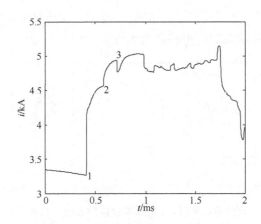

图 4-73 M 量测端实际构造电流行波

分析图 4-72 所示的 T 接输电线路可知如下结论。①如果 MT 支路 F_1 处故障,M 量测端的构造电流行波中可能包含 T 节点反射波、N 端母线反射波、Q 端母线反射波、故障点反射波以及量测端健全线路末端反射波在故障点的反射波。这些行波中,故障点反射波与故障初始行波极性相同,量测端健全线路末端若为 I 类母线,则量测端健全线路末端反射波在故障点的反射波与初始行波极性相同,但其滞后于故障点反射波;量测端健全线路末端若为 III 类母线,则量测端健全线路末端反射波在故障点的反射波与初始行波极性相反,T 节点反射波、N 端母线反射波、Q 端母线反射波皆与故障初始电流行波极性相反。因此,图 4-72 所示的输电线路中,若 MT 支路发生故障,则第一个与初始电流行波极性相同的行波必然为故障点反射波。②如果 TN 支路 F_2 处故障,M 端母线检测到的构造电流行波中可能包含反映故障点与 T 节点之间距离的行波、N 端母线反射波、Q 端母线反射波,因 N、Q 端为 I 类母线,故 N、Q 端母线反射波与初始电流行波极性相反,而反映故障点与 T 节点之间距离的行波与初始电流行波极性相同。图 4-72 中的输电线路中,支路 MT 相对于支路 TN 和支路 TQ 较长,故可以不考虑 M 端母线及其健全线路末端反射波的影响。因此,对于图 4-72 所示的输电线路,若 TN 支路发生故障,则第一个与初始电流行波极性相同的行波与故障初始电流行波的时差反映的是故障点与 T 节点之间距离。③如果 TQ 支路 F_3 处故障,与 TN 支路类似,第一个与初始电流行波极性相同的行波与故障初始电流行波的时差反映的是故障点与 T 节点之间的距离。

图 4-73 中,2 为第一个与初始电流行波极性相同的行波,与初始电流行波的时差为 $168\mu s$,利用单端测距公式计算得距离为 25.03km。结合上述分析可知,对于图 4-72 所示的输电线路,可能的故障位置是在 MT 支路距离 M 端 25.03km 处、TN 支路距离 T 节点 25.03km 或 TQ 支路距离 T 节点 25.03km 处。这里应

用测后模拟原理,搭建如图 4-72 所示的仿真模型。在仿真模型中分别设置上述三处故障,得到 M 量测端处的模拟构造电流行波如图 4-74 所示。

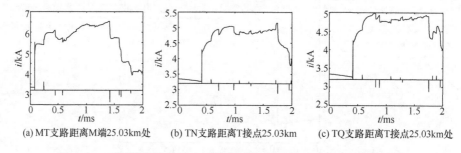

(a) MT支路距离M端25.03km处　　(b) TN支路距离T接点25.03km　　(c) TQ支路距离T接点25.03km处

图 4-74　不同位置故障时,M 量测端模拟构造电流行波及其模极大值

图 4-73 所示的 M 量测端实际构造电流行波的波到时间序列 $T = [0, 0.168, 0.301, 0.568, 0.668, 0.835, 0.872]$ms;图 4-74 所示的 M 量测端模拟构造电流行波的波到时间序列分别为 $T_1 = [0, 0.167, 0.370, 0.502, 1.338, 1.505, 1.539]$ms、$T_2 = [0, 0.167, 0.299, 0.567, 0.667, 0.834, 0.871]$ms 和 $T_3 = [0, 0.168, 0.401, 0.468, 0.668, 0.835, 0.872]$ms。

采用欧氏距离来刻画和衡量模拟构造行波的波到时间序列 T_1、T_2、T_3 与实际构造电流行波的时间序列 T 的匹配程度,结果如表 4-20 所示。

表 4-20　波到时间序列匹配结果

时间序列	T_1	T_2	T_3
匹配程度	2.143	0.007	0.2

由表 4-20 可以看出,T_2 与 T 最为匹配,则可判断实际的故障位置是在 TN 支路,距离 T 节点 25.03km 处,此与实际相符合。诚然,上述波到时间序列若为带正、负号反映波到极性的序列,则匹配比选的效果更好。

前面详细阐述了 T 接线路发生故障,在单端 M 观测到的故障行波极性和波到时刻规律,并利用测后模拟原理结合波到时序匹配来实现 T 接线路故障的单端行波测距。以下阐述采用单端观测到的故障电流行波的相对极性和波到时差,构造 T 接线路单端测距的智能算法。即首先建立 DWT-SVM 故障支路识别模型和算法,然后建立基于故障电流行波相对波到时差和相对极性的 ANN 测距模型和算法。应用机器学习算法先进行故障分支识别,再进行故障定位。现分别在 MT 支路、NT 支路和 QT 支路设置 SLG 故障位置,步长为 1km,过渡电阻分别设为 0Ω、100Ω,故障角度设为 $\pm 30°$ 和 $\pm 90°$。在 M 端观测,若在 $2\tau_{\mathrm{Lmax}}$ 内能检测到 N 端和 Q 端不同波到时刻的反射波,则可以区分故障支路,实现故障支路的识别。对于图 4-68 所示的仿真系统,$2\tau_{\mathrm{Lmax}}$ 取为 1.25ms。首先借助最长相邻键全线 l_{k1} 观测

到的电流行波与 l_{MT} 观测到的电流行波得到构造电流行波,此电流行波中不含有其他健全线路末端反射波。对构造电流行波进行 db4 小波分解并选取第二尺度的小波变换系数作为 SVM 的输入属性,并约定 SVM 输出 0 表示 MT 支路故障,SVM 输出 1 为 NT 支路故障,SVM 输出 2 为 QT 支路故障。这样,就构建了 T 接输电线路 SLG 故障分支识别的 DWT-SVM 模型和算法。接下来可以利用单端观测的故障电流行波波到相对时差和相对极性建立单端故障电流行波测距的 ANN 模型和算法。其中,由于 M 端为 I 类母线,为了提高分支识别模型和测距模型的效率,采用了构造电流行波,为了保证分支识别模型和测距模型的可靠性,故障行波数据时窗长不小于 $2l_{max}/v$。顺序选取初始行波波到之后的 3 个波头与初始行波波头的时差和相对极性作为 ANN 样本属性 $\boldsymbol{P}$,记为 $\boldsymbol{P}=[\Delta t_1, \Delta t_2, \Delta t_3, p_1, p_2, p_3]$,其中,$\Delta t_1$、$\Delta t_2$、$\Delta t_3$ 表示与初始行波波到的相对时差,p_1、p_2、p_3 表示相对于初始行波的极性。实用中以初始行波之后 3 个波头合理截取行波数据。故障测距神经网络拓扑结构为 $6\times16\times1$,第一层为输入层,节点数为 6;第 2 层为隐含层,用试凑法选取网络误差最小时对应的隐含层节点数,确定隐含层节点数为 16,传递函数为 tansigmoid;第三层为输出层,传递函数为 logsigmoid。

采用如图 4-68 所示的仿真系统,现假设故障位于不同的支路,故障角度为 $90°$,过渡电阻为 50Ω,基于单端构造电流行波 T 接线路故障智能测距算法的测试结果如表 4-21 所示。

表 4-21 基于单端构造电流行波 T 接线路故障智能测距的测试结果

故障条件		测距结果	
距离 M 端位置/km	故障支路	测距结果/km	误差/km
2	MT	1.28	-0.72
48	MT	47.80	-0.20
92	MT	92.40	0.40
105	NT	104.24	-0.76
139	NT	138.38	-0.62
166	NT	167.08	1.08
104	QT	103.83	-0.17
157	QT	157.02	0.02
183	QT	181.54	-1.46

2. 利用两端故障行波数据的 T 接线路故障测距

若将 N 端点增加为观测点,就可以构建 T 接线路的双端行波测距。对于图 4-72 所示的 T 接线路,利用双端行波数据进行故障测距的具体步骤如下:

（1）标定故障初始行波到达量测端 M 和 N 的时刻 t_M 和 t_N。

（2）故障支路的判定。根据 t_M 和 t_N 计算 $d=(t_M-t_N)v_1$，若 $d\neq|l_{MT}-l_{NT}|$，则判断故障支路为 MT 或 NT 支路；若 $d=|l_{MT}-l_{NT}|$，则判断故障支路为 QT 支路。

（3）若故障支路为 MT 支路或 NT 支路，则利用双端测距公式进行故障测距。

（4）若故障支路为 QT 支路，则需要对故障点的反射波进行辨识。在 M 和 N 量测端分别使用单端行波测距，综合给出最终测距结果。

3. 利用三端故障行波数据的 T 接线路故障测距

利用三端故障行波的 T 接线路故障测距，仅利用了故障初始行波，因此不需要对故障点反射波进行识别。

1) 故障支路的判别

设 M、N 和 Q 端到 T 节点的长度分别为 l_{MT}、l_{NT} 和 l_{QT}，3 个端点之间的距离则分别为 l_{MN}、l_{MQ} 和 l_{NQ}。根据双端行波故障测距的原理，分别计算故障点在参考线路 l_{MN}、l_{MQ} 和 l_{NQ} 的距离为

$$d_{MQ}=\frac{l_{MQ}-v(t_M-t_Q)}{2} \tag{4-92a}$$

$$d_{QM}=\frac{l_{MQ}-v(t_Q-t_M)}{2} \tag{4-92b}$$

$$d_{MN}=\frac{l_{MN}-v(t_M-t_N)}{2} \tag{4-93a}$$

$$d_{NM}=\frac{l_{MN}-v(t_N-t_M)}{2} \tag{4-93b}$$

$$d_{QN}=\frac{l_{QN}-v(t_Q-t_N)}{2} \tag{4-94a}$$

$$d_{NQ}=\frac{l_{QN}-v(t_N-t_Q)}{2} \tag{4-94b}$$

式中，t_M、t_N 和 t_Q 分别为故障行波分别到达 M、N 和 Q 端点的时刻；v 为线模波速。

根据式(4-92)、式(4-93)和式(4-94)，可得到故障识别判据如下：

若

$$d_{MQ}\leqslant l_{MT}、d_{MN}\leqslant l_{MT}且\ d_{QM}>l_{QT}、d_{NM}>l_{NT} \tag{4-95a}$$

则故障位于 MT 支路。

若

$$d_{QM} \leqslant l_{QT} 、 d_{QN} \leqslant l_{QT} 且 d_{MQ} > l_{MT} 、 d_{NQ} > l_{NT} \tag{4-95b}$$

则故障位于 QT 支路。

若

$$d_{NM} \leqslant l_{NT} 、 d_{NQ} \leqslant l_{NT} 且 d_{QN} > l_{QT} 、 d_{MN} > l_{MT} \tag{4-95c}$$

则故障位于 NT 支路。

根据式(4-95),可以将故障支路判别矩阵表示为

$$\boldsymbol{R} = \begin{bmatrix} & M & Q & N \\ M & \times & d_{MQ}/l_{MT} & d_{MN}/l_{MT} \\ Q & d_{QM}/l_{QT} & \times & d_{QN}/l_{QT} \\ N & d_{NM}/l_{NT} & d_{NQ}/l_{NT} & \times \end{bmatrix} \tag{4-96}$$

将式(4-96)中的元素与 1 进行比较,若 MT 支路发生故障,则故障支路的判别矩阵为

$$\boldsymbol{R} = \begin{bmatrix} & M & Q & N \\ M & \times & <1 & <1 \\ Q & >1 & \times & =1 \\ N & >1 & =1 & \times \end{bmatrix} \tag{4-97}$$

由式(4-96)和式(4-97)可知,当故障支路判别矩阵中某一量测端对应的所有行元素值都小于 1,且该测点对应的所有列元素值都大于 1 时,可判定故障位于该量测端所在支路。

2) 故障距离的计算

故障分支判定后,需对故障点位置进行精确定位。采用两端行波法的故障测距公式如下:

$$x_f = l_{ji}/2 + v(t_j - t_i)/2 \tag{4-98}$$

式中,j 为故障支路的端点;i 为距离 j 最近非故障支路端点;x_f 为距离 j 端点的距离;l_{ji} 为两端点之间的线路距离。

3) 利用冗余信息消除线模波速影响的故障测距

充分利用三端数据信息,可以消除线模波速选取对测距的影响。若 MT 分支故障时,故障点距离 M 端的距离为

$$x_f = \frac{l_{MT}}{2} + \frac{l_{QT}(t_M - t_N) - l_{NT}(t_M - t_Q)}{2(t_Q - t_N)} \tag{4-99}$$

同理可得,若 NT 和 QT 分支发生故障,故障点距离 N 端的距离和距离 Q 端的距离分别为

$$x_f = \frac{l_{NT}}{2} + \frac{l_{MT}(t_N - t_Q) - l_{QT}(t_N - t_M)}{2(t_M - t_Q)} \tag{4-100}$$

$$x_f = \frac{l_{QT}}{2} + \frac{l_{MT}(t_Q - t_N) - l_{NT}(t_Q - t_M)}{2(t_M - t_N)} \tag{4-101}$$

4. 多端 T 接输电线路的多端行波测距

如图 4-75 所示的 $n(n > 3)$ 端输电线路发生故障,也需先判断出故障支路,然后利用两端故障信息进行故障测距。

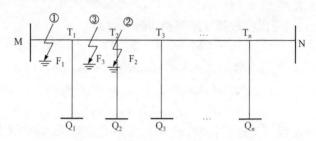

图 4-75　多端输电线路结构示意图

1) 故障支路的判别

将三端故障支路判别矩阵推广到 n 端输电线路,需要把相应元素值改变为故障距离与两端支路的始端到支路上距离末端最近的 T 节点之间的线路长度之比。例如,图 4-75 中,对于两端支路 M-Q_3,故障支路判别矩阵中 M 行 Q_3 列对应的元素值应为故障距离 d_{MQ_3} 与线路 M-Q_3 的长度 l_{MQ3} 之比。多端输电线路支路的判别矩阵为

$$\boldsymbol{R} = \begin{bmatrix}
 & M & Q_1 & Q_2 & Q_3 & \cdots & N \\
M & \times & d_{MQ_1}/l_{MT_1} & d_{MQ_2}/l_{MT_2} & d_{MQ_3}/l_{MT_3} & \cdots & d_{MN}/l_{MT_k} \\
Q_1 & d_{Q_1 M}/l_{Q_1 T_1} & \times & d_{Q_1 Q_2}/l_{Q_1 T_2} & d_{Q_1 Q_3}/l_{Q_1 T_3} & \cdots & d_{Q_1 N}/l_{Q_1 T_k} \\
Q_2 & d_{Q_2 M}/l_{Q_2 T_1} & d_{Q_2 Q_1}/l_{Q_2 T_1} & \times & d_{Q_2 Q_3}/l_{Q_1 T_3} & \cdots & d_{Q_2 N}/l_{Q_2 T_k} \\
Q_3 & d_{Q_3 M}/l_{Q_3 T_1} & d_{Q_3 Q_1}/l_{Q_3 T_1} & d_{Q_3 Q_2}/l_{Q_3 T_2} & \times & \cdots & d_{Q_3 N}/l_{Q_3 T_k} \\
\vdots & \vdots & \vdots & \vdots & \vdots & & \vdots \\
N & d_{NM}/l_{NT_1} & d_{NQ_1}/l_{Q_3 T_1} & d_{Q_3 Q_2}/l_{Q_3 T_2} & d_{NQ_3}/l_{NT_3} & \cdots & \times
\end{bmatrix}$$

$$\tag{4-102}$$

多端输电线路故障位置的判定需分如图 4-75 所示的三种情况进行讨论:①各终端与其最近 T 节点之间支路故障,如图 4-75 中量测端与首个 T 节点之间①处故障 F_1;②T 节点故障,如图 4-75 中②处故障 F_2;③两个 T 节点之间支路故障,如图 4-75 中③处故障 F_3。

故障情况 1:各终端与其最近 T 节点之间支路故障,如图 4-75 中①处故障 F_1。以 M 为始端,分别以其他端为末端的两端支路计算出的故障距离总是小于始

端 M 到距离相应末端最近的 T 节点之间的线路长度,因此故障支路判定矩阵中,
M 对应的行元素值都小于 1。相反,以 M 为末端,分别以其他端为始端的两段线
路计算出的故障距离总是大于相应的始端到节点 T_1 之间的线路长度,因此故障
支路判定矩阵中 M 对应的列元素都大于 1。据此,可得该故障情况下的故障支路
判定式为

$$R=\begin{bmatrix} & M & Q_1 & Q_2 & Q_3 & \cdots & Q_k & N \\ M & \times & <1 & <1 & <1 & \cdots & <1 & <1 \\ Q_1 & >1 & \times & <1 & <1 & \cdots & <1 & <1 \\ Q_2 & >1 & =1 & \times & <1 & \cdots & <1 & <1 \\ Q_3 & >1 & =1 & =1 & \times & \cdots & <1 & <1 \\ \vdots & \vdots & \vdots & \vdots & \vdots & & \vdots & \vdots \\ Q_k & >1 & =1 & =1 & =1 & \cdots & \times & <1 \\ N & >1 & =1 & =1 & =1 & \cdots & =1 & <1 \end{bmatrix} \tag{4-103}$$

通过分析,结合故障支路判定式(4-103)的特点,可得多端输电线路某支路故
障的判定原理:判定矩阵中某端测点对应的行元素的值都小于 1,且该端测点对应
的列元素的值都大于 1,则判定该端测点所在的分支线路故障。

故障情况 2:T 节点故障,如图 4-75 中②处故障 F_2。与上述分析类似,故障支
路判定矩阵为

$$R=\begin{bmatrix} & M & Q_1 & Q_2 & Q_3 & \cdots & Q_k & N \\ M & \times & =1 & =1 & <1 & \cdots & <1 & <1 \\ Q_1 & =1 & \times & =1 & <1 & \cdots & <1 & <1 \\ Q_2 & <1 & <1 & \times & <1 & \cdots & <1 & <1 \\ Q_3 & <1 & <1 & <1 & \times & \cdots & <1 & <1 \\ \vdots & \vdots & \vdots & \vdots & \vdots & & \vdots & \vdots \\ Q_k & <1 & <1 & =1 & =1 & \cdots & \times & <1 \\ N & <1 & <1 & =1 & =1 & \cdots & =1 & \times \end{bmatrix} \tag{4-104}$$

通过分析,结合故障支路判定式(4-104)的特点,可得多端输电线路某 T 节点
故障时的判定原理:当故障支路判定矩阵中某端测点对应的行元素的值都小于 1,
且该端测点对应的列元素值都等于 1 时,则判定故障发生在该端测点所在支路的
T 节点上。当有相邻 2 列元素都等于 1 时,则判定故障发生在其中任一列端测点
所在支路的 T 节点。

故障情况 3:两个 T 节点之间支路故障,如图 4-75 中③处故障 F_3,故障支路判
定矩阵为

$$
\boldsymbol{R} = \begin{bmatrix}
 & M & Q_1 & Q_2 & Q_3 & \cdots & Q_k & N \\
M & \times & =1 & <1 & <1 & \cdots & <1 & <1 \\
Q_1 & =1 & \times & <1 & <1 & \cdots & <1 & <1 \\
Q_2 & <1 & <1 & \times & <1 & \cdots & <1 & <1 \\
Q_3 & <1 & <1 & =1 & \times & \cdots & <1 & <1 \\
\vdots & \vdots & \vdots & \vdots & \vdots & & \vdots & \vdots \\
Q_k & <1 & <1 & <1 & =1 & \cdots & \times & <1 \\
N & <1 & <1 & =1 & =1 & \cdots & =1 & \times
\end{bmatrix} \tag{4-105}
$$

通过分析,结合故障支路判定式(4-105)的特点,可得多端输电线路故障支路判定原理如下。①若 Q_k 中 $k=2$,排除故障情况 1 和故障情况 2 后,则判定故障发生在 T 节点之间。②若 Q_k 中 $k>2$,可以根据以下原理判定:当判定矩阵中只有某一端测点对应的行元素的值都小于 1(即有且只有 1 行的元素值都小于 1)时,如果其上一行中只有第一个元素值等于 1,则判定故障发生在该端测点所在支路的 T 节点与其上一行对应测点所在支路上的 T 节点之间,而如果其下一行中只有最后一个元素值等于 1,则判定故障发生在该端测点所在支路的 T 节点与其下一行对应测点所在支路上的 T 节点之间;当有相邻 2 行元素的值都小于 1 时,则判定故障发生在两相邻两行元素对应的端测点所在支路的 T 节点之间。

这里需要指出的是,由于各种影响因素引起的测距误差的存在,计算出的故障支路判别矩阵中的各个元素值与"1"进行比较时,需要保留一定的裕度,因此,需要对生成的故障支路判别矩阵进行修正。假定判别矩阵中某元素 r,设定的误差裕度为 ε。那么实际计算故障支路判别矩阵时,各元素的按照下列情况修正:①当 $1-\varepsilon \leqslant r \leqslant 1+\varepsilon$ 时,$r=1$;②当 $r<1-\varepsilon$ 时,$r<1$;③当 $r>1+\varepsilon$ 时,$r>1$。一般地,误差裕度 ε 取为 0.005 左右即可。

2) 故障测距

根据上述分析,判断出故障支路后,利用任意两个量测端得到的数据构成双端行波测距。一般选取距故障支路最近的量测端为初始端,分别与经过故障点的其他量测端构成双端测距。在如图 4-75 所示的位置①发生故障,则选取 M 为初始量测端,与量测端 Q_1、Q_2 等构成双端测距,得到多个故障测距结果,可以取其均值作为最终故障测距结果。若得到的故障距离的误差有正有负,正负误差可以相互抵消,从而取得一个更精确的定位结果,若计算得到的故障距离结果为同号,求取均值,得到一个折中的定位结果,而不至于误差较大。

3) 仿真分析

如图 4-76 所示的 110kV 的 6 端输电网络,各端母线上均接有 5 条出线。分别假设图中 F_1、F_2、F_3 处发生单相金属性接地故障,故障初相角为 $90°$,采样率为 1MHz。

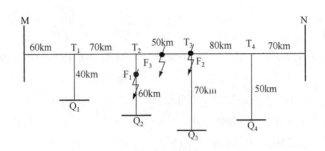

图 4-76　110kV 的 6 端输电网络

（1）假设图 4-76 中分支线路 Q_2-T_2 上距离 Q_2 端 20km 处发生 A 相接地故障，即 F_1 故障，各量测端含故障相 α 模电流分量及其对应小波变换模极大值如图 4-77 所示，各量测端初始行波到达时刻如表 4-22 所示。

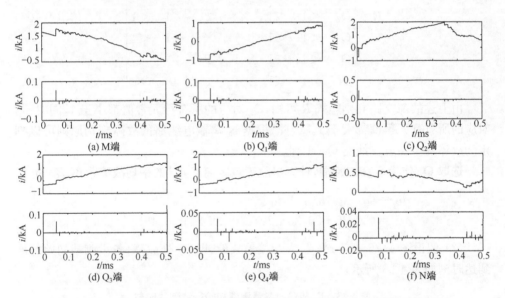

图 4-77　在 F_1 处故障时各量测端 α 模电流分量及其对应小波变换模极大值

表 4-22　F_1 处故障时各量测端初始行波到达时刻

量测端名称	M 端	Q_1 端	Q_2 端	Q_3 端	Q_4 端	N 端
初始行波到达时刻/ms	0.567	0.5	0.066	0.533	0.734	0.801

根据双端测距原理，结合表 4-22 所示的各量测端初始行波到达时刻，计算式（4-102）中的各元素，形成如式（4-106）所示的故障支路判定矩阵：

$$\begin{bmatrix} & M & Q_1 & Q_2 & Q_3 & Q_4 & N \\ M & \times & 0.9997 & 1.3050 & 0.7226 & 0.5005 & 0.5005 \\ Q_1 & 1.004 & \times & 1.3606 & 0.6880 & 0.4589 & 0.4590 \\ Q_2 & 0.1565 & 0.1564 & \times & 0.1856 & 0.1077 & 0.1078 \\ Q_3 & 0.6312 & 0.6311 & 1.3299 & \times & 0.4670 & 0.4671 \\ Q_4 & 0.7821 & 0.7820 & 1.2196 & 0.9996 & \times & 1.0003 \\ N & 0.7402 & 0.7402 & 1.1976 & 0.9995 & 0.9998 & \times \end{bmatrix} \quad (4\text{-}106)$$

修正后的故障支路判定矩阵 $\boldsymbol{R}$ 为

$$\boldsymbol{R} = \begin{bmatrix} & M & Q_1 & Q_2 & Q_3 & Q_4 & N \\ M & \times & 1 & >1 & <1 & <1 & <1 \\ Q_1 & 1 & \times & >1 & <1 & <1 & <1 \\ Q_2 & <1 & <1 & \times & <1 & <1 & <1 \\ Q_3 & <1 & <1 & >1 & \times & <1 & <1 \\ Q_4 & <1 & <1 & >1 & 1 & \times & 1 \\ N & <1 & <1 & >1 & 1 & 1 & \times \end{bmatrix} \quad (4\text{-}107)$$

由上述故障支路判别矩阵 $\boldsymbol{R}$ 可知,Q_2 对应的所有行元素值都小于 1,同时,其对应的所有列元素值都大于 1。因此,根据 N 端输电线路的故障判别原则可以判定为故障发生在分支线路 Q_2-T_2 上。

选取 Q_2 作为运算初始端,计算出故障点距离 Q_2 端的平均故障距离 d_{Q_2} 为

$$\begin{aligned} d_{Q_2} &= (d_{Q_2 M} + d_{Q_2 Q_1} + d_{Q_2 Q_3} + d_{Q_2 Q_4} + d_{Q_2 N})/5 \\ &= (20.35 + 20.33 + 20.47 + 20.42 + 20.49)/5 = 20.41(\text{km}) \end{aligned}$$

(2) 假设图 4-76 中 T_3 发生 A 相接地故障,即 F_2 处故障,各量测端初始行波到达时刻如表 4-23 所示。

表 4-23　F_2 故障时各量测端初始行波到达时刻

量测端名称	M 端	Q_1 端	Q_2 端	Q_3 端	Q_4 端	N 端
初始行波到达时刻/ms	0.6	0.533	0.366	0.233	0.433	0.5

根据双端测距原理,结合表 4-23 所示的各量测端初始行波到达时刻,计算式(4-102)中的各元素,形成如式(4-108)所示的故障支路判定矩阵:

$$\begin{array}{c}\begin{array}{cccccc}\ \ \ \ M & \ \ \ \ Q_1 & \ \ \ \ Q_2 & \ \ \ \ Q_3 & \ \ \ \ Q_4 & \ \ \ \ N\end{array}\\\begin{array}{c}M\\Q_1\\Q_2\\Q_3\\Q_4\\N\end{array}\left[\begin{array}{cccccc}\times & 0.9997 & 0.9990 & 0.9982 & 0.6919 & 0.6919\\1.004 & \times & 0.9989 & 0.9981 & 0.6663 & 0.6663\\0.4626 & 0.4626 & \times & 0.9983 & 0.5790 & 0.5791\\0.3701 & 0.3700 & 0.5849 & \times & 0.4680 & 0.4681\\0.5657 & 0.5656 & 0.7221 & 0.9985 & \times & 1.0003\\0.5559 & 0.5559 & 0.7498 & 0.9986 & 0.9998 & \times\end{array}\right]\end{array} \quad (4\text{-}108)$$

修正后的故障支路判定矩阵 $\boldsymbol{R}$ 为

$$\boldsymbol{R}=\begin{array}{c}\begin{array}{cccccc}\ M & Q_1 & Q_2 & Q_3 & Q_4 & N\end{array}\\\begin{array}{c}M\\Q_1\\Q_2\\Q_3\\Q_4\\N\end{array}\left[\begin{array}{cccccc}\times & 1 & 1 & 1 & <1 & <1\\1 & \times & 1 & 1 & <1 & <1\\<1 & <1 & \times & 1 & <1 & <1\\<1 & <1 & <1 & \times & <1 & <1\\<1 & <1 & <1 & 1 & \times & 1\\<1 & <1 & <1 & 1 & 1 & \times\end{array}\right]\end{array} \quad (4\text{-}109)$$

由上述故障支路判别矩阵 $\boldsymbol{R}$ 可知，Q_3 对应的所有行元素值都小于 1，同时其对应的所有列元素值都等于 1。因此，根据 N 端输电线路的故障判别原则可以判定为故障发生在 Q_3 所在分支线路的 T 节点 T_3 上。

选取 Q_3 作为运算初始端，计算出故障点距离 Q_3 端的平均故障距离 d_{Q_3}：

$$\begin{aligned}d_{Q_3}&=(d_{Q_3M}+d_{Q_3Q_1}+d_{Q_3Q_2}+d_{Q_3Q_4}+d_{Q_3N})/5\\&=(70.32+70.20+70.30+70.18+70.20)/5=70.24(\text{km})\end{aligned}$$

（3）假设图 4-76 中 T_2 和 T_3 之间线路距离 T_2 点 30km 处发生 A 相接地故障，即 F_3 处故障，各量测端初始行波到达时刻如表 4-24 所示。

表 4-24　F_3 故障时各量测端初始行波到达时刻

量测端名称	M 端	Q_1 端	Q_2 端	Q_3 端	Q_4 端	N 端
初始行波到达时刻/ms	0.533	0.466	0.299	0.3	0.5	0.567

根据双端测距原理，结合表 4-24 所示的各量测端初始行波到达时刻，计算式（4-102）中的各元素，形成如下所示的故障支路判定矩阵为

$$\begin{array}{c}\begin{array}{cccccc}\ \ \ \ M & \ \ \ \ Q_1 & \ \ \ \ Q_2 & \ \ \ \ Q_3 & \ \ \ \ Q_4 & \ \ \ \ N\end{array}\\\begin{array}{c}M\\Q_1\\Q_2\\Q_3\\Q_4\\N\end{array}\left[\begin{array}{cccccc}\times & 0.9997 & 0.9990 & 0.8873 & 0.6151 & 0.6151\\1.004 & \times & 0.9989 & 0.8733 & 0.5831 & 0.5831\\0.4626 & 0.4626 & \times & 0.8168 & 0.4740 & 0.4740\\0.4752 & 0.4751 & 0.7512 & \times & 0.4680 & 0.4681\\0.6525 & 0.6525 & 0.8331 & 0.9985 & \times & 1.0003\\0.6299 & 0.6298 & 0.8497 & 0.9986 & 0.9998 & \times\end{array}\right]\end{array} \quad (4\text{-}110)$$

修正后的故障支路判定矩阵 $\boldsymbol{R}$ 为

$$\boldsymbol{R}=\begin{array}{c}\\ M\\ Q_1\\ Q_2\\ Q_3\\ Q_4\\ N\end{array}\begin{bmatrix}\begin{array}{cccccc} M & Q_1 & Q_2 & Q_3 & Q_4 & N\\ \times & 1 & 1 & <1 & <1 & <1\\ 1 & \times & 1 & <1 & <1 & <1\\ <1 & <1 & \times & <1 & <1 & <1\\ <1 & <1 & <1 & \times & <1 & <1\\ <1 & <1 & <1 & 1 & \times & 1\\ <1 & <1 & <1 & 1 & 1 & \times\end{array}\end{bmatrix} \qquad (4\text{-}111)$$

由上述故障支路判别矩阵 $\boldsymbol{R}$ 可知,Q_2 对应的所有行元素值都小于 1,Q_3 对应的所有行元素值都小于 1。因此,根据 N 端输电线路的故障判别原则可以判定为故障发生在 T_2 和 T_3 之间。

选取 Q_2 作为初始端,计算出故障点距离 Q_2 端的平均故障距离 d_{Q_2}:

$d_{Q_2}=(d_{Q_2Q_3}+d_{Q_2Q_4}+d_{Q_2N})/3=(89.85+90.05+90.07)/3=89.99(\text{km})$

由以上仿真分析可以看出,利用式(4-102)所示的故障支路判别矩阵可以实现 N 端输电线路故障支路的判别,进而利用双端故障测距原理进行故障测距。

5. 多端 T 接输电线路故障测距方法的有效性分析

对于多端 T 接输电线路,随着 T 节点和终端的规模增大,因 T 节点为波阻抗不连续点,T 节点及 T 接分支线路的存在可能导致行波法、频差法、k-NN 算法应用于多端多 T 接输电线路故障测距时失效。

就行波法而言,行波在 T 节点发生折反射。若故障发生在 T 节点之后,故障行波需经过 T 节点的折射方能到达量测端。对于单端行波法,T 节点的存在一方面使得量测端检测到的故障行波(群)波形变得复杂,致使故障点反射波的辨识更为困难;另一方面,故障行波在传播过程中经过了多个 T 节点的折射作用,可能导致量测端无法获得故障点反射波,故障点反射波无法获取,则传统意义上的单端行波测距方法失效。对于双端(多端)行波法,虽然在原理上仅利用故障初始行波,但是,当 T 节点较多时或者是在弱故障模式下,有可能出现某一个(或多个)量测端不易或不能够检测到故障初始行波的情况,此致使双端(多端)行波测距方法失效。

对于频差法而言,若故障发生在多个 T 节点之后,故障点反射波需经过多个 T 节点折射才能到达量测端,这样,量测端检测到的故障点反射波较弱且在一定时窗内不具周期性,在行波自然频率频谱中,不能表现为稳定的、直接反映故障距离的频差。从自由振荡方面来说,T 节点和 T 接分支线路的存在使得故障自由振荡分量不仅存在于量测端和故障点之间,还存在于量测端和 T 节点、量测端和 T 接分支线路末端之间。这样,量测端自由振荡分量的频谱较为复杂,也就无法利用频差法进行故障测距。3.2 节讨论了频差 Δf 反映故障距离,频差法故障测距应用探讨将在第 5 章详述。

k-NN 算法主要依据的原理是：输电线路同一位置发生相近故障条件的故障时，其量测端故障波形具有较高的相似性；而同一故障条件下，不同位置发生故障时，量测端故障波形的差异性较大，且此差异性越大，对保证测距精度和可靠性越有利。在高采样率、短时窗情况下，由于不同位置发生故障，形成与故障位置有关的行波路径，而量测端故障行波（群）波形由沿不同路径传播的行波组合而成，因此不同位置故障时，量测端故障行波（群）波形存在较大的差异性。因此，在高采样率、短时窗情况下，基于 k-NN 算法的测距方法可以很好地适用于 T 接输电线路。在较低采样率、长时窗情况下，不同位置发生故障时，故障暂态能量在故障点和量测端之间振荡，造成量测端波形的差异性。但是，对于多 T 接输电线路，若故障位置位于多个 T 节点之后，故障暂态能量不仅在故障点和量测端之间振荡，更多的是在 T 节点与量测端、T 接分支线路末端与量测端之间振荡，而后两者反映的均不是故障位置，它们皆与故障位置无关，这就导致由故障位置不同而引起的量测端波形的差异性较小，基于 k-NN 算法的测距方法可能会使精度下降、方法可靠性下降乃至失效。值得指出的是，线路故障测距 k-NN 算法的原理和方法将于第 7 和第 8 章详述，但为了保持 T 接线路故障测距算法描述的完整性，这里将简述 k-NN 算法在 T 接线路中的应用情况。

针对以上问题，后面逐一进行分析和讨论。

1) 行波法的有效性分析

行波法用于多端 T 接输电线路故障测距时分为单端法和双端（多端）法。单端法用于多端 T 接输电线路时，主要存在故障点反射波的检测和辨识的问题，如图 4-76 所示的输电网络。假设 T_1-T_2 之间线路距离 T_1 节点 40km 处，发生 A 相金属性接地故障，故障初相角为 90°，M 量测端检测到的故障电流行波及其小波变换模极大值如图 4-78 所示；假设 T_2-T_3 之间线路距离 T_2 节点 30km 处，发生 A 相金属性接地故障，故障初相角为 90°，M 量测端检测到的故障电流行波及其小波变换模极大值如图 4-79 所示。这里，为方便描述行波路径，定义故障点为 F 点。

图 4-78 中，1 为量测端故障初始行波，2 为 T_2 节点反射波，其行波路径为 F—T_2—F—T_1—M；3 为 Q_1 端反射波，其行波路径为 F—T_1—Q_1—T_1—M；4 为 T_1 节点反射波，其行波路径为 F—T_1—M—T_1—M；5 为行波 2 在 Q_1 点的反射波，其行波路径为 F—T_2—F—T_1—Q_1—T_1—M；6 为 Q_2 点反射波，其行波路径为 F—T_2—F—T_1—M；7 为故障点反射波，其行波路径为 F—T_1—M—T_1—F—T_1—M。其中，行波 1、2、3、4、5、6 均会对故障点反射波的辨识造成影响，由此可以看出，对于单端行波测距，当故障位于第一个 T 节点之后，行波路径较多，量测端故障行波（群）波形复杂，存在故障点反射波难以辨识的问题。

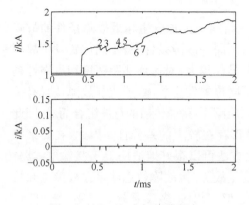

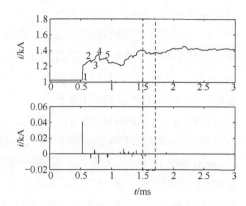

图 4-78　T_1-T_2 之间线路距离
T_1 节点 40km 处故障

图 4-79　T_2-T_3 之间线路距离
T_2 节点 30km 处故障

图 4-79 中,1 为量测端故障初始行波,2 为 T_3 节点反射波,其行波路径为 F—T_3—F—T_2—T_1—M;3 为 T_2 与故障点之间的反射波,其行波路径为 F—T_2　F—T_2—T_1—M;4 为 Q_1 端反射波,其行波路径为 F—T_2—T_1—Q_1—T_1—M;5 为 Q_2 端反射波,其行波路径为 F—T_2—Q_2—T_2—T_1—M。这些都不是故障点反射波,当故障位于第二个 T 节点之后,故障点反射波需经过 T 节点来回多次折射才能传播至量测端,当 R_f 为 0Ω 时,设故障点起始电流行波为 u_f/Z_c,则在无频变行波网格表征体系下,M 量测端检测到的故障点反射波 $i_{M,f} = (1+\beta_M)(\alpha_{T_2}^3 \alpha_{T_1}^3 \beta_M) u_f(t-3\tau)/Z_c$,其中,$\tau$ 故障点反射波传播至量测端的时间,M 端反射系数 $\beta_M = 3/5$,T_1 节点折射系数 $\alpha_{T_1} = 2/3$,T_2 节点折射系数 $\alpha_{T_2} = 2/3$,这样 M 量测端检测到的故障点反射波为 $i_{M,f} = (1536/18225) u_f(t-3\tau)/Z_c \approx 0.084 u_f/Z_c$,其幅值远小于故障初始行波,很难对其进行检测和标定。故障点反射波理论上位于图 4-79 所示的虚线框区域内,其放大图如图 4-80 所示。由图 4-80 也可以看出,故障点反射波微弱,利用小波变换模极大值不能对其进行检测和标定。

双端(多端)行波法,虽然在原理上仅利用故障初始行波,但是,当 T 节点较多时或者是在弱故障模式下,有可能出现某一个(或多个)量测端不能够检测到故障初始行波的问题,导致双端(多端)行波测距方法失效。如图 4-75 所示的 n 端输电线路,M、N 两端母线均有 5 条出线,设故障点故障起始电流行波记为 u_f/Z_c,当故障位于 T_n 个 T 节点之后,在无频变行波网格表征体系下,M 量测端检测到的故障初始电流行波为 $i_M = (1+\beta_M)(\alpha_T)^{T_n} u_f(t-3\tau)/Z_c$,同理,设当 R_f 为 0Ω 时,故障点故障起始电压行波记为 u_f。在无频变前提下描述 M 量测端检测到的故障初始电压行波为 $u_M = (1+\beta_M)(\alpha_T)^{T_n} u_f(t-\tau)$,由以上两个简单公式可以看出,随着 T_n 的增大,量测端检测到的故障初始行波越来越微弱。如图 4-75 所示的输电线路,分别假设 T_n 个 T 节点之后发生 A 相接地故障,故障初相角为 60°,过渡电阻为 20Ω,

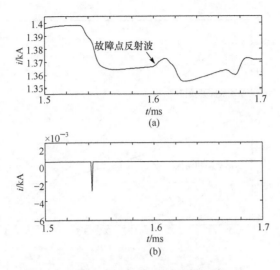

图 4-80　虚线框区域放大图

M 端检测到的故障相故障初始电流行波小波变换模极大值如图 4-81 所示，M 端检测到的故障相故障初始电压行波小波变换模极大值如图 4-82 所示。

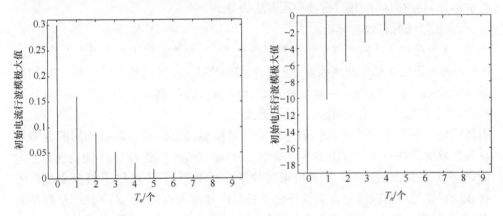

图 4-81　故障初始电流行波小波变换模极大值　　图 4-82　故障初始电压行波小波变换模极大值

　　由图 4-81 和图 4-82 可以看出，随着 T_n 的增大，量测端故障初始行波模极大值越来越小。这表明随着 T_n 的增大，量测端检测到的故障初始行波越来越微弱，与理论分析相符合。

　　仍以图 4-75 所示的 $n=9$ 的输电线路进行说明，假设 M-T_1 之间线路发生 A 相接地故障，故障初相角为 $60°$，过渡电阻为 20Ω，M 端和 N 端检测到的 α 模故障电流行波如图 4-83 所示。

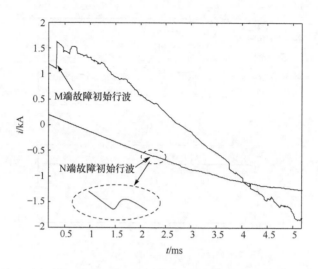

图 4-83　M 端和 N 端故障含故障相线模电流行波

　　由图 4-83 可以看出,N 端检测到的故障初始行波较小,在实际线路中,受背景噪声、互感器传变特性以及采集通道量化噪声等的影响,很可能无法检测到该初始行波浪涌,导致双端(多端)行波测距方法失效。

　　2) 频差法的有效性分析

　　3.2 节论述了故障电气量暂态数据频差 Δf 与相间故障距离之间的关系,在第 5 章还将专门论述如何利用频差 Δf 进行故障测距。此处论述频差法对 T 接输电线路故障测距的有效性。频差法在单回线的相间故障模式下,有很好的实用性。然而,对于多端 T 接输电线路,一旦故障发生在一个或多个 T 节点之后,故障点反射波需经过多个 T 节点多次折射才能到达量测端,这样,量测端检测到的故障点反射波较弱且在一定时窗内不具周期性,在行波自然频率频谱中,不能表现为稳定的、反映故障距离的频差。从自由振荡分量方面阐释,T 节点和 T 接分支线路的存在使得故障自由振荡分量不仅存在于量测端和故障点之间,还存在于量测端和 T 节点、量测端和 T 接分支线路末端之间,这样,量测端自由振荡分量的频谱就较为复杂,也就无法利用频差法进行故障测距。

　　如图 4-76 所示的多端 T 接输电线路,假设 M-T_1 区段距离 M 端 40km 处发生三相金属性接地故障,故障初始相角为 90°,采样率为 1MHz,M 量测端 α 模电流波形及其频率分布如图 4-84 所示。同样,假设 T_1-T_2 区段距离 T_1 端 30km 处发生三相金属性接地故障,M 量测端 α 模电流波形及其频率分布如图 4-85 所示。

　　由图 4-84 和图 4-85 可以看出,当三相对称短路故障位于第一个 T 节点之前,无论是行波还是自由振荡分量都只是在故障点和量测端之间传播,故量测端检测到的故障电流行波的频率分布有规则,其频差反映故障点和量测端之间的距离,

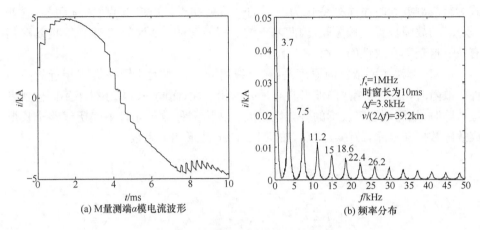

图 4-84 M-T_1 区段内距离 M 端 40km 处故障

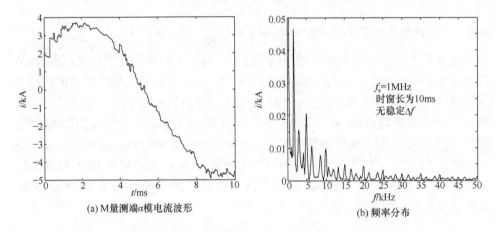

图 4-85 T_1-T_2 区段内距离 T_1 端 30km 处故障

图 4-84(b)中,$\Delta f = 3.8$kHz,利用频差法计算公式 $v/(2\Delta f)$,可计算得故障距离为
39.2km。然而,当故障位于第一个 T 节点之后时,无论是行波还是自由振荡分量
沿各不同的路径传播,故量测端检测到的故障电流行波的频率分布较为复杂,如
图 4-85(b)所示,无法利用频差法进行故障测距。

3) k-NN 算法的有效性分析

多端多 T 接输电线路的故障行波每经历一个 T 节点,就发生一次折射系数为
2/3 的折射,行波幅值损失 1/3,此对单端行波测距是不利的因素,而对于单端故障
测距的 k-NN 算法,则影响不大。因为对同一故障位置而言,其故障行波"群"传播
至量测端损失的是波头突变能量,但行波"群"波到时刻物理上是确定的,其突变降
低许多,但由突变刻画的波到"拐点"物理上仍存在,且与突变点相对应,此表现形

式为行波群波到时序序列变化为波形的一系列拐点,这些"拐点"清晰明显,这些"拐点"与故障位置直接关联,因此基于波形相似度的 k-NN 算法对于 T 接线路仍有效。这是其有效性的方面。

k-NN 算法主要依据的原理是:输电线路同一位置发生同一类型相近故障条件的故障时,其量测端故障波形具有最高的相似性;而同一故障条件下不同位置发生故障时,量测端故障波形的差异性较大。在诸多种故障条件下遍历线路全长形成故障数据样本库,故障发生后,按照 Pearson 波形相关系数,即

$$D = \sum_{i=1}^{N} \left(x_{ai} - \frac{1}{N} \sum_{j=1}^{N} x_{aj} \right) \sum_{i=1}^{N} \left(x_{bi} - \frac{1}{N} \sum_{j=1}^{N} x_{bj} \right)$$

$$\Bigg/ \left[\sqrt{\sum_{i=1}^{N} \left(x_{ai} - \frac{1}{N} \sum_{j=1}^{N} x_{aj} \right)^2} \sqrt{\sum_{i=1}^{N} \left(x_{bi} - \frac{1}{N} \sum_{j=1}^{N} x_{bj} \right)^2} \right]$$

式中,$\frac{1}{N} \sum_{j=1}^{N} x_{aj}$ 为 x_a 的均值;$\frac{1}{N} \sum_{j=1}^{N} x_{bj}$ 为 x_b 的均值。选取与样本数据最近邻的 k 组数据对应的故障距离 x',由回归函数 $x_{\mathrm{f}}(x') = \sum_{x \in S(x')} x_{\mathrm{f}}(x) \cdot \mathrm{e}^{-[D_{\mathrm{r}}(x, x')]^2} \Big/ \sum_{x \in S(x')} \mathrm{e}^{-[D_{\mathrm{r}}(x, x')]^2}$ 获取故障距离 x_{f}。在高采样率、短时窗情况下,由于不同位置发生故障,形成与故障位置有关的行波路径,而量测端故障行波(群)波形由沿不同路径传播的行波组合而成,因此在不同位置发生故障时,量测端故障行波存在较大的差异性。如图 4-76 所示的输电线路,假设 M-T_1 区段距离 M 端 15km 处发生 A 相接地故障,采样率为 1MHz,在不同故障条件下,Q_4 量测端检测到的故障相故障电流故障分量如图 4-86 所示,其对应的 db4 小波第五尺度小波系数波形如图 4-87 所示。M-T_1 区段不同故障距离下,Q_4 量测端故障电流故障分量如图 4-88 所示,其对应的第五尺度小波系数波形如图 4-89 所示。

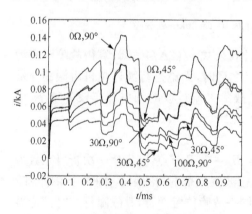
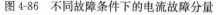
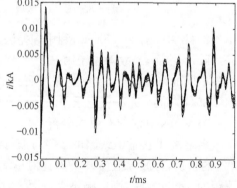

图 4-86　不同故障条件下的电流故障分量　　图 4-87　不同故障条件下的第五尺度小波系数

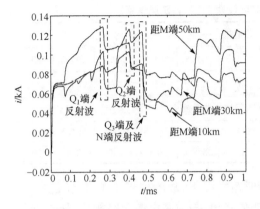

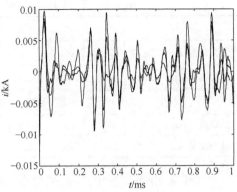

图 4-88　不同故障距离下的故障电流　　　　图 4-89　不同故障距离下的第五尺度小波系数

由图 4-86、图 4-87 可以看出,在高采样率、短时窗情况下,同一位置发生不同故障条件的故障时,其量测端故障电流故障分量具有较高的相似性,对应的第五尺度小波系数波形也具有很高的相似性,这种相似性主要是由于同一位置发生故障时,具有相同的行波路径,而量测端故障行波正是由沿这些路径传播的行波叠加而成。因此,在高采样率、短时窗情况下,量测端波形具有较高的相似性。

由图 4-88、图 4-89 可以看出,同一故障条件下,不同位置发生故障时,量测端故障波形的差异性较大。这种差异性是由于不同位置发生故障,具有不同的行波路径,而量测端故障行波正是由沿这些路径传播的行波叠加而成。因此,在高采样率、短时窗情况下,量测端波形具有较大的差异性。这里需要指出的是,对于多端 T 接输电线路,若相对于量测端,故障发生在多个 T 节点之后,有些行波路径是和故障位置直接相关的,此是保证有效性的方面;而有些行波路径是和故障位置无关的,如图 4-88 中的 Q_1、Q_2、Q_3 及 N 端反射波。这些与故障位置未直接相关的行波的存在会降低不同故障位置下量测端波形的差异性,此差异性的降低,会直接使 k-NN 算法对故障位置的分辨率降低,影响其测距精度,尤其当 T 节点数量较多时,可能会导致 k-NN 算法对多个 T 节点之后的支路故障测距误差较大甚至方法失效。这是可能使其失效的方面。

假设 M-T_1 区段的不同距离发生 A 相接地故障,故障初相角为 60°,过渡电阻为 50Ω,量测端 Q_4 利用基于 1ms 短窗故障电流数据相似度的 k-NN 算法进行故障测距的结果如表 4-25 所示,包括利用短窗故障电流行波的 k-NN 测距结果和利用短窗故障电流行波第五尺度小波系数的 k-NN 算法进行故障测距的结果。

表 4-25　在 M-T₁ 区段 AG 故障测距 k-NN 算法测试结果

基于故障电流									
故障距离/km	254.5	259.5	264.5	269.5	274.5	279.5	284.5	289.5	294.5	299.5
测距结果/km	254	259	264	269	274	279	284	290	294.7	299
基于故障电流第五尺度小波系数									
故障距离/km	254.5	259.5	264.5	269.5	274.5	279.5	284.5	289.5	294.5	299.5
测距结果/km	254	259.3	265	369.3	275	279.3	284	290	295	300

由表 4-25 可以看出,在高采样率、短时窗情况下,故障位于 4 个 T 节点之后,利用 k-NN 算法仍可以实现故障测距。顺便指出,与单芯电缆线路相比,架空线路同一类型、同一位置、不同过渡电阻的故障电流波形相似性极高。架空线路故障测距 k-NN 算法的可靠性和精度优于电缆线路故障测距的 k-NN 方法。

在较低采样率、较长时窗情况下,不同位置发生故障时,故障暂态能量在故障点和量测端之间振荡,造成量测端波形的差异性。但是,对于多端 T 接输电线路,若故障位置位于多个 T 节点之后,故障暂态能量不仅在故障点和量测端之间振荡,更多的是在 T 节点与量测端、T 接分支线路末端与量测端之间振荡,而后两者皆与故障位置无关,这就导致由故障位置不同而引起的量测端波形的差异性较小,基于 k-NN 算法的测距方法可能失效。如图 4-76 所示的输电线路,假设 M-T₁ 区段距离 M 端 15km 处发生 A 相接地故障,采样率为 20kHz,在不同故障条件下,M量测端检测到的故障相故障电流故障分量如图 4-90 所示,不同故障距离下的故障电流故障分量如图 4-91 所示。

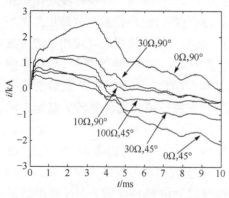

图 4-90　不同故障条件下的电流故障分量

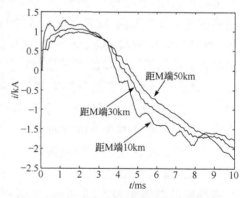

图 4-91　不同故障距离下的电流故障分量

由图 4-90 可以看出,同一位置发生不同故障条件的故障时,其量测端故障电流故障分量具有较高的相似性,然而,图 4-91 所示的同一故障条件下,M-T₁ 区段不同故障位置发生故障,Q_4 量测端故障电流故障分量也具有较高的相似性。这主要是由于在 20kHz 的采样率下,能够体现波形差异的高频分量没有被采集到,因此,在 20kHz 采样率下,利用 k-NN 算法不能有效实现多端多 T 接输电线路的单侧故障测距。值得指出的是,对于多 T 接辐射状架空线路单侧电气量故障的测距命题,一直是个技术难题。将技术问题分解处理,即先判断故障线路段,再行故障测距,往往会取得事半功倍的效果。利用单侧故障数据,借助 PCA-SVM 或 DWT-PCA-SVM 判别机制和算法,先判断故障支路,再由各种测距算法施行故障定位,不失为一种方案。分析表明,基于 T 接线路的单侧信息,对于 T 节点附近短路接地故障的故障支路识别,以及对于长度相近和支路末端接线类型相同的故障支路识别,存在困难。

4.7　现场实录暂态波形中行波数据的筛选

随着行波测距装置在 220kV 及以上电压等级输电线路上的广泛应用,目前在 220kV 及以上电压等级线路已经成为标配,且有向 110kV 延伸应用的趋势,变电端端宽频暂态行波电流数据的获取具有了可靠的高速数采录波硬件平台条件,然而,现有高速暂态录波装置普遍使用的是突变量启动算法。为保证对高阻故障、小故障角等不利情况下暂态波形的灵敏记录,通常必须设定较低的启动门槛,使得干扰导致装置启动频繁,大量杂波被采集记录,有效的故障行波录波所占比重小,录波数据集呈现出严重的不平衡性。如何从海量的高速录波数据中自动筛选出有效的故障行波波形,进而提炼故障信息,缺少合适的方法,使得当前由行波录波数据提炼故障信息的工作不得不仍需依靠人工回溯继保信息借以实现,其工作量大、效率低,严重阻碍了故障类型判别、故障定位、故障性质辨识等自动分析功能的实用化,也使得组网物理条件已具备而终端采集的录波数据仍难以有选择性地上报,造成终端录波数据泛滥而主站有效故障数据和故障信息匮乏,难与电力系统保护和故障录波信息系统(保信系统,POFIS)对接。迫切需要一种测距子站端的高速行波故障录波的自动筛选技术,高效梳理各类故障的行波录波数据,提炼故障信息、分析单端行波自动测距的失效原因,“有的放矢”地对测距算法进行改进,提升应用效果。

1. 故障行波的特点

以课题组研制的行波装置十余年以来对由实际电网中所获取的实录暂态电流数据样本集为例进行分析。本装置采用 10kHz 采样率,利用相电流突变量启动算法,1MHz 采样率 24 通道电流同步采集,16ms 记录长度及 4ms 预触发,连续启动间隔小于 20ms,实际记录死区小于 3ms,有效防止频繁误启动导致的故障行波漏录,录波文件以 COMTRADE99 格式存储。用上述装置得到数据,分析实测故障电流行波的特征,通过研究发现现场实录故障电流行波有如下特点。

1) 时序性与紧支性

典型线路故障时采集到的电流波形及其时标如图 4-92(见文后彩图)所示,各通道电流二次值由不同颜色显示。可见,故障初瞬、稳定阶段和故障跳闸的 3 个相继过程的线路暂态电流得以清晰记录,行波突变明显,连续启动间隔短,从故障发生到跳闸时隔小于 60ms,在时间上体现为先后紧邻的录波群。考虑到在故障录波群确定的前提下,故障初瞬、故障稳定和故障跳闸三者的区分能够方便地依靠时标先后来实现,故此处重点讨论故障引起的录波群与干扰杂波的区分。

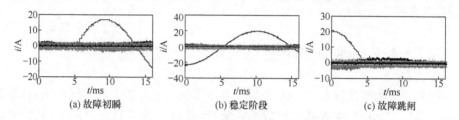

(a) 故障初瞬　　　　　　　(b) 稳定阶段　　　　　　　(c) 故障跳闸

图 4-92　故障录波的时序性与紧支性

2) 模态性

线路故障发生位置具有非均匀性,在易受雷击段或易闪杆塔处发生多次故障的情况时有发生,从波形上看,体现为忽略故障角和故障电流幅值的差异,故障行波时域特征高度相似,如图 4-93(见文后彩图)所示。此外,从行波传播的角度来看,故障行波时域特征主要与故障点的故障性质、传播距离及线路端部折反射系数有关,而与故障的线别与相别关系较小。以单相故障为例,对于同一变电站,不同线、不同故障相,其电流行波时域特征也呈现一定相似,如图 4-94(见文后彩图)所示,将此类故障行波时域波形的相似性称为模态性。受线路运行方式、不同变电站线路互感器传变特性、故障性质等影响,故障模态呈现多样性,图 4-95(见文后彩图)给出了由实测波形获得的另两类典型故障电流模态。大量实测故障数据表明,模态内相似度高、模态间差异较为显著,难以由单一测度统一描述。

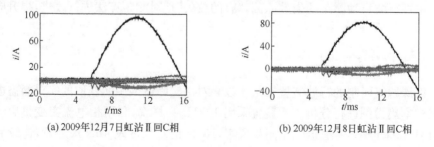

(a) 2009年12月7日虹沾Ⅱ回C相　　　　　　　(b) 2009年12月8日虹沾Ⅱ回C相

图 4-93　故障的重复性

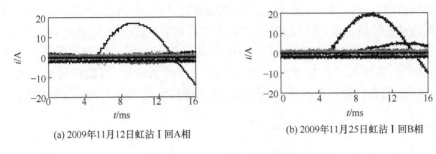

(a) 2009年11月12日虹沽Ⅰ回A相　　　　　　(b) 2009年11月25日虹沽Ⅰ回B相

图 4-94　不同故障的相似性

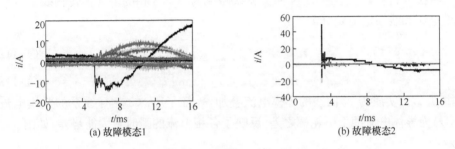

(a) 故障模态1　　　　　　　　　　　(b) 故障模态2

图 4-95　故障模态的多样性

3）复杂性

图 4-96(a)、(b)、(c)（见文后彩图）分别显示现场采集到小故障角故障、山火故障、雷击故障的电流行波，可以看出故障相波形极为复杂。采用较低的启动门槛，使

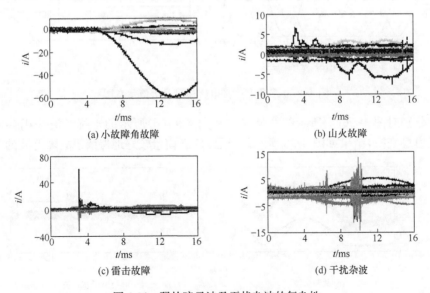

(a) 小故障角故障　　　　　　　　　　(b) 山火故障

(c) 雷击故障　　　　　　　　　　(d) 干扰杂波

图 4-96　弱故障录波及干扰杂波的复杂性

得此类弱故障行波得以有效记录,也导致大量如图 4-96(d)(见文后彩图)所示的干扰所致误启动杂波被记录,难以通过简单阈值实现对弱故障录波和干扰杂波的区分。

综上所述,实测数据在验证了采用低启动门槛记录弱故障行波的必要性和有效性的同时,也说明了区分故障录波与干扰录波的困难性,而故障行波具有时序性、紧支性、模态性等显著特点,可成为区分故障行波与大量干扰录波的"提示"。

2. 行波暂态录波的电流特征提取

1) 故障行波的广义模量表征

将接入行波录波装置的 N 回交流线路视为 $N \times 3$ 相的多导体传输线系,广义零模电流和线模电流定义如下:

$$i_{\text{zero}}(t) = \sum_{n=1}^{N} \sum_{\text{phase}} i_{n,\text{phase}}(t) \tag{4-112}$$

$$i_{\text{aero}}(t) = \max[i_{n,\text{phase}}(t)] - \min[i_{n,\text{phase}}(t)] \tag{4-113}$$

式中,$i_{\text{zero}}(t)$ 实质为 N 回线的零模电流叠加,表征了 $N \times 3$ 相导线系的共模电流;$i_{\text{aero}}(t)$ 为导体电流的上下轮廓之差,反映了各相电流的瞬时最大能势差,如图 4-97 所示。

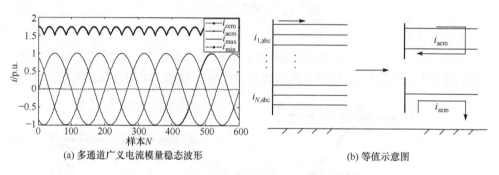

(a) 多通道广义电流模量稳态波形　　　　　　　　(b) 等值示意图

图 4-97　多通道广义电流模量及等值示意图

分别对图 4-96(a)所示的故障录波和图 4-96(d)所示的干扰杂波采用多通道广义模量变换,结果如图 4-98 所示。可见,广义模量较好地保留了故障行波的时域

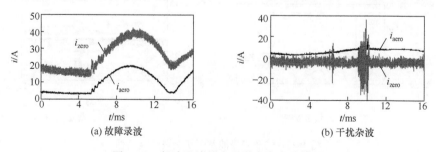

(a) 故障录波　　　　　　　　　　　(b) 干扰杂波

图 4-98　行波录波的多通道广义电流模量

基本特征,尤其是广义线模具有正定性,广义零模也较好保留了发生频度最高的接地故障的行波特征;而对于干扰杂波所致的突变,广义模量有着较强的抑制作用,呈现出平稳性。

2) 行波暂态录波的广义电流模量特征提取

应用广义模量变换对电流录波通道大幅约减并保留其主导特征后,广义模量电流能量成为显著识别故障性扰动与非故障性扰动的重要特征向量。然而,故障角、故障电阻、短路电流幅值的分散性,使得仅采用广义模量电流能量作为特征向量时故障类内样本在特征空间中内聚度差,不利于故障的筛选,需进一步附加特征量,提升同类样本的内聚度。

对于干扰杂波,量化噪声和脉冲干扰占主要成分,信噪比维持在较低的区间内,电流信号自相似度较低,而对于故障性行波录波,由于短路电流的存在,电流信号信噪比陡升,信号自相似度也较高。分形盒维数作为信号自相似度的度量,与信噪比之间有明显的线性关系,且具有有界性、标度不变性的优良特性,引入广义模量电流的全局分形盒维数量化信号的自相似程度对实测多个故障模态和干扰杂波的相电流录波分别计算其分形盒维数,如图 4-99(见文后彩图)所示。可以看出,分形较好地表征了电流的光滑程度,且受故障电流幅值差异影响小;对于干扰杂波,具有良好的抗通道直流偏置能力,有效提升了同类样本间的内聚度。

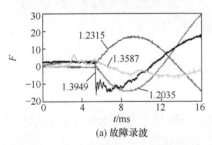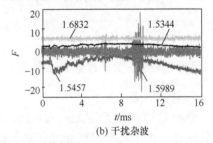

(a) 故障录波　　　　　　　　　　　(b) 干扰杂波

图 4-99　故障录波与干扰杂波的相电流分形维数

在应用广义电流模量对多通道录波数据降维的基础上,以其能量和分形维数作为特征构造特征向量 $\boldsymbol{X}=[x_1,x_2,x_3,x_4]$,其中,$x_1$、$x_2$ 为广义线模电流、零模电流能量 E_{aero}、E_{zero};x_3、x_4 为广义线模电流、零模电流全局分形盒维数 F_{aero}、F_{zero}。能量与分形盒维的计算公式为

$$\begin{cases} E_{\text{modal}} = \sum_{k=1}^{N} |\, i_{\text{modal}}(k)\,| \\[2mm] F_{\text{modal}} = 1 + \log_2 \dfrac{\displaystyle\sum_{k=1}^{N} |\, i_{\text{modal}}(k) - i_{\text{modal}}(k+1)\,|}{\displaystyle\sum_{k=1}^{N/2} \{\max[i_{\text{modal}}(2k-1), i_{\text{modal}}(2k), i_{\text{modal}}(2k+1)] - \min[i_{\text{modal}}(2k-1), i_{\text{modal}}(2k), i_{\text{modal}}(2k+1)]\}} \end{cases}$$

$$(4\text{-}114)$$

现对某 220kV 变电站 2008 年 12 月至 2010 年 6 月间的共 665 条数据记录的

录波数据集应用所提方法提取其广义电流模量特征。为便于显示,将四维超空间拆分至两个二维平面作散点图,如图 4-100 所示。可见,特征平面内,录波数据直观上呈现为特点不同的两簇分布,一簇样本数量多,聚集度高,主要为干扰杂波;另一簇样本数量少,分散性大,主要为故障录波。仅从特征平面看两簇间缺乏清晰的界限,难由简单定值门槛划分,需引入模糊化处理;而两类样本数量的严重不平衡性、故障样本的不完备性以及数值仿真与实测数据间的显著差异性,使得以 ANN、SVM 为代表的基于全监督机器学习的分类方法同样难以适用,故需考虑采用基于数据驱动的聚类作为分类方法。

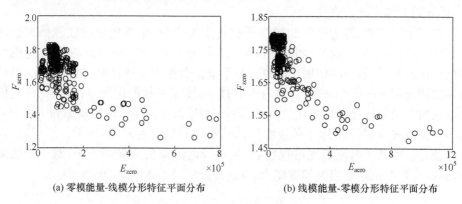

(a) 零模能量-线模分形特征平面分布　　　　　　(b) 线模能量-零模分形特征平面分布

图 4-100　录波数据于特征空间分布

3. 行波暂态量录波数据监督条件约束聚类

1) 模糊聚类

模糊 C 均值聚类(fuzzy c-means,FCM)是一种用于发现未知类型数据结构的有效途径。由于具有模糊处理和基于数据驱动的优势,非常适合作为行波暂态录波数据分类的基础手段。该算法通过最小化以下形式目标函数来确定基本结构:

$$Q = \sum_{i=1}^{c} \sum_{k=1}^{N} u_{ik}^{m} d_{ik}^{2} \tag{4-115}$$

通过迭代获得最佳划分矩阵 U 和聚类中心 V,从而实现对数据类别的划分。

$$\begin{cases} u_{st} = \sum_{j=1}^{c} \left(\dfrac{d_{st}}{d_{jt}} \right)^{\frac{2}{1-m}} \\[2mm] v_{s} = \dfrac{\sum\limits_{k=1}^{c} u_{sk}^{m} x_{k}}{\sum\limits_{k=1}^{c} u_{sk}^{m}} \end{cases} \tag{4-116}$$

式中,c 为划分类别数;m 为模糊指数,通常取 2;d 为欧氏距离。不同目标函数的选取影响着其发现特定几何特征类的能力。针对具体问题的特点增加必要的外部提示对基本 FCM 算法加以拓展,将有助于提升对特定特征类别的搜寻能力。

2) 行波暂态量录波数据部分监督条件约束聚类

针对录波数据筛选这一具体问题,考虑到对任一站点的故障录波数据集而言,总能够获得少量通过人工分析得到的类别已知的历史录波数据,该已知类别样本显然能够对大量待分类样本的聚类过程具有一定的"提示"作用,故这里用其辅助无监督学习,将聚类引导到一个好的搜索空间,实现部分监督聚类,以提高准确率,减少陷入局部极值的机会,加快算法收敛,减少无监督聚类的盲目性。同时,考虑到录波数据呈现时序分布不平衡性、连续性、间歇性,一次故障扰动或短时干扰往往会导致短时内录波多次连续启动,如对于单次故障扰动,必将产生故障初瞬、稳定故障过程、保护动作跳闸等多条时序上紧密排列的录波数据,对于脉冲群导致的干扰录波也是如此。因而,对于行波暂态量录波数据集,极短的时间邻域内的多条数据应存在一定的关联性,其类别属性也应是潜在相似的,该条件约束可作为指导聚类过程的又一"提示"。因此,把少量已知类别的历史样本和时间近邻约束信息合并到目标函数,得到如下形式的扩展目标函数:

$$Q = \sum_{i=1}^{c} \sum_{k=1}^{N} u_{ik}^2 d_{ik}^2 + \alpha \sum_{i=1}^{c} \sum_{k=1}^{N} (u_{ik} - f_{ik})^2 b_k d_{ik}^2 + \beta \sum_{i=1}^{c} \sum_{k=2}^{N} (u_{ik} - u_{i,k-1})^2 \Psi_k d_{ik}^2$$

$$(4\text{-}117)$$

式中,第 1 项为标准 FCM 的目标函数,用来发现数据集基本结构;第 2 项赋予权重 α,描述了半监督的作用;标记向量 $\boldsymbol{b} = [b_1, b_2, \cdots, b_N]^{\mathrm{T}}$ 用来标记每个样本的类别是否已知,如果 x_k 类别已知,则 b_k 为 1,否则为 0;隶属度矩阵 $\boldsymbol{F} = [f_{ik}]$($k = 1, 2, \cdots,$ N)包含了 b_k 为 1 所对应的已知类别样本的隶属度,对于 b_k 为 0 的样本,可令其 f_{ik} 为 0,非负权重 α 用于在有无监督学习间平衡 β;第 3 项赋予权重,表征受时间近邻关系约束的相似的模式对;Ψ_k 用于表征相邻两样本间是否为时间阈值内的近邻,其计算公式为

$$\psi_k = \begin{cases} 1, & \Delta T(k, k+1) \leqslant T_{\text{threshold}} \\ 0, & \Delta T(k, k+1) > T_{\text{threshold}} \end{cases}$$

$$(4\text{-}118)$$

式中,$T_{\text{threshold}}$ 为时间阈值,可按行波录波装置连续启动的最小间隔 20ms 选取,非负权重 β 用于表征被邻域关系视为同一模式的样本间的差别。

考虑 $\sum_{i=1}^{c} u_{ik} = 1$ 的约束,对每个样本应用拉格朗日乘数法,有以下目标函数:

$$V = \sum_{i=1}^{c} u_{ik}^2 d_{ik}^2 + \alpha \sum_{i=1}^{c} (u_{ik} - f_{ik})^2 b_k d_{ik}^2 + \beta \sum_{i=1}^{c} (u_{ik} - u_{i,k+1})^2 \Psi_k d_{ik}^2 - \lambda \left(\sum_{i=1}^{c} u_{ik} - 1 \right)$$

$$(4\text{-}119)$$

将 $\partial V / \partial u_{st} = 0$ 写成以下形式:

$$u_{st} A_{st} - B_{st} - \lambda = 0 \tag{4-120}$$

所以有

$$u_{st} = \frac{B_{st} + \lambda}{A_{st}} \tag{4-121}$$

由 $\sum\limits_{i=1}^{c} u_{it} = 1$ 可得

$$\lambda = \frac{1 - \sum\limits_{i=1}^{c} \dfrac{B_{it}}{A_{it}}}{\sum\limits_{i=1}^{c} \dfrac{1}{A_{it}}} \tag{4-122}$$

将其代入式(4-121),有

$$u_{st} = \frac{1 + \sum\limits_{i=1}^{c} \dfrac{B_{st} - B_{it}}{A_{it}}}{\sum\limits_{i=1}^{c} \dfrac{A_{st}}{A_{it}}} \tag{4-123}$$

式中,$A_{st} = 2d_{st}^2(1 + \alpha b_t + \beta \Psi_t)$; $B_{st} = 2d_{st}^2(\alpha f_{st}b_t + \beta u_{s,t-1}\Psi_t)$。令 $\partial Q/\partial v_{st} = 0$,得

$$v_s = \frac{\sum\limits_{k=1}^{N} \varphi_{sk} x_k}{\sum\limits_{k=1}^{N} \varphi_{sk}} \tag{4-124}$$

式中,$\varphi_{sk} = u_{sk}^2 + \alpha(u_{sk} - f_{sk})^2 b_k + \beta(u_{sk} - u_{s,k-1})^2 \Psi_k$。

可见,投放的已知类别样本在特征空间中起到"锚点"的作用,能确定两类聚类中心的大致范围,且使得划分类别确定,减小初值选取和划分类别数目确定的盲目性,α 控制着"锚点"的"牵拉"程度,使得聚类得到的数据划分能与已知类别的隶属相吻合;条件约束从时间角度,将时间近邻样本产生"挤压"作用,减小其间的隶属差异。β 控制着"挤压"程度,α、β 分别从空间、时间角度控制着外部知识的提示作用强度。若令 α 为 0,则部分监督条件约束聚类将退化为半监督聚类;若 $\alpha \gg 1$,则类的划分完全由已知类别的样本集决定,退化为监督学习;若 β 为 0,退化为条件聚类;若 α、β 均为 0,退化为无监督的标准 FCM。

考虑到故障的多样性及其录波数据在特征空间分布的相对分散,α 和已知类别样本的隶属度 f_{sk} 的取值均不宜过高,以确保监督作用的松弛性;考虑到满足时间邻域约束的普遍性,β 作用可较强。大量实验表明,α 取 0.3,β 取 1 即能较好地满足需要,已知类别样本的隶属度 f_{sk} 可根据由已知类别样本子集预聚类得到的隶属度乘以 0.618 的经验松弛因子来确定。

4. 利用广义电流模量的行波实测数据半监督聚类筛选

1) 算法流程

这里在传统的基于数据驱动的无监督聚类基础上,结合行波暂态量的先验知

识，构建含条件约束的半监督聚类（constrained semi-supervised FCM，CSSFCM），实现行波暂态现场数据的筛选，具体实现步骤如下：

（1）通道约减。计算待筛选数据集及类别已知历史录波数据的广义电流模分量 i_{aero}、i_{zero}。

（2）特征提取。计算各录波文件广义电流模分量的能量及分形盒维，构建样本特征矩阵 X 并规格化，由相邻录波文件时差 ΔT 得到时间近邻标记向量 ψ，同时构建类型标记向量 b。

（3）预聚类。对由少数已知类型的历史录波数据构成的子特征矩阵 X_0 使用式（4-116）迭代进行无监督 FCM 的两类划分，得到聚类中心 V_0、隶属度 U_0，根据 U_0 将 F 中对应的已知样本的隶属度按经验松弛因子折算，得到已知样本的隶属度 f_{sk}。

（4）含条件约束的半监督聚类。选定权值 α、β，对于样本特征矩阵 X，以 V_0 为聚类中心初值，迭代计算聚类中心 V 及隶属度矩阵 U，直至 $|U_i - U_{i-1}| < \varepsilon$，得到隶属度矩阵 U。

（5）类别确定。根据样本对应的隶属度向量 U_k 的最大元素所处位置确定其类别。

2）实例及分析

对某 220kV 变电站 2008 年 12 月至 2010 年 6 月间的行波录波数据集应用本章所提算法进行分析。该数据集共含 665 条录波记录，以 2009 年 6 月 21 日 20 时 16 分故障导致的故障初瞬、稳定阶段和故障跳闸 3 条故障录波记录（依次为第 207、208、209 个数据文件）作为已知故障样本，以前 5 条干扰杂波数据作为已知干扰杂波样本，构成标记类样本子集并采用 FCM 对其进行预聚类，得到初始聚类中心 V_0 为

$$V_0 = \begin{bmatrix} 3.2764 & 3.9982 & -2.6657 & -3.9156 \\ -0.3934 & -0.3055 & 0.6061 & 0.6575 \end{bmatrix} \tag{4-125}$$

取 $\alpha = 0.3$，$\beta = 1$，按本章所提含条件约束的部分监督聚类算法迭代计算，得到最终聚类中心为

$$V = \begin{bmatrix} 2.0131 & 1.8602 & -2.3388 & -2.2560 \\ -0.2106 & -0.1907 & 0.2771 & 0.2709 \end{bmatrix} \tag{4-126}$$

对应的故障录波的隶属度如图 4-101 所示，取 0.5 为故障筛选门槛，得到类别划分结果如图 4-102 所示（为便于显示，仍取二维特征平面作散点图），得到故障录波记录共 53 条，其隶属度均值为 0.74，标准差为 0.1356。

作为对比，采用无监督 FCM 对该数据集进行划分，得到的聚类中心为

$$V = \begin{bmatrix} 3.5166 & 3.4196 & -3.2168 & -3.2419 \\ -0.1943 & -0.1805 & 0.2147 & 0.2091 \end{bmatrix} \tag{4-127}$$

仍取 0.5 的故障隶属门槛，得到故障录波记录共 31 条，其隶属度均值为 0.83，标

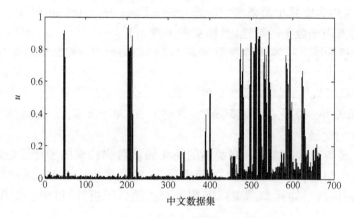

图 4-101　　录波数据集的故障隶属度

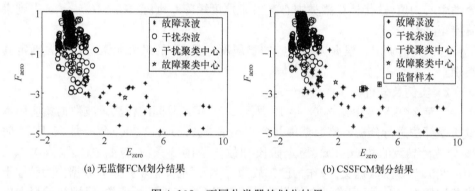

(a) 无监督FCM划分结果　　　　　　　　　　(b) CSSFCM划分结果

图 4-102　　不同分类器的划分结果

准差为 0.16。若以 53 条故障录波记录计算 FCM 故障样本,隶属度均值为 0.60,标准差为 0.29。

以人工逐条分析录波数据得到的结果为实际类别,将两种分类器所获得的类别判定结果作对比,如表 4-26 所示。

表 4-26　　两种分类器对录波数据的划分结果

实际类别	FCM 分类结果		CSSFCM 分类结果	
	故障录波	干扰杂波	故障录波	干扰杂波
故障录波	31	24	52	3
干扰杂波	0	610	1	609

可见,与无监督 FCM 相比,此处所提方法搜寻到的故障录波样本更为完备,故障类内隶属度聚集度高。由于引入了少量已知类别样本作为"锚点",并增加了时间邻域的约束条件,能将弱故障初瞬等蕴于干扰之中的、故障特征不明显的弱故

障样本的隶属度大幅提升,将其拉入故障类,增强对此类样本的搜寻能力。对于本身具有较显著故障特征的强故障样本,由于其与已知故障样本在特征空间的差异,造成了引入部分监督后其故障隶属度较无监督的 FCM 略有拉低,但构造已知故障样本的故障隶属度 **F** 时已考虑了故障多样性而保证了该监督作用的松弛性,故不会造成对此类强故障的误判。为便于对比,选取 15 个典型故障样本采用两种算法得到的隶属度如图 4-103 所示。由图可见这里所提方法对弱故障的故障隶属度的提升作用显著强于对强故障的故障隶属的削弱作用,从整体上提高了对故障样本的搜索能力。

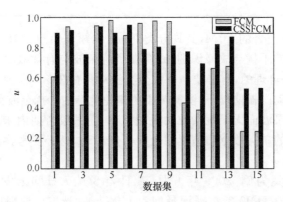

图 4-103　不同分类器得到典型故障样本的故障隶属度

　　进一步考察两分类器的分类性能,将正确判定为故障录波的记录数记为 a,将故障录波误判为干扰杂波的记录数记为 b,将干扰杂波误判为故障录波的记录数记为 c,将正确判定为干扰杂波的记录数记为 d;采用查全率 $\left(\dfrac{a}{a+b}\right)$、查准率 $\left(\dfrac{a}{a+c}\right)$、漏检率 $\left(\dfrac{b}{a+c}\right)$、误检率 $\left(\dfrac{c}{a+c}\right)$ 和 F-measure 正确率 $\left(\dfrac{2a}{2a+b+c}\right)$ 五项指标表征两种分类器的分类性能,结果如表 4-27 所示,虽然由 FCM 判定的 31 条故障录波记录的类别均正确,查准率达到 100%,然而其对故障录波的漏检率超过40%。对于积累本身数量就较少的故障录波十分不利,若采用降低故障隶属度门槛的方式提升查全率降漏检率,则出现部分干扰杂波被误判为故障录波,导致误检率大幅上升,影响正确率的提升。而由 CSSFCM 所获故障录波中尽管混有极个别干扰杂波,但其对故障录波的搜索能力更强,查全率、查准率和正确率均维持在90% 以上,能够较大限度地筛选出故障录波,由于所获该故障录波子集中的数据记录规模已大幅缩减,对其中个别干扰杂波的剔除可由人工完成,并可通过人工剔除和增量筛选相结合的方式进一步克服单一门槛所致的漏判:对于初次筛选获得的故障录波均为有效故障录波的情况,可假设有故障录波遗漏于干扰杂波集,此时对干扰杂波集采用降低门槛(如降至 0.45)的方式进行增量筛选,由人工判定获取增量样本中是否仍存在故障录波,若得到的增量样本全为杂波,则停止筛选。

表 4-27　两种分类器对录波数据的分类性能　　　　　(单位:%)

性能	FCM 分类器	CSSFCM 分类器
查全率	56.36	94.55
查准率	100	98.11
漏检率	43.64	5.45
误检率	0	1.89
正确率	72.09	96.30

　　此外,对于无监督的 FCM,其划分类别数 c 需事先给定,如何确定 c 一直是个难点。对于本章的干扰与故障识别,只有在干扰杂波与有效故障录波并存的情况下,取 c 为 2 才是合理的,有必要考虑划分方法对只存在单一类别数据集时的适应性。低突变量启动门槛前提下,受噪声不可避免地产生干扰杂波记录,因而可认为不存在只有故障录波而无干扰杂波的极端情况,而一段时期内未发生故障所录数据均为干扰杂波的单类数据集情况则极有可能出现,有必要考察此情况下分类方法的正确性。

　　仍以该数据集为例,2009 年 6 月 22 日至 8 月 7 日间未发生故障,对应于图 4-101 中的 210~400 条数据记录均为干扰杂波,选取此段时间内的数据作为单一类型数据子集,采用无监督的 FCM 和 CSSFCM 作二类划分,得到的结果如图 4-104 所示。

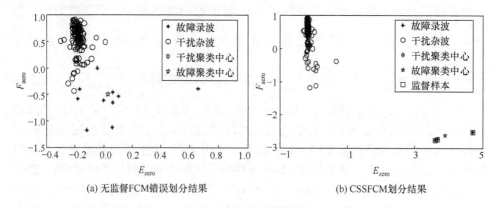

(a) 无监督FCM错误划分结果　　　　　　　　(b) CSSFCM划分结果

图 4-104　对纯干扰杂波数据集的适应性

　　由图 4-104 可知,由于缺乏初始聚类中心的提示,FCM 对干扰杂波数据集进行了二次划分,将其中一部分干扰杂波误判为故障行波。而采用这里所提方法由于投放了 6 月 21 日 3 个已知故障样本的“监督”作用,避免了对同类数据集的错误二次划分,准确地将该数据集识别为完全干扰杂波。

综上分析,可得到以下结论:

(1) 线路故障偶发性及故障条件随机性会导致实测故障样本集具有不完备性;行波暂态量层面精细建模的困难导致数字仿真与实测波形差异显著。这使得基于监督学习的实测波形分类存在困难,而依靠仅由数据驱动的无监督学习聚类获得的结果也缺乏解释性。

(2) 将多回线路视为多导体传输系,构造广义模量,实现数据的降维,采用分形维数和暂态能量作为特征向量,故障录波与干扰杂波在特征空间内分布呈现不同规律。

(3) 将少数已知类别的历史录波数据作为"锚点",构成部分监督聚类,在提升了隶属度的同时,能够有效避免聚类数目及初值选取的盲目性;考虑到单次故障事件动作的连续性、时间上的紧密性,聚类过程增加时间邻域约束有助于将小故障角故障、高阻故障等远离聚类中心。

4.8　有限广域行波测距

对于电流型行波测距装置的网络化测距及其优化布点的研究仍有待深入。大量不同厂家行波测距装置的投运并接入调度数据网,为开展网络化测距提供了可能,也带来了跨厂家数据互通互用和测点布置经济性的问题。有文献提出了基于103 规约的行波测距装置接入保信系统和变电站监控系统的方案,也有文献提出基于 IEC 61850 标准建立了行波测距装置信息模型,为跨厂家的行波测距系统的互通创造了条件。有文献提出了通过在电网中每个变电站安装电压行波装置,记录各变电站行波到达时间实现全网故障测距,也有文献提出了网络中各站时间信息纠错融合方法。有文献报道解决了行波到达时间与行波传输路径的匹配,促进电压型网络测距的实用化,但由于采用模拟量波头识别判据,缺少对实测波形的记录,限制了基于历史故障数据的算法后续提升。有文献提出行波网络扰动点判定与定位的广域行波网络算法,扩展了双端电流行波测距的应用范围。有的研究了在测距主站中利用区域电网信息提高测距整体可靠性的途径,有文献提出了根据多测点的测距结果实现纠错。也有文献提出了行波装置在整个电网的优化布点方法,经济地实现了双端测距功能全覆盖,但此类方法均仅限于电压型行波测距装置,对实际电网中应用更广泛和普遍的电流型行波装置的布点问题仍有待研究。

众所周知,运行中的输电线路故障后,故障点产生的电压行波和电流行波会向整个电网传播,每个量测点均可能感受到来自故障点的行波,但是每经过一级母线,故障行波的幅值就会损失一些,再考虑到故障行波在线路上的损耗,经过多个变电站后,故障行波的幅值会很小。再计及传变损耗,能够检测并量化的行波是有限的,故障行波传播范围也是有限的。鉴于此,这里所述的有限广域行波测距的范围定义为以装有行波测距装置的枢纽变电站为中心,以第 2 级线路终端(即经过 2

个变电站)为半径所构成其现实的留有足够裕度的有效范围。以下分链式网冗余行波信息分析及其应用、三角形环网冗余行波信息分析及其应用、全网行波装置从无到有的优化配置、计及既有行波装置的全网行波装置优化布点等几个方面加以讨论分析,最后讨论基于全网完备配置有电压行波测距装置情况下,应用测后模拟原理和行波路径匹配方法,实现广域电压行波测距的方案及其效果。

4.8.1　链式网冗余行波信息分析及其应用

随着电网规模的不断扩大,常出现线路内部新接入变电站或开关站的情况。对线路的行波测点而言,这相当于增加了波阻抗不连续点,缩小原先单端测距的使用范围。以图 4-105 所示"二进一出"、"一进二出"和"二进二出"三种接线形式的链式网络为例,其中,隐去了 Q、N 两侧系统,阐述以本级 QM 线路 TA$_I$ 观测的故障行波,解决下级 MN 线路故障测距,即阐述单端行波测距范围拓展命题。为了便于表述,将线路 l_{QM} 称为本级线路,且本级线路装有行波测距装置,将线路 l_{MN} 称为下级线路,且下级线路的变电站未装设行波测距装置。本级线路 l_{QM} 与下级线路 l_{MN} 属于"二进一出"接线形式,当下级线路 l_{MN} 发生接地故障时,故障行波网格如图 4-105(a)所示;本级线路 l_{QM} 与下级线路系"一进二出"接线形式如图 4-105(b)

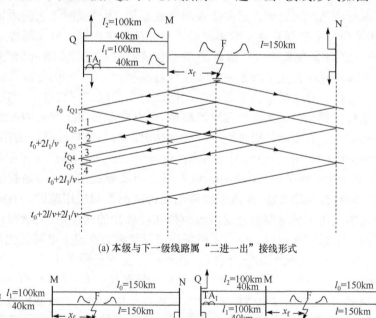

(a) 本级与下一级线路属 "二进一出" 接线形式

(b) 本级与下一级线路属 "一进二出" 接线形式　　(c) 本级与下一级线路属 "二进二出" 接线形式

图 4-105　链式电网结构

所示;本级与下级线路系"二进二出"接线形式如图 4-105(c)所示 。也即,尝试利用本级线路 TA_I 获得的行波数据实现对下级线路 l_{MN} 全线长范围内的故障进行测距。

由图 4-105(a)可知,下级线路发生接地故障,本级线路量测端 TA_I 观测到的行波有:下级线路故障点反射波,如(a)中的行波 1,它反映故障点距离 M 端的距离;下级线路对端母线 N 端的反射波,如(a)中的行波 3,它反映故障点距离 N 端的距离;线路 l_{QN} 故障点反射波,如(a)中的行波 4,它反映故障点距离 Q 端的距离;以及反映线路 l_1 全长的 M 端反射波,如(a)中的行波 2。

若记故障初始行波到达量测端的时刻为 t_0,由图 4-105(a)可知,在 $[t_0, t_0 + 2l/v]$ 时窗内,TA_I 量测端观测到的故障行波有:下级 l_{MN} 线路故障点反射波、对端母线 N 端反射波和 l_{QN} 线路故障点反射波以及 M 端反射波。从故障行波到达量测端的时序来看,下级线路故障点反射波必定先于 l_{QN} 线路故障点反射波到达量测端。下级线路故障点反射波是否先于 M 端反射波到达量测端取决于故障距离(指离开 M 端的距离)与线路 l_1 的相对长度。当 $x_f < l_1$ 时,下级线路故障点反射波 1 会先于行波 2(反映线路 l_1 全长)到达量测端 Q,这样,只要辨识出故障点反射波,便可对现有的单端测距进行扩展,即可以利用 Q 端的故障行波进行单端行波测距,故障距离为 $x_f = v(t_{Q2} - t_{Q1})/2$。其中,$x_f$ 为距离 M 端的距离,t_{Q1} 为故障初始行波到达量测端 Q 的时刻,t_{Q2} 为下级线路故障点反射波到达量测端的时刻。当 $x_f > l_1$ 时,l_1 线路末端反射波会先于故障点反射波到达量测端 Q,这样,加大了故障点反射波辨识的难度。现分析 l_1 线路末端反射波的极性,当然,l_1 线路末端反射波的极性与 M 端的母线接线形式有关。若本级与下级线路属如图 4-105(a)所示的"二进一出"的接线形式,故障行波由本级线路向下级线路传播,故障行波在 M 端的反射系数大于 0,即本级线路末端反射波的极性与故障初始行波的极性相反,这样可以利用极性剔除 l_1 线路末端反射波;若本级与下级线路属如图 4-105(b)所示的"一进二出"的接线形式,故障行波由本级线路向下级线路传播,故障行波在 M 端的反射系数小于零,即本级线路末端的极性与故障初始行波的极性相同,则不能根据故障行波的极性来剔除 l_1 线路末端反射波;若本级与下级线路属如图 4-105(c)所示的"二进二出"的接线形式,波阻抗在 M 点是连续的,故障行波在 M 端的反射波是由母线对地的杂散电容产生的,幅值较小,一般不会影响故障点反射波的辨识。以下将用仿真来说明上述各种情况。

现对如图 4-105(a)所示的"二进一出"链式网,设线路 $l = 150 \text{km}$,线路 $l_{1,2} = 100 \text{km}$,距 M 量测端 64km 处发生 A 相金属性接地故障,量测端 TA_I 观测到故障电流行波及其小波变换模极大值如图 4-106(a)所示;再假设线路 $l = 150 \text{km}$,线路 $l_{1,2} = 40 \text{km}$,距 M 量测端 64km 处发生 A 相金属性接地故障,量测端观测到故障电流行波及其小波变换模极大值如图 4-106(b)所示。对于如图 4-105(b)所示的"一进二出"链式网,设线路 l_0、$l = 150 \text{km}$,线路 $l_1 = 100 \text{km}$,距 M 量测端 64km 处发生 A 相金属性接地故障,量测端观测到故障电流行波及其小波变换模极大值如图 4-106(c)所示;再假设线路 l_0、$l=150$km,线路 $l_1=40$km,距 M 量测端 64km 处发生 A 相金属性接地故障,量测端观测的故障电流行波及其小波变换模极大值如图 4-106(d)所示。对于如图 4-105(c)所示的"二进二出"链式网,设线路 l_0、$l=150$km,线路 $l_{1,2}=100$km,距 M 量测端 64km 处发生 A 相接地故障,量测端观测到故障电流行波及其小波变换模极大值如图 4-106(e)所示;再假设线路 l_0、$l=150$km,线路 $l_{1,2}=40$km,距 M 量测端 64km 处发生 A 相金属性接地故障,量测端观测的故障电流行波及其小波变换模极大值如图 4-106(f)所示。其中,假设 Q 端和 N 端均为多出线的母线接线形式,且健全线路设为"半无穷长"线路。

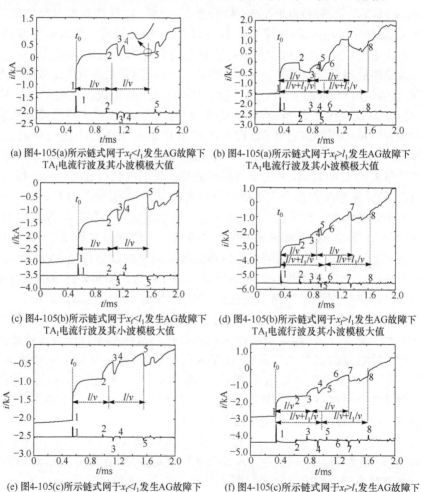

(a) 图4-105(a)所示链式网于x_f<l_1发生AG故障下 TA$_1$电流行波及其小波模极大值

(b) 图4-105(a)所示链式网于x_f>l_1发生AG故障下 TA$_1$电流行波及其小波模极大值

(c) 图4-105(b)所示链式网于x_f<l_1发生AG故障下 TA$_1$电流行波及其小波模极大值

(d) 图4-105(b)所示链式网于x_f>l_1发生AG故障下 TA$_1$电流行波及其小波模极大值

(e) 图4-105(c)所示链式网于x_f<l_1发生AG故障下 TA$_1$电流行波及其小波模极大值

(f) 图4-105(c)所示链式网于x_f>l_1发生AG故障下 TA$_1$电流行波及其小波模极大值

图 4-106　链式电网故障下 TA$_1$ 观测的故障电流行波及其小波模极大值

在图 4-106(a)中,1 为故障初始行波;2 为下级线路故障点反射波,其对应的行波路径为 F—M—F—M—Q;3 为对端母线 N 端反射波,其对应的行波路径为 F—N—F—M—Q;4 为 M 端反射波,其对应的行波路径为 F—M—Q—M—Q;5 为 l_{QN} 线路故障点反射波,其对应的行波路径为 F—M—Q—M—F—M—Q。在图 4-106(b)中,1 为故障初始行波;2 为 M 端反射波,其对应的行波路径为 F—M—Q—M—Q;3 为下级线路故障点反射波,其行波路径为 F—M—F—M—Q;4 为 M 端第 2 次反射波;5 为对端 N 母线反射波,其行波路径为 F—N—F—M—Q;6 为 l_{QN} 线路故障点反射波,其行波路径为 F—M—Q—M—F—M—Q;7 为反映线路 l 全长的故障行波,其行波路径为 F—M—F—N—F—M—Q;8 为反映线路"l_1+l"全长的故障行波,其行波路径为 F—M—Q—M—F—N—F—M—Q。在图 4-106(c)中,1 为故障初始行波;2 为下级线路故障点反射波,其对应的行波路径为 F—M—F—M—Q;3 为对端母线 N 端反射波,其对应的行波路径为 F—N—F—M—Q;4 为 M 端反射波,其对应的行波路径为 F—M—Q—M—Q;5 为反映线路 l 全长的故障行波,其行波路径为 F—M—F—N—F—M—Q。在图 4-106(d)中,1 为故障初始行波;2 为 M 端反射波,其对应的行波路径为 F—M—Q—M—Q;3 为下级线路故障点反射波,其行波路径为 F—M—F—M—Q;4 为 M 端第 2 次反射波;5 为对端母线反射波;6 为 l_{QN} 线路故障点反射波;7 为反映线路 l_1 全长的故障行波;8 为反映线路 l_1+l 全长的故障行波。在图 4-106(e)中,1 为故障初始行波;2 为下级线路故障点反射波,其对应的行波路径为 F—M—F—M—Q;3 为对端母线 N 端反射波,其对应的行波路径为 F—N—F—M—Q;4 为 M 端反射波,其对应的行波路径为 F—M—Q—M—Q;5 为反映线路 l 全长的故障行波,其行波路径为 F—M—F—N—F—M—Q。在图 4-106(f)中,1 为故障初始行波;2 为 M 端反射波,对应的行波路径为 F—M—Q—M—Q;3 为下级线路故障点反射波,对应的行波路径为 F—M—F—M—Q;4 为对端母线反射波,对应的行波路径为 F—N—F—M—Q;5 为 l_{QN} 线路故障点反射波,其对应的行波路径为 F—M—Q—M—F—M—Q;6 为对端母线反射波在 M 端的反射波,反映"l_1+l-x_f",对应的行波路径为 F—N—F—M—Q—M;7 为反映线路 l 全长的故障行波,其对应的行波路径为 F—M—F—N—F—M—Q;8 为反映线路 l_1+l 全长的故障行波,其对应的行波路径为 F—M—Q—M—F—N—F—M—Q。

由图 4-106(a)、(c)和(e)可知,当 $x_f < l_1$ 时,下级线路故障点反射波 2 会先于反映线路 l_1 全长的 M 端反射波 4 到达量测端 Q,且故障点反射波与故障初始行波同极性。现以图 4-106(a)所示的故障距离为例,根据第 2 个行波与故障初始行波波到时差,并结合故障行波波速 $v=298\text{km/ms}$,得到故障距离为 $x_f = v(t_{Q2} - t_{Q1})/2 = 63.77\text{km}$,即故障距离 M 端 63.77km,距离 Q 端为 $l_1 + x_f = 163.77\text{km}$。由图 4-106(b)可知,当 $x_f > l_1$ 时,且本级与下级为"二进一出"的接线形式,M 端反射波会先于故障点反射波到达量测端 Q,且 M 端反射波与故障初始行波反极性。这样,可以根据极性剔除 M 端反射波。以图 4-106(b)所示的故障距离为例,在图 4-106(b)中,行波 2 的极性与故障初始行波的极性相反,可以排除该行波是故障点反射波,行波 3 与故障初始行波同极性,可以判定为故障点反射波,根据第 3 个行波与故障初始行波波到时刻得到故障距离。由图 4-106(d)可知,对于如图 4-105(b)所示的链式网,且 $x_f > l_1$,M 端反射波会先于故障点反射波到达量测端 Q,且 M 端反射波与故障初始行波同极性,这样,则不能根据故障行波的极性来剔除 M 端反射波。针对这种情况,若把 $W_1[t_0, t_0+2l/v]$ 和 $W_2[t_0+2l_1/v, t_0+2l/v+2l_1/v]$ 两个时窗内的与故障初始行波极性相同的波头到达量测端 Q 时刻分别记为 $t_M=[t_{M1}, t_{M2}, t_{M3}, \cdots, t_{Mp}]$ 和 $t_Q=[t_{Q1}, t_{Q2}, t_{Q3}, \cdots, t_{Qk}]$。由上述分析可知,在时窗 $[t_0, t_0+2l/v]$ 中一定含有下级线路反射波(反映故障点距离 M 端的位置),在时窗 $[t_0+2l_1/v, t_0+2l/v+2l_1/v]$ 中一定含有 l_{QN} 线路故障点反射波(反映故障点距离 Q 端的位置)。可见,t_M 和 t_Q 中应分别含有下级线路故障点反射波和 l_{QN} 线路故障点反射波首次到达量测端的时刻 t_M^* 和 t_Q^*,且两者与初始行波到达时刻 t_0 之间满足 l_{MN} 线路全长的约束,即 $(t_Q^*-t_0)v/2-(t_M^*-t_0)v/2=l_1$。将两个时窗 $W_1[t_0, t_0+2l/v]$ 和 $W_2[t_0+2l_1/v, t_0+2l/v+2l_1/v]$ 内与故障初始行波极性相同且满足 $(t_Q^*-t_0)v/2-(t_M^*-t_0)v/2=l_1$ 约束的行波波到时刻定义为关联波到时刻,并记作 (t_Q', t_M')。可以通过寻找关联到达时刻,辨识出下级线路故障点反射波和 l_{QN} 线路故障点反射波,进而得到故障距离 $x_f=(t_M'-t_0)v/2$ 或 $x_f=(t_Q'-t_0)v/2-l_1$。现采用三次 B 样条小波函数标定图 4-106(d)所示的故障行波波到时刻,并记为 $t_M=[269,427,539,694,967]\mu s$ 和 $t_Q=[537,699,971,1230,1275]\mu s$,对 t_M 和 t_Q 进行分析比较,根据约束条件,得到最先关联的时刻为 $(t_Q', t_M')=(699, 427)\mu s$,则故障距离 $x_f(t_M'-t_0)v/2=63.32km$,或 $x_f=(t_Q'-t_0)v/2-l_1=64.15km$。对于"二进二出"的接线形式,由于波阻抗在 M 点是连续的,故障点反射波是由母线对地的杂散电容产生的,幅值较小,不致影响反射波的辨识。由图 4-106(f)可知,行波 3 与故障初始行波同极性,可以判定为故障点反射波,进而可以进行故障测距。值得注意的是,对于 M 端为"二进二出"的接线形式,故障行波会沿 l_0 线路传播到 TA_1 量测端,成为干扰波,影响故障点反射波的辨识。

　　上述的单端行波法测距需要对多个波头进行辨识,若 Q 端和 N 端都装有行波测距装置,则可将 Q—M—N 作为一条长度为"l_1+l"的扩展线路,并利用故障初始行波到达量测端 Q 端和 N 端的时刻所能够得到的双端测距公式为 $x_f=1/2[(t_Q-t_N)v+(l_1+l)]$。现假设如图 4-105(a)所示的链式网,线路 $l_{1,2}=100km$,距离 M 端 64km 发生接地故障,故障行波到达量测端 Q 和 N 端的时差 $t_Q-t_N=261\mu s$,行波波速取 $v=298km/ms$,则故障距离 $x_f=1/2[(t_Q-t_N)v+(l_1+l)]=163.88km$,即故障位置距离 Q 端 163.88km。

4.8.2　最小行波回路及其搜索算法

　　变电站同一母线上多回线路甚至全部线路都配置有行波测距装置,这样使得人们不仅局限于利用故障线路的行波进行行波测距,还可以借助其他相邻健全线路观测到的故障行波实现有限广域行波测距。

　输电网重要变电站间通常由多回线联系,表现为环网的形式,如三角形环网。当三角形环网中的某条线路发生故障时,故障行波不仅在故障线路上传播,还会沿着健全线路提供的回路传播至观测端,将故障线与健全线构成的最小闭合回路称为行波最小回路。这样,使观测端的故障线路和健全线路各自检测到一次属于它自己 TA 所观测的故障初始行波,其首波波到时刻与故障位置及其行波路径直接相关,可以借此实现基于双端行波测距原理的单侧故障行波测距,不妨将此称为回路双端行波测距方法或称为回路波头法。可见,如何搜索生成并确定最小回路和甄别由回路行波径传播抵达健全线路 TA 的故障初始行波是关键,即搜索其回路及甄别其回路波头是关键。

　对于最小回路的确定,可按照如下原则进行:①两站间直达距离最短,即存在与故障线路相同起点和终点的健全线路,线路设计时已能保证此类两站间直连路长度必小于其余由线路级联构成的间接路径的总长,故可直接由故障线和该(最短)健全线构成最小回路;②两站间通过中介站而距离最短,即不存在与故障线路相同起点和终点的健全线路的情况,此时采用图论的最短路径算法来搜索最小健全线路。将输电网用加权图 $G\langle V, E, W\rangle$ 表示,顶点 V 表示变电站,边 E 表示站间线路,权值 W 表示线路长度,两站间无线路相连则权值取无穷大。考虑到电流行波每次透射都会导致幅值降低,通常认为三级以内的变电站可作为广域行波测距的有效范围,故以装有行波测距装置的枢纽变电站 v_0 为中心,以与之相连的同电压等级的二级线路末端变电站作为有效顶点,生成对应的邻接矩阵,修正该矩阵中故障线路对应的权值使其开断,进而采用 Floyd 等最短路径算法搜索故障线路两侧变电站间的最短路径。现借助实际电网阐述基于 Floyd 算法的最小回路的搜索。某 220kV 电网局部结构如图 4-107(a)所示,最小回路的搜索流程如图 4-107(b)所示。

　由图 4-107(a)可知,若大理变和苏屯变之间有一回线路输电线路发生接地故障,存在与故障线路相同起点和终点的健全线路,可见,此健全线路必小于其余由线路级联构成的间接路径的总长,故可直接由故障线和该健全线构成最小回路。若大理变和剑川变之间的输电线路发生故障,其他健全线路是通过中介站到达终点,这样,需采用图论的最短路径算法来搜索最小健全线路。图 4-107(b)描述了 Floyd 算法搜索最小回路的流程。将输电线路用加权图 $G\langle V, E, W\rangle$ 表示,V 表示变电站,边 E 表示站间线路,权值 W 表示线路长度。故障线路两站分别记为 V_i 和 V_j。$D(i, j)$ 用来储存故障线路两站之间的中间站,$k=1, 2, \cdots, n$ 表示故障线路两站之间的中间站的个数。若有 $G(i, j) > G(i, k) + G(k, j)$,就表示从 i 出发经过 k 再到 j 的距离要比原来的 i 到 j 的距离短,自然把 i 到 j 的 $G(i, j)$ 重新替换为 $G(i, k) + G(k, j)$。这样,每更新一次 k 值,$G(i, j)$ 就是 i 到 j 最短的距离。重复这一过程,当 $k = n$ 时,$G(i, j)$ 的值就是 i 到 j 最短的距离。

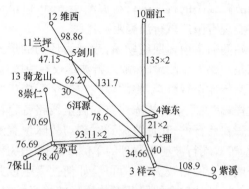

(a) 某220kV局部电网结构图(单位:km)

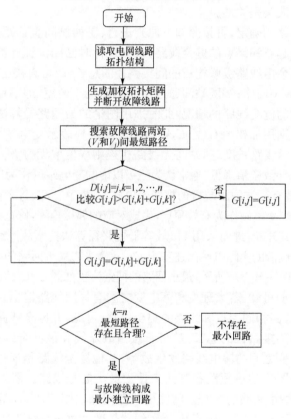

(b) 基于Floyd算法的最小回路搜索流程图

图 4-107　某 220kV 局部电网结构图及其最小回路搜索生成流程

现以大理和剑川之间的输电线路发生接地故障为例,采用 Floyd 算法搜索除故障线路外的最短路径作为最短健全线路。断开大剑线,以大理变为中心,并与之相连的 2 级线路末端的 13 个变电站为半径,生成如下邻接矩阵:

$$
A=\begin{bmatrix}
0 & 93.11 & 34.66 & 21 & \infty & 78.6 & \infty & \infty & \infty & \infty & \infty & \infty & \infty \\
93.11 & 0 & \infty & \infty & \infty & \infty & 76.69 & 70.69 & \infty & \infty & \infty & \infty & \infty \\
34.66 & \infty & 0 & \infty & \infty & \infty & \infty & \infty & 108.9 & \infty & \infty & \infty & \infty \\
21 & \infty & \infty & 0 & \infty & \infty & \infty & \infty & \infty & 135 & \infty & \infty & \infty \\
131.7 & \infty & \infty & \infty & 0 & 62.27 & \infty & \infty & \infty & \infty & 47.15 & 98.86 \\
78.6 & \infty & \infty & \infty & 62.27 & 0 & \infty & \infty & \infty & \infty & \infty & \infty & 30 \\
\infty & 76.7 & \infty & \infty & \infty & \infty & 0 & \infty & \infty & \infty & \infty & \infty & \infty \\
\infty & 70.69 & \infty & \infty & \infty & \infty & \infty & 0 & \infty & \infty & \infty & \infty & \infty \\
\infty & \infty & 108.9 & \infty & \infty & \infty & \infty & \infty & 0 & \infty & \infty & \infty & \infty \\
\infty & \infty & \infty & 135 & \infty & \infty & \infty & \infty & \infty & 0 & \infty & \infty & \infty \\
\infty & \infty & \infty & \infty & 47.15 & \infty & \infty & \infty & \infty & \infty & 0 & \infty & \infty \\
\infty & \infty & \infty & \infty & 98.86 & \infty & \infty & \infty & \infty & \infty & \infty & 0 & \infty \\
\infty & \infty & \infty & \infty & \infty & 30 & \infty & \infty & \infty & \infty & \infty & \infty & 0
\end{bmatrix}
$$

对该矩阵采用 Floyd 算法获得两变电站间的最短路径通过的变电站为 $v=(1,6,5)$ 以及路径总长为 $l_{16}+l_{15}=140.87\text{km}$。在最小回路确定后,甄别出回路故障初始行波就可以进行回路双端行波测距。

4.8.3　三角形环网冗余行波信息分析及其应用

典型的由故障线路与相邻健全线路构成的最小行波回路拓扑结构有双回线路、π 接线路和三角形电网结构。下面详细叙述在最小回路确定后,故障行波在最小回路上的传播特点及回路故障初始行波的辨识,以及回路双端行波测距方法。以下以三角形电网络为典型结构加以论述。

三角形环网如图 4-108 所示,其中,隐去 M、N、Q 侧的电源系统(下同),设支路 l_1 距 M 量测端 40km 发生单相接地故障 F_1,过渡电阻为 50Ω,故障初相角为 $60°$,故障行波的回路传播路径如图 4-108 中带箭头的虚线所示。这里,若无特殊说明,所有健全线路末端为第Ⅲ类母线接线形式(下同)。

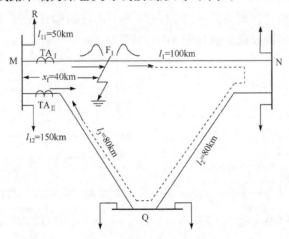

图 4-108　l_1 支路故障,电流行波的传播路径

由图 4-108 可知,当 l_1 发生故障时,故障行波由故障点同时向两侧传播,其行波传播路径分别为 F—M—和 F—N—Q—M—。即,故障行波一方面向 M 端传播,直接到达量测端 TA_I,另一方面向 N 端传播,折射后并历经健全线路 l_2 和 l_3 传播至量测端 TA_{II},这样,电流互感器 TA_I 和 TA_{II} 均能检测到来自故障点的初始行波。取母线指向线路的方向为电流正方向。在无频变的行波网格表征体系下,描述各个量测端获取到的故障初始行波。

TA_I 量测端获取到的故障初始电流行波为

$$i_{TA_I} = -(1+\beta_M)u_f(t-x_f/v)/(Z_c+2R_f) \tag{4-128}$$

TA_{II} 量测端获取到的初始电流行波透射波为

$$i_{TA_{II}} = \alpha_M u_f(t-x_f/v)/(Z_c+2R_f) \tag{4-129}$$

由式(4-128)和式(4-129)可知,TA_I 处获取到的故障线路初始行波的极性与 TA_{II} 处获取到的故障线路初始行波透射到健全线路的行波的极性相反,两者的幅值与量测端母线的接线形式有关。如图 4-108 所示的三角形环网的输电线路,对于母线端含有 3 条健全线路和 1 条故障线路,则电流反射系数 $\beta_M=1/2$,折射系数 $\alpha_M=1/2$,于是 TA_I 获取到的初始行波为 $i_{TA_I}=-3/2u_f(t-x_f/v)/(Z_c+2R_f)$,$TA_{II}$ 获取到的是初始行波的透射波 $i_{TA_{II}}=1/2u_f(t-x_f/v)/(Z_c+2R_f)$。由上述分析可知,对于含有多出线母线接线形式($n\geqslant3$)的输电线路,其健全线路量测端获取到的故障初始行波的透射波幅值小于故障初始行波的幅值,且两者极性相反。

故障行波除了沿故障线路传播至量测端 TA_I 外,还会通过由健全线路所构成的回路传播至量测端 TA_{II},如图 4-108 所示。

对于 TA_{II} 量测端获取到回路(F—N—Q—M)故障初始行波波头为

$$i_{loop} = -(1+\beta_M)\alpha_N\alpha_Q u_f[t-(l_1+l_2+l_3-x_f)/v]/(Z_c+2R_f) \tag{4-130}$$

由式(4-128)和式(4-130)可知,TA_I 获取到的故障初始行波与 TA_{II} 获取到的回路初始行波同极性。现假设 l_1 支路故障 F_1,M 量测端 TA_I 和 TA_{II} 的故障相电流行波及其小波变换模极大值如图 4-109 所示。

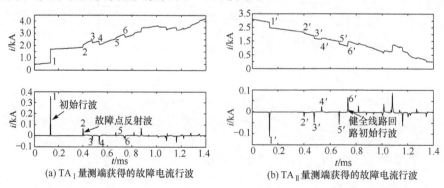

(a) TA_I 量测端获得的故障电流行波　　　　(b) TA_{II} 量测端获得的故障电流行波

图 4-109　l_1 支路 40km 处故障时量测端故障相电流行波及其小波变换模极大值

在图 4-109(a)中,1 为故障初始行波;2 为故障点反射波,对应的行波路径为
F—M—F—M;3 为 M 端健全线路 l_{11} 末端反射波,对应的行波路径为 F—M—R—
M;4 为 N 端母线反射波,对应的行波路径为 F—N—F—M;5 为 Q 端母线反射波
的透射波,对应的行波路径为 F—M—Q—M;6 为回路故障初始行波的透射波,对
应的行波路径为 F—N—Q—M。在图 4-109(b)中,1′ 为故障初始行波从 TA_I 经 M
的透射波;2′ 为故障点反射波从 TA_I 经 M 的透射波,对应的行波路径为 F—M—
F—M;3′ 为量测端 M 健全线路 l_{11} 末端反射波,对应的行波路径为 F—M—R—M;
4′ 为 N 端母线反射波的透射波,对应的行波路径为 F—N—F—M;5′ 为 Q 端母线
反射波,对应的行波路径为 F—M—Q—M;6′ 为回路故障初始行波,对应的行波路
径为 F—N—Q—M。可见,TA_I 观测的故障初始行波 1 与 TA_{II} 观测到的健全线
路回路初始行波 6′ 同极性。这里 TA_{II} 观测的行波由两个途径组合,一是经 M 折
射过来的行波,二是健全线路传播来的行波。

由图 4-109 可知,故障线路量测端 TA_I 的电流行波和健全线路量测端 TA_{II} 的
电流行波中均含有故障信息。健全线路的存在,为故障线路初始行波的传播提供
了回路,故可将故障线路量测端视为首端,健全线路量测端视为末端,故障线路和
健全线路长度之和的线路视为"被检测线路"。"被检测线路"两端均能获取到来自
故障点的初始行波,这样便可利用双端行波测距原理实现单侧行波数据测距。但
是,这里需要指出的是,健全线路量测 TA_{II} 的故障初始行波是来自故障线路初始
行波的透射波,其后续波头可能是回路故障初始行波或故障线路透射波,因此需对
回路故障初始行波进行辨识。为了便于利用极性和幅值进行回路故障初始行波的
辨识,将 TA_I 量测端得到的故障电流行波的小波模极大值和 TA_{II} 量测端得到的故
障电流行波的小波变换模极大值展示在一个图上,如图 4-110(a)所示,对应的回路
故障初始行波波头的辨识流程如图 4-110(b)所示。

由以上分析可知,对于如图 4-108 所示的三角形环网输电线路,若健全线路量
测端的电流行波波头是故障线路故障行波的透射波,则其小波变换模极大值幅值
小于故障线路的故障行波的小波变换模极大值幅值,且两者极性相反;若 TA_I 和
TA_{II} 的观测故障电流行波为量测端 M 其他健全线路末端反射波,如图 4-108 所示
的 M 端出线 l_{11} 和 l_{12},它们极性取决于健全线路末端接线形式。若线路末端为第
Ⅲ类母线接线形式,则其极性与故障初始电流行波极性相反;若线路末端为Ⅰ类母
线多出线形式,则其极性与故障初始电流行波极性相同。但是,无论健全线路末端
采用何种接线形式,TA_I 和 TA_{II} 的量测端观测到的健全线路反射波波头极性相同,
幅值大小相等,如图 4-110(a)中故障行波波头 3 和 3′所示;对于对端(如 Q 端和 N
端)为多出线母线接线形式的输电线路,在量测端获取到的回路故障初始行波波头
幅值小于故障初始电流行波波头幅值,且两者极性相同,如图 4-110(a)中波头 6′
所示。

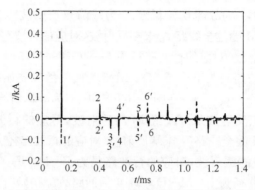

(a) l_1 支路故障 F_1 时 TA$_{\text{I}}$ 和 TA$_{\text{II}}$ 量测端故障行波波头集中展示和辨识

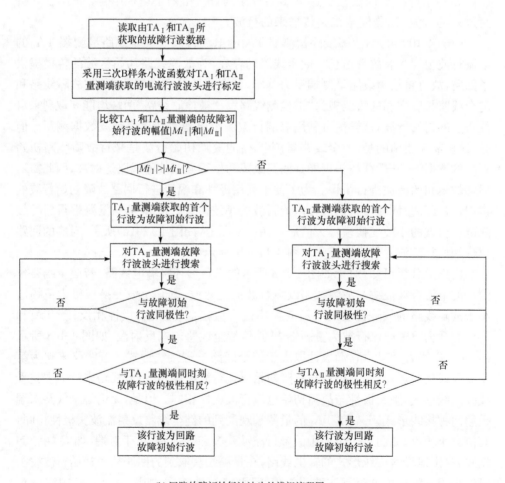

(b) 回路故障初始行波波头的辨识流程图

图 4-110　l_1 支路故障时量测端行波波头的辨识

综上所述,通过 TA_I 与 TA_{II} 的故障电流行波波头的极性和幅值进行比较,可以辨识 TA_I 和 TA_{II} 处的故障电流行波波头的性质。图 4-110 中各个故障行波的极性和幅值比较结果如表 4-28 所示。在表 4-28 中,极性都是以 TA_I 获取到的故障初始行波极性为参考基准,则 TA_{II} 获取到的行波极性与 TA_I 的故障初始行波的极性相同,记为"+",相反的极性,记为"−"。幅值比较,同样以 TA_I 获取到的故障行波为标准,即若 $|Mi_I| > |Mi_{II}|$,则记为">",若 $|Mi_I| < |Mi_{II}|$,则记为"<"。

表 4-28 支路 l_1 故障 F_1 时 TA_I 和 TA_{II} 量测端获取到的行波波头的性质

行波	TA_I 量测端	极性	行波	TA_{II} 量测端	极性	幅值比较
1	故障初始行波 F—M	+	1′	故障初始行波的透射波 F—M	−	>
2	故障点反射波 F—M—F—M	+	2′	故障点反射波的透射波 F—M—F—M	−	>
3	量测端健全线路末端反射波 F—M—R—M	−	3′	量测端健全线路末端反射波的透射波 F—M—R—M	−	=
4	N 端母线反射波 F—N—F—M	−	4′	N 端母线反射波透射波 F—N—F—M	+	>
5	Q 端母线反射波的透射波 F—M—Q—M	+	5′	Q 端母线反射波 F—M—Q—M	−	<
6	回路故障初始行波透射波 F—N—Q—M	−	6′	回路故障初始行波 F—N—Q—M	+	<

根据图 4-110(b)所示的回路故障初始行波辨识流程,比较 TA_I 和 TA_{II} 量测端的首个初始行波小波变换模极大值,得到 $|Mi_I| > |Mi_{II}|$,可知,TA_I 量测端获取到首个行波为故障初始行波。对于波头 3′,其幅值与 TA_I 对应波头的幅值相等,极性相同,则判断为 M 量测端健全线路反射波;对于波头 2′,其幅值小于故障初始行波波头,极性相反,则判断为故障点反射波的透射波;对于波头 6′,其幅值大于 TA_I 获得的对应波头的幅值,极性相反,且其幅值小于故障初始行波波头幅值,它与故障初始行波极性相同,则判断 6′ 为回路故障初始行波。

对于单端行波测距,以图 4-109(a)所示 TA_I 量测端获取到的故障行波为例,故障点反射波的辨识过程如下。第 2 个行波与故障初始行波同极性,可以初步判定为故障点反射波,根据故障初始行波和第 2 个行波波到时刻得到的故障距离为 $x = v_1(t_2 - t_1)/2 = 39.78 km$。为了进一步确定故障距离,可采用"测后模拟+波形相关系数"或者"测后模拟+波到时序匹配"来进一步确定故障距离。实际故障行波的波到时差为 $\Delta T = [266, 336, 400, 536] \mu s$,根据故障距离得到模拟故障行波的波到时差 $\Delta T_1 = [267, 336, 404, 536] \mu s$,计算 ΔT 和 ΔT_1 的欧氏距离为 $T_{dist}(\Delta T,$

ΔT_1)=4,可确定故障距离为 x_f=39.78km。

利用量测端 TA_I 获取的故障行波的单端测距结果和利用 TA_I 和 TA_{II} 获取的故障行波的回路双端测距结果如表 4-29 所示。

表 4-29 支路 l_1 故障 F_1 时利用量测端 TA_I 和 TA_{II} 数据的测距结果

	$t_1/\mu s$	$t_2/\mu s$	测距公式	测距结果/km	误差/km
单端行波测距	TA_I:133	TA_I:400	$x_f=v_1(t_2-t_1)/2$	39.78	−0.22
回路双端测距	TA_I:133	TA_{II}:736	$x_f=[l+v_1(t_1-t_2)]/2$	40.15	0.15

在表 4-29 中，v_1=298km/ms。对于单端行波测距：t_1 为利用小波变换模极大值标定故障初始行波达到量测端 TA_I 的时刻，t_2 为故障点反射波到达量测端 TA_I 的时刻；对于回路双端行波测距，t_1 为故障初始行波到达量测端的时刻，t_2 为回路故障初始行波到达量测端的时刻。对于双端回路行波测距当中初始行波定义为：TA_I 量测端和 TA_{II} 量测端观测到的首个行波幅值较大值为故障初始行波，回路故障初始行波为与故障初始行波同极性且与故障初始行波所在量测端同时刻的故障行波反极性。若 l 为三角形环网线路全长，即 $l=l_1+l_2+l_3$，则利用 $x_f=[l+v_1(t_1-t_2)]/2$ 计算得到的 x_f 为故障点到故障初始行波量测端的距离。这里，TA_I 观测到的首个行波为故障初始行波，因此利用 $x_f=[l+v_1(t_1-t_2)]/2$ 计算得到的故障距离是距离 TA_I 的距离。

现假设三角形环网的 l_2 支路距 N 端 44km 处发生单相接地故障 F_2，过渡电阻为 50Ω，故障初相角为 60°，故障电流行波的传播路径如图 4-111 所示。

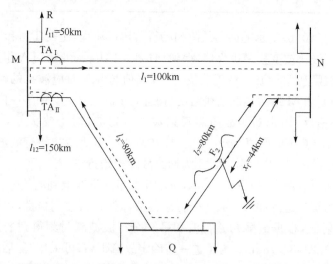

图 4-111　在 l_2 支路离开 N 端 44km 处发生故障 F_2 时故障电流行波的传播路径

由图 4-111 可知，当 l_2 支路故障，故障行波由故障点同时向两侧传播，其传播路径分别为 F—N—M 和 F—Q—M，即故障行波一方面向 N 端传播，经过 N 端折射后传播至量测端 TA_I，另一方面向 Q 端传播，经 Q 端折射后传播至量测端 TA_{II}。

TA_{II} 量测端得到的初始电流行波为

$$i_{TA_{II}} = -(1+\beta_M)\alpha_Q u_f[t-(l_2+l_3-x_f)/v]/(Z_c+2R_f) \tag{4-131}$$

经 TA_{II} 透射到 TA_I 量测端的故障初始行波透射波为

$$i_{TA_I} = \alpha_M \alpha_Q u_f[t-(l_2+l_3-x_f)/v]/(Z_c+2R_f) \tag{4-132}$$

对于 TA_I 量测端获取到的回路故障初始行波为

$$i_{loop} = -(1+\beta_M)\alpha_Q u_f[t-(l_1+x_f)/v]/(Z_c+2R_f) \tag{4-133}$$

对应于图 4-111 所示的三角形电网 l_2 支路离开 N 端 44km 处的 AG 故障，其量测端 TA_I 和 TA_{II} 获得的故障电流行波及其小波变换模极大值如图 4-112(a) 和 (b) 所示。图 4-112(c) 为 TA_I 和 TA_{II} 获取到的故障相电流行波的小波变换模极大值的集中展示。

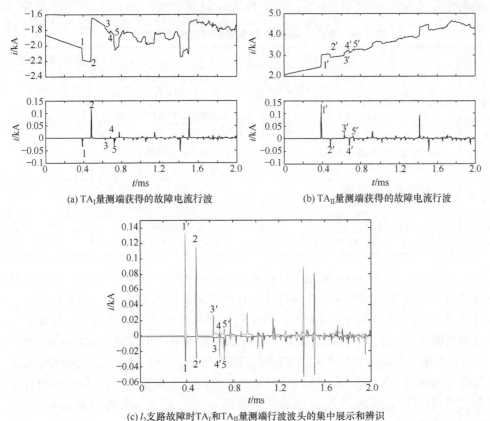

(a) TA_I 量测端获得的故障电流行波　　　　　　(b) TA_{II} 量测端获得的故障电流行波

(c) l_2 支路故障时 TA_I 和 TA_{II} 量测端行波波头的集中展示和辨识

图 4-112　l_2 支路 44km 处发生故障 F_2 时量测端故障相电流行波及其小波变换模极大值

在图 4-112(a)中,1 为故障行波通过健全线路 l_3 传播至量测端 TA_I 的故障初始行波的透射波,对应的行波路径为 F—Q—M;2 为故障行波通过健全线路 l_1 传播至量测端 TA_I 的故障初始行波,对应的行波路径为 F—N—M;3 为故障点反射波的透射波,对应的行波路径为 F—Q—F—Q—M,反映故障点距离 Q 端的距离;4 为故障行波经 N 端的反射波的透射波,对应的行波路径为 F—N—F—Q—M,反映故障点距离 N 端的距离;5 为 Q 端反射波,对应的行波路径为 F—Q—F—N—M,它与故障初始行波 2 的时差,反映故障点距离 Q 端的距离。在图 4-112(b)中,1′为通过健全线路 l_3 传播至量测端 TA_{II} 的故障初始行波,对应的行波路径为 F—Q—M;2′为通过健全线路 l_1 传播至量测端 TA_{II} 的故障初始行波透射波,对应的行波路径为 F—N—M;3′为故障点反射波,对应的行波路径为 F—Q—F—Q—M;4′为故障行波经 N 端的反射波,对应的行波路径为 F—N—F—Q—M;5′为 Q 端反射波的透射波,对应的行波路径为 F—Q—F—N—M。

根据图 4-112(c)可知,l_2 支路故障,量测端 TA_I 和 TA_{II} 获取到的故障行波波头的性质,仍以 TA_I 观测到的首个行波为基准,结果如表 4-30 所示。

表 4-30　支路 l_2 故障 F_2 时量测端行波波头性质的辨识

行波	TA_I	极性	行波	TA_{II}	极性	幅值比较
1	故障初始行波的透射波 F—Q—M	+	1′	故障初始行波 F—Q—M	−	<
2	回路故障初始行波 F—N—M	−	2′	回路故障初始行波的透射波 F—N—M	+	>
3	故障点反射波的透射波 F—Q—M—Q—F—Q—M	+	3′	故障点反射波 F—Q—M—Q—F—Q—M	−	<
4	N 端反射波的透射波 F—N—F—Q—M	−	4′	N 端反射波 F—N—F—Q—M	+	<
5	Q 端反射波 F—Q—F—N—M	+	5′	Q 端反射波 F—Q—F—N—M	−	>

根据图 4-110(b)所示回路故障初始行波辨识流程,当故障位于 l_2 支路时,对量测端 TA_I 和 TA_{II} 获得各个故障行波进行辨识的具体过程如下。由图 4-112(c)可知,对于波头 1,TA_I 量测端获得的首个行波的幅值小于 TA_{II} 量测端获得首个行波的幅值且极性相反,可判断出,TA_{II} 量测端获得的第一个行波为故障初始行波,TA_I 量测端获得第一个行波为故障初始行波的透射波。对于波头 2,TA_I 量测端获得行波的幅值大于 TA_{II} 量测端获得行波的幅值且极性相反,它又与故障初始行波极性相同,可以判断出,TA_I 量测端获得的第 2 个行波 2′为回路故障初始行波,TA_{II} 量测端获得的第 2 个行波为回路初始行波的透射波。

这样,利用 TA_I 和 TA_{II} 获取到的故障行波分别进行单端测距和回路双端测距,测距结果如表 4-31 所示。

表 4-31　支路 l_2 故障 F_2 的测距结果

	$t_1/\mu s$	$t_2/\mu s$	测距公式	测距结果/km	误差/km
单端行波测距	TA_I:483	TA_I:777	$x_f-l_1+v_1(t_2-t_1)/2$	143.81	-0.19
回路双端测距	TA_{II}:389	TA_I:483	$x_f=[l+v_1(t_1-t_2)]/2$	115.99	-0.01

在表 4-31 中,单端行波测距中:t_1 为故障初始行波达到量测端 TA_I 的时刻,t_2 为故障点反射波到达量测端 TA_I 的时刻,单端测距 x_f 是指离开 TA_I 的距离。回路双端行波测距中:t_1 为故障初始行波到达量测端 TA_{II} 的时刻,t_2 为回路故障初始行波到达量测端 TA_I 的时刻,双端测距 x_f 是指离开故障初始行波对应的 TA_{II} 的距离。

现假设支路 l_3 距 TA_{II} 量测端 30km 处发生 A 相接地故障,过渡电阻为 10Ω,故障初相角为 $60°$,故障行波的传播路径如图 4-113(a)所示;支路 l_3 距 TA_{II} 端 60km 处发生 A 相接地故障,过渡电阻为 50Ω,故障初相角为 $60°$,故障行波的传播路径如图 4-113(b)所示。

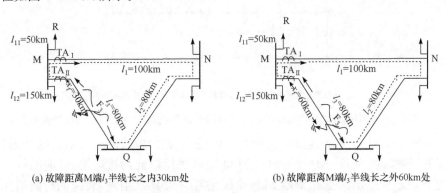

(a) 故障距离M端l_3半线长之内30km处　　　　　　(b) 故障距离M端l_3半线长之外60km处

图 4-113　在 l_3 支路故障 F_3 时三角网的故障行波的传播路径

由图 4-113 可知,当 l_3 支路故障时,起始故障电流行波 u_f/Z_c 由故障点 F_3 同时向两侧传播,其行波传播路径分别为 F—Q—N—M 和 F—M。TA_{II} 量测端得到的初始电流行波为 $i_{TA_{II}}=-(1+\beta_M)u_f(t-x_f/v)/(Z_c+2R_f)$,$TA_I$ 量测端观测到的首行波是 TA_{II} 经 M 透射电流行波,即 $i_{TA_I}=\alpha_M u_f(t-x_f/v)/(Z_c+2R_f)$,$TA_I$ 量测端获取的回路故障初始行波为 $i_{loop}=-(1+\beta_M)\alpha_Q\alpha_N u_f[t-(l_1+l_2+l_3-x_f)/v]/(Z_c+2R_f)$。

对于距离 TA_{II} 量测端 30km 处的接地故障,TA_{II} 量测端获取到的电流行波和小波变换模极大值如图 4-114(a)和(b)所示。为了便于分析,将 TA_I 和 TA_{II} 获取到的故障相电流行波的小波变换模极大值集中展示如图 4-114(c)所示。

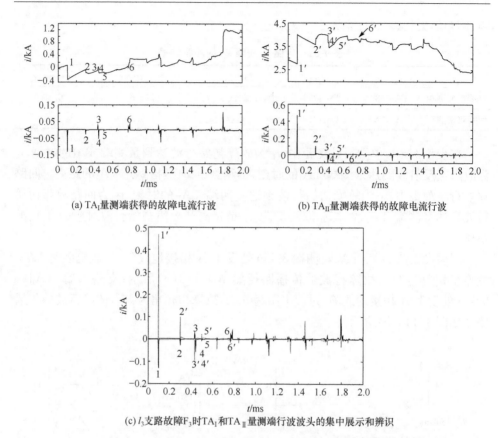

(a) TA_I 量测端获得的故障电流行波　　　　　(b) TA_{II} 量测端获得的故障电流行波

(c) l_3 支路故障 F_3 时 TA_I 和 TA_{II} 量测端行波波头的集中展示和辨识

图 4-114　l_3 支半线长之内 30km 处故障下量测端故障电流行波及其小波变换模极大值

在图 4-114(a)中,1 为故障初始行波的透射波;2 为故障点反射波的透射波,对应的行波路径为 F—M—F—M;3 为 Q 端母线反射波的透射波,对应的行波路径为 F—Q—F—M;4 为量测端 M 健全线路 l_{11} 末端的反射波,对应的行波路径为 F—M—R—M;5 为故障点第 2 次反射波的透射波,对应的行波路径为 F—M—F—M—F—M;6 为回路故障初始行波的透射波,对应的行波路径为 F—Q—N—M。在图 4-115(b)中,1′为故障初始行波;2′为故障点反射波,对应的行波路径为 F—M—F—M;3′为 Q 端母线反射波,对应的行波路径为 F—Q—F—M;4′为量测端 M 健全线路 l_{11} 末端反射波,对应的行波路径为 F—M—R—M;5′为故障点第 2 次反射波,对应的行波路径为 F—M—F—M—F—M;6′为回路故障初始行波,对应的行波路径为 F—Q—N—M。由图 4-114 可知,当距离 M 端 30km 发生故障时,Q 端反射波和健全线路 l_{11} 末端反射波几乎同时到达量测端,对于量测端 TA_I 来说,两者的极性相反,对于量测端 TA_{II} 来说,两者的极性相同,不利于故障行波的辨识。

对于距离 TA_{II} 量测端 60km 处的接地故障,TA_I 和 TA_{II} 量测端获取到的电流行波和小波变换模极大值如图 4-115（a）和（b）所示。为了便于分析，将 TA_I 和 TA_{II} 获取到的电流行波的小波变换模极大值集中展示，如图 4-115（c）所示。

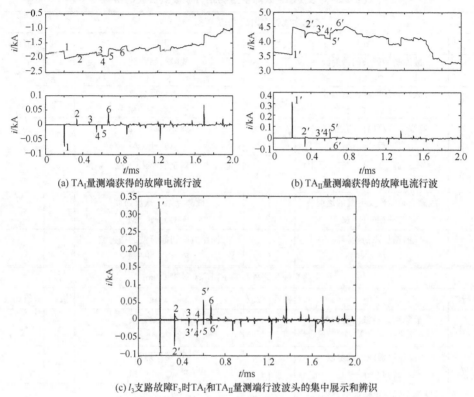

(a) TA_I 量测端获得的故障电流行波　　　　　　　(b) TA_{II} 量测端获得的故障电流行波

(c) l_3 支路故障 F_3 时 TA_I 和 TA_{II} 量测端行波波头的集中展示和辨识

图 4-115　l_3 支半线长之外 60km 处故障下量测端故障相电流行波及其小波变换模极大值

在图 4-115（a）中，1 为故障初始行波的透射波，对应的行波路径为 F—M；2 为 Q 端母线反射波的透射波，对应的行波路径为 F—Q—F—M；3 为 Q 端母线第 2 次反射波的透射波，对应的行波路径为 F—Q—F—Q—F—M；4 为量测端 M 健全线路 l_{11} 末端的反射波，对应的行波路径为 F—M—R—M；5 为故障点反射波的透射波，对应的行波路径为 F—M—F—M；6 为回路故障初始行波，对应的行波路径为 F—Q—N—M。在图 4-115（b）中，$1'$ 为故障初始行波；$2'$ 为 Q 端母线反射波，对应的行波路径为 F—Q—F—M；$3'$ 为 Q 端母线第 2 次反射波，对应的行波路径为 F—Q—F—Q—F—M；$4'$ 为量测端 M 健全线路 l_{11} 末端反射波，对应的行波路径为 F—M—R—M；$5'$ 为故障点反射波，对应的行波路径为 F—M—F—M；$6'$ 为回路故障初始行波的透射波，对应的行波路径为 F—Q—N—M。

根据图 4-114 和图 4-115 可以得到 l_3 支路故障 F_3 下，量测端 TA_I 和 TA_{II} 获取到的故障行波波头的性质，仍以 TA_I 观测到的首个故障行波为基准，结果如

表 4-32 所示。

表 4-32　l_3 支路 F_3 故障下量测端行波波头性质的辨识

l_3 支路半线长之内故障 F_3 距离 M 端 30km

行波	TA$_I$	极性	行波	TA$_{II}$	极性	幅值比较
1	故障初始行波的透射波 F—M	+	1′	故障初始行波 F—M	−	<
2	故障点反射波的透射波 F—M—F—M	+	2′	故障点反射波 F—M—F—M	−	<
3	Q 端母线反射波的透射波 F—Q—F—M	−	3′	Q 端母线反射波 F—Q—F—M	+	<
4	量测端 M 健全线路 l_{11} 末端反射波 F—M—R—M	+	4′	量测端 M 健全线路 l_{11} 末端反射波 F—M—R—M	+	=
5	故障点第二次反射波的透射波 F—M—F—M	+	5′	故障点第二次反射波 F—M—F—M	−	<
6	回路故障初始行波 F—Q—N—M	−	6′	回路故障初始行波的透射波 F—Q—N—M	+	>

l_3 支路半线长之外故障 F_3 距离 M 端 60km

行波	TA$_I$	极性	行波	TA$_{II}$	极性	幅值比较
1	故障初始行波的透射波 F—M	+	1′	故障初始行波 F—M	−	<
2	Q 端反射波的透射波 F—Q—F—M	−	2′	Q 端反射波 F—Q—F—M	+	<
3	Q 端第二次反射波的透射波 F—Q—F—M	−	3′	Q 端第二次反射波 F—Q—F—M	+	<
4	健全线路 l_{11} 末端反射波 F—M—R—M	+	4′	健全线路 l_{11} 末端反射波 F—M—R—M	+	=
5	故障点反射波的透射波 F—M—F—M	+	5′	故障点反射波 F—M—F—M	−	<
6	回路故障初始行波 F—Q—N—M	−	6′	回路故障初始行波的透射波 F—Q—N—M	+	>

　　对于支路 l_3 故障,利用 TA$_I$ 和 TA$_{II}$ 获取的故障行波分别进行单端测距和回路双端测距,测距结果如表 4-33 所示。其中,距离 M 端 30km 的故障,其回路故障初始行波的辨识过程为:对于波头 1 和行波波头 1′,TA$_I$ 量测端获得的首个行波的幅值小于 TA$_{II}$ 量测端获得的首个行波的幅值且极性相反,可判断出,TA$_{II}$ 量测端获得的第一个行波 1′ 为故障初始行波,TA$_I$ 量测端获得的第一个行波为故障初始行波的透射波,TA$_I$ 行波 2 与故障初始行波反极性,因此行波 2 不是回路初始行波,继续搜索 TA$_{II}$ 行波,行波 6 与故障初始行波同极性,且与行波 6′ 极性相反,可以判

断行波 6 为回路故障初始行波,即回路波头。行波多次折反射的叠加,使得故障行波通过健全线路 l_1 和 l_2 传播至量测端的回路故障初始行波的幅值减小。距离 M 端 60km 的故障,其回路故障初始行波的辨识过程为:TA_{II} 量测端获得的第一个行波 $1'$ 的小波变换模极大值大于 TA_I 量测端获得的行波 1,可以确定行波 $1'$ 为故障初始行波,对 TA_I 量测端获得的故障行波进行搜索,可知行波 6 与故障初始行波同极性,且与行波 $6'$ 极性相反,可知行波 6 为回路故障初始行波,即回路波头。

表 4-33　l_3 支路故障的测距结果

	\multicolumn{5}{c}{l_3 支路故障 F_3 距离 M 端 30km}
	$t_1/\mu s$	$t_2/\mu s$	测距公式	测距结果/km	误差/km
单端行波测距	TA_I:771	TA_I:969	$x_f = l_1 + l_2 + [l_3 - v_1(t_2 - t_1)/2]$	230.50	0.50
回路双端行波测距	TA_{II}:101	TA_I:771	$x_f = [l + v_1(t_1 - t_2)]/2$	30.17	-0.17

	\multicolumn{5}{c}{l_3 支路故障 F_3 距离 M 端 60km}
	$t_1/\mu s$	$t_2/\mu s$	测距公式	测距结果/km	误差/km
单端行波测距	TA_I:671	TA_I:805	$x_f = l_1 + l_2 + [v_1(t_2 - t_1)/2]$	200.03	0.03
回路双端行波测距	TA_{II}:202	TA_I:671	$x_f = [l + v_1(t_1 - t_2)]/2$	60.11	0.11

在表 4-33 距离 M 端 30km 的单端测距中:t_1 为故障初始行波到达量测端 TA_I 的时刻,t_2 为故障点反射波到达量测端 TA_I 的时刻,单端测距 x_f 是指离开 TA_I 的距离;回路双端行波测距中,t_1 为故障初始行波达到量测端 TA_{II} 的时刻,t_2 为回路故障初始行波到达量测端 TA_I 的时刻,x_f 是指离开故障初始行波对应的 TA_{II} 的距离。在表 4-33 距离 M 端 60km 的单端测距中:t_1 为故障初始行波达到量测端 TA_I 的时刻,t_2 为故障点反射波到达量测端 TA_I 的时刻,x_f 是指离开 TA_I 的距离;回路双端行波测距中,t_1 为故障初始行波达到量测端 TA_{II} 的时刻,t_2 为回路故障初始行波到达量测端 TA_I 的时刻,x_f 是指离开故障初始行波所对应的 TA_{II} 的距离。

综上所述,对于三角形环网,利用 TA_I 和 TA_{II} 观测的故障初始行波和回路故障初始行波构成的双端行波测距的步骤如下:

(1) 回路故障初始行波波头的辨识和标定。采用三次 B 样条小波函数对 TA_I 和 TA_{II} 量测端获取的电流行波波到时刻进行标定,比较 TA_I 和 TA_{II} 量测端获取到的故障初始行波的小波变换模极大值幅值,以小波变换模极大值幅值较大者确定为故障初始行波和对应的 TA,在另一只 TA 获取到的故障行波中搜索与故障初始行波同极性且与故障初始行波所对应的那只 TA 获取的故障行波的极性相反的行波作为回路初始行波,即回路波头。

(2) 故障测距。将故障初始行波到达的量测端对应的 TA 视为“首端”,回路故障初始行波到达的量测端对应的 TA 视为“末端”,三角环网线路全长 l 视为“被检测线路",这样构成的双端测距公式为 $x_f = [l + v_1(t_1 - t_2)]/2$,其中 $l = l_1 + l_2 + l_3$,t_1 为故障初始行波到达量测端对应的时刻,t_2 为回路故障初始行波到达量测端的时间,x_f 为故障离开 t_1 所对应的 TA 的距离。

前面分析了三角环网中利用回路故障初始行波进行回路双端行波测距。在输电线路中,最简单的环网就是双回线。当双回线路中的一回线路发生故障时,故障行波一方面沿故障线路传播至量测端,另一方面,故障行波也会沿健全线路传播至量测端,这样,观测端观测到来自故障线路的故障初始行波和来自健全线路的故障初始行波(回路故障初始行波),可以实现回路双端行波测距。在双回线路中,量测端观测到的故障行波的特征及传播规律,以及怎样辨识出回路故障初始行波与上述三角环网的规律和方法是一致的,这里不再赘述。

4.8.4　基于电网广域行波测距的装置配置优化

如果全网所有变电站进/出线路都装有行波测距装置,则全网络当然是完全可观测的,但限于电网建设发展本身的阶段性和技术经济性等因素,阶段性地讲全网变电站未能(也无必要)完全配置行波测距装置,因此需对行波装置的配置进行优化,以达到全网络输电线路完全可测,而其行波测距装置配置数量最少,曾于 4.2 节中指出两个场合无须配置行波测距装置,一是对于"一进一出"线路,二是线长覆盖间接可测的场合(见图 4-23)。现借助实际电网地理接线拓扑图,阐述基于全网可测的行波测距装置的优化配置。某 220kV 电网局部结构如图 4-116 所示。行波定位装置的优化配置可看作在 1 个约束条件下求解最小值的命题。目标函数为故障测距装置数目最小。约束条件为线路故障后能可靠进行单端行波故障定位。

1) 全网络行波装置优化配置

正如前述,行波测距从采用的电气量可以分为电流故障行波测距和电压故障行波测距。通常,终端变为Ⅲ类母线接线形式,取用其电压行波与该线路起端(设为Ⅰ类母线)电流行波可以构成双端测距。电流行波装置是独立采集每回线路上的电流,不仅可以进行双端测距还可以进行单端测距。后面首先阐述全网电流行波测距装置从无到有的静态优化配置方法。

设某 220kV 电网有变电站个数为 n,行波测距装置配置个数为 m,将 n 个变电站依次标记为 $1, 2, \cdots, n$,则优化函数和约束条件可以表示为

$$\text{优化函数：} \min m = \sum_{i=1}^{n} x_i \tag{4-134a}$$

$$\text{约束条件：s. t.} \quad f(\boldsymbol{x}) \geqslant 1 \tag{4-134b}$$

式中,x_i 只有两个取值,当 i 变电站装有行波测距装置时,x_i 置 1;当 i 变电站没有

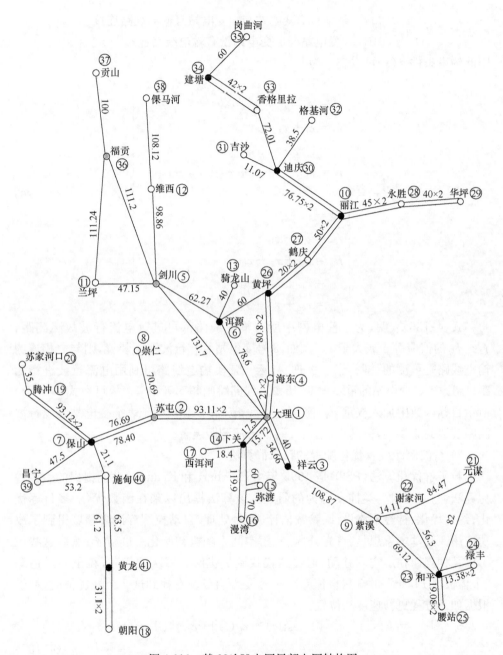

图 4-116　某 220kV 电网局部电网结构图

装置行波测距装置量时，x_i 置 0；$f(x) \geqslant 1$ 表示是全网络可观测。使用节点-支路关联矩阵 $\boldsymbol{A} = (a_{ij})_{N \times M}$ 描述电网的拓扑结构，其元素满足

$$a_{ij} = \begin{cases} 1, & i=j \text{ 或 } i \text{ 变电站与 } j \text{ 变电站有输电线路连接} \\ 0, & i \text{ 变电站与 } j \text{ 变电站没有输电线路连接} \end{cases} \quad (4\text{-}135)$$

因此约束条件 $f(\boldsymbol{x})$ 可以表示为

$$f(\boldsymbol{x}) = \begin{cases} f_1 = x_1 + x_2 + x_3 + x_4 + x_5 + x_6 + x_{14} \\ f_2 = x_2 + x_1 + x_8 + x_7 \\ f_3 = x_1 + x_3 + x_9 \\ f_4 = x_1 + x_4 + x_{26} \\ f_5 = x_1 + x_5 + x_6 + x_{11} + x_{12} + x_{36} \\ \qquad\qquad \vdots \\ f_{37} = x_{37} + x_{36} \\ f_{38} = x_{38} + x_{12} \\ f_{39} = x_{39} + x_7 + x_{40} \\ f_{40} = x_{40} + x_7 + x_{41} \\ f_{41} = x_{41} + x_{40} + x_{18} \end{cases} \geqslant 1 \quad (4\text{-}136)$$

式(4-136)表明,为了使电网中所有输电线路都可进行电流行波故障测距,$f_1 \sim f_{41}$ 的值应等于或大于 1。例如,3 号变电站装有行波测距装置,则与之相连的输电线路是可测的,即祥云—大理、祥云—紫溪输电线路可利用电流行波进行测距。考虑到各变电站的重要程度、历史上线路跳闸频率等因素。故可在式(4-134a)所示目标函数中加入权重 w_i,使其在 $[0,1]$ 范围内取值,用于表征变电站装设行波测距装置的必要性,值越小,越需要装设行波测距装置。

2) 行波测距装置优化配置的粒子群算法

粒子群优化算法(PSO)是 1995 年由 Eberhart 和 Kennedy 共同提出的一种进化算法,它源于对鸟类捕食行为的研究。该算法提出以来在函数优化、多目标优化、约束优化、神经网络设计、参数估计、信号处理、自动控制等许多领域得到了成功应用。其基本思想是:首先,PSO 在解空间中随机初始化一群粒子,然后这些粒子以某种规律在解空间移动,通过迭代找到最优解。每次迭代时,粒子通过追踪"个体极值 Pbest"和"全局极值 Gbest"来更新自己。在找到这 2 个最优值时,粒子根据如下方程更新速度和位置:

$$v_{ij}(t+1) = \omega v_{ij}(t) + c_1 r_1 [\text{Pbest}(t) - x_{ij}(t)] + c_2 r_2 [\text{Gbest}(t) - x_{ij}(t+1)]$$

$$(4\text{-}137)$$

式中,$v_{ij}(t)$ 和 $x_{ij}(t)$ 分别为第 i 个粒子的第 j 维在第 t 次迭代时的速度和位置;ω 为权重,改变权重可以调整粒子的搜索速度;r_1、r_2 为在 $(0,1)$ 内均匀分布的随机数;c_1、c_2 为学习因子;Pbest 为每个粒子的个体最优解;Gbest 为整个种群目前找到的最优解,即所有粒子中位置最佳的一个。

行波测距装置优化配置的粒子群优化结果如表 4-34 所示。

表 4-34　行波测距装置优化配置的粒子群优化结果

初始值	需安装行波测距的变电站	行波测距装置配置个数(m)
1	1、2、3、5、6、7、10、12、14、19、22、23、26、28、30、34、36、40、41	19
2	1、2、3、5、6、7、10、12、14、19、22、23、26、28、30、34、36、40、41	19
3	1、2、3、5、6、7、10、12、14、19、22、23、26、28、30、34、36、40、41	19
4	1、2、3、4、5、6、7、10、12、14、19、22、23、26、28、30、34、36、40、41	20
5	1、2、3、5、6、7、10、12、14、19、22、23、26、28、30、34、36、40、41	19
37	1、2、3、5、6、7、10、12、14、19、22、23、26、28、30、34、36、37、40、41	20
38	1、2、3、5、6、7、10、12、14、19、22、23、26、28、30、34、36、38、40、41	20
39	1、2、3、5、6、7、10、12、14、19、22、23、26、28、30、34、36、39、40、41	20
40	1、2、3、5、6、7、10、12、14、19、22、23、26、28、30、34、36、40、41	19
41	1、2、3、5、6、7、10、12、14、19、22、23、26、28、30、34、36、40、41	19

由表 4-34 可以看出,若第 1 台行波测距装置安装在 1 号变电站,为了使全网络输电线路可测,则 2、3、5、6、7、10、12、14、19、22、23、26、28、30、34、36、40、41 号变电站需装行波测距装置;若第 1 台行波装置安装在 4 号变电站,为了使全网络输电线路可测,则 1、2、3、5、6、7、10、12、14、19、22、23、26、28、30、34、36、40、41 号变电站需装行波测距装置。

3) 计及既有行波装置的全网布点优化

在上述行波装置的优化配置中,并未考虑现实电网中既有的配置、变电站与外网的联系、变电站母线具体结构形式以及电网运行方式变化等因素。对于广域的行波装置配置优化,应考虑这些因素,才能更好地对全网进行网络化的行波测距。

考虑既有的配置,即在优化配置前,该变电已装有行波测距装置。对于含有第 Ⅱ 类母线的变电站,其波阻抗是连续的,故障行波在此变电站不发生折反射,因此该变电站无须配置行波测距装置。考虑到上述因素,必须对式(4-134)的配置方案进行必要的限制。现以集合 $\boldsymbol{D}_1$ 表示已配置行波测距装置的变电站,集合 $\boldsymbol{D}_0$ 表示不需要配置行波测距装置的变电站,于是考虑上述两个条件的优化配置方案如下:

$$\text{优化函数：}\quad \min m = \sum_{i=1}^{n} x_i \tag{4-138a}$$

$$\text{约束条件：s. t.}\quad \begin{cases} f(\boldsymbol{x}) \geqslant 1 \\ x_i = 1, \quad i \in \boldsymbol{D}_1 \\ x_i = 0, \quad i \in \boldsymbol{D}_0 \end{cases} \tag{4-138b}$$

以图 4-116 所示的某 220kV 电网为例,现假设大理、苏屯、剑川和福贡变电站在优化配置之前,已装有行波测距装置,在图中以阴影点做了标记。而崇仁变只有一条出线,因此不需要配置行波测距装置。

上述优化布点的结果是仅从全网线路直接可测角度上考虑得到的,若考虑线长覆盖间接可测和等波阻抗间接可测,可以减少测距装置配置个数。参见图 4-23,所谓"线长覆盖间接可测"是指母线上某一出线长度小于该母线上的其他出线长度,则该条线路故障时,可由其他出线上的电流行波测距装置进行测距。如图 4-116 中的40 号施甸变电站,它的出线长度分别为 21.1km、53.2km、63.5km 和 61.2km,当黄龙变电站装有行波测距装置,施甸—保山线路发生故障时,就可由黄龙变电站上的行波装置进行测距,这样,施甸变电站无须装设测距装置。所谓"等波阻抗间接可测"是指对于"一进一出"或"多进多出",即出线数和进线数相等的"中继站",故障行波在此不发生折反射。考虑到上一个变电站(或下一个变电站)为多出线的枢纽变电站,则该中继站无须装设测距装置,可由上级线路或下级线路进行测距。如图 4-116 中的 28 号永胜变电站为"二进二出"线路,上一级丽江变为多出线,这样只需要在丽江变上装设测距装置,就可以对丽江—永胜—华坪全线进行故障测距。

通过上述分析,不考虑既有配置,可以得出需要配置测距装置的站为大理、苏屯、祥云、剑川、洱源、保山、丽江、下关、和平、黄坪、迪庆、建塘、福贡和黄龙。在图中以黑点作为标记。考虑既有配置,则只需要在洱源、保山、丽江、下关、和平、黄坪、迪庆、建塘、福贡和黄龙装设测距装置,就可以实现全网络的单端电流行波测距。

4) 计及既有行波装置退出的动态布点优化

在前述行波装置的优化配置中,行波测距的安装是"一步到位",而不是分批进行的。由于当前行波装置价格仍较为昂贵,因而,有必要考虑行波装置的安装时序,即在初态(全网当前的配置状态)和终态(全局静态优化结果)已知的前提下,如何确定合理安装测距装置的顺序,使每次安装所能发挥的效果最大。可以采用基于贪婪思想对该问题的逆向问题进行求解,即考虑从终态退化到初态过程中,每退出一个站的行波装置所带来的影响最小,得到退出顺序序列,则该退出序列的逆序即为电流行波装置在待装设站中的动态装设顺序。将边际效益考虑为该站"退出"后基于单端和双端测距原理所减少的直接和间接可测线路的长度的加权和,即
$c(i) = \sum_{k=1}^{2} \alpha_k \Delta l_k(i)$,其中,$\Delta l_k(i)$ 为第 i 个站行波测距"装置"退出后第 k 种测距算法减少的可测线路,α_k 第 k 种测距算法的权重,$k=1$ 表示单端直接测距,$k=2$ 表示双端直接测距,$k=3$ 表示单端间接测距,$k=4$ 表示双端间接测距。显然,基于单端测距减少的可测线长仅与该站所能观测的出线数及其长度有关,即取决于站线之间的关联关系。基于双端测距减少的可测线长不仅与本站所能观测的出线及其

长度有关,还与线路的对侧变电站的配置情况有关,即取决于站站间的关联关系和当前电网内各变电站的行波装置既有配置状态。

表 4-35 给出了不同的权重组合所反映的四种典型方案下的动态装设顺序。实际中还可根据需要,在确定动态顺序的过程中通过变更权重组合来实现分阶段配置策略的切换,获得更贴合实际需求的装设顺序。

表 4-35　不同方案下确定的行波测距装置装设顺序

方案编号	权重组合	配置策略	装设顺序
1	$\alpha_1=\alpha_2=0.3$; $\alpha_3=\alpha_4=0.2$	四种测距兼顾	保山—祥云—下关—黄坪—丽江—迪庆—和平—黄龙—建塘
2	$\alpha_1=\alpha_2=0.5$; $\alpha_3=\alpha_4=0$	直接测距优先	保山—丽江—迪庆—和平—下关—黄坪—祥云—黄龙—建塘
3	$\alpha_2=1.0$; $\alpha_1=\alpha_3=\alpha_4=0$	双端直接测距优先	保山—迪庆—丽江—祥云—下关—黄龙—建塘—黄坪—和平
4	$\alpha_1=0.6$; $\alpha_3=0.5$; $\alpha_2=\alpha_4=0$	单端测距优先	保山—丽江—和平—迪庆—黄坪—下关—黄龙—祥云—建塘
5	$\alpha_2=0.6$; $\alpha_4=0.4$; $\alpha_1=\alpha_3=0$	双端测距优先	祥云—保山—下关—黄坪—丽江—迪庆—和平—建塘—黄龙

需要指出的是,所确定的动态装设顺序与四种可测线长的权重设置有关,不同权重组合反映了由初态到终态发展的不同路径。例如,本算例所取 0.3 为直接可测权重值和 0.2 为间接可测权重值,表明希望采取兼顾单、双端原理直接、间接测距的较稳健的行波装置的增设方式;若注重测距的可靠性,则以双端直接可测作为依据,令其权重为 1 而剩余三项权重为 0,使得动态装设尽可能地按组成双端测距的路径发展;若注重最快的可测线路覆盖,则以单端可测作为依据,令其权重值为正,并令双端可测权重为 0,使每次所安装置的单独测距能力得以充分发挥。

4.8.5　基于测后模拟原理和行波路径匹配的广域电压行波测距

现假设全网装设电压型行波测距装置,应用测后模拟和行波路径匹配方法来实现广域电压行波测距。为说明原理,将 3 机 9 节点电网改造成如图 4-117 所示的输电网络,假设母线 1、4、5、6 均装设有电压行波录波装置且保持数据同步。设置母线 2、3 之间线路距离母线 2 的 30km 处发生单相金属性接地故障。

母线 1、4、5、6 处的故障相电压行波及其小波变换模极大值如图 4-118 所示。

设将初始电压行波传播至母线 1、4、5、6 的波到时刻记为 t,则由图 4-118 可知 $t=[t_1,t_4,t_5,t_6]=[0.633,1.168,0.867,1.268]$ms,其中,$t_1$、$t_4$、$t_5$、$t_6$ 分别为故障初始电压行波传播至母线 1、4、5、6 的时刻。初始电压行波首先传播至母线 1 处,故以 t_1 作为基准时刻,计算 t_4、t_5、t_6 与 t_1 的时差,记为 Δt,则 $\Delta t=[\Delta t_{4-1},\Delta t_{5-1},\Delta t_{6-1}]=[0.535,0.234,0.635]$ms。

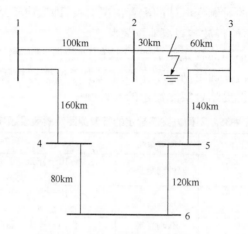

图 4-117　输电网络(未画出电源)

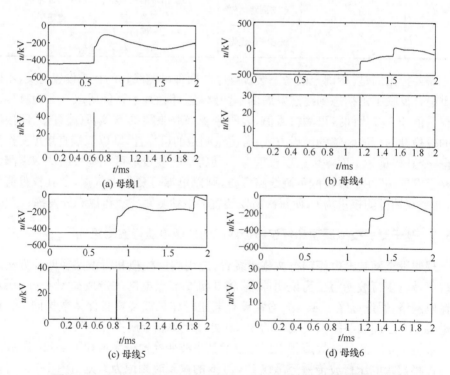

图 4-118　母线 1、4、5、6 处的故障相电压行波及其小波变换模极大值

　　在母线 2 和母线 3 之间的线路上,每隔 5km 设置"虚拟故障点",记为 $x_i(i=1,2,3,\cdots)$,如图 4-119 所示。根据公式 $\tau=l/v$,分别计算行波由 x_i 传播至母线 1、4、5、6 所需的最短时间,记为 τ_{1-x_i}、τ_{4-x_i}、τ_{5-x_i}、τ_{6-x_i}。令 $\Delta\tau_{x_i}=[\tau_{4-x_i}-\tau_{1-x_i},\tau_{5-x_i}-\tau_{1-x_i},\tau_{6-x_i}-\tau_{1-x_i}]^{\mathrm{T}}$,若 x_i 为真实的故障点,则 $\parallel\Delta t-\Delta\tau_{x_i}\parallel_1=0$。

图 4-119　虚拟故障点

假设距离 2 母线 30km 处的 x_6 发生故障,则

$$\Delta\boldsymbol{\tau}_{x_6}=\begin{bmatrix}\tau_{4-x_6}-\tau_{1-x_6}\\\tau_{5-x_6}-\tau_{1-x_6}\\\tau_{6-x_6}-\tau_{1-x_6}\end{bmatrix}=\begin{bmatrix}0.973-0.436\\0.671-0.436\\1.074-0.436\end{bmatrix}=[0.537,0.235,0.638]^{\mathrm{T}}$$

计算 $\|\Delta\boldsymbol{t}-\Delta\boldsymbol{\tau}_{x_i}\|_1=0.006\approx0$,故可判断真实的故障点为 x_6,此与实际相符合。由上述分析可知,全网利用故障电压初始行波进行广域行波测距具备一定的优势,一是可以直接应用 CVT 二次侧电压初始行波由式(4-53)所描述构建 ξ_u 算法检出标定,当然也可取小波高频系数构建所谓的 DWT-ξ_u 算法进行消噪并标定电压行波起始波头,获得故障电压初始行波波到时刻;二是记录变电站节点电压行波比记录各出线电流行波所需的高速采集通道资源可以大量节约。

第5章　利用频差进行故障测距探析

故障线路的故障点反射波或者对侧母线反射波的可靠检测、有效表征、准确标定和正确辨识是输电线路单端行波测距的基础条件、重要前提和核心关键。由于雷电、污闪、山火、风偏、覆冰、脱冰弹跳等原因造成线路故障性状不同，即所谓线路故障模态不同。可见，引起线路不同故障模态的原因非常复杂。此外，故障线路量测端观测的故障行波特征与对端母线接线形式甚至出线数目、相邻健全线路长度及其末端接线形式、对端母线健全出线长度及其末端接线形式等诸多因素有关，使得量测端观测的行波（群）波形具有多样性和复杂性，继而使得故障点反射波或者对端反射波的准确标定和正确辨识越来越困难。尤其是对于实测暂态数据，尤其是对占绝对多数的雷击闪络故障暂态数据，目前典型的被普遍接受、掌握并采用的诸如小波模极大值此类时频检测方法对其故障点反射波或者对端反射波的正确标定尚存在现实困难。特别是受故障模态和故障性质、通道量化噪声、外部环境、脉冲干扰等因素的影响，实测数据处处具有奇异性，多分辨率分析虽能在一定程度上缓解噪声的影响，但对相邻线路反射波等非故障点所产生的具有故障行波特征的杂波的剔除同样存在现实困难。由于缺乏全局观，易陷入杂波所致李氏指数局部极值而致波头错标。尽管人们基于仿真数据做了大量卓有成效的研究，但如何从富含噪声的现场实际暂态录波数据中有效、可靠地标定和辨识故障点反射波或者对端反射波仍是难点，继而使得实际应用中单端行波测距不像双端行波测距那样具有高的可靠性，因其初始行波易正确检测标定而能利用双端初始行波进行自动测距。尽管如此，单端行波测距意义仍非常重要：其一，它不需要对侧信息，也不需要双侧数据同步，对两侧变电站不属于同一运行管理部门这种情况的适应性、灵活性强；其二，由于线路长度不参与故障距离计算，它对靠近本侧的故障测距精度优于双端行波测距，非常适合在线路两侧分别使用，取其小值作为故障距离解宜获得满意的测距结果，再计及超长线路行波波速取固定值易致较大测距误差的现实，这一点对超长行波路径故障测距，就显得非常重要；其三，实际电网行波测距装置布点数量有可能不足的现实决定了有些线路只能施行单端测距，或有可能虽具备双端行波测距条件，但因一侧因故未能正确对时或一侧数据损坏，就只能施行单端行波测距，也有可能是原有双端行波测距条件因新站投运、π接线变动，一段时期退化为只能施行单端测距；其四，即使具备双端行波测距条件，那单端行波测距也可作为极佳的有益补充和佐证。故此，实际当中单端行波测距的现实需求和实际启用率、使用率都远高于双端测距。然而，行波频差法测距或自由振荡分量频差法测距，也是重要的单端测距。在3.2节已进行分析，指出线路单端量测的故障暂态电流或电压的频谱中,倘若能够获得稳定等间隔频差 Δf,那么稳定频差 Δf 可以直接反映故障距离,这里将进一步阐述如何利用其稳定等间隔的 Δf 进行故障测距。内容包括利用单端故障电流行波数据,对三类母线接线形式输电线路相间故障模式和单相接地故障进行测距的频差法应用;利用单端故障电压行波数据,探讨线路相间故障模式下,故障引起的电磁暂态、断路器分闸引起的和合闸至故障所引起的电磁暂态电气量的频谱分布,以及基于频差 Δf 的测距方法;探讨利用普通故障录波器的故障暂态量获取频差 Δf,并讨论其 Δf 用于故障测距的死区范围。

5.1　三类母线接线形式的输电线路频差法故障测距

根据 3.2 节的分析可知,对于欲利用主频率 f_1 进行故障测距,由于很难估算出量测端背侧系统阻抗的反射角,因此通常较难利用主频 f_1 来实现频率法故障测距,而频差 Δf 与相间故障距离呈反比关系,可以方便地利用 Δf 进行相间故障测距。以下阐述在三类母线接线形式下利用频差 Δf 的故障测距方法,对三相接地、两相接地、相间故障及单相接地故障等四种故障进行频差法定位的应用情况。

1. 第 I 类母线

量测端母线若为第 I 类母线,则除故障线路外,还有多条出线。这里有意假设 M 端有较多出线,为使得量测端背侧阻抗很小,使它相对于线路波阻抗而言可以近似视为短路模态,以期能够展示其主频 f_1 和频差 Δf 均能应用于对相间故障施行频率法故障测距,并设故障线路末端为第 III 类母线,如图 5-1 所示。

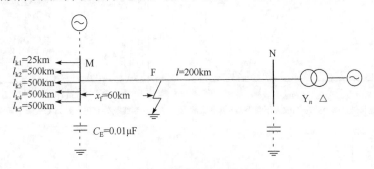

图 5-1　量测端为第 I 类母线

1) 三相金属性接地故障

如图 5-1 所示的输电线路,半线长内距 M 量测端 60km 处,发生三相金属性接地(3ϕ-G)故障,采样率为 1MHz,时窗长度为 10ms。量测端 α 模电流波形及其频谱分布如图 5-2(a)和图 5-2(b)所示,由式(4-53)计算得时域电流突变能量 $E(k)$ 的分布如图 5-2(c)所示。同理,假设半线长外距离 M 量测端 150km 处发生三相金属性接地故障,量测端α模电流波形及其频谱分布如图 5-2(d)和图 5-2(e)所示,其时域电流突变能量 $E(k)$ 的分布如图 5-2(f)所示。

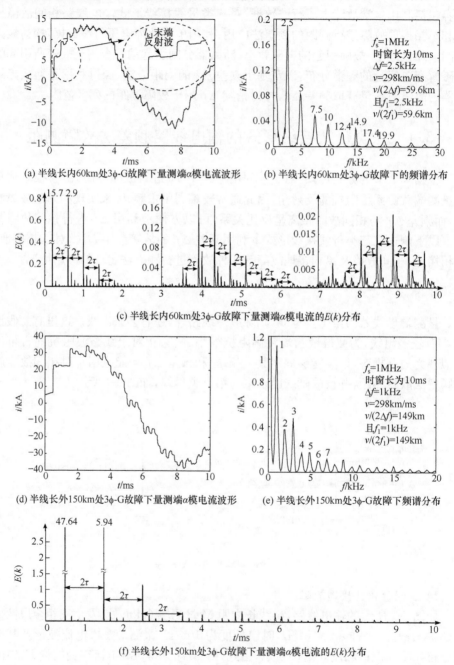

(a) 半线长内60km处3ϕ-G故障下量测端α模电流波形

(b) 半线长内60km处3ϕ-G故障下的频谱分布

(c) 半线长内60km处3ϕ-G故障下量测端α模电流的$E(k)$分布

(d) 半线长外150km处3ϕ-G故障下量测端α模电流波形

(e) 半线长外150km处3ϕ-G故障下频谱分布

(f) 半线长外150km处3ϕ-G故障下量测端α模电流的$E(k)$分布

图 5-2　三相金属性接地短路故障量测端 A 相电流波形及其频率分布和 $E(k)$ 分布

因为 M 端有较多出线，由图 5-2(b)可知稳定的 $\Delta f=2.5\text{kHz}$ 且主频 $f_1=2.5\text{kHz}$，取波速 $v=298\text{km/ms}$，利用频差故障测距公式 $x=v/(2\Delta f)$ 和主频测距公式 $x=v/(2f_1)$，计算得故障距离为 59.6km；由图 5-2(e)可知稳定的 $\Delta f=1\text{kHz}$，且主频 $f_1=1\text{kHz}$，利用频差故障测距公式 $x=v/(2\Delta f)$ 和主频测距公式 $x=v/(2f_1)$，计算得故障距离为 149km。由图 5-2(c)和图 5-2(f)可以看出，图 5-2(a)和图 5-2(d)所示的时域波形中虽然存在量测端健全线路末端反射波，但其于 10ms 时窗长度内并不占主导地位，相比之下，故障点反射波相对强烈且在 10ms 时窗内故障点反射波的周期性占主导，在时域中表现为 2τ 等间隔规律，以 2τ 也可计算出故障距离分别为 59.6km 和 149.3km。通常，若在时域内 $E(k)$ 可以刻画出稳定的 2τ 等间隔规律的相间故障模式，则对应地也会有频域中刻画的稳定等间隔 Δf 规律。

2）两相金属性接地故障

如图 5-1 所示的输电线路，距 M 量测端 60km 处，即半线长之内发生两相金属性接地 ABG 故障，采样率为 1MHz，时窗长度为 10ms。量测端 α 模电流波形及其频率分布如图 5-3(a)和图 5-3(b)所示，突变能量 $E(k)$ 的分布如图 5-3(c)所示。同理，假设距 M 量测端 150km 处，即半线长之外发生两相金属性接地 ABG 故障，量测端 α 模电流波形及其频率分布如图 5-3(d)和图 5-3(e)所示，其突变能量 $E(k)$ 的分布如图 5-3(f)所示。

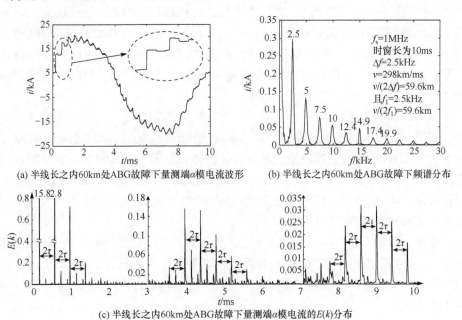

(a) 半线长之内60km处ABG故障下量测端α模电流波形　　(b) 半线长之内60km处ABG故障下频谱分布

(c) 半线长之内60km处ABG故障下量测端α模电流的$E(k)$分布

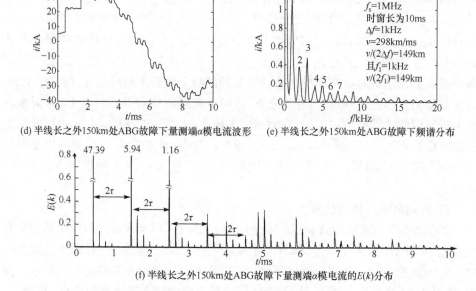

(d) 半线长之外150km处ABG故障下量测端α模电流波形　　(e) 半线长之外150km处ABG故障下频谱分布

(f) 半线长之外150km处ABG故障下量测端α模电流的$E(k)$分布

图 5-3　两相金属性接地 ABG 故障下量测端 α 模电流波形及其频率分布和 $E(k)$分布

由图 5-3(b)和图 5-3(e)可以看出,频差 Δf 及主频 f_1 分别为 2.5kHz 和 1kHz,利用频差 Δf 及主频 f_1 进行故障测距,计算得出故障距离分别为 59.6km 和 149km,而利用图 5-3(c)和图 5-3(f)所刻画的 2τ 也可计算出故障距离分别为 59.6km 和 149.1km。可见,对于相间故障模式,若存在由突变能量 $E(k)$刻画的一开始占主导的 2τ 等间隔规律,则对应地频域内也存在反映故障位置稳定等间隔的 Δf。

3）两相短路故障

如图 5-1 所示的输电线路,距 M 量测端 60km 处,发生 AB 两相短路故障,采样率为 1MHz,量测端 α 模电流波形及其频谱分布如图 5-4(a)和图 5-4(b)所示,突变能量 $E(k)$ 的分布如图 5-4(c)所示。同理,假设距 M 量测端 150km 处,发生 AB 两相短路故障,量测端 α 模电流波形及其频谱分布如图 5-4(d)和图 5-4(e)所示,突变能量 $E(k)$ 的分布如图 5-4(f)所示。

由图 5-4(b)和图 5-4(e)可知频差 Δf 及主频 f_1 分别为 2.5kHz 和 1kHz,利用频差 Δf 及主频 f_1 进行故障测距,计算得故障距离分别为 59.6km 和 149.0km;而利用图 5-4(c)和图 5-4(f)所刻画的 2τ 也可计算出故障距离分别为 59.6km 和 149.1km。

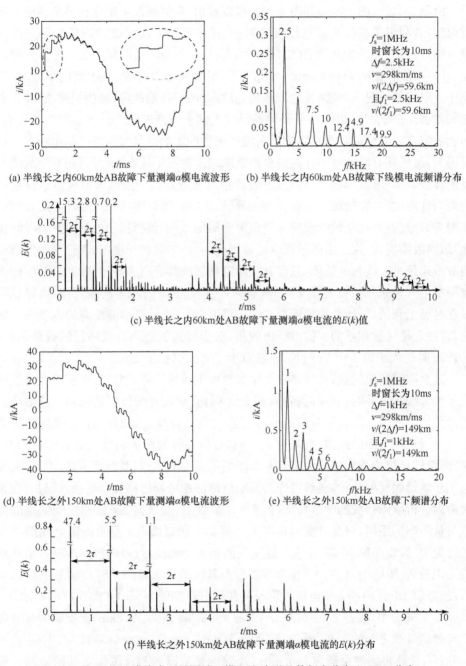

(a) 半线长之内60km处AB故障下量测端α模电流波形　　(b) 半线长之内60km处AB故障下线模电流频谱分布

(c) 半线长之内60km处AB故障下量测端α模电流的E(k)值

(d) 半线长之外150km处AB故障下量测端α模电流波形　　(e) 半线长之外150km处AB故障下频谱分布

(f) 半线长之外150km处AB故障下量测端α模电流的E(k)分布

图 5-4　两相短路故障下量测端 α 模电流波形及其频率分布和 E(k) 分布

由图 5-2(a)、图 5-3(a) 和图 5-4(a) 可以看出,在时域波形中存在健全线路末端反射波,若利用单端行波法进行故障测距,存在故障点反射波辨识较为困难的问题。图 5-2(b)、图 5-3(b) 和图 5-4(b) 中,$\Delta f = 2.5\text{kHz}$,利用频差 Δf 进行故障测距,计算得故障距离为 59.6km。由此可见,对于第 I 类母线,在过渡电阻较小、远小于波阻抗的情况下,线路发生三相接地故障、两相接地故障、两相短路故障时,利用频差 Δf 进行故障测距,不受量测端母线上健全线路末端反射波颠覆性的影响,两相故障也未受到故障线路对端反射波颠覆性的影响且具有较高的测距精度。这是因为,虽然在时域波形中存在健全线路末端反射波干扰影响,但其相对于故障点反射波较弱,时域波形满足故障点反射波相对强烈且在一段时窗内故障点反射波的周期性占主导,在时域中表现为占主导的 2τ 等间隔规律,如图 5-2(c)、图 5-3(c) 和图 5-4(c) 所示,在频域中表现为稳恒等间隔的 Δf。值得指出的是,对于相间(接地)短路故障模式,在一定的过渡电阻范围内,合理的时窗长度下,无论是 1/2 线长内故障还是 1/2 线长外故障,只要其故障点反射波具有占主导地位的周期性,则由空间模电气量采用突变能量 $E(k)$ 刻画即可表现为 2τ 时域等间隔规律,这样就可以在时域上利用 2τ 计算故障距离,此与利用频差 Δf 计算故障距离的本质是一致的,方法上是一脉相承的。值得指出的是,对于(超)长故障行波路径的线路,若第 2 个 2τ 时长大于第 1 个 2τ 时长,就获取不了等间隔稳定 Δf。

这里需要指出的是,若线路发生经过渡电阻接地故障,当过渡电阻较大且故障位于 1/2 线长之外时,在短时窗内,如 5ms 以内,对端母线反射波强烈且能形成一定占优的周期性,此时,短时窗内故障行波的频谱特征,其频差 Δf 反映的是故障点与对端母线之间的距离,且利用 $l - v/(2\Delta f)$ 进行测距的精度较高,避开 l 的影响,测距结果更应当表述为故障点与对端的距离 $v/(2\Delta f)$,其精度更高,可见,充分利用对端母线反射波,这显然可作为高阻故障测距的新思路和新途径。但是,在长时窗内分析故障行波的频谱特征,如 10ms 及以上,其频差 Δf 依然反映的是故障点与量测端的距离,只是其测距精度大为降低。仍以图 5-1 所示的输电线路为例进行说明,假设距离 M 端 170km 处发生两相接地故障,过渡电阻为 100Ω,采样率为 1MHz,故障后 1ms 内的 α 模电流波形及其频谱分布如图 5-5(a) 和图 5-5(b) 所示;故障后 10ms 内的 α 模电流波形及其频谱分布如图 5-5(c) 和图 5-5(d) 所示。

图 5-5(b) 中,频差 $\Delta f = 5\text{kHz}$,计算获得到的距离为 29.8km,此反映的是故障点与对端母线之间的距离,精度高;图 5-5(d) 中,频差 $\Delta f = 0.9\text{kHz}$ 及主频 $f_1 = 0.9\text{kHz}$,计算得到的距离为 165.6km,反映的是故障点与量测端之间的距离。可见,半线长之外两相接地故障线模电流的 Δf 反映的是 x_f 还是 $l - x_f$,此情况与其 R_f 的大小和故障行波数据时窗长度有关。

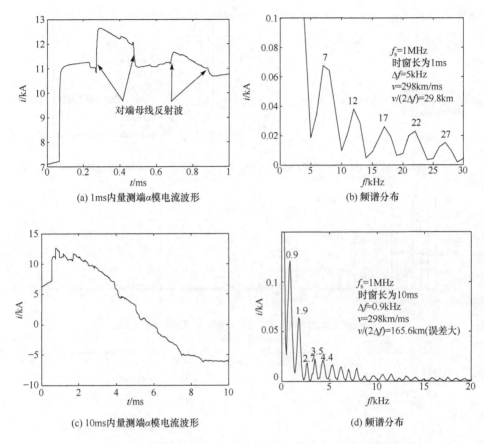

图 5-5　半线长之外 170km 处故障下量测端 α 模电流波形及其频率分布

4）单相金属性接地故障

如图 5-1 所示的输电线路,距 M 量测端 60km 处发生单相金属性短路故障。假设故障为 A 相,采样率为 1MHz,量测端故障相电流波形及其频率分布如图 5-6(a)和图 5-6(b)所示,$E(k)$ 的分布如图 5-6(c)所示。同理,假设距 M 量测端 150km 处发生单相金属短路故障,量测端故障相电流波形及其频率分布如图 5-6(d)和图 5-6(e)所示,突变能量 $E(k)$ 的分布如图 5-6(f)所示。

在图 5-6(b)和图 5-6(e)中,频谱分布较为复杂,很难获得稳定等间隔的频差 Δf,这是因为发生单相接地故障时,不对称性严重,由于线路耦合的影响和 SLG 故障点线、零模量交叉透射作用,在时域波形中,故障点反射波不具有占优的强周期性,如图 5-6(a)、(d)所示,也就很难获得稳定的 Δf,也很难确切地获得连续稳恒的 2τ 时域间隔,如图 5-6(c)、(f)所示。直接进行 FFT 变换,其频谱分布复杂,利用 FFT 很难获得反映故障距离的稳定等间隔 Δf,退一步讲,对于近端 SLG 故障,

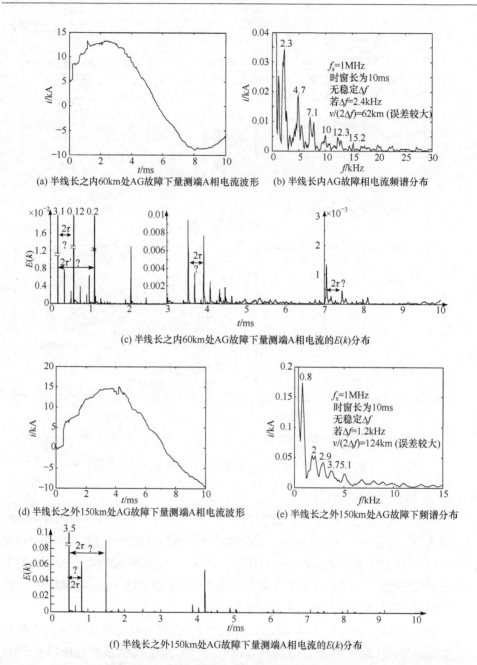

(a) 半线长之内60km处AG故障下量测端A相电流波形　(b) 半线长内AG故障相电流频谱分布

(c) 半线长之内60km处AG故障下量测端A相电流的E(k)分布

(d) 半线长之外150km处AG故障下量测端A相电流波形

(e) 半线长之外150km处AG故障下频谱分布

(f) 半线长之外150km处AG故障下量测端A相电流的E(k)分布

图 5-6　金属性 AG 故障下量测端 A 相电流波形及其频率分布和 E(k) 分布

应用 $v/(2\Delta f)$ 测距或许有效,然而,对于半线长之后的 SLG 故障,则不然。同时由突变能量 $E(k)$ 时域分布图 5-5(c)和图 5-6(f)可见,在金属性 SLG 故障模式下,正向来做故障分析,即由突变能量 $E(k)$ 分布找出 2τ,其物理上是存在的,但是,故障测距是反问题、逆命题,由线路 SLG 故障电流波形获得等间隔的 2τ 值还是没有可靠的方法可以实现。由图 5-5(a) 和图 5-6(d) 可以看出,SLG 故障模式下的行波波形中除了相邻较短健全线路末端反射波之外,主要存在故障点反射波和对端母线反射波,且两者都不具有绝对占优的强周期性,这就导致在图 5-6(c) 和图 5-6(f) 中无法确定出反映故障距离的 2τ 时间间隔规律。由图 5-6(c) 和图 5-6(f) 可以看出健全线路末端反射波在 $E(k)$ 刻画下相对较小,且 AG 故障下,故障位置 $x_{\rm f}$ 和对偶位置 $x_{\rm f}'$ 所对应的 2τ 和 $2\tau'$ 在 $E(k)$ 上分布均清晰而明显。

综合以上分析,在三相线路的相间短路故障模式下,在一定过渡电阻范围内和合理长时窗下,应用 Δf 和 2τ 均可实现故障定位,且对于量测端为较多出线的情况,相间短路故障模式的频差 Δf 及主频 f_1 均可取得满意的测距结果,但对于 SLG 故障很难直接由 FFT 获得稳定 Δf 以及由 $E(k)$ 获得等间隔 2τ 的方法。有关 SLG 的频差法测距将在 5.5 节进一步予以讨论。

2. 第 II 类母线

正如前述,量测端母线若为第 II 类母线,它除故障线路外,只有一条出线,即所谓"一进一出"线路,如图 5-7(a) 所示。通常,此类母线接线形式下,未安装电流行波测距装置,但应注意到存在这样的现实,即 M 量测端原本属于"一进二出"或"二进一出"线路接线形式,因检修或雷击跳闸等有一条线路退出运行,而导致 M 量测端母线转化为"一进一出"接线形式。对于量测端 M 来说,波阻抗连续,实际线路由于母线杂散电容的存在,故障点反射波在母线 M 处发生反射,但其幅值较小,无法直接采用此故障点反射波进行故障测距。此时,可利用上一级线路 QM 起端 (Q) 反射波或对端母线 N 反射波进行故障测距,但这些方法依赖行波波头的正确辨识,而利用频差 Δf 进行故障测距,无须对行波波头进行辨识。如图 5-7(a) 所示的输电线路,上级线路起端为 III 类母线,假设距 M 量测端 60km 处,发生 AB 两相金属性接地故障,采样率为 1MHz,量测端 α 模电压波形及其频率分布如图 5-7(b) 和图 5-7(c) 所示,突变能量 $E(k)$ 的分布如图 5-7(d) 所示。倘若上级线路起端为 I 类母线,假设距 M 量测端 60km 处,发生 AB 两相金属性接地故障,采样率为 1MHz,量测端 α 模电流波形及其频率分布如图 5-7(e) 和图 5-7(f) 所示,突变能量 $E(k)$ 的分布如图 5-7(g) 所示。若量测端位于 Q 端,且设 Q 端为多出线的情况,同样假设距 M 端 60km 处,发生 AB 两相金属性接地故障,采样率为 1MHz,量测端 α 模电流波形及其频率分布如图 5-7(h) 和图 5-7(i) 所示,突变能量 $E(k)$ 的分布如图 5-7(j) 所示。图中,$1_{\rm M}$、$2_{\rm M}$ 对应量测端位于 M 端时,经行波路径 $1_{\rm M}$、$2_{\rm M}$ 传播的行波到达量测端 M 的时刻;1_Q 对应量测端位于 Q 端时,经行波路径 1_Q 传播的行波到达量测端 Q 的时刻。

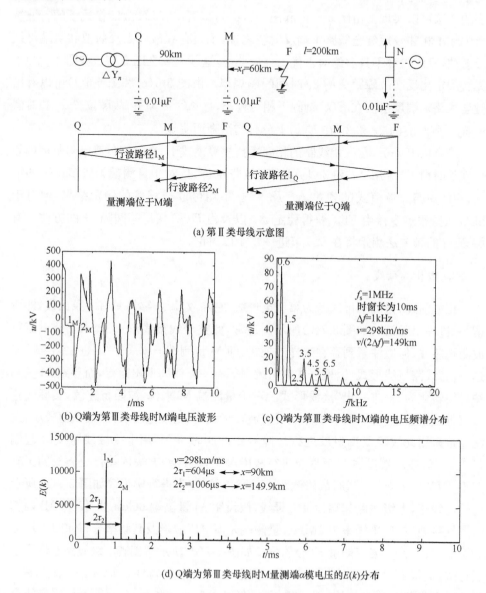

(a) 第Ⅱ类母线示意图

(b) Q端为第Ⅲ类母线时M端电压波形

(c) Q端为第Ⅲ类母线时M端的电压频谱分布

(d) Q端为第Ⅲ类母线时M量测端α模电压的 $E(k)$ 分布

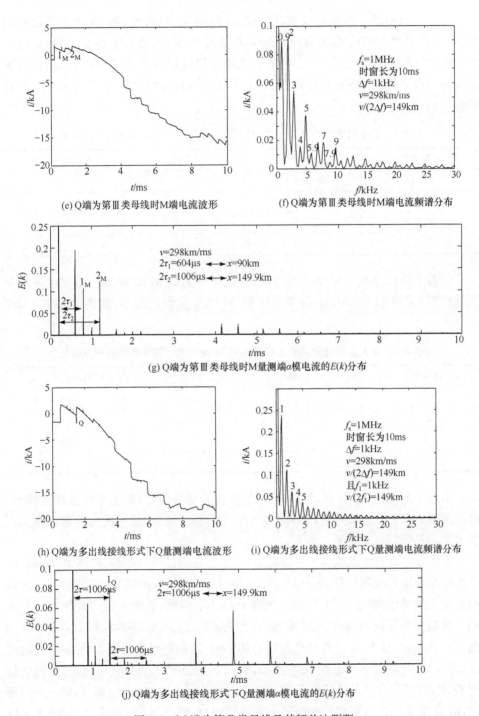

(e) Q端为第Ⅲ类母线时M端电流波形　　　　(f) Q端为第Ⅲ类母线时M端电流频谱分布

(g) Q端为第Ⅲ类母线时M量测端α模电流的E(k)分布

(h) Q端为多出线接线形式下Q量测端电流波形　(i) Q端为多出线接线形式下Q量测端电流频谱分布

(j) Q端为多出线接线形式下Q量测端α模电流的E(k)分布

图 5-7　M端为第Ⅱ类母线及其频差法测距

　　如图 5-7(a)所示的输电线路,假设距量测端 M 端 60km 处,发生不同类型的故障,采样率为 1MHz,分析量测端 M 电压波形的频谱,利用频差 Δf 进行故障测距,测距结果如表 5-1 所示,LLLG 表示三相金属性接地故障,LLG 表示两相金属性接地故障,LL 表示相间短路故障,LG 表示单相接地故障,"—"表示无法获得该值。

表 5-1　若上级线路 Q 端为Ⅲ类母线时 M 端电压行波频差法的测距结果

故障类型	f_1/kHz	Δf/kHz	测距结果/km
LLLG	0.6	1	149
LLG	0.6	1	149
LL	0.6	1	149
LG	0.6	—	—

　　倘若上级线路起端 Q 为Ⅰ类母线,假设距量测端 M 端 60km 处,发生不同类型的故障,采样率为 1MHz,分析量测端 M 电流波形的频谱,测距结果如表 5-2 所示。

表 5-2　若上级线路 Q 端为Ⅰ类母线时 M 端电流行波频差法的测距结果

故障类型	f_1/kHz	Δf/kHz	测距结果/km
LLLG	0.9	1	149
LLG	0.9	1	149
LL	0.9	1	149
LG	0.8	—	—

　　由表 5-1 和表 5-2 可知,量测端母线 M 若为第Ⅱ类母线,除单相接地故障外,利用频差 Δf 进行故障测距,反映的是"上一级线路长度＋故障距离",若已知上一级线路的长度即可求出故障距离。

　　由图 5-7、表 5-1 及表 5-2 可以看出,对于第Ⅱ类母线,分析其量测端(M 端)电压或电流波形的频谱特征,利用频差 Δf 进行故障测距,虽然可以得到"上一级线路长度＋故障距离"这一结果,但其频谱分布并不理想,如图 5-7(c)和图 5-7(f)所示。这是因为若量测端位于 M 端,除了行波路径 2_M 之外,还存在行波路径 1_M,如图 5-7(a)所示,加上 M 端母线杂散电容的影响,这就使得量测端 M 的波形变得复杂,对应地,其频谱分布也就不理想,如图 5-7(c)和图 5-7(f)所示。倘若量测端位于 Q 端,则只存在一条行波路径,仅反映 Q 端到故障点之间的距离,如图 5-7(a)所示,故 Q 端电压或电流波形的频谱分布较为理想,频差 Δf 同样反映的是"上一级线路长度＋故障距离"这一长度,如图 5-7(i)所示。

3. 第Ⅲ类母线

量测端母线若为第Ⅲ类母线，即除故障线路外，无其他出线，如图 5-8(a)所示。对于第Ⅲ类母线，电压行波的暂态过程较为明显，因此，采用量测端 α 模电压行波的频差 Δf 进行故障测距。如图 5-8(a)所示的输电线路，假设距 M 量测端 60km 处，发生 AB 两相金属性接地故障，采样率为 1MHz，量测端 α 模电压波形及其频率分布如图 5-8(b)和图 5-8(c)所示，突变能量 $E(k)$ 的分布如图 5-8(d)所示。

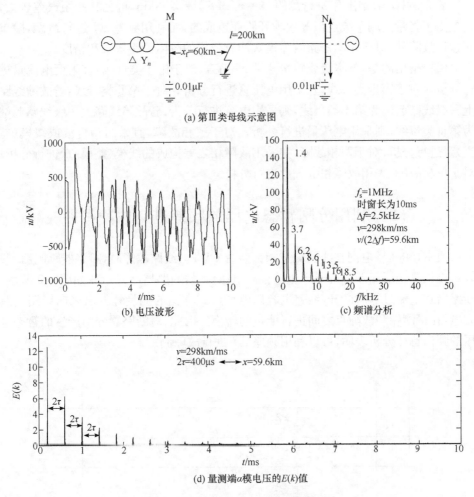

(a) 第Ⅲ类母线示意图

(b) 电压波形　　　　　(c) 频谱分析

(d) 量测端 α 模电压的 $E(k)$ 值

图 5-8　第Ⅲ类母线及其频差法测距

同样，假设距量测端 M 端 60km 处发生不同类型的故障，采样率为 1MHz，分析量测端电压波形的频谱，利用频差 Δf 进行故障测距，测距结果如表 5-3 所示。

表 5-3　量测端为第Ⅲ类母线的测距结果

故障类型	f_1/kHz	Δf/kHz	测距结果/km
LLLG	1.4	2.5	59.6
LLG	1.4	2.5	59.6
LL	1.4	2.5	59.6
LG	1.3	—	—

表 5-3 中,若利用 f_1 进行测距:$x=v/(4f_1)=52.3\text{km}$,可见其测距误差较大,这是由于将量测端系统近似等效为开路而造成的,而利用频差 Δf 进行测距,除单相接地故障外,对于相间短路故障模式均有较好的故障测距效果和精度。

值得指出的是,就本级线路量测端 M 而言,对于第Ⅰ类母线,宜采用电流量进行分析。对于第Ⅲ类母线,宜采用电压量进行分析。对于第Ⅱ类母线,若故障线路上一级线路起端为第Ⅰ类母线,则采用电流进行分析;若故障线路上一级线路起端为第Ⅲ类母线,则采用电压量进行分析。对于三相故障,宜采用相行波或线模(差模)量进行分析;对于两相故障,宜采用故障相之差构成的线模(差模)量进行分析;对于单相故障,采用故障相电气量进行分析。

5.2　利用分闸暂态电压的频差进行故障测距

通常,500kV 电网在线路侧三相都装有 CVT。线路故障时,断路器跳闸后,假设可以检测到断路器分闸时产生的暂态电压信号,断路器断开示意如图 5-9 所示。断路器在电流过零时断开,线路电容以电荷形式存储的能量释放出来向线路电感充电,在量测端和故障点之间进行能量的转换。因此,对断路器分闸产生的暂态电压的频谱特征分析表明,可以利用频差 Δf 进行故障测距。

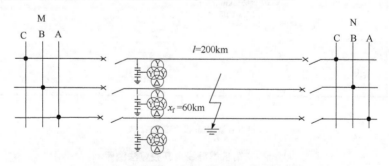

图 5-9　输电线路发生 ABG 故障,断路器断开示意图

如图 5-9 所示的输电线路,量测端为第Ⅲ类母线,距离 M 量测端 60km 处发生两相永久性接地故障,过渡电阻为 10Ω,故障相为 A 相和 B 相,断路器跳开三相,

采样率为 1MHz,量测端含故障相线模(差模)电压(u_A-u_B)的时域波形如图 5-10 所示,其中,为方便展示,在仿真模型中人为地缩短了重合闸时间,诚然,此与规程规定不吻合,但不影响此处原理和方法的真实性。此外,这里的 1MHz 采样数据分析时窗长度人为地取 120ms,尽管目前现实当中,在 1MHz 采样率下 8 路同步高速采集的录波数据时长通常不大于 20ms,此处取 120ms 录波时长纯属为了理论分析的需要,即旨在分析断路器因相间故障模式三相分闸前后的长电磁暂态过程中暂态电压所含故障位置信息及其频差 Δf 量值。此处也未考虑断路器三相之间在分、合闸当中客观上存在的不同期。

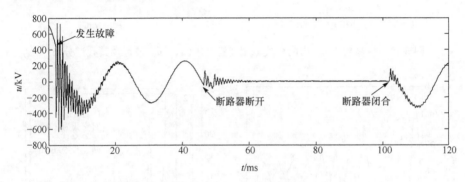

图 5-10　量测端含故障相线模电压的时域波形

对于图 5-9 所示两相接地故障引起线路跳闸过程当中,由故障引起的暂态过程、由分闸引起的暂态过程和由合闸引起的暂态过程都包含故障距离的信息,分析这 3 个暂态过程瞬态电压的频谱分布规律,利用频差 Δf 均可实现故障测距。同样也值得指出,对于相间故障模式,规程规定不再进行自动重合闸,此处合闸至相间永久故障同样与规程规定不相符,这里旨在分析合闸至故障所引起的暂态电压量含有稳定频差 Δf,它直接反映故障距离。

故障后 10ms 内的含故障相线模电压(u_A-u_B)的波形如图 5-11(a)所示,对其进行 FFT 变换,得到相应的频域分布如图 5-11(b)所示。

图 5-11(b)中 $\Delta f=2.5$kHz,利用频差故障测距公式 $x=v/(2\Delta f)$,取波速 $v=298$km/ms,计算得到故障距离为 59.6km,误差较小;主频 $f_1=1.4$kHz,将量测端背侧等效为开路状态,根据公式 $x=v/(4f_1)$,计算得到故障距离为 53.2km,误差较大。

断路器断开后的 10ms 内含故障相线模电压(u_A-u_B)的波形如图 5-12(a)所示,对其进行 FFT 变换,得到相应的频域分布如图 5-12(b)所示。

在图 5-12(b)中,$\Delta f=2.5$kHz,利用频差故障测距公式 $x=v/(2\Delta f)$,取波速 $v=298$km/ms,计算得到故障距离为 59.6km。这里需要指出的是,输电线路三相短路器断开,量测端背侧系统事实上是开路状态,利用暂态电压的主频率 f_1 也可

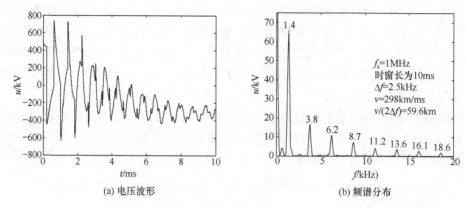

(a) 电压波形   (b) 频谱分布

图 5-11　故障后 10ms 内的含故障相线模电压($u_A - u_B$)波形及其频谱分布

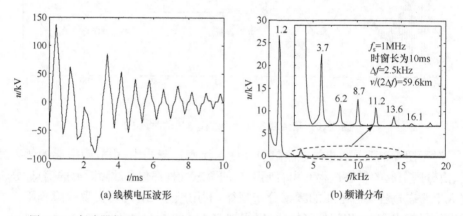

(a) 线模电压波形   (b) 频谱分布

图 5-12　断路器断开后 10ms 内的含故障相线模电压($u_A - u_B$)波形及其频谱分布

进行故障测距。这里,主频 $f_1 = 1.2$kHz,根据公式 $x = v/(4f_1)$,计算得到故障距离为 62km,若提高 FFT 的分辨率,即对故障后 20ms 内的故障相电压差($u_A - u_B$)进行 FFT 变换,$f_1 = 1.25$kHz,$x = v/(4f_1)$ 计算得到故障距离为 59.6km。可见,只有量测端背侧事实上是呈开路状态时,才能够利用主频测距公式 $x = v/(4f_1)$ 正确计算获得故障距离,且 f_1 必须在长时窗下才有其分辨率保证和精度保证。

假设合闸至故障,断路器闭合后 10ms 内的含故障相线模电压($u_A - u_B$)波形如图 5-13(a)所示,对其进行 FFT 变换,得到相应的频域分布如图 5-13(b)所示。

图 5-13(b)中 $\Delta f = 2.5$kHz,利用频差故障测距公式 $x = v/(2\Delta f)$,取波速 $v = 298$km/ms,计算得到故障距离为 59.6km,误差较小;主频 $f_1 = 1.4$kHz,倘若乃将量测端背侧系统视为开路状态,根据公式 $x = v/(4f_1)$,计算得故障距离为 53.2km,误差较大。

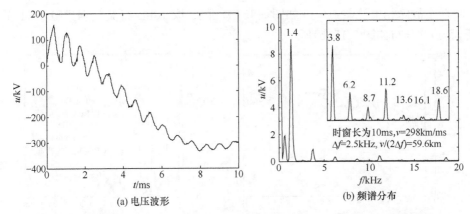

(a) 电压波形　　　　　　　　(b) 频谱分布

图 5-13　断路器闭合后 10ms 内的含故障相线模电压($u_A - u_B$)波形及其频谱分布

分析故障暂态、分闸暂态、合闸暂态这三个阶段暂态电压 10ms 时窗波形的频谱,都可以利用稳定的频差 Δf 准确地实现故障测距。对于故障暂态阶段和合闸暂态阶段,断路器处于"合"状态,量测端背侧并非理想开路状态,利用主频 f_1 进行故障测距时,误差较大;而对于分闸暂态阶段,因系断路器灭弧之后,量测端背侧系统确实是理想开路状态,采用 20ms 时窗长度数据进行 FFT 分析,利用 f_1 进行故障测距同样有较高的定位精度。

5.3　基于现场实录故障行波的频差法故障测距分析

为验证频差法故障测距在现场实录数据的应用效果,以下利用实际故障录波数据进行分析。某电网 220kV 线路距离量测端 58km 处发生两相短路故障(由巡线根据杆塔标定的故障距离),故障行波测距装置采样率 $f_s = 1\text{MHz}$,故障相为 B 相和 C 相,B 相和 C 相实录故障电流行波如图 5-14 所示。

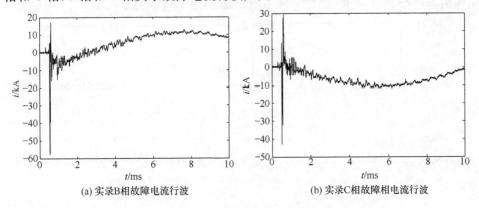

(a) 实录B相故障电流行波　　　　　　　(b) 实录C相故障相电流行波

图 5-14　B 相和 C 相故障电流

两个故障相电流差 $i_B - i_C$ 如图 5-15(a)所示,取 10ms 行波数据进行 FFT 分析,其频谱分布如图 5-15(b)所示。

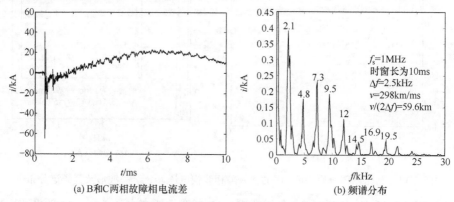

(a) B和C两相故障相电流差　　　　　　(b) 频谱分布

图 5-15　故障相电流差及其频谱分布

由图 5-15(b)可以看出,稳定的 Δf 为 2.5kHz,计算得到的故障距离为 59.6km,与实际由杆塔编号所标定的故障距离相差 1.6km,因此,频差法故障测距对于多相短路的所谓"相间故障模式"的确有较好的实际应用效果。

5.4　基于普通故障录波数据的频差法故障测距

前面都是基于 1MHz 采样率的行波数据进行分析的,现研究在较低采样率下,虽然目前普通故障录波器采样率不需要 20kHz 这么高,但这里不妨以 20kHz 采样率为例进行说明。

如图 5-1 所示的输电线路,假设距量测端 M 端 100km 处发生三相金属性接地故障,分别在 20kHz 采样率和 1MHz 采样率下记录量测端的电压波形,取 10ms 时窗数据进行 FFT 变换,结果分别如图 5-16 和图 5-17 所示。

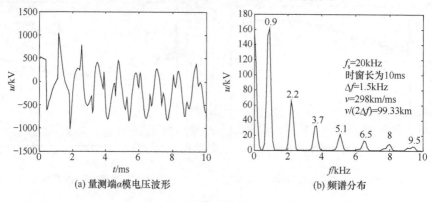

(a) 量测端α模电压波形　　　　　　(b) 频谱分布

图 5-16　在 20kHz 采样率下量测端 α 模电压波形及其频率分布

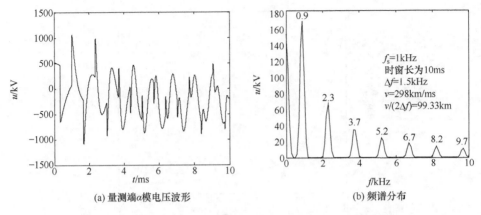

| (a) 量测端α模电压波形 | (b) 频谱分布 |

图 5-17　1MHz 采样率下量测端 α 模电压波形及其频率分布

由图 5-16 和图 5-17 可看出,在 20kHz 和 1MHz 采样率下,稳定等间隔的频差 Δf 均为 1.5kHz,计算得到的故障距离为 99.3km。由此可见,在 20kHz 的较低采样率下,利用频差 Δf 进行故障测距,仍可以取得较高的测距精度。

这里需要指出的是,利用频差 Δf 进行故障测距,对于近端故障,存在死区问题,采样率越低,近端死区范围越大。量测端背侧若为理想开路,则死区范围为 $0\sim 1.5v/f_s$;量测端若为理想短路,则死区范围为 $0\sim 2v/f_s$。其中,v 为行波波速,f_s 为采样率。

5.5　单相接地故障的频差法故障测距探析

前面分析指出发生单相接地故障时,不对称性严重,由于三相耦合以及故障点线、零模交叉透射的影响,提取故障暂态电流的频率时,将得到含有非故障相耦合影响的频谱分布,这样致使频谱分布较为复杂,很难获取稳定的频差 Δf。如图 5-1 所示的输电线路,在二分之一线长内发生单相接地故障,每隔 5km 进行遍历,分析不同故障位置下故障相电流的频谱,求取前 5 个 Δf 的平均值。平均频差与故障距离的关系如图 5-18 所示。

由图 5-18 可以看出,平均频差与故障位置之间的关系为一单调单值函数。将图 5-18 中的数据作为 ANN 的训练样本进行 ANN 的训练,可用训练好的人工神经网络进行故障测距。

假设量测端系统为多台变压器并联,分别设置距离量测端 20km、40km、70km、80km 处发生单相接地故障,利用上述训练好的 ANN 进行测距,测距结果如表 5-4 所示。

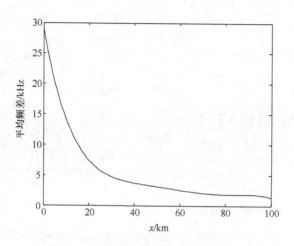

图 5-18　平均频差与故障位置的关系

表 5-4　利用频差 Δf 的 ANN 测距结果

故障位置/km	20.00	40.00	70.00	80.00
测距结果/km	19.97	40.19	72.85	77.57
误差/km	0.03	0.19	2.85	2.43

　　大量仿真表明,在量测端背侧系统随运行方式发生变化的情况下,上述利用频差 Δf 的 ANN 测距方法依然有效。该方法可摆脱量测端背侧系统对故障测距的影响。这里需要指出的是,对于半线长之外且越远的故障,受 FFT 分辨率的影响,会导致测距精度不能保证甚至测距方法失效。

　　由上述分析可以看出,架空线路发生单相接地故障时,不对称性最严重,故障相暂态电流的频谱分布较为复杂,不能直接获得稳恒的频差 Δf。这里将故障行波首波头之后行波突变剧烈的几个后续波头分别进行"整形并延拓"形成台阶状波形之后,再对其进行频谱分析,这样可以得到稳恒的 Δf。此时,利用频差 Δf 测距公式可以得到几个可能的故障距离,再利用测后模拟方法对这几个可能的故障距离进行排除,最终筛选出最可能的故障距离。这样,形成了针对 SLG 故障的"整形并延拓+FFT+测后模拟+波到时序匹配"的故障测距及其筛选机制。

　　现以图 5-1 所示的输电线路为例进行说明,假设距离 M 端 50km 处发生金属性单相接地故障,故障相电流波形及其频谱分布如图 5-19(a)和图 5-19(b)所示,突变能量 $E(k)$ 的分布如图 5-19(c)所示。

　　由图 5-19(a)可见,行波 1 为故障点反射波,行波 2 为对端反射波,行波 1 和行波 2 之间尚有相邻最短健全线路 l_{k1} 末端反射波。由图 5-19(b)可以看出,故障相电流行波的频谱中有 $\Delta f_1 = 2.9\text{kHz}$ 和 $\Delta f_2 = 6\text{kHz}$,分别对应于 $x = 51.4\text{km}$ 和

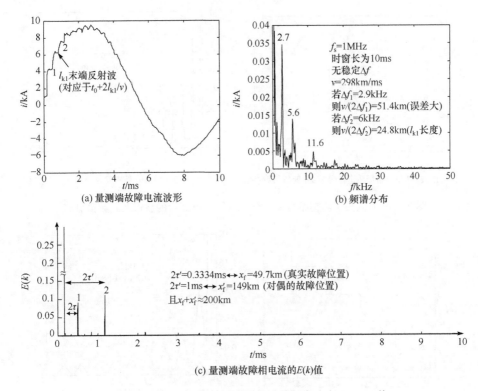

(a) 量测端故障电流波形　　　(b) 频谱分布

(c) 量测端故障相电流的 $E(k)$ 值

图 5-19　量测端故障相电流波形及其频率分布和 $E(k)$ 值

$x=24.8\mathrm{km}$，这里的 51.4km 即为近端故障距离，24.8km 即为健全线路 l_{k1} 的长度，但是没有稳恒等间隔的 Δf，但故障距离 x_f 和对偶故障距离 x'_f 所对应的 2τ 和 $2\tau'$ 在 $E(k)$ 上分布清晰，如图 5-19(c) 所示。图 5-19(a) 所示的量测端故障电流波形中继故障初始行波之后，突变剧烈的波头为 1 和 2，将波头 1 和 2 分别进行"整形并延拓"，并对其进行频谱分析，其结果如图 5-20 和图 5-21 所示。值得关注的是，三相架空交流线路发生 SLG 故障，量测端为多出线形式下，由图 5-19(a) 和 (c) 也可以看出，故障电流行波 1 和 2 分别刻画的 2τ 对应于 $2x_f$ 长度和 $2\tau'$ 对应于 $2x'_f$ 长度，二者反映对偶的故障位置，$x_f+x'_f=l$，且对端为Ⅲ类母线接线形式，对端电流行波发生全反射，它抵达量测端 M 的入射波与反射波相叠加，其陡度占优，使得健全线路 l_{k1} 末端反射波在 $E(k)$ 中相对较小。

在图 5-20(b) 中，$\Delta f=3\mathrm{kHz}$，利用频差故障测距公式 $x=v/(2\Delta f)$，取波速 $v=298\mathrm{km/ms}$，计算得到的故障距离为 49.7km；图 5-21(b) 中，$\Delta f=1\mathrm{kHz}$，利用频差故障测距公式 $x=v/(2\Delta f)$，取波速 $v=298\mathrm{km/ms}$，计算得到的故障距离为 149km。值得关注的是，$x_f=49.7\mathrm{km}$ 和 $x'_f=149\mathrm{km}$，属于两个相互对偶的故障位置，即 $x_f+x'_f\approx l$，此处 x'_f 反映的物理本质是线路对端反射波。这两个皆为可能的

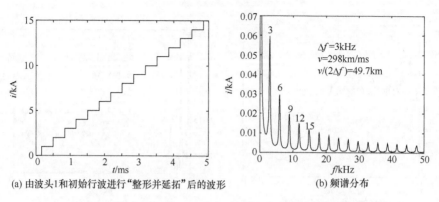

(a) 由波头1和初始行波进行"整形并延拓"后的波形　　　　(b) 频谱分布

图 5-20　由波头 1 和初始行波进行"整形并延拓"后的波形及其频谱分布

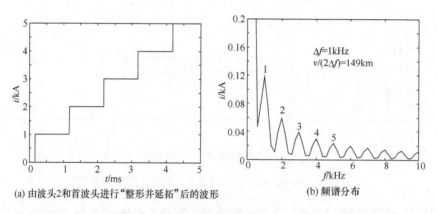

(a) 由波头2和首波头进行"整形并延拓"后的波形　　　　(b) 频谱分布

图 5-21　由波头 2 和首波头进行"整形并延拓"后的波形及其频谱分布

故障距离,此时,可利用测后模拟方法进行排除和筛选,即按照图 5-1 所示的输电线路搭建仿真模型,在仿真模型中分别假设距离 M 量测端 49.7km 和 149km 处发生金属性接地故障,得到故障相模拟电流行波,分别如图 5-22(a)和图 5-22(b)所示。

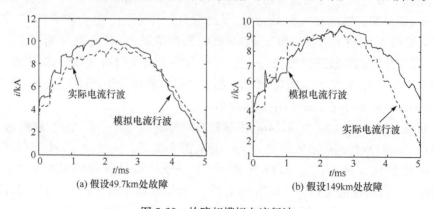

(a) 假设49.7km处故障　　　　　　　　(b) 假设149km处故障

图 5-22　故障相模拟电流行波

　　分别对图 5-22(a)和图 5-22(b)中的实际故障电流行波与模拟故障电流行波在 5ms 时窗内进行相关分析。图 5-22(a)中，假设 49.7km 处故障时，模拟电流行波和实际电流行波之间的相关系数为 0.9964；图 5-22(b)中，假设 149km 处故障时，模拟电流行波和实际电流行波之间的相关系数为 0.9871。选取最大相关系数对应的模拟故障距离作为最可能的故障距离，即最终筛定 49.7km 为最可能的故障距离。为了减少能量最大的工频量影响，这里可以并且也应当在 $2l/v$ 时窗内进行行波波形相关分析，其相关度区分度加大。基于测后模拟原理的真实故障距离甄别筛选方法，当然可以利用群体比幅比极性，也可以利用带波头极性的波到时序匹配方法，其效果有显著改善，其实，对实际行波应用测后模拟原理的效果不一定奏效，采用带极性的行波能量突变函数 $S_2(k)$ 检测标定行波 1、行波 2 的极性，因对侧为Ⅲ类母线，故障点反射波和对侧母线反射波与初始行波均为同极性。这里不一一列举。标定行波 1、2 之后，经过"整形并延拓"获取 Δf，继而采用频差法测距，乍看起来，这些需要标定又需要"整形"的方法并不具备优势，事实上，由"整形并延拓"获取 Δf 进行测距，是一种技术思想。对于某些行波表现形态，其变化极性较难标定，如对于 HVDC 线路，多为雷击且富含谐波和噪声，其故障电压行波是由行波定位耦合箱 Cdu/dt 转化为电流突变波头输出的，非常适宜采用"整形并延拓"获取 Δf，进行测距。

　　结合 3.2 节的理论分析及本章仿真分析，关于频率法故障测距，形成如下结论：

　　(1) 对于无耦合单相线路而言，从自由振荡分量的角度来看，线路发生故障时，故障暂态分量中的自由振荡分量在由故障点、线路量测端背侧系统及大地构成的回路中往返传播，形成自由振荡分量的频谱，该频谱与故障距离、故障边界及量测端背侧系统边界都有关系。从行波过程的角度来看，故障行波在故障点和量测端来回反射形成自然频率。因量测端背侧系统和故障边界都可视为集中参数元件，行波在这些边界发生反射，时域上影响行波的幅值和陡度，频域上影响自然频率的分布。无论是自由振荡分量的传播还是故障行波过程，物理本质都是反映线路电感和充电电容的磁场和电场能量相互转换的过程，具有相同的频率特征。

　　(2) 利用主频率进行故障测距，受量测端背侧系统边界及故障边界条件的影响较大。仿真结果可说明如下问题。在三相短路、两相短路等相间故障模式下，若量测端母线上有相当多的出线，量测端背侧系统等值阻抗很小，相对于线路波阻抗可近似视为短路，此情况下可利用电流量主频率进行故障测距：$x=v/(2f_1)$。若发生三相或两相短路，量测端三相断路器断开，此时，量测端背侧为理想开路，可利用电压量主频率 f_1 进行故障测距：$x=v/(4f_1)$。除上述两种情况外，故障距离与主频率之间无确切的反比例关系。相比之下，随着频率的增大，故障电气量的频差 Δf 趋于稳定，此时的 Δf 只与故障距离有直接的反比例关系，将其应用于故障测距时,可消除量测端背侧系统及故障边界的影响。

(3) 对于三相交流架空输电线路而言,在三相短路、两相短路等相间故障模式下,利用稳定频差 Δf 进行故障测距,可以取得相当于单端行波法测距的精度,且无须判别故障点反射波。同样,也可由 $E(k)$ 获得 2τ 时域间隔并由此测距,它等同于单端行波测距精度。发生 SLG 故障时,系统不对称性严重,由于三相之间耦合的影响,由时域突变能量 $E(k)$ 能够刻画 $2\tau_f$(对应于 $2x_f$)和对偶的 $2\tau'_f$(对应于对偶故障位置 $2x'_f$,且 $x_f + x'_f \approx l$),若直接对故障相电气量进行频谱分析,其故障相的频谱分布较为复杂,不易获取稳定等间隔的 Δf,若根据首波头之后行波突变最剧烈的由 $E(k)$ 刻画的后续波头“整形并延拓”形成台阶行波或矩形行波之后,再对其进行频谱分析,可以得到确定稳恒等间隔的 Δf,这样,即形成针对 SLG 故障的“整形并延拓＋FFT＋测后模拟＋波到时序匹配”的故障测距及其筛选机制,得到 SLG 故障位置。顺便指出:①对于三相单芯电缆线路,由于无相间耦合,因此,三相单芯电缆发生金属性 SLG 故障情况下,仍可直接利用稳定的频差 Δf 进行故障测距,对于经小过渡电阻 SLG 故障,如果仍可获得等间隔 Δf,然而,Δf 的分辨率和测距精度必然有所下降;②如果具备在线路两侧分别实施频差 Δf 法测距的条件,那么,分别于线路两侧应用故障电气量 10ms 时窗数据进行 FFT 变换,很大程度上可以改善半线长之外因带过渡电阻短路接地故障致使测距精度下降的情况。

(4) 基于普通故障录波数据的频差法,其故障测距仍有较高的测距精度,即在一定范围内(包括采样率 f_s,时窗长度和中心位置、过渡电阻等均在合理范围),采样率的高低不会影响测距的精度,但是会影响频差法测距对于线路近端故障的死区范围:录波装置采样率越高,死区范围越小;采样率越低,死区范围越大。

(5) 实际输电线路存在传输衰耗、色散、频变等特性,沿行波路径的故障行波波速并不是恒定的,在高速数采分辨率下,对于(超)长行波路径,倘若第 2 个 $2\tau_f$ 时长比第 1 个 $2\tau_f$ 时长大,则对应的故障行波量的频谱中便无法获得等间隔频差 Δf 量值。此情况下,基于行波频率的测距方法失效。

参 考 文 献

边凯,陈维贤,李成榕,等.2012.架空配电线路雷电感应过电压计算研究[J].中国电机工程学报,32(31):191-199.

曹继丰.2004.平果可控串补工程及其在南方电网中的作用[J].电网技术,28(14):6-9.

常彦彦,刘青,吴勇勇.2010.超高压串补输电线路的频率特性仿真与分析[J].电力科学与工程,26(6):1-5.

陈超英,李永丽,张艳霞,等.1995.输电线路任意点故障的数字仿真[J].中国电机工程学报,15(6):309-405.

陈平,葛耀中,徐丙垠.2004.利用故障线路分闸暂态行波的故障测距研究[J].电力系统自动化,28(1):53-58.

陈平,徐丙垠,葛耀中,等.1999.一种利用暂态电流行波的输电线路故障测距方法[J].电力系统自动化,23(14):29-32.

陈水明,何金良,曾嵘.2009.输电线路雷电防护技术研究(一):雷电参数[J].高电压技术,35(12):2903-2909.

陈维贤,陈禾.2012.配电网中电压互感器消谐单相消弧和单相永久性故障切线问题的解决方案[J].高电压技术,38(4):776-781.

陈玉林,陈允平,孙金莉.2006.高压电缆金属护套交叉点行波折反射的规律[J].高电压技术,32(10):11-14,24.

戴斌.2010.多方法融合的电力系统过电压分层模式识别研究[D].重庆:重庆大学.

戴云航.2007.1000kV晋南荆线过电压问题的研究[D].太原:太原理工大学.

范新桥,朱永利.2013.基于双端行波原理的多端输电线路故障定位新方法[J].电网技术,37(1):261-269.

方鸿波.2009.牵引网离线过电压分析[D].成都:西南交通大学.

方瑜.1994.配电网过电压[M].北京:水利电力出版社.

符玲,何正友,钱清泉.2010.超高压输电线路的故障暂态特征提取及故障类型判别[J].中国电机工程学报,30(22):100-106.

符玲,何正友,麦瑞坤,等.2008.近似熵算法在电力系统故障信号分析中应用[J].中国电机学报,28(28):68-73.

葛耀中.1996.继电保护与故障测距原理与技术[M].西安:西安交通大学出版社.

葛耀中.2007.新型继电保护和故障测距的原理和技术[M].西安:西安交通大学出版社.

谷定燮,陈志达.2005.我国500kV同塔双回线路绝缘方式选择[J].中国电力,38(3):40-42.

郭飞.2007.电力系统铁磁谐振数字仿真研究[D].重庆:重庆大学.

郭良峰.2009.基于遗传算法的电力系统过电压分层模糊聚类识别[D].重庆:重庆大学.

郭宁明,覃剑.2009.输电线路雷击故障情况下的短路点定位方法[J].电力系统自动化,33(10):76.

郭宁明,覃剑,陈祥训.2009.基于信号相位检测的输电线路行波故障测距方法[J].电网技术,33(3):20-24.

贺家李,李永丽,李斌,等.2014.特高压交直流输电保护与控制技术[M].北京:中国电力出版社.

何正友,邬林勇,李小鹏,等.2010.基于行波自然频率的故障测距方法适应性分析[J].电力科学与技术学报,25(1):35-42.

胡毅,刘凯,吴田,等.2014.输电线路运行安全影响因素分析及防治措施[J].高电压技术,40(11):3491-3499.

黄培专.2004.采用不平衡绝缘方式提高同塔双回线路供电可靠性[J].广东电力,17(1):67-69.

黄少锋,曹凯,罗澜.2013.一种消除过渡电阻影响的阻抗测量方法[J].电力系统自动化,37(23):108-113.

黄少锋,黄欢,王兴国,等.2009.特高压输电线路短路故障时的自由振荡频率分析[J].高电压技术,35(9):2059-2065.

黄震,江泰廷,张维锡,等.2010.基于双端行波原理的高压架空线-电缆混合线路故障定位方法[J].电力系统自动化,34(14):88-91.

蒋正威,曹一家,孙维真.2008.基于 01 整数规划的多目标最优 PMU 配置算法[J].电力系统保护与控制,36(21):12-17.

雷莉.2007.基于小波能量谱的输电线路故障行波定位与保护方法[D].长沙:长沙理工大学:1-79.

李斌,李永丽,盛鹍,等.2004.带并联电抗器的超高压输电线单相自适应重合闸的研究[J].中国电机工程学报,24(5):52-56.

李博通.2007.单相自适应重合闸新原理的研究[D].天津:天津大学.

李学斌.2011.特高压系统潜供电弧特性及抑制措施研究[D].沈阳:沈阳工业大学.

李云阁,施围.2003.应用解析法分析中性点接地系统中的工频铁磁谐振-谐振判据和消谐措施[J].中国电机工程学报,23(9):141-145.

李泽.1996.一种用 LC 链形回路过渡过程求均匀传输线波过程的分析方法[J].电工教学,19(4):21-24.

李泽文,姚建刚,曾祥君,等.2009.基于整个电网行波时差的故障定位方法[J].中国电机工程学报,29(4):60-64.

李振强,谷定燮,戴敏.2012.特高压空载变压器谐振过电压和励磁涌流分析及抑制方法[J].高电压技术,38(2):392-397.

梁远升,王钢,李海锋.2009.双端不同步线路参数自适应时频域故障测距算法[J].电力系统自动化,33(4):62-66.

刘涤尘,杜新伟,李媛,等.2007.基于遗传算法的高压长线路双端故障测距研究[J].高电压术,33(3):21-25.

刘东超,李永丽,曾治安.2006.带并联电抗器的双回线故障测距算法研究[J].电力系统及其自动化学报,18(2):5-9.

刘劲,孙杨,罗毅.1994.一种基于时间域的实用单侧电量故障测距方法[J].电力系统自动化,17(6):31-36.

刘青.2010.含 FACTS 元件线路保护若干问题的研究[D].保定:华北电力大学.

刘岩.2004.暂态行波保护测试仪的软硬件实现与改进[D].天津:天津大学.

马见青,李庆春.2011.面波压制的 TT 变换法[J].吉林大学学报(地球科学版),41(2):565-570.

马晓红.2005.架空-长电缆线路的过电压计算与分析[D].上海:上海交通大学.

平绍勋,周玉芳.2010.电力系统中性点接地方式及运行分析[M].北京:中国电力出版社.

冉锐.2010.弧光接地过电压的快速识别与抑制研究[D].重庆:重庆大学.

沈坚.2009.750kV 拉官线断路器合闸电阻应用研究[D].重庆:重庆大学.

施慎行,董新洲,周双喜.2005.单相接地故障行波分析[J].电力系统自动化,29(23):29-32,53.

施围,郭洁.2006.电力系统过电压计算[M].2 版.北京:高等教育出版社.

石瑞霞.2007.牵引网故障数字仿真系统[D].成都:西南交通大学.

束洪春.1997.基于分布参数线路模型的架空电力线故障测距方法研究[D].哈尔滨:哈尔滨工业大学.

束洪春.2000.架空电力线路故障测距新方法研究[R].西安:西安交通大学博士后科学研究出站报告.

束洪春.2009.电力工程信号处理应用[M].北京:科学出版社.

束洪春,李义,宣映霞,等.2006.对不受波速影响的输电线路单端行波法故障测距的探讨[J].继电器,24(8):1-12.

束洪春,司大军.2002.基于分布参数模型的串补线路故障测距方法研究[J].中国电机工程学报,22(4):72-76.

束洪春,司大军,陈学允.2003.复杂电力系统电气故障电磁暂态数字计算方法研究[J].电网技术,27(12):31-36.

束洪春,司大军,葛耀中,等.2000.人工神经网络应用于输电线路故障测距研究[J].电工技术学报,15(6):61-64.

束洪春,司大军,葛耀中,等.2002.小波变换应用于输电线路行波故障测距[J].云南水力发电,18(2):16-21.

束洪春,司大军,于继来.2005.雷击输电线路电磁暂态仿真[J].电力系统自动化,29(17):68-71,92.

束洪春,孙涛.2008.电缆-架空线混合线路故障行波测距新方法[J].电力自动化设备,28(10):1-7.

束洪春,田鑫萃,董俊,等.2013.利用故障特征频带和 TT 变换的电缆单端行波测距[J].中国电机工程学报,33(22):103-112.

束洪春,邬大明,陈学允,等.1998.频变参数传输线任意点短路的电磁暂态仿真新方法[J].铁道学报,20(1):59-66.

束洪春,邬乾晋,张广斌,等.2011.基于神经网络的单端行波故障测距方法[J].中国电机工程学报,31(4):85-92.

束洪春,许承斌.1994.耦合传输线的正弦稳态解[J].哈尔滨工业大学学报,26(4):55-60.

束洪春,张敏,张广斌,等.2010.±800kV 直流输电线路单端行波故障定位的红绿色彩模式检测[J].电工技术学报,25(11):155-163.

束洪春,张斌,张广斌,等.2011.±800kV 直流输电线路雷击点与闪络点不一致时的行波测距[J].中国电机学报,31(13):114-120.

司大军,束洪春,陈学允,等.2005.输电线路雷击的电磁暂态特征分析及其识别方法研究[J].中国电机工程学报,25(7):64-69.

司大军.2004.输电线路行波保护新方法研究[D].哈尔滨:哈尔滨工业大学.

司马文霞,郭飞,杨庆,等.2007.变电站铁磁谐振仿真分析及抑制措施研究[J].电力自动化设备,27(6):22-26.

宋国兵,靳东晖,靳幸福,等.2014.CSC-HVDC输电线路单端行波自动故障定位方法[J].高电压技术,40(2):588-596.

宋国兵,李德坤,靳东晖,等.2013.利用行波电压分布特征的柔性直流输电线路单端故障定位.电力系统自动化,37(15):83-88.

苏斌,董新洲,孙元章.2005.串联电容补偿线路行波差动保护研究[J].清华大学学报,45(1):137-140.

索南加乐,许文宣,何世恩,等.2013.基于双端电气量的串补输电线路故障测距算法[J].中国电机工程学报,33(19):157-164.

索南加乐,张怿宁,齐军,等.2006.基于参数识别的时域法双端故障测距原理[J].电网技术,30(8):65-70.

覃剑,陈祥训,郑健超.1999.行波在输电线上传播的色散研究[J].中国电机工程学报,19(9):27-30.

王高丰.2004.余弦调制滤波器组理论在高压输电线路行波故障测距中的应用研究[D].成都:西南交通大学.

王冠.2011.特高压半波长输电技术的若干关键问题研究[D].山东:山东大学.

王皓怀.2009.基于VSC的FACTS装置STATCOM、SSSC、UPFC的建模和应用研究[D].北京:中国电力科学研究院.

邬林勇,何正友,钱清泉.2008.单端行波故障测距的频域方法[J].中国电机工程学报,28(25):99-104.

邬林勇,何正友,钱清泉.2008.一种提取行波自然频率的单端故障测距方法[J].中国电机工程学报,28(10):69-75.

吴田,胡毅,阮江军,等.2011.交流输电线路模型在山火条件下的击穿机理[J].高电压技术,37(5):1115-1122.

吴维韩,张芳榴.1989.电力系统过电压数值计算[M].北京:科学出版社.

吴维韩,张芳榴,刁颐民.1981.多导线输电线路上波过程的贝杰龙计算方法[J].高电压技术,7(4):9-24.

吴振杰.2003.STATCOM对距离保护影响的研究[D].北京:华北电力大学.

解广润.1985.电力系统过电压[M].北京:水利电力出版社.

徐青山,陈锦根,唐国庆.2007.考虑母线分布电容影响的单端行波测距法[J].电力系统自动化,31(2):70-73.

杨铖,索南加乐.2011.并联电抗器对模型识别纵联保护的影响分析[J].电力自动化设备,31(3):23-28.

姚楠.2008.电气化铁道牵引网基波与谐波模型研究[D].北京:北京交通大学.

喻奇.2009.客运专线牵引供电系统电气模型的研究[D].成都:西南交通大学.

袁小娴. 2007. 110kV 线路绝缘子串电压和电场分布的研究[D]. 武汉：华中科技大学.

云南电网公司技术分公司. 2014. 高压交流输电线路断路器合闸电阻的适用条件研究[R]. 昆明：
云南电网公司技术分公司.

张炳达，张东海，王铁红. 2005. 基于视在波速的电缆故障行波测距法[J]. 高电压技术，31(2)：
79-86.

张广斌. 2014. 实测数据环境下的输电线路行波故障测距关键技术研究[D]. 哈尔滨：哈尔滨工业
大学.

张广斌，束洪春，于继来. 2012. 利用广义电流模量的行波实测数据半监督聚类筛选[J]. 中国电
机工程学报，32(10)：150-159.

张广斌，束洪春，于继来. 2013. 基于 Hough 变换直线检测的行波波头标定[J]. 中国电机工程学
报，33(9)：165-173.

张广斌，束洪春，于继来，等. 2013. 基于回路电流故障主导波头到达时差的输电线路故障测距[J].
中国电机工程学报，33(28)：137-145.

张广斌，束洪春，于继来. 2014. 220kV 电网电流行波测距装置的优化布点方法[J]. 中国电机学
报，34(34)：6246-6253.

张广斌，束洪春，于继来. 2015. 案例推理式输电线单端电流行波故障测距[J]. 中国电机工程学
报，35(6)：1379-1389.

张胜祥，张保会，段建东. 2004. 暂态量保护开发平台的研究[J]. 继电器，32(15)：34-38.

张小鸣，费雨胜. 2010. 一种滤除衰减直流分量的电流估计新算法[J]. 电力系统保护与控制，
38(20)：90-95.

赵福伟. 2007. 哈尔滨市 66kV 配电网中性点经电阻接地的研究[D]. 长春：东北电力大学.

赵玉婷. 2010. 电气化铁路牵引供电系统的仿真分析[D]. 太原：太原理工大学.

中村秋夫，冈本浩，曹祥麟. 2005. 东京电力公司的特高压输电技术应用现状[J]. 电网技术，
29(6)：2-5.

Abedini M, Hasani A, Hajbabaie A H, et al. 2013. A new traveling wave fault location algorithm
in series compensated transmission line[C]. Electrical Engineering (ICEE), Mashhad.

Aggarwal R K, Johns A T, Bo Z Q. 1994. Non-unit protection technique for EHV transmission
systems based on fault-generated noise: Part2 signal processing[J]. IEE Proc-Gener. Transm.
Distrib. , 141(2): 141-147.

Aguilar R, Perez F, Orduña E A. 2011. High-speed transmission line protection using principal
component analysis, a deterministic algorithm[J]. IET Gener. Transm. Distrib. , 5(7): 712-719.

Aguilar R, Perez F, Orduña E A, et al. 2013. The directional feature of current transients applica-
tion in high-speed transmission-line protection[J]. IEEE Transactions on Power Delivery,
28(2): 1175-1182.

Ahsaee M G, Sadeh J. 2012. New fault-location algorithm for transmission lines including united
power-flow controller[J]. IEEE Transactions on Power Delivery, 27(4): 1763-1771.

Aloui T, Amar F B, Derbal N, et al. 2011. Real time prelocalization of underground single-phase
cable insulation failure by using the sheath behavior at fault point[J]. Electric Power Systems

Research, 81(10):1936-1942.

Carvalhoa F S,Jr. B S C. 2006. Transient conditions in CCVTs outputs and their effects on the detection of traveling waves[J]. Electric Power Systems Research,76(8):616-625.

Deri A,Tevan G,Semlyen A,et al. 1981. The complex ground return plane a simplified model for homogeneous and multi-layer earth return[J]. IEEE Transactions on Power Apparatus and Systems,100(8):3686-3693.

Dommel H W. 1969. Digital computer solution of electro-magnetic transients in single and multi-phase networks[J]. IEEE PAS,38:388-399.

Eissa M M. 2013. Current directional protection technique based on polarizing current[J]. Electrical Power and Energy Systems,44:488-494.

Farshad M,Sadeh J. 2013. A novel fault-location method for HVDC transmission lines based on similarity measure of voltage signals[J]. IEEE Transactions on Power Delivery,24(4):121-129.

Hajjar A A. 2013. A high speed noncommunication protection scheme for power transmission lines based on wavelet transform[J]. Electric Power Systems Research,96:194-200.

Heidler F,Cvetic J M,Stanic B V. 1999. Calculation of lightning current parameters[J]. IEEE Transactions on Power Delivery,14(2):399-404.

Horton R,Sunderman W G,Arritt R F,et al. 2011. Effect of line modeling methods on neutral-to-earth voltage analysis of multi-grounded distribution feeders[C]. IEEE PES Power Systems Conference and Exposition,Phoenix:1-6.

Hosono T. 1981. Numerical inversion of Laplace transform and some applications to wave optic[J]. Radio Science,16(6):1015-1019.

Hubert F J,Gent M R. 1965. Half-wavelength power transmission lines[J]. IEEE Transactions on Power Apparatus and Systems, 84(10):965-974.

Iurinic L U,Ferraz R G,Bretas A S. 2013. Characteristic frequency of traveling waves applied for transmission lines fault location estimation[C]. PowerTech,2013 IEEE,Grenoble:1-5.

Jafarian P,Sanaye-Pasand M. 2010. A traveling-wave-based protection technique using wavelet/PCA analysis[J]. IEEE Transactions on Power Delivery,25(2):588-599.

Johns A T,Aggarwal R K,Bo Z Q. 1994. Non-unit protection technique for EHV transmission systems based on fault-generated noise:Part1 signal measurement[J]. IEE Proc-Gener. Transm. Distrib. ,141(2):133-140.

Juan A,Martinez-Velasco. 2010. Power System Transients[M]. New York:CRC Press.

Korkal M,Lev-Ari H,Abur A. 2012. Traveling-wave-based fault-location technique for transmission grids via wide-area synchronized voltage measurements[J]. IEEE Transactions on Power Systems,27(2):1003-1011.

Kuffel E, Zaengl W S,Kuffel J. 2000. High Voltage Engineering[M]. London:Butterworth-Heinemann.

Kulkarni S,Santoso S,Short T A. 2014. Incipient fault location algorithm for underground cables[J].

IEEE Transactions on Smart Grid,5(3):1165-1174.

Lightning and Insulator Subcommittee of the T&D Committee. 2005. Parameters of lightning strokes:A review[J]. IEEE Transactions on Power Delivery,20(1):346-358.

Livani H,Evrenosoğlu C Y. 2013. A fault classification and localization method for three-terminal circuits using machine learning[J]. IEEE Transactions on Power Delivery, 28(4):2282-2290.

Lopes F V,Fernandes D,Neves W L A. 2013. A traveling-wave detection method based on Park's transformation for fault locators[J]. IEEE Transaction on Power Delivery,3(28):1626-1634.

Lopes F V,Jr. D F,Nevese W L A. 2012. Transients detection in EHV transmission lines using Park's transformation[C]. IEEE PES Transmission and Distribution Conference and Exposition (T&D),Orlando:1-6.

Lopes F V, Jr. D F, Nevese W L A. 2013. A traveling-wave detection method based on Park's transformation for fault locators[J]. IEEE Transactions on Power Delivery,28(3):1626-1634.

Marti J R. 1982. Accuarate modelling of frequency-dependent transmission lines in electromagnetic transient simulations[J]. IEEE Transactions on Power Apparatus and Systems, 101(1): 147-157.

Morales J A,Orduña E A. 2013. Patterns extraction for lightning transmission lines protection based on principal component analysis[J]. IEEE Latin America Transactions,11(1):518-524.

Mourad D,Shehab-Eldin E H,Abd-Elaziz A M. 2012. Novel unit protective relaying techniques for teed circuit based on sequential overlapping derivative transform[C]. Developments in Power Systems Protection,Birmingham:1-6.

Nagaraju K,Varma P S V S T,Varma B R K. 2011. A current-slope based fault detector for digital relays[C]. India Conference (INDICON),2011 Annual IEEE,India:1-4.

Nanayakkara O M K K,Rajapakse A D,Wachal R. 2012. Location of DC line faults in conventional HVDC systems with segments of cables and overhead lines using terminal measurements[J]. IEEE Transactions on Power Delivery,24(1):279-288.

Nayakkara O M K K,Rajapakse A D,Wachal R. 2012. Traveling-wave-based line fault location in star-connected multiterminal HVDC systems [J]. IEEE Transactions Power Del, 27(4): 2286-2294.

Okabe S,Takami J,Tsuboi T,et al. 2013. Discussion on standard waveform in the lightning impulse voltage test[J]. IEEE Transaction on Dielectrics and Electrical Insulation, 20(1): 147-156.

Ooi B T,Kazerani M,Marceau R,et al. 1997. Mid-point siting of FACTS devices in transmission lines[J]. IEEE Transactions on Power Delivery,12(4):1717-1722.

Pinnegar C R. 2003. A method of time-time analysis:The TT-transform[J]. Digital Signal Processing,15(3).

Prabhakara F S, Parthasarathy K, Ramachandrarao H N. 1969. Analysis of natural half-wavelength power transmission lines[J]. IEEE Transactions on Power Apparatus and Systems, 88(12):1787-1794.

Reyes-Archundia E, Moreno-Goytia E L, Gutierrez-Gnecchi J A, et al. 2012. Discrete wavelet transform application to the protection of electrical power system: A solution approach for detecting and locating faults in FACTS environment[C]. Advances in Wavelet Theory and Their Applications in Engineering, Physics and Technology, Dumitru Baleanu.

Saha M M, Erosolowski J. 1999. A new accurate fault locating algorithm for series compensated lines[J]. IEEE Transactions on Power Delivery, 14(3): 789-797.

Saha M M, Lzykowski J, Rosolowski E. 2010. Fault Location on Power Networks[M]. Berlin: Springer.

Swift G W. 1979. The spectra of fault-induced transients[J]. IEEE Transactions on Power Apparatus and Systems, 98(3): 940-947.

Takami J, Okabe S. 2007. Observational results of lightning current on transmission towers[J]. IEEE Transaction on Power Delivery, 22(1): 547-556.

Tziouvaras A, McLaren P, Alexander G, et al. 2000. Mathematical models for current, voltage, and coupling capacitor voltage transformers[J]. IEEE Transactions on Power Delivery, 15(1): 62-72.

Vázquez E, Castruita J, Chacón O L, et al. A new approach traveling-wave distance protection—Part I: Algorithm[J]. IEEE Transactions on Power Delivery, 25(10): 588-599.

Wtson N, Arrillaga J. 2007. Power Systems Electromagnetic Transient Simulation[M]. London: The Institution of Engineering and Technology.

Xu B, Abur A. 2004. Absorbability analysis and measurement placement for systems with PMUs[C]. Power Systems Conference and Exposition, New York: 943-946.

Zhou X Y, Wang H F, Aggarwal R K, et al. 2006. Performance evaluation of a distance relay as applied to a transmission system with UPFC[J]. IEEE Transactions Power Del. , 23: 1137-1146.

Zhu Y L, Fan X Q. 2013. Fault location scheme for a multi-terminal transmission line based on current travelling waves[J]. Electrical Power and Energy Systems, 53(1): 367-374.

彩　　图

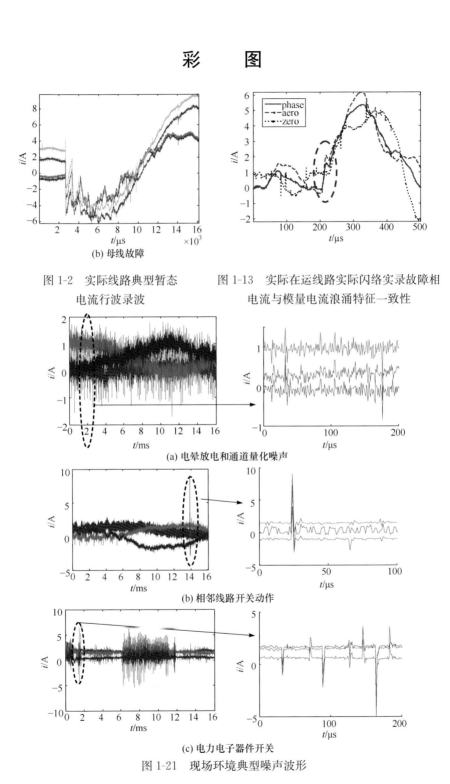

(b) 母线故障

图 1-2　实际线路典型暂态
电流行波录波

图 1-13　实际在运线路实际闪络实录故障相
电流与模量电流浪涌特征一致性

(a) 电晕放电和通道量化噪声

(b) 相邻线路开关动作

(c) 电力电子器件开关

图 1-21　现场环境典型噪声波形

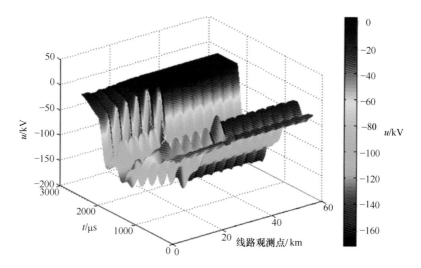

图 1-98　线缆接头处故障沿相线暂态电压分布

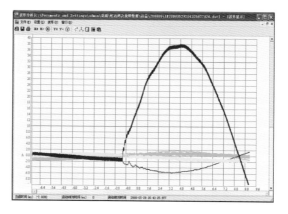

图 1-111　线路故障实测电流波形

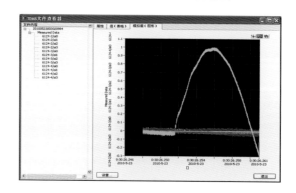

图 1-112　行波记录平台暂态录波

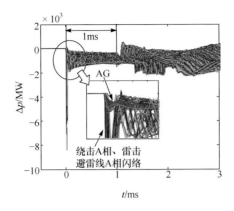

图 2-57 三相总瞬时功率曲线簇

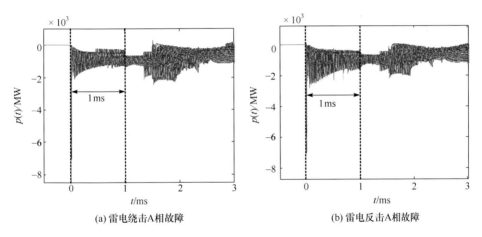

(a) 雷电绕击A相故障 　　　　　　　　(b) 雷电反击A相故障

图 2-62 雷电绕击 A 相故障、反击 A 相故障瞬时功率波形曲线簇

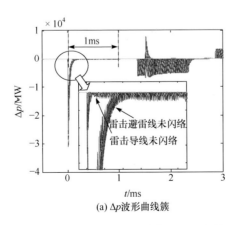

(a) Δp波形曲线簇

图 2-74 输电线路遭受雷击但未发生闪络

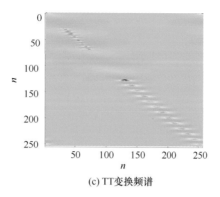

(c) TT变换频谱

图 4-37　测试信号的 TT 变换

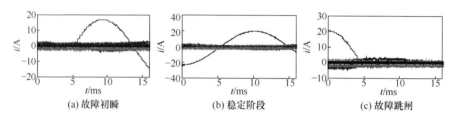

(a) 故障初瞬　　　　　　　(b) 稳定阶段　　　　　　　(c) 故障跳闸

图 4-92　故障录波的时序性与紧支性

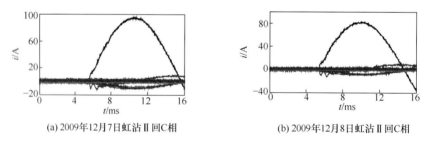

(a) 2009年12月7日虹沾 II 回C相　　　　　(b) 2009年12月8日虹沾 II 回C相

图 4-93　故障的重复性

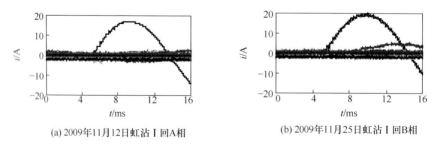

(a) 2009年11月12日虹沾 I 回A相　　　　　(b) 2009年11月25日虹沾 I 回B相

图 4-94　不同故障的相似性

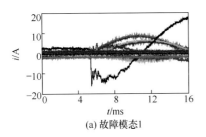

(a) 故障模态1

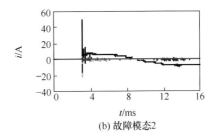

(b) 故障模态2

图 4-95　故障模态的多样性

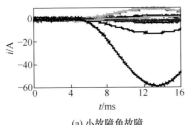

(a) 小故障角故障

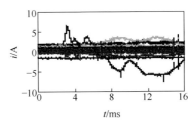

(b) 山火故障

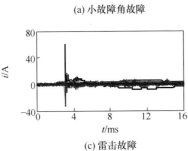

(c) 雷击故障

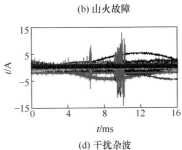

(d) 干扰杂波

图 4-96　弱故障录波及干扰杂波的复杂性

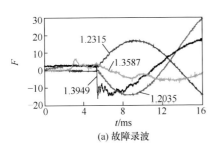

(a) 故障录波

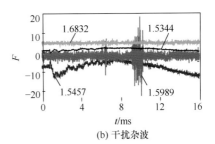

(b) 干扰杂波

图 4-99　故障录波与干扰杂波的相电流分形维数